U0252864

群智能建筑理论基础

主　编　赵千川
副主编　姜子炎　张吉礼　邢建春　方潜生

清華大學出版社
北京

内 容 简 介

本书首次较为完整地汇集了国家"十三五"项目"新型建筑智能化系统平台技术"(2017YFC0704100)的主要理论创新成果,阐述了新一代人工智能关键技术——群智能与建筑自动化技术的深度融合的理论基础。本书系统地介绍了基于群智能的建筑智能化系统的理论基础,分为体系架构篇、分布式算法篇、标准信息集篇、拓扑识别篇、仿真建模篇、物理场校核篇、人员分布篇、故障诊断篇、设备运行优化篇、路径引导篇和编程语言篇。建筑智能化涉及多学科交叉,本书注重知识的完整性,力图用广大机电工程师、设计人员、软件工程师都易于理解的语言,介绍群智能建筑的理论基础,通过剖析典型的管理控制问题介绍通用的求解算法,以展示群智能建筑的工作原理。

本书适合机电工程师、建筑设计人员和软硬件研发人员学习参考,也可供建筑智能化相关专业的研究人员和在校学生学习使用。

图书在版编目(CIP)数据

群智能建筑理论基础/赵千川主编. —北京:清华大学出版社,2023.8
ISBN 978-7-302-61656-6

Ⅰ. ①群… Ⅱ. ①赵… Ⅲ. ①智能化建筑-建筑群组合 Ⅳ. ①TU18

中国版本图书馆 CIP 数据核字(2022)第 145400 号

责任编辑:王一玲
封面设计:傅瑞学
责任校对:郝美丽
责任印制:丛怀宇

出版发行:清华大学出版社
网　　址:http://www.tup.com.cn,http://www.wqbook.com
地　　址:北京清华大学学研大厦 A 座　　**邮　　编**:100084
社 总 机:010-83470000　　**邮　　购**:010-62786544
投稿与读者服务:010-62776969,c-service@tup.tsinghua.edu.cn
质量反馈:010-62772015,zhiliang@tup.tsinghua.edu.cn
课件下载:http://www.tup.com.cn,010-83470236
印 装 者:三河市铭诚印务有限公司
经　　销:全国新华书店
开　　本:185mm×260mm　　**印　　张**:31　　**字　　数**:753 千字
版　　次:2023 年 9 月第 1 版　　**印　　次**:2023 年 9 月第 1 次印刷
印　　数:1～1500
定　　价:159.00 元

产品编号:088612-01

前　言

本书汇总了国家"十三五"重点研发项目"新型建筑智能化系统平台技术"所提出的群智能建筑系统的主要基础理论研究成果[①]。参与编写的有清华大学、大连理工大学、陆军工程大学、安徽建筑大学、西安建筑科技大学、中国建筑科学研究院有限公司等项目参研单位。

本书按照智能建筑系统的理论体系，从系统架构、算法基础、模型、状态估计、运行优化、算法开发等层次，将理论成果编辑整理为体系架构、分布式算法、标准信息集、拓扑识别、仿真建模、物理场校核、人员分布、故障诊断、设备运行优化、路径引导和编程语言共 11 篇。

以下对该项目基本情况及群智能建筑系统的技术特点进行概述，以帮助读者从整体上了解群智能建筑系统这一新技术。

研究背景

现有的建筑智能化系统普遍基于总线的分层分级的系统架构，中央监控主机集中监测、控制和管理。在目前的整体架构中没有内置建筑空间和机电设备的物理模型，缺乏标准化的描述，使得建筑智能化系统的设计、施工和运营等各个环节之间难以进行有效的沟通，导致很多建筑智能化系统难以发挥作用，不能满足用户的需求。究其根本原因是现有的建筑智能化系统脱胎于工艺过程相对固定的工业控制系统的架构和控制需求；另外，随着公共建筑类型的增多，服务对象需求多样化、地域与气候差异很大，控制管理的复杂性增加，原有的系统难以满足各种功能需求。

依托科技部"绿色建筑及建筑工业化"重点专项 2017 年项目"新型建筑智能化系统平台技术"，在江亿院士的指导下，项目组提出的一种基于群智能的新型建筑智能化系统平台架构，通过物理场模型与分布式并行计算深度结合，实现机电设备的即插即用、互联互通和建筑物理场的自组织协同优化，以大幅提升公共建筑的用能效率，降低楼控系统开发及运行维护(以下简称运维)成本。

研究团队

项目团队包含 5 所国内院校，3 家建筑科学研究院所，4 家信息系统与软件企业，7 家全面覆盖暖通空调、变配电、消防安防、照明等各类机电设备的制造企业，3 家地产企业。参与单位覆盖理论研究、技术研发、规划设计、标准制定、软件开发、设备制造、系统集成、工程实施、人才培养等智能建筑产业发展相关的各个环节。项目研究内容及各单位在研究中的分工如图 1 所示。

系统架构

基于群智能的新型建筑智能化系统平台架构如图 2 所示，该架构包括标识层、模型层、分布式计算层和接口层。标识层包括一组电子标签，这些电子标签分别部署在建筑空间单元、建筑机电设备和管道上；模型层是通过已有读取设备识别这些电子标签的内容，在信息空间建筑反映建筑空间单元、机电设备、管道及其连接拓扑关系的网络模型；分布式计算层

---

① 为了理论体系的完整性，我们收录了项目立项之前群智能建筑系统的少量前期理论研究成果。本前沿内容部分发表于智能建筑杂志(2019,225：22-24)。

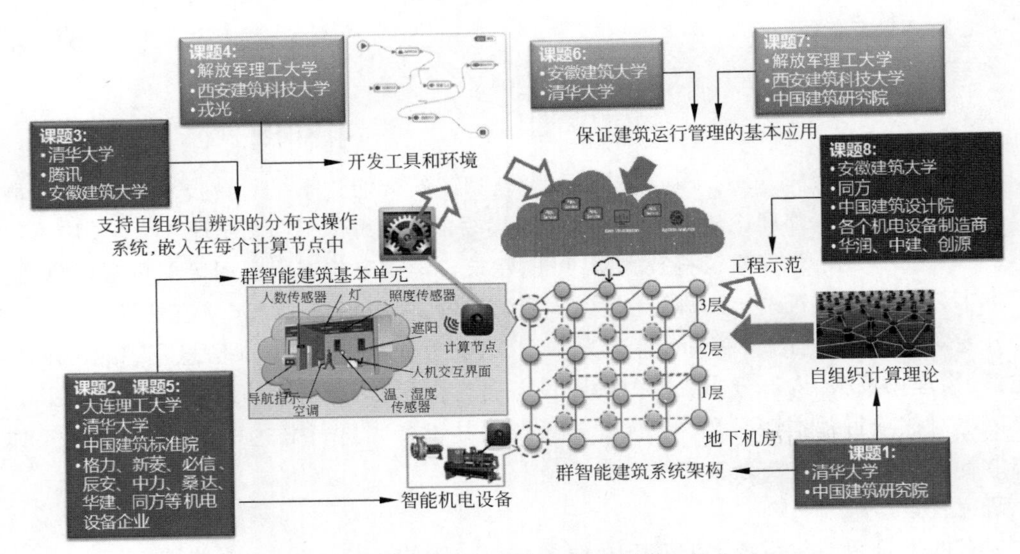

图 1　项目研究内容及各单位在研究中的分工

由一个通用的分布式计算平台和面向建筑控制的分布式控制模块组成；接口层包括提供给开发人员或第三方应用的接口。

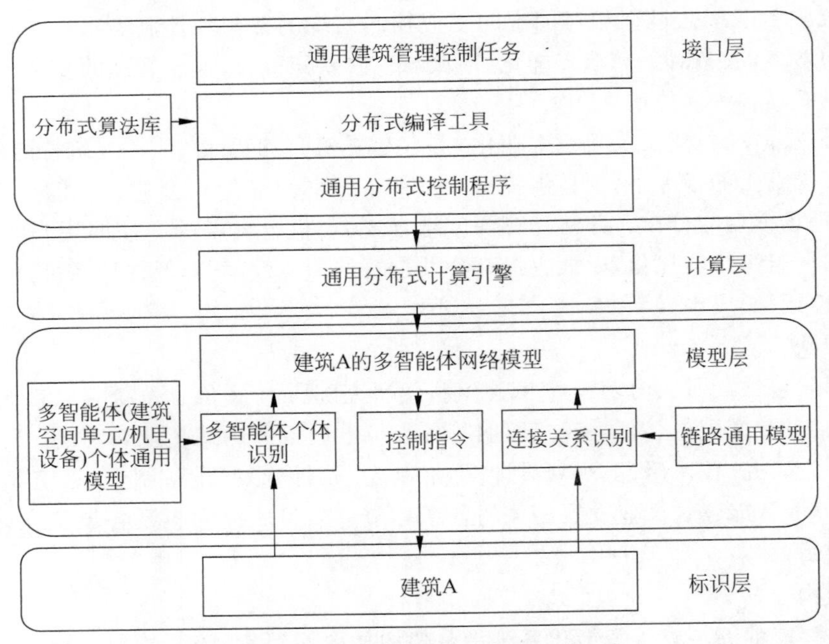

图 2　群智能建筑智能化系统平台架构

技术特点

群智能建筑智能化系统平台架构的特点，首先是物理场模型与分布式并行计算深度融合。通过引入存储建筑基本单元和连接关系标准描述的智能计算节点，实现物理场局部信息的高效横向集成和全局协同自组织优化控制，从而实现物理场的识别、状态估计、性能分析和控制以及传感器和设备的故障诊断。

其次，群智能建筑智能化系统平台架构引入建筑基本单元的统一描述，规范了机电设备接入系统的通信接口，便于设备实现即插即用，也避免了不同厂家设备集成时面临的异构数据问题，可方便地实现设备之间的互联互通，降低了设备安全调试的人工成本。

最后，群智能建筑智能化系统平台架构的分布式计算引擎的计算节点，避免使用全局地址，仅使用节点本地计算指令和与相邻节点的数据交换指令，保证了开发的分布式建筑控制程序不依赖于具体的建筑，可针对不同建筑直接下载运行，避免了定制化开发的工作量，更好地支持了系统的可扩展性，也为广大机电工程师充分发挥专长开发通用楼控软件提供了平台支撑。

理论基础

以分布式计算理论和自然启发的群体智能优化理论为基础，项目团队在支撑群智能建筑智能化系统平台架构的理论问题上展开研究，特别是物理场拓扑识别、物理场方程求解、物理场性能评价、机电设备运行状态感知、参数校核、机电设备运行优化控制等基本理论问题取得了一批研究成果。

图 3 为分布式机电设备控制算法的示意图。给定两台可控设备，假定设备开时均输出单位功率。采用分布式方式确定它们的开关机组合，要求达到输出总功率等于 1。两台设备的计算节点中任意 1 台发起计算（以设备 1 的计算节点为例）。两个计算节点分别独立地产生随机开关机状态。节点 1 收集节点 2 生成的随机设备状态，并与设备 1 的随机开关状态匹配。对于设备 1 为开的样本，设备 2 也为开的样本由于总功率为 2 超过了要求的单位输出功率要求而被舍弃，只会接受设备 2 为关的样本。对于设备 1 为关的样本，设备 2 也为关的样本由于总功率为 0 不满足输出功率要求而被舍弃，只会接受设备 2 为开的样本。如果开机成本存在差异，可以进一部分优化设备开机组合。

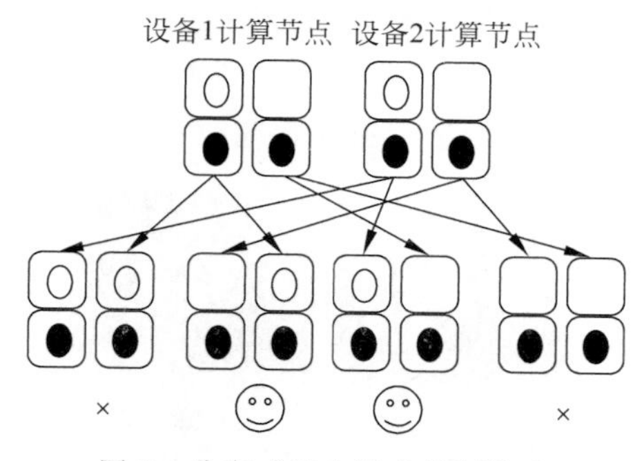

图 3 分布式机电设备控制算法

技术优势

群智能建筑智能化系统平台技术具有以下优势：

(1) 抽取适用于各类建筑的通用建筑基本单元模型，规范了机电设备接入建筑智能化系统平台的接口，简化了机电设备厂家开发智能机电设备的工作，降低了智能机电设备的开发成本，提高了智能机电设备的通用性；

(2) 面向标准的通用建筑基本单元展开建筑智能化系统软硬件的设计，简化了建筑智能化系统的设计工作，降低了建筑智能化系统软硬件设计的复杂度；

(3) 面向标准的通用建筑基本单元展开建筑智能化系统软硬件的安装和部署，降低了构建建筑智能化系统的复杂度和配置工作量，从而能够降低系统的安装和部署成本；

(4) 自识别建筑基本单元的类型和它们之间的连接关系，提供了建筑智能化系统平台对设备的即插即用功能，简化了系统平台的配置维护工作，降低了运行维护成本；

(5) 物理场模型与分布式并行计算深度融合开发机电设备控制算法，有效利用了各领域的专业知识，提供了系统平台支撑可适用于各建筑的通用管理控制程序功能，简化了建筑管理控制应用程序的开发工作，实现了建筑系统状态的协同感知和各设备之间的协同控制，可有效提升建筑运行的性能，降低运维成本，提高相应算法的可移植性。

典型案例

冷站群控对于节能减排有重要意义，也是暖通空调系统优化控制的难点问题。虽然多年来国内外学术界有大量研究，但是真正落地的方案非常有限。群智能为改变这种现状提供了机遇。国家游泳中心(水立方)是2008夏季奥运会的主游泳馆，也是2022冬季奥运会的冰壶比赛场馆。经过多年的运营，水立方的自控系统绝大部分处于老化、失灵的状态，严重依赖人工控制。为实现2022冬奥会“科技、绿色、节能”的目标，采用群智能技术对水立方的机电系统进行了智能化升级，以冷冻站为先行试点，逐步将水立方改造为高科技的智慧馆。目前已完成冷冻站群控系统改造，并计划开展环境控制系统改造。

水立方冷冻站系统复杂，包括夏季供冷系统、内区冬季风盘供冷系统、冷却水系统、冷机热回收系统。按照标准设备单元的定义，将冷冻站设备划分为多个设备单元，为每个设备单元配置一个计算节点，计算节点硬件按照系统拓扑关系连接成一个计算网络。计算节点能自主完成本地控制及与邻域协调控制功能。具体控制管理功能通过下载通用的控制管理App实现，应用下载即运行。水立方下载了冷站群控时间表、并联设备自组织优化控制、冷站系统协作保护算法等应用，保障设备安全运行，实现灵活的场景模式设定和落地的冷站群控策略。由于改造工程现场空间有限，设备单元控制箱采取了集中布置的方式，如图4所示。调试工作仅耗时两周，凸显了群智能系统快速部署的优势。群智能改造完成后，冷站系统实现了自动运行，与改造前相比，冷站设备能耗减少16.2%。

图4 冷站群智能控制箱

工程实践情况

项目团队已经完成了支持群智能建筑智能化系统架构的基础理论分析和论证；完成了面向建筑基本单元的建筑运行数据描述的标准信息模型，填补了国内外这一领域的空白，并启动相关标准立项和编写；完成了支撑新架构的操作系统、计算节点原型和建筑控制管理关键应用软件的研发，开展了工程示范，取得仅用8人/天完成智能化系统调试的成绩，比传统系统节省调试时间80%以上。在多个示范工程中应用的通用空调节能算法，取得了节能30%～50%的显著效果。

行业推广

项目团队提出的群智能建筑智能化技术路线得到中国节能协会的认可，2018年8月，中国节能协会批准成立了旗下的群智能建筑节能专业委员会。2018年12月，“群智能建筑基本信息单元模型”在中国节能协会完成立项。专委会的宗旨是：隶属中国节能协会，接受其业务指导和监督管理；凝聚各技术单位力量，推动建立中国自主创新的群智能建筑技术体系和产品体系；为建筑领域机电制造产品提供智能平台，提升产品科技竞争力；为建筑/城市控制和管理提供智能化手段，促进建筑节能减排和城市可持续发展。

小结

群智能建筑智能化系统平台架构和技术，在智能化系统的设计、安装、机电设备运维、用户便捷接入等方面的性能超越了现有集中式分层架构的建筑智能化技术，为助力机电设备厂家实现智能制造，降低智能化系统开发和施工成本，实现公共建筑节能运行提供了一套可行的解决方案，可促进信息化技术对建筑行业新一轮技术变革的引领作用。

致谢

本书的出版得到国家“十三五”重点研发项目“新型建筑智能化系统平台技术”(项目编号2017YFC0704100)的资助。该项目的开展得到了同行专家的鼓励和支持。特别感谢江亿院士，他不但是群智能建筑系统思想的主要提出者，更是领导者和倡导者。感谢郅晓主任、李宏高工、奚宏生教授、肖文栋教授、魏东教授和张辉教授。他们自项目启动以来，对群智能系统的理论、技术和实践给予了持续的热情支持鼓励，也提出了非常中肯的意见和建议。感谢中国节能协会对于推广群智能建筑系统的大力支持。

本书的编写反映了项目参与单位的集体智慧，感谢各项目参与单位对群智能建筑系统理论研究给予的大力支持和做出的贡献。感谢参与文稿编辑整理工作的人员：于军琪、张振亚、杨启亮、于震、赵天怡、陈曦、贾庆山、江岸、李立、王萍、张睿、胡浩宇、于昊、周梦、侯雪妍、陈文杰、唐静娴、王雪涛。

感谢清华大学出版社对出版本书给予的大力支持！

作　者

2023年1月

目 录

第1篇 体系架构

第4篇 拓扑识别

第7篇 人员分布

第 9 篇 设备运行优化

第10篇 路径引导

第11篇 编程语言

第1篇　体 系 架 构

第1章 群智能建筑自动化系统

本章提要

群智能系统是从建筑机电设备控制需求出发设计的一种新型建筑自动化系统。设计的初衷是解决这一领域长期存在的组网调试难，系统改造和策略更新不灵活，暖通空调专业知识落地困难等问题。群智能系统仿照昆虫群落的工作机制，以空间和源设备为基本单元，由智能化的基本单元按照空间位置关系连接成网状拓扑而成。系统中不需要特别的中心节点，所有基本单元都是平等的，通过与邻居的局部自组织协作实现整体的优化控制。本章介绍了群智能系统的架构和关键技术，以及这套系统在暖通空调典型控制问题上的应用。本章内容主要来源于文献[1]。

1.0 符号列表

$a_{i,j}$	节点 i 和 j 之间的相互影响参数
a_0, b_0	本地参数
a_m	与第 m 个邻居的相关系数
x_m	第 m 个邻居传来的计算结果
x_0	本地计算结果
Δk_0	因本地负荷需求的风阀开度调节需求
ΔK_m	各个邻居的风阀调节
α	在[0,1)区间的系数
ΔK_0	最终的本地风阀调节量
ε	预期效率
COP_{opt}	当前工况条件下最优 COP
COP_d	预期达到的 COP
Δ	协作冷量需求

1.1 引言

随着人力成本和能源成本的增加，自动化并且节能的建筑设备系统运维日益为建筑业主特别是大型公共建筑的管理者所重视。暖通空调是建筑中的用能“大户”，也是控制起来最复杂的机电系统。建筑自动化(或称建筑智能化系统)是实现建筑设备自动、节能运行的关键。近年来针对暖通空调控制和节能需求产生的专项应用，如冷站群控、能耗分析管理、变风量控制等，其实是建筑自动化系统本就应该实现的功能。

建筑自动化并不是一项新的技术。在 20 世纪 90 年代，我国就已在大型公共建筑中普遍设计安装这一系统。伴随着信息技术的发展，建筑自动化技术也在不断更新。在通信技术上，从 20 世纪 90 年代采用的工业总线技术，到为了打通各个信息孤岛而制定标准协议 BACnet，从成熟的无线通信技术(如蓝牙、ZigBee 等)，到今天的热点新技术 LoRa 和

NB-IoT,建筑自动化领域不断引进新的通信解决方案。在集成软件方面,从早期的OPC技术,到引进互联网技术经历从C/S架构到B/S架构的转变,再到引进"软件即服务"(SaaS)的理念,我们也紧跟软件工程领域的成果。在工程上,制定了一系列工程技术规范来指导和约束从设计到验收的各个环节[2-4],并结合信息技术,设计了如组态王、Tridium这样的组网调试软件。如今,物联网、云计算、人工智能、大数据等热门技术也已经被应用在一些建筑节能优化控制项目上。

然而,虽然我们紧跟信息领域的发展,并作出了若干精品项目,但是在相当多的实际项目中控制效果并不令人满意,许多项目中的"自动化"只不过是在中央机房能实现远程人工监控,能耗水平取决于运行人员的经验和责任心,远没有达到自动优化控制的设计目标[8]。我们在各个局部技术环节的改进没有达到预期效果,有可能是系统整体架构上存在问题。

整个系统由针对各机电设备系统的控制子系统组成。每个控制子系统都采用集散式的架构,用现场控制器连接传感器、执行器等控制终端实现局部的控制;通过通信总线将现场控制器接入网络,由子系统控制中心完成其内部各个现场控制器之间的协作控制;各个子系统的控制中心再通过网络连接到中央站,实现各个子系统之间的联动控制。近些年物联网+云端大数据/人工智能的架构也被用在建筑自动化系统中,与传统架构相比,依然存在中央控制器,只是省去了子系统控制器一层,结构更扁平。

图1.1-1是典型的建筑自动化系统架构。要实现控制,总要有被控系统的信息;而在传统架构中,现场控制器、子系统控制器和中央站之间的网络连接,反映的是通信或者控制层级之间的关系,被控机电设备系统的信息只能通过在各级控制器的软件中通过配置和建模来定义。这给实际工程实施带来了困难:首先,公共建筑尤其是大型公共建筑中设备众多,要在各级控制器软件上定义成百上千设备的信息和模型并保证没有错误,是一项耗时费力的工作;其次,在软件上定义设备系统模型,要求工程人员不仅要熟悉暖通空调领域的知识,还要具备信息技术领域的技能,这要求工程人员具备跨学科的专业能力;最后,各个项目具体采用的设备系统结构和组合方式都不同,自控工程师只能结合具体情况为每个项目进行定制化的开发。综上,现有的建筑自动化系统架构与被控系统脱节,需要跨专业的工程师为项目进行定制化开发,这必然导致系统建设成本高,周期长;在工程时间紧迫的情况下,难以保证质量。

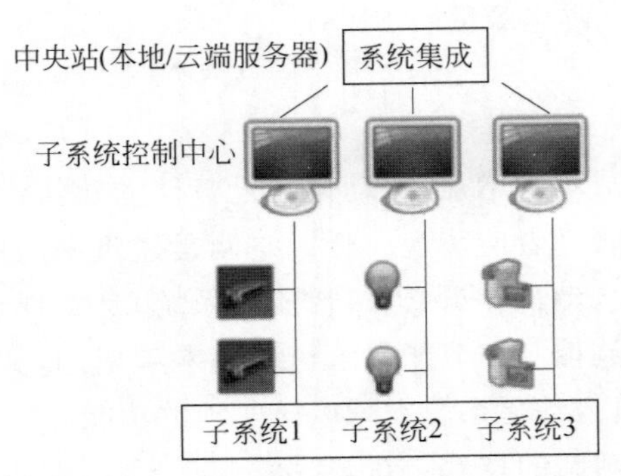

图1.1-1　典型的建筑自动化系统架构

然而,如今的建筑自动化系统架构是从工业控制领域继承来的,在工业控制领域取得了成功并一直沿用至今。为什么同样的架构却不适合建筑自动化?这是由于建筑和工业控制在成本和灵活性上的要求大不相同。首先，工业控制系统帮助业主创造价值，而建筑自动化系统帮助业主节省成本，工业对控制系统建设阶段的成本没有建筑敏感；其次，工业控制系统的要求稳定，不会像建筑一样，随着租户、使用模式、室内装修、设备更换以及运行管理团队的变化而不断调整，因此建筑对控制系统的灵活性要求高。在不断调整的需求下，如果每次调整都需要定制化开发的高成本投入，又不能在短期回收，建筑业主只有放弃建筑自动化系统。

因此，传统的分级中央式架构并不适合建筑自动化系统。我们需要一种新的架构，能够大幅简化甚至取消定制化的配置建模工作；能够灵活地适应建筑控制管理需求的变化，使控制逻辑灵活快捷地搭载到控制系统；能够打破信息技术与暖通等机电专业的门槛，让真正懂机电和节能的暖通专业实现其节能控制逻辑。

1.2　典型的建筑自动化系统架构

传统的分级中央系统架构是仿照人类社会设计的智能化系统，而自然界中还有另一种智能系统，像蜜蜂、蚂蚁等昆虫群落，鸟群、鱼群等。这些群落中个体之间是平等的，不分层级的；在完成某项工作时，没有某些中央个体指挥调度其他个体该干什么，而是靠个体之间相对平等的自组织协作完成任务；个体离开或重新加入群体，不需要注册/注销机制，对整体任务的完成也几乎没有影响。平等、自组织、即插即用，是这种群体智能的特点。用在建筑自动化领域，正好可以实现免配置、灵活组网的目标。近年来，随着信息技术的发展，在某个设备中嵌入芯片使该设备能够自我调节并与其他设备通信，已经是简单易行的事；在暖通空调领域，具备这样能力的冷机、水泵、空气处理设备也屡见不鲜，这给群智能的实现提供了支撑。

那么，能否用群智能的思路实现建筑自动化？这需要回答以下两个问题：

（1）什么是建筑自动化的基本单元？这些基本单元应像上述群落中的个体一样，是标准化的，在不同建筑中可复制的。

（2）基本单元之间如何协作？这种协作能否做到平等、自组织、免配置、即插即用？

建筑自动化系统架构的传统研究思路都是从工业控制或者互联网领域直接“拿来”成熟技术方案，但这样的架构缺乏针对建筑及其机电设备系统的思考；我们尝试从建筑和机电设备系统的特点和需求出发，回答上面两个问题，重新定义建筑自动化。

1.2.1　建筑自动化的基本单元

以往认为传感器、执行器、控制器是自动化系统的组成单元。但是，这些构件并不是建筑的组成部分，用它们作为基本单元组成建筑控制系统，面临如何在软件上定制化地定义建筑的问题。我们希望的基本单元能够尽可能多地反映建筑及其机电设备的属性，并且不失一般性，使得通过少数几类基本单元，就能完整地拼接建筑及其设备系统，并仅仅通过改变拼接方式，就能得到针对不同建筑项目的建筑自动化系统。

换个视角去看建筑控制系统，如图 1.2-1 所示，我们可以认为建筑控制系统是由若干种“空间单元”和“源设备单元”拼接而成的。

空间是构成建筑的基本单元。对应空间的控制子系统也可以看作是建筑自动化系统的基本单元，即空间单元。空间单元完成空间内所有机电设备的集成控制，包括空调末端、排

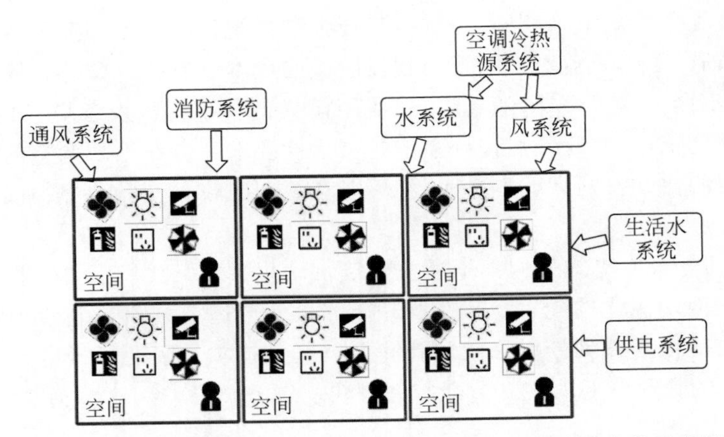

图 1.2-1 建筑控制系统由基本单元按照位置关系拼接而成的示意图

风、照明、插座、门禁、电动窗或窗帘、火灾探测器等,为空间内用户营造舒适、健康、安全的环境,并保证设备安全节能运行。空间单元彼此按所在位置拼接就覆盖了大部分建筑区域,也即涵盖了大部分建筑机电设备的控制管理需求。空间单元是标准化、在不同建筑中可以复制的。我们发现,典型空间的控制管理需求和信息内容在不同建筑中大同小异。对于每种典型功能和尺度的建筑空间,空调末端、照明、插座、传感器等都存在某种设计“模数”,即在各种典型空间中的配置密度。因此,我们可以根据各类典型空间的功能和尺寸,确定其中各种机电设备的最大数量,进而将空间单元中的描述设备运维信息的种类和数量标准化,定义各类空间单元的标准信息集,也即这一类空间的控制系统信息模型。它们是作为建筑自动化系统基本元素的几种基本单元能拼接组成各种建筑的控制系统的基础。

为空间提供各种电源、冷热源、水源、新风源的机电设备,是构成能源和输配系统的组成单元。对应每个设备的控制器(或控制系统)也是建筑自动化系统的基本单元,即源设备单元。与空间单元一样,首先,源设备单元完成设备内部的安全保护、自动调节、故障报警和能源计量等功能;其次,各类源设备单元也是标准化、在不同建筑系统中可以复制的。以冷机为例,虽然提供冷机设备的厂家不同,冷机制冷原理不同,但是从建筑控制和运维的角度所关注的参数是相同的。我们将所有冷机用于控制和运维所需要的共性参数提炼出来,形成冷水机组的标准信息集,即冷机的信息模型。在实际项目中,无论采用的是哪种原理的冷水机组,都用标准化的冷机单元去对应,作为整体建筑自动化系统中对应冷水机组的相应组成部分。采用同样的方法,可以定义水泵(包括冷冻泵、冷却泵、一次泵、二次泵)、冷却塔、分集水器、空气处理设备(包括组合式空调机组、新风机组)等空调系统中“源设备”对应的基本单元。针对具体项目,将这些基本单元按照空调水系统或风系统的连接关系进行拼接,就得到了相应的建筑自动化系统。

表 1.2-1 是按照上述思路提炼整理的几种建筑标准单元。通过对几十个实际项目进行模拟设计,我们已经初步验证用表中二十多种标准单元相互拼接完全可以覆盖这些项目的建筑自动化系统。对于日后可能出现的新型源设备形式,能用表 1.2-1 中某个基本单元对应的就用其对应;否则,也可以增加相应的标准单元定义。

表1.2-1　建筑基本单元列表

空间单元	暖通空调设备单元	给排水设备	电气设备	消防设备
办公室	冷水机组	水泵	配电柜	消防泵
走廊/大堂	锅炉	分集水器	配电箱	消防炮
客房/家居	换热器	定压补水系统	直流配电柜	消防空气压缩机
地下车库	冷却塔	储液箱体	变压器	
设备机房	空气处理设备		内燃机组	
	风机		后备(储能)电源	
	多联机室外机		新能源发电单元	
	太阳能集热系统			

1.2.2　基本单元的协作方式

上述基本单元的定义，将机电系统单元与控制系统单元进行了对应。讨论基本单元的协作方式，仍然从被控系统的特点入手分析。在各种建筑机电系统中，控制调节的对象是冷机、风机、水泵这些机电设备，但本质上是对建筑中的冷热量传递、气流传递、供水网络、人群移动、光和声音传递等这些物理过程进行调节。

表1.2-2给出了各种物理过程的描述方程。分析这些物理过程可以发现，它们大部分都可以近似为空间上的二阶或一阶过程。这意味着，这些物理过程与空间位置相关，并且空间距离近时影响大，距离远时影响小。图1.2-2给出了火灾发生时烟气和温度的扩散过程。在火源区域烟气浓度和温度最高，在周边区域依次递减。在暖通领域，当某个房间的温度升高时，首先向邻室传热，对其他空间的温度影响是逐渐扩展过去的。在中央空调系统中，虽然冷水机组是集中冷源，但冷量向各个末端的输送方式并不是像通信网络的星形连接那样，由交换机分别连接各个末端，而是由一根总管按照空间位置由近及远输送冷量。冷量一定是先到近处，再到远处的末端设备。

表1.2-2　建筑物理过程的描述方程[5]

物理过程	过程(微/差分)方程	时间阶数	空间阶数	线性
传热	$\rho c\dfrac{\partial t}{\partial \tau}=\nabla(\lambda\nabla t)+q_a$	1	2	√
辐射	$J=\sigma T^4$	0	0	×
电网	$RI=V_a$(回路) $GV=I_a$(节点)	0	1	√
水管网	$\begin{cases}AG=Q\\ \mathbf{A}^{\mathrm{T}}\mathbf{P}=\Delta H\\ \Delta H=S\|G\|G+Z-DH\end{cases}$	0	1	×
气流场	$\begin{cases}\dfrac{\partial\rho}{\partial t}+\nabla(\rho\hat{V})=0\\ \dfrac{\partial}{\partial t}\rho\hat{V}+\nabla(\rho\hat{V}\hat{V})=\rho F-\nabla p+\nabla\tau\\ \dfrac{\partial E}{\partial t}+\nabla((E+p)\hat{V})=\rho F\hat{V}+\nabla(\tau\hat{V})+\nabla(k\nabla T)\end{cases}$	1	2	×

续表

物理过程	过程(微/差分)方 程	时间阶数	空间阶数	线性
人流网	$N(\tau)-N(\tau-\Delta\tau)=Af(\tau)$	1	1	√
声音	$\frac{\partial^2 u}{\partial\tau^2}-\alpha^2\ \nabla^2 u=f$	2	2	√

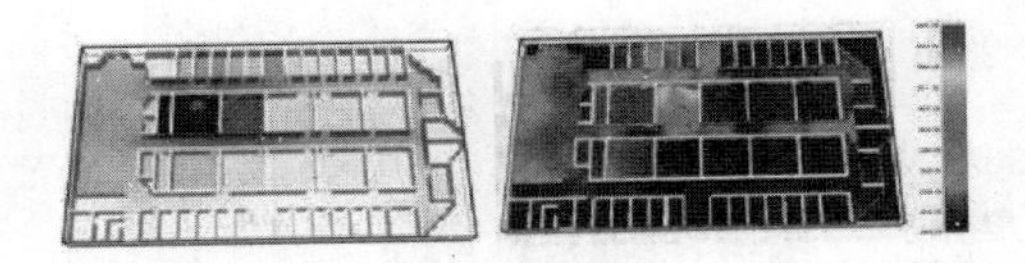

图 1.2-2 火灾发生时的烟气和温度扩展过程[5]

在建筑的各种物理场中,似乎只有变化的发起位置,而不需要某个特定的中心点;物理过程的演变是沿着空间位置关系由近及远发生的。基于这样的认识,上文定义的建筑基本单元,也即建筑控制系统的单元之间,只需要按照空间位置与邻近的单元协作。与邻居单元协作的过程模拟了物理过程由近及远的特点,因此可以不需要特别的控制中心,仅通过基本单元间的局部协作就有可能实现系统整体的优化调节。由于每个单元都与邻近的单元协作,整个系统就按空间位置连接成一整张网格状网络;同一时刻各个单元都在与邻居协作,因此这是一张并行计算网络。

按照上述分析可以设计新型建筑自动化系统示意图,如图 1.2-3 所示。图中,空间单元、空气处理机组单元、冷机单元、水泵单元、冷却塔单元等,按照空间位置关系或水管网连接关系,与邻近的且只与邻近的基本单元连接;每个基本单元都与邻近节点协作控制,以完成系统整体的优化调节。建筑及其机电系统的模型被分散存储和处理:一方面,每个基本单元各自存储了自己的信息模型,即标准信息集;另一方面,由于系统网络拓扑与建筑平面或机电系统拓扑近似,虽然没有任何单元掌握全局网络结构,但每个单元都清楚掌握局部模型,而只与邻居协作的工作机制,也使得各个单元不必了解全局系统结构。

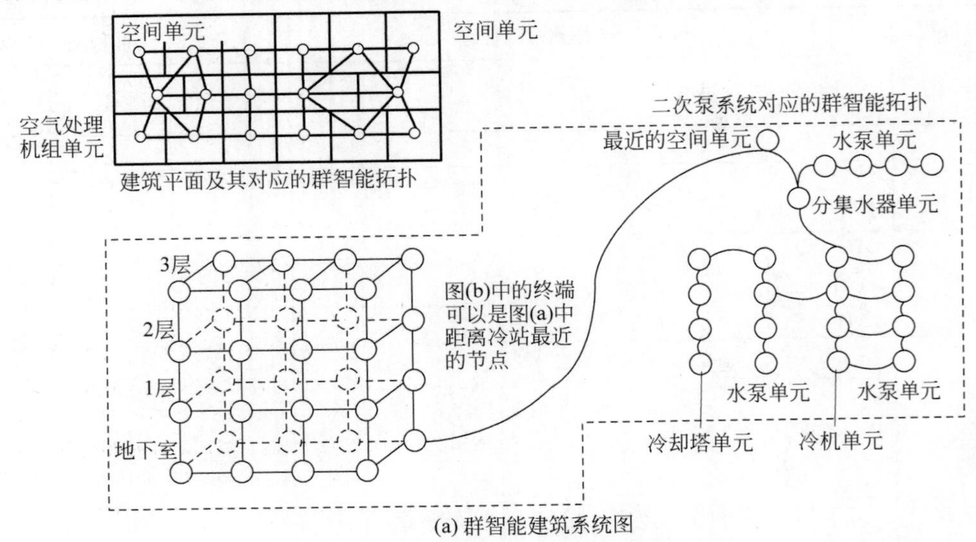

(a) 群智能建筑系统图

图 1.2-3 新型建筑自动化系统示意图

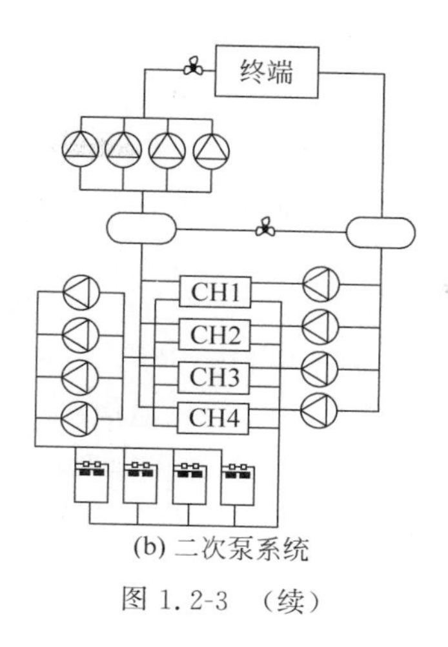

(b) 二次泵系统

图 1.2-3 (续)

1.3 群智能建筑平台

基于上述分析,我们设计了群智能建筑自动化系统,如图 1.3-1 所示。

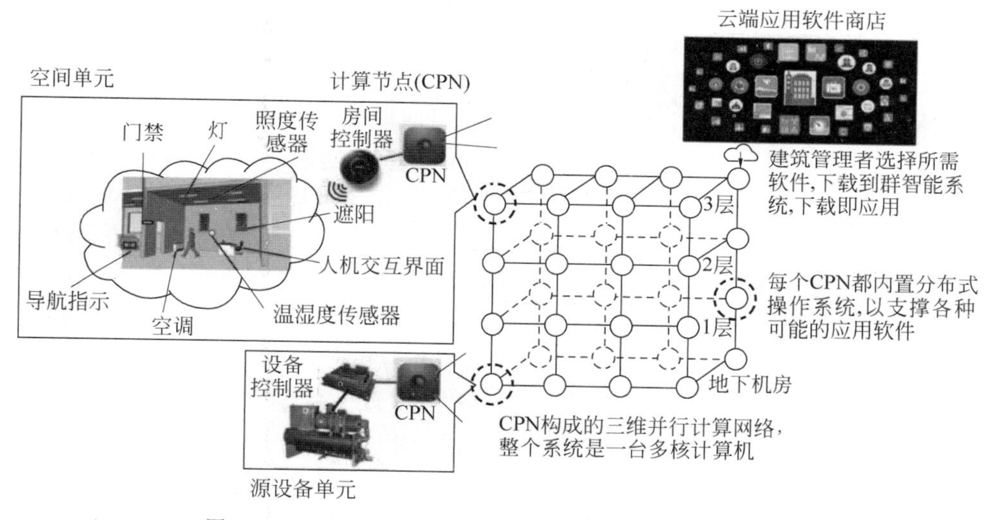

图 1.3-1 基于计算节点(CPN)的群智能建筑自动化系统

1.3.1 硬件组成

我们设计了一种计算节点(computing processing node,CPN)作为群智能建筑自动化系统的关键设备,也即构成并行计算网络骨架的硬件节点。CPN 嵌入在各个建筑空间或源设备中,使它们能够成为智能基本单元。

所谓"智能"应包含以下功能:

(1) 能够实现基本单元内部的数据采集、安全保护、控制调节、故障诊断和报警、能耗计量等。

(2) 具备自动辨识和组网能力。一方面通过内置相应基本单元的标准信息集,辨识出自己是谁，作为相应基本单元的"代理"，能够让系统中其他计算节点对应标准信息集找到本地环境与设备的运行参数，并能对设备发出设定指令；另一方面能够辨识区分出所在网络中的各个邻居节点，完成局部系统网络的识别。

(3) 具备与邻居协作计算的能力，从而能支持各种可能的全局控制管理策略。

目前，冷机、水泵、空气处理设备等源设备产品已经或正在逐步向智能机电设备转变。许多设备产品都已经开始内置控制器，完成设备内部的自动化控制调节。另外，智能传感器、智能执行器也不断完善。鉴于这一发展趋势，为了充分利用现有技术成果，CPN 主要完成上述(2)和(3)两项功能。对功能(1)，CPN 提供通信接口与源设备的本地控制器连接，从而能够对应标准数据集获取设备的运行状态，并可以对设备发出运行指令或设定值；而更底层的安全保护和本地调节等功能，由设备的本地控制器完成。当然，由于 CPN 可以获取设备的实时运行状态并可以对设备发出指令，在没有本地控制器的情况下，也可以利用 CPN 的计算能力，完成部分基本单元内部的控制管理功能。

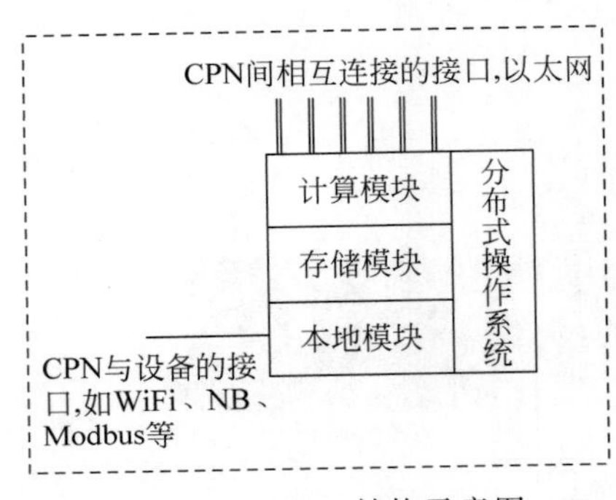

图 1.3-2　CPN 结构示意图

CPN 结构示意图如图 1.3-2 所示，它提供两套接口：

(1) CPN 之间的接口。我们用以太网线连接相邻的 CPN。以太网可靠、高速的通信能力可以保证邻居 CPN 之间彼此协作所需的高频率迭代计算。CPN 没有 IP 地址。考虑到空间有上、下、左、右、前、后 6 个相对位置，我们为每个 CPN 提供 6 个以太网口和 6 个相对地址以区分不同的邻居。

(2) CPN 是和源设备的本地控制器或传感器、执行器的接口。CPN 提供若干种标准通信协议，用来与各种设备或传感器连接。比如安装在室内作为空间单元的 CPN 提供 WiFi 或蓝牙接口与各种无线传感器、智能开关、智能温控器等连接；提供 RS-485 或 Modbus 接口的 CPN 可以与采用相应通信标准的电表、能量计、冷机控制器和各种变频器等对接；为了应用于改造项目，兼容传统方案，CPN 甚至也可以提供 AI/AO/DI/DO 等模拟信号接口。

第一套接口保证 CPN 之间连接成建筑的计算网络，如图 1.3-1 中间的三维网络所示。如果将这个计算网络视作一台整体多核计算机，那么第一套接口就可以看作是这台多核计算机内部的计算总线。第二套接口实现与建筑中各类实际机电设备的对接，如图 1.3-1 左侧空间单元和源设备单元所示。第二套接口可以看成是计算网络的对外接口，是开放的，采用常见的标准通信技术，并且可以根据具体需求和技术发展进行调整和更新。

1.3.2　面向并行计算的分布式操作系统

在传统系统中，工程师需要在控制系统公司或软件公司提供的脚本或图形工具上编辑控制逻辑。一方面，部分图形工具提供的逻辑编辑功能有限，只局限于 PID、时间表等少数几种逻辑表达形式；另一方面，计算机专业层出不穷的脚本编程语言(如 BASIC、C++、Java、Python 等)对暖通空调工程师来说学习成本较高。传统的策略编辑方式限制了暖通专业工程师将节能控制运维领域的专业知识植入到控制系统中。如何降低信息技术门槛，让真正懂建筑和机电运维的工程师能够编程，是群智能建筑自动化系统软件设计追求的目标。同时,实际项目的控制逻辑千变万化。如何能支撑层出不穷的控制管理策略的编程需求,是新系统软件架构设计的另一个难点。

我们认为,各种控制逻辑和管理策略本质上都是一系列计算。如果每一种计算都能由上述 CPN 构成的计算网络准确可靠的完成,那么编辑控制策略就等效于编辑一个计算任务序列。序列上的每一任务都是一项计算,计算的输入输出参数都对应前述各种基本单元的标准信息,读取建筑环境参数和设备运行状态反馈,并写入新的设备运行状态指令和环境参数设定值。在这样的思路下,暖通空调工程师不需要学习各种计算机编程语言和编程工具,只要能理解数学计算,就可以像定义思维导图或流程图那样定义出计算任务序列,从而完成对控制策略或数据分析管理程序的设计。图 1.3-3 是用计算任务序列描述控制逻辑的示例。图左侧是 CPN 能够实现的并行计算函数库,右侧是描述某个简单逻辑的计算任务序列。计算序列可以有条件分支。其中每一个模块或者对标准信息集中变量的操作,或者调用左侧的计算函数。编程者可以详细定义各个计算函数的输入输出参数,并根据执行的具体功能对模块命名。

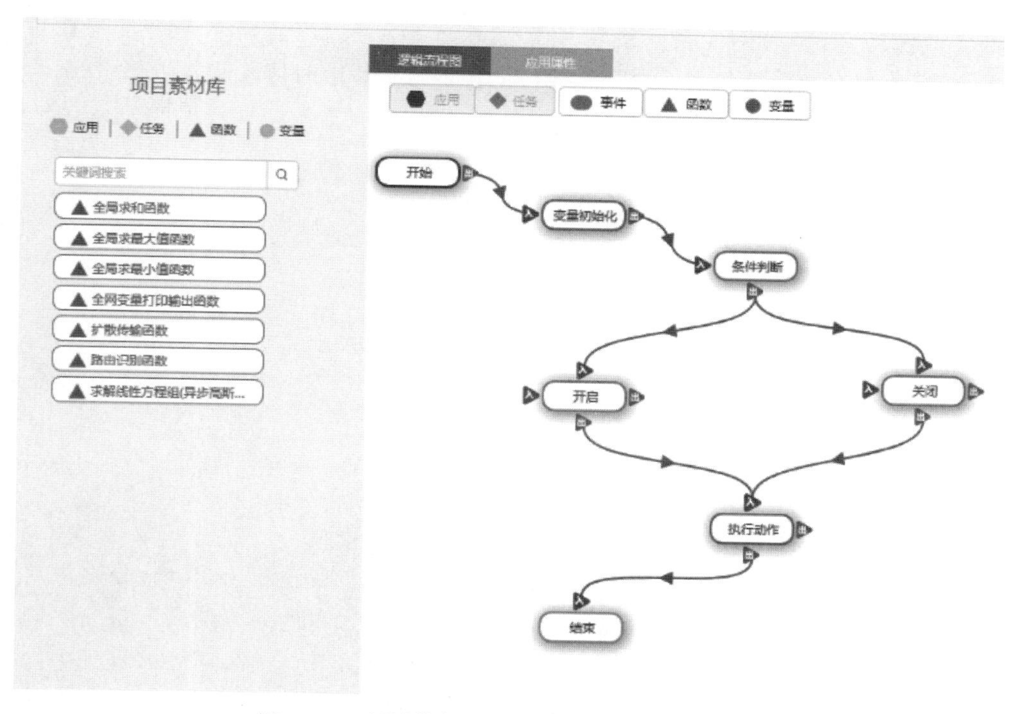

图 1.3-3　用计算任务序列描述控制逻辑的示例

上述编程方式实现的前提是 CPN 计算网络能够支持各种可能的数学计算。但是,在 CPN 计算网络中,①不允许要求任何一个节点知道全局信息,每个 CPN 只能与邻居交互;②要求所有 CPN 是平等的,拥有几乎完全相同的计算机制;③要求计算机制是通用的,算法能自动适应各种 CPN 网络拓扑和网络规模,与网络结构无关。在上述条件下,还要求计算总能够收敛并得到准确的结果或近似最优的结果。CPN 计算网络是否能实现各种可能的数学计算?我们为常用的各种数学计算分别设计了并行计算算法,并通过理论分析或硬件实验测试验证了它们的收敛性和准确性。

大部分并行算法都采用这样的机制：我们将计算拆成基本"算子"，完全相同地植入每一个 CPN。每个算子都是一小段运算，其输入来自于本地或者邻居的信息，其运算结果会发送给相应的邻居，触发邻居的算子运算。由某个或某些节点率先触发算子计算，然后计算在相邻节点间迭代进行，直到所有 CPN 达成计算完成条件。计算结束后各个节点分别得到计算结果。这种方式类似昆虫群落的协作机制：每项工作都是由群体共同完成的；依靠早就植入在各昆虫体内、几乎一致的基因代码指导个体行为，通过个体间的简单交互完成整体的任务；昆虫群落的各种行为不过是调用相应功能的不同基因代码；群体的任务可以由任何昆虫个体发起。

图 1.3-4 是一个求解线性方程组计算的简单例子。图中只有 4 个节点，它们彼此连接成环状。每个节点都有一个未知数 x_i，节点 i 和 j 之间的相互影响用参数 $a_{i,j}$ 描述，线性方程组 $\boldsymbol{A}\boldsymbol{x}=\boldsymbol{b}$ 描述了各个节点未知数满足的约束方程，其中，$\boldsymbol{x}=(x_1,x_2,x_3,x_4)^{\mathrm{T}}$，$\boldsymbol{b}=(b_1,b_2,b_3,b_4)^{\mathrm{T}}$。根据群智能建筑自动化系统假设，节点之间连接反映的是其位置关系，也即各自物理场相互影响的关系。以节点 1 为例，由于节点 1 只连接了节点 2 和 4，表明节点 1 的物理场只与节点 2 和 4 发生关系，和节点 3 没有关系。因此矩阵 $\boldsymbol{A}$ 中反映节点 1 和 3 关系的系数值为 0。由于每个节点都只允许了解本地和邻居的信息，因此各个节点只掌握部分参数，以图 1.3-4 中 1 号节点为例：

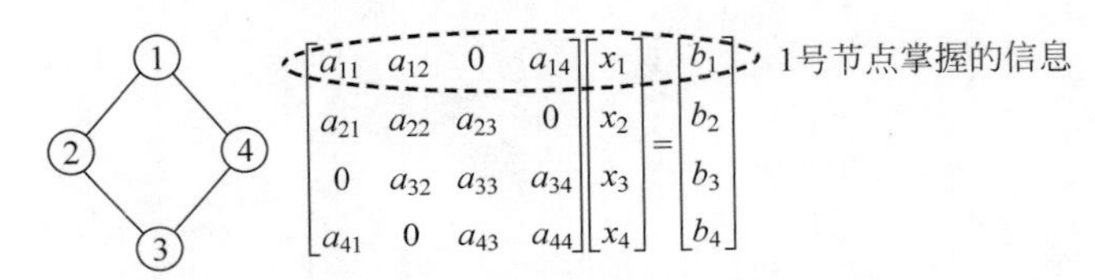

图 1.3-4 群智能求解线性方程组

$$x_0=\frac{b_0-\sum_{m=1}^{6}a_m x_m}{a_0} \tag{1.3-1}$$

$$(x_0^k-x_0^{k-1})^2<\varepsilon,\quad k=1,2,3,\cdots \tag{1.3-2}$$

式(1.3-1)为求解线性方程组的算子。其中 a_0，b_0 为本地参数；a_m，x_m 分别为与第 m 个邻居的相关系数以及第 m 个邻居传来的计算结果；x_0 为本地计算结果。每一次调用算子计算出本地的变量 x_0，都会发给所有邻居，从而触发邻居节点继续调用该算子进行迭代计算，直到每个节点两次计算出的结果满足式(1.3-2)所示的收敛条件。当系统中不再有节点触发算子，整个计算结束。此时各个节点最后计算得到的变量 x_0 就是方程的解，且每个节点只获得了与自己有关的解。可以证明，上述迭代计算在不同的规模和拓扑结构下都是收敛的，并且收敛速度不随系统规模变化[7]。

图 1.3-5 列举了 CPN 计算网络已实现的并行计算函数。从最基本的数学运算，到常用的优化算法，再到与建筑管理领域知识相关的应用算法，这些并行计算函数形成了三层算法函数库。用户可以直接调用其中的算法函数组合成计算序列实现自定义的应用程序。随着控制管理策略需求的拓展以及并行计算算法研究的深入，新开发的并行计算算法也可以补充添加到上述算法函数库中。

基本函数库	数学算法/优化算法库	常见应用算法库
• 加权求和、求积、求均值等数学运算 • 求与、求或等逻辑运算 • 求并集、求交集等集合运算 • 传输数据 • 派发表格 • 求生成树 • 求可及路由 • 自动生成全局编号(广度搜索/深度搜索) • 求解线性方程组	• 阀函数求解凸优化问题 • 遗传算法 • 神经网络算法 • 最短路径算法 • 投票算法 • 流言算法 • 蚁群算法 • ……	• 参数诊断交合算法 • 人数分布校核算法 • 紧急疏散导航算法 • 气流场计算算法 • 水管网求解算法 • ……

图 1.3-5 分布式操作系统支持的三层计算函数库

在上述对并行计算研究的基础上，我们开发了一套分布式操作系统，用来协调调度各个CPN的工作。称其为“分布式操作系统”，是因为系统中任何一项计算任务都是由CPN构成的群体通过分布协作的方式共同完成的。分布式操作系统主要有以下功能：

(1) 使CPN具备自我辨识和局部系统辨识的能力；

(2) 将标准信息集和并行计算函数库平等地植入每个CPN；

(3) 响应应用程序要求，执行并行计算任务序列，依照时序触发具体的计算任务，完成应用程序；

(4) 当系统中有多个应用程序时，调度CPN响应不同应用程序的时序，尽可能充分利用CPN计算能力，缩短应用程序完成时间，提高计算效率；

(5) 实现系统安全保护，用户和项目权限管理，在线升级等功能。

分布式操作系统对外提供一系列接口(application programming interface，API)。通过这些API可以实现变量管理、定义或触发计算、定义或触发计算任务序列、获取计算结果等功能。与分布式操作系统配套的编译环境可用图1.3-3所示的计算序列流程编译成分布式操作系统理解的API指令序列，从而将暖通工程师的思路转化为CPN计算网络能够理解执行的代码。

1.4 典型应用案例

群智能系统是可以实现跨机电设备系统集成控制管理的通用平台方案。从2016年起，陆续在办公楼、商场、体育场馆等多个类型的项目中得到应用，实现对冷热源、空调、照明、遮阳等机电设备系统等优化控制，以及环境监测、能耗计量、物业巡检等功能。在这个过程中也解决了一些暖通空调控制传统意义上的难点问题，取得了改善环境品质、提高运维效率、降低运行能耗的效果。

1.4.1 变风量系统控制

变风量系统控制一直是暖通空调系统控制的热点，我们曾在深圳某办公室改造项目中尝试用群智能系统来解决变风量控制问题。在改造前，电动风阀可以远程手动调节，但没有实时控制策略。管理人员只是根据初调节的结果，让各个风阀分别保持在某个固定的开度，以保证各个建筑区域不会过热，不会引起投诉。但建筑中许多区域存在过冷现象。此次改造业主曾考虑安装压力无关的变风量箱，但考虑到设备和工程成本，最终还是选择尝试用控制策略解决问题。

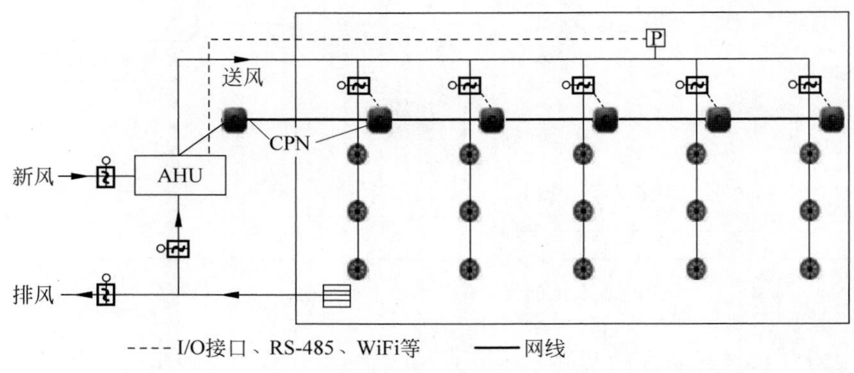

图 1.4-1 变风量案例项目风系统和群智能系统图

如图 1.4-1 所示，我们为 AHU 设置一个 CPN，实现 AHU 的控制调节；同时为每个可调节风阀所在的室内空间安装一个 CPN 节点，测量该空间温度，调节相应的风阀；所有 CPN 一起完成变风量系统的优化调节。CPN 之间按照空间位置连接成树枝状拓扑；由于风道是沿着空间敷设的，CPN 的连接拓扑也是风道的拓扑。

整个变风量系统的控制策略，包含 AHU 内部控制策略、风阀末端的本地调节，以及风阀解耦协作控制、总送风量调节 4 部分。其中，AHU 内部控制策略和风阀末端的本地调节都是基本单元内部的控制调节任务，可以选用成熟的控制算法实现[10]。需要 CPN 之间相互协作完成的，是风阀解耦协作控制和总送风量调节。

1. 风阀结构协作控制策略

各风阀调节相互影响是变风量系统控制的难点。压力无关形变风量箱通过增加串级控制环节来消除解耦各风阀的调节，从风阀动作效果来看，如果邻居风阀开度增大，即使本地的冷热量需求不变，本地风阀也会相应的增大。在本应用案例中，虽然没有压力无关形变风量箱，却可以利用分布计算实现这一效果。式(1.4-1)是风阀解耦控制算法的"算子"。

$$\Delta K_0 = \Delta k_0 + \max_{m=1,2,\cdots,6} \{\alpha \Delta K_m\} \tag{1.4-1}$$

其中，Δk_0 是因本地负荷需求的风阀开度调节需求，由风阀末端本地调节逻辑得出；ΔK_m 是各个邻居的风阀调节；α 是在[0,1)区间的系数，可以是经验值，也可以由在线自学习算法得出；ΔK_0 是最终的本地风阀调节量，是综合考虑邻居阀门变化量后的修正结果。每个 CPN 都平等的执行这一算子，对风阀开度的修正会从发起点开始，沿着 CPN 网络由近及远的扩散，修正效果依次递减，远离发起点的风阀几乎不需要修正。

2. 总送风量调节策略

总送风量调节目的是在保证各个末端风量需求的前提下，尽可能降低送风机转速从而达到节能的目的。各空间 CPN 可以根据式(1.4-1)的计算结果各自判断是否风量不足：如果风阀开度增量与当前开度之和超过 100%说明风量不足。总风量调节算法由对应 AHU 的 CPN 发起：首先通过"求与"计算判断各个末端是否有存在风量不足的情况，同时通过"求最大值"计算获得各个末端阀门开度的最大值，如果系统中有风量不足的情况，就增加风机转速，否则，如果末端风阀开度的最大值小于 90%，说明送风机转速偏高，降低风机转速；其他情况保持风机转速不变。

图 1.4-2 基于群智能变风量控制策略的房间温度和风阀开度变化曲线是风阀开度和房间温度在上述控制策略下的实际运行效果。可以看到各个风阀都在自动调节，调节过程平稳，没有相互影响导致的振荡，房间温度始终控制在设定值附近，没有过冷的区域。图 1.4-3 群智能变风量控制策略下载前后各台风机逐日能耗对比是下载运行上述变风量控制策略前后风机能耗的对比。由于末端风阀能够自动调节，避免了部分区域过冷的情况，送风机能耗大幅降低。

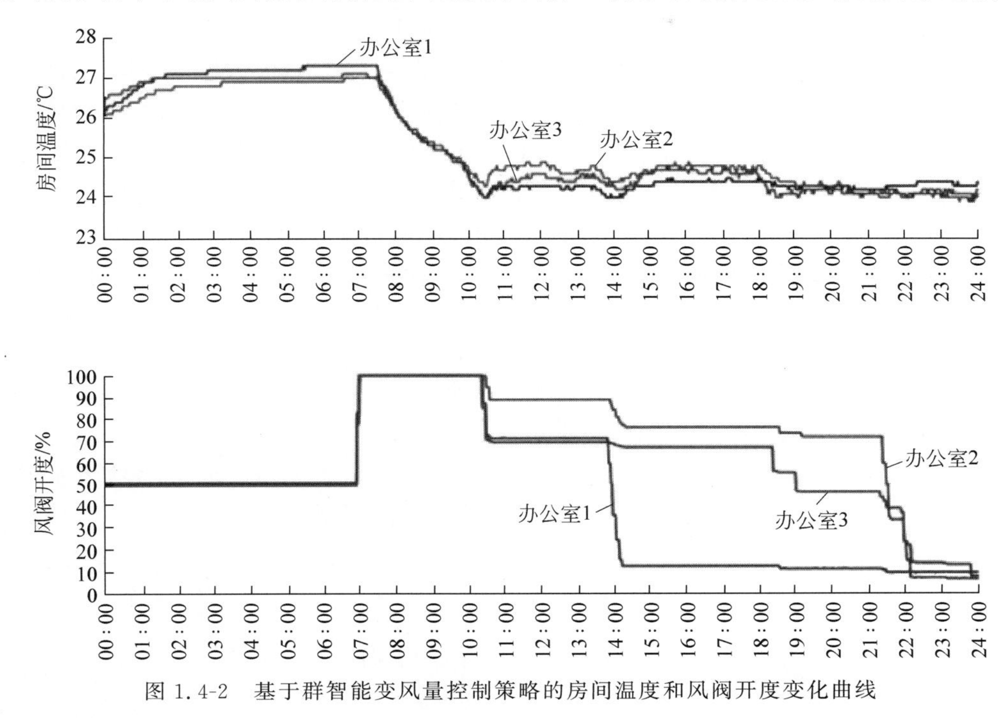

图 1.4-2　基于群智能变风量控制策略的房间温度和风阀开度变化曲线

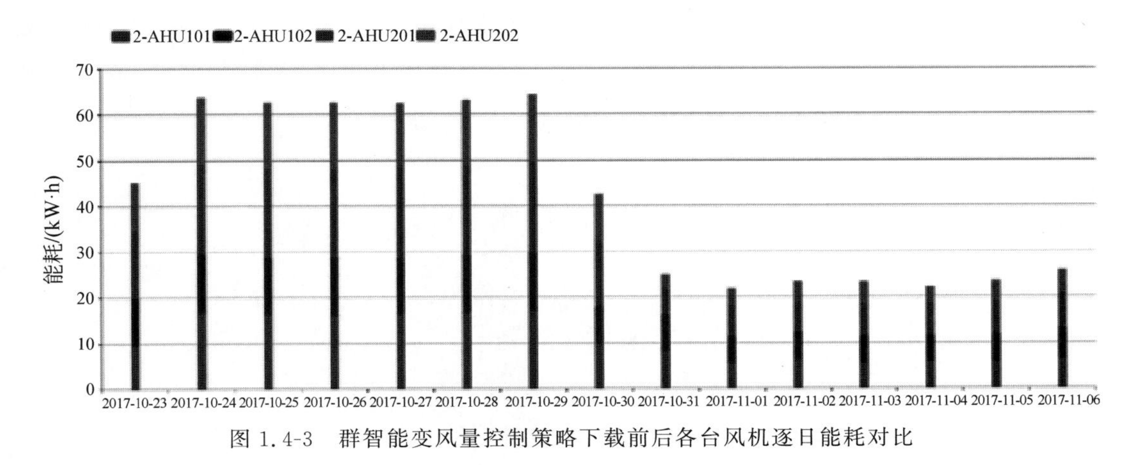

图 1.4-3　群智能变风量控制策略下载前后各台风机逐日能耗对比

1.4.2　并联冷机自动加减机控制

在大型中央空调系统中，冷机能耗通常是空调系统能耗中最主要的组成部分。冷机的台数控制本是建筑自动化系统的任务范围，近年来越来越多的业主开始将这块业务划分给冷机设备厂商。一方面,由于控制公司难以从设备厂商那里获得不同工况条件下的冷机性能曲线族;另一方面,也因为设备厂商更熟悉暖通空调专业。在实现冷站群控时,冷机设备厂商也普遍采用传统的建筑自动化技术体系;但是如前所述,由于各个工程项目的冷机台数、各冷机制冷能力冷配置等不同,在传统技术架构下控制策略需要定制化开发。这使得本来只做冷机产品的企业,还要有自动化工程管理能力,而与设备厂商熟悉的产品生产维保模式不同。群智能技术以单个冷机设备为基本单元,通过将CPN植入到冷机产品中让其升级为智能产品。群智能冷机彼此可以自组织协作实现全局优化控制。设备厂商可以延续产品生产制造的管理模式,不必担心工程管理的问题,同时又能实现冷机群控的优化效果。

群智能算法要求嵌入了CPN的智能冷机都掌握自己各种工况条件下冷机COP随负荷率代变化曲线,但任何一个智能冷机都不需要知道其他冷机的性能曲线。冷机性能曲线可以是设备厂商在出厂前内置的,也可以通过现场测试或自学习算法后期得到的。要求并联的各台智能冷机彼此连接成链状的计算网络。加入计算网络的冷机可以是不同型号,不同制冷量,甚至不同厂家的冷机。算法可以由任何一台冷机发起计算。

图1.4-4给出了冷机台数优化控制群智能算法的算子流程图。我们结合4台冷机并联的简单案例来介绍算法的工作方式,如图1.4-5所示。在算法执行之前,2、3号冷机开启,制冷量都为1710kW,1、4号冷机关闭。2号冷机发起计算。根据两器温度和水量,冷机知道自身COP随系统负荷率变化的曲线;按照图1.4-4所示算子的逻辑,2号冷机发现在当前的负荷率下,当前的工作点并不是这种工况下的最优工作点。为了达到这种工作工况下的最优效率,2号冷机保持开启的情况下还需要由其他冷机帮助它承担460kW的制冷量。于是,2号冷机将预期效率$\varepsilon=1$和协作冷量需求$\Delta=460$kW发送给它的某个邻居,即3号冷机。预期效率ε是预期达到的COP_d与当前工况条件下最优COP_{opt}的比值$\varepsilon=\dfrac{COP_d}{COP_{opt}}$。2号冷机的数据触发3号冷机计算。由于输入$\varepsilon=1$,3号冷机也追求相同的预期效率,因此3号冷机也需要其他冷机帮它承担冷量。与输入冷量累加,3号冷机输出$\varepsilon=1$,$\Delta=920$kW给4号冷机。4号冷机本来是关闭的,输入参数$\Delta=920$kW表示系统希望有冷机帮忙承担

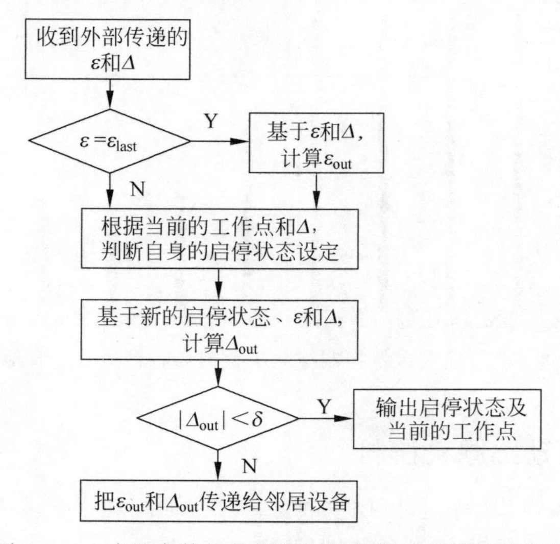

图1.4-4 冷机台数优化控制群智能算法的算子流程图

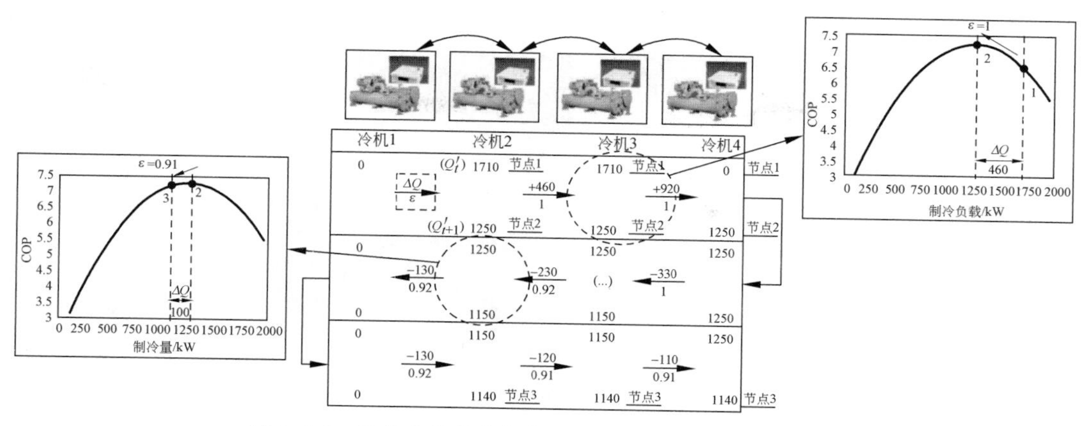

图 1.4-5　冷机台数优化控制群智能算法的求解过程示例

这些供冷量任务，于是 4 号冷机调整自己的启停预期为开启。如果 4 号冷机同样达到 $\varepsilon=1$ 的水平，冷机开启可以提供 1250kW 的制冷量，于是 4 号冷机输出 $\Delta=-330$kW，即希望其他冷机继续减小制冷量。这轮计算最终 $\Delta\neq0$，表明在所有冷机都工作在理想的 $\varepsilon=1$ 的水平，是不能满足当前供冷量需求的。因此，当 3 号冷机再次收到相同的预期效率时，下调预期效率 $\varepsilon=\varepsilon'$，然后根据新的预期重新开启下一轮迭代循环。当某个冷机计算得到的 Δ 接近于 0 时，认为相应的效率预期下，各个冷机的启停状态是可以满足供冷量需求的，整个迭代计算终止，各个冷机得到新的启停状态设定。上述迭代计算过程本质上求解特定约束条件下的凸优化问题求解过程，应用策略开发者可以调用图 1.4-5 所示算法库中的凸优化问题函数实现。

图 1.4-6 是上述冷机台数控制算法在珠海某冷机测试台项目中冷机的逐时开启台数结果，可以看到冷机台数随负荷波动自动调整，并且与理论上的最优结果基本一致。图 1.4-7 是长三角地区某大型商业项目应用上述算法在 8 月内各台冷机运行负载量的统计。图中横坐标是负荷率区间，纵坐标是各台冷机在各个负荷率下的运行总小时数。图 1.4-8 是项目中冷机在 8 月各典型工况条件下的性能曲线。可以看到，各台冷机都主要工作在 COP 较高

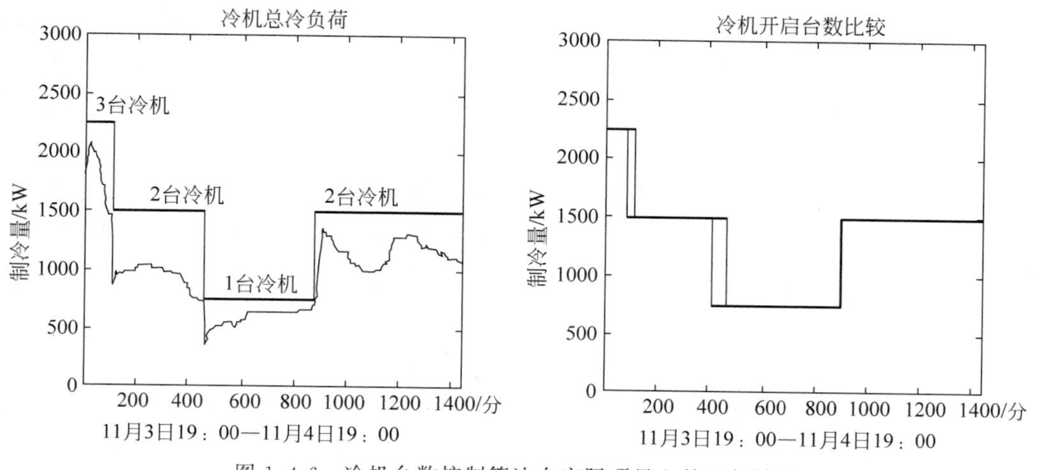

图 1.4-6　冷机台数控制算法在实际项目上的运行结果

的 60％～80％的负荷率下。

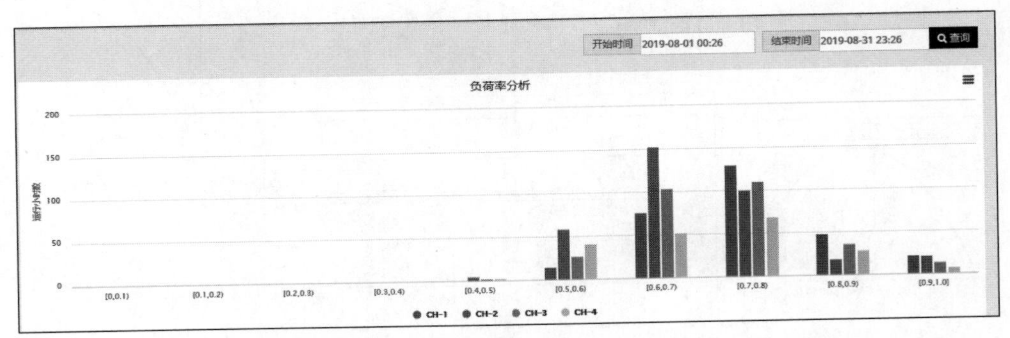

图 1.4-7　某商业项目 8 月内各冷机开启小时数在各个负荷率下的分布

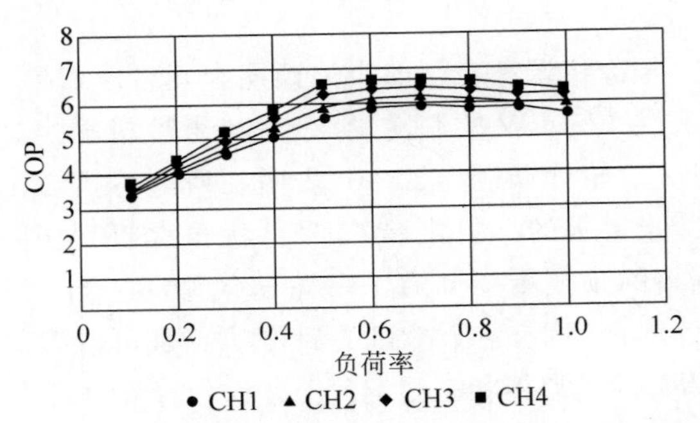

图 1.4-8　某商业项目 8 月各典型工况条件下冷机性能曲线

1.5　本章小结

本章介绍了一种仿照昆虫群落工作机制，可以自组网、自辨识、自协作的新型建筑自动化系统，同时介绍了新系统在暖通空调典型控制问题上的应用。这项研究工作的初衷是改变目前建筑自动化系统普遍存在的组网调试周期长、成本高，系统改造和策略更新不灵活，暖通空调专业知识落地困难等问题。不同于以往从工业控制或互联网领域直接继承的信息技术，这是从建筑和机电控制需求出发重新设计的新型系统。由于架构和理念完全不同，群智能系统的开发、调试、应用与传统系统相比有很多改变，也可能推动建筑控制行业在以下方面发生变化。

由传统机电设备升级为智能设备。在群智能技术架构下，每个空间和源设备都是“智能”的单元，都是可以复制的产品。建筑自动化系统是这些智能产品按照空间位置拼接成的网络。CPN 可以在机电设备出厂前嵌入机电设备，赋予设备自辨识、自组织能力，从而使机电设备能够即插即用接入系统，自动实现全局优化功能。对传统机电设备制造商来说，群智能是一套能实现产品升级，并开拓新的智能化市场的技术方案。

由定制化软件转变为更专业的通用控制软件。群智能技术通过标准信息集、分布式操作系统等将组网、建模、编程这些传统架构下需要信息技术领域专业技能的工作打包成系统自动实现的功能，从而降低了信息技术门槛。控制策略开发就可以请真正理解建筑设备系统和建筑运行管理的专业人士发挥特长。另外，群智能技术解决了控制策略对不同项目的自动适配问题，使得控制策略的开发与具体项目脱钩，有充裕的测试时间使其成为稳定可靠、在各个项目中通用的软件产品。

更灵活务实的建筑运维模式。分布式操纵系统提供开放的编程接口，使不同软件开发者的产品经过认证后都可以在群智能平台上运行。这使用户不必绑定在一家控制公司的产品上。同时，控制软件下载即运行。用户可以从海量的应用中，根据变化的控制管理需求灵活快捷的选择、下载、删除控制软件，定义个性化的建筑智能化系统。

群智能是建筑自动化领域的一次新技术尝试，在分布式算法、工程实施方法、软件编程环境等方面还需要更深入的研究，需要在更多的工程应用中不断完善。

参考文献

[1] 姜子炎，代允闯，江亿. 群智能建筑自动化系统[J]. 暖通空调，2019，49(11)：2-17.
[2] 同方股份有限公司，中国建筑业协会智能建筑分会. 建筑设备监控系统工程技术规范：JGJ/T 334—2014[S]. 北京：中国建筑工业出版社，2014.
[3] 上海现代建筑设计(集团)有限公司. 智能建筑设计标准：GB 50314—2015[S]. 北京：中国计划出版社，2015.
[4] 同方股份有限公司. 智能建筑工程质量验收规范：GB 50339—2013[S]. 北京：中国建筑工业出版社，2013.
[5] 沈启. 智能建筑无中心平台架构研究[D]. 北京：清华大学，2015.
[6] Liu Z，Chen X，Jiang Z，et al. Asynchronous Latency Analysis on Decentralized Iterative Algorithms for Large Scale Networked Systems[C]. Chinese Control Conference，2013：6900-6905.
[7] 中国智能城市建设与推进战略研究项目组. 中国智能建筑与家居发展战略研究[M]. 杭州：浙江大学出版社，2017.
[8] 江亿，姜子炎. 建筑设备自动化[M]. 2版. 北京：中国建筑工业出版社，2017.
[9] 朱丹丹. 群智能建筑控制平台技术[J]. 建筑节能，2018(11)：1-4.

第 2 章

智能建筑无中心平台架构研究

本章提要

本章主要介绍由清华大学建筑节能研究中心研发的一套新型建筑智能化系统——群智能建筑系统。建筑的信息化和智能化是当代建筑的发展趋势，然而，在实际工程运行中常见的智能建筑并不那么“智能”，导致建筑自动控制和优化运行难以在工程中普遍实现的根本原因是传统集中式系统架构引发一系列工程实践难点。本章从建筑及其机电系统，以及控制管理的需求出发，构建建筑以及各类机电系统的标准化信息模型，通过定义基本单元的标准化信息内容，定义了描述建筑及系统的通用方法；从被控对象物理过程的空间变化特点出发，重新分析了建筑运行控制任务的相关计算模型，为常见的计算设计了新的分布式计算算法，详细分析了每类计算问题的相应算法在不同网络拓扑结构和规模下的可行性、收敛性和稳定性。本章建立了群智能系统的新型技术体系，重新定义了建筑智能化系统的基本元素、网络结构、计算方式，从而设计了新型的建筑自动化系统架构，并对系统运行的稳定性和控制决策的有效性等问题，进行了全面深入的分析和讨论。本章内容主要来源于文献[1]。

2.1 研究背景介绍

建筑是工程技术的产物，兼有技术科学和社会科学的属性[2]。随着传统制造加工产业的发展，特别是 20 世纪 80 年代以来，人们开始利用信息技术将建筑变得节能环保、安全稳固和善解人意。

朱津津[3]、汤新中[4]、姜子炎[5]等学者先后对北京、上海、深圳、香港等地大型公共建筑的自动控制系统进行了调查，发现我国大部分建筑自控系统的实际运行水平较低，并没有真正实现“自动化控制管理”的功能，如图 2.1-1 所示。

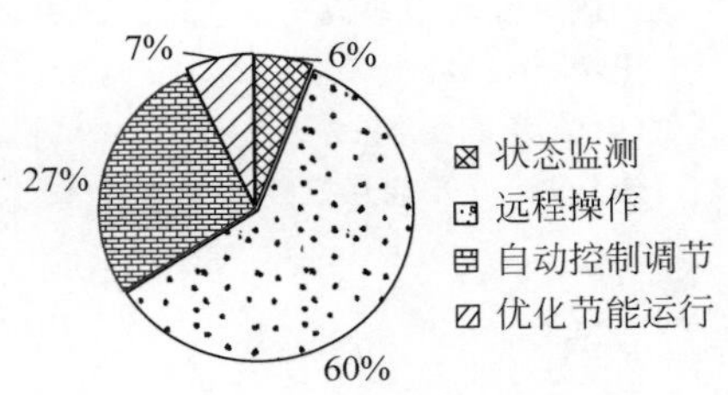

图 2.1-1 中国建筑自动化水平现状[4-5]

2.1.1 当前原因分析

各类建筑自动化系统在实际工程应用中普遍效果欠佳，总结来看主要有以下三方面原因：

一是现有的建筑自控及监测系统普遍采用分级集成的系统架构，所有终端测控点（传感器、执行器、现场控制器）都通过总线通信网络连通。整个控制系统要发挥协调、决策、优化控制和管理建筑日常运行的作用，就需要对每一个终端测控点做详细的现场配置，而在施工现场往往存在以下四点制约因素：①现场配置测控点数量极大；②系统组网困难；③自控系统随机电系统施工而更改；④施工周期短。

二是升级改造困难，关键问题在于系统组态。自控系统有多种原因需要更改，如建筑空间改造和装修等，而这些改变都需要在自控系统中重新定义节点属性、关联关系、机电系统，即进行重新系统组态。

三是跨系统功能难以实现。随着人们对建筑自动化、智能化概念认识的不断深入，对建筑自控系统也在不断提出新的要求。这些新要求大多是基于多系统信息，综合性、分析性的功能需求。建筑中现有多为单功能系统，要想实现跨系统信息共享，就要在现有若干系统的上层建立一个新系统，需要进行重新系统组态。这项工作极复杂，成本也很高。中央依赖度高，稳定性相对较低。此外，像 BACnet、LonWorks、XML/Web Service 等技术只重点解决了互联互通的通信问题，但是数据描述格式和交互操作方式并不统一，这使得不同系统的数据之间难以相互理解和融合。

过去自控系统功能纵向、单一，这个矛盾并不突出，但现在建筑能源和建筑安全等领域要求信息全面综合共享，系统需要具备在终端做出快速响应的能力，这都使得现有系统中央组态困难、信息集成效率低、封闭化等问题更为突出。

2.1.2 现代建筑运行管理的新需求

1. 具备底层信息高效共享的能力

现代建筑中，传感器和执行器作为信息终端，大量分布于建筑的各个角落，而不再是集中于大型设备。整个建筑已经被信息终端所覆盖，建筑本身就代表了一个庞大的信息网络。如图 2.1-2 所示，建筑中的信息具有显著的地理区位特征，信息之间的互操作也往往与地理区位有较大关联。

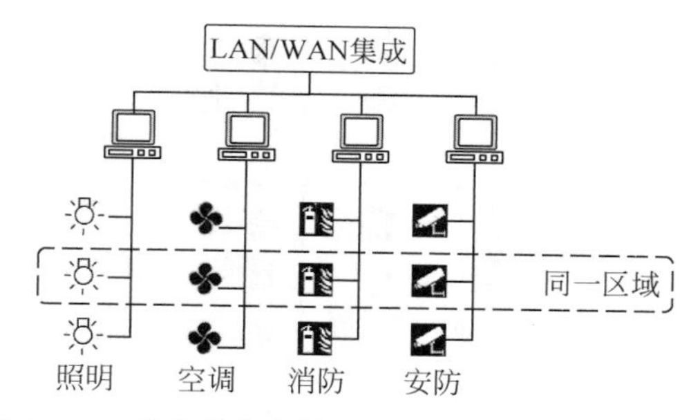

图 2.1-2 现有纵向自控系统与横向信息需求的关系

多样化的建筑功能需要大量的信息作为支撑。在传统单功能控制系统的体系下，这些信息分别归属于不同功能的子系统。而今需要根据新的功能任意组合来自不同功能系统的信息，这种信息组合是以空间区域为单位的，故建筑对信息的处理和应用从单一纵向功能体系在向区域复合化方向转变，不同功能信息和系统职能的充分共享和融合是提升建筑自动化、智能化水平的必要条件。

2. 具备自识别、自组织、自协调的能力

鉴于当下严重的现场配置困难问题，建筑自控系统必须在一定程度上实现系统组态的自动化，切实有效地降低现场配置工作的工作量和技术难度，实现在较短的施工周期内，由少量的低成本人工和大量的自动化、信息化流程完成系统的组织构建工作。只有这样才能确保丰富多样的系统功能在实际的运行管理过程中实现和应用。在后期运行阶段同样对系统组态有自动化的需求，因为很多建筑会面临二次装修或者局部调整的问题，而一个切实有

效的技术方向就是让建筑自动化系统具有自识别、自组织、自协调的能力，这样即便局部调整，仍不影响系统整体的运行效果，保证其稳定性和安全性。

3. 具备易操作、易改造、易扩展的能力

建筑自动化系统需要形成一个综合开放的平台体系，在这个平台系统中信息没有明确的功能之分，所有的数据都是平等的，可以应用于任何需要它的功能，这也是大规模信息处理的必然要求。

2.1.3 建筑群智能系统构想

建筑在大规模深度信息化的同时，不仅带来了海量数据，还促使建筑运行管理的对象在发生改变。从过去强调的对少数关键设备进行远程监测和控制，转变为如何全面高效地整合和利用建筑中的各类信息。要彻底解决信息点配置和系统组态的工程瓶颈，就要彻底解决系统中心化的问题，而不能是对某些技术细节修修补补。

1. 面向空间分布的拓扑结构

建筑为人们提供服务，依托于建筑空间，分布于空间中各种终端设备，以及各种功能的机电系统，它们共同构成一套建筑运行服务支撑体系，如图 2.1-3 所示。

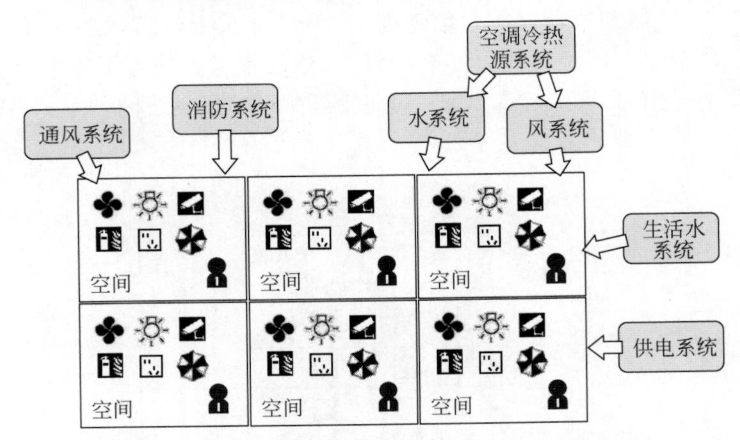

图 2.1-3 面向空间分布的功能服务系统及其关键设备

传统的自控系统是依照功能纵向设计，而建筑中各类应用服务则多以空间为单位，沿横向发生，其一，建筑中面向空间或机电系统的大量物理过程都具有扩散特性，即空间近距离相互作用的特征；其二，机电网络或跨系统的实时控制与协作是智能建筑运行的主要任务，而偶尔发生的管理类任务则相对次要；其三，特别对实时控制而言，不同设备集成的需求大多发生在同一个空间内。

因此，将整个建筑以及机电系统看作由建筑子空间和大型设备组合而成，每一个建筑子空间和大型设备都对应一个“智能节点”，称为计算节点(CPN)。CPN 标准化设计，集成管理所在建筑子空间或机电设备的各类信息，可大量复制，在建筑中即插即用。CPN 之间依照空间关系或管网关系连接形成网络，支持网络并行计算，如图 2.1-4 所示。

这样，将建筑中的各类测控信息按照建筑空间或机电设备所划分出来的基本单元，由本地控制器标准化集成管理。本地控制器与本地 CPN 通信，交互标准信息集，同时 CPN 网络

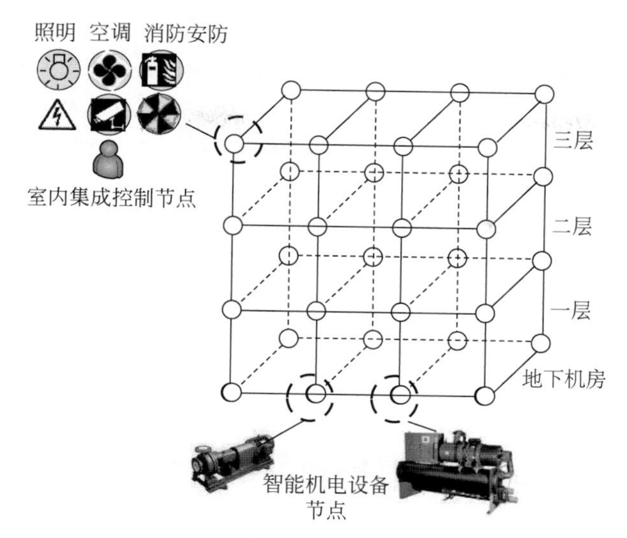

图 2.1-4　建筑无中心平台网络结构示意

负责各个空间或设备单元之间的协作和交互。

2. 标准化定义 CPN 信息集

CPN 具有信息综合处理计算、数据存储以及与相邻 CPN 数据交互的能力。CPN 中预置一套标准信息集，涵盖建筑空间或机电设备的各类信息。这套标准信息集是整个无中心系统便捷、灵活、开放的基础。

一方面，终端测控点免除全局配置。对建筑子空间和机电设备设计标准信息集，信息集是对建筑空间或设备的直观刻画，即该空间或设备范围内的所有测控点信息都纳入标准信息集。并且每一个测控点信息在标准信息集中的位置是固定的，那么当在建筑中安装 CPN 之后，通过标准信息集，就能够直接获知各项信息的具体位置、局部索引编号、物理含义，而不再需要全局配置和定义。

另一方面，可实现自动、灵活组网。CPN 作为整个系统的“基”，基于这些“基”，可以定义各类功能子网，如建筑交通网络、自然通风网络、水管网、风管网、输配电系统等。功能子网是 CPN 连接形成的物理网络上的虚拟网，所有的计算任务都在该任务对应的功能子网上完成。通过定义各种功能子网，以及在子网上运行的并行计算，便可完成各项建筑运行管理任务。

CPN 连接形成的网络取代传统集中式系统中的中央上位机，重点解决建筑中各个子空间和机电设备相互连接、协调的相关问题，而局部或本地控制问题，仍由本地控制器完成。

CPN 与本地驱动控制器(drive control unit，DCU)或数字控制器相连。DCU 连接本地的各类传感器、执行器和设备控制器，CPN 集成管理本地的所有信息，这些信息是 DCU 内标准数据表的映射。CPN 综合处理和协调本地各类信息，可实现跨系统信息快速共享，同时不取代 DCU 以下的控制管理功能。

以冷机设备 CPN 为例，将冷机的运行调控看成两个层次，一是内层调控，二是与外界系统或其他设备的相互作用。冷机自身的 DDC 或 DCU 控制器，负责冷机自身的调控、保护和运行状态监测，而 CPN 中有冷机 DCU 控制器中数据表的映射，并且依靠它实现冷机与其他冷机、冷冻泵、冷却泵的信息交互,以及这类面向系统调控的信息管理。

全部 CPN 按照空间或机电系统关联关系连接在一起,取代原来的建筑自动化系统中的上位机和通信网。对每个末端的 DDC 或 DCU 控制器来说,与其连接的 CPN 就如同是原来的上位机,从 CPN 处可以获得与全局协调控制的相关指令,同时还要向与其连接的 CPN 汇报自己的工作状态。

2.2 群智能建筑平台介绍

本节针对现阶段群智能建筑平台的组织架构、单元设计、计算模型等环节,依次分析其中存在的系统架构层面的理论问题。

2.2.1 CPN 的功能与结构

群智能系统由大量"智能节点"构成,每一个"智能节点"对应一个建筑子空间或一个机电设备单元,无中心系统中把这种"智能节点"称为计算节点(CPN)。CPN 通过通信与其对应的负责管理建筑子空间或机电设备单元的 DCU 连接,各 CPN 之间根据其地理位置相邻之间彼此连接形成网络。

每个 CPN 都是一台微型计算机,其主体结构如图 2.2-1 所示。

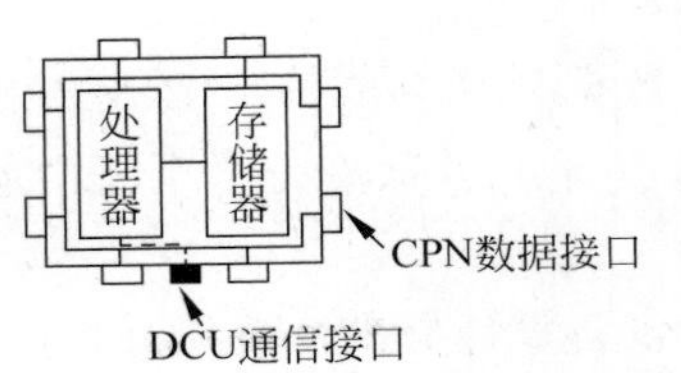

图 2.2-1 CPN 主体结构示意图

CPN 包含四个主要部分,每个部分的功如下。

(1) 处理器。每个 CPN 如同一台计算机,具有全面的信息处理、运行计算的能力。群智能平台的操作系统分布在每一个 CPN 上,各种计算任务由 CPN 组成的计算网络完成。

(2) 存储器。每个 CPN 可以存储记录对应设备或建筑空间的大量信息,包括设备运行信息、物性参数、运行反馈、设定值等。CPN 内置标准数据库,记录本地信息,所有 CPN 的数据库共同构成群智能平台的数据库。

(3) CPN 数据接口。每个 CPN 设置 6 个数据接口,支持与 6 个 CPN 连接数据线,进行数据交互。CPN 之间仅是数据线连接,只与相连接的 CPN 直接交互数据,无须寻址。CPN 之间通过相邻数据交互,形成网络并行计算模式。

(4) DCU 通信接口。每个 CPN 设置 1 个 DCU 通信接口,DCU 负责管控子空间或设备的所有测控信息、局部控制器,CPN 与 DCU 相互通信,按照标准数据库实现信息交互,其通信方式可以支持多种通信协议,从而使得 CPN 可以与目前的各类 DCU 产品兼容。

CPN 与整个群智能平台以及底层测控信息的关系如图 2.2-2 所示。

2.2.2 CPN 与标准信息集

群智能系统中对建筑空间和各类机电设备预定义了一套标准信息集,即建筑空间、冷机、水泵等都分别对应一套标准数据库来描述。每一个 CPN 中都内置所有标准数据库,当 CPN 与现场 DCU 相连后,通过信息交互,CPN 会获知该 DCU 对应的是建筑空间还是冷机,或是水泵,从而自动形成对应于该 DCU 的数据库,与 DCU 的数据库自动匹配,建立数据映射。

另一方面,DCU 根据自己所管控的对象属性,设置有相应的标准数据库。例如,DCU

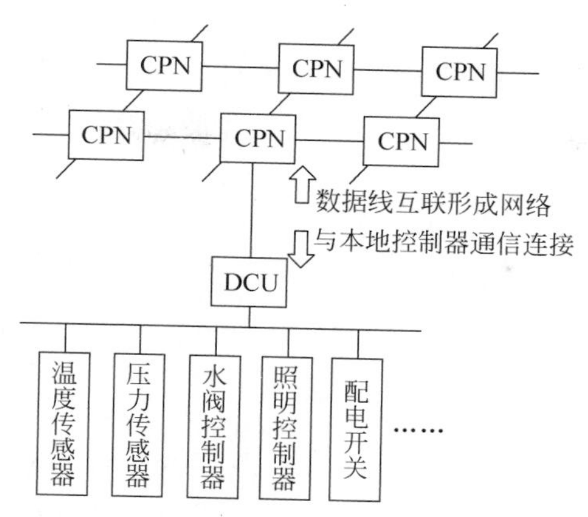

图 2.2-2　CPN 与整个群智能平台以及底层测控信息的关系

管控一个建筑子空间，配套建筑空间的标准数据库；DCU 管控一台冷机及附属设备，则配套冷机的标准数据库，如图 2.2-3 所示。

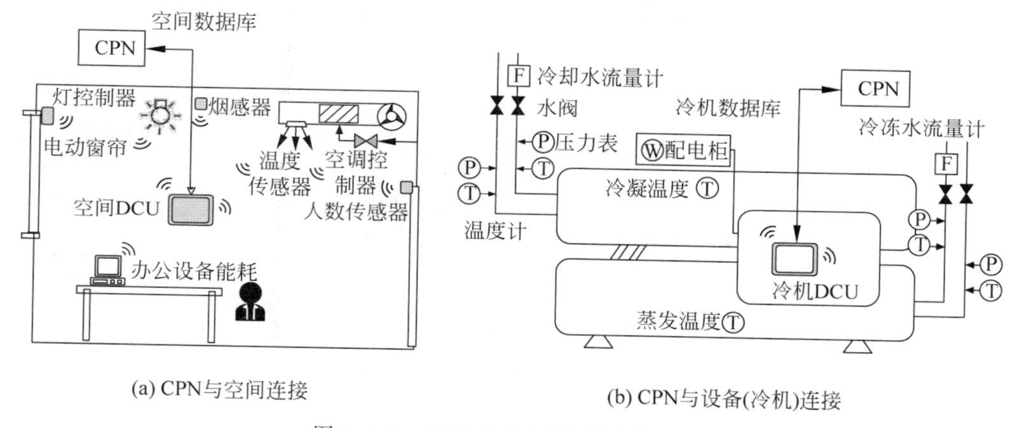

图 2.2-3　CPN 与 DCU 连接现场示意

设置标准数据库是群智能平台灵活性的基石。向上 CPN 组成网络，标准数据库为系统开放应用软件编译提供基础。应用软件设计过程中，无须知道测控点在建筑现场的具体位置、具体编码，只需要依照标准数据库设置采样矩阵即可。软件在现场 CPN 上安装后，便可根据设定从标准数据库读取所需的信息；实现功能应用灵活设置，安装软件便可使用，无须现场组网配置。

向下 CPN 与 DCU 连接，形成数据库映射，获取对应区域或设备的信息。当底层测控点发生改变，更换设备、增减测控点时，只要其标准数据库不变，就不会对 CPN 造成影响。CPN 只维护一套标准数据库，基于标准数据库与 DCU 进行信息交互。例如，标准数据库中 5 号数据是“房间空气温度”，若底层有温度测点，那么 DCU 的数据库中 5 号数据对应该传感器的测量值，从而映射到 CPN 数据库中的 5 号数据；而当底层没有测点时，DCU 数据库中 5 号数据处于默认值状态，映射到 CPN 中 5 号数据也处于默认值。无论底层采用什么设备、什么数据形式、什么通信协议，CPN 都与 DCU 映射标准数据库。

在这种平行网络计算模式下，系统中每个 CPN 都具有同等的处理模式和计算能力。在处理任何一项实际运行控制任务时，相关 CPN 都会参与计算，并且每个 CPN 的计算量基本一致。尽管每一个 CPN 的处理能力有限，系统的计算能力将随着网络规模的增大而增加。系统充分利用每个 CPN 的信息处理能力，提高整体的综合计算效率。

2.2.3 并行计算模式

CPN 按照建筑空间关系和机电系统管网关系连接形成的网络，整个网络就是一台"大计算机"，与原集中式系统中的中央机发挥同等的作用，只不过是将一台计算分拆成分布于建筑空间中的各个 CPN 中。

群智能计算网络中，每一个 CPN 都具有等同的计算能力，CPN 内部预制有标准数学函数库，以确保任意 CPN 都具有独立处理计算任务的能力。基于标准数学函数库和相邻 CPN 交互数据的基本规则，可以根据工程问题的需要编译网络计算程序，实现建筑运行管理任务。

对于任何系统计算问题，相关 CPN 均基于对应的计算网络，采用并行模式计算完成。系统采用并行计算模式，信息于本地采集、本地计算、本地使用。定义标准网络算子，将各类功能应用转化为基于标准算子的编译工作，使得系统易于理解和操作。

2.3 系统对象概念分析

建筑群智能平台的服务对象包括建筑物理环境和各类机电系统及设备，如表 2.3-1 所示。

表 2.3-1 建筑物理环境与各类机电系统的基本单元和网络构成

对　象	基 本 单 元	连 接 关 系
建筑本体	建筑空间(房间) 如办公室、客房、走廊、机房	空间几何关系
人员分布	以建筑空间(房间)为基本计数单元	建筑内交通网络 门，走廊，楼梯，电梯
人员流动	以建筑空间(房间)为基本计数单元	建筑内交通网络 门，走廊，楼梯，电梯
空气流动	网格模型：划分空间微元体，以建筑空间为基本边界	空间内划分的网格
	区域模型：以建筑空间为基本单元	门，窗，中庭，竖井
热扩散	以建筑空间为基本热集总参数单元 热源(人、灯、设备)	内外围护结构传热 外窗辐射 门、窗空气流动
污染物扩散	以建筑空间为基本集总参数单元	门、窗空气流动
水系统	用水终端：水龙头，散热器，空调盘管 源设备：水泵	水管道
风系统	气流终端：送(回)风口，变风量箱 源设备：风机	风管道
空调系统	空调终端：换热盘管，散热器，室内机，送(回)风口，变风量箱 源设备：冷站，锅炉，换热器	水管网 风管网 制冷剂网(VRV)

续表

对　　象	基　本　单　元	连　接　关　系
供电系统	终端设备：用电设备，位于房间、机房等 源设备：变压器、配电柜	输配电网
照明系统	终端设备：灯，位于房间、机房等	无
消防系统	烟感器，温感器，喷淋，防火卷	水管网 风管网 输配电网
安防系统	闭路电视，门禁，红外人数记录器，应急照明，疏散指引	建筑内交通网络

具体而言，建筑物理环境包括建筑空间本体、人群在建筑中的分布状况、室内温湿度环境、污染物浓度分布、光照环境、CO_2 浓度分布与新风流动等。机电系统则包括供电系统、暖通空调系统、照明系统、消防排烟系统、应急疏散系统、生活用水系统等。

当我们提及这些特定的物理环境或机电系统时，都对应着明确的功能服务诉求，这也是传统建筑信息系统围绕着单功能作产品设计的逻辑出发点；而现在，需要摒弃功能服务的约束，重新审视各类物理环境和机电系统的基本特性，寻求不同类型、不同功能系统之间的共性特征，以便建立通用化的建筑模型，对不同类型的建筑和不同功能的系统具有普适意义。

2.3.1　基本单元的概念

观察上述各类物理环境和机电系统，并对照它们与建筑本体的关系，不难发现：所有功能系统都广泛分布在建筑空间中，并且其地理位置几乎永远固定。这意味着，无论一个设备或信息点隶属于什么系统、发挥怎样的功能，空间位置是其最基本的属性，也是其在任何一个功能服务系统中区别于其他设备或信息点的关键属性。另外，从表 2.3-1 可以看出，建筑空间中汇集了几乎所有建筑物理网络和机电系统的基本单元，即建筑空间是各类功能信息的基本集成单元体。在一个建筑空间内，所有相关信息点共享空间位置属性；这也使得在这个范畴下，所有的信息是平等的，不在乎功能系统的归属。

除此建筑空间以外，各类功能的机电系统中还包括一些不属于某个子空间，为这个建筑或多个建筑空间提供服务的机电设备，如变压器、水泵、冷机等。这些机电设备通常统一安放在专属机房中，也对应有空间位置属性，但其在建筑中的特殊的功能性必须给予充分考虑，典型的建筑空间中所定义的信息集已经不能涵盖这些特殊功能，所以需要单独定义。

2.3.2　系统的组合形态和网络化

建筑中的各项服务功能是通过真实的物理环境和机电系统实现的，前文所描述的建筑空间和源类设备两种基本单元，还不足以支持基本单元之间的信息沟通和协调，无法完成各项运行管理任务。因此，需要基于空间和设备基本单元，定义相关机电系统和功能网络。考虑到基本单元已经集成了建筑空间或机电设备详细的信息，因此机电系统或物理网络的描述工作等价于定义基本单元之间的连接关系和信息交互的内容。

将基本单元之间的连接类型应用于建筑中常见的物理网络和机电系统，就构成了建筑中各项运行管理任务的基础。有的任务直接基于某个网络，或在该网络上生成控制子网；

例如,冷冻水泵根据顶层某房间室内温度控制台数和频率,该控制问题可基于冷冻水输配系统生成顶层房间 CPN 到冷冻水泵 CPN 的子网,以支持执行控制任务。也有的任务与多个网络相关,其中有些 CPN 同时属于不同的网络,此时可根据这些多重属性的 CPN 将多个网络拼接起来,生成控制网络;例如,冷冻站、冷冻水系统以及空调风系统,联合传感器故障诊断,涉及三个设备系统,通过冷冻泵 CPN 将冷冻机房设备群网络与冷冻水系统相连接,空调箱 CPN 将冷冻水系统与空调风系统相连接,从而组合成一张支持多系统传感器联合诊断的网络。

2.4 运行任务及案例分析

2.4.1 建筑运行任务

建筑中常见运行任务包括三方面:系统状态监测,机电运行控制,管理与操作。

建筑机电系统提供安全、稳定、舒适、健康的环境,依赖于各类功能系统或网络的正常运行。而今建筑的服务功能日趋多样化,对机电系统的运行水平提出了更高的要求,这就使得监测并掌握建筑环境和各类机电系统的详细运行状态变得尤为重要。系统状态监测的任务就是,根据大量的测量数据,分析并修正测量结果,得到更准确的建筑状态信息场,并以此为基础对未测量和不可测量的状态信息进行估算,从而得到全面的建筑运行状态信息,以指导具体设备或系统的运行操作。

从群智能建筑系统的角度来看,所有运行任务案例可被重新梳理为四大类:扩散问题、求和问题、分配问题和单点问题。

对于扩散问题,其问题模型和计算过程与物理扩散现象类似,即在短时间内,每个 CPN 只受到本地和相邻 CPN 状态变化的影响,整个问题通过 CPN 之间的信息交互而解决。建筑运行任务中,测量误差修正、运行参数识别、系统控制三大类中有许多具体问题都属于扩散问题。扩散问题包括火灾报警校验,房间人数修正,传感器半参数故障诊断,燃气泄漏浓度场模拟,识别无组织新风,压力相关变风量系统前馈调节和火灾逃生智能指引等。

求和问题通常对应前述的主从域连接网络,主 CPN 根据所有从属 CPN 信息的统计结果进行控制决策,从属 CPN 之间地位平等,没有先后次序。面向输配网络的监测与识别、控制与管理通常都属于求和问题。从属 CPN 也可以只有一个,对应人机交互中常用的远程读取和远程操作。具体的求和问题包括自来水系统定压控制,空调箱送风温度测定值,停车场排风机启停控制,数据查询与远程操控等。

分配问题对应由若干 CPN 组成的子系统,其问题模型中对该子系统给定一个总量参数,系统内 CPN 之间通过信息交互、协商或博弈,使得整个 CPN 群的运行状态能够(在一定条件下)满足外部给定的总量参数。建筑运行任务中,面向设备组的群控、面向输配网络的监测与识别往往属于分配问题。具体的分配问题包括变频水泵组优化控制,冷水机组群控,终端能耗计量与拆分,空调风系统传感器故障诊断等。

单点问题是人们比较熟知的一类问题,特别在本书中,建筑空间和许多机电设备都是集成了本地大量相关信息的智能设备,对于各类发生在建筑空间内部或设备自身的运行控制问题,都属于单点问题,例如办公照明节能控制,制冷机运行能效诊断等。

群智能建筑系统通过对这些基本问题的分析和求解,建立了解决所有运行管理问题的方法架构，简化具体工程问题底层分析建模的过程，使整个系统具有更强的适用性和易用性。

2.4.2　群智能建筑平台数学模型

本节尝试建立建筑信息系统的数学模型，从数学定义和建模的角度刻画各类基本问题。

对于扩散问题，常用的算法包括 Jacobi 迭代[7]、迫近梯度法[8]、对偶法[9]。求和问题由生成树支持其计算，由于此类问题的函数通常具有嵌套不变性，因此，可以基于已有的生成树网络进行并行计算。

分配问题常见的形式是线性约束的凸优化和启停决策问题，对于连续凸优化问题，对偶法和迫近梯度法均可适用，只是在计算网络架构上略有不同。对于启停决策问题，上述经典的优化方法均不适用，本书推荐采用模拟退化算法。模拟退火算法是一种通用的优化算法，基本思路是基于 Monte-Carlo 迭代随机寻优，可理论证明该算法依概率收敛到最优解。不仅可用于求解启停决策问题，也可适用于连续凸优化问题。

在实际工程中，这四类基本问题往往不是单独出现的，我们把同时包含多种基本问题的运行任务称为混合问题。在多数情况下，采用串级控制的思路，混合问题可以很容易地分解为若干基本问题。

总体来看，建筑中的各类运行问题可以直接或间接地转化为四类基本问题，并且每一类问题均可利用群智能网络有效求解。

2.4.3　案例简介与分析

本节以某栋商业写字楼为例，介绍群智能信息系统在该建筑中，从系统设计到施工构建，再到后期运行和改造的全过程。

1. 设计、施工过程描述

群智能系统具有 CPN 工业化预制、现场即插即用、自组网的特性，这使得群智能系统与建筑的配套过程与传统的集中式自控系统有极大的不同。图 2.4-1 比较了群智能系统与传统系统的设计流程和施工流程。

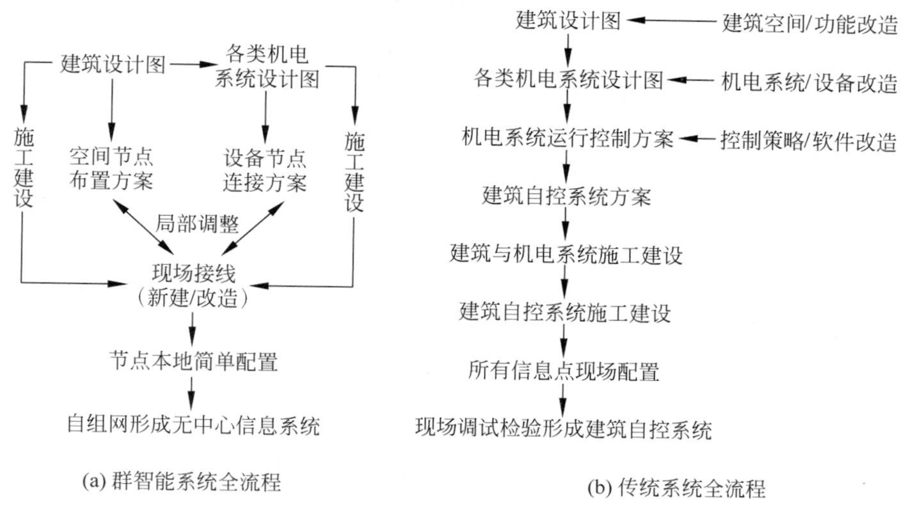

图 2.4-1　群智能系统与传统系统的系统设计流程与施工流程对比

该建筑从设计阶段就考虑采用群智能系统，来实现建筑的信息化和智能化。在设计阶段，群智能系统设计与机电系统设计可并行进行；传统自控系统设计则遵从串行流程。信息系统的设计主要包括确定智能CPN安置位置，以及CPN间的连接。由于系统无须全局配置和定义，具有自识别、自组网的能力；因此，空间CPN和设备CPN的设计可以独立进行。而传统自控系统设计流程，一定要等待机电系统设计完成之后，再单独对整个建筑的各类系统、各项功能配置自控或监测系统；这种串行的流程很容易导致自控设计时间紧迫、专业沟通难度大等问题。

在施工阶段，对于建筑空间中的测控点，与本地空间的DCU通信连接，DCU按照标准信息集整理排列这些信息点。CPN与DCU连接，自动识别DCU中的信息集，与CPN内部预制的标准信息集进行匹配，镜像获得DCU中的信息内容，从而完成信息的网络化配置。对于设备而言，所有设备在出厂时都已按照各自设备类型的标准信息集集成了设备自身的各类测控信息，并与设备自身控制器(DCU)相连接。设备在现场安装后，CPN便可直接与设备的DCU相连，通过识别、匹配和数据镜像，获取设备的信息。CPN连接后自组网，连接计算机便可查阅整个CPN网络。因此，工程人员可以通过图形识别软件或人工来补充或修改CPN中的信息。例如，通过CAD图纸识别，对空间CPN物理命名，如“办公室301”“制冷机房”。或是人工修改部分信息，如空间尺寸、门窗个数等。

由此可以看出，无中心系统的现场工作比较简便、专业难度较低。而传统自控系统的现场工作，需要对每一个信息点和终端设备(传感器、执行器、控制器、面板)进行全局编码，定义逻辑关系和路由，并完成与中央机的信号连接、通信系统和控制系统调试。整个过程工作量大、专业要求高、流程复杂。

在运行过程中，系统功能、控制策略都以软件的形式在系统中运行，群智能系统可随时改换。当发生建筑或机电系统改造，只需要根据改造结果调整局部CPN接线，便完成相应控制系统的改造。而传统自控系统难以改变既定的功能，当建筑或机电系统改造后，配套的自控系统需要从头至尾重新设计和配置。

2. 典型应用案例

应用在此楼中的五个典型应用案例包括办公照明节能控制、能源分项计量监测、逃生疏散动态引导、冷却泵自控改造和空间改造与人数校验。前三个侧重于跨功能信息交互，以实现更好的服务；后两个侧重于建筑或系统出现局部改造的情况下，系统如何快速调整，满足运行需求。对于各案例具体实现方法如下。

办公照明节能控制：该控制过程同时涉及传统自控系统中的照明系统、遮阳系统和安防系统的相关信息。从控制过程实现过程可以看出，群智能系统十分简便地支持了终端跨功能系统信息共享，相邻CPN交互数据校验数据场的功能。

能源分项计量监测：配电系统中配电抽屉以及配电箱都设置有相应的智能CPN，获取能耗相关信息，并记录本地能耗数据；同时每一个空间CPN都对应有该空间区域内的各类终端设备，在运行过程中，通过综合本地设备运行状态信息和上级计量信息，可获得各类终端设备的能耗估计值。基于这些分布于建筑中的能耗数据，可以向建筑运行管理者提供一套移动式能源监测系统。这套系统的核心是通过已计量的能耗数据和各类终端设备的运行数据，对设备能耗进行更详细的识别和校核，得到较为详细的分项能耗数据，服务于系统控制和人员监测管理。

逃生疏散动态引导：可以根据室内火灾发生的地点、火情状况、人员分布情况，通过能够指示不同方向的应急照明指示牌，对人群进行最合理的疏散，避免人们因经验路径，导致生命财产损伤。

冷却泵自控改造：计划对冷却系统进行控制改造，包括冷却塔风机变频控制出塔水温和冷却泵定温差变频控制。这就要求三台冷却泵作为水泵组，联合调节，而不是与冷机对应关联。

空间改造与人数校验：房间人数是机电系统运行、安全防控的重要信息。该建筑办公区和机房设置有门禁系统，具有身份识别功能和粗略人数记录功能。所有门安装有红外传感器，可监测人员流动情况，记录进出该区域的人数。各个建筑区域设置闭路影像，影像系统具有人数识别、人脸识别的功能。

此案例的成功实施验证了建筑群智能信息系统的工程可行性和有效性，以及与传统楼宇自控设计运行全过程的差异。

2.5 本章小结

本章介绍了群智能系统架构，包括系统的基本单元、网络结构、通信方式、计算方式等，并对新系统的可行性、基本元素和系统架构设计方法、系统运行稳定性和有效性等问题，进行了全面深入的分析和讨论。本章的重点放在以下几方面：

第一，从建筑及其机电设备系统的本质特点，建立新型的群智能系统架构。本章分析了建筑自身以及建筑内的各类机电系统的基本特质，提出用标准化基本单元和基本单元组成的网络来描述建筑与系统的方法。将建筑与系统看作是建筑空间和源类设备两种基本单元的组合，通过定义基本单元的连接可以描述各类建筑环境场和机电系统网络。为每一种基本单元都定义了标准化信息模型，对应集成了一个建筑空间或源类设备相关的各项信息，打破不同信息归属不同功能系统的屏障，实现了多信息跨功能底层高速共享，也为新系统支持各式各样的应用需求提供了完善、开放的数据平台。

第二，从建筑及其机电设备系统的控制管理需求出发，在上述由建筑基本单元构建的系统架构下，对建筑自动化控制管理相关的基础数学计算问题进行归纳分类。建筑运行管理任务包括系统状态监测，测量修正与参数识别，机电设备及系统自动控制，远程查询与操作，设备故障诊断等。本章从计算过程与网络结构体的相关程度的角度，将相关的算法问题分为四大类：扩散问题、求和问题、分配问题和单点问题。分别定义和描述了每一类问题的特性，结合大量应用案例对四类问题进行验证，并详细说明了每一类问题对应的应用和功能属性、结构特性、描述方法以及网络求解方法。由此，群智能系统在网络配置和计算模式定义等方面，只需适配这四类问题，便可以有效支持各式各样的具体工程问题。四类基本问题的定义，为群智能系统网络计算架构和计算体系设计提供了理论基础。

第三，通过建立数学模型和理论分析阐明针对各类计算问题的相应群智能算法的稳定性和有效性。采用数学建模的方法，标准化定义了建筑信息系统、问题组网方法以及四类基本运行问题。针对每类问题网络计算的可行性、收敛性、稳定性，并对混合问题分解、异步迭代收敛性都做了一些讨论。建立系统的数学模型，并对基本问题的网络计算性质进行理论分析，为群智能系统在实际运行中的可行性、稳定性、有效性提供了理论基础。

通过本章的讨论，我们认为以下问题还有待于进一步研究和完善：

（1）确立建筑基本单元信息集描述方法，形成行业标准，以便进行建筑群智能系统平台化建设。

（2）针对群智能系统并行计算的特性，深入研究四类基本问题在群智能系统中的标准求解模式，并对各种算法进行优化，以提高系统的综合效率。

（3）分析复杂问题在群智能系统中的求解方法，例如矩阵特征值、集合排序等，虽然这些问题不常用，但有必要研究快速有效的求解方法，进一步提高系统的适用性和有效性。

（4）对常见的应用问题，例如水泵群控、冷机群控、照明控制、传感器故障诊断等，总结标准化的组网和求解方法，形成软件，适用于实际工程。

参考文献

[1] 沈启. 智能建筑无中心平台架构研究[D]. 北京：清华大学，2015.
[2] 朱颖心. 建筑环境学[M]. 2 版. 北京：中国建筑工业出版社，2005.
[3] 朱津津，贾福伟. 我国智能建筑的发展趋势及对策[J]. 工程设计 CAD 与智能建筑，1998，4：20-22.
[4] 汤新中，胡英哲. 我国智能建筑现状及发展趋势[J]. 科技成果纵横，2008，3：44-45.
[5] 姜子炎. 建筑自动化系统的信息流研究[D]. 北京：清华大学，2008.
[6] 姜子炎. 建筑自动化系统的新探索[D]. 北京：清华大学，2010.
[7] 沈艳. 高等数值计算[M]. 北京：清华大学出版社，2014.
[8] 张贤达. 矩阵分析与应用[M]. 2 版. 北京：清华大学出版社，2013.
[9] 王开荣. 最优化方法[M]. 北京：科学出版社，2012.

第3章

群智能建筑智能化系统平台技术

本章提要

本章主要介绍群智能,一种物联网技术的新型建筑控制系统架构,该架构具有以下传统方案缺少的特点。第一,对于建筑空间单元和控制设备,它具有内置的智能体模型。第二,它有内置的连接模型,可以在空间单元和控制设备之间直接连接。第三,它为每个空间单元和控制设备分配带有6个数据端口的智能控制器。这些控制器相互之间根据连接模型由数据端口进行通信。第四,它将各种建筑操作/管理命令分解为在智能控制器上运行的计算任务,并依赖邻近控制器之间的协作来实现命令的预期效果。与传统的集中式解决方案不同,这种新架构允许在建筑真正建成之前就开发建筑控制系统,并简化了建筑控制系统的安装和配置。本章内容主要来源于文献[1]。

3.0 符号列表

x_i	决策变量
f_i	目标函数
g_i	约束条件
C	非负常数

3.1 研究背景介绍

本研究中,建筑控制系统(如图3.1-1所示)已经成为智能建筑不可缺少的一部分,这些系统协同工作为居住者提供舒适、节能、安全的室内环境。随着信息技术的发展,单个控制系统的整合可进一步提高整体建筑效能的效率,网络技术在各种控制系统的集成中起着关键的作用。在现有的解决方案中,BACnet是一个ISO批准的用于楼宇自动化和控制系统的国际标准数据通信协议。BACnet的一个优点是允许传感器和控制设备连接到互联网上,并可远程访问[1]。这部分解决了来自不同厂商的设备的可解释性问题,并允许云技术收集大数据进行分析[2]。

在现有的建筑控制系统的集成解决方案中,是分层的和集中的[3],但并没有解决在构建和调试各种设备的控制代码时劳动力成本高的问题,比如泵、冷机和照明控制。当前建筑控制代码开发的一个关键问题是将控制逻辑写入控制器中,这取决于现场设备的具体建筑配置。因此,在一个建筑中开发的控制代码,通常不能在另一个建筑中重用。当现场设备升级或添加/移除设备时,需要人工参与对控制代码进行相应的调整。从这个角度来看,目前的现场设备控制系统与互联网或计算机设备方便的即插即用模式相距甚远。

针对目前基于现场总线的建筑控制系统的局限性,我们引入群智能,一种基于物联网的建筑新型控制架构,前文中已经概述了其中的基本观点。它是由内嵌在建筑物中的相互连接的智能节点组成的一个分布式对等系统,如图3.1-2所示。

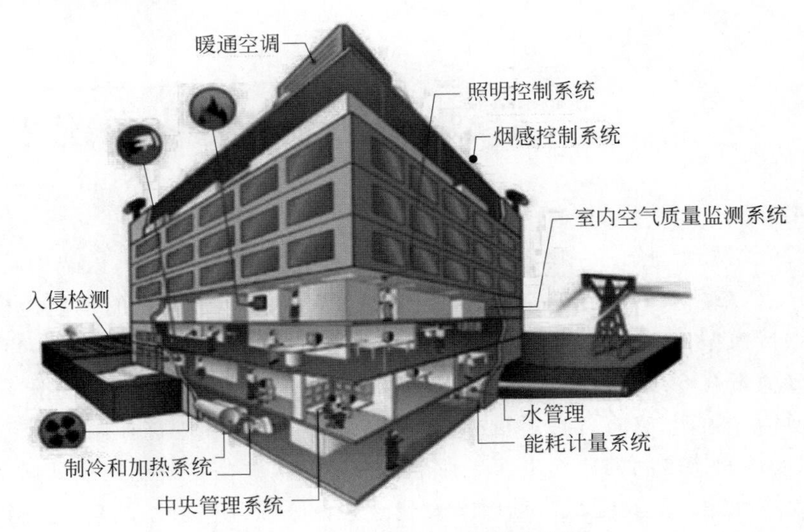

图 3.1-1 建筑物中相关系统说明

图 3.1-2 群智能建筑的应用布局

3.2 新架构和关键功能特征

基于物联网的新型建筑控制系统架构如图 3.2-1 所示，该新架构由以下四部分组成：

(1) 识别基本模块的标签，如空间单元、控制设备和连接基本模块管道。

(2) 分布式建筑控制平台。

(3) 每个空间单元或设备单元的计算进程节点。

(4) 通用建筑控制程序。

标签用来描述建筑物的基本模块及其物理场(如温度场、空气流场)的特性。这里，我们把基本模块看作是建筑中的一块空间或设备，从建筑运营或管理的角度来看，不需要进一步划分。例如，房间是一个自然的空间单元，可以看作是一个基本的模块。冷机也是一个自然的基本模块。引入了分布式建筑控制平台，允许在任意建筑物上执行通用的建筑控制程序。为此，该平台通过识别在建筑中部署的标签，为给定的建筑构建物联网模型。物联网模型是由节点集和链路集组成的网络，节点对应于基本模块，链路对应于模块之间的相邻关系。物理上，物联网模型被单独存储在称为并行计算引擎的互联计算节点集合中。并行计算引擎的结构如图 3.2-2 所示，节点的详细信息如图 3.2-3 所示。每个节点的引擎都承载着一个基本模块的完整模型数据和连接到该模块的所有链接的完整模型数据。如果建筑物内的基本模块通过带标签的管子连接，则两个节点引擎通过数据链路连接。每个数据链路可以代表一个管道。

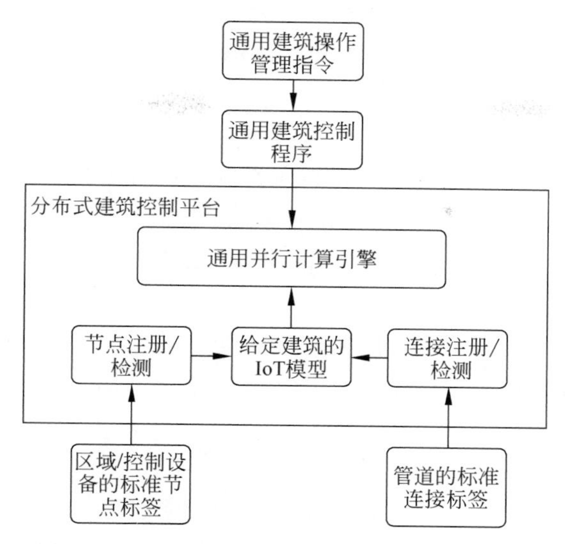

图 3.2-1　基于物联网的新型建筑控制系统架构

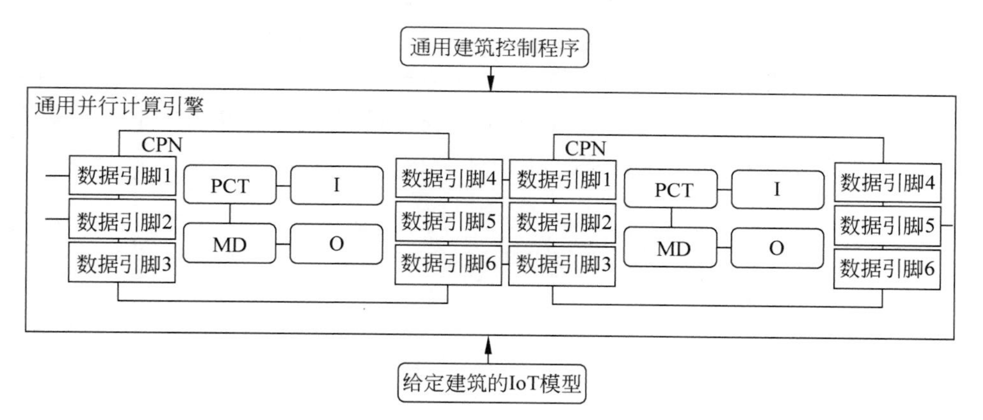

图 3.2-2　并行计算引擎的结构

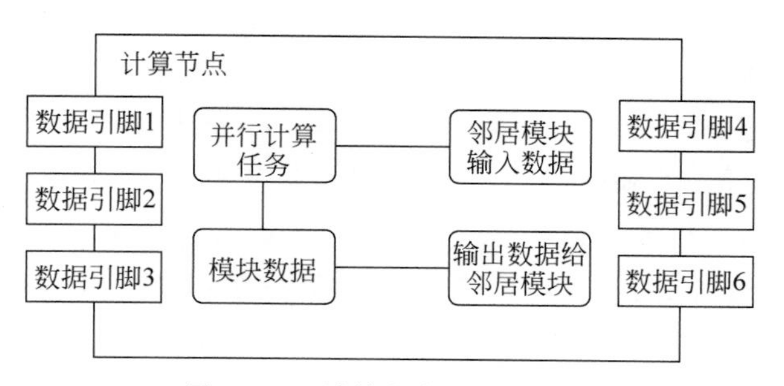

图 3.2-3　计算节点的详细信息

并行计算引擎的节点承担一组构建控制程序，这些程序被编写为并行计算任务的序列。每个计算任务都是一个基本指令，节点计算机可以通过数据链路上的数据交换，在邻近节点的帮助下并行执行。需要强调的是，所有计算任务都是本地编写的，任务只涉及节点物理属性数据和数据链路上的通信需求，而不涉及全局数据，如特定模块或管道的唯一名称或地址。这样，建筑控制程序就可以与特定建筑物联网模型的构建分开开发，并由并行计算引擎绑定它们，生成建筑特定的传感数据和控制设备命令。

通用建筑物控制程序是对一般建筑物运行/管理要求的正式描述，不是专门针对某一特定建筑物的。它们由分布式建筑控制平台内的并行计算引擎获取，可解释为并行计算任务序列，可在该引擎的节点计算机上执行。新的体系结构具有以下主要特性：

(1) 实现了建筑控制系统的自动建模，节省了安装和配置的时间和人力；

(2) 使设备集成控制成为可能；

(3) 使建筑控制系统具有可维护性和可扩展性；

(4) 具有大量的建筑控制程序和诊断程序，如传感器故障诊断。

3.3 理论基础

网络拓扑识别所提供的自动建模能力是建筑控制系统建模的关键基础之一，这可以通过使用广泛使用的 RFID 标签[5]或最近引入的拓扑匹配来实现[6]。

基于给定建筑的物联网模型，我们可以利用分布式计算的现有结果[7]，特别是点对点算法的最新进展，证明了在互联网上大规模实时视频数据服务中是可行的[8]。网络控制系统的理论或多智能体系统模型为各种建筑控制和管理问题的分布式控制算法的设计提供有用的工具。事实上，人们可以将许多一般的建筑控制和管理问题转化为约束优化问题，这些问题可以用一般的分布式算法来解决。作为一个例子，让我们考虑一个典型的约束优化问题

$$f^* = \min_x \sum_{i \in D} f_i(x_i) \tag{3.3-1}$$

约束为

$$\sum_{i \in D} g_i(x_i) = C \tag{3.3-2}$$

$$\sum_{i \in D} g_i(x_i) \leqslant C \tag{3.3-3}$$

这里 C 是非负常数，定义域 $D=\{i \mid P(x_i) \leqslant 0\}$ 为由满足条件 P 的节点 i 构成的集合。

我们假设约束函数 g_i 是非负，存在一个根节点为 0 的生成树 T，属于区域 D。在此假设下，提出一种简单的随机化群智能算法框架，如图 3.3-1 所示。下面是算法框架的说明，每个节点在定义域 D 中一直做两件事，首先是产生样本点 $x_i(u_j)$，$j=1,2,\cdots,M$ 为局部决策变量 x_i，并评价相应的性能函数 $f_i(x_i)$ 和 $g_i(x_i)$。性能评估过程可以通过仿真模型或对给定节点的某些变量的度量来完成。第二步是计算子树的部分和 $f_i(T_{ij})$ 与 $g_i(T_{ij})$，删除不满足约束的样本，即 $g_i(T_{ij})>C$。注意，除了根节点之外，第一件事可以在本地并行地完成。根节点根据其独特的位置决定 $x_0(u_j)$，通过弥补所有节点留下来的间隙。第二件事可以通过与生成树的近邻进行通信来完成。

该算法的优点是非常简单和通用，避免了所有节点完全独立生成样本时违反约束式(3.3-2)。文献[9]实现了一种基于链状拓扑的并联水泵优化控制算法。文献[10]介绍了更多的优化工具。

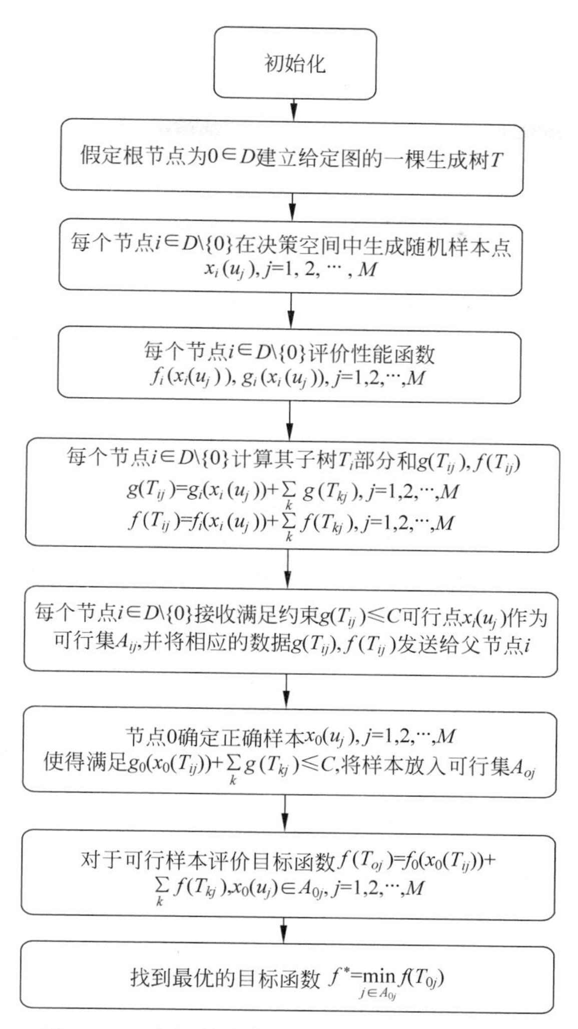

图 3.3-1 求解约束优化问题的群智能算法框架

3.4 案例研究

随着人们对室内环境需求的不断增加,暖通空调系统能耗已占到建筑总能耗的65%,并且还在不断增长。几乎一半的能源消耗是在水系统中消耗的,而水泵是水系统中相当大的电能消耗设备。一些分布式优化算法已经被开发出来,与我们的新架构兼容[12-14]。

利用室内人员的分布信息可以预测各区域的冷热负荷,从而协调采暖、通风、空调系统和储能设备,在正常情况下提高建筑的能源效率。在紧急情况下,该信息不仅可以为疏散方案的生成提供初始条件,而且可以实时调整引导以避免拥堵。

因此,区域人员的估计具有重要的现实意义。实验表明,通过基于人员守恒的分布式计算[13]可以解决区域人员水平估计问题。当人员在区域之间来往时,这些区域的总人数应保持不变,相邻区域智能节点之间的协作可以显著降低估计误差。对于诸如火源或强度估算问题的分布式解决方案,可参考文献[4]。

3.5 本章小结

本章提出一种基于物联网的新型建筑控制系统架构，旨在降低建筑控制系统建设和调试的人力成本。它由嵌入在建筑物内的互联智能节点组成。建筑控制和管理任务在由所有智能节点组成的多智能体系统的并行计算平台上执行。新架构允许控制设备通过智能节点以一种基于设备标准信息模型的即插即用方式连接。它还允许将控制代码开发为可下载的应用程序，基于对等编程思想可独立于特定的网络拓扑，独立于特定建筑。新架构下的研究面临着诸多挑战和机遇，例如，开发空间单元和设备单元的标准描述，将一般建筑控制程序转换为在智能节点上运行的并行计算任务的系统步骤以及它们的通信协议。

参考文献

[1] Zhao Q, Jiang Z. Insect Intelligent Building (I2B): A new architecture of building control systems based on Internet of Things (IoT)[C]. Advances in Intelligent Systems and Computing, 2019, 890: 457-466. In: Fang Q, et al. (eds). Advancements in Smart City and Intelligent Building-Proceedings of the International Conference on Smart City and Intelligent Building ICSCIB 2018.

[2] Bushby S. BACnet today: Significant new features and future enhancements[J]. ASHRAE Journal, 2012, 44: 10-18.

[3] Fernbach A, Granzer W, Kastner W. Interoperability at the management level of building automation systems: a case study for BACnet and OPC UA[C]. In: Proceedings of the IEEE 16th Conference on Emerging Technologies Factory Automation (ETFA), 2011: 1-8.

[4] Domingues P, Carreira P, Vieira R. Building automation systems: concepts and technology review[J]. Computer Standards & Interfaces, 2016, 45: 1-12.

[5] Jiang Z, Dai Y. A decentralized, flat-structured building automation system[J]. Energy Procedia, 2017, 122: 68-73.

[6] Weinstein R. RFID: A technical overview and its application to the enterprise[J]. IT Professional, 2015, 7(3): 27-33.

[7] Wang Y, Zhao Q. A distributed algorithm for building space topology matching[C]. In: Fang Q, et al. (eds). Advancements in Smart City and Intelligent Building, Advances in Intelligent Systems and Computing, 2019, 37: 890.

[8] Lynch N. Distributed Algorithms[M]. San Francisco: Morgan Kaufmannm, 1996.

[9] Buford J, Yu H, Lua E. P2P Networking and Applications[M]. San Francisco: Morgan Kaufmann, 2008.

[10] Zhao Q, Wang X, Wang Y. A P2P algorithm for energy saving of a parallel-connected pumps system [C]. In: Fang Q, et al. (eds). Advancements in Smart City and Intelligent Building Advances in Intelligent Systems and Computing, 2019, 36: 890.

[11] Han G, Chen X, Zhao Q. Decentralized differential evolutionary algorithm for large-scale networked systems[C]. In: Fang Q, et al. (eds). Advancements in Smart City and Intelligent Building, Advances in Intelligent Systems and Computing, 2019, 38: 890.

[12] Dai Y, Jiang Z, Shen Q. A decentralized algorithm for optimal distribution in HVAC systems[J]. Building and Environment, 2016, 95: 21-31.

[13] Yu H, Zhao T, Zhang J, et al. A decentralized algorithm to optimize multi-chiller systems in the HVAC system[C]. In: 2017 Chinese Automation Congress (CAC), 2017.

[14] Jia Q, Wang H, Lei Y. A decentralized stay-time based occupant distribution estimation method for buildings[J]. IEEE Transactions on Automation Science and Engineering, 2015, 12: 1482-1491.

第4章

群智能、扁平化建筑自动化系统

本章提要

本章主要介绍一种新型的群智能建筑系统，它是一种无中心化、扁平化的建筑智能化系统。建筑的每一个分区都通过计算节点升级为智能单元。计算节点可以收集、处理并发送信息给相邻节点。所有的计算节点按照所代表的空间区域位置就近连接，形成与建筑结构相似的网状拓扑的计算网络。每个节点只与邻居交互信息，因此计算节点的处理机制完全相同。它们因而可以即插即用地自识别，自动匹配不同建筑系统的结构，自组织完成优化控制功能。在计算节点组成的分布式计算网络上，所有控制策略可以转化成一系列由计算节点分布执行的、去中心化的计算过程。本章详细介绍这种无中心、扁平化的群智能系统，并深入介绍两个实际案例，包括紧急情况下的疏散和基于群智能系统的并联水泵优化控制方法[1]。本章内容主要来源于参考文献[1]。

4.0 符号列表

k	计算次数
m	邻居的迭代次数
t_i	空间 i 的撤退时间
$t_{i,j}$	输入的撤退时间
n_j	空间 i 中用户的数量
ε	预期效率
ΔG	流量差

4.1 研究背景介绍

智能建筑意味着更舒适、更安全和更少的能耗。这通常需要通过自动控制系统控制建筑中的照明、通风空调系统、电梯、供能、安全和建筑中其他的机电系统来达到。但是，尽管有一些标志性的建筑实现了建筑自动化，大多数的智能建筑都不智能，很多智能建筑系统实际运作在手动模式下，而且，由于传感器数据漂移或者控制方法错误，一些自动化的建筑有可能带来更高的能耗[2]。

在过去的二三十年里，从工业现场总线到互联网，很多技术被应用到智能建筑领域[3]。例如 BACnet、LonWorks、KNX 等现场总线或者协议用来发展并提高数据采集和通信。为了实现各种子系统的集成，OPC、SDN、SaaS 和其他的软件技术也被应用到楼宇自控中。为了使用户更舒适，建筑更节能，有上千篇关于最优化策略的文章都已发表，但是很多有自动化系统的楼宇仍然是手动控制的或者处于高能耗水平。

为什么在难度很高的工业控制领域，人们能够成功地应用自动化系统，但是却无法在建筑中实现？从过去的工作和研究我们可以发现，建筑有它独有的特点，但却一直都被忽略了。首先，建筑是空间导向的；其次，建筑是持续变化的，因为楼宇的用户、空间划分和其对应的功能每隔几个月可能都会变化；再次，建筑控制系统是一个多学科的领域，需要跨学科的技术团队，而这往往意味着高开销；最后，智能建筑系统应该是低成本的。当业主投资上百万的资金给工业自控系统时，他们期待更高的利润，因为控制系统可以提高生产效率。然而商业建筑的业主的利润来源于租金，与建筑是否智能无关，所以业主通常不愿意为智能建筑付钱。

随着信息技术的发展，用于智能建筑的技术也在不断更新，但是系统结构在过去的30年内仍然保持不变[4]。因此，很有可能系统整体架构阻碍了智能建筑的发展。

图4.1-1所示为典型的建筑自动化系统的架构，因为控制系统的结构和建筑空间结构不同，需要进行相应配置，意味着通过中央控制器来重新定义建筑及其机电系统。在这个过程中，虚拟的信息需要用物理传感器和控制器逐个绑定并校准。对于一个50 000m^2的大型建筑，就将近有1万条信息需要被绑定，这使得整个调试过程非常烦琐，很容易出错，并且成本很高。而且，当建筑发生改变时，调试、配置都需要重新进行。

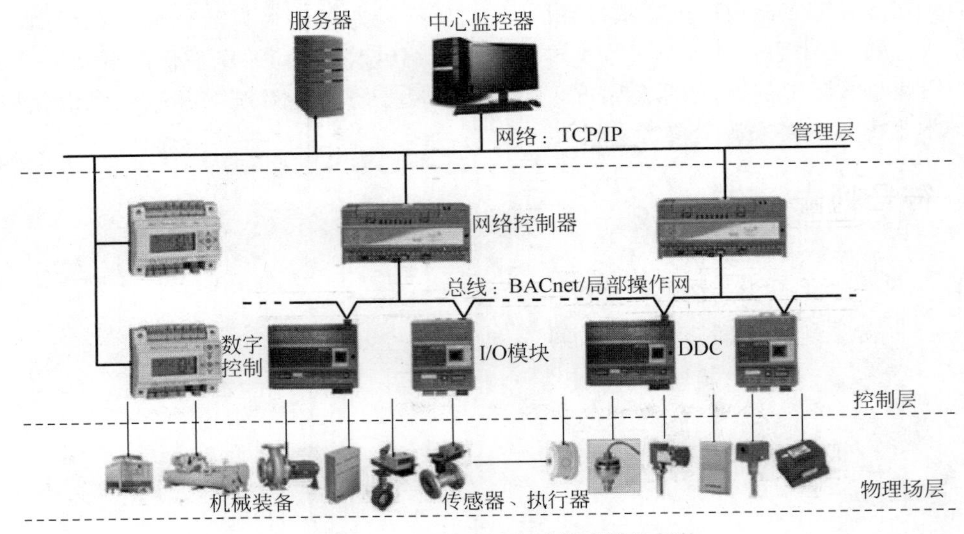

图4.1-1 典型的建筑自动化系统的架构

因此，我们相信传统的架构并不适合建筑自动化系统。下面将展示一个新型的建筑模型，一种无中心化的、扁平的系统，并介绍两个实际案例，总结并提出将新系统应用在智能城市的初步想法。

4.2 楼控系统模型

传感器、执行器和控制器是当今智能建筑系统的基本组成成分，但是，它们并不是建筑的基本组成部分。从建筑的基本组成部分出发，我们定义了一种新的基本单元——建筑基本单元，以及它们的网络架构，建筑内的各种物理过程都可以基于这些基本单元和基本单元组成的系统进行分析。

4.2.1 空间导向型和扁平化

在空间单元之外，还有一些源设备，比如冷水机组、水泵、新风机组、供电设备等。它们并不直接服务于用户，而是产生热量、冷量、电力、空气和水，并把它们输送到安装在每个区域内的末端设备，比如空调末端、灯、插座等。源设备是另一种基本单元。

除了基本单元的模型，空间单元网络的拓扑也是建筑系统模型的一部分。水管、风管和电缆桥架连接了源设备和空间。上述两种基本单元，如果它们都只跟邻居连接，一个三维的网状网络就形成了，如图 4.2-1 所示。根据建筑系统的运行状况，这种网络的拓扑类似于建筑空间网络或者机电系统网络的拓扑。

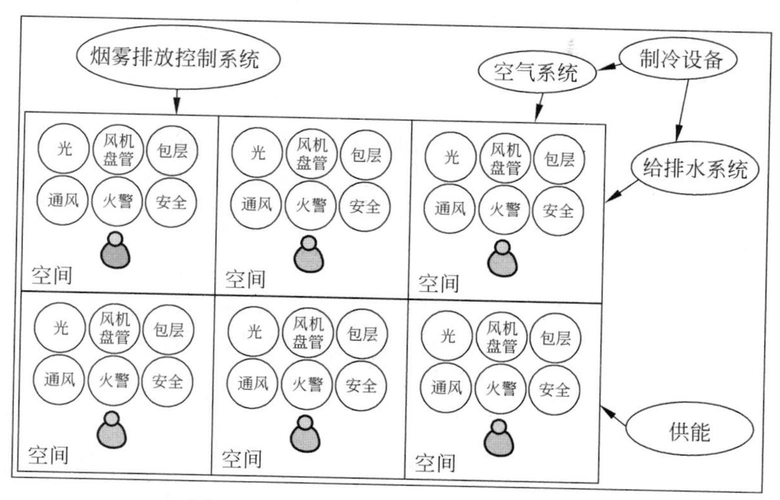

图 4.2-1　建筑系统的扁平化结构模型

4.2.2　有限影响：建筑中物理过程的特殊性

建筑中主要的物理过程包括冷量和热量的传递、水/气流和声音、光的传播[5]。大体来说，用户的行动也可以视为物理过程。从描述这些物理过程的公式中，可以发现这些参数的一次导数和二次导数都是线性的。这意味着物理参数的改变，也就是说这些物理过程只会影响有限的范围。例如，一个房间的温度升高会明显地提高本房间的温度，但是其他房间的温度变化是与热源距离成反比的，如图 4.2-2(a)所示。另一个例子是，当火灾发生时，烟产生于火源处，并由近及远扩散，如图 4.2-2(b)所示[6]。因此，一个建筑系统是有限元系统，其影响范围有限。

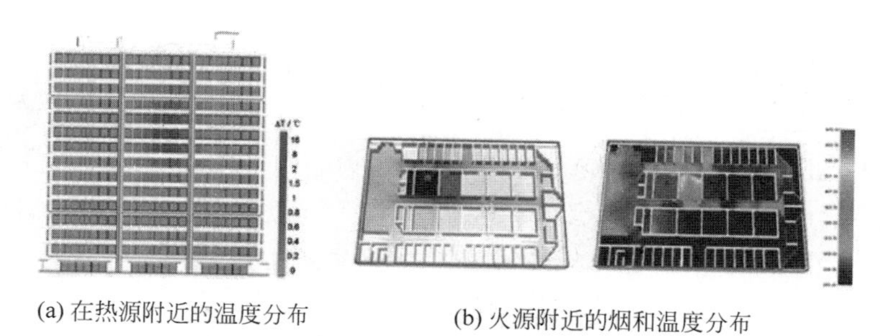

(a) 在热源附近的温度分布　　(b) 火源附近的烟和温度分布

图 4.2-2　建筑中物理过程的特殊性示例

4.3　群智能建筑自动化系统

根据以上分析，本节提出群智能建筑自动化系统。在新系统中基本单元、网络架构、数据通信、计算和控制方法均与传统的建筑自动化系统有所区别。

4.3.1 基本单元

在新系统中有两种基本单元：智能空间单元和智能设备单元。智能空间指的是上述分析过的空间单元，它可以是办公室、会议室、走廊、大厅等。智能设备是源设备，比如冷水机组、泵、新风机组和电梯等。

尽管尺寸、功能和空间的内部设备可能会很不同，但是房间内的设备种类和它们的关系都是类似的。根据机电系统设计的原理，设备通常是根据空间结构排布的。因此，可以定义一些标准的空间单元，包括单元的面积划分(比如 20～50m^2)，设备的种类和数量，以及标准的信息集等。在设计智能建筑系统时，设计者可以将建筑空间分割成若干空间单元，将对应设备分配到不同的单元里，并将设备的运行参数与标准信息集相连接。所设计的单元可以是一个标准单元的子集。

源设备也可以进行类似的定义，标准设备的信息集仅描述与建筑自动化系统有关的信息，并不包括设备内部的参数，因此可以用一种标准化的设备来描述来自不同厂家的同种设备。对于一个特定的设备，其参数是标准信息集的子集。通常来说，10～20 种标准设备可以覆盖大多数楼中的常用设备。

设计者可以将智能建筑分割成块，每一个都是基本单元。每一个基本单元的标准信息集都是建筑系统的不同成分的标准模型，从而形成自识别、自配置和即插即用的基础。

4.3.2 网络和交互

根据上述定义，所有的基本单元都有位置的信息。基本单元只需要按照空间位置与相邻节点连接，一个三维的网络就会形成。这个网络的结构与建筑空间的分布或者机械系统的结构一致。图 4.3-1 比较了建筑系统的网络和智能系统的网络。

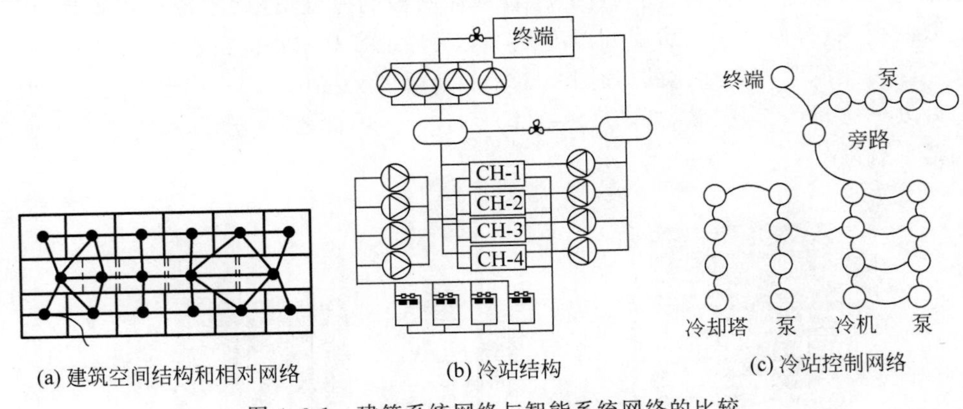

(a) 建筑空间结构和相对网络　(b) 冷站结构　(c) 冷站控制网络

图 4.3-1 建筑系统网络与智能系统网络的比较

上述网络的特殊性是：①这是无中心的网络，所有的节点都是平等的；②节点只可以和它们的邻居交流；③网络上是可扩展的。通过将节点连接到邻近的节点可以灵活地进行系统扩张。

根据 4.2 节的分析，既然大多数建筑中的物理过程都只有一个小范围的影响，所以每个节点都只需要与相邻节点协作。因此，并不需要网络层的协议，而且这个网络并不需要一个绝对通信地址。对于每一个节点，只需要 6 个相邻节点的相对位置。根据空间位置的方向，相邻节点的位置设计为前后左右上下。底层协议可以采用常规的通信标准，比如以太网。

4.3.3　群智能系统的计算和控制

因为群智能系统中并没有中心节点，所以需要一个分布式、去中心化的计算。在传统的系统中，就像大脑一样，计算过程是在中央站进行的。但是群智能的系统里，类似于神经元系统，计算是通过所有节点的协作完成的。在求解线性方程 $\boldsymbol{Ax}=\boldsymbol{b}$ 中，问题的分解和去中心化的计算过程如图 4.3-2 所示[7]。

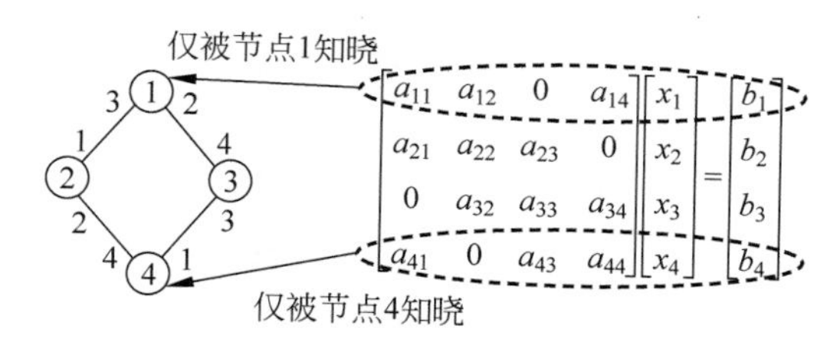

图 4.3-2　用去中心化算法来求解线性方程

第一，将计算拆分成基本算子，每一个节点都进行一小段运算。类比到建筑，节点的信息来自自身或者相邻节点，如图 4.3-2 所示，没有节点可获得全局信息。

第二，迭代在所有节点中平行进行。每一次迭代运算时，节点都重复式(4.3-1)中的计算，并发送结果 x_0 给它所有的邻居节点。

第三，对于所有的节点，迭代终结的条件是：①如果满足式(4.3-2)，在阶段 T 内中设置一个计时器，否则，关闭计时器；②如果计时器计时结束，结束计算；③如果计算持续了足够长的时间，结束计算。

$$x_i^k=\frac{b_i-\sum_{j=1}^{6}a_{i,j}x_{i,j}^{m_j}}{a_{i,0}},\quad k\text{ 为计算次数},m\text{ 为邻居的迭代次数} \tag{4.3-1}$$

$$\| x_i^k-x_i^{k-1}\| >\varepsilon,\quad k\text{ 为计算次数} \tag{4.3-2}$$

相似的算法可以用于解决很多最优化问题。通常来说，控制策略可以被视为一系列的无中心化的计算。只要分布式的计算可行，那么就可以实现群智能的控制功能。

4.4　基于群智能系统的案例

新的系统被设计为一个分布式平行计算的平台，这里用两个例子展示新系统的可行性。

4.4.1　紧急情况下的撤离

在紧急情况下，用户需要被指引着去到出口。当用户的分配和紧急情况位置不同时，最优化方案是不同的。根据新系统，这个功能可以按照如下方法实现。

计算节点(CPN)作为硬件和基本单元的代理，被安装在每个空间单元，它们根据标准信息集收集和传递数据，并且代表每个基本单元来支持无中心化的计算。在每个空间单元里，火灾探测传感器，用户位置传感器和可显示撤离方向的 HMI 与相应的 CPN 相连接。

当紧急情况被探测到时，紧急情况发生区域的 CPN 会传播信息给它的邻居，然后所有的 CPN 都把信息传递给它们的邻居，除非之前它们已经收到了信息。因此，当紧急情况发生时，所有的 CPN 都会获得信息。出口区域的 CPN 发送数值 0 给它们的邻居，表示如果人员来到此区域，撤退时间为 0。然后所有的 CPN 用式(4.4-1)为每一个邻居计算撤退时间。

$$t_i = \min_j \{t_j + t_{i,0} + \alpha n_j\}, \quad j = 1 \sim 6 \tag{4.4-1}$$

式中，t_i 是空间 i 的撤退时间；t_j 是为输入的撤退时间；n_j 是空间 i 中用户的数量。CPN 会发送 t_i 给所有的邻近节点来激发迭代，直到它们得到一个不变的结果。用这种方法，所有的空间都会获知最短的撤退时间和相应的发生方向，如图 4.4-1 所示。

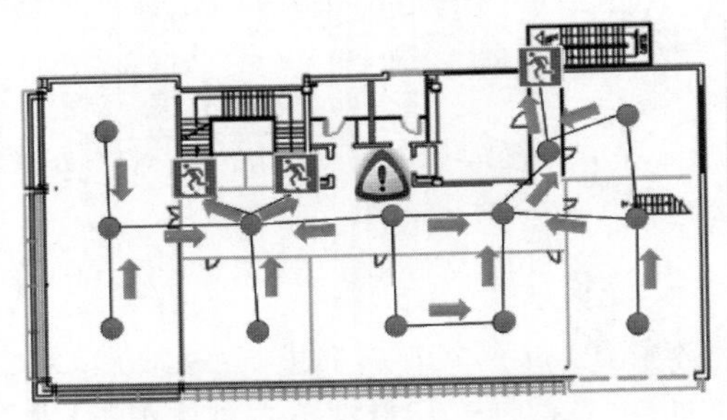

图 4.4-1 去中心化的撤离

4.4.2 并联水泵控制

每一个变频水泵都配备了 CPN，成为了一个智能水泵。每一组中的智能水泵通过交互彼此连接，并可以与相邻水泵协同工作来达到控制要求与节能效果[8]。

在这个案例中，4 个相同的变频水泵是并联到水泵组的。首先，4 个变频水泵都在运行，并且它们最初的工作点在最佳效率点的左侧，比如图 4.4-2(a)中的节点 1，它是远离最佳状况点的。所以，在这种情况下，水泵 2 开始计算，并将它的工作点设在最佳效率点，比如显示在图 4.4-2(a)的节点 2，然后水泵 2 将包含 ε 和 ΔG 的信息传递给它相邻的水泵，水泵 3。每一个水泵都遵循相同的规则，做调整并传递新的信息给它的相邻水泵，如图 4.4-2 所示，整个过程是一个迭代过程。

当迭代过程、满足收敛条件时，水泵 1 关闭，然后其他三个水泵的工作点移动至节点 3，如图 4.4-2(b)所示。这种最佳解决方法可得到最高整体效率。

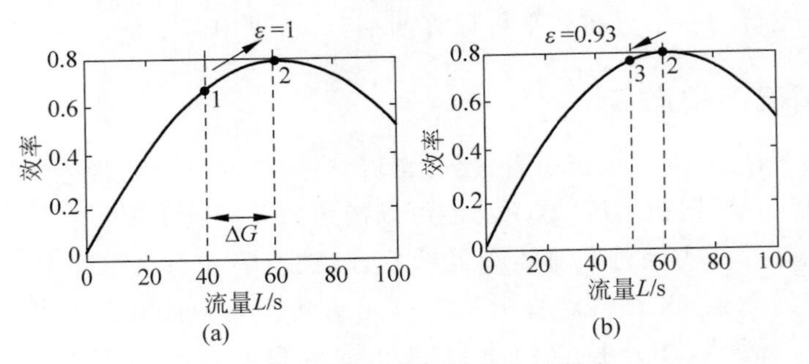

图 4.4-2 各水泵初始、结束工作点

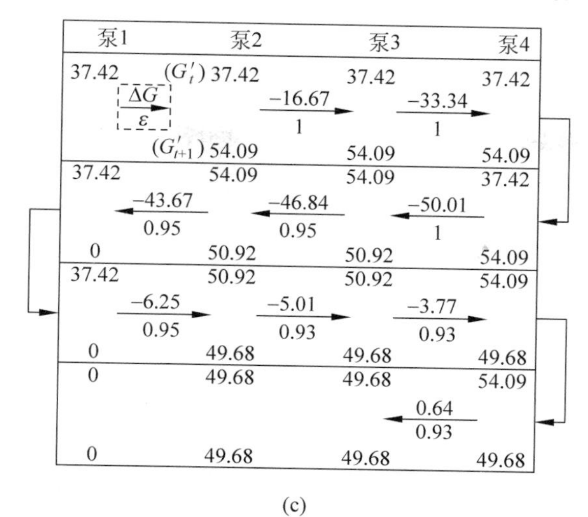

(c)

图 4.4-2 （续）

起初有 4 台水泵在运行，通过去中心化算法的调整后，只有 3 台变频水泵需要继续运行。最终结果，能量消耗减少了 6.8%。

4.5 本章小结

本章介绍了一种新型建筑智能化系统——群智能系统。为了解决传统智能化系统存在的问题，从建筑的本质特点出发，这种新系统被设计成一种面向建筑空间单元、扁平化、无中心、自组织的智能计算系统；以其方便配置、灵活和可扩展性等特点解决传统智能建筑的主要问题。其基本的组成单元为建筑空间单元和智能设备单元。基本单元间的连接构成了一个三维网络，这个网络的拓扑与空间和机电系统的拓扑相似。系统采用分布式、无中心的控制算法。相应的案例验证了新系统的可行性。关于群智能系统架构下各种无中心的应用算法、群智能系统安全性和稳定性研究等，都有待进一步研究。

参考文献

[1] Jiang Z, Dai Y. A decentralized, flat-structured building automation system[J]. Energy Procedia, 2017, 122: 68-73.

[2] Wong J W, et al. Intelligent building research: a review[J]. Automation in Construction, 2005, 14: 143-159.

[3] So A T P, Wong A C W, Wong K C. A new definition of intelligent buildings for Asia. The Intelligent Building Index Manual[M]. 2nd edition. Hong Kong: Asian Institute of Intelligent Buildings, 2001.

[4] Loo L E. Intelligent Building Automation System[D]. University of Southern Queensland, 2006.

[5] Liu Z, et al. A Decentralized Optimization Method for Energy Saving of HVAC Systems[C]. The 9th IEEE International Conference on Automation Science and Engineering, 2013: 225-230.

[6] Wu N, et al. Decentralized inverse model for estimating building fire source location and intensity[J]. Journal of Thermophysics & Heat Transfer, 2013, 27(3): 1-13.

[7] Liu Z, Chen X. Asynchronous Latency Analysis on Decentralized Iterative Algorithms for Large Scale Networked Systems[C]. Chinese Control Conference, 2013: 6900-6905.

[8] Dai Y. Decentralized Optimal Control of Variable Speed Parallel-connected Pumps[C]. In: Proceedings of BS2015, the 14th International Conference of the International Building Performance Simulation Association, 2015: 1103-1109.

第 2 篇　分布式算法

第5章

非线性问题的迭代方法

本章提要

本章将介绍各种迭代方法来求解非线性问题，非线性问题包括系统的非线性方程和工程设计中的优化问题。非线性问题通常是采用迭代算法进行求解，本章首先介绍压缩映射理论，紧接着讲述典型的无约束算法和约束优化算法，着重关注 Jacobi 和 Gauss-Seidel 方法以及梯度映射方法，并把它们应用到并行计算。本章内容主要来源于文献[1]。

5.0 符号列表

$\boldsymbol{x}_i$	节点 i 输入变量
$\boldsymbol{X}$	变量 x 的集合
T	映射
$\boldsymbol{x}^*$	不动点
α	映射的系数
N_i	节点 i 的子节点集合
R_i	问题的解集

5.1 压缩映射理论

一些常用的迭代算法可以记为如下形式：

$$\boldsymbol{x}(t+1)=T(\boldsymbol{x}(t)),\quad t=0,1,\cdots \tag{5.1-1}$$

这里 T 表示一种从子集 $\boldsymbol{X}$ 到自身的映射，并具有如下性质

$$\|T(\boldsymbol{x})-T(\boldsymbol{y})\|\leqslant\alpha\|\boldsymbol{x}-\boldsymbol{y}\|,\quad\forall\boldsymbol{x},\boldsymbol{y}\in\boldsymbol{X} \tag{5.1-2}$$

这里 $\|\cdot\|$ 表示范数，α 称为 T 的系数，α 是一个属于$[0,1)$的常数。映射 $T:\boldsymbol{X}\rightarrow\boldsymbol{Y}$，且 $\boldsymbol{X}$，$\boldsymbol{Y}\subset\mathfrak{R}^n$，满足式(5.1-2)被称作压缩映射。

假设存在映射 $T:\boldsymbol{X}\rightarrow\boldsymbol{X}$，且任意给定的向量 $\boldsymbol{x}^*\in\boldsymbol{X}$ 满足 $T(\boldsymbol{x}^*)=\boldsymbol{x}^*$，则称为 T 的一个不动点。迭代 $\boldsymbol{x}:=T(\boldsymbol{x})$可以看作一种算法来寻找不动点。当序列$\{\boldsymbol{x}(t)\}$收敛于 $\boldsymbol{x}^*\in\boldsymbol{X}$ 且 T 在 $\boldsymbol{x}^*$ 处连续时，则 $\boldsymbol{x}^*$ 是 T 的一个不动点，压缩映射是连续的。

作为对压缩映射式(5.1-2)的替代，假设映射 $T:\boldsymbol{X}\rightarrow\boldsymbol{X}$ 有一个不动点 $\boldsymbol{x}^*\in\boldsymbol{X}$ 且满足

$$\|T(\boldsymbol{x})-\boldsymbol{x}^*\|\leqslant\alpha\|\boldsymbol{x}-\boldsymbol{x}^*\|,\quad\forall\boldsymbol{x}\in\boldsymbol{X} \tag{5.1-3}$$

α 是属于$[0,1)$的标量，不等式(5.1-3)比不等式(5.1-2)更弱，任何的映射 T 具有上述性质被称作伪压缩映射。注意到不动点的存在是伪压缩映射定义的一部分，而且伪压缩映射不需要是连续的。

5.1.1 一般性结论

下面结论展示了压缩映射具有唯一不动点，且相应的迭代 $\boldsymbol{x}:=T(\boldsymbol{x})$将收敛于该不动点。

命题 5.1-1 假设 $T: \boldsymbol{X} \to \boldsymbol{X}$ 是压缩的，且系数 $\alpha \in [0,1)$，$\boldsymbol{X}$ 是 $\mathfrak{R}^n$ 的一个闭子集，则

(1) 映射 T 具有唯一的不动点 $\boldsymbol{x}^* \in \boldsymbol{X}$；

(2) 对于任意的初始化向量 $\boldsymbol{x}(0) \in \boldsymbol{X}$，由 $\boldsymbol{x}(t+1) = T(\boldsymbol{x}(t))$ 产生的序列 $\{\boldsymbol{x}(t)\}$ 将收敛于 $\boldsymbol{x}^*$，特别地

$$\| \boldsymbol{x}(t) - \boldsymbol{x}^* \| \leqslant \alpha^t \| \boldsymbol{x}(0) - \boldsymbol{x}^* \|, \quad \forall t \geqslant 0 \tag{5.1-4}$$

证明

(1) 对于一些 $\boldsymbol{x}(0) \in \boldsymbol{X}$，考虑由 $\boldsymbol{x}(t+1) = T(\boldsymbol{x}(t))$ 产生的序列 $\{\boldsymbol{x}(t)\}$，由不等式(5.1-2)得

$$\| \boldsymbol{x}(t+1) - \boldsymbol{x}(t) \| \leqslant \alpha \| \boldsymbol{x}(t) - \boldsymbol{x}(t-1) \| \tag{5.1-5}$$

对于所有的 $t \geqslant 1$，则

$$\| \boldsymbol{x}(t+1) - \boldsymbol{x}(t) \| \leqslant \alpha^t \mid \boldsymbol{x}(t) - \boldsymbol{x}(t-1) \|, \quad \forall t \geqslant 0 \tag{5.1-6}$$

对于 $t \geqslant 0$ 和 $m \geqslant 1$，有

$$\begin{aligned} \| \boldsymbol{x}(t+m) - \boldsymbol{x}(t) \| &\leqslant \sum_{i=1}^{m} \| \boldsymbol{x}(t+i) - \boldsymbol{x}(t+i-1) \| \\ &\leqslant \alpha^t (1 + \alpha + \cdots + \alpha^{m-1}) \| \boldsymbol{x}(1) - \boldsymbol{x}(0) \| \\ &\leqslant \frac{\alpha^t}{1-\alpha} \| \boldsymbol{x}(1) - \boldsymbol{x}(0) \|, \quad \forall t \geqslant 0 \end{aligned} \tag{5.1-7}$$

因此，$\{\boldsymbol{x}(t)\}$ 是一个柯西序列，收敛于极限 $\boldsymbol{x}^*$，进一步，因为 $\boldsymbol{X}$ 是闭的，$\boldsymbol{x}^*$ 属于 $\boldsymbol{X}$，对于所有的 $t \geqslant 1$，有

$$\begin{aligned} \| T(\boldsymbol{x}^*) - \boldsymbol{x}^* \| &\leqslant \| T(\boldsymbol{x}^*) - \boldsymbol{x}(t) \| + \| \boldsymbol{x}(t) - \boldsymbol{x}^* \| \\ &\leqslant \alpha | \boldsymbol{x}^* - \boldsymbol{x}(t-1) \| + \| \boldsymbol{x}(t) - \boldsymbol{x}^* \| \end{aligned} \tag{5.1-8}$$

因为 $\boldsymbol{x}(t)$ 收敛于 $\boldsymbol{x}^*$，所以 $T(\boldsymbol{x}^*) = \boldsymbol{x}^*$，极限 $\boldsymbol{x}^*$ 是 T 的一个不动点，该不动点是唯一的，如果存在其他点 $\boldsymbol{y}^*$，将会有

$$\| \boldsymbol{x}^* - \boldsymbol{y}^* \| = \| T(\boldsymbol{x}^*) - T(\boldsymbol{y}^*) \| \leqslant \alpha \| \boldsymbol{x}^* - \boldsymbol{y}^* \| \tag{5.1-9}$$

意味着 $\boldsymbol{x}^* = \boldsymbol{y}^*$。

(2) 因为

$$\| \boldsymbol{x}(t') - \boldsymbol{x}^* \| = \| T(\boldsymbol{x}(t'-1)) - T(\boldsymbol{x}^*) \| \leqslant \alpha \| \boldsymbol{x}(t'-1) - \boldsymbol{x}^* \| \tag{5.1-10}$$

所有的 $t' \geqslant 1$，应用这个松弛可以得到期望的结果。

上述命题对于伪压缩映射来说同样正确。

命题 5.1-2 假如 $\boldsymbol{X} \subset \mathfrak{R}^n$，映射 $T: \boldsymbol{X} \to \boldsymbol{X}$ 是伪压缩映射，具有不动点 $\boldsymbol{x}^* \in \boldsymbol{X}$，$\alpha \in [0,1)$，$T$ 没有其他的不动点，由 $\boldsymbol{x}(t+1) = T(\boldsymbol{x}(t))$ 产生的序列 $\{\boldsymbol{x}(t)\}$ 满足

$$\| \boldsymbol{x}(t) - \boldsymbol{x}^* \| \leqslant \alpha^t \| \boldsymbol{x}(0) - \boldsymbol{x}^* \|, \quad \forall t \geqslant 0 \tag{5.1-11}$$

对任意的初始向量 $\boldsymbol{x}(0) \in \boldsymbol{X}$，特别地，序列 $\{\boldsymbol{x}(t)\}$ 收敛于 $\boldsymbol{x}^*$。

证明 注意到伪压缩条件式(5.1-3)可以表示为

$$\| \boldsymbol{x}(t) - \boldsymbol{x}^* \| = \| T(\boldsymbol{x}(t-1)) - \boldsymbol{x}^* \| \leqslant \alpha \| \boldsymbol{x}(t-1) - \boldsymbol{x}^* \| \tag{5.1-12}$$

对于所有的 $t \geqslant 1$，应用归纳法可以得到期望的结果。

5.1.2 常用的压缩映射

假设 $\boldsymbol{X} \subset \mathfrak{R}^n$，且 $\boldsymbol{X}$ 可以分解为低维集合 $X_i \subset \mathfrak{R}^{n_i}$ 上的笛卡儿积，映射 $T: \boldsymbol{X} \to \mathfrak{R}^n$ 的

第 i 个块分量 T_i 具有以下形式

$$T_i(x)=x_i-\gamma\boldsymbol{G}_i^{-1}f_i(x) \tag{5.1-13}$$

每个 f_i 是从 $\mathfrak{R}^n$ 到 $\mathfrak{R}^{n_i}$ 上的函数，γ 是一个标量，$\boldsymbol{G}_i$ 是一个 $n_i\times n_i$ 的可逆对称矩阵，这种形式映射常用于求解优化问题或者系统方程。

首先通过简单的情况进行说明，即 $\boldsymbol{X}=\mathfrak{R}^n$，$n_i=1$，$\boldsymbol{G}_i=\boldsymbol{I}$，映射 f 的形式为 $f(\boldsymbol{x})=\boldsymbol{A}\boldsymbol{x}$，$\boldsymbol{A}$ 是 $n\times n$ 矩阵，则

$$T(\boldsymbol{x})=\boldsymbol{x}-\gamma\boldsymbol{A}\boldsymbol{x}=(\boldsymbol{I}-\gamma\boldsymbol{A})\boldsymbol{x} \tag{5.1-14}$$

这是线性方程的迭代算法，当其范数为最大范数，且 $\|\boldsymbol{I}-\gamma\boldsymbol{A}\|_\infty<1$ 时，映射 T 是压缩的。由最大范数的准则，等价的条件为

$$\max_i\left\{|1-\gamma a_{ii}|+\sum_{j\neq i}|\gamma a_{ij}|\right\}<1 \tag{5.1-15}$$

假设 γ 是正数且足够小，即 $|\gamma a_{ii}|\leqslant 1$，则上式可以等价为

$$\max_i\left\{1-\gamma a_{ii}+\gamma\sum_{j\neq i}|a_{ij}|\right\} \tag{5.1-16}$$

因此对于 γ 为正数且足够小，映射 T 是压缩的，当 $a_{ii}>0$ 时

$$\sum_{j\neq i}|a_{ij}|<a_{ii},\quad \forall i \tag{5.1-17}$$

这是 $\boldsymbol{A}$ 的对角优势条件，注意到当 $f(\boldsymbol{x})=\boldsymbol{A}\boldsymbol{x}$ 时，有 $\nabla_j f_i(\boldsymbol{x})=a_{ij}$。

命题 5.1-3　假设 $\boldsymbol{X}$ 是凸集合，$f:\mathfrak{R}^n\rightarrow\mathfrak{R}^n$ 是连续、可微的函数，存在一个标量 $\alpha\in[0,1)$ 使得

$$\|\boldsymbol{I}-\gamma\boldsymbol{G}_i^{-1}(\nabla_i f_i(\boldsymbol{x}))^{\mathrm{T}}\|_{ii}+\sum_{j\neq i}\|\gamma\boldsymbol{G}_i^{-1}(\nabla_j f_i(\boldsymbol{x}))^{\mathrm{T}}\|_{ij}\leqslant\alpha,\quad \forall\boldsymbol{x}\in\boldsymbol{X},\forall i \tag{5.1-18}$$

当 $\|\cdot\|$ 取最大范数时，则 $T_i(\boldsymbol{x})=\boldsymbol{x}_i-\gamma\boldsymbol{G}_i^{-1}f_i(\boldsymbol{x})$ 定义的映射 T 是压缩映射。

5.2　无约束优化

本节主要考虑算法来最小化连续可微的目标函数 $F:\mathfrak{R}^n\rightarrow\mathfrak{R}$，$\nabla F(\boldsymbol{x}^*)=0$ 使得 $\boldsymbol{x}^*$ 能最小化目标函数 F。因此，需要求解一类问题即 $\nabla F(\boldsymbol{x})=0$。

5.2.1　主要算法

$F(\boldsymbol{x})=\dfrac{1}{2}\boldsymbol{x}^{\mathrm{T}}\boldsymbol{A}\boldsymbol{x}-\boldsymbol{x}^{\mathrm{T}}\boldsymbol{b}$，最小化目标函数 F，$\nabla F(\boldsymbol{x})=\boldsymbol{A}\boldsymbol{x}-\boldsymbol{b}$，$\nabla^2F(\boldsymbol{x})=\boldsymbol{A}$，等价于求解线性方程 $\boldsymbol{A}\boldsymbol{x}=\boldsymbol{b}$，$\boldsymbol{A}$ 是对称正定矩阵。下面三种算法为常见的迭代算法。

Jacobi 算法

$$\boldsymbol{x}(t+1)=\boldsymbol{x}(t)-\gamma[\boldsymbol{D}(\boldsymbol{x}(t))]^{-1}\nabla F(\boldsymbol{x}(t)) \tag{5.2-1}$$

这里 γ 是正的步长，$\boldsymbol{D}(\boldsymbol{x})$ 是对角矩阵，其第 i 个非零对角元素为 $\nabla_{ii}^2F(\boldsymbol{x})$。

Gauss-Seidel 算法

$$\boldsymbol{x}_i(t+1)=\boldsymbol{x}_i(t)-\gamma\frac{\nabla_i F(\boldsymbol{z}(i,t))}{\nabla_{ii}^2F(\boldsymbol{z}(i,t))},\quad i=1,2,\cdots,n \tag{5.2-2}$$

这里 $\boldsymbol{z}(i,t)=(x_1(t+1),\cdots,x_{i-1}(t+1),x_i(t),\cdots,x_n(t))$。

梯度算法

$$\boldsymbol{x}(t+1)=\boldsymbol{x}(t)-\gamma\nabla F(\boldsymbol{x}(t)) \tag{5.2-3}$$

对式(5.2-3)进行变换，可以得到梯度算法的 Gauss-Seidel 变体

$$\boldsymbol{x}_i(t+1)=\boldsymbol{x}_i(t)-\gamma\nabla_i F(\boldsymbol{z}(i,t)),\quad i=1,2,\cdots,n \tag{5.2-4}$$

这里 $\boldsymbol{z}(i,t)$ 由 Gauss-Seidel 算法定义。

给定 $\boldsymbol{x}\in\mathfrak{R}^n$ 使得 $\nabla F(\boldsymbol{x})\neq 0$，向量 $\boldsymbol{s}\in\mathfrak{R}^n$ 具有性质 $\boldsymbol{s}^{\mathrm{T}}\nabla F(\boldsymbol{x})<0$ 称为下降方向，$\boldsymbol{s}^{\mathrm{T}}\nabla F(\boldsymbol{x})$ 是 F 在方向 $\boldsymbol{s}$ 上的方向导数。当 γ 足够小且为正常数时，$F(\boldsymbol{x}+\gamma\boldsymbol{s})<F(\boldsymbol{x})$。任何的算法，向量 $\boldsymbol{x}$ 满足 $\nabla F(\boldsymbol{x})\neq 0$，更新 $\boldsymbol{x}$ 沿着一个下降方向称为下降算法。梯度算法式(5.2-3)是一个确定的下降算法。事实上，它被称作最速下降算法，因为 F 的更新方向是沿着下降最快的方向，这意味着 $-\nabla F(\boldsymbol{x})/\|\nabla F(\boldsymbol{x})\|_2$ 最小化方向导数 $\boldsymbol{s}^{\mathrm{T}}\nabla F(\boldsymbol{x})$，且 $\|\boldsymbol{s}_2\|=1$。梯度算法的 Gauss-Seidel 变体同样也是一个下降算法，此性质对于 Jacobi 和 Gauss-Seidel 算法同样成立。假设 $\nabla_{ii}^2 F(\boldsymbol{x})>0,\boldsymbol{x}\in\mathfrak{R}^n$，Jacobi 算法是标量化的梯度算法，即第 i 个分量的更新 $-\gamma\nabla F(\boldsymbol{x}(t))$ 包含因子 $1/\nabla_{ii}^2 F(\boldsymbol{x}(t))$。考虑更加一般的比例梯度算法。

比例梯度算法

$$\boldsymbol{x}(t+1)=\boldsymbol{x}(t)-\gamma(\boldsymbol{D}(t))^{-1}\nabla F(\boldsymbol{x}(t)) \tag{5.2-5}$$

$\boldsymbol{D}(t)$ 是比例矩阵，一般是对角矩阵。当 $\boldsymbol{D}(t)$ 是实对角阵时，所有元素是正数，γ 是正数，$\nabla F(\boldsymbol{x}(t))\neq 0$，可以观察到 $\gamma\nabla F(\boldsymbol{x}(t))^{\mathrm{T}}(\boldsymbol{D}(t))^{-1}\nabla F(\boldsymbol{x}(t))>0$，比例梯度算法也是下降算法，如图 5.2-1 所示。

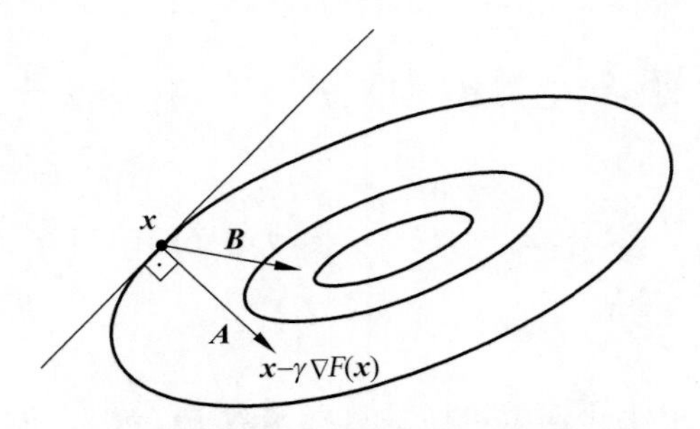

图 5.2-1 梯度和比例梯度算法的下降方向

等高线表示当 F 为常数的点集合，$\boldsymbol{A}$ 表示最速下降方向，方向 $\boldsymbol{B}$ 表示另一个下降方向，通过正比于 $\boldsymbol{A}$ 的分量，选择合适比例系数，比例梯度迭代 $\boldsymbol{x}=\boldsymbol{x}-\gamma\boldsymbol{D}^{-1}\nabla F(\boldsymbol{x})$，方向 $\boldsymbol{B}$ 比方向 $\boldsymbol{A}$ 更好。

Jacobi 算法和梯度并行化时，让第 i 个处理器更新 $\boldsymbol{x}$ 的第 i 个分量。每次更新后，每个处理器传递最新计算结果给那些需要的处理器。注意到第 i 个处理器需要知道 x_j 的当前值，当且仅当 $\nabla_i F$ 或者 $\nabla_{ii}^2 F$ 依赖于 x_j。对于一些大规模问题，$\nabla_i F$ 或者 $\nabla_{ii}^2 F$ 依赖于少数的组件，相应的依赖图是稀疏的，这样很大程度减少算法需要的通信开销。

假设 F 是二阶连续可微的，一个重要的方法是牛顿法，

$$\boldsymbol{x}(t+1)=\boldsymbol{x}(t)-\gamma(\nabla^2 F(\boldsymbol{x}(t)))^{-1}\nabla F(\boldsymbol{x}(t)) \tag{5.2-6}$$

当 $F(\boldsymbol{x})=\dfrac{1}{2}\boldsymbol{x}^{\mathrm{T}}\boldsymbol{A}\boldsymbol{x}-\boldsymbol{x}^{\mathrm{T}}\boldsymbol{b},\gamma=1$ 时，$\boldsymbol{x}(t+1)=\boldsymbol{x}(t)-\boldsymbol{A}^{-1}(\boldsymbol{A}\boldsymbol{x}(t)-\boldsymbol{b})=\boldsymbol{A}^{-1}\boldsymbol{b}$。牛顿

法比之前介绍的算法收敛更快，为了说明这个事实，假设 F 是二阶连续可微的，具有局部极小值 $\boldsymbol{x}^*$，$\nabla^2 F(\boldsymbol{x}^*)$是正定的，$\boldsymbol{x}(t)$足够接近于 $\boldsymbol{x}^*$，则

$$\begin{aligned}\boldsymbol{x}(t+1)-\boldsymbol{x}^* &= [\nabla^2 F(\boldsymbol{x}(t))]^{-1}[\nabla^2 F(\boldsymbol{x}(t))(\boldsymbol{x}(t)-\boldsymbol{x}^*)-\nabla F(\boldsymbol{x}(t))] \\ &= [\nabla^2 F(\boldsymbol{x}(t))]^{-1}\int_0^1 [\nabla^2 F(\boldsymbol{x}(t))-\nabla^2 F(\boldsymbol{x}^*+\xi(\boldsymbol{x}(t)-\boldsymbol{x}^*))]\mathrm{d}\xi(\boldsymbol{x}(t)-\boldsymbol{x}^*)\end{aligned} \tag{5.2-7}$$

对任意范数$\|\cdot\|$，可以得到

$$\|\boldsymbol{x}(t+1)-\boldsymbol{x}^*\| \leqslant \|[\nabla^2 F(\boldsymbol{x}(t))]^{-1}\| \cdot \left(\int_0^1 \|\nabla^2 F(\boldsymbol{x}(t))-\nabla^2 F(\boldsymbol{x}^*+\xi(\boldsymbol{x}(t)-\boldsymbol{x}^*))\|\mathrm{d}\xi\right) \cdot \|\boldsymbol{x}(t)-\boldsymbol{x}^*\| \tag{5.2-8}$$

由$\nabla^2 F(\boldsymbol{x})$的连续性，对于任意的 $\alpha \in (0,1)$，存在 $\varepsilon > 0$ 使得

$$\|\boldsymbol{x}(t+1)-\boldsymbol{x}^*\| \leqslant \alpha \|\boldsymbol{x}(t)-\boldsymbol{x}^*\|, \quad \|\boldsymbol{x}(t)-\boldsymbol{x}^*\| \leqslant \varepsilon \tag{5.2-9}$$

这证明了对于任意的 α，牛顿法的收敛速度更快。

Jacobi 算法可以看作是一种近似牛顿法，其$\nabla^2 F$ 的非对角元素被忽略，使得矩阵求逆很容易。更一般的，在比例梯度算法中 $\boldsymbol{x}(t+1)=\boldsymbol{x}(t)-\gamma(\boldsymbol{D}(t))^{-1}\nabla F(\boldsymbol{x}(t))$，$\boldsymbol{D}(t)$是$\nabla^2 F(\boldsymbol{x}(t))$的一个近似，方便进行可逆变换。

为了让牛顿法更加实用，在近似牛顿方法中取

$$\boldsymbol{H}=\nabla^2 F(\boldsymbol{x}(t)) \tag{5.2-10}$$

$$\boldsymbol{g}=\nabla F(\boldsymbol{x}(t)) \tag{5.2-11}$$

所以式(5.2-6)变为

$$\boldsymbol{x}(t+1)=\boldsymbol{x}(t)+\gamma \boldsymbol{s} \tag{5.2-12}$$

$\boldsymbol{s}$ 是方程 $\boldsymbol{Hs}=-\boldsymbol{g}$ 的解。在近似牛顿方法中，使用迭代算法求解 $\boldsymbol{Hs}=-\boldsymbol{g}$，只需要少数几次迭代就能收敛，利用向量$\hat{\boldsymbol{s}}$ 来近似 $\boldsymbol{s}$，上述方程可以表示为

$$\boldsymbol{x}(t+1)=\boldsymbol{x}(t)+\gamma \hat{\boldsymbol{s}} \tag{5.2-13}$$

假设 $\boldsymbol{g}\neq\boldsymbol{0}$ 且 $\boldsymbol{H}$ 是正定的，进一步 $\boldsymbol{H}$ 是对称的，通过迭代算法求解 $\boldsymbol{Hs}=-\boldsymbol{g}$，减少 $\frac{1}{2}\boldsymbol{s}^{\mathrm{T}}\boldsymbol{Hs}+\boldsymbol{g}^{\mathrm{T}}\boldsymbol{s}$ 的值。如果迭代开始时 $\boldsymbol{s}=\boldsymbol{0}$，通过有限次迭代$\hat{\boldsymbol{s}}$ 可以满足

$$\frac{1}{2}\hat{\boldsymbol{s}}^{\mathrm{T}}\boldsymbol{H}\hat{\boldsymbol{s}}+\boldsymbol{g}^{\mathrm{T}}\hat{\boldsymbol{s}}<0 \tag{5.2-14}$$

由于 $\boldsymbol{H}$ 是正定的，$\hat{\boldsymbol{s}}$ 是一个下降方向。

5.2.2　非线性算法

之前考虑的算法是线性算法，是对线性方程的$\nabla F(\boldsymbol{x})$的更新。下面的非线性算法，固定 $\boldsymbol{x}$ 的分量，并在 x_i 处最小化 $F(\boldsymbol{x})$，重复该操作得到迭代算法。这里有两种不同的算法，第一种非线性 Jacobi 算法，能够同时最小化 $\boldsymbol{x}$ 的分量 x_i。第二种非线性 Gauss-Seidel 算法，对每个组件进行最小化，每一步中求解一个低维优化问题。

图 5.2-2 中给定一个初始向量 $\boldsymbol{x}$，通过分别最小化第一、第二维坐标可以得到 $\boldsymbol{y}$，$\boldsymbol{z}$ 组合，这两个组件的更新得到$\boldsymbol{\omega}$ 。

图 5.2-3 中给定初始向量 $\boldsymbol{x}$，最小化第一维坐标得到 $\boldsymbol{y}$，然后沿着第二维坐标得到 $\boldsymbol{z}$。

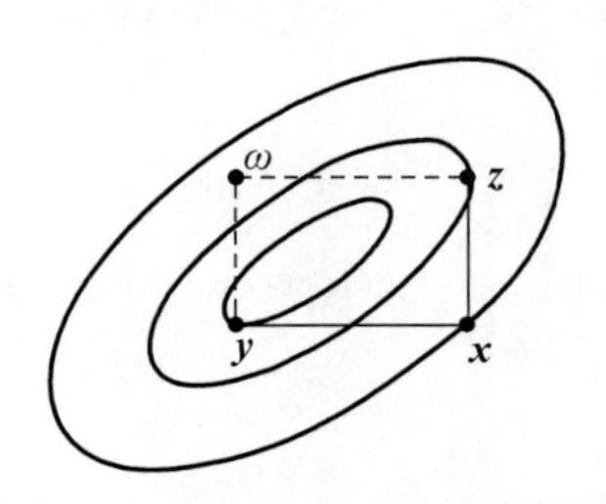

图 5.2-2 非线性 Jacobi 算法迭代说明

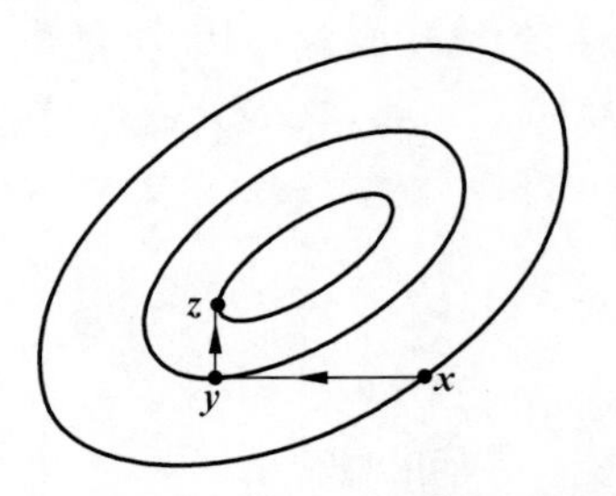

图 5.2-3 非线性 Gauss-Seidel 算法迭代说明

数学上，非线性 Jacobi 算法可以描述如下：

$$x_i(t+1)=\underset{x_i}{\operatorname{argmin}}F(x_1(t),\cdots,x_{i-1}(t),x_i,x_{i+1}(t),\cdots,x_n(t)) \quad (5.2\text{-}15)$$

非线性 Gauss-Seidel 算法可以描述如下：

$$x_i(t+1)=\underset{x_i}{\operatorname{argmin}}F(x_1(t+1),\cdots,x_{i-1}(t+1),x_i,x_{i+1}(t),\cdots,x_n(t)) \quad (5.2\text{-}16)$$

这里假设 x_i 总是存在的，当 x_i 存在多个值，则 $x_i(t+1)$从最小值集合中任意选择。

命题 5.2-1 假设 $F: \mathfrak{R}^n \to \mathfrak{R}$ 是连续可微的，γ 是正的比例系数，存在由 $T(\boldsymbol{x})=\boldsymbol{x}-\gamma\nabla F(\boldsymbol{x})$定义的映射 $T: \mathfrak{R}^n \to \mathfrak{R}^n$，在加权最大范数下是压缩的，存在唯一的 $\boldsymbol{x}^*$ 最小化函数 F。根据非线性 Jacobi 和 Gauss-Seidel 算法的定义，x_i 总是存在的，由式(5.2-15)和式(5.2-16)产生的序列$\{\boldsymbol{x}(t)\}$将几何收敛于 $\boldsymbol{x}^*$。

上述命题中的压缩映射在$\nabla^2 F(\boldsymbol{x})$满足对角优势时成立。

5.3 约束优化

本节考虑的问题是最小化目标函数 $F: \mathfrak{R}^n \to \mathfrak{R}$ 且 $\boldsymbol{X} \subset \mathfrak{R}^n$，贯穿本节，假设 F 是连续可微的，$\boldsymbol{X}$ 是非空、闭的凸集合。

5.3.1 最优条件和映射定理

命题 5.3-1 $\boldsymbol{x} \in \boldsymbol{X}$ 是最优解的充要条件。

(1) 如果 $\boldsymbol{x} \in \boldsymbol{X}$ 能最小化 F，对于任意的 $\boldsymbol{y} \in \boldsymbol{X}$ 有$(\boldsymbol{y}-\boldsymbol{x})^{\mathrm{T}} \nabla F(\boldsymbol{x}) \geqslant 0$；

(2) F 是 $\boldsymbol{X}$ 上的凸函数，条件(1)是充分的对于 $\boldsymbol{x}$ 最小化 F。

证明

(1) 对 $\boldsymbol{y} \in \boldsymbol{X}$，有$(\boldsymbol{y}-\boldsymbol{x})^{\mathrm{T}} \nabla F(\boldsymbol{x})<0$，因为 F 是方向 $\boldsymbol{y}-\boldsymbol{x}$ 上的方向导数，当 $\varepsilon \in (0,1)$时，$F(\boldsymbol{x}+\varepsilon(\boldsymbol{y}-\boldsymbol{x}))<F(\boldsymbol{x})$，则 $\boldsymbol{x}+\varepsilon(\boldsymbol{y}-\boldsymbol{x}) \in \boldsymbol{X}$。由于 $\boldsymbol{X}$ 是凸集，这证明了 $\boldsymbol{x}$ 不能最小化 F。

(2) 对 $\boldsymbol{y} \in \boldsymbol{X}$，有$(\boldsymbol{y}-\boldsymbol{x})^{\mathrm{T}} \nabla F(\boldsymbol{x}) \geqslant 0$，利用 F 是凸函数的假设，可以得到 $F(\boldsymbol{y}) \geqslant F(\boldsymbol{x})+(\boldsymbol{y}-\boldsymbol{x})^{\mathrm{T}} \nabla F(\boldsymbol{x}) \geqslant F(\boldsymbol{x})$，则 $\boldsymbol{x}$ 能最小化 F 在 $\boldsymbol{X}$ 上。

在 5.2 节介绍的算法不能直接应用到约束优化问题，因为即使从可行集内部出发，算法更新也可能到达集合外部。一个补救的方法是当这种情况发生时，通过投影回到集合 $\boldsymbol{X}$ 上。

$[\boldsymbol{x}]^+$ 表示正交投影将 $\boldsymbol{x}$ 投影到凸集 $\boldsymbol{X}$ 上。特别地，$[\boldsymbol{x}]^+$ 定义为

$$[\boldsymbol{x}]^{+}=\arg\min_{\boldsymbol{z}\in\boldsymbol{X}}\|\boldsymbol{z}-\boldsymbol{x}\|_2 \tag{5.3-1}$$

下面的结果给出了投影$[\boldsymbol{x}]^{+}$的一些性质。

命题 5.3-2

(1) 对于 $\boldsymbol{x}\in\mathfrak{R}^n$,存在唯一的 $\boldsymbol{z}\in\boldsymbol{X}$,使得$\|\boldsymbol{z}-\boldsymbol{x}\|_2$ 最小,在所有的 $\boldsymbol{z}\in\boldsymbol{X}$,记为$[\boldsymbol{x}]^{+}$。

(2) 给定 $\boldsymbol{x}\in\mathfrak{R}^n$,向量 $\boldsymbol{z}\in\boldsymbol{X}$ 等于$[\boldsymbol{x}]^{+}$,当且仅当对所有 $\boldsymbol{y}\in\boldsymbol{X}$,$(\boldsymbol{y}-\boldsymbol{z})^{\mathrm{T}}(\boldsymbol{x}-\boldsymbol{z})\leqslant 0$。

(3) 由 $f(\boldsymbol{x})=[\boldsymbol{x}]^{+}$定义的映射 f: $\mathfrak{R}^n\to\boldsymbol{X}$ 是连续,非扩张的,即$\|[\boldsymbol{x}]^{+}-[\boldsymbol{y}]^{+}\|_2\leqslant\|\boldsymbol{x}-\boldsymbol{y}\|_2$,所有的 $\boldsymbol{x},\boldsymbol{y}\in\mathfrak{R}^n$。

证明

(1) 固定 $\boldsymbol{x},\boldsymbol{\omega}$ 为 $\boldsymbol{X}$ 中的某些元素,最小化$\|\boldsymbol{x}-\boldsymbol{z}\|_2$ 在 $\boldsymbol{z}\in\boldsymbol{X}$ 等价于最小化函数$\|\boldsymbol{x}-\boldsymbol{z}\|_2$ 使得$\|\boldsymbol{x}-\boldsymbol{z}\|_2\leqslant\|\boldsymbol{x}-\boldsymbol{w}\|_2$,这是一个实集。由于函数 $g(\boldsymbol{z})=\|\boldsymbol{z}-\boldsymbol{x}\|_2^2$ 是连续函数,在实集上的连续函数总是可以取到最小值。

为了证明唯一性,欧几里得范数的平方是严格凸的函数,因此 g 是严格凸的函数,满足最小值在唯一点处取到。

(2) 向量$[\boldsymbol{x}]^{+}$是 $g(\boldsymbol{z})$在所有 $\boldsymbol{z}\in\boldsymbol{X}$ 处的最小值,且$\nabla g(\boldsymbol{z})=2(\boldsymbol{z}-\boldsymbol{x})$,$(\boldsymbol{y}-\boldsymbol{z})^{\mathrm{T}}(\boldsymbol{x}-\boldsymbol{z})\leqslant 0$ 满足约束优化问题的最优性条件。

(3) $\boldsymbol{x},\boldsymbol{y}$ 是 $\mathfrak{R}^n$ 中的元素,由(2)可得$(\boldsymbol{v}-[\boldsymbol{x}]^{+})^{\mathrm{T}}(\boldsymbol{x}-[\boldsymbol{x}]^{+})\leqslant 0$ 对 $\boldsymbol{v}\in\boldsymbol{X}$,因为$[\boldsymbol{x}]^{+}\in\boldsymbol{X}$,有

$$([\boldsymbol{y}]^{+}-[\boldsymbol{x}]^{+})^{\mathrm{T}}(\boldsymbol{x}-[\boldsymbol{x}]^{+})\leqslant 0 \tag{5.3-2}$$

$$([\boldsymbol{x}]^{+}-[\boldsymbol{y}]^{+})^{\mathrm{T}}(\boldsymbol{y}-[\boldsymbol{y}]^{+})\leqslant 0 \tag{5.3-3}$$

将两个不等式相加,重新排序得到

$$\begin{aligned}\|[\boldsymbol{y}]^{+}-[\boldsymbol{x}]^{+}\|_2^2&\leqslant([\boldsymbol{y}]^{+}-[\boldsymbol{x}]^{+})^{\mathrm{T}}(\boldsymbol{y}-\boldsymbol{x})\\&\leqslant\|[\boldsymbol{y}]^{+}-[\boldsymbol{x}]^{+}\|_2\cdot\|\boldsymbol{y}-\boldsymbol{x}\|_2\end{aligned} \tag{5.3-4}$$

这证明了$[\cdot]^{+}$是非扩展和连续的。

当 $\boldsymbol{x}$ 映射到 $\boldsymbol{X}$,向量 $\boldsymbol{x}-[\boldsymbol{x}]^{+}$是$[\boldsymbol{x}]^{+}$处支撑平面的法向量,$\boldsymbol{y}\in\boldsymbol{X}$ 在平面的另一侧,使得 $\boldsymbol{x}-[\boldsymbol{x}]^{+}$和 $\boldsymbol{y}-[\boldsymbol{x}]^{+}$构成一个大于 90°的角。

5.3.2 梯度投影算法

梯度投影算法是梯度算法推广到有约束的情况,即

$$\boldsymbol{x}(t+1)=[\boldsymbol{x}(t)-\gamma\nabla F(\boldsymbol{x}(t))]^{+} \tag{5.3-5}$$

这里 γ 是正的步长,T: $\boldsymbol{X}\to\boldsymbol{X}$ 表示迭代算法的映射

$$T(\boldsymbol{x})=[\boldsymbol{x}-\gamma\nabla F(\boldsymbol{x})]^{+} \tag{5.3-6}$$

像无约束优化算法一样,在相同的假设下,给出了梯度投影算法的收敛性。

假设 5.3-1

(1) 对任意 $\boldsymbol{x}\in\boldsymbol{X}$,$F(\boldsymbol{x})\geqslant\boldsymbol{0}$。

(2) 函数 F 是连续可微的,存在一个常数 K,使得

$$\|\nabla F(\boldsymbol{x})-\nabla F(\boldsymbol{y})\|_2\leqslant K\|\boldsymbol{x}-\boldsymbol{y}\|_2,\quad\forall\boldsymbol{x},\boldsymbol{y}\in\boldsymbol{X} \tag{5.3-7}$$

当 γ 足够小时,梯度投影算法每次迭代能够减少目标函数,到达映射 T 的一个不动点。

命题 5.3-3　当 F 满足假设 5.3-1 中的 Lipschitz 连续条件,γ 是正数,且 $\boldsymbol{x}\in\boldsymbol{X}$,则

(1) $F(T(\boldsymbol{x})) \leqslant F(\boldsymbol{x})-(1/\gamma-K/2)\|T(\boldsymbol{x})-\boldsymbol{x}\|_2^2$。

(2) 当 $\boldsymbol{y}\in\boldsymbol{X}$,$(\boldsymbol{y}-\boldsymbol{x})^{\mathrm{T}}\nabla F(\boldsymbol{x})\geqslant 0$ 时,有 $T(\boldsymbol{x})=\boldsymbol{x}$。特别地,当 F 在集合 X 上是凸函数时,有 $T(\boldsymbol{x})=\boldsymbol{x}$ 当且仅当 $\boldsymbol{x}$ 最小化 F。

(3) 映射 T 是连续的

$$(\boldsymbol{y}-T(\boldsymbol{x}))^{\mathrm{T}}(\boldsymbol{x}-\gamma\nabla F(\boldsymbol{x})-T(\boldsymbol{x}))\leqslant 0,\quad \forall\,\boldsymbol{y}\in\boldsymbol{X} \tag{5.3-8}$$

特别地,当 $\boldsymbol{y}=\boldsymbol{x}$ 时,则

$$(\boldsymbol{x}-T(\boldsymbol{x}))^{\mathrm{T}}(\boldsymbol{x}-\gamma\nabla F(\boldsymbol{x})-T(\boldsymbol{x}))\leqslant 0 \tag{5.3-9}$$

可导出 $\gamma(T(\boldsymbol{x})-\boldsymbol{x})^{\mathrm{T}}\nabla F(\boldsymbol{x})\leqslant-\|T(\boldsymbol{x})-\boldsymbol{x}\|_2^2$,使用下降引理,可得

$$\begin{aligned}F(T(\boldsymbol{x}))&\leqslant F(\boldsymbol{x})+(T(\boldsymbol{x})-\boldsymbol{x})^{\mathrm{T}}\nabla F(\boldsymbol{x})+\frac{K}{2}\|T(\boldsymbol{x})-\boldsymbol{x}\|_2^2\\&\leqslant F(\boldsymbol{x})-\left(\frac{1}{\gamma}-\frac{K}{2}\right)\|T(\boldsymbol{x})-\boldsymbol{x}\|_2^2\end{aligned} \tag{5.3-10}$$

当 $T(\boldsymbol{x})=\boldsymbol{x}$,$\boldsymbol{y}\in\boldsymbol{X}$ 时,有 $(\boldsymbol{y}-\boldsymbol{x})^{\mathrm{T}}\gamma\nabla F(\boldsymbol{x})\geqslant 0$,则 $(\boldsymbol{y}-\boldsymbol{x})^{\mathrm{T}}(\boldsymbol{x}-\gamma\nabla F(\boldsymbol{x})-\boldsymbol{x})\leqslant 0$,可以得到 $T(\boldsymbol{x})=\boldsymbol{x}$。当函数为凸函数的条件下,满足约束优化问题的最优条件。

因为 F 是连续可微的,映射 $\boldsymbol{x}\to\boldsymbol{x}-\gamma\nabla F(\boldsymbol{x})$ 是连续的,投影映射是连续的,则 T 是由两个连续的映射组成,因此也是连续的。

根据命题 5.3-3,梯度投影算法的收敛性可以直接建立,$\{\boldsymbol{x}(t)\}$ 是由算法产生的序列。假设 $0<\gamma<\dfrac{2}{K}$,命题 5.3-3(1)展示了序列 $\{F(\boldsymbol{x}(t))\}$ 是非增的。若 F 是有界的,则序列可以收敛,即 $T(\boldsymbol{x}(t))-\boldsymbol{x}(t)$ 收敛到 0。让 $\boldsymbol{x}^*$ 为序列 $\{\boldsymbol{x}(t)\}$ 的极限点,子序列 $\{\boldsymbol{x}(t_k)\}$ 能收敛于 $\boldsymbol{x}^*$。命题 5.3-3(2)展示了 $(\boldsymbol{y}-\boldsymbol{x}^*)^{\mathrm{T}}\nabla F(\boldsymbol{x}^*)\geqslant 0$。

命题 5.3-4 当 F 满足假设 5.3-1,当 $0<\gamma<\dfrac{2}{K}$,$\boldsymbol{x}^*$ 是由梯度投影算法产生的 $\boldsymbol{x}(t)$ 的极限点,则 $(\boldsymbol{y}-\boldsymbol{x}^*)^{\mathrm{T}}\nabla F(\boldsymbol{x}^*)\geqslant 0$。特别地,若 F 是 $\boldsymbol{X}$ 上的凸函数,则 $\boldsymbol{x}^*$ 能够最小化 F。

命题 5.3-5 当 F 满足假设 5.3-1 时,存在一个 $\alpha>0$ 使得

$$(\nabla F(\boldsymbol{x})-\nabla F(\boldsymbol{y}))^{\mathrm{T}}(\boldsymbol{x}-\boldsymbol{y})\geqslant\alpha\|\boldsymbol{x}-\boldsymbol{y}\|_2^2,\quad\forall\,\boldsymbol{x},\boldsymbol{y}\in\boldsymbol{X} \tag{5.3-11}$$

这里存在唯一的向量 $\boldsymbol{x}^*$ 使得 F 最小,进一步假设 γ 选择的正数足够小,则由梯度投影算法产生的序列 $\{\boldsymbol{x}(t)\}$ 几何收敛于 $\boldsymbol{x}^*$。

5.3.3 比例梯度投影算法

像无约束优化算法一样,希望去改变 $\nabla F(\boldsymbol{x}(t))$ 的更新方向,进一步推广梯度投影算法

$$\boldsymbol{x}(t+1)=[\boldsymbol{x}(t)-\gamma(\boldsymbol{M}(t))^{-1}\nabla F(\boldsymbol{x}(t))]^{+} \tag{5.3-12}$$

这里 $\boldsymbol{M}(t)$ 是可逆变换矩阵,$\boldsymbol{M}(t)$ 用来近似 Hessian 矩阵 $\nabla^2F(\boldsymbol{x}(t))$。例如,在 Jacobi 算法中,$\boldsymbol{M}(t)$ 是对角的,其对角元素等于 $\nabla^2F(\boldsymbol{x}(t))$ 的对角元素。

假设 $\boldsymbol{M}(t)$ 是对称正定的,范数 $\|\cdot\|_{\boldsymbol{M}(t)}$ 定义如下:

$$\|\boldsymbol{x}\|_{\boldsymbol{M}(t)}=(\boldsymbol{x}^{\mathrm{T}}\boldsymbol{M}(t)\boldsymbol{x})^{1/2} \tag{5.3-13}$$

将 $[\boldsymbol{x}]^{+}_{\boldsymbol{M}(t)}$ 定义为 $\boldsymbol{y}$,能够最小化 $\|\boldsymbol{y}-\boldsymbol{x}\|_{\boldsymbol{M}(t)}$,用下式替代式(5.3-12)

$$\boldsymbol{x}(t+1)=[\boldsymbol{x}(t)-\gamma(\boldsymbol{M}(t))^{-1}\nabla F(\boldsymbol{x}(t))]^{+}_{\boldsymbol{M}(t)} \tag{5.3-14}$$

在比例梯度投影方法中,将 $\boldsymbol{x}(t+1)$ 定义为二次规划问题的解

$$x(t+1)=\underset{y\in X}{\operatorname{argmin}}\left\{\frac{1}{2\gamma}(y-x(t))^{T}M(t)(y-x(t))+(y-x(t))^{T}\nabla F(x(t))\right\}$$
(5.3-15)

命题 5.3-6　当矩阵 $M(t)$ 是对称的，满足以下条件

$$(x-y)^{T}M(t)(x-y)\geqslant\alpha\|x-y\|_{2}^{2},\quad\forall x,y\in X\tag{5.3-16}$$

这里 α 是一个正常数，二次规划问题的最小值可由式(5.3-15)在唯一的 y 处得到。

证明　从不等式(5.3-16)可以验证式(5.3-15)能够最小化，且 y 是严格凸的函数，这证明了唯一性。进一步，通过不等式(5.3-16)，当 $\|y\|_2$ 趋于无穷时，该表达式将趋向于无穷。因此最小值点被限制在 X 的实集上，最小值点的存在性满足，连续函数在实集上得到其最小值。

命题 5.3-7　$n\times n$ 对称矩阵的有界序列 $\{M(t)\mid t=0,1,\cdots\}$，假设 $\alpha>0$，每个 $M(t)$ 使得式(5.3-16)成立，$F:\mathfrak{R}^n\to\mathfrak{R}$ 满足假设 5.3-1。

(1) 对于每个 $x\in\mathfrak{R}^n$，存在唯一 $y\in X$ 使得 $(x-y)^{T}M(t)(-y)$ 最小，记为 $[x]_{M(t)}^{+}$ 或者 $[x]_t^{+}$。

(2) 给定 $x\in\mathfrak{R}^n$，向量 $z\in X$ 等于 $[x]_t^{+}$，当且仅当 $(x-y)^{T}M(t)(x-z)\leqslant 0$。

(3) 存在一个常数 A_1，使得

$$\|[x]_t^{+}-[y]_t^{+}\|_2\leqslant A_1\|x-y\|_2\tag{5.3-17}$$

(4) 若 $M(t)$ 是正定的，则

$$([x]_t^{+}-[y]_t^{+})^{T}M(t)([x]_t^{+}-[y]_t^{+})\leqslant(x-y)^{T}M(t)(x-y),\quad\forall x,y\in\mathfrak{R}^n\tag{5.3-18}$$

让 $T_t:X\to X$ 为比例梯度投影算法的第 t 次迭代映射，即 $x(t+1)=T_t(x(t))$。

(5) 若 $(y-x)^{T}\nabla F(x)\geqslant 0$，则 $T_t(x)=x$。特别地，F 是凸函数，当 x 最小化 F 时，有 $T_t(x)=x$。

(6) 这里存在一个 A_2，使得

$$\|T_t(x)-T_t(y)\|_2\leqslant A_2\|x-y\|_2,\quad\forall x,y\in X,\forall t\tag{5.3-19}$$

(7) 若 γ 足够小，则存在一个正数 A_3，使得 $F(T_t(x))\leqslant F(x)-A_3\|T_t(x)-x\|_2^2$。

(8) 若 γ 足够小，由比例梯度投影算法产生的序列 $\{x(t)\}$ 的极限点 x^* 满足 $(y-x^*)^{T}\cdot\nabla F(x^*)\geqslant 0$，当 F 在集合 X 上为凸函数，x^* 最小化 F。

5.3.4　非线性算法

假设 X 是笛卡儿积，考虑非线性 Jacobi 算法和 Gauss-Seidel 算法，这是非线性算法对有约束情况的扩展。非线性 Jacobi 算法定义如下：

$$x_i(t+1)=\underset{x_i\in X_i}{\operatorname{argmin}}\{F(x_1(t),\cdots,x_{i-1}(t),x_i,x_{i+1}(t),\cdots,x_m(t))\}\tag{5.3-20}$$

非线性 Gauss-Seidel 算法定义如下

$$x_i(t+1)=\underset{x_i\in X_i}{\operatorname{argmin}}\{F(x_1(t+1),\cdots,x_{i-1}(t+1),x_i,x_{i+1}(t),\cdots,x_m(t))\}$$
(5.3-21)

命题 5.3-8　$F:\mathfrak{R}^n\to\mathfrak{R}$ 是连续可微的，γ 为正的比例系数，假设 $R(x)=x-\gamma\nabla F(x)$

定义的映射 $R: \boldsymbol{X} \to \mathfrak{R}^n$，在块最大范数 $\|\boldsymbol{x}\| = \|(x_1, x_2, \cdots, x_m)\| = \max_i \{\|x_i\|_i / w_i\}$ 下是压缩的，则存在唯一的向量 $\boldsymbol{x}^*$ 最小化 F。进一步，非线性 Jacobi 和 Gauss-Seidel 算法中 $\boldsymbol{x}^*$ 是总存在的，算法产生的序列 $\{\boldsymbol{x}(t)\}$ 几何收敛于 $\boldsymbol{x}^*$。

非线性 Jacobi 算法可以给每个分量分配一个处理器实现并行化，非线性 Gauss-Seidel 算法同样可以并行化。

考虑混合方法包含 Jacobi 算法和 Gauss-Seidel 算法的特征，可以将 m 个分量分为两组 $(x_1, x_2, \cdots, x_k)$ 和 $(x_{k+1}, \cdots, x_m)$，使用如下更新公式

当 $1 \leqslant i \leqslant k$ 时，

$$x_i(t+1) = \underset{x_i \in \boldsymbol{X}_i}{\operatorname{argmin}} \{F(x_1(t), \cdots, x_{i-1}(t), x_i, x_{i+1}(t), \cdots, x_m(t))\} \tag{5.3-22}$$

当 $k+1 \leqslant i \leqslant m$ 时，

$$x_i(t+1) = \underset{x_i \in \boldsymbol{X}_i}{\operatorname{argmin}} \{F(x_1(t+1), \cdots, x_k(t+1), x_{k+1}(t), \cdots, x_{i-1}(t), x_i, x_{i+1}(t), \cdots, x_m(t))\} \tag{5.3-23}$$

第一组的更新使用 Jacobi 算法，第二组的更新使用 Gauss-Seidel 算法，命题 5.3-8 的结论对于混合方法依然成立。

5.4 本章小结

本章主要讲解了压缩映射的基本概念和常见的压缩映射，然后介绍了无约束和约束优化算法，包括 Jacobi 算法和 Gauss-Seidel 算法及其收敛性，相关命题的证明可以参考文献[1]。本章内容为群智能技术提供了重要理论支撑和依据，未来这些算法将在群智能技术中不断应用和完善。

参考文献

[1] Bertsekas D P, Tsitsiklis J N. Parallel and distributed computation: numerical methods[M]. London: Prentice-Hall, 1997: 243-247.

第6章

多智能体优化的分布式次梯度方法

本章提要

本章主要介绍目标函数求和的分布式优化算法，为了解决这样的优化问题，提出了一种分布式次梯度方法。该方法中每个智能体最小化自己的目标函数，并与邻居智能体进行信息交换，本章的分布式次梯度方法具有收敛性保证。本章内容主要来源于文献[1]。

6.0 符号列表

$\boldsymbol{x}^i$	信息状态
$\boldsymbol{A}$	权重矩阵
$\mathbb{R}$	实数集
$\boldsymbol{a}^i$	权重向量
t_k	时刻
α^i	步长
$\boldsymbol{d}_i$	目标函数的次梯度
B	时间段数
$\boldsymbol{\Phi}(k,s)$	转移矩阵

6.1 研究背景概述

大规模分布式网络的研究是近年来的研究热点，网络中每个智能体具有不同的目标函数。对于这样的网络，有必要设计分布式计算方法，通过邻居之间的信息交互，收敛于问题的最优值。现有的研究通常假设智能体的目标函数仅依赖于分配给它的资源，使用合作或者非合作分布式优化框架。然而，在实际场景中，每个智能体的价值函数依赖于整体的资源分配。

在分布式控制网络中，由 m 个智能体组成，目标函数最小化各个智能体价值函数之和，即 $\sum_{i=1}^{m} f_i(\boldsymbol{x})$，这里 $f_i: \mathbb{R}^n \to \mathbb{R}$ 表示智能体 i 的价值函数，$\boldsymbol{x} \in \mathbb{R}^n$ 是决策变量。决策变量可以看作分配给每个智能体的资源，或是智能体使用局部信息进行计算的全局决策变量。

Tsitsiklis、Bertsekas[2-4]等提出了分布式计算模型的分析框架，该框架主要研究通过将 $\boldsymbol{x}$ 分配给 n 个智能体，如何最小化一个光滑函数 $f(\boldsymbol{x})$。本章中每个智能体仅知道问题的局部，与共识问题[5-8]和智能体平均问题[9-11]具有密切联系，同时涉及网络资源效用的最大化分配[12]。

6.2 多智能体次梯度优化算法

在多智能体分布式计算模型中每个智能体处理本地的信息，并和邻居进行信息交换。分布式计算模型中需要明确两个模型：信息交换模型和优化算法模型。第一个模型确定智能体之间信息交换规则,智能体如何评价自己的信息和邻居的信息。第二个模型描述了智能体如何利用这些信息实现整体的优化目标。

6.2.1 信息交换模型

考虑一个分布式网络,其节点集合为 $V=\{1,2,\cdots,m\}$,采用如下规则来控制智能体的信息交换。

(1) 权重规则:智能体的信息和邻居的信息如何进行结合。

(2) 联通规则:智能体的信息如何能够及时影响其他智能体的信息。

(3) 频率规则:智能体如何向其邻居发送信息。

假设智能体的信息更新和发送在离散的时刻 $t_0,t_1,\cdots$。若邻居 j 能够直接与智能体 i 进行通信,记为有向连接 (j,i)。使用 k 索引智能体在时刻 t_k 的信息状态,同时使用 $\boldsymbol{x}^i(k)$ 表示智能体 i 在 t_k 的信息状态。

智能体更新 $\boldsymbol{x}^i(k)$ 的规则即如何利用自己和邻居的信息更新智能体的信息状态。假设每个智能体 i 有一个权重向量 $\boldsymbol{a}^i(k)\in\mathbb{R}^m$。对于智能体 j,标量 $a_j^i(k)\in\mathbb{R}$ 为智能体 i 分配给邻居信息 $\boldsymbol{x}^j$ 的权重,在时间段 (t_k,t_{k+1}) 内,给出关于权重 $\boldsymbol{a}^i(k)$ 的如下假设[13]。

假设 6.2-1

(1) 存在一个标量 $\eta(0<\eta<1)$,对所有的 $i\in\{1,2,\cdots,m\}$,

a) $a_i^i(k)\geqslant\eta$。

b) $a_j^i(k)\geqslant\eta$,所有的智能体 j 在 (t_k,t_{k+1}) 能直接与 i 进行通信。

c) $a_j^i(k)=0$,对于其他节点。

(2) $\boldsymbol{a}^i(k)$ 是随机,且满足 $\sum\limits_{j=1}^{m}a_j^i(k)=1$。

假设 6.2-1(1)表示每个智能体给 $\boldsymbol{x}^i(k)$ 和 $\boldsymbol{x}^j(k)$ 分配一个权重,在该假设下,存在矩阵 $\boldsymbol{A}(k)$ 其每一列为 $\boldsymbol{a}^1(k),\boldsymbol{a}^2(k),\cdots,\boldsymbol{a}^m(k)$。

下面给出一个满足假设 6.2-1 的具体例子。每个智能体选择相同的权重给自己和邻居的信息状态,即 $a_j^i(k)=1/(n_i(k)+1)$。其中 $n_i(k)$ 是在时间 k 与节点 i 通信的邻居数量。

在时刻 t_k,智能体之间的信息交互可以表示为有向图 (V,E_k),集合 E_k 表示有向边集,即

$$E_k=\{(j,i)\mid a_j^i(k)>0\} \tag{6.2-1}$$

通过假设 6.2-1(1)有 $(i,i)\in E_k$,$(j,i)\in E_k$,即智能体 i 在时间 (t_k,t_{k+1}) 收到 j 的信息状态。

多智能体网络联通性的最小假设:在时刻 t_k,j 的信息能够直接或者间接到达 i。这意味着每个智能体的状态能够经常影响其他任何智能体的状态。E_∞ 表示边 (j,i) 的集合,邻居 j 能够经常与 i 通信,该联通性假设定义如下:

假设 6.2-2 图 (V,E_∞) 是联通的,这里 E_∞ 是边 (j,i) 的集合,表示智能体对能够经常通信

$$E_\infty=\{(j,i)\mid(j,i)\in E_k\} \tag{6.2-2}$$

该假设表示对任意的 k 和 (j,i),存在一条从 j 到 i 的路径。该路径表示为集合

$\bigcup_{l\geqslant k}E_l$，假设 6.2-2 等价于复合有向图$(V,\bigcup_{l\geqslant k}E_l)$是联通的。

当分析系统状态变化时，假设能直接通信的智能体，其相互通信的间隔是有界的，有界相互通信假设定义如下。

假设 6.2-3　存在一个正数 $B\geqslant 1$，对于任意的$(j,i)\in E_\infty$，在 B 个连续的时间段内，智能体 j 至少一次发送信息给 i。

该假设等价于存在 $B\geqslant 1$，使得

$$(j,i)\in E_k\cup E_{k+1}\cup\cdots\cup E_{k+B-1}\tag{6.2-3}$$

6.2.2　优化算法

考虑智能体协作最小化求和的价值函数，每个智能体仅有其中一个价值函数的信息，通过与邻居进行信息交互，最小化相应的组件，该无约束优化问题定义如下：

$$\min\sum_{i=1}^{m}f_i(\boldsymbol{x}),\quad \boldsymbol{x}\in\mathbb{R}^n\tag{6.2-4}$$

这里 $f_i:\mathbb{R}^n\to\mathbb{R}$ 是连续凸函数，问题的最优值为 f^*，最优解为 $\boldsymbol{X}^*$，即 $\boldsymbol{X}^*=\left\{\boldsymbol{x}\in\mathbb{R}^n\,\middle|\,\sum_{i=1}^{m}f_i(\boldsymbol{x})=f^*\right\}$。在这样的设置下，$i$ 的信息状态是对问题式(6.2-4)最优解的估计。用 $\boldsymbol{x}^i(k)\in\mathbb{R}^n$ 表示智能体 i 在时刻 t_k 的估计，特别地，智能体 i 更新它的最优估计算法如下：

$$\boldsymbol{x}^i(k+1)=\sum_{j=1}^{m}a_j^i(k)\boldsymbol{x}^j(k)-\alpha^i(k)\boldsymbol{d}_i(k)\tag{6.2-5}$$

这里 $\boldsymbol{a}^i(k)=(a_1^i(k),a_2^i(k),\cdots,a_m^i(k))^{\mathrm{T}}$ 是权重向量，$\alpha^i(k)>0$ 是 i 使用的步长，$\boldsymbol{d}_i(k)$ 是 i 的目标函数 $f_i(\boldsymbol{x})$在 $\boldsymbol{x}=\boldsymbol{x}^i(k)$处的次梯度。

为了更紧凑地表示式(6.2-5)在时间上的变化，利用矩阵 $\boldsymbol{A}(s)$，可以将 $\boldsymbol{x}^i(k+1)$与 $\boldsymbol{x}^1(s),\boldsymbol{x}^2(s),\cdots,\boldsymbol{x}^m(s)$联系在一起，$s\leqslant k$，即

$$\begin{aligned}
&\boldsymbol{x}^i(k+1)\\
&=\sum_{j=1}^{m}[\boldsymbol{A}(s)\boldsymbol{A}(s+1)\cdots\boldsymbol{A}(k-1)\boldsymbol{a}^i(k)]_j x^j(s)-\\
&\quad\sum_{j=1}^{m}[\boldsymbol{A}(s+1)\cdots\boldsymbol{A}(k-1)\boldsymbol{a}^i(k)]_j\alpha^j(s)\boldsymbol{d}_j(s)-\cdots-\\
&\quad\sum_{j=1}^{m}[\boldsymbol{A}(k-1)\boldsymbol{a}^i(k)]_j\alpha^j(k-2)\boldsymbol{d}_j(k-2)-\\
&\quad\sum_{j=1}^{m}[\boldsymbol{a}^i(k)]_j\alpha^j(k-1)d_j(k-1)-\alpha^i(k)\boldsymbol{d}_i(k)
\end{aligned}\tag{6.2-6}$$

矩阵

$$\boldsymbol{\Phi}(k,s)=\boldsymbol{A}(s)\boldsymbol{A}(s+1)\cdots\boldsymbol{A}(k-1)\boldsymbol{A}(k)\tag{6.2-7}$$

对所有的 s 和 k 且 $k\geqslant s$，当$\boldsymbol{\Phi}(k,k)=\boldsymbol{A}(k)$时，注意到$\boldsymbol{\Phi}(k,s)$的第 i 列为

$$[\boldsymbol{\Phi}(k,s)]^i=\boldsymbol{A}(s)\boldsymbol{A}(s+1)\cdots\boldsymbol{A}(k-1)\boldsymbol{a}^i(k)\tag{6.2-8}$$

$\boldsymbol{\Phi}(k,s)$的第 i 列和第 j 行为

$$[\boldsymbol{\Phi}(k,s)]_j^i=[\boldsymbol{A}(s)\boldsymbol{A}(s+1)\cdots\boldsymbol{A}(k-1)\boldsymbol{a}^i(k)]_j \tag{6.2-9}$$

利用矩阵的形式将式(6.2-6)写成

$$\boldsymbol{x}^i(k+1)=\sum_{j=1}^{m}[\boldsymbol{\Phi}(k,s)]_j^i\boldsymbol{x}^j(s)-\sum_{r=s+1}^{k}\sum_{j=1}^{m}[\boldsymbol{\Phi}(k,r)]_j^i\alpha^j(r-1)\boldsymbol{d}_j(r-1)-\alpha^i(k)\boldsymbol{d}_i(k) \tag{6.2-10}$$

这里 $k\geqslant s\geqslant 0$。

6.3 分布式次梯度算法的性质

本节将介绍分布式次梯度算法的性质,有关这些性质的证明可以参考本章文献。

6.3.1 基本性质

在假设 6.2-1(1)下,首先建立矩阵$\boldsymbol{\Phi}(k,s)$的一些性质。

引理 6.3-1 当假设 6.2-1(1)成立时,有

(1) $[\boldsymbol{\Phi}(k,s)]_j^j\geqslant\eta^{k-s+1}$,对所有的 j,k,s。

(2) $[\boldsymbol{\Phi}(k,s)]_j^i\geqslant\eta^{k-s+1}$,对所有的 k,s 和$(j,i)\in E_s\cup\cdots\cup E_k$,这里 E_t 定义为 $E_t=\{(j,i)|a_j^i(t)>0\}$。

(3) 对 $\tau\geqslant s$,让$(j,v)\in E_s\cup\cdots\cup E_r$,$(v,i)\in E_{r+1}\cup\cdots\cup E_k$ 对 $k>r$,则$[\boldsymbol{\Phi}(k,s)]_j^i\geqslant\eta^{k-s+1}$。

(4) 假设 6.2-1(2)成立,则矩阵$\boldsymbol{\Phi}^{\mathrm{T}}(k,s)$是随机的。

当 $k\to\infty$时,为了研究$\boldsymbol{\Phi}(k,s)$的极限,引入 $\boldsymbol{D}_k(s)$,对于固定的 $s\geqslant 0$ 则

$$\boldsymbol{D}_k(s)=\boldsymbol{\Phi}^{\mathrm{T}}(s+kB_0-1,s+(k-1)B_0) \tag{6.3-1}$$

这里 $B_0=(m-1)B$,当 k 趋于无穷时,这些矩阵的乘积将收敛。

引理 6.3-2 当权重规则、连通性和有界相互通信这些假设成立时,且 $\boldsymbol{D}_k(s)$取式(6.3-1),有

(1) 极限 $\bar{\boldsymbol{D}}(s)=\lim\limits_{k\to\infty}\boldsymbol{D}_k(s)\cdots\boldsymbol{D}_1(s)$存在。

(2) 极限 $\bar{\boldsymbol{D}}(s)$是具有相同行的随机矩阵 $\bar{\boldsymbol{D}}(s)=\boldsymbol{e}\boldsymbol{\phi}^{\mathrm{T}}(s)$,这里 $\boldsymbol{e}\in\mathbb{R}^m$ 为单位向量,$\boldsymbol{\phi}(s)\in\mathbb{R}^m$ 是随机向量。

(3) $\boldsymbol{D}_k(s)\cdots\boldsymbol{D}_1(s)$收敛于 $\bar{\boldsymbol{D}}(s)$的速度是几何的,即

$$\|(\boldsymbol{D}_k(s)\cdots\boldsymbol{D}_1(s))\boldsymbol{x}-\bar{\boldsymbol{D}}(s)\boldsymbol{x}\|_\infty\leqslant 2(1+\eta^{-B_0})\times(1-\eta^{B_0})^k\|\boldsymbol{x}\|_\infty \tag{6.3-2}$$

特别地,元素$[\boldsymbol{D}_k(s)\cdots\boldsymbol{D}_1(s)]_i^j$ 以几何速率 a 收敛于相同的极限 $\phi_j(s)$,即

$$|[\boldsymbol{D}_k(s)\cdots\boldsymbol{D}_1(s)]_i^j-\phi_j(s)|\leqslant 2(1+\eta^{-B_0})\times(1-\eta^{B_0})^k \tag{6.3-3}$$

当 k 趋于无穷时,下面的引理给出矩阵$\boldsymbol{\Phi}(k,s)$的收敛结果。特别地,当 k 趋于无穷时,矩阵$\boldsymbol{\Phi}(k,s)$具有相同的极限,即$[\boldsymbol{D}_1(s),\cdots,D_k(s)]^{\mathrm{T}}$。

引理 6.3-3 当权重规则、连通性、有界相互通信这些假设成立时,有

(1) 对每个 s,极限$\bar{\boldsymbol{\Phi}}(s)=\lim\limits_{k\to\infty}\boldsymbol{\Phi}(k,s)$存在。

(2) 极限$\bar{\boldsymbol{\Phi}}(s)$具有相同的列，且是随机的，即$\bar{\boldsymbol{\Phi}}(s)=\boldsymbol{\phi}(s)\boldsymbol{e}^{\mathrm{T}}$。

(3) 对每个i，元素$[\boldsymbol{\Phi}(k,s)]_i^j, j=1,2,\cdots,m$以几何速率收敛于极限$\phi_i(s)$，即

$$|[\boldsymbol{\Phi}(k,s)]_i^j-\phi_i(s)|\leqslant 2\frac{1+\eta^{-B_0}}{1-\eta^{B_0}}(1-\eta^{B_0})^{(k-s)/B_0} \tag{6.3-4}$$

6.3.2 $\boldsymbol{\Phi}(s)$的极限

智能体的目标是最小化目标函数$\sum_{i=1}^{m}f_i(\boldsymbol{x})$，每个智能体根据次梯度方法执行自己的更新，为了对问题的最优解达成一致，在长期运行中，各智能体必须以相同的频率处理各自的目标函数，保证极限向量$\boldsymbol{\phi}(s)$收敛于同一个均匀分布，即$\lim_{s\to\infty}\boldsymbol{\phi}(s)=(1/m)\boldsymbol{e}$。当权重矩阵$\mathbf{A}(k)$是双随机的，这个将成立，下面引入该假设。

假设 6.3-1　权重向量$\boldsymbol{a}^1(k),\boldsymbol{a}^2(k),\cdots,\boldsymbol{a}^m(k),k=0,1,\cdots$满足权重规则，进一步假设矩阵$\mathbf{A}(k)=[\boldsymbol{a}^1(k),\boldsymbol{a}^2(k),\cdots,\boldsymbol{a}^m(k)]$是双随机的。

在这些假设下，所有的极限向量$\boldsymbol{\phi}(s)$是相同的，并对应于均匀分布$(1/m)\boldsymbol{e}$。

命题 6.3-1　当连通性、有界相互通信和双随机权重这些假设成立时，

(1) $\boldsymbol{\Phi}(s)=\lim_{k\to\infty}\boldsymbol{\Phi}(k,s)$的极限是双随机的，具有均匀的稳态分布$\boldsymbol{\Phi}(s)=\frac{1}{m}\boldsymbol{e}\boldsymbol{e}^{\mathrm{T}}$。

(2) 当$k\to\infty$时，元素$[\boldsymbol{\Phi}(s)]_i^j$以几何速率$\alpha$收敛于$1/m$，即

$$\left|[\boldsymbol{\Phi}(k,s)]_i^j-\frac{1}{m}\right|\leqslant 2\frac{1+\eta^{-B_0}}{1-\eta^{B_0}}(1-\eta^{B_0})^{(k-s)/B_0} \tag{6.3-5}$$

6.4 次梯度方法收敛性

这里给出次梯度方法的收敛性，特别地，对于$i\in\{1,2,\cdots,m\}$和$k\geqslant s$，该方法满足以下关系

$$\boldsymbol{x}^i(k+1)=\sum_{j=1}^{m}[\boldsymbol{\Phi}(k,s)]_j^i\boldsymbol{x}^j(s)-\sum_{r=s+1}^{k}\sum_{j=1}^{m}[\boldsymbol{\Phi}(k,r)]_j^i\alpha^j(r-1)\boldsymbol{d}_j(r-1)-\alpha^i(k)\boldsymbol{d}_i(k) \tag{6.4-1}$$

当所有智能体采用常数步长，即$\alpha^j(r)=\alpha$时，该方法可以简化成如下形式

$$\boldsymbol{x}^i(k+1)=\sum_{j=1}^{m}[\boldsymbol{\Phi}(k,s)]_j^i\boldsymbol{x}^j(s)-\alpha\sum_{r=s+1}^{k}\sum_{j=1}^{m}[\boldsymbol{\Phi}(k,r)]_j^i\boldsymbol{d}_j(r-1)-\alpha\boldsymbol{d}_i(k) \tag{6.4-2}$$

为了分析该方法，考虑一个停止模型：智能体在某一时刻停止计算次梯度$\boldsymbol{d}_j(k)$，但在剩下的时间里，它们会交换信息，并使用权重来更新估算值。为了表示停止模型，使用式(6.4-2)且$s=0$得到

$$\boldsymbol{x}^i(k+1)=\sum_{j=1}^{m}[\boldsymbol{\Phi}(k,0)]_j^i\boldsymbol{x}^j(0)-$$

$$\alpha\sum_{s=1}^{k}\sum_{j=1}^{m}[\boldsymbol{\Phi}(k,s)]_j^i\boldsymbol{d}_j(s-1)-\alpha\boldsymbol{d}_i(k) \tag{6.4-3}$$

当智能体在时刻 $t_{\bar{k}}$ 后停止计算 $\boldsymbol{d}_j(k)$，则 $\boldsymbol{d}_j(k)=\boldsymbol{0}$。$\{\bar{\boldsymbol{x}}^i(k)\},i=1,2,\cdots,m$ 为智能体 i 得到的估计序列，由式(6.4-3)可以得到$\bar{\boldsymbol{x}}^i(k)=\boldsymbol{x}^i(k)$对所有的 $k\leqslant\bar{k}$。当 $k>\bar{k}$ 时，

$$\begin{aligned}\bar{\boldsymbol{x}}^i(k)=&\sum_{j=1}^{m}[\boldsymbol{\Phi}(k-1,0)]_j^i\boldsymbol{x}^j(0)-\\&\alpha\sum_{s=1}^{k}\sum_{j=1}^{m}[\boldsymbol{\Phi}(k-1,s)]_j^i\boldsymbol{d}_j(s-1)-\alpha\boldsymbol{d}_i(\bar{k})\\=&\sum_{j=1}^{m}[\boldsymbol{\Phi}(k-1,0)]_j^i\boldsymbol{x}^j(0)-\\&\alpha\sum_{s=1}^{\bar{k}}\sum_{j=1}^{m}[\boldsymbol{\Phi}(k-1,s)]_j^i\boldsymbol{d}_j(s-1)\end{aligned} \tag{6.4-4}$$

当 $k\to\infty$，极限 $\lim\limits_{k\to\infty}\bar{\boldsymbol{x}}^i(k)$存在，且不依赖于 i，依赖于 $\bar{k}$。用 $\boldsymbol{y}(\bar{k})$表示该极限，即 $\lim\limits_{k\to\infty}\bar{\boldsymbol{x}}^i(k)=\boldsymbol{y}(\bar{k})$，有

$$\boldsymbol{y}(\bar{k})=\frac{1}{m}\sum_{j=1}^{m}\boldsymbol{x}^j(0)-\alpha\sum_{s=1}^{k}\left(\sum_{j=1}^{m}\frac{1}{m}\boldsymbol{d}_j(s-1)\right) \tag{6.4-5}$$

该式对所有的 $\bar{k}$ 成立，利用 k 重索引这些关系可以得到

$$\boldsymbol{y}(k+1)=\boldsymbol{y}(k)-\frac{\alpha}{m}\sum_{j=1}^{m}\boldsymbol{d}_j(k) \tag{6.4-6}$$

向量 $\boldsymbol{d}_j(k)$是智能体 j 在 $\boldsymbol{x}=\boldsymbol{x}^j(k)$处的次梯度。对每个 j，该方法利用 f_j 在 $\boldsymbol{x}^j(k)$处的次梯度近似 $y(k)$。

引理 6.4-1 式(6.4-6)产生的序列$\{\boldsymbol{y}(k)\}$，式(6.4-3)产生的序列$\{\boldsymbol{x}^j(k)\}$，$\{\boldsymbol{g}_j(k)\}$为次梯度的序列且 $\boldsymbol{g}_j(k)\in\partial f_j(\boldsymbol{y}(k))$，$f(\boldsymbol{x})=\sum\limits_{i=1}^{m}f_i(\boldsymbol{x})$，则

(1) 当 $\boldsymbol{x}\in\mathbb{R}^n$ 和 $k\geqslant 0$ 时

$$\begin{aligned}\|\boldsymbol{y}(k+1)-\boldsymbol{x}\|^2\leqslant&\|\boldsymbol{y}(k)-\boldsymbol{x}\|^2+\\&\frac{2\alpha}{m}\sum_{j=1}^{m}(\|\boldsymbol{d}_j(k)\|+\|\boldsymbol{g}_j(k)\|)\|\boldsymbol{y}(k)-\boldsymbol{x}^j(k)\|-\\&\frac{2\alpha}{m}[f(\boldsymbol{y}(k))-f(\boldsymbol{x})]+\frac{\alpha^2}{m^2}\sum_{j=1}^{m}\|\boldsymbol{d}_j(k)\|^2\end{aligned} \tag{6.4-7}$$

(2) 当 $k\geqslant 0$ 时，最优解集 $\boldsymbol{X}^*$ 是非空的，则

$$\begin{aligned}\operatorname{dist}^2(\boldsymbol{y}(k+1),\boldsymbol{X}^*)\leqslant&\operatorname{dist}^2(\boldsymbol{y}(k),\boldsymbol{X}^*)+\\&\frac{2\alpha}{m}\sum_{j=1}^{m}(\|\boldsymbol{d}_j(k)\|+\|\boldsymbol{g}_j(k)\|)\|\boldsymbol{y}(k)-\boldsymbol{x}^j(k)\|-\\&\frac{2\alpha}{m}[f(\boldsymbol{y}(k))-f^*]+\frac{\alpha^2}{m^2}\sum_{j=1}^{m}\|\boldsymbol{d}_j(k)\|^2\end{aligned} \tag{6.4-8}$$

假设 6.4-1 次梯度序列$\{\boldsymbol{d}_j(k)\}$和$\{\boldsymbol{g}_j(k)\}$是有界的,存在一个标量$L>0$使得$\max\{\|\boldsymbol{d}_j(k)\|,\|\boldsymbol{g}_j(k)\|\}\leqslant L$。

假设 6.4-2 最优解集$\boldsymbol{X}^*$非空的。

下面的命题给出了次梯度方法收敛性的主要结果。特别地,提供了一个统一的界限来表示两者$\boldsymbol{y}(k)$和$\boldsymbol{x}^i(k)$之间的差异,并对所有的$i\in\{1,2,\cdots,m\}$和$k\geqslant 0$都适用,同时考虑平均向量$\hat{\boldsymbol{y}}(k)$和$\hat{\boldsymbol{x}}^i(k)$,定义如下

$$\hat{\boldsymbol{y}}(k)=\frac{1}{k}\sum_{h=0}^{k-1}\boldsymbol{y}(h),\quad \hat{\boldsymbol{x}}^i(k)=\frac{1}{k}\sum_{h=0}^{k-1}\boldsymbol{x}^i(h)\tag{6.4-9}$$

给出了平均向量的目标函数值的上界。

命题 6.4-1 当连通性、有界相互通信、信息交换、对称权重、有界次梯度和最优解集非空这些假设成立时,$\boldsymbol{x}^j(0)$表示智能体j的初始向量,假设$\max\limits_{1\leqslant j\leqslant m}\|\boldsymbol{x}^j(0)\|\leqslant\alpha L$。序列$\{\boldsymbol{y}(k)\}$由式(6.4-6)产生,序列$\{\boldsymbol{x}^i(k)\}$由式(6.4-3)产生,则

(1) 当$i\in\{1,2,\cdots,m\}$时,$\|\boldsymbol{y}(k)-\boldsymbol{x}^i(k)\|$的均匀一致上界为

$$\|\boldsymbol{y}(k)-\boldsymbol{x}^i(k)\|\leqslant 2\alpha LC_1,\quad k\geqslant 0$$

$$C_1=1+\frac{m}{1-(1-\eta^{B_0})^{1/B_0}}\cdot\frac{1+\eta^{-B_0}}{1-\eta^{B_0}}\tag{6.4-10}$$

(2) $\hat{\boldsymbol{y}}(k)$和$\hat{\boldsymbol{x}}^i(k)$为平均向量,目标函数$f(\hat{\boldsymbol{y}}(k))$的上界为

$$f(\hat{\boldsymbol{y}}(k))\leqslant f^*+\frac{m\,\mathrm{dist}^2(\boldsymbol{y}(0),\boldsymbol{X}^*)}{2\alpha k}+\frac{\alpha L^2C}{2}\tag{6.4-11}$$

当f_j在$\hat{\boldsymbol{x}}^i(k)$处的次梯度$\hat{\boldsymbol{g}}_{ij}(k)$是一致有界的,则$f(\hat{\boldsymbol{x}}^i(k))$的上界如下

$$f(\hat{\boldsymbol{x}}^i(k))\leqslant f^*+\frac{m\,\mathrm{dist}^2(\boldsymbol{y}(0),\boldsymbol{X}^*)}{2\alpha k}+\alpha L\left(\frac{LC}{2}+2m\hat{L}_1C_1\right)\tag{6.4-12}$$

这里$\boldsymbol{y}(0)=(1/m)\sum\limits_{j=1}^{m}\boldsymbol{x}^j(0)$,且$C=1+8mC_1$。

上述命题(1)部分表示,对所有i,$\boldsymbol{y}(k)$和$\boldsymbol{x}^i(k)$之间的误差是由一个与步长α成比例的常数限定。在次梯度方法中选择较小的步长,可以保证向量$\boldsymbol{y}(k)$和$\boldsymbol{x}^i(k)$之间的误差较小。在命题(2)部分,$f(\hat{\boldsymbol{x}}^i(k))$的上界为迭代$k$提供了和最优值$f^*$之间的误差估计值。更重要的是,估计误差是由两项组成:第一项与步长α成反比,并以一定的速率$1/k$趋近于零。第二项包含步长α,次梯度界线L,以及常数C,C_1,它们与矩阵$\boldsymbol{\Phi}(k,s)$的收敛性有关。

6.5 本章小结

本章介绍了用于多智能体优化的分布式算法,每个智能体求解对全局优化问题最优解的估计值,这些估计值通过时变的拓扑结构传递给其他的智能体。每个智能体根据收到的邻居信息、本地信息和自己的目标函数使用次梯度法更新自己的估计值,进一步介绍了分布式次梯度算法的相关性质和收敛性。

参考文献

[1] Nedic A, Ozdaglar A. Distributed Subgradient Methods for Multi-Agent Optimization[J]. IEEE

Transactions on Automatic Control，2009，54(1)：48-61.
[2] Tsitsiklis J N. Problems in decentralized decision making and computation[D]. Thesis department of eecs massachusetts institute of technology，1984.
[3] Tsitsiklis J N，Bertsekas D P. Distributed asynchronous deterministic and stochastic gradient optimization algorithms[J]. IEEE Transactions on Automatic Control. 1986，AC-31(9)：803-812.
[4] Bertsekas D P，Tsitsiklis J N. Parallel and distributed computation：numerical methods[M]. Athena Scientific，2015.
[5] Vicsek T，Czirók A，Ben-Jacob E，et al. Novel type of phase transition in a system of self-driven particles[J]. Physical review letters，1995，75(6)：1226.
[6] Jadbabaie A，Jie L，Stephen A. Coordination of groups of mobile autonomous agents using nearest neighbor rules[J]. IEEE Transactions on Automatic Control. 2003，48(6)：988-1001.
[7] Boyd S，Ghosh A，Prabhakar B，et al. Gossip algorithms：Design，analysis and applications[C]// Proceedings IEEE 24th Annual Joint Conference of the IEEE Computer and Communications Societies. IEEE，2005，3：1653-1664.
[8] Olfati-Saber R，Murray M. Consensus problems in networks of agents with switching topology and time-delays[J]. IEEE Transaction on Automatic Control，2004，49(9)：1520-1533.
[9] Ming C，Spielman A，Morse A. A lower bound on convergence of a distributed network consensus algorithm[C]. IEEE CDC，2005：2356-2361.
[10] Olshevsky A，Tsitsiklis N. Convergence rates in distributed consensus averaging[C]. IEEE CDC，2006：3387-3392.
[11] Olshevsky A，Tsitsiklis N. Convergence Speed in Distributed Consensus and Averaging[J]. Massachusetts Institute of Technology，SIAM Journal on Control and Optimization，2009，48(1)：33-55.
[12] Kelly F P，Maulloo A K，Tan D K H. Rate control for communication networks：shadow prices，proportional fairness and stability[J]. Journal of the Operational Research society，1998，49(3)：237-252.
[13] Blondel D. Convergence in multiagent coordination，consensus，and flocking[C]. IEEE CDC，2005：2996-3000.

第7章

大规模网络化系统的分散式差分进化算法

本章摘要

本章讨论一种复杂网络化系统的优化问题。对于复杂网络化系统，随着其规模的增大，变量的增多，其优化问题将变得越来越困难。而工程实践中的复杂系统往往是具有大量的决策变量的，其决策空间随着变量个数的增加呈指数性增长，使用搜索算法的求解效率也会越来越差。

本章提出了分散式的差分进化（decentralized differential evolution，DDE）算法。DDE算法是差分进化算法的一种分散式实现，即在每个无中心的子系统上分别运行差分进化算法，并通过和子系统邻居的通信，寻找整个系统的优化问题的全局最优解。本章内容主要来源于文献[1]。

7.0 符号列表

X_i	系统 i 的决策变量
m	决策变量的维度
$\mathcal{N}_i$	系统 i 的邻居变量的集合
U	均匀分布
R_i	随机变量
ϕ	反馈值
G	迭代次数
Y	邻居变量
$\mathcal{E}$	收敛允许的误差
F	缩放因子
c_r	交叉组合的概率

7.1 引言

常规的优化算法使用集中式的优化策略，将整个系统建模为一个庞大的优化问题，并一起处理所有的决策变量。这种优化方法虽然在简单的系统中效率较高，但也面临一些问题。其一是随着网络化系统变得越来越复杂，整个问题变得越来越难以求解；其二是集中式的优化需要一个中央节点来统一进行处理，这对该中心的通信能力和计算能力都带来了很大的挑战；其三是集中式的结构可拓展性不足，整个系统过于笨重，在面临变化的问题时灵敏性不强。除此之外，一些系统天然地不存在中心节点，也难以设定一个中心节点来处理所有的优化问题。

分散式优化算法会根据问题的形式有不同的表达。Ling 等针对多智能体的一种分散式优化问题提出了 DLM 算法[2]，该算法基于目标函数的一阶梯度和拉格朗日乘子来优化目标，并通过邻居的决策变量来计算新的对偶变量，该算法的每个智能体的决策变量都是相同的。Shi 等针对类似的问题提出了 EXTRA 算法[3]，该算法利用目标函数的一阶梯度来优化多智能体的凸函数，并将迭代的步长改为了固定步长，在强凸问题上表现出了高效的性能。

关于分散式优化算法的研究还在很多领域展开。Inalhan 等提出了一种分散式优化算法来解决多机编队飞行中的协调问题[4]，每个飞行器都会求解一个决策变量，并通过本地梯度和邻居梯度来顺序优化总的目标函数。Johansson 等针对无线多传感器网络的资源分配问题，提出了分散式的凸优化方法，并证明了其收敛性[5]。Hu 等人提出了序优化的一种分散式实现，该算法引入去耦变量来解耦子系统之间的约束，并用多种拓扑的测试函数说明了算法的可行性[6]。

进化算法是一类基于达尔文进化论的优化算法，利用一个不断进化的种群来搜索问题的最优解。进化算法是一种处理工程中的优化问题的有力工具，因为其不需要用到问题梯度，并且对非凸问题也有效，可以应用到各种类型的优化问题中。

差分进化(differential evolution，DE)算法是进化算法的一种，最早由 Storn 等的论文提出[7]。差分进化算法在连续域问题的求解中具有较好的效果，相比其他进化算法收敛速度快，并且能收敛到全局最优解[8]。差分进化算法使用随机初始化的种群，种群中的每个个体都代表优化问题中的一个可行解。差分进化算法的新的个体是由差分变异和交叉组合等操作产生的，新的一代种群由父代和子代个体中较优的个体组成。差分进化算法的种群会随着进化代数而不断收敛，理想情况下会收敛到全局最优解。

在工程实践中，很多问题是费用最小化问题，并且问题的优化目标是很多小的子问题的费用之和最小。例如，在 HVAC 系统的节能优化问题中，HVAC 系统总的优化目标函数是冷机、冷却塔、水泵和 AHU 等设备的总能耗最小。这些问题常常难以直接求得目标函数的梯度值，也不是凸问题，因此难以用基于梯度的优化算法进行求解。

针对这些问题，我们提出了分散式的差分进化(DDE)算法。DDE 算法是差分进化算法的一种分散式实现，即在每个无中心的子系统上分别运行差分进化算法，并通过和子系统邻居的通信，寻找整个系统的优化问题的全局最优解。DDE 算法与差分进化算法的不同之处还在于引入了代表个体和反馈的概念，利用代表和反馈信息和邻居子系统进行通信，降低了和邻居交互的数据量。

7.2 分散式优化问题的定义

本节将介绍一种普遍的多子系统的优化(或决策)问题。该问题可以看作多个子系统的总和，并且每个子系统都有各自的优化目标函数，具有独立决策的能力。例如，第 i 个子系统的目标是最小化一个本地的费用函数 $f_i: \mathbb{R}^{m_i} \rightarrow \mathbb{R}$，而全局的费用函数是所有子系统目标函数之和。不同的子系统之间可能存在耦合，这些耦合可能存在于目标函数或约束条件中，相互之间有耦合的子系统被认为互为邻居子系统。子系统之间的耦合导致了本地的最优解可能不是全局最优解，每个子系统必须通过和邻居的通信才能找到全局最优解。

首先我们给出本章讨论的集中式优化问题的定义。考虑一个由 n 个子系统组成的系统，其全局的优化目标函数的定义为

$$\min_{\boldsymbol{X} \in \mathbb{R}^m} \sum_{i=1}^{n} f_i(\boldsymbol{X}_i, \boldsymbol{X}_{\{N_i\}})$$

$$\text{s.t.}\quad g(\boldsymbol{X}) \leqslant 0$$
$$h(\boldsymbol{X}) = 0 \tag{7.2-1}$$

其中 $\boldsymbol{X}_i \in \mathbb{R}^{m_i}$ 是来自第 i 个子系统的决策变量(该决策变量是向量)。系统整体的决策变量由所有子系统的决策变量集合而成,即 $\boldsymbol{X}=[\boldsymbol{X}_1^{\mathrm{T}},\boldsymbol{X}_2^{\mathrm{T}},\cdots,\boldsymbol{X}_n^{\mathrm{T}}]^{\mathrm{T}} \in \mathbb{R}^m$。其中 $m=\sum_{i=1}^{n} m_i$ 是 $\boldsymbol{X}$ 的维度,而 $\boldsymbol{X}_i$ 的维度为 m_i。$\mathcal{N}_i$ 是第 i 个子系统的邻居变量的集合,所谓邻居变量就是与第 i 个子系统的目标函数或约束条件存在关联耦合的变量。$g(\boldsymbol{X}) \leqslant 0$ 和 $h(\boldsymbol{X})=0$ 分别是问题的不等式约束和等式约束,这些约束是由各自子系统的约束组成的,是个向量函数,即

$$g(\boldsymbol{X})=[g_i(\boldsymbol{X}_1,\boldsymbol{X}_{\{N_1\}}),\cdots,g_n(\boldsymbol{X}_n,\boldsymbol{X}_{\{N_n\}})^{\mathrm{T}}]^{\mathrm{T}} \tag{7.2-2}$$

$$h(\boldsymbol{X})=[h_i(\boldsymbol{X}_1,\boldsymbol{X}_{\{N_1\}}),\cdots,h_n(\boldsymbol{X}_n,\boldsymbol{X}_{\{N_n\}})^{\mathrm{T}}]^{\mathrm{T}} \tag{7.2-3}$$

从本章讨论的优化问题的定义可以看出,各个子系统的目标函数或约束条件是基本上可分的,耦合变量只占每个子系统决策变量的较少一部分。如果所有子系统的决策变量都耦合在一起(例如存在一个全局的约束条件用到了所有的决策变量),那么所有子系统之间都互为邻居,形成一个全连接的图。这样的系统使用分散式算法的意义不大。

本章使用下标$\{N_i\}$来表示第 i 个子系统的邻居子系统的集合。$\{N_i\}$具体定义为:如果第 i 个子系统的目标函数或者约束条件包含了第 j 个子系统的决策变量,那么就有 $j \in \{N_i\}$。这样邻居变量的向量使用$\{N_i\}$定义为

$$\boldsymbol{X}_{\{\mathcal{N}_i\}}=\{\boldsymbol{X}_k \mid k \in \mathcal{N}_i\} \tag{7.2-4}$$

然后可以给出原问题的分散式形式。对于第 i 个子系统,其优化问题的定义是

$$\min_{\boldsymbol{X}_i \in \mathbb{R}_i^m} f_i(\boldsymbol{X}_i \mid \boldsymbol{X}_{\{\mathcal{N}_i\}})$$
$$\text{s.t.}\quad g_j(\boldsymbol{X}_i \mid \boldsymbol{X}_{\{\mathcal{N}_i\}}) \leqslant 0 \quad j=1,2,\cdots,p_i$$
$$h_k(\boldsymbol{X}_i \mid \boldsymbol{X}_{\{\mathcal{N}_i\}})=0 \quad k=1,2,\cdots,q_i \tag{7.2-5}$$

该问题包含一个目标函数 $f(\boldsymbol{X}_i|\boldsymbol{X}_{\{\mathcal{N}_i\}})$、$p_i$ 个不等式约束和 q_i 个等式约束。其中函数 $f(\boldsymbol{X}_i|\boldsymbol{X}_{\{\mathcal{N}_i\}})$、$g(\boldsymbol{X}_i|\boldsymbol{X}_{\{\mathcal{N}_i\}})$ 和 $h(\boldsymbol{X}_i|\boldsymbol{X}_{\{\mathcal{N}_i\}})$这种形式表示是在邻居变量 $\boldsymbol{X}_{\{\mathcal{N}_i\}}$ 给定的情况下,关于 $\boldsymbol{X}_i$ 的函数。在本章,第 i 个子系统仅能决定该子系统的决策变量,而它的邻居决策变量都被视为是固定的。

7.3 分散式差分进化算法

针对 7.2 节定义的分散式优化问题,我们提出了一种基于差分进化算法的分散式优化算法。总体来说,DDE 算法在每个子系统都执行了类似差分进化算法的运算,并在每次迭代中间都加入了和邻居子系统通信的环节。DDE 算法是所有子系统同步进行的,所有通信只限定于相邻的子系统之间。DDE 算法没有一个中心的节点用来计算或协调所有子系统的信息,每个子系统都运行相同的算法,只是每个子系统的优化问题和邻居列表不同。DDE 算法的流程如图 7.3-1 所示。

为方便起见,在本节子系统本地的决策变量使用 $\boldsymbol{X}$ 表示,而邻居变量使用 $\boldsymbol{Y}$ 表示。子系统的优化目标函数是 $f(\boldsymbol{X}|\boldsymbol{Y})$: $\mathbb{R}^m \to \mathbb{R}$。

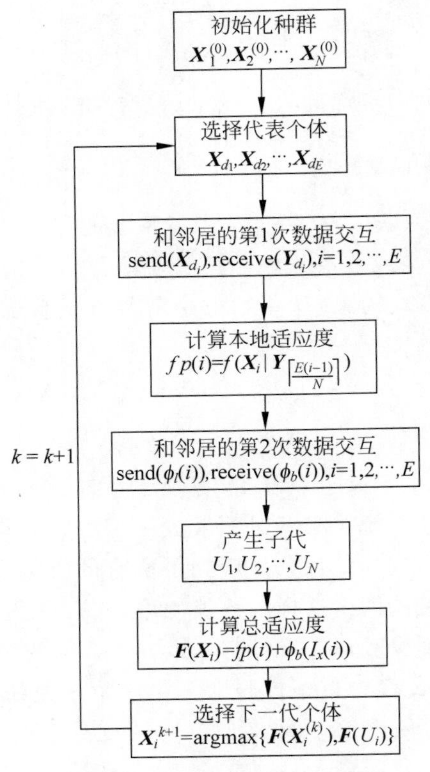

图 7.3-1 DDE 算法的流程图

DDE 算法的具体流程如下。

步骤 1：初始化种群。和差分进化算法类似，DDE 的初始种群是随机产生的。种群中的个体初始值都通过下式计算

$$X_i^{(0)} = X_l + R_i \circ (X^u - X^l), \quad i = 1, 2, \cdots, N \tag{7.3-1}$$

其中 R_i 是从均匀分布 $U(0,1)^m$ 中产生的随机变量，是一个 m 维的向量；$\circ$表示向量的点乘；X^u 是 X 的上界，X^l 是 X 的下界。

步骤 2：选择代表性个体。为评估种群中个体的适应度，既需要考虑到个体在本地优化问题的表现，也要考虑到该个体在邻居子系统的表现。因此种群中所有个体都需要和邻居子系统交换信息才能得到完整的评价。然而，在每次迭代中都和邻居子系统交换整个种群的信息是需要很大的通信量的，这种通信还会随着种群规模和问题维度的提升而增加。为降低通信的规模和通信出错的概率，DDE 算法中使用了“代表个体”的概念。代表个体使用 K-means 聚类算法产生，即对整个种群进行聚类，距离相近的个体会聚为一类。这种选择方式假设优化问题是足够连续的，相近的个体对应着相近的目标函数值。

使用 K-means 聚类选择的代表有 E 个，使用 $X_{d_1}, X_{d_2}, \cdots, X_{d_E}$ 表示，每个代表个体都是聚类的中心点(最接近类中心的点)。之后类别的标识使用 $I_x(i)$，如果 $I_x(i)=j$，那么表示的是 $X_i \in \text{class}j$。

步骤 3：和邻居的第 1 次数据交互。所有的子系统都会和它们的邻居交换必要的信息。发送的数据是本地的代表个体，用操作 send(X)表示，接收的是邻居子系统的代表个体，用操作 receive($\boldsymbol{Y}$)表示。接收的代表个体的数目为 E 个,可以表示为 $\boldsymbol{Y}_1,\boldsymbol{Y}_2,\cdots,\boldsymbol{Y}_E$。

步骤 4:计算本地适应度。在本步骤子系统会等待所有邻居的代表个体接收完毕。这些个体会被分配到 N 个本地的个体中,并且满足每个代表个体对应着$\dfrac{N}{E}$个个体。然后本地的费用函数可以通过下式计算

$$fp(i)=f(\boldsymbol{X}_i \mid \boldsymbol{Y}_{\lceil \frac{E(i-1)}{N} \rceil}),\quad i=1,2,\cdots,N \tag{7.3-2}$$

其中 $fp(i)$为第 i 个个体的本地费用值(个体的适应度和费用值相反,费用越高,适应度越低)。$\lceil x \rceil$表示 x 向上取整的整数值。$\left\lceil \dfrac{E(i-1)}{N} \right\rceil$表示了邻居的代表个体向本地个体分配的下标。

然后,邻居代表个体 $\boldsymbol{Y}_k$ 的反馈值 $\phi(k)$可以表示为

$$\phi(k)=\frac{E}{N}\sum_{i=1}^{\frac{N}{E}} fp\left(\frac{N}{E}(k-1)+i\right) \tag{7.3-3}$$

$\phi(k)$表示的是与 $\boldsymbol{Y}_k$ 相关的 N/E 个本地费用的平均值。使用平均值能够比较全面地评估 $\boldsymbol{Y}_k$ 对该子系统的影响,减少因为 $\boldsymbol{X}$ 和 $\boldsymbol{Y}$ 的随机搭配而导致的不确定性。

步骤 5:和邻居的第 2 次数据交互。在本次通信过程中,本地向邻居子系统发送邻居代表个体的反馈值 $\phi_l(i)$,并接收邻居子系统对自己的反馈值 $\phi_b(i)$。

步骤 6:产生子代个体。DDE 算法使用差分进化算法的变异和交叉组合操作来产生新个体。DDE 算法的变异操作包含了多种变异操作的组合,即

$$\boldsymbol{V}_i=\begin{cases}\boldsymbol{X}_{r_1}+F(\boldsymbol{X}_{r_2}-\boldsymbol{X}_{r_3}), & p=0.5\\ \boldsymbol{X}_{r_1}+F(\boldsymbol{X}_{r_2}-\boldsymbol{X}_{r_3}+\boldsymbol{X}_{r4}-\boldsymbol{X}_{r5}), & p=0.3\\ \boldsymbol{X}_{\text{best}}+F(\boldsymbol{X}_{r_1}-\boldsymbol{X}_{r_2}), & p=0.1\\ \text{rand}, & p=0.1\end{cases} \tag{7.3-4}$$

其中 r_1,r_2,r_3,r_4 和 r_5 都是从$\{1,2,\cdots,N\}$中随机选取的整数,并且不重复。$\boldsymbol{X}_{\text{best}}$ 为种群中适应度最好的个体。这里的变异有 4 种可能的情况:有 0.5 的概率按照传统的差分进化算法的变异产生;有 0.3 的概率按照双重差分向量的方式产生;有 0.1 的概率以 $\boldsymbol{X}_{\text{best}}$ 为起始点变异产生;还有 0.1 的概率是随机产生的点,这种策略主要是为了防止陷入局部最优解。这种组合的变异策略能够提高变异产生个体的多样性,避免算法提早收敛或陷入局部最优解。

在产生所有的变异向量之后,变异向量会和父代个体进行交叉组合,来产生新的个体,交叉组合的方式是

$$U_{i,j}=\begin{cases}V_{i,j} & 如果(r_c<c_r)或(j=\tau_i)\\ X_{i,j} & 其他\end{cases} \tag{7.3-5}$$

该操作对所有的 $j=1,2,\cdots,m$ 进行,其中 m 是 $\boldsymbol{V}_i$ 和 $\boldsymbol{X}_i$ 的维度。c_r 是交叉概率,$c_r\in[0,1]$。r_c 是从均匀分布 $U(0,1)$中采样的随机变量。τ_i 是从$\{1,2,\cdots,N\}$中随机选择的整数,是用来保证 $\boldsymbol{V}_i$ 至少有一个分量被保留下来。这样就得到了一个子代的种群,U_1,

$U_2, \cdots, U_N$。

步骤 7：计算总适应度。一个子系统的总费用是本地费用和邻居反馈的费用之和。邻居反馈的费用在步骤 5 得到，可以用来近似表示本子系统代表个体对邻居的影响。对一个父代的个体来说，总的费用值可以表示为

$$F(\boldsymbol{X}_i) = fp(i) + \phi_b[I_x(i)] \tag{7.3-6}$$

对子代的种群来说，邻居子系统的反馈不能直接使用。为评估子代个体对邻居子系统费用的影响，子代个体 U_i 会和它的最近的父代个体归为一类，因此 U_i 的类的编号为

$$I_u(i) = \underset{j}{\operatorname{argmin}} \| U_i - \boldsymbol{X}_{d_j} \| \tag{7.3-7}$$

而 U_i 的总费用值可以表示为

$$F(U_i) = fu(i) + \phi_b[I_u(i)] \tag{7.3-8}$$

其中 $fu(i) = f(\boldsymbol{X}_i | \boldsymbol{Y}_{\lceil \frac{E(i-1)}{N} \rceil})$，子代个体和父代个体在对应位置使用同一个邻居的耦合变量。

步骤 8：选择下一代个体。下一代个体在父代个体和子代个体组成的对子（$\boldsymbol{X}_i, U_i$）中产生，即

$$\boldsymbol{X}_i = \begin{cases} U_i & \text{如果 } F(U_i) \leqslant F(\boldsymbol{X}_i) \\ \boldsymbol{X}_i & \text{其他} \end{cases} \tag{7.3-9}$$

选择完成后，如果已经满足算法终止条件，则得出适应度最高的个体；否则，就回到步骤 2，继续迭代的过程。

DDE 算法的终止条件较为复杂，需要所有子系统满足一定条件才能停止。终止条件有两个，其一是达到了最大的迭代次数 $G_{\max}$，其二是种群中所有个体收敛到一个点，判断条件为

$$\| X_i - \boldsymbol{X}_c \|_2 \leqslant \varepsilon, \quad \forall i = 1, 2, \cdots, N \tag{7.3-10}$$

其中 ε 为收敛的允许误差值，通常设为 0.001。而 $\boldsymbol{X}_c$ 为所有个体的中心，即

$$\boldsymbol{X}_c = \frac{1}{N} \sum_{i=1}^{N} X_i \tag{7.3-11}$$

每个满足终止条件的子系统都会为自己设置一个标识，该标识会通过与邻居的通信而分享到整个网络中，只有当所有标识都显示终止时，整个系统的 DDE 算法才会停止。

7.4 DDE 算法的仿真实验设定

7.4.1 仿真实验所用的测试问题

本章使用了 3 个基准问题来测试 DDE 算法的性能，这些基准问题都是来自优化算法领域常用的函数。作为比较，我们也在这些问题上测试了集中式的差分进化算法的效果。本章所有仿真实验都在 MATLAB 上进行。

这些问题的原始形式是集中式优化问题，在 DDE 算法的测试中这些问题将被转化为分散式的优化问题。转化后的分散式优化问题与原问题的最优解和最优值是相同的，并且除了耦合变量之外没有引入新的变量。

问题 p01 是一个 10 维的 Rastrigin 函数，其集中式问题的形式为[9]

$$\min_{\boldsymbol{x}\in\mathbf{R}^{10}} f(\boldsymbol{x})=10d+\sum_{i=1}^{d}x_i^2-10\cos(2\pi x_i) \tag{7.4-1}$$

其中 $x_i\in[-5.12,5.12]$,最优解是 $\boldsymbol{x}^*=0$,最优值是 $f(\boldsymbol{x}^*)=0$。我们将该问题分散式形式定义为一个环状的拓扑,包含10个子系统,第 i 个子系统的邻居是第 $i+1$ 个子系统,10号子系统的邻居是1号子系统。其中第 i 个子系统的目标函数是

$$\min_{x_i\in\mathbf{R}} f(x_i\mid x_{i+1})=10+x_i^2-10\cos(2\pi x_{i+1}) \tag{7.4-2}$$

其中 $i=1,2,\cdots,10$,$x_{11}=x_1$。

问题p02是一个20维的Rosenbrock函数,该问题的集中式目标函数为[10]

$$\min_{\boldsymbol{x}\in\mathbf{R}^{20}} f(\boldsymbol{x})=\sum_{i=1}^{d-1}100(x_{i+1}-x_i^2)^2+(x_i-1)^2 \tag{7.4-3}$$

其中 $x_i\in[-2.048,2.048]$,最优解为 $x_i^*=1,\forall i$,最优值为 $f(\boldsymbol{x}^*)=0$。该问题可以分解为一个19个子系统的分散式问题,其拓扑形状为链状。其中第 i 个子系统的邻居是第 $i+1$ 个子系统,第19个子系统没有邻居。除了第19个子系统,其他子系统的目标函数可以表示为

$$\min_{x_i\in\mathbf{R}} f(x_i\mid x_{i+1})=100(x_{i+1}-x_i^2)^2+(x_i-1)^2 \tag{7.4-4}$$

第19个子系统的目标函数为

$$\min_{x_{19},x_{20}\in\mathbf{R}} f(x_{19},x_{20})=100(x_{20}-x_{19}^2)^2+(x_{19}-1)^2 \tag{7.4-5}$$

问题p03是一个13维的约束优化问题,其集中式的问题形式为[11]

$$\begin{aligned}
\min_{\boldsymbol{x}\in\mathbf{R}^{13}}\quad & f(\boldsymbol{x})=5\sum_{i=1}^{4}x_i-\sum_{i=1}^{4}x_i^2-\sum_{i=5}^{13}x_i\\
\text{s. t.}\quad & 2x_1+2x_2+x_{10}+x_{11}-10\leqslant 0\\
& 2x_1+2x_3+x_{10}+x_{12}-10\leqslant 0\\
& 2x_2+2x_3+x_{11}+x_{12}-10\leqslant 0\\
& -8x_1+x_{10}\leqslant 0\\
& -8x_2+x_{11}\leqslant 0\\
& -8x_3+x_{12}\leqslant 0\\
& -2x_4-x_5+x_{10}\leqslant 0\\
& -2x_6-x_7+x_{11}\leqslant 0\\
& -2x_8-x_9+x_{12}\leqslant 0
\end{aligned} \tag{7.4-6}$$

其中 $0\leqslant x_i\leqslant 1(i=1,\cdots,9)$,$0\leqslant x_i\leqslant 100(i=10,11,12)$,而 $0\leqslant x_{13}\leqslant 1$。问题的最优解为 $\boldsymbol{x}^*=(1,1,1,1,1,1,1,1,1,3,3,3,1)$,最优值为 $f(\boldsymbol{x}^*)=-15$。

该问题可以转化为一个包含13个子系统的分散式问题。每个子系统包含多个邻居,并且其问题形式是不固定的,可以根据前面分散式优化问题的转化规则得到每个子系统的优化目标。例如,第一个子系统的优化目标为

$$
\begin{aligned}
\min_{x_1 \in \mathbb{R}} \quad & f(x_1) = 5x_1 - x_1^2 \\
\text{s.t.} \quad & g_1(x_1 \mid x_2, x_{10}, x_{11}) = 2x_1 + 2x_2 + x_{10} + x_{11} - 10 \leqslant 0 \\
& g_2(x_1 \mid x_3, x_{10}, x_{12}) = 2x_1 + 2x_3 + x_{10} + x_{12} - 10 \leqslant 0 \\
& g_3(x_1 \mid x_{10}) = -8x_1 + x_{10} \leqslant 0
\end{aligned}
\tag{7.4-7}
$$

由于 p03 是一个带约束的优化问题，本章使用约束优化中较为普遍的罚函数方法，即通过在原目标函数加上关于约束的惩罚函数，将原目标问题转化为无约束优化问题[12]。

这三种问题的分散式优化的子系统连接拓扑见图 7.4-1(为方便显示，p01 和 p02 分别使用 4 维和 5 维的问题)。问题 p01 的拓扑为图 7.4-1(a)，子系统之间的连接呈现环状，每个子系统都有两个邻居。问题 p02 的拓扑为图 7.4-1(b)，子系统之间连成一条链，每个子系统有 1 或 2 个邻居。问题 p03 的拓扑为图 7.4-1(c)，该问题的拓扑连接较为复杂，每个子系统都有多个邻居，这种邻接关系是由该问题的约束产生的。这三种问题的拓扑是理论和工程中都较为普遍的，具有一定的代表性，因此选取这三个问题用来进行 DDE 算法的仿真实验，能够比较全面地评价 DDE 算法的可行性。

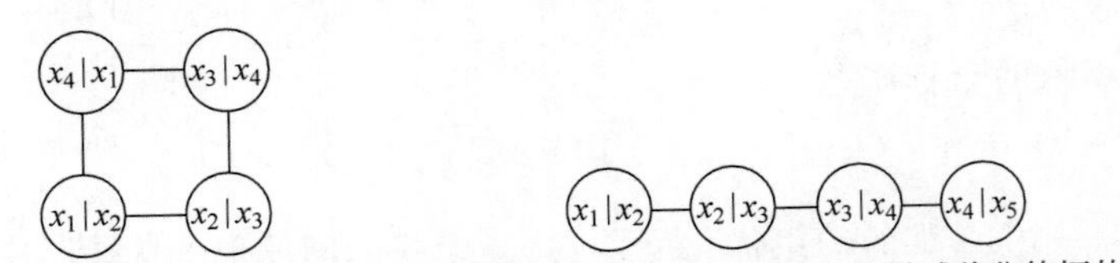

(a) 变量维度为4时，问题p01的分散式优化的拓扑图　(b) 变量维度为5时，问题p02的分散式优化的拓扑图

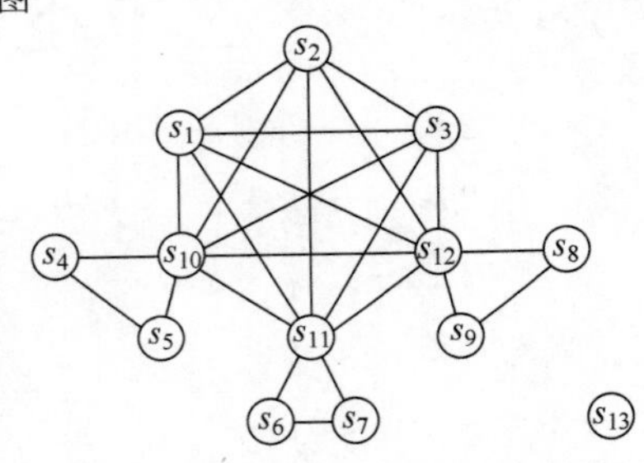

(c) 问题p03的分散式优化的拓扑图

图 7.4-1　将问题转化为分散式问题后的拓扑连接图

7.4.2 实验中的参数设定

在本次实验中，无论哪个测试问题，测试算法都使用相同的参数，每个问题将进行 50 次独立的数值实验，并记录相关的统计结果。

DDE 算法和 DE 算法(即集中式差分进化算法)的参数设定见表 7.4-1。其中 DDE 算法有 5 个超参数，DE 算法有 4 个超参数。除了 DDE 算法的代表个体数目设为 10 外，其他的参数两种算法都是相同的，以尽量保证两种算法比较时的公平性。

表 7.4-1　分散式差分进化算法和集中式差分进化算法在仿真实验中的参数设定

算　法	参 数 名	参 数 值
DDE 算法	种群规模 N	100
	代表个体的数量 E	10
	最大的进化代数(迭代次数)G_{max}	1000
	变异操作的缩放因子 F	0.6
	交叉组合的概率 c_r	0.8
DE 算法	种群规模 N	100
	最大的进化代数(迭代次数)G_{max}	1000
	变异操作的缩放因子 F	0.6
	交叉组合的概率 c_r	0.8

7.5　实验结果

本节对 DDE 算法和 DE 算法的性能进行比较。由于直接比较算法运行时间可能会受到机器性能、随机初始化等因素的影响,所以本章采用了固定函数评估次数,比较优化目标函数值的方法。一次函数评估指的是对一个子系统的目标函数进行一次计算。

如果集中式问题有 n 个子系统,那么对集中式问题的目标函数进行一次计算就记为 n 次函数评估。例如,对于问题 p01,DDE 算法的函数评估次数是 $d\times N\times G_m=10\times100\times1000=1\ 000\ 000$ 次。DE 算法对 p01 的目标函数评估次数也是 1 000 000 次。而问题 p02 和问题 p03 的函数评估次数分别为 2 000 000 次和 260 000 次。

图 7.5-1 是 DE 算法和 DDE 算法关于问题 p01 的进化过程曲线。其中横坐标为进化代数,纵坐标为平均目标函数值(DDE 的目标函数值是所有子系统目标函数值之和),该目标函数值是 50 次独立测试的平均值。从图中可以看出随着进化的代数逐渐增大,两种算法都在逐渐降低目标函数值,但 DDE 算法的下降速度明显快于 DE 算法。DDE 算法在大约 400 代就收敛到了最优解,得到最优值 0。而 DE 算法在 1000 代进化过程中没有收敛到最优解。

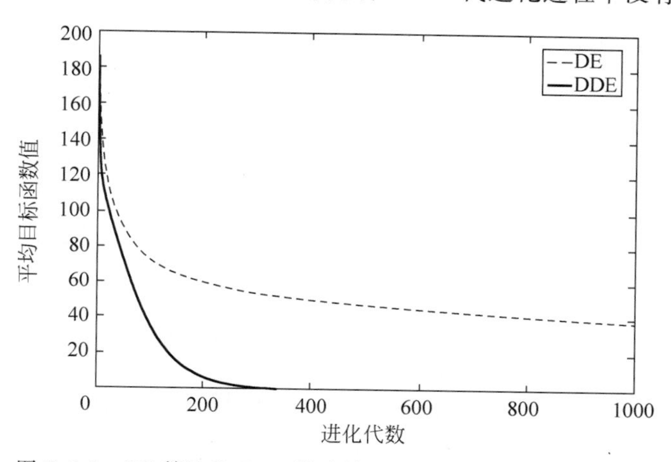

图 7.5-1　DE 算法和 DDE 算法关于问题 p01 的进化过程曲线

图 7.5-2 显示了两种算法关于问题 p02 的进化过程曲线。随着进化的进行,DDE 算法

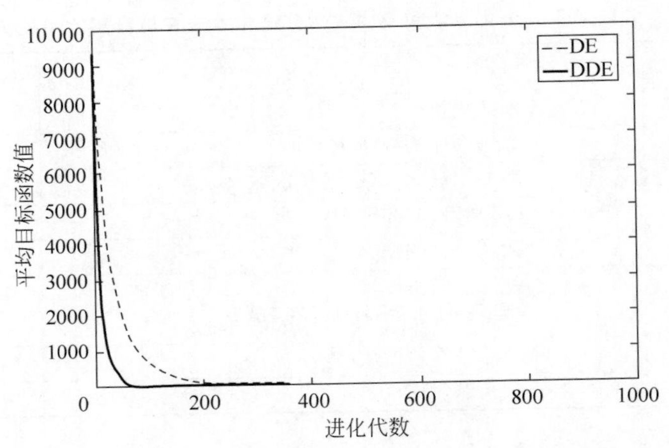

图 7.5-2　DE 算法和 DDE 算法关于问题 p02 的进化过程曲线

和 DE 算法的目标函数值都以较快的速度收敛到了 0 附近。DDE 算法的收敛速度仍然更快一些，在大约 100 代就收敛了，而 DE 算法在大约 400 代才收敛。

图 7.5-3 为 DE 和 DDE 算法关于问题 p03 的进化过程曲线。由于 p03 是个带约束优化问题，两种算法都用罚函数方法将该问题转化为无约束优化问题，并逐渐增大惩罚因子的值。因此，两种算法在 p03 的进化过程曲线都呈现目标函数值先增加后减少的趋势。图 7.5-4 为两种算法在 15 代之后的进化轨迹。在 15 代之后，DDE 和 DE 都已进入可行解阶段(此时惩罚项已经足够大，使得种群中的个体都进入可行域中)，目标函数值开始稳定下降。从图 7.5-4 中可以看出，DDE 算法的收敛速度仍然更快，在 40 代左右就收敛到了最优值 －15，而 DE 算法在大约 150 代才收敛到最优解。

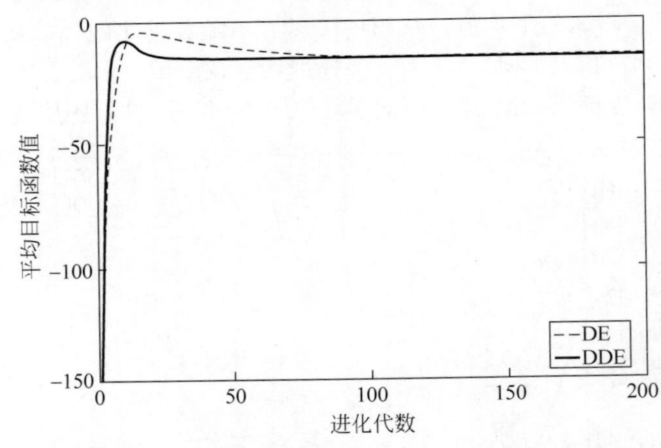

图 7.5-3　DE 算法和 DDE 算法关于问题 p03 的整体进化过程曲线

DDE 算法和 DE 算法关于 3 个问题的仿真实验的统计结果如表 7.5-1 所示，表中包含了平均结果、最优结果、最差结果。结果中的值是算法在 1000 次迭代后达到的，并且选自两种算法的种群中最优的个体，其中平均结果是 50 次仿真实验的平均值。

从表 7.5-1 可以看出，对于 3 个测试问题，DDE 算法在 1000 次迭代之后都基本上找到了最优解。对于问题 p01，DDE 算法的最优值的最大误差仅为 2.43e－08，50 次测试的标准

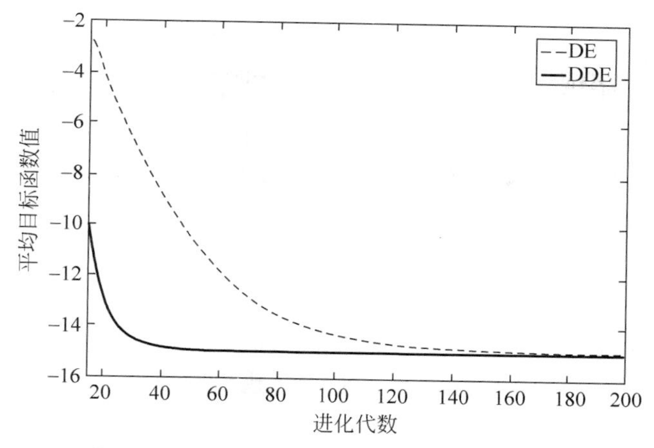

图 7.5-4 DE 算法和 DDE 算法关于问题 p03 在 15 代之后的进化过程曲线

差仅为 4.24e—09；对于问题 p02，最大误差为 7.62e—04，标准差为 1.98e—04；对于问题 p03，DDE 算法的最差结果也收敛到了最优解，标准差仅为 3.32e—11。而集中式 DE 算法由于收敛速度较慢，在 1000 次迭代后，3 个问题的结果都没有得到最优值。对于问题 p01，DE 算法的最好结果和最优值差距为 11.5；对于问题 p02，最好结果和最优值的差值为 7.71；对于问题 p03，DE 算法最优值和平均值都接近最优解，但是最差结果和最优值有一定差距。

表 7.5-1 DE 算法和 DDE 算法在 3 个测试问题上的仿真实验的统计结果

测试问题	最优值	算法	平均值	最优值	最大误差	标准差
p01	0	DE	19.9606	11.5068	26.6292	3.2560
		DDE	5.0192e—09	2.3908e—10	2.4350e—08	4.2443e—09
p02	0	DE	9.0136	7.7101	10.4818	0.6233
		DDE	1.8063e—04	5.5635e—08	7.6266e—04	1.9804e—04
p03	—15	DE	—14.9479	—14.9945	—12.9937	0.2820
		DDE	—15.0000	—15.0000	—15.0000	3.3212e—11

表 7.5-2 是 DE 算法和 DDE 算法在问题 p02 的维数从低维增加到高维后的表现，实验仍然保持最大迭代次数为 1000，种群规模为 100。从 50 次测试的平均误差来看，集中式的 DE 算法在维数为 5 时还能够找到最优解，而维数增长到 10 之后误差开始增大，到维数为 20 时的误差已经达到 9.0136。而 DDE 算法的平均误差在维数为 20 时开始大于零，但仍然较小。由此可以看出在面对“维数爆炸”的问题时，DE 算法会随着变量维数的增加而性能下降，而 DDE 算法能够显著缓解这种下降趋势。

表 7.5-2 DE 算法和 DDE 算法在不同维数的 p02 问题中的表现

p02 问题的维数	5	10	15	20
DE 算法平均误差	<1e—10	0.0919	7.3648	9.0136
DDE 算法平均误差	<1e—10	<1e—10	<1e—10	1.8063e—04

7.6 本章小结

本章针对一类分散式优化的问题，提出了差分进化算法的分散式实现。关于3个基准问题的仿真实验表明，分散式差分进化算法对于求解分散式问题具有可行性。与集中式差分进化算法的比较表明，在这些基准问题上，分散式差分进化算法的收敛速度更快，寻找最优解的效率更高。此外，随着问题的维度逐渐增多，集中式差分进化算法的性能会逐渐下降，而分散式差分进化算法受到的影响相对更小。因此，分散式差分进化算法是一种分散式优化的有效工具。

分散式差分进化算法能够有效处理子系统之间的耦合，并且继承了差分进化算法的特性，不要求问题的凸性、梯度等信息，是一种面向大规模网络化系统的通用求解器，具有很大的实用价值。

参考文献

[1] Han G H, Chen X, Zhao Q C. Decentralized differential evolutionary algorithm for large-scale networked systems[C]. In: Fang Q, et al. (eds). Advancements in Smart City and Intelligent Building, Advances in Intelligent Systems and Computing, 2019, 890: 407-417.

[2] Ling Q. Decentralized linearized alternating direction method of multipliers[J]. IEEE Transactions on Signal Processing, 2015, 63(15): 4051-4064.

[3] Shi W. An exact first-order algorithm for decentralized consensus optimization[J]. SIAM Journal on Optimization, 2014, 25(2).

[4] Inalhan G, Dusan M S, Claire J T. Decentralized optimization, with application to multiple aircraft coordination [C]. Proceedings of the 41st IEEE Conference on Decision and Control, 2002.

[5] Johansson B, Maben R, Mikael J. A randomized incremental subgradient method for distributed optimization in networked systems[J]. SIAM Journal on Optimization, 2009, 20(3): 1157-1170.

[6] Hu P, Chen X. Decentralized ordinal optimization (doo) for networked systems[C]. 2015 IEEE International Conference on Automation Science and Engineering (CASE), 2015.

[7] Storn R, Kenneth P. Differential evolution-a simple and efficient heuristic for global optimization over continuous spaces[J]. Journal of Global Optimization, 1997, 11(4): 341-359.

[8] Das S, Ponnuthurai N. Differential evolution: a survey of the state-of-the-art[J]. IEEE Transactions on Evolutionary Computation, 2011, 15(1): 4-31.

[9] Yao X, Yong L, Lin G. Evolutionary programming made faster[J]. IEEE Transactions on Evolutionary Computation, 1999, 3(2): 82-102.

[10] Rosenbrock H. An automatic method for finding the greatest or least value of a function[J]. The Computer Journal, 1960, 3(3): 175-184.

[11] Floudas C, Panos M P. A collection of test problems for constrained global optimization algorithms [M]. Springer Berlin Heidelberg, 1990.

[12] Mezura-Montes E. Constraint-handling in evolutionary optimization[M]. Springer Berlin Heidelberg, 2009.

第 3 篇　标准信息集

第8章

群智能建筑基本单元信息模型标准

本章提要

群智能建筑技术的核心优势是可以通过计算节点连接建筑系统的各类机电设备，实现建筑空间各种场景和机电设备不同拓扑结构下智能设备的即插即用、自组织、自识别和可扩展，以充分发挥设备厂家的专长，减少现场定制化成本。这需要一套可全面描述建筑智能化系统安全保障、实时监控和节能高效等功能场景的信息词条全集，以代表建筑空间和设备拓扑最小可控对象的基本单元为描述集合加载于计算节点中，实现群智能建筑空间和源类设备的标准化描述。为此，我们研编了《群智能建筑基本单元信息模型标准》，以期作为群智能建筑设备研发的需求标准，在充分的出厂测试(新建项目)和现场词条对接(既有项目)后即可实现智能设备在群智能建筑中的即插即用、互联互通和动态协同优化，缩短施工周期，降低调试成本。本章以三类最具代表性场景的基本单元：建筑空间基本单元、冷冻站基本单元和空调风系统基本单元为例，从信息模型研编背后的关键科学问题：调控场景分析、词条需求提取和参数分类描述等角度，介绍信息模型研编的共性方法，以便读者更好地理解信息模型的架构与词条含义。

8.1 群智能建筑基本单元信息模型标准概述

"群智能建筑平台技术"随着建筑自控功能变得丰富多样和前端化，表现出了巨大的工程应用优势，推动了新型建筑智能化系统的进一步发展。该平台技术将整个建筑以及机电系统划分成组态化的建筑空间单元和机电设备单元，群智能建筑可看成各种基本单元的任意组合[1]。《群智能建筑基本单元信息模型标准》旨在通过定义群智能建筑基本单元的标准化信息内容，给出描述基本单元的通用方法，为基本单元提供标准的词条描述以及为群智能建筑产品开发和技术应用提供标准协议，以期实现群智能架构下的智能机电设备自识别、自组网和智能化节能调控等功能。

《群智能建筑基本单元信息模型标准》研编过程中遵循下列总体原则[1-3]：①满足建筑智能化对智能节点的协同工作要求；②满足建筑业主对基本单元的安全、节能运行要求；③满足群智能建筑对基本单元智能节点的接入要求。它适用于群智能建筑智能化系统在设备开发、工程设计、安装调试及运行管理等过程中对建筑智能空间单元和智能设备基础信息模型的定义。该标准的应用有利于提高建筑智能化系统的灵活性、可拓展性和可重构性，提高建筑信息管理和机电设备控制系统在是设计、施工、调试和运行全生命期中的标准化和智能化水平[2]。

8.2 建筑空间单元信息模型研究

8.2.1 建筑空间概述

从空间的角度上看，以建筑外围护结构为分界线可以将建筑大致划分为建筑室内空间和建筑室外空间，如图 8.2-1 所示。

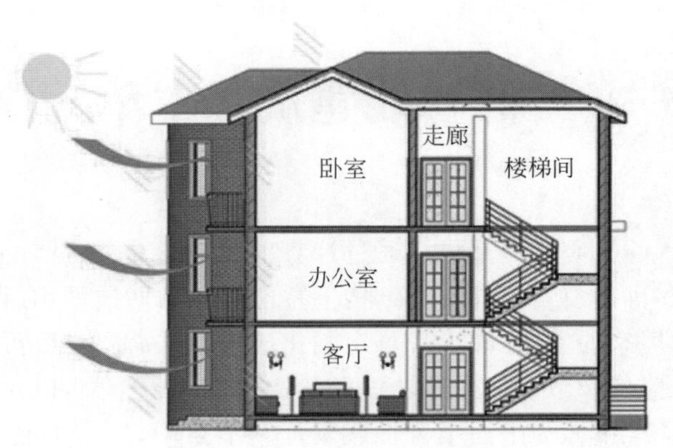

图 8.2-1 建筑室内外空间

建筑室外空间是为了更好地描述建筑室外相关信息而抽象出的一个空间类型，其关注的参数主要为与智能调控过程相关的建筑外环境参数。

建筑室内空间存在各类功能不同的空间类型，根据空间是否具有流动性分为房间空间和电梯空间两类。房间空间指的是空间位置固定的建筑室内空间，这些空间在建筑落成后其物理位置就基本固定了，并不会发生变化。根据房间功能及人员使用情况可以将建筑室内空间分为三类。

一类空间：一类空间为建筑内的主要功能空间，可以突出体现建筑空间职能，同时也是建筑内主要的人员聚集区域，包括办公区、会议室、商业区、餐饮服务区等，如图 8.2-2 所示。

图 8.2-2 办公区(左)、商业区(中)、会议室(右)

二类空间：二类空间为建筑内的辅助空间，通常不体现建筑的主要使用功能，主要用于连接建筑内各类空间(如走廊、楼梯间等)，辅助建筑功能实现(如卫生间、厨房等)。此外，在某些紧急情况下(如火灾、地震、人员入侵等)，该空间承担重要的消防安防、人员疏散等职能，如图 8.2-3 所示。

图 8.2-3 走廊(左)、楼梯间(中)、卫生间(右)

三类空间：三类空间为建筑内专用空间，该类空间的功能性突出且单一，通常人员使用率较低(除专业人员外)，主要包括各类设备机房、配电间、各类管井、冷冻站等，如图 8.2-4 所示。

图 8.2-4　配电间(左)、水暖井(中)、冷冻站(右)

另一类特殊的空间为电梯空间，电梯空间的物理位置会根据使用者的使用情况发生定向的改变。电梯根据使用特点不同可分为扶梯空间和轿梯空间两类，如图 8.2-5 所示。

图 8.2-5　扶梯(左)、轿梯(右)

基于以上讨论，建筑空间划分如图 8.2-6 所示。

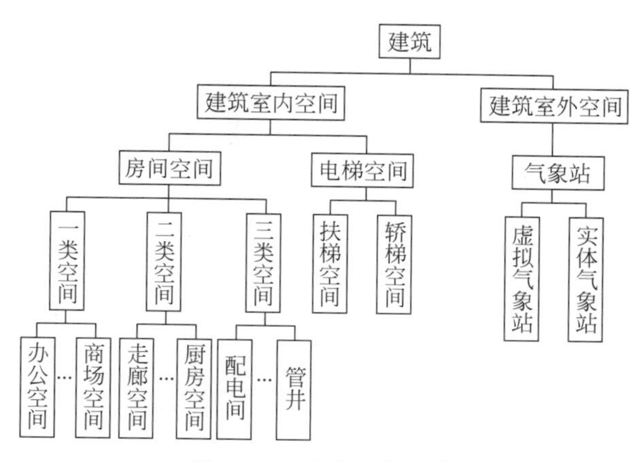

图 8.2-6　建筑空间划分

8.2.2　建筑空间单元信息模型描述

通过分析我们发现只要把一个最复杂的建筑空间单元(包含各类不同功能的建筑空间

所涉及的全部可能存在的设备系统)调控系统研究清楚,那么其他各类功能不同的建筑空间单元调控系统都只是这个最复杂的建筑空间单元调控系统的子集。为了能够更好地研究和实现这个最复杂的建筑空间单元的调控,我们需要对这个最复杂的建筑空间单元中涉及的各类调控信息进行分类汇总。但是每个建筑空间单元中所包含的信息众多,各行业对于同一个信息的定义与使用可能存在不同,这就是建筑空间单元信息特征统一的标准化描述问题,解决该问题的关键是定义建筑空间单元的标准化信息内容,给出描述基本单元的通用方法,进而为建筑空间提供标准的信息词条描述。

针对建筑空间单元中种类复杂、数量众多的信息内容可以按照以下步骤逐级整理,描述建筑空间单元信息模型的整体架构。

步骤 1:信息内容分类。建筑空间单元中信息可分为三大类:空间物理信息、末端从属设备信息和人员信息。其中末端从属设备按照服务功能又可分为热环境调控设备、空气品质环境调控设备、光环境调控设备、消防安防设备、能源计量设备五类,根据实际使用情况的不同又可在每一类设备分类中进一步细分。考虑到人员在建筑空间单元中的特殊性,将末端从属设备中人机交互设备归类于人员信息,见图 8.2-7 浅灰底图部分。

步骤 2:信息词条提取。针对步骤 1 中每一个确定的分类内容可构建该分类内容所包

<table>
<tr><th>信息分类</th><th colspan="2">子类</th><th>序号</th><th>参数ID</th><th>参数名称</th><th>数据格式</th><th>参数单位</th><th>字节长度</th><th>语义或应用场景描述</th></tr>
<tr><td colspan="2" rowspan="2">空间物理信息</td><td></td><td>1</td><td>0x00100200</td><td>空间名称</td><td>字符串</td><td>无</td><td>128</td><td>描述空间名称</td></tr>
<tr><td></td><td>2</td><td>0x00100201</td><td>空间单元类别及功能</td><td>无符号整型</td><td>无</td><td>4</td><td>描述该空间服务的功能类别</td></tr>
<tr><td rowspan="10">末端从属设备</td><td rowspan="3">热环境调控设备</td><td>风机盘管</td><td colspan="7">信息词条</td></tr>
<tr><td>分体空调</td><td colspan="7">信息词条</td></tr>
<tr><td>......</td><td colspan="7">信息词条</td></tr>
<tr><td rowspan="2">空气品质环境调控设备</td><td>独立风机</td><td colspan="7">信息词条</td></tr>
<tr><td>......</td><td colspan="7">信息词条</td></tr>
<tr><td rowspan="2">光环境调控设备</td><td>照明设备</td><td colspan="7">信息词条</td></tr>
<tr><td>......</td><td colspan="7">信息词条</td></tr>
<tr><td rowspan="2">消防安防设备</td><td>出入口控制设备</td><td colspan="7">信息词条</td></tr>
<tr><td>......</td><td colspan="7">信息词条</td></tr>
<tr><td>能源计量设备</td><td>插座</td><td colspan="7">信息词条</td></tr>
<tr><td rowspan="3">人员信息</td><td>人机交互信息</td><td>人机交互设备</td><td colspan="7">信息词条</td></tr>
<tr><td colspan="2">人员物理信息</td><td colspan="7">信息词条</td></tr>
<tr><td colspan="2">邻域交互信息</td><td colspan="7">......</td></tr>
</table>

图 8.2-7 建筑空间单元信息模型架构图

含的详细的信息词条。其中空间物理信息可按照基本信息参数、设备系统信息参数、环境信息参数、邻域交互参数、能源信息参数、报警信息参数六个信息类型进行分类整理；末端从属设备可按照基本信息参数、运行与监控信息参数、能源信息参数、报警信息参数四个信息类型进行分类整理；人员信息可按照人机交互信息、人员物理信息、邻域交互信息三个信息类型进行分类整理，见图 8.2-7 浅灰底图部分。

步骤 3：信息词条描述。为满足用户使用需求，需要对每个信息词条进行细致的描述，本章为每个信息词条配备七个属性描述，见图 8.2-7 深灰底图部分。

8.2.3　建筑空间物理信息词条研究

建筑空间包括六大类内容，即基本信息、设备系统信息、环境信息、邻域交互信息、能源信息和报警信息，分别介绍如下。

(1) 基本信息主要是指描述建筑空间名称、功能类别、几何尺寸等相关基本信息的物理量。建筑空间都有一定的规模尺寸，因此需要有描述空间尺寸的信息词条，例如空间高度、面积、体积以及与邻域的相对位置等参数，通过这些参数的描述即可准确确定该建筑空间单元在整个建筑中的位置及功能等。

(2) 设备系统信息是指描述该建筑空间中包含所有设备的运行状态反馈及设定情况，这部分内容不涉及具体设备的控制，只描述其是否运行，0 表示某个设备未使用，1 表示某个设备处于运行中。

(3) 环境信息是空间物理信息中非常重要的一部分内容，主要包括热环境、空气品质环境、光环境及声环境信息等。为使智能建筑达到更好的控制效果，需要将描述或者评价某一个环境的所有主流的指标参数都包括在信息词条中。考虑到一个空间中不同测量点某种物质的浓度可能存在不同，这里采用集总参数法将一个建筑空间单元看作是一个各种物质分布均匀的空间，则各类环境状态信息都只有一个。如果存在一个空间中某一种污染物浓度差别较大的情况则可以将这个空间划分为若干独立的空间单元来进行描述。

(4) 邻域交互信息是描述该建筑空间单元与相邻空间的交互信息内容，包括风速、风量、人员等交互信息，考虑到人员的特殊性，将涉及人员的交互信息统一放置在人员信息中进行描述，这部分只汇总非人员交互信息。将建筑空间单元看成是规则的立方体，相邻风速、风量等交互信息分别最多有 6 个值，应分别列出。

(5) 能源信息是描述建筑空间单元能耗相关信息的监测值与统计值，例如耗电量、耗水量、供热量等。这里某一个能耗参数，例如耗电量是指该建筑空间单元所有用电设备用电量的总和，即该区域总的用电量，包括瞬时用电量、累计用电量和累计用电量起始时间三个维度的描述。其中规定信息词条中所有与时刻相关的参数值均以 1970 年 01 月 01 日 00 时 00 分 00 秒为起始时刻的累计秒数，单位为 s，有关累计运行时间的信息词条单位为 h。

(6) 报警信息是描述建筑空间内各类报警信息，应包括各类空间中热环境调控、空气品质环境调控、光环境调控、声环境调控、消防安防调控中涉及的所有主流的报警信息，例如温度报警、相对湿度报警、CO_2 浓度报警、PM2.5 浓度报警、漏水报警信息等内容。

综上可得空间物理信息汇总如图 8.2-8 所示。

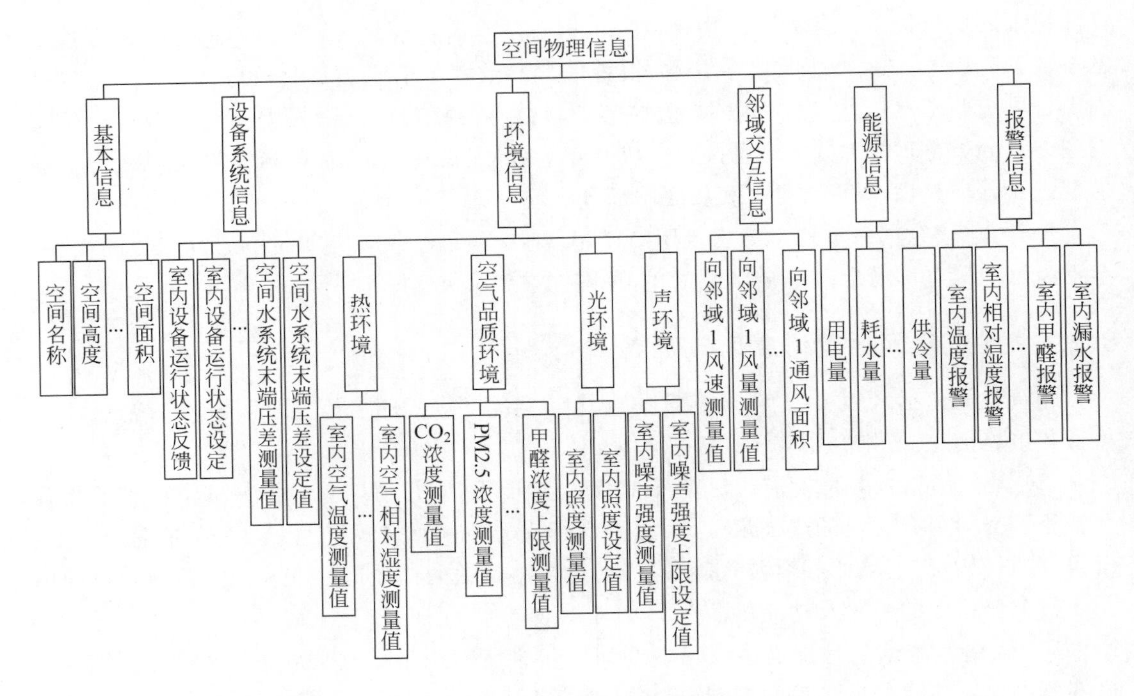

图 8.2-8　空间物理信息树状图

8.2.4　末端从属设备信息词条研究

建筑空间单元中所涉及的设备可以大致分为热湿环境调控设备、空气品质环境调控设备、光环境调控设备、消防安防设备和能源计量设备 5 大类共 15 小类设备，这些设备并不是指一个具体的某一类型设备，而是泛指可实现相应功能的所有设备。

1. 热环境调控设备

由于篇幅限制，此处仅以热环境调控中常用的风机盘管为例进行介绍。

风机盘管作为空调系统的末端装置，分散地装设在各个空调房间内，可独立地对空气进行处理，因此风机盘管被划分在建筑空间单元中。风机盘管种类繁多，但其功能、控制原理和监控信息基本相同，风机盘管自动控制系统中对室内温度的控制回路包括两个执行机构，根据室内温度监测值和设定值的偏差，利用合适的算法通过控制水阀通断（或阀位）和风机挡位来实现对室内温度的控制，控制回路如图 8.2-9 所示，四管制风机盘管监控原理如图 8.2-10 所示。

基于以上分析可得风机盘管控制包括季节模式控制信息、运行状态控制信息、水阀开度控制信息、风机挡位控制信息、供回水温度监测信息。考虑到水阀、风阀或其他类型的阀门既包括通断型阀门，也包括连续型阀门，因此规定信息词条中涉及风阀、水阀或其他类型的阀门控制信号单位为%。对于连续调节型的阀门，0～100 代表阀门开度；对于通断型的阀门，0 代表阀门关断，100 代表阀门开启；对于分挡调节的阀门，100 代表最高挡，0 代表关闭，以其为参照，0～100 间某数值等比例表示在最高挡和关闭间的相应挡位，例如目前常见的风机盘管最多为五级风速调控，为了能够实现信息模型的标准化、通用化应用，确定风机

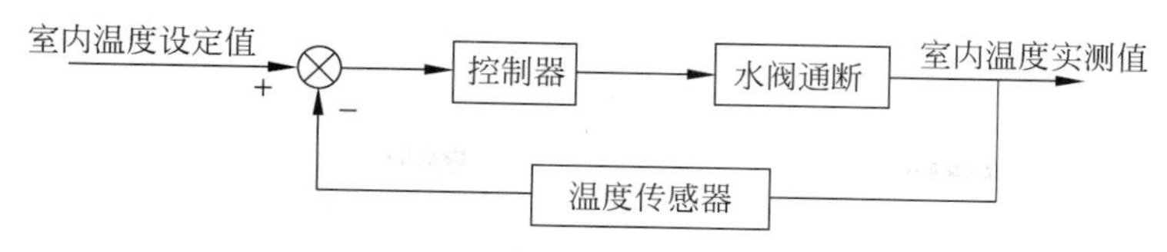

(a) 风机盘管水阀通断控制回路

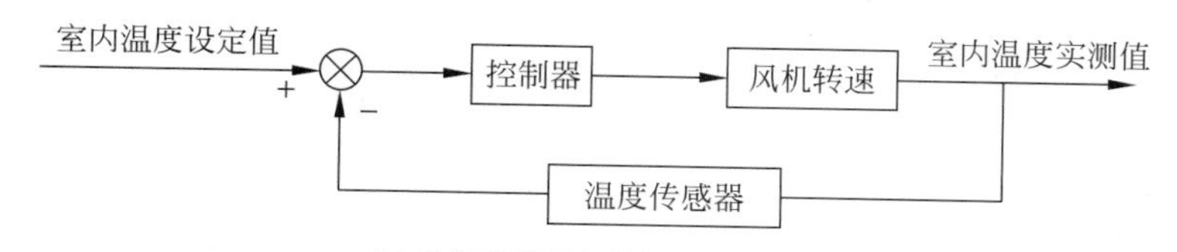

(b) 风机盘管风机挡位控制回路

图 8.2-9　风机盘管室温控制回路

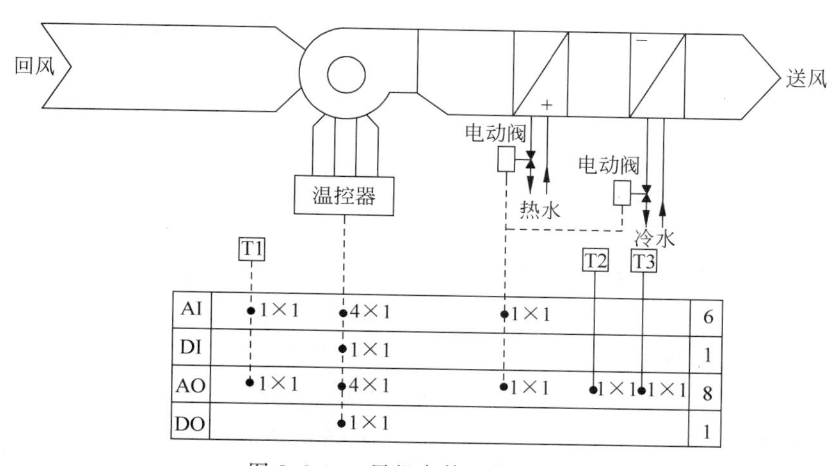

图 8.2-10　风机盘管监控原理图

盘管风速挡位描述中 0 表示关闭，20 表示 1 挡，40 表示 2 挡，60 表示 3 挡，80 表示 4 挡，100 表示 5 挡，因此对于另一种较常见的三速挡位调控的风机盘管，只使用 0、20、40、60 表示对应挡位即可。基于以上分析可得风机盘管监控信息如表 8.2-1 所示。

表 8.2-1　风机盘管监控信息

分　　类	信息词条点
基本信息参数	名称
	运行控制模式反馈
	运行控制模式设定
运行与监控信息参数	季节模式反馈
	季节模式设定
	运行状态反馈
	运行状态设定
	水阀开度反馈
	水阀开度设定
	风机运行挡位反馈

续表

分　类	信息词条点
运行与监控信息参数	风机运行挡位设定
	供水温度测量值
	回水温度测量值
能源信息参数	风机额定电功率
	风机电动率测量值
	风机累计用电量
	风机累计用电量起始时间
报警信息参数	风机盘管报警
	风机盘管报警码

2. 空气品质环境调控设备

室内空气品质环境一般是通过调控室内气流组织来实现。空气品质环境调控设备一般可分为两类，一类是隶属于某一个设备系统，例如有回风系统的变风量空调系统；另一类是单独工作的设备，如独立风机、独立风阀，这些设备虽然在归属上存在差异，但是其调控信息是相同的，因此本节以独立风机为例进行介绍。

风机是依靠输入的机械能，提高气体压力并排送气体的机械，按照结构和机理可分为离心式风机、轴流式风机与回转式风机，按照服务功能可分为小型排气扇、通风机、应急风机等。考虑到一部分独立风机是作为消防设备存在，具有特殊的职能，因此添加“独立风机应急模式”信息词条用来描述这一情况，其中 0 表示正常风机，1 表示应急风机，2 表示正常和应急兼用的风机。同时从控制的角度考虑添加“独立风机本地/远程反馈”信息词条，0 表示本地控制，1 表示远程控制。风机控制信息主要包括风机运行状态信息、风机挡位控制信息、变频器频率控制信息与风机前后压差信息，基于以上分析得表 8.2-2。

表 8.2-2　独立风机监控信息

分　类	信息词条
基本信息参数	独立风机名称
	独立风机应急模式
	独立风机本地/远程反馈
	独立风机运行控制模式反馈
	独立风机运行控制模式设定
	独立风机额定启动保护时间
	独立风机额定停机保护时间
运行与监控信息参数	独立风机运行状态反馈
	独立风机运行状态设定
	独立风机运行挡位反馈
	独立风机运行挡位设定
	独立风机运行频率反馈
	独立风机运行频率设定
	独立风机压差开关状态反馈

续表

分　　类	信 息 词 条
能源信息参数	独立风机额定电功率
	独立风机电功率测量值
	独立风机累计用电量
	独立风机累计用电量起始时间
报警信息参数	独立风机报警
	独立风机报警码

3. 光环境调控设备

光环境调控主要通过两个途径实现，即自然光调控和人工照明调控，此处以人工照明为例进行介绍。

照明设备是用来补充自然采光不足的重要装置，照明设备从整体来说，可分为灯具设备、控制设备和电源设备；从照明的种类来分，可分为水银灯、卤素灯、节能灯、LED 灯等；从安装来说，可分为景观照明、大面积照明和装饰照明。考虑到照明设备包含应急模式，添加“照明应急模式”信息词条，0 表示正常照明，1 表示应急照明，2 表示正常和应急兼用照明。照明设备的监控回路较简单，包括照明设备开关控制和亮度控制，如图 8.2-11 所示，监控信息见表 8.2-3。

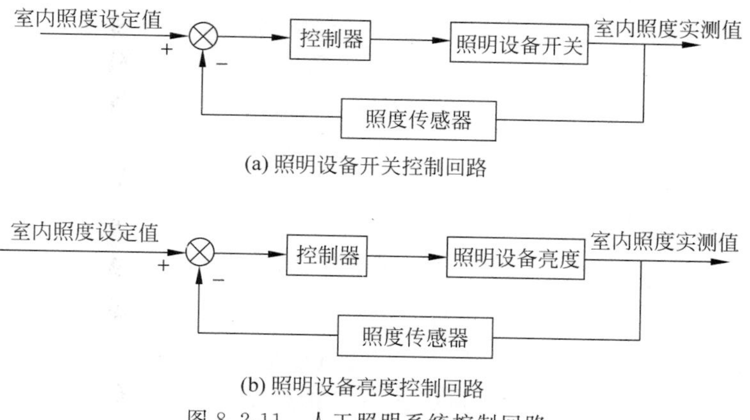

图 8.2-11　人工照明系统控制回路

表 8.2-3　照明设备监控信息

分　　类	信 息 词 条
基本信息参数	照明设备名称
	照明应急模式
运行与监控信息参数	照明设备开关状态反馈
	照明设备开关状态设定
	照明设备亮度反馈
	照明设备亮度设定
能源信息参数	照明设备累计用电量
	照明设备累计用电量起始时间
报警信息参数	照明设备报警

4. 消防安防设备

消防安防设备是一类设备的总称，此处重点介绍出入口控制设备。出入口控制设备是一种统称，包括出入口控制系统常用的刷卡、指纹、二维码等识别方式的门禁类设备，包括防火卷帘、防火门、挡烟垂壁等，其主要的监控信息如表 8.2-4 所示。

表 8.2-4 出入口控制设备监控信息

分 类	信息词条
基本信息参数	出入口控制设备名称
	出入口控制设备应急模式
	出入口控制设备本地/远程反馈
运行与监控信息参数	出入口控制设备开关状态反馈
	出入口控制设备开关状态设定
	出入口控制设备门锁状态反馈
	出入口控制设备门锁状态设定
	出入口控制设备电机执行时间
	出入口控制设备开启延迟时间设定
报警信息参数	出入口控制设备报警
	出入口控制设备报警码

5. 能源计量设备

在建筑单元信息模型中存在两类能源计量设备，一类是隶属于某一个具体设备的能源计量设备；另一类是单独的能源计量设备，插座就是其中一种。插座本身作为一种能源计量设备必须有能源信息参数，包括累计用电量与累计用电量起始时间两个信息词条。

8.2.5 人员信息词条研究

与人员相关的信息比较简单，包括空间内的人数、空间之间的人员流动情况和人员满意度等信息，下面以人机交互信息为例进行介绍。

人机交互信息包括两大类，第一类是人员通过设备反馈自己对于所处环境需求、满意度等内容的信息；第二类是建筑系统通过设备向人员所传达的一些信息。第一类信息主要包括 5 部分内容。

(1) 设备开关控制反馈：人员有需求时人为开启设备，没有需求时关闭设备，包括人机交互设备在内，建筑空间单元中共有 16 类设备，因此设备开关控制上限数量为 16。

(2) 设备控制程度反馈：对于风机型设备则是挡位控制：0 表示关闭；20 表示 1 挡位；40 表示 2 挡位；60 表示 3 挡位；80 表示 4 挡位；100 表示 5 挡位；对于连续调节型设备，如风阀水阀，则 0～100％表示调节信号范围。

(3) 调控设定值信息反馈：表示人员对室内环境的具体设定需求，单位与设定目标量一致。

(4) 满意度反馈：表示人员对空间综合环境满意度，采用五级评价指标，－2 表示很不满意；－1 表示不满意；0 表示一般；1 表示满意；2 表示很满意。

(5) 报警信息反馈：设置一个报警信息，0 表示关，即取消报警；1 表示开，即打开报警。

第二类信息包括两部分内容，一部分是系统给具体人员的信息，这主要是考虑到紧急逃生的问题(包括路径指引、消息推送以及疏散信息等);另一部分是针对区域内全体人员的信息传递,称为广播信息。

8.3　源类设备单元信息模型研究

《群智能建筑基本单元信息模型》中的源类设备包括制冷(热泵)机组、锅炉、换热器、冷却塔、蓄能箱体、太阳能光电光热系统、VRF 室外机组、空调机组、风机、水泵、干管协调器、定压补水系统、配电柜、直流配电柜、配电箱、变压器、内燃机发电机组、后备(储能)电源、新能源发电单元、消防水泵、消防炮、消防空气压缩机、气体灭火设备。大型中央空调系统按照系统自身特点和运维管理情况可分为冷冻站、空调风系统、空调水系统等几部分,这几部分包含了源类设备中的大部分基本单元。因此本节从冷冻站和空调风系统两个维度介绍源类设备单元信息模型的构建原则及构建方法,其他源类设备单元信息模型的构建方法相同。

8.3.1　冷冻站基本单元信息模型

冷冻站作为中央空调系统冷(热)源集中安放的场所,不仅包括冷水机组、换热器、水泵、冷却塔等大型机电设备,还包括为系统或大型机电设备的安全稳定、高效节能运行提供支撑的各类传感器、执行机构等辅助构件。群智能冷冻站控制系统将具备以下三个特点的单元定义为群智能冷冻站控制系统的基本单元:①具备一定的通用性和完备性,可以适用于不同形式的冷冻站系统;②通过网线连接,可以与实际系统的连接拓扑一致;③具有“自我管理”和“高效协同”的功能特点。

群智能冷冻站基本单元的划分遵循以下原则[6]:①为了满足群智能冷冻站控制系统“简单直观”的原则,对于某些在系统中扮演“相同角色”的不同设备,可以定义为一个基本单元,例如:在不同冷冻站中,定压补水的方式大多不同,有的系统采用膨胀水箱,而有的系统采用补给水泵+补给水箱,但两者均有稳压和补水的功能,故可将两者统称为定压补水系统。②群智能架构下的智能设备具有“自我管理”和“高效协同”的功能,在典型的冷冻站系统中,存在一些传感器和执行机构是为某个机电设备服务,保证此设备可安全稳定、高效节能的运行。因此冷冻站基本单元应包括机电设备及为其服务的附近管道上的各种传感器和执行机构。③中央空调冷冻站系统中,存在一些独立传感器和执行机构,不为某个特定机电设备服务,而是服务于某个系统。针对这些设备,综合考虑其在系统中扮演的角色,若与邻近机电设备具有相似的功能,则这些独立传感器与执行机构应根据“功能需求”采取“就近划分”的原则与附近设备共同组成基本单元。④群智能冷冻站控制系统存在一些机电设备,这些设备虽然扮演的角色不同,但是其运行参数等完全相同。为了满足群智能控制系统“简单直观”“易自组织”的规则,应将这些设备归为一个基本单元,通过“自组织”的方式间接识别智能设备在冷冻站控制系统的具体角色。

基于以上分析,群智能冷冻站系统基本单元可划分为智能冷水机组、智能换热器、智能水泵、智能冷却塔、智能干管协调器、智能储液箱体和智能定压补水系统 7 类。冷冻站基本单元划分结果如图 8.3-1 所示。群智能冷冻站各类基本单元的组成如表 8.3-1 所示。

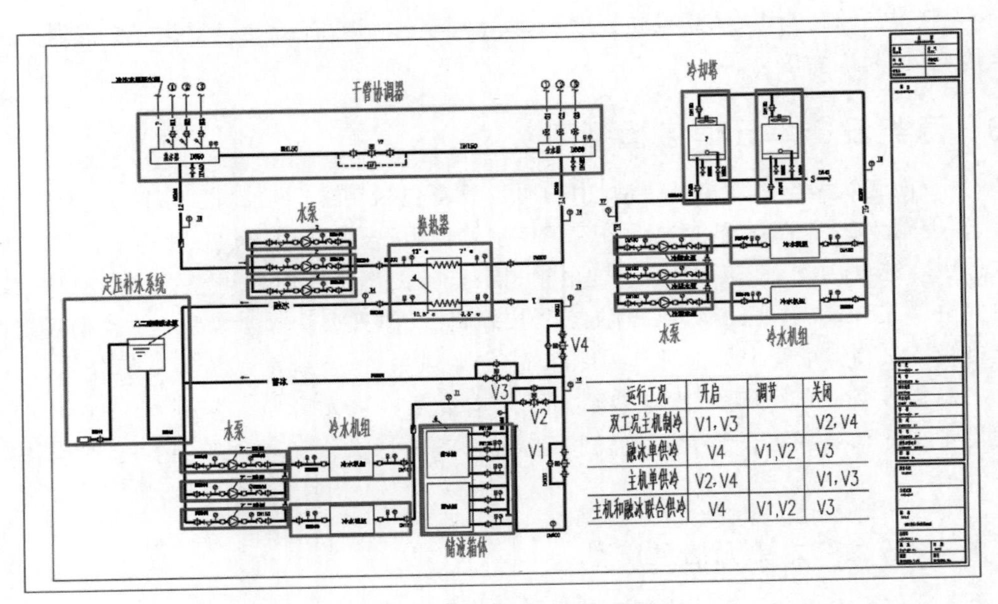

图 8.3-1 冷冻站基本单元划分

表 8.3-1 冷冻站各类基本单元的组成

序号	基本单元类型	基本单元组成	功 能 说 明
1	智能冷水机组	冷水机组本体	
		4 个温度传感器	测量蒸发器和冷凝器出入口水温
		4 个压力传感器	测量蒸发器和冷凝器出入口水压
		2 个流量传感器	测量冷冻水流量和冷却水流量
		2 个电动通断阀	冷冻水进水通断和冷却水进水通断
2	智能换热器	换热器本体	
		4 个温度传感器	测量热流体侧和冷流体侧出入口水温
		4 个压力传感器	测量热流体侧和冷流体侧出入口水压
		1 个流量传感器	测量热流体侧(一次侧)流量
		1 个电动调节阀	热流体侧(一次侧)进水调节
3	智能水泵	水泵本体	
		2 个压力传感器	测量水泵进出口压力
		1 个变频器	水泵启停及运行频率调节
4	智能冷却塔	冷却塔本体	
		1 个温度传感器	测量冷却塔出口水温
		3 个电动通断阀	冷却塔进出水和补水通断
		1 个变频器	风机启停及运行频率调节
5	智能干管协调器	分集水器本体	
		1 个旁通阀	电动调节阀
		温度传感器	测量各支路供回水温度
		1 个压差传感器	分集水器间压差
		供冷阀门	电动通断阀(具体数目由支路数目决定)
		供暖阀门	

续表

序号	基本单元类型	基本单元组成	功能说明
6	智能储液箱体	箱体	
		4个温度传感器	测量水和蓄能介质出入口温度
		4个压力传感器	测量箱内压力、水及蓄能介质出入口压力
		1个液位传感器	测量箱内介质液位
		2个流量传感器	测量水和蓄能介质流量
		2个电动阀	电动通断阀(水阀和蓄能介质阀)
7	智能定压补水系统	定压补水系统本体	补水泵、补水箱、膨胀水箱等
		2个液位开关	补水箱液位开关和膨胀水箱液位开关

基于以上群智能冷冻站基本单元的划分原则与划分结果,本节提出一套冷冻站信息模型的架构,并给出信息词条的提炼和排序原则。

如图8.3-2所示,基本单元的信息模型包括运行参数和静态参数两个一级参数,其中运行参数包括运行状态和设定、监控参数、能源参数、故障报警参数和内部参数五个二级参数,静态参数包括基本信息、额定参数、资产参数、性能曲线参数和内部参数五个二级参数。二级参数每个信息词条均包含六个属性描述:参数ID、参数名称、数据格式、参数单位、字节长度以及语义或应用场景描述。

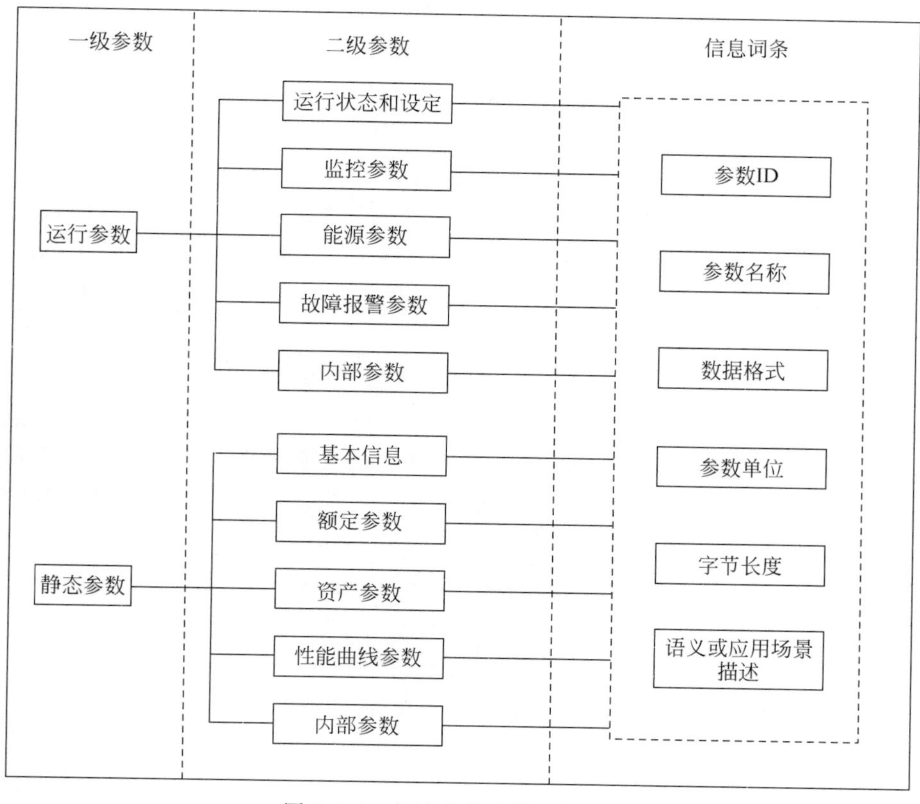

图8.3-2 标准化信息模型架构图

各类参数具体释义如下：

(1) 运行状态和设定：描述设备在运行工况下，对应的执行机构或第三方控制器等状态输出控制点参数值。

(2) 监控参数：描述设备在运行工况下，对应的传感器或第三方控制器等状态输入控制点参数值。

(3) 能源参数：描述设备不同工况下能效水平的相关参数，例如，针对冷机而言，这类参数主要包括电功率、制冷量、制冷系数、电流比等。

(4) 故障报警参数：描述设备在运行状态下发生故障或运行参数超限等状况向控制系统输入的报警参数，主要包括设备内部主报警、预警、报警码和设备外部主报警、预警、报警码。

(5) 内部参数：描述设备在运行工况下，对应的设备自带控制器状态输入控制点参数值，例如，冷机压缩机吸气压力、排气压力、蒸发压力、冷凝压力等。

(6) 基本信息：描述每个设备的具体类型等属性信息，例如，设备类型、设备名称、设备基本描述等。

(7) 额定参数：描述设备的额定工况下的性能参数，通常为单点值，与监控参数相对应。

(8) 资产参数：描述设备的出厂、设计、安装、用户、运维和型号等信息，例如，设备生产厂家、设备投入使用日期、设备型号、设备保修期等。

(9) 性能曲线参数：描述出厂测试工况下，设备重要性能参数变化规律的测试点值。

(10) 信息词条：描述每一独立参数及其属性的最小信息单元。

(11) 参数 ID：每个信息词条的地址编码，具体表示为“0xABCDEFGH”的形式，其中 A～H 为 8 位十六进制数字。

(12) 参数名称：信息模型信息词条的名称，参考已发布的相关国家规范。

(13) 数据格式：主要有单精度浮点数、双精度浮点数、字符串、无符号整型、布尔型。

(14) 参数单位：信息模型信息词条的单位，参考实际工程和设备厂商常用单位。

(15) 字节长度：双精度浮点数为 8 字节，单精度浮点数和无符号整型均为 4 字节，布尔型为 1 字节。

(16) 语义或应用场景描述：对信息词条具体定义及加入信息模型的理由加以描述。

为保证群智能冷冻站基本单元“自我管理”和“高效协同”功能相关的所有信息点均能被“不重不漏”纳入信息模型中，信息词条提炼时要基于相关规范以及设备厂家和工程实践的实际测量参数选取，信息模型的信息词条应包括所有智能设备自身运行及其与其他智能设备协作需要的信息变量。为实现信息模型信息词条的高效查找调用，在信息模型编写过程中遵循以下几条排序原则：①基于设备工作流程和工作原理，从宏观到微观进行信息词条排列。②基于设备全寿命过程进行参数排列，如按照设备出厂参数、设备用户参数、工程设计参数和设备维修参数的顺序排列。③基于先瞬时值后累计值的规则排序。

基于以上信息模型的制定原则和信息词条具体的排序原则，本节制定出源类设备的信息模型。鉴于篇幅有限，在此只重点介绍对智能设备优化控制至关重要的设备性能曲线在信息模型中的描述方法，并以水泵为例进行介绍。

智能水泵性能曲线在信息模型中的描述方法，主要依据国家标准 GB/T 18149—2017《离心泵、混流泵和轴流泵 水力性能试验规范 精密级》[7]中给定的扬程、功率等参数的测试方法制定，如表 8.3-2 所示。其中，条件变量为水泵变频器工作频率，X 变量为水泵流量，Y 变量为水泵扬程、效率和轴功率。

表 8.3-2　水泵性能曲线描述参数

参数名称	数据格式	参数单位	语　　义
工况 1 的定义变量	单精度浮点数	Hz	工况 1 下水泵的工作频率
工况 1 下性能曲线 X 变量	单精度浮点数数组	m^3/h	工况 1 下的性能曲线 X 轴的流量
工况 1 下性能曲线 Y 变量 1	单精度浮点数数组	m	工况 1 下的性能曲线 Y 轴的扬程
工况 1 下性能曲线 Y 变量 2	单精度浮点数数组	无	工况 1 下的性能曲线 Y 轴的效率
工况 1 下性能曲线 Y 变量 3	单精度浮点数数组	kW	工况 1 下的性能曲线 Y 轴的轴功率

8.3.2　空调风系统基本单元信息模型

与冷冻站基本单元类似，空调风系统基本单元也不再是传统的单体设备，而是包含了和监控回路相关的其他附件。空调风系统存在多种机电设备，不同系统形式所涉及的监控需求与机电设备相似度较高[8]，需要将各类空调风系统机电设备进行统一处理，对空调风系统的智能控制所涉及的机电设备进行合理划分，用有限的基本单元来描述各种功能、各种形式的空调风系统，综合其共有的基础服务功能，建立统一的信息描述方法。因此，空调风系统的划分要遵循以下几条原则：①从空调风系统的类别及结构进行划分；②从设备的共性原则进行划分，例如空调机组包含了新风机组所有的空气处理段，按照共性原则把新风机组归为空调机组；③从保证设备完整性的原则进行划分；④从设备是否需要监测进行划分。

基于以上空调风系统基本单元的划分原则，空调风系统机电设备分为空调机组和风机两个基本单元。在完成空调风系统单元划分的基础上，对基本单元的运行需求及控制回路进行分析，建立适于新型建筑智能化系统平台的空调风系统基本单元信息模型。

变风量空调系统通过调节末端装置、风机、水阀及风阀等实现对室内空气环境的控制，其中空调机组为变风量空调系统的空气处理设备。图 8.3-3 为变风量空调系统监控原理图，变风量空调系统通过多个监控回路的配合来实现理想的控制效果，图 8.3-4～图 8.3-8 为变风量空调系统的控制回路。

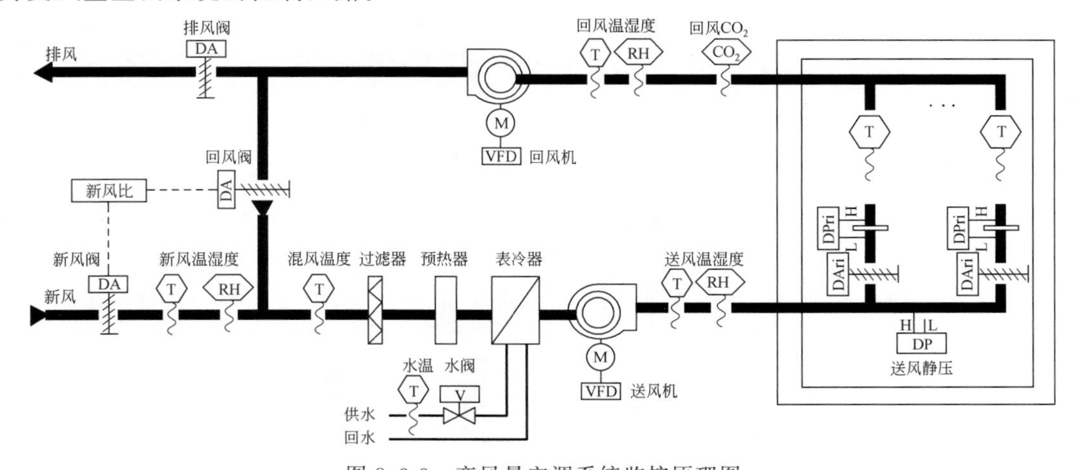

图 8.3-3　变风量空调系统监控原理图

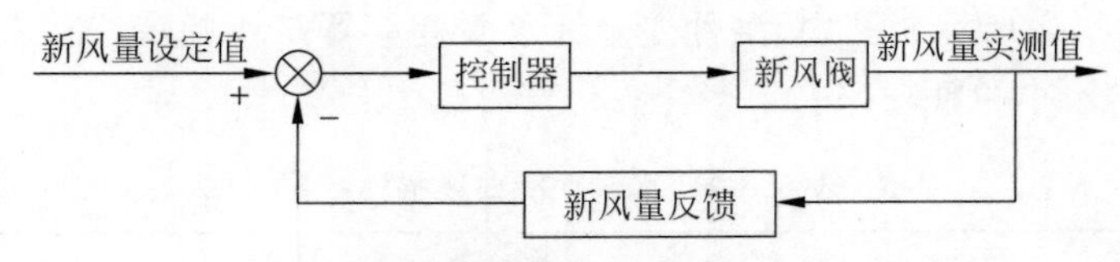

(a) 根据新风量设定值控制回路

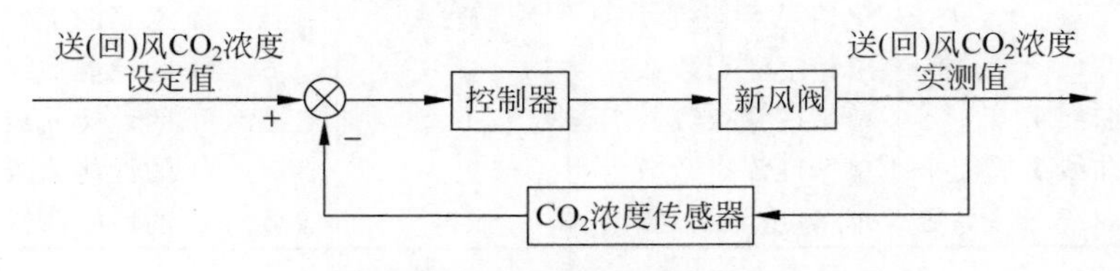

(b) 根据CO_2浓度设定值控制回路

图 8.3-4　新风量控制回路

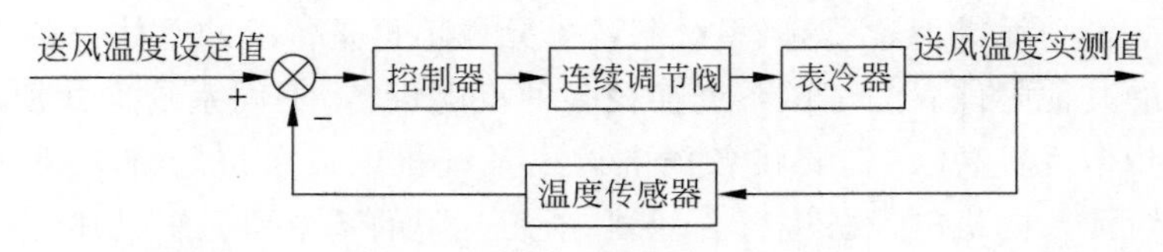

图 8.3-5　送风温度控制回路

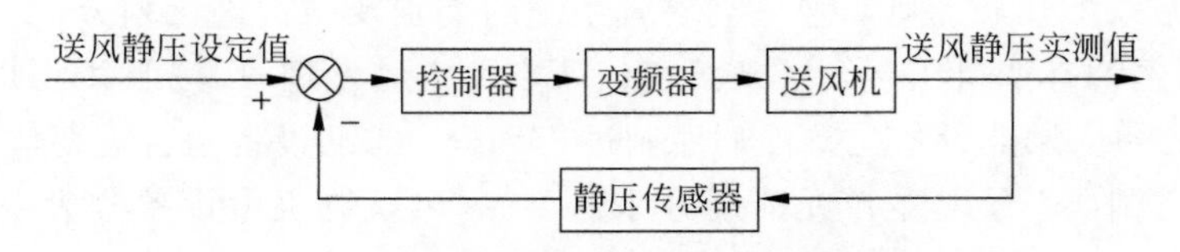

图 8.3-6　送风量控制回路

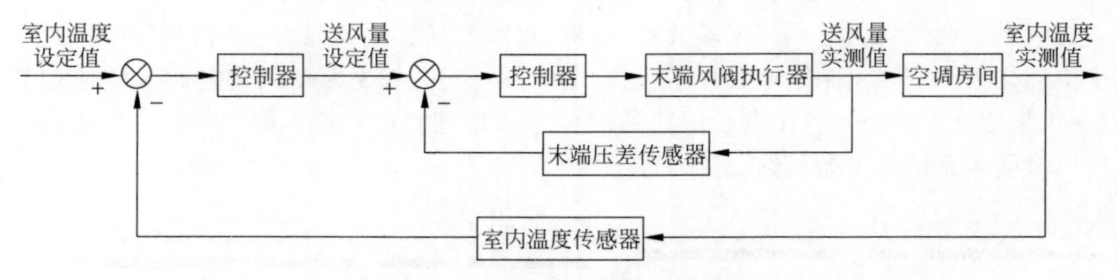

图 8.3-7　压力无关型室温控制回路

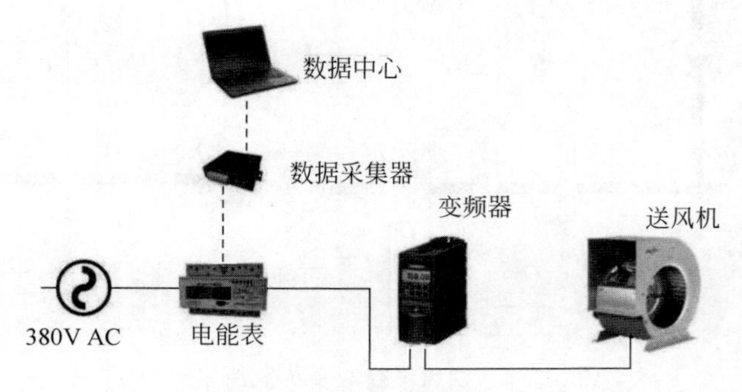

图 8.3-8　风机能耗监测原理图

通过分析变风量空调系统的控制回路，总结出基本控制逻辑中所涉及的控制变量，如表 8.3-3 所示，这些变量构成了信息模型的核心内容。

表 8.3-3　变风量空调系统主要监控变量

控制回路	变量名称
新风量控制回路	新风量设定值
	新风量监测值
	新风阀开度
	回风阀开度
	送风 CO_2 浓度设定值
	送风 CO_2 浓度监测值
	回风 CO_2 浓度设定值
	回风 CO_2 浓度监测值
送风温度控制回路	送风温度设定值
	送风温度监测值
	表冷器水阀开度
送风量控制回路	静压设定值
	静压监测值
	风机转速
室温控制回路	室温设定值
	室温监测值
	送风量设定值
	送风量监测值
	末端风阀开度
能耗监测回路	空调机组整体耗电量
	送风机耗电量
	回风机耗电量

空调风系统的基本单元信息模型是在新型群智能系统架构下或用于其他类型的建筑智能化系统时，支持空调风系统设备智能控制及建筑业主智能化管理所需的基础信息标准化描述。不同信息模型描述的是在群智能控制系统中，设备本身及与设备运行调控所必需的外部部件。空调风系统标准信息集将下载到空调风系统智能设备对应的智能节点中，按照群智能系统架构的工作模式与系统中其他设备或空间单元节点实现协同工作，智能节点与智能设备也可以实现“即插即用、互联互通、高效协同”的工作模式，为各类智能化的系统 App 提供参数条目，保障空调风系统的运行安全、高效、节能。

对信息模型的所有参数条目进行分类，分为运行参数和静态参数两大类，其中，运行参数包括运行状态和设定、监控参数、能源参数、故障报警参数和内部参数，静态参数包括基本参数、额定参数、购买信息、性能曲线参数和内部参数。各类数据释义如下：

(1) 运行状态和设定：表征设备在运行状态下，对应各执行器、设备自带控制器或第三方控制器等装置输入或输出的控制点的设定值与反馈值。

(2) 监控参数：表征设备在运行状态下，各传感器针对各控制点的监测值。

(3) 能源参数：表征与设备能耗相关的监测值与统计值。

(4) 故障报警参数：表征设备在运行状态下发生故障或运行参数超限等状况向控制系

统输入的报警参数。由于设备故障存在不确定性，无法用有限的变量表示，因此，在信息集中添加了设备预警及设备预警码，并保留了充分的存储空间以保存设备的不同报警信息。

(5) 基本参数：表征设备的类型及名称等基本信息。

(6) 额定参数：表征设备在额定工况下设备的监控变量。

(7) 购买信息：表征设备的出厂、设计、安装、用户和运维信息等。

(8) 性能曲线参数：表征额定状态或出厂测试工况下描述设备重要性能参数变化规律的测试点值，描述形式和范围需根据设备自身情况确定。空调风系统智能设备中，空调机组和风机两类基本单元的性能曲线对设备的优化控制至关重要，因此，两类基本单元的信息模型中均存在风机性能曲线参数，根据国家标准 GB/T 3235—2008《通风机基本型式、尺寸参数及性能曲线》规定，将性能曲线用压头与流量、效率与流量之间的关系表示，当性能曲线是由流量、压头与效率之外的其他参数表示时，可占用模型中其他参数地址。

(9) 内部参数：表征设备内部的相关变量，考虑到现有设备的差异性，将设备中暂时不具备的功能参数列入其中，随着智能设备的不断更新，这些内部参数将在设备出厂之前进行设定，无须人为进行监控。

8.4 本章小结

本章对建筑空间单元和源类设备单元信息模型的标准化描述进行了一系列研究，给出了建筑空间单元和源类设备单元信息模型的规范定义和描述方法。其中建筑空间单元以房间空间为例提出了标准化描述通用方法、信息模型架构、信息词条提取等内容；源类设备单元信息模型从冷冻站和空调风系统两个维度展开，制定了一套完备的冷冻站基本单元和空调风系统基本单元信息模型。从中得到如下结论：

(1) 建筑空间以围护结构为分界线可划分为建筑室内空间和建筑室外空间，建筑室内空间根据房间是否具有流动性分为房间空间和电梯空间。本章以房间空间为例进行建筑空间单元信息模型的研究。

(2) 建筑空间单元信息模型是指按照确定的房间内部设备和人员数量上限规定的描述该空间运维信息的词条集合，按照信息内容分类、信息词条提取、信息词条描述三个步骤进行信息词条的归纳整理。

(3) 根据冷冻站基本单元的划分原则，将冷冻站系统的基本单元划分为智能冷机、智能换热器、智能水泵、智能冷却塔、智能干管协调器、智能蓄能箱体和智能定压补水系统。制定了一套源类设备的信息模型架构，给出了智能水泵的信息模型。

(4) 空调风系统基本单元不再是传统的单体设备，而是包含了和监控回路相关的其他附件。通过分析不同形式空调风系统的原理及结构，同时考虑系统的普适性和完整性，将空调风系统划分为空调机组和风机两个基本单元。

(5) 建筑空间单元信息模型有助于实现空间与设备及人员之间的信息传递，冷冻站设备单元及空调风系统单元信息模型有助于实现设备之间的相互识别与信息传递，从而实现群智能设备对建筑空间单元环境的优化调控，而且能够保证在群智能系统架构下，不同形式的智能设备通过标准的信息模型进行“即插即用”。

参考文献

[1] 沈启. 智能建筑无中心平台架构研究[D]. 北京：清华大学，2015.

[2] 中华人民共和国住房和城乡建设部. GB 50314—2015 智能建筑设计标准[S]. 北京：中国计划出版社，2015.
[3] 中华人民共和国住房和城乡建设部. GB/T 51212—2016 建筑信息模型应用统一标准[S]. 北京：中国计划出版社，2016.
[4] 中华人民共和国住房和城乡建设部. GB/T 51235—2017 建筑信息模型施工应用标准[S]. 北京：中国计划出版社，2017.
[5] 中华人民共和国住房和城乡建设部. GB/T 51269—2017 建筑信息模型分类和编码标准[S]. 北京：中国计划出版社，2017.
[6] 陆耀庆. 实用供热空调设计手册[M]. 2版. 北京：中国建筑工业出版社，2008.
[7] 离心泵、混流泵和轴流泵 水力性能试验规范 精密级：GB/T 18149—2017[S]. 2017.
[8] 工业风机用标准化风道性能试验：GB/T 1236—2017[S]. 2017.
[9] 民用建筑供暖通风与空气调节设计规范：GB 50736—2012[S]. 2012.
[10] 通风机基本型式、尺寸参数及性能曲线：GB/T 3235—2008[S]. 2012.

第4篇　拓 扑 识 别

第9章

建筑空间中的分布式图匹配算法

本章提要

如今,分布式系统相较于集中式系统变得越来越有竞争力,尤其是在建筑领域。因此,设计新型有效的分布式算法是必不可少的。本章针对建筑空间拓扑匹配问题,提出了一种分布式算法。在分布式控制体系结构中,每一层都有若干计算节点(computing process node,CPN),它们在系统中起着控制器的作用。我们的目标是使建筑系统中的每个CPN在设计的CAD图纸上获得自己的位置。为此,我们利用了节点之间的地理关系。在该算法中,每个节点通过与邻居通信获得其局部拓扑特征,并将其与图纸中的拓扑特征进行比较,从而确认其所在位置。该算法可以在有限的迭代次数内解决拓扑匹配问题。实验表明,该算法能有效地应用于具有方向特征的实际建筑物内,本章内容主要来源于文献[1]。

9.0 符号列表

n	CPN 个数
v_i	图中的第 i 个节点,$i\in\{1,2,\cdots,n\}$
d	图的直径
N_i^m	v_i 的第 m 阶邻居,$v_j\in N_i^m$ 表明 v_i,v_j 间存在长度为 m 的路径
P_{ij}^m	v_i,v_j 间的长度为 m 的有向路径的集合,有向路径用方向序列描述
F_i^m	v_i 的 m 阶局部特征,由所有 v_i 与其 m 阶邻居间的长度为 m 的有向路径组成
DF_k^m	图纸上节点 v_k 的 m 阶局部特征

9.1 问题简介

目前随着建筑规模的不断扩大以及大量传感器的部署安装,建筑结构的复杂程度越来越高。传统的集中式系统越来越难以进行所有的数据处理和计算。因此,由分布式智能节点进行控制的新型建筑被设计提出。Jiang Z 等于 2017 年推出了由智能节点控制的分散式、扁平结构的楼宇自动化系统[2]。该系统由分布式智能节点(CPN)进行管理控制。每个CPN均可看作一个可以存储数据和进行计算的微型计算机,它们具有相同的结构并可控制建筑中的一个子空间。一个CPN有6个端口连接到附近的CPN,即上、下、北、南、东、西6个方向的邻居。CPN获取外部数据的唯一方法是与它的邻居通信。

分布式智能节点控制整个建筑系统中的一个基本且重要的问题就是需要让所有的节点在系统中找到自己的位置,也即图匹配问题,实质上是一个两图对应问题。此前在许多相关领域都对该问题进行过研究。为了获得关联网络中个体之间的关系,Yao X 等建立了多目标优化模型和基于邻接矩阵的数学模型来解决节点匹配问题[3-4]。Tao S 等提出了一种基于梯度流的子图匹配算法[5]。该文主要研究图的局部匹配问题,这启发我们考虑节点及其相邻子图的特征。Fany J 等提出了一种通过匹配全局结构来度量图的相似性的方法,同时考虑了顶点和路径特征[6]。实际上,如果只考虑图中顶点和边的特征,会存在节点完全对称而不能区分它们的情况。也即 Brendan D. McKay 等考虑的图同构问题[7]。在没有其他假设的情况下，只有当图的自同构群只包含自身时，才能解决拓扑匹配问题。然而，Emad S. Mushtaha 等提供了一种从地理方向分析建筑的思路[8]。从这个观点出发，我们假设 CPN 之间存在地理方向关系。在这个假设下，问题可以通过我们的图匹配算法来求解。

9.2 问题描述

本章研究的问题是基于分布式控制结构，目标是使每个节点在设计的 CAD 图纸上获得其位置。这一过程具有重要意义，因为有时需要控制多个指定节点在建筑中同时工作。具体来说，每个月底，一个公司的多个节点需要做一些统计分析。因此，如果公司没有关于节点位置的信息，就会遇到困难。由于 CPN 无法获取全局信息，并且定位过程必须在节点安装完成后开始，因此该问题十分具有挑战性。

该问题由两部分组成，建筑空间中的 n 个 CPN 节点以及与系统拓扑结构完全相同的 CAD 图纸。节点的 ID 在图纸上标记，需要设计一个算法，让所有的 CPN 通过本地计算和与邻居的通信来找到自己的 ID。

9.2.1 假设

假设 1：CAD 图纸上的拓扑与实际拓扑保持完全一致；

假设 2：建筑中 CPN 节点的数量有限；

假设 3：每个节点至少存在一个邻居，任意两个 CPN 之间存在路径相连；

假设 4：每个节点与其邻居存在方向关系，共 6 种：上、下、东、南、西、北。

9.2.2 数学模型

为了从数学上描述这个问题，我们将 CPN 网络转换为图来考虑。该图中，每个顶点代表一个 CPN，而边代表两个节点互为邻居，只有相邻的顶点可以交换信息。由假设可知，该图是一个节点数有限的连通图。在这个图中，每个顶点的度数不大于 6，顶点间互相存在 6 种关系：上、下、南、北、东、西。

该问题的数学描述如下：有两个相同的连通图，其中有一个的所有节点被标记了 ID，而另一个没有该信息。我们的目标是让后一个图中的节点根据前一个图的信息找到它们对应的 ID，即 CPN 搜索其特定位置。例如，在图 9.2-1 图纸拓扑与实际拓扑中，左侧为图纸拓扑，右侧为真实拓扑，需要找到这两个图之间的节点对应关系。

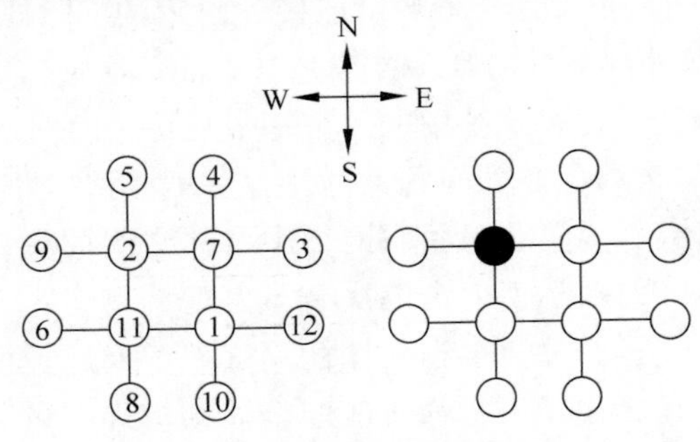

图 9.2-1 图纸拓扑与实际拓扑

为了实现上述目标，我们定义了每个节点的局部特征。如果两个节点 v_i, v_j 之间存在一条长度为 m 的路径，则这两个节点是 m 阶邻居，且 $v_i \in N_j^m, v_j \in N_i^m$，$N_i^m$ 为 v_i 的 m 阶邻居的集合。例如，N_i^1 是 v_i 的邻居节点集合。由于确定了节点之间的方向关系，因此可以获得任意两个节点的一系列由方向组成的路径。P_{ij}^m 定义为 v_i, v_j 之间长度为 m 的有向路径的集合。例如，在图 9.2-1 的图纸拓扑中，从节点 1 到节点 9 的 3 阶定向路径集合 P_{19}^3 为 $[[w,n,w],[n,w,w]]$。

局部特征 F_i^m 被定义为节点 v_i 与其所有 m 阶邻居之间的所有长度为 m 的有向路径的集合，$F_i^m = \bigcup_{j \in N_i^m} P_{ij}^m$。例如，在图 9.2-1 的实际拓扑中，将黑点命名为节点 1，则 $F_1^2 = [[n,s],[s,n],[s,w],[s,s],[s,e],[w,e],[e,n],[e,s],[e,w],[e,e]]$。$DF_i^m$ 则表示为图纸拓扑上节点 i 的 m 阶局部特征。

9.3 建筑空间图匹配算法

如今我们拥有 CPN 控制系统和具有相同拓扑结构的 CAD 图纸。用户从系统中任意选择一个 CPN，输入 CAD 图纸信息，并运行下面的分布式图匹配算法，流程如图 9.3-1 所示。具体步骤如下：

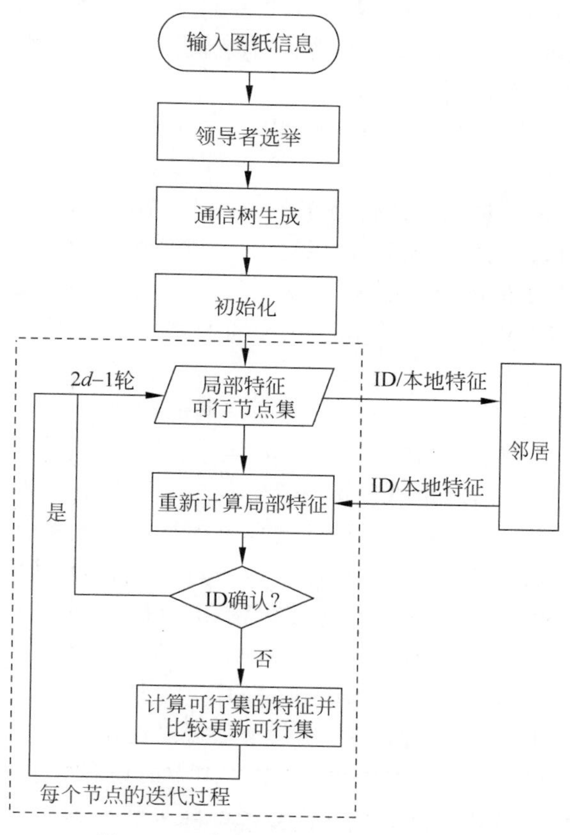

图 9.3-1　分布式图匹配算法流程图

（1）**领导者选举**：收到图纸拓扑信息的 CPN 被选为领导者。

（2）**通信树建立**：领导者在图中建立一棵生成树用来进行广播消息与收集最终结果。具体的生成树算法可参考文献[8]。在此之后，领导者通过通信树将图纸拓扑信息广播至其他节点。

（3）**节点特征计算**：每个节点 v_i 计算其 1 阶特征 F_i^1 并与图纸中所有顶点的局部特征 $DF_j^1(j\in\{1,2,\cdots,n\})$进行比较，并保留可能的图纸顶点集合，当且仅当该集合只剩下一个元素时，节点标号可以确认。

（4）**节点信息传递**：确认标号的节点将自己的 ID 传给邻居，未确认标号的节点将自己本轮的局部特征 F_i^k 传给邻居。

（5）**节点信息更新**：若 v_i 收到了来自标号节点的信息，可以通过方向得到自身 ID；反之 v_i 可以通过邻居的 k 阶局部特征 $F_j^k(j\in N_i^k)$计算其 $k+1$ 阶局部特征 F_i^{k+1}，并同时计算可能节点集合里的图纸特征 DF_i^{k+1}，筛选可能集合。

（6）重复步骤（4）和步骤（5）直到所有节点获得其 ID。

（7）所有节点将其 ID 通过通信树发送给领导者并完成算法。

9.4 收敛性分析

在该部分，我们提出了三个命题。第一，在图中可以找到一个可以区别于其他节点的节点。第二，利用上述找到的节点，可以准确地将所有节点与其他节点区分开来。第三，该算法能在最多 $2d-1$ 次迭代后能解决问题。

命题 9.4-1 在一个节点数有限的连通图中，存在一个节点，其局部特征可以区别于其他节点。

证明 采用反证法进行证明。假设对于每个节点，都有另一个节点的特征完全相同。由于节点数是有限的，假设图的直径为 d。我们可以找到两个点 v_1,v_2 使得它们的距离为 d，且它们间存在长度为 d 的路径 p_1。通过假设，不妨称与 v_1 具有相同特征的点为 v_1'。由于 v_1 与 v_1'特征完全相同，因此 v_1'也存在一条相同的路径 p_1'连接 v_2'。接下来分两种情况讨论。

情况 1：p_1 与 p_1'相交于节点 v_3。假设 v_1,v_3 间的距离为 d_1，v_1',v_3 间的距离为 d_1'。若 $d_1=d_1'$，则 v_1 与 v_1'为两个相同的点，因为 p_1 与 p_1'为两条完全相同的路径，矛盾；反之不妨设 $d_1>d_1'$，则此时 v_1,v_2'间距离为 $d_1+d-d_1'>d$，与图直径为 d 矛盾。

情况 2：p_1 与 p_1'不相交。由于图的连通性，存在一条最短路径连接 p_1 与 p_1'，端点分别为 x,y，设该路径长度为 $l\geqslant 1$。因为该路径最短，p_1 与 p_1'上其他任何点均不在该路径上。记 d_2 为 v_1 与 x 的距离，d_2'为 v_1'与 y 的距离，由对称性，不妨设 $d_2\geqslant d_2'$。此时 v_1 和 v_2 之间的距离为 $d_2+l+d-d_2'>d$，与图直径为 d 矛盾。

由上可知，存在一个节点其局部特征是唯一的。

命题 9.4-2 在找到命题 1 中节点后，所有节点可以在 $d-1$ 轮内完成定位任务。

证明 假设 v_1 是命题 1 中标识的节点。对于图中的任意节点 v_2，若 v_2 与 v_1 间的距离为 d，由命题 1 的证明过程以及对称性，v_2 也已经能被确定。当 v_2 与 v_1 间的距离 $d_{12}\leqslant d-1$。由于点与点之间均有确定的方向关系，v_2 可以在 d_{12} 轮后完成定位。

命题 9.4-3 整体算法可以在 $2d-1$ 轮内解决任务。

证明　由命题 9.4-1，存在点的 d 阶局部特征是唯一可辨识的，在 d 轮迭代后该点可以被确认位置，再根据命题 9.4-2 的结论，整个算法可于 $2d-1$ 轮完成。

9.5　实验验证

我们在实验中使用两个拓扑来检验拓扑匹配算法。一个是自己设计的高度对称的拓扑，另一个是真实的三层结构会议厅的一部分。

在第一个实验中，使用图 9.2-1 所示的拓扑结构。对于图 9.2-1 图纸拓扑与实际拓扑中的黑色节点，其一阶特征 $F^1=[[n],[s],[w],[e]]$。与所有 $DF_j^1(j=1,2,\cdots,n)$进行比较，我们可以发现它的可能节点集是[2,7,11,1]。然而，其二阶特征 $F^2=[[n,s],[s,n],[s,w],[s,s],[s,e],[w,e],[e,n],[e,s],[e,w],[e,e]]$在可能节点集进行比较后是唯一的，即节点 2。因此需要 2 次迭代来识别黑色节点，根据对称性，中心的其他 3 个节点也需要 2 次迭代来识别。从中心 4 节点接收消息后，可以识别外部 8 个节点。整体算法在 3 次迭代后结束，每个节点的结束迭代轮次如图 9.5-1 所示。

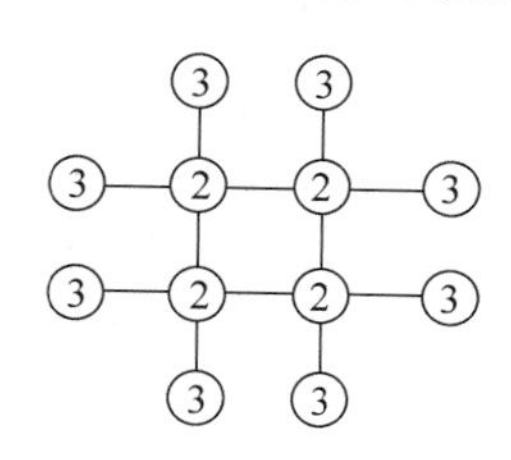

图 9.5-1　高度对称拓扑及迭代轮次

在第二个实验中，我们使用了一个真实的三层结构会议厅的 CAD 图纸。通过图中各个 CPN 的连接关系，我们可以得到一个目标立方体拓扑，如图 9.5-2(a)所示，其中共有 15 个 CPN。现在系统中有 11 个节点是唯一的，经过 1 次迭代就可以识别出它们。另外 4 个节点的真实 ID 可以在下一次迭代中确定。算法在 2 次迭代后结束，每个节点的迭代次数如图 9.5-2(b)所示。

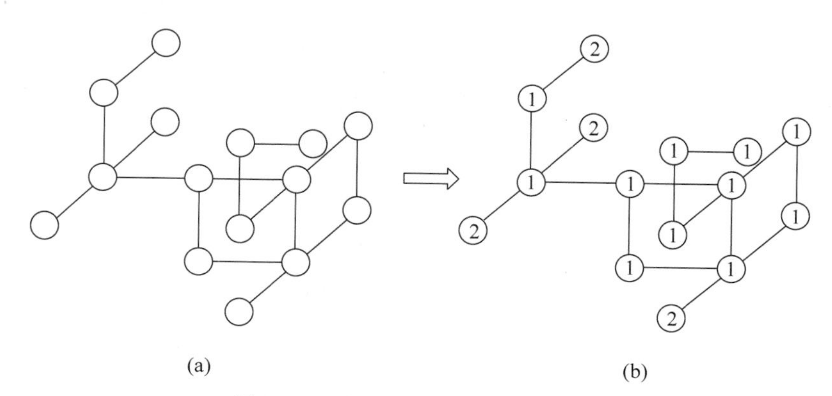

图 9.5-2　实际建筑拓扑及迭代轮次

通过以上两个实验，算法的有效性得到了检验。可以发现，当目标拓扑缺乏对称性时，由于大多数节点特征的唯一性，该算法趋于高效。此外，与传统方法相比，该算法可以在不需要额外信息的情况下解决拓扑匹配问题。因此，该算法适用于具有方向信息的网络中，如建筑领域。

9.6　本章小结

本章提出了一种新型分布式算法来解决分布式建筑系统中的建筑空间拓扑匹配问题。利用 CPN 的设计特点和建筑体系结构的特点，假设每两个控制器之间均有方向关系，即上、下、南、北、东、西 6 种。在这个假设下，提出了我们的算法并分析了它在各种情况下的可行性。此外，我们给出了迭代次数的上界，并用实际的建筑系统图纸对算法进行了检验。

参考文献

[1] Wang Y，Zhao Q. A distributed algorithm for building space topology matching[C]. In：Fang Q，et al.(eds). Advancements in Smart City and Intelligent Building，Advance in Intelligent Systems and Computing，2019，890：397-406.

[2] Jiang Z，Dai Y. A decentralized，flat-structured building automation system[J]. Energy Procedia，2017，122：68-73.

[3] Yao X，Gong D，Gu Y. Mathematic model of node matching based on adjacency matrix and evolutionary solutions[J]. Physica A：Statistical Mechanics and its Applications，2014，416：354-360.

[4] Yao X，Gong D，Wang P，Chen L. Multi-objective optimization model and evolutional solution of network node matching problem[J]. Physica A：Statistical Mechanics and its Applications，2017，483：495-502.

[5] Tao S，Wang S. An algorithm for weighted sub-graph matching based on gradient flows[J]. Information Sciences，2016，340-341：104-121.

[6] Fan Y，Chen L，Guo G. Graph Similarity Measure by Matching Global Structure[J]. Journal of Chinese Computer Systems，2016，37：1488.

[7] McKay B D，Piperno A. Practical graph isomorphism[J]. Journal of Symbolic Computation，2014，60：94-112.

[8] Mushtaha E S，Arar M S. House Typology from Adjacency Diagram Theory to Space Orientation Theory[J]. International Journal of Civil & Environmental Engineering，2011，11(2)：60-66.

[9] Lynch N A. Distributed algorithms[M]. Morgan Kaufmann Publishers，1996.

第10章

基于群智能技术的暖通空调系统拓扑描述方法及控制系统的自动集成

本章提要

目前的楼宇自动化系统架构和关键技术起源于工厂自动化，然而，这样的架构体系通常需要大量人力和时间来进行控制系统的配置，广泛的调研表明暖通空调系统的控制工程应用效果并不尽如人意，这与其系统架构的不适应有着内在的关联关系。为解决长期困扰传统集中式楼宇自控系统的核心问题，本章提出一种基于群智能系统的分布式、自组织策略实现暖通空调系统的智能控制。该控制系统无须人工介入，可基于标准控制单元自动识别建筑空间、暖通空调设备、传感器和执行器。为实现控制系统的自动集成和关系识别，本章提出一种基于图论的新型建筑空间和暖通空调系统的拓扑描述方法，并以一栋典型建筑中的空调冷冻水系统和通风系统进行了验证。基于这一新方法，对群智能方法在暖通空调智能控制领域的潜力、优势和前景进行了讨论。本章内容主要来源于文献[1]。

10.0 符号列表

G	节点处流量
S	节点间管段阻力
P	节点处的压力

10.1 引言

暖通空调系统是建筑中的主要耗能系统。在多种建筑类型中，暖通空调系统能耗占比40%以上，暖通空调系统的优化控制对于降低建筑能耗、提高建筑能效来说非常重要。近年来，楼宇自控系统已经逐渐成为现代公共建筑中的标准配置[1]，多项研究结果认为楼宇自控系统有助于公共建筑实现30%以上的节能率。然而，尽管控制系统有助于实现很好的节能效果已经成为行业共识，广泛的调研表明暖通空调系统的控制工程应用效果并不尽如人意。较好的工程应用潜力和不佳的实际应用效果之间存在的矛盾引起了学术界的广泛关注。目前楼宇自动化系统的架构和关键技术起源于工厂自动化。但是，楼宇自控系统不像工厂自动化系统一样属于关键必需的系统。当楼宇自控系统无法正常工作时，大多数建筑仍能在人工或半自动状态下提供过得去的服务，而当工厂自动化系统无法正常工作时，其所在的生产线通常无法正常工作，并会造成严重的经济损失或安全风险。暖通空调控制系统或楼宇自控系统的搭建成本和相关工程技术人员的技术水平一般来说也低于工厂自动化系统。在工程项目中，智能化工程的安装和调试通常在工程的最后阶段进行，当面临着整个工程的竣工期限时，智能化工程的完整性和完善程度容易受到影响。相对不太可靠的现场设备、受限的时间和成本预算以及缺乏高水平的技术资源是暖通空调控制系统效果欠佳的重要原因。在有限的资源下，暖通空调控制工程师需要完成复杂耗时的现场配置和面向工程的编程工作。

尽管近年来多项研究提出了新的系统架构和方法，以更好地实现暖通空调系统控制[4-7]，传统的集中式控制仍然在工程应用中占据主导地位。然而，来源于工厂自动化的控制系统架构并不适应暖通空调系统的发展，事实也证明，至少在中国，暖通空调系统多年来应用不佳的现状与其系统架构的不适应有内在的联系。参考通信信息技术的快速发展和迭代，亟待开发一种低成本、高可靠性的新型暖通空调系统控制架构。

10.2 暖通空调控制系统新型架构性能要求

为解决长期困扰传统集中式楼宇自控系统的核心问题，传统暖通空调系统的新型控制架构应实现：自识别、自集成、自适应和自编程。

自识别：传统集中系统需要大量人力和时间来进行控制系统的配置。对于一个具有数千点位的控制系统来说，建筑空间、被控设备、传感器、执行器、控制器和软件的详细配置和整定过程可长达数月时间。由于建筑工程经常出现变更和建筑功能发生变化，这一配置和整定工作需要长期重复开展，严重影响控制系统的可靠性。新型控制架构下，控制系统应能实现对建筑空间、设备、控制器、传感器、执行器及其关联关系的自动识别。

自集成：当控制系统辨识出暖通空调设备位于控制区域内时，系统可自动发现可用的控制应用，并提示给系统管理员，在得到确认后，自动完成控制系统的集成。

自适应：与传统控制系统不同，当控制系统升级时(比如当一个新传感器安装时)，系统应能自动进化到新的形态。由于建筑功能空间和暖通空调设备的多变性，这一能力将有助于保障暖通空调控制系统的鲁棒性。

自编程：在传统的集中式控制系统中，面向项目的控制程序由于缺乏足够的时间开发和测试，通常缺乏必要的软件工程管理，往往会导致大量的工程问题。新的控制架构应该将复杂的控制任务解耦为标准的控制子任务，从而复用标准的控制程序，实现基于标准子程序模块的自编程。

10.3 群智能概念介绍

群智能系统(collective intelligence system，CIS)是一种基于智能节点控制的分布式、扁平化建筑自动化系统，它采用被称为 CPN 的标准分布式智能节点来实现对控制对象的操作和管理。每个 CPN 控制建筑中的一个子空间，所有 CPN 具有相同的结构、硬件和软件，并通过有限数量的端口与相邻的 CPN 进行通信。与传统的集中式系统不同，所有 CPN 之间的关系是平等的。每个 CPN 代表一个智能区域或智能设备。智能区域包括建筑子空间、空调设备传感器、空间中的执行器等。智能设备包括冷水机、锅炉或其他建筑设备。CPN 只能与相邻节点交换信息，而没有中央计算机作为更高级别的协调器或控制器。通过这种控制架构，CIS 可以将建筑自动化系统分散成一个扁平化的结构体系，从而使新系统能够实现自识别、自集成、自适应和自编程。图 10.3-1 给出了群智能控制系统架构[7]。

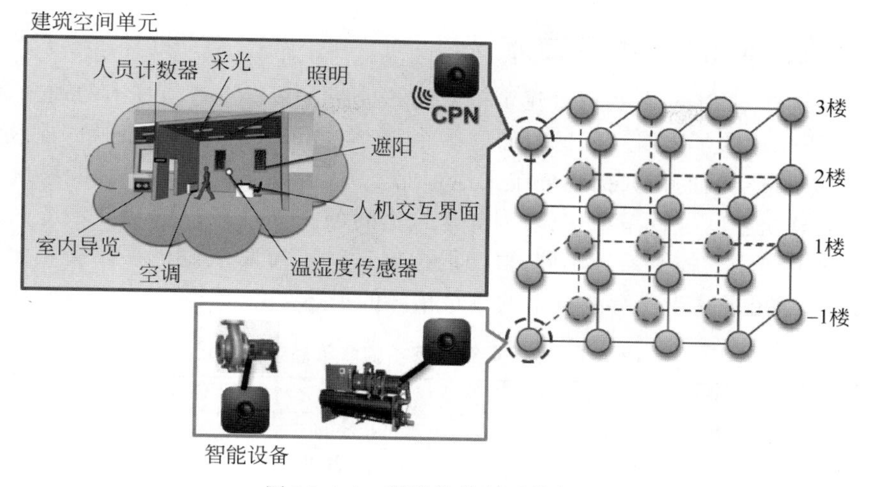

图 10.3-1　群智能控制系统架构

10.4　群智能控制系统的识别与集成

图 10.4-1 中给出了基于群智能技术的系统辨识和集成过程。首先，含有空间信息的建筑设计图纸作为输入，由集成在 CAD 设计软件中的辨识工具得到建筑空间的拓扑结构。在此基础上，使用暖通空调设计文件和图纸来发现不同暖通空调设备隶属于哪些建筑空间，并提取暖通空调设备的关键信息。CPN 的安装位置将由建筑空间信息和设备信息共同决定。当 CPN 安装就位后，将上述获得的信息下载到 CPN 网络中，各个 CPN 将自动寻找其负责区域内的传感器、执行器和被控设备，并基于发现的对象进行自动集成。随后，基于发现的设备信息，自动寻找适用的控制逻辑，并提交管理员确认。得到确认信息后，自动生成控制程序。在运行阶段，CPN 将主动监测所负责区域内的控制要素变化，并及时自我更新，使得控制系统能够根据情况的变化而不断自主进化。

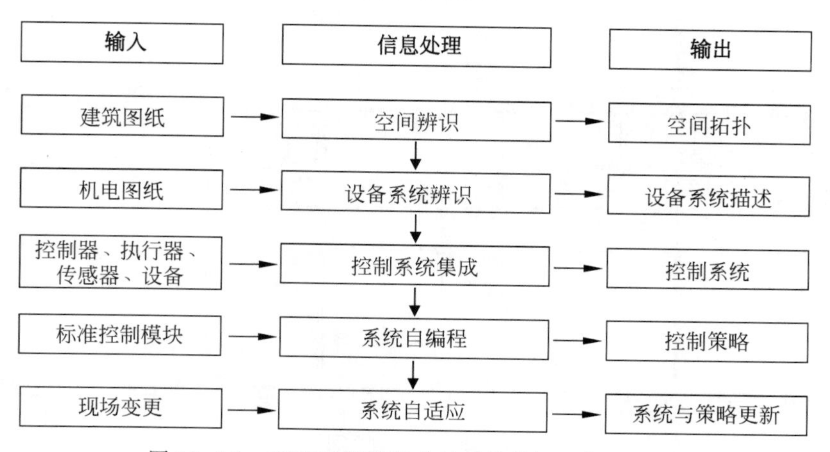

图 10.4-1　基于群智能技术的系统辨识和集成过程

10.5 建筑空间的拓扑描述方法

群智能系统使用CPN来实现对建筑子空间的控制。基于群智能技术的理念，在建筑空间中分布的CPN反映了建筑空间的分布。多个CPN之间的物理连线反映了建筑空间之间的连接关系。建筑空间的拓扑描述分布式地存储于CPN网络之中。群智能系统的基本原则之一是面向建筑空间进行系统集成，因此建筑空间的拓扑信息是群智能系统的关键基础信息。与传统的集中式控制系统不同，群智能控制系统不需要上位机来存储和使用全局信息。表10.5-1给出了基于群智能技术的建筑拓扑的描述。

表 10.5-1　基于群智能技术的建筑拓扑的描述

工程应用	楼宇自控：暖通空调控制、照明控制、防火与安全、商业智能
标准单元	建筑子空间：每个CPN位于建筑子空间中，并代表该子空间
与标准单元的关系	邻接：两个建筑子空间共享物理墙或虚拟墙 连接：两个建筑子空间具有物理联通关系
CPN与建筑空间的映射	CPN：代表建筑子空间(房间、走廊、中庭、非走廊连接房间) 连线：建筑子空间的邻接或连接关系 虚拟连线：建筑子空间的连接关系
CPN存储的信息	子空间的名称，三维位置坐标，楼层，功能(房间、走廊、中庭、非走廊连接房间)，连接关系
拓扑信息	拓扑信息分布式地存储于整个CPN网络中，每个CPN节点仅知道本身和相邻CPN的信息。全局信息以网络的方式保存在整个网络中

图10.5-1给出了一个典型的建筑平面图，用于说明基于群智能技术的建筑拓扑描述方法。基于功能和空间关系，建筑空间被划分为多个子空间[8]。图10.5-2中给出了建筑子空间的划分方式。图中的每个格子代表一个建筑子空间。每个建筑子空间安装一个CPN。CPN间使用通信线缆连接，同时代表了邻接关系。每个建筑子空间根据其功能被归类为房间、走廊等。

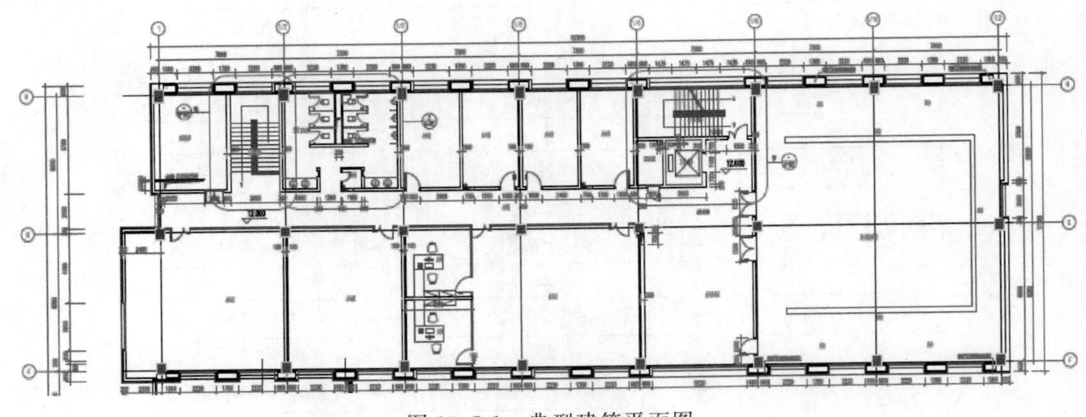

图 10.5-1　典型建筑平面图

图10.5-3给出了基于群智能技术的建筑拓扑表达方式。与图10.5-2对比，图中的实线代表了建筑子空间的邻接关系，虚线代表了建筑子空间的连接关系。空间、位置、邻接和连接关系可有效用于建筑室内导航、疏散等建筑自动化应用中。

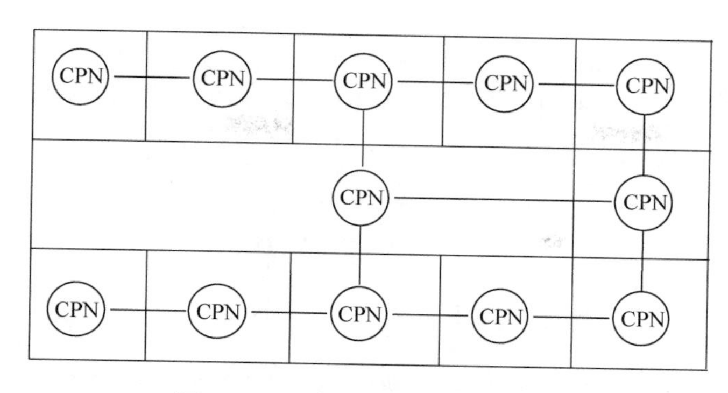

图 10.5-2　建筑子空间的划分方式

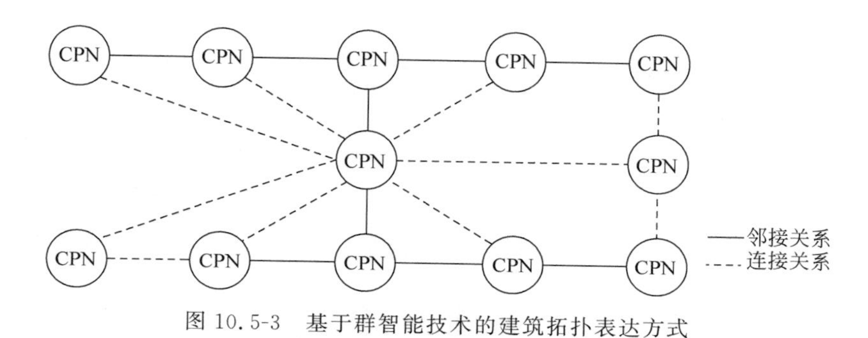

图 10.5-3　基于群智能技术的建筑拓扑表达方式

10.6　暖通空调风系统的拓扑描述

表 10.6-1 给出了基于群智能技术的暖通空调通风系统的拓扑描述。由于暖通空调风系统安装在建筑空间中，在进行描述时，参考图层的概念，暖通空调系统拓扑信息映射在建筑空间拓扑信息之上，一并分布式地储存于 CPN 网络中。

表 10.6-1　基于群智能技术的暖通空调风系统的拓扑描述

工程应用	暖通空调风系统控制
标准单元	通风空间：风系统在建筑子空间上的映射
与标准单元的关系	连接：两个通风空间归属于同一通风系统，并由通风管道连接
CPN 与建筑空间的映射	CPN：代表通风子空间(房间、走廊、中庭、非走廊连接房间) 实线：建筑空间的邻接关系 虚线：通风系统的风道连接关系
CPN 存储的信息	通风空间的名称，通风设备类型(PAU、AHU、变风量箱、散流器……)，与邻居 CPN 的连接关系。每个 CPN 保存其压力、流量和阻力信息
拓扑信息	拓扑信息分布式地存储于整个 CPN 网络中，每个 CPN 节点仅知道本身和相邻 CPN 的信息。通风系统的全局信息以网络的方式保存在整个网络中

图 10.6-1 为一个典型的暖通空调风系统，由一台新风机组为多个房间提供室外新风。图 10.6-2 给出了基于群智能技术的暖通空调风系统的拓扑描述。

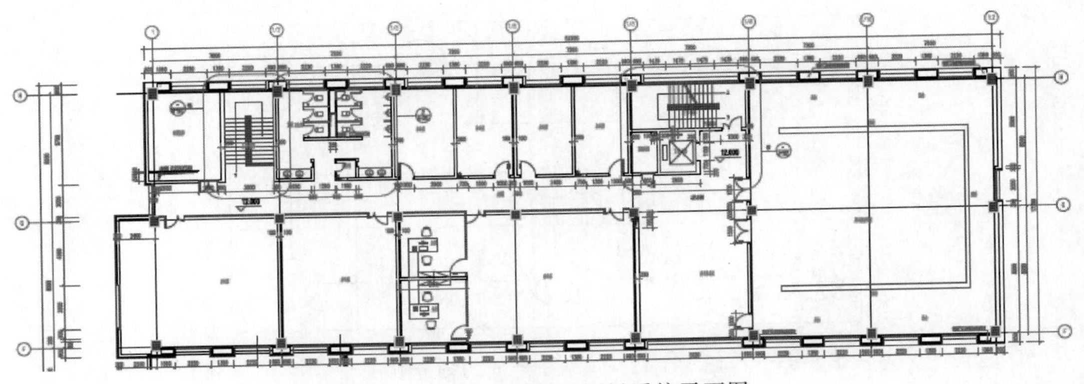

图 10.6-1 典型暖通空调风系统平面图

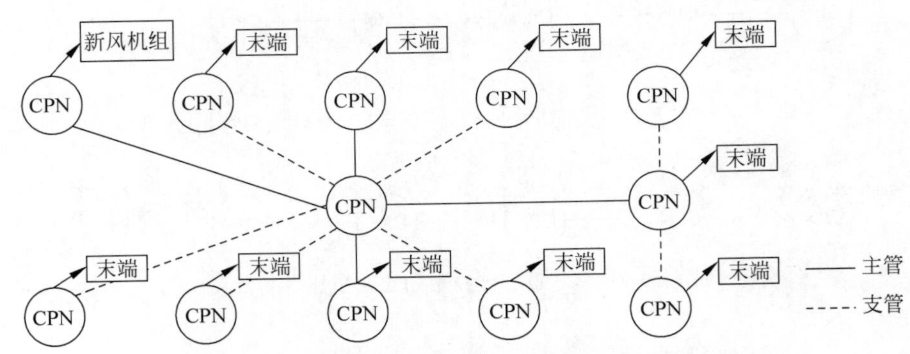

图 10.6-2 基于群智能技术的暖通空调风系统的拓扑描述

10.7 暖通空调水系统的拓扑描述

表 10.7-1 给出了基于群智能技术的暖通空调水系统的拓扑描述。类似于对于风系统的分析，在进行描述时，参考图层的概念，暖通空调水系统拓扑信息映射在建筑空间拓扑信息之上，一并分布式地储存于 CPN 网络中。

表 10.7-1 基于群智能技术的暖通空调水系统的拓扑描述

工程应用	暖通空调水系统控制
标准单元	通风空间：水系统在建筑子空间上的映射
与标准单元的关系	连接：属于同一空调水循环系统的设备或部件，由水管道连接在一起
CPN 与建筑空间的映射	CPN：代表空调循环水系统设备或部件（PAU、AHU、阀门、三通……） 实线：建筑空间的邻接关系 虚线：水系统的管道连接关系
CPN 存储的信息	水系统设备类型和名称（PAU、AHU、阀门、三通……），与邻居 CPN 的连接关系。每个 CPN 保存其水压力、流量和阻力信息
拓扑信息	拓扑信息分布式地存储于整个 CPN 网络中，每个 CPN 节点仅知道本身和相邻 CPN 的信息。循环水系统的全局信息以网络的方式保存在整个网络中

图 10.7-1 给出了与图 10.6-2 中描述的暖通空调风系统相关联的暖通空调水系统的描述方式。在每个 CPN 节点中保存了本地管道和设备阻力(S)、流量(G)和压力(P)等与流

体网络相关的参数信息。

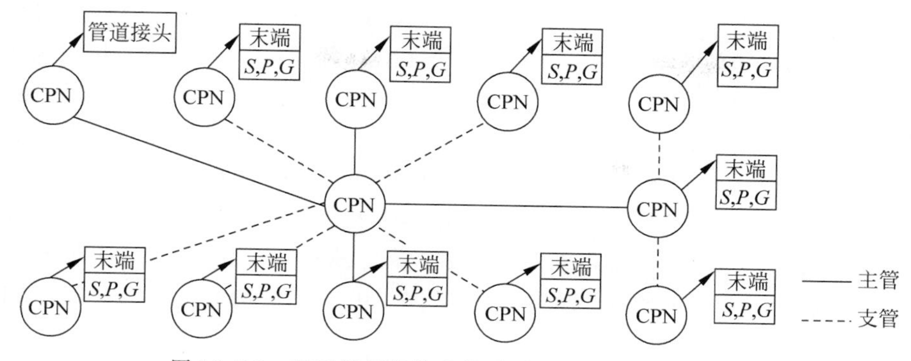

图 10.7-1　基于群智能技术的暖通空调水系统拓扑描述

10.8　暖通空调冷冻站的拓扑描述

基于群智能技术,对于暖通空调冷冻站或其他类型能源站的拓扑描述与暖通空调风系统和水系统的描述方法不同。由于在能源站中居于主导地位的不是空间关系,因此对于能源中心中的设备系统不是面向建筑空间的集成,而是面向能源设备的集成。图 10.8-1 给出了在参考文献[9]中对典型制冷站的拓扑描述。从图中可以看出,每个 CPN 节点代表了能源站中的能源设备,CPN 间的连线既反映了能源设备间的上下游关系,也同时代表了连接的管道介质。

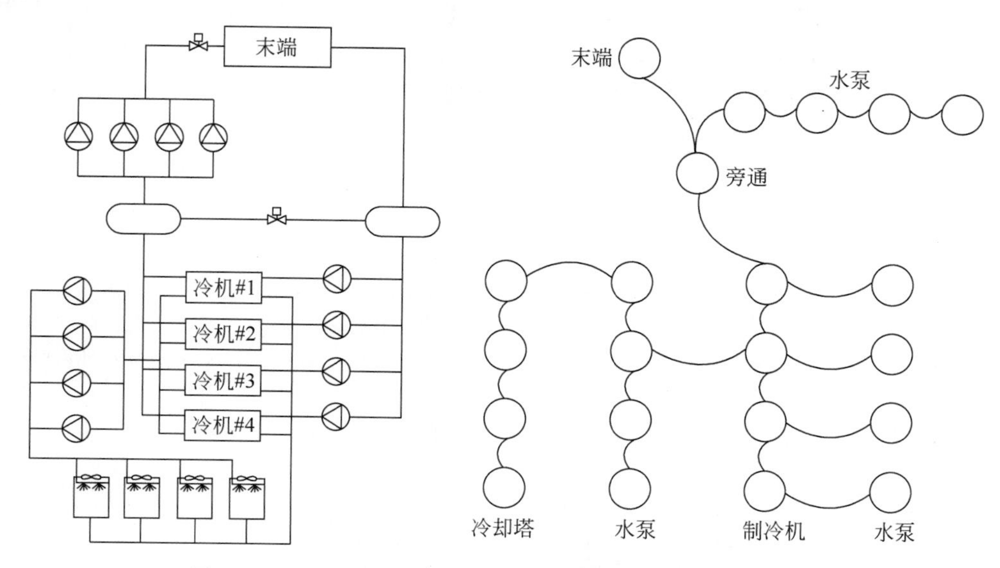

图 10.8-1　基于群智能技术的暖通空调冷冻站的拓扑描述[9]

10.9　讨论

必要信息的获取方式:在工程实践中,有两种方法来获取建筑空间和暖通空调系统拓扑描述所需要的信息:①下载建筑设计信息到 CPN 网络。每个 CPN 节点根据安装信息可以获得其所在的物理位置坐标,对比设计信息,就可以获得其所在空间的暖通空调系统信息。以上信息可在 CPN 节点安装后,通过网络下载到各个节点。②CPN 通过定位,自动识别其在建筑中的物理位置坐标。对于不能正确识别的 CPN 节点,可通过连接关系和少量的人工辅助帮助其确定具体位置。暖通空调系统的信息来自智能暖通空调设备的交互,或者少量规则和人工配置的帮助。对于工程实践来说,第一种方法更加常见和可靠。随着定位技术和智能暖通空调设备的普及,第二种方法具有较好的发展前景。

优化控制应用潜力:基于以上方法,群智能系统仅需要少量的人工干预,就可以实现暖通空调控制系统的自识别、自集成和自编程。这些特点使得在不增加甚至降低暖通空调控制系统成本的前提下,提高暖通空调系统的可靠性。由于建筑拓扑信息和暖通空调信息的关联和融合,以及全局信息的可靠分布式存储,这一新型系统更加有利于进行系统级别的整体优化和寻优。已经有多位学者利用群智能系统的这一特点,开展了一系列暖通空调系统的优化控制研究,取得了良好的效果[11-13]。一些对于传统的集中式控制系统实现起来难度比较大的问题,比如故障辨识、冷冻站全局优化控制、多并联设备寻优控制,在群智能技术的框架下,可以在不需要进行项目针对性开发的前提下方便地实现。

10.10 本章小结

本章分析了群智能技术应用于暖通空调控制时可实现自识别、自集成、自适应和自编程的优势,介绍了群智能系统在进行系统识别和集成时的适用工作流程。为支持群智能系统进行暖通空调工程项目的应用,本章提出了对建筑空间、空调风系统、空调水系统的拓扑描述方法,并在一栋典型建筑中进行了应用。标准、适用的空间和系统描述方法是在群智能技术基础上开发自动化应用的基础,也是群智能系统最大程度实现控制系统自身配置、编程自动化的基础。本章还对于群智能系统拓扑描述关键信息的两种获取方式和群智能系统的优化控制应用潜力进行了简要的讨论。

参考文献

[1] Yu Z,Li H,Liu W. Topology description of HVAC systems for the automatic integration of a control system based on a collective intelligence system[C]//In: Proceedings of the 11th International Symposium on Heating,Ventilation and Air Conditioning (ISHVAC 2019),Harbin,2019: 883-891.

[2] Wang S, Ma Z. Supervisory and Optimal Control of Building HVAC Systems: A Review[J]. HVAC&R RESEARCH,2008,14(1): 3-32.

[3] Braun J E. Reducing energy costs and peak electrical demand through optimal control of building thermal mass[J]. ASHRAE Transaction,1990,96(2): 876-888.

[4] Henze P,Dodier R H. Adaptive Optimal Control of a Grid-Independent Photovoltaic System[J]. ASME Journal of Solar Energy Engineering,2003,125: 34-42.

[5] Dalamagkidis K,Kolokotsa D,et al. Reinforcement learning for energy conservation and comfort in buildings[J]. Building and Environment,2007,42: 2686-2698.

[6] Yu Z,Dexter A. Hierarchical Fuzzy Control of Low-Energy Building Systems[J]. Solar Energy,2010,84(4): 538-548.

[7] Zhao Q,Xia L,et al. Project report: new generation intelligent building platform techniques[J]. Energy Informatics,2018,1-2.

[8] Ślusarczyk G,Łachwa A,et al. An extended hierarchical graph-based building model for design and

engineering problems[J]. Automation in Construction, 2017, 74 (Supplement C): 95-102.

[9] Dai Y, Jiang Z, et al. A decentralized algorithm for optimal distribution in HVAC systems[J]. Building and Environment, 2016, 95: 21-31.

[10] Wang S, Xing J, et al. A decentralized sensor fault detection and self-repair method for HVAC systems[J]. Building Services Engineering Research and Technology, 2018, 39(6): 667-678.

[11] Wang Y, Zhao Q. A Distributed Algorithm for Building Space Topology Matching[C]//2018 International Conference on Smart City and Intelligent Building, Hefei, China.

[12] Zhang Z, Zhao Q, Yang W. A distributed algorithm for sensor fault detection[C]//2018 IEEE 14th International Conference on Automation Science and Engineering (CASE). IEEE, 2018: 756-761.

[13] Zhao T, Zhang J. Development of a distributed artificial fish swarm algorithm to optimize pumps working in parallel mode AU[J]. Science and Technology for the Built Environment, 2018, 24(3): 248-258.

第 11 章

快速集中式拓扑匹配算法研究与实现

本章提要

拓扑匹配是贯穿群智能建筑智能化系统平台应用的全生命周期的重要问题。这种匹配的目的是将即插即用、免配置的计算节点(CPN)与建筑空间单元一一对应,完成用户对节点的空间逻辑识别。拓扑匹配是一切人机交互过程的首要步骤,是用户对没有地址编码的空间节点进行辨识的关键。本章介绍一种快速集中式的拓扑匹配方法,通过用户端的计算能力实现拓扑匹配。首先形式化拓扑匹配问题为最小约束集合的图同构问题,然后概述解决该 NP 问题的数学方法。以表现较为良好的 VF2 算法为基础,提出优化改进策略,使有限能力的单机运算能够支撑匹配过程,并使算法更加高效。这种快速集中式拓扑匹配方法可在一定程度上提升用户的自主参与度,使请求响应过程更加灵活、轻量化,是对分布式拓扑匹配方法的一种有效补充。本章内容主要来源于文献[1-2]。

11.0 符号列表

q	查询图
g	数据图
M	查询图与数据图之间的映射
V	顶点集
E	边集
C	候选顶点集
F	可行性规则
N	顶点的个数

11.1 拓扑匹配问题概述

拓扑匹配是贯穿群智能建筑智能化系统平台应用的全生命周期的重要问题。这种匹配的目的是将 CPN 与建筑空间单元一一对应,完成用户对节点的空间逻辑识别。具体来说,CPN 为了保证其即插即用和免配置的特性[3-4],在设计时并未进行逻辑编号。例如,在民用建筑的建筑空间中,CPN 对应建筑空间未被标志为厨房,与其相连的邻居 CPN 也都没有对应的空间标志,那么用户连接到厨房对应的 CPN,并希望通过该 CPN 发起对卧室人数的查询时,就无法对请求进行编辑。虽然这种设计在一定程度上保证了其部署、安装、调试的轻便和灵活性,但是却成为人机交互的一大障碍。因此,拓扑匹配是一切人机交互过程的首要步骤,是用户对没有地址编码的空间节点进行辨识的关键。

用户对建筑空间的逻辑识别来源于建筑设计规划,以民用建筑为例,门牌号、电梯、消防通道等构成用户对建筑的整体布局印象,室内的厨房、卧室、卫生间等功能性区域划分构成了用户对户内的布局印象。这些印象共同组成用户对建筑的逻辑识别。空间 CPN 在布局之初就是依赖建筑规划进行设计,一个 CPN 对应一个建筑空间,物理位置上相近的 CPN 自发组成网络。因此,在拓扑匹配时,一方面要根据建筑设计规划识别空间对应关系,勾勒出对应的拓扑结构；另一方面，依赖 CPN 网络的协作能力获取实际工程应用当中的 CPN 网络拓扑，将二者进行匹配，即可获得 CPN 与对应建筑空间逻辑编号的映射关系，为下游的软件开发提供基础和依据。为了表述的简易性，下文中，使用设计拓扑表示建筑设计规划中的空间拓扑结构，工程拓扑表示 CPN 网络拓扑。

当前针对拓扑匹配方法的研究主要分两类，一类是基于分布式的群智能 CPN 网络展开的算法[5]，这种算法在假设设计拓扑和工程拓扑一致的前提下，依靠节点间的迭代计算给出映射关系；另一类是集中式算法，这种算法的主要应用的对象是客户端，客户端通过加载建筑设计图纸获取设计拓扑，通过连接某 CPN 获取到工程拓扑，在移动终端进行拓扑匹配。集中式算法的优势在于匹配更加灵活、轻量，虽然计算耗时逊于分布式算法，但是用户参与度高，可支持用户在完成建筑空间的重新规划后，通过手动上传设计拓扑并及时完成局域匹配结果更新。因此，在本节的讨论中，重点对拓扑匹配的集中式算法进行研究。

拓扑匹配的本质是验证图同构，在验证其同构关系后给出两个图中对应节点的映射关系。图(graph)是表示物件与物件之间的关系的数学对象，是图论的基本研究对象。其数学表述为：图 G 是一个有序二元组(V,E)，其中 V 称为顶点集，E 称为边集，E 与 V 不相交。它们亦可写成 $V(G)$和 $E(G)$。E 的元素都是二元组，用(x,y)表示，其中 $x,y\in V$。对应到拓扑匹配案例中，工程拓扑易于理解，CPN 节点组成顶点集，CPN 之间的邻接关系构成边集。在设计拓扑中，将建筑空间浓缩成没有质量的点时，即可得到顶点集，建筑空间之间的方位关系构成边集，得到的就是图。在这种图中，由于节点之间相互平等，所以边是无向的。虽然在 CPN 的自组网、自辨识过程中，工程拓扑可以同时提供东、南、西、北、前和后 6 个方位信息，但是，为了避免因安装过程出现的连接错误导致的匹配错误，在集中式匹配算法中，没有对边的权值加以限制，所以边不附带权值，构成的图是一种无向连通图。同构问题可以描述为：给定一个查询图 $q=(V,E)$和一个数据图 $g=(V',E')$，如果存在映射函数 M，使得 $V\to V'$，并且 $\forall(u_i,u_j)\in E,(M(u_i),M(u_j))\in E'$，同时存在映射函数 M，使得 $V'\to V$，并且 $\forall(u_i,u_j)\in E',(M(u_i),M(u_j))\in E$，那么 q 与 g 是同构的。在用户端运行拓扑匹配时，常见的场景是进行局部结构匹配，即子图同构，其表述为：给定一个查询图 $q=(V,E)$和一个数据图 $g=(V',E')$，如果存在映射函数 M，使得 $V\to V'$，并且 $\forall(u_i,u_j)\in E,(M(u_i),M(u_j))\in E'$，那么 q 与 g 的一个子图是同构的，记为 $q\subseteq g$。

11.2 拓扑匹配问题解法综述

子图同构被证明是一种 NP-complete 问题[6]。在计算机学科中，NP 问题是指非确定性多项式时间可解的判定问题。在 NP 问题中某些问题的复杂性与整个类的复杂性相关联，这些问题中任何一个如果存在多项式时间的算法，那么所有 NP 问题都是多项式时间可解的，这些问题被称为 NP-complete 问题。NP-complete 问题复杂度在所有问题中最高，历史上对子图同构问题的研究也从未停止[9-10]。下面结合常见终端的信息处理能力，综述几种经典且对连通图判定效率较高的子图同构算法。

子图同构是图论中的一个关键技术。经典的子图同构算法都在依据顶点和边的关系搜索可能的同构结果。在子图同构算法的一般框架中，查询图 q 和数据图 g 作为算法的输入，输出的结果是查询图 q 与数据图 g 顶点间映射关系，用列表 M 表示。首先，针对查询图 q 中每一个顶点 v 使用 GetCandidates 函数得到数据图 g 中的候选顶点集 $C(v)$，并在返回

$C(v)$前对$C(v)$进行判断是否满足$\forall w \in C(v)((w \in V(g)) \land (L(v) \subseteq L(w))$。若$C(v)$为空,则提前结束程序,否则通过 SubgraphIsomorphism 函数继续查询顶点间的映射关系。其次,SubgraphIsomorphism 函数是一个递归函数,将查询图q、数据图g及部分同构映射结果M作为函数的输入,递归调用直到M中包含查询图q中所有顶点,即$|M|=|V(q)|$,输出结果M。在 SubgraphIsomorphism 函数执行过程中,依次执行 UnmatchVertex 函数、RefineGetCandidates 函数、IsSatisfy 函数。UnmatchVertex 函数用来寻找还未匹配的查询点v,RefineGetCandidates 函数依据一定的剪枝规则从候选集$C(v)$中获取更为精简的顶点集C_R,IsSatisfy 函数用来验证查询图q中已经验证的点v'与顶点v之间的边是否与数据图g中已经验证的点w'与顶点w之间边的关系是否保持一致。若满足,则调用 UpdateState 函数,更新中间状态,最后执行 StorageState 函数,保存状态信息,便于回溯。算法具体过程描述如下。

算法 11.2-1 子图同构算法框架

输入:查询图q与数据图g
输出:M(查询图q与数据图g顶点间的映射)

```
1. M := ∅;                              //M 存储映射顶点对,初始化为空
2. for each 顶点 v∈V(q) do
3.    C(v)=GetCandidates(q,g,v);         //满足∀w∈C(v)((w∈V(g))∧(L(v)⊆L(w))
4.    if C(v)≠∅ then
5.    return;
6.    end if
7. end for
8. SubgraphIsomorphism(q,g,M)
```

```
子程序:SubgraphIsomorphism(q,g,M)
1. if |M|=|V(q)|                                //M 中包含查询图 q 中所有顶点
2.   输出 M,即查询图 q 与数据图 g 顶点间的映射
3. else
4.   v :=UnmatchVertex()
//满足 v∈V(q)∧∀(v',w)∈M((v'≠v),其中(v',w)为已经匹配成功的顶点对
5.   C_R :=RefineGetCandidates(M,v,C(v));     //满足 C_R⊆C(v)
6.   for each w∈C_R 且 w 未匹配过 do
7.      if IsSatisfy(q,g,M,v,w) then
//满足∀(v',w')∈M((v,v')∈E(q)⇒(w,w')∈E(q)∧L(v,v')=L(w,w'))
8.         UpdateState(M,v,w);                  //满足(v,w)∈M,更新中间状态
9.         SubgraphIsomorphism(q,g,M);          //递归函数调用
10.        StorageState(M,v,w);                 //满足(v,w)∉M,保存状态信息,便于回溯
11.     end if
12. end for
13. end if
```

(1) Ullmann 算法。Ullmann 算法是由 Ullmann 提出的一种子图同构算法[9]。该算法在 1976 年被提出,虽然提出的时间较早,但是由于具有较好的通用性和效率,到目前为止还是有一部分人仍然将其应用在小型的精确子图匹配问题中。该算法是首个抛弃图索引增

添回溯树搜索策略的子图同构算法。该算法在具体的实现中,选择任意节点为当前查询点并采用矩阵的方式来存储两个图中对应的顶点,并结合矩阵这一特点实现对其子树的搜索和剪枝。同时 Ullmann 算法还添加图同构的一个必要条件,来提前去除匹配搜索过程中完全不可能相互匹配的顶点对。

(2) SD 算法。SD 算法由 Schmidt 和 Druffel 提出[10]。该算法实现的主要核心技术是通过引入顶点之间的距离矩阵,来实现对图顶点的初始分割。同时该算法在回溯的过程当中,还通过距离矩阵信息来实现对搜索空间缩减,根据搜索时的结果就可以对图的同构进行判定。

(3) VF 及 VF2 算法。在 1999 年,VF 算法由 Cordella 提出。该算法特点是引入状态空间,通过状态空间来实现对匹配状态的描述,同时该算法还实现一种启发式的搜索条件。在几年后,作者对其 VF 算法进行了改进,称为 VF2 算法[8]。VF2 算法主要对其 VF 算法的数据结构进行了优化,从而使得 VF 算法的空间复杂度大大降低,降到了 $O(N)$,其中 N 为图中顶点的个数。这一重大改进使得该算法可以处理大型图的子图同构问题,大大提高了算法的适用范围。

(4) QuickSI 算法。QuickSI 算法基于 Ullmann 算法改进而成[11]。该算法最重要的创新点是引入 QI-Sequence。QI-Sequence 的主要目的是完成数据图到生成树的转化,同时在该生成树中还包括了数据图所对应的拓扑信息。因此,基于 QI-Sequence 的改进,Ullmann 算法大大减少过滤和验证阶段的开销,从而加快子图同构匹配搜索的速度。

图同构算法的最新研究成果宣称所研究算法的时间复杂度为 $O(n\log_2 n)$,此结果还有待验证。

11.3　快速集中式拓扑匹配方法

对于群智能建筑智能化平台,空间 CPN 网络的节点规模在千量级,而大型空间的节点规模甚至到达万量级。相关文献表明,传统的子图同构算法由于具有较好的通用性,在精确子图匹配问题中执行效率有所欠缺,适用的子图规模较小[14],并且传统的子图同构算法未定义相关的匹配顺序,仅按照给定的顺序,对匹配项进行验证,因此,会产生大量重复无用节点匹配项,在匹配验证阶段消耗大量时间。同时算法都采用递归思想,随着匹配节点规模不断增大,必定存在深度递归使其执行效率降低的问题。并且研究的图对象中的顶点与边都具有相应标签属性,具有更多的约束条件进行可行性判断。然而,群智能建筑智能化平台中 CPN 节点不仅数目众多,还具有即插即用、无固定编号的特点,因此,需要设计相应的查询匹配优化技术对其拓扑匹配算法的适用性及高效性有所保证。文献[1]将 VF2 算法与其他传统的子图同构算法进行对比,结果表明:对于二维网状规则图,VF2 算法在平均查找时间、迭代调用次数与扩展性能方面都比其他传统的子图同构算法高效。因此,本节选用效率较高的 VF2 算法作为群智能建筑智能化平台拓扑匹配的基础算法,针对新平台的拓扑特征对算法进行优化。

11.3.1　VF2 算法介绍

VF2 算法利用状态空间用来描述匹配的状态,并定义和实现了一种启发式的自底向上搜索方法。从空映射开始,自底向上加入顶点和边现有映射,直到搜索完成,输出完整的映射。VF2 算法中还存在一个核心的递归函数 Match 子程序，目的用来匹配顶点对。VF2 算法具体描述如算法 11.3-1。

算法 11.3-1 VF2 算法

输入：查询图 q 与数据图 g，中间状态 s 且 s 初始状态为 s_0，有 $M(s_0)=\varnothing$

输出：$M(s)$(查询图 q 与数据图 g 顶点间的映射)

子程序 Match(q,g,s)

1. if $M(s)$包括查询图 q 中每一个顶点
2. 　输出 $M(s)$
3. else
4. 　根据当前 $M(s)$计算 $P(s)$；　　　　//$P(s)$为候选集匹配项
5. 　for all $(v,w)\in P(S)$ do　　　　//(v,w)为匹配的顶点对
6. 　　if $F(v,w,w)$ then
7. 　　　将(v,w)添加到 $M(s)$并计算状态 s'
8. 　　　Match (q,g,s')　　　　//递归调用
9. 　　end if
10. end for
11. 保存当前数据结构
12. end if

上述内容给出了 VF2 算法的具体描述，可知该算法主要包含三个关键点，分别为候选集匹配项 $P(s)$、可行性规则 $F(v,w,s)$、存储的数据结构。因此下面对其三个关键点进行分析。

(1) 候选集匹配项 $P(s)$。

在 VF2 算法实现过程中，候选集匹配项 $P(s)$生成是通过对图顶点的划分，利用笛卡儿积进行计算生成的。查询图与数据图中顶点被划分为四个小集合分别为 T_1^{out}、T_1^{in}、T_2^{out}、T_2^{in}。T_1^{out} 表示的顶点集合是指顶点不属于查询图 q，但能被 q 中顶点链向，即为映射 $M(s)$中的点。T_1^{in} 表示的顶点集合是指顶点不属于查询图 q，但能够链向 q 中的顶点，即为不属于映射 $M(s)$但能链向 $M(s)$中的顶点。T_2^{out} 表示的顶点集合是指顶点不属于数据图 g，但能被 g 中顶点链向，即为不属于映射 $M(s)$但能由映射 $M(s)$中的点链向的点。T_2^{in} 表示的顶点集合是顶点指不属于数据图 g，但链向 g 中的顶点，即为不属于映射 $M(s)$并且和 $M(s)$中的点无连接的点。

故 $P(s)$的计算结果为：当 T_1^{out}、T_2^{out} 均不为$\varnothing$时，$P(s)=T_1^{out}\times T_2^{out}$，其中"×"表示笛卡儿积；当 T_1^{out}、T_2^{out} 均为$\varnothing$且 T_1^{in}、T_2^{in} 均不为$\varnothing$时，$P(s)=T_1^{in}\times T_2^{in}$；当 T_1^{out}、T_2^{out}、T_1^{in}、T_2^{in} 均为$\varnothing$时，此时在与 $M(s)$中顶点无连接的点选取候选集匹配项，即 $P(s)=(V_1-V_1(s))\times(V_2-V_2(s))$，其中 V_1 表示查询图 q 中所有顶点集，$V_1(s)$表示查询图 q 中已经匹配的顶点集，V_2 与 $V_2(s)$同理。当 T_1^{out} 与 T_2^{out} 中仅有一个为$\varnothing$或 T_1^{in} 与 T_2^{in} 中仅有一个为$\varnothing$时，应当被剪枝，不能生成完整的同构映射。

(2) 可行性规则 $F(v,w,s)$。

当 $P(s)$计算完成后，对候选集匹配项 $P(s)$中的顶点对进行可行性规则验证，可行性规则记为 $F(v,w,s)$，该可行性规则主要包括两部分，分别是语法可行性与语义可行性，即：

$F(v,w,s)=F_{syn}(v,w,s) \wedge F_{sem}(v,w,s)$。因此，该算法一共包括 7 个可行性规则，其中包括 5 个语法可行性与 2 个语义可行性规则，分别记为：R_{pred}、R_{succ}、R_{in}、R_{out}、R_{new} 与 R_{vertex}、R_{edge}。R_{pred}、R_{succ} 目的为了解决顶点(v,w)扩展到中间状态 s 得到后继状态 s'后一致性问题。R_{in}、R_{out}、R_{new} 是为了对状态空间搜索时的剪枝考虑的。R_{vertex} 是为了解决顶点(v,w)扩展到中间状态 s 得到后继状态 s'后一致性问题对顶点的语义可行性规则的检查，而 R_{edge} 是对边进行语义可行性检查，主要对状态空间进行搜索时的剪枝。

本章的空间 CPN 网络拓扑匹配算法，研究的对象是针对无属性的无向图，因此，将可行性规则 $F(v,w,s)$进行了简单化，定义了其中三点语法可行性规则 R_{pred}、R_{in}、R_{new} 即 $F(v,w,s)=R_{pred} \wedge R_{in} \wedge R_{new}$。

(3) 数据结构。

VF2 算法为了降低空间复杂度单独设计了一套相应的数据结构，使得算法适用性更强，处理的图规模变大。算法的具体实现过程中采用 core1、core2 两个向量分别用来表示查询图 q 与数据图 g 的匹配状态情况，此外，core1、core2 两个向量维数分别与查询图、数据图顶点数目保持一致，同时还定义整数型 NO_VERTEX 变量，主要目的是用来表示顶点是否匹配。当 NO_VERTEX 取值为－1 表示顶点没有匹配，取值为非－1 表示已经完成匹配的顶点。如 core1[1]＝2 代表图 q 中的第 1 个顶点与图 g 中的第 2 个顶点匹配(顶点编号从 1 开始)。对于 core2 同理。此外，该算法除了定义 core1、core2 两个向量之外，还定义了 in1、out1、in2、out2 四个向量，向量的维数也与图的顶点数保持一致。对于 out1[2] 而言，如果顶点 $v \notin V_1(s) \wedge v \notin T_1^{out}(s)$，则有 out1[2]＝NO_VERTEX，否则向量取值为顶点被加入中间状态时树的深度，用 depth 表示，其他三个向量同理。在本章改进的 VF2 算法中，由于 in1 和 out1 包含顶点的意义一样，因此只需定义了两个向量 in1 与 in2。

原始的 VF2 算法在处理网络拓扑匹配问题时，缺乏对新型建筑智能化平台的针对性：首先，在候选集 $P(s)$计算过程中，并没对顶点的匹配顺序进行规定，可能存在过多无效的同构测试；其次，在搜索验证的过程中，存在诸多不合理的候选匹配项，无法被提前过滤，浪费了大量的验证时间；最后，该算法还采用了递归思想进行匹配验证，当拓扑匹配节点规模不断增大时，必定存在深度递归使其执行效率降低的问题。

11.3.2　基于度的匹配顺序优化

对于子图匹配算法，减少冗余节点的枚举对于提高算法效率至关重要。选择合适的匹配序列在减少枚举问题上显得尤为重要。如图 11.3-1，给出数据图 g 与查询图 q，若 g 中各个顶点遍历顺序为$(V_1,V_4,V_0,V_2,V_3,V_5)$时，选取查询图 q 中 V_5 与 V_0 分别作为同构匹配起点进行比较。当选取 V_5 时，则 $P(s)$：$(V_5,V_1)(V_5,V_4)(V_5,V_0)(V_5,V_2)(V_5,V_3)(V_5,V_5)$，将 $P(s)$中匹配项记为(V_q,V_g)。对于(V_5,V_1)使用可行性规则 $F(v,w,s)$判断时，V_q 的顶点度数小于或等于 V_g 的顶点度数，继续下一分支搜索，直到不满足可行性规则。但选顶点度最大 V_0 作为同构匹配起点则下一步匹配顺序 $P(s)$：$(V_0,V_1)(V_0,V_4)(V_0,V_0)(V_0,V_2)(V_0,V_3)(V_0,V_5)$，易知只有 $P(s)$中(V_0,V_0)满足 V_q 的度数小于或等于 V_g 的顶点度数，使得该算法能够尽早排除掉 V_q 的度数大于 V_g 的顶点度数的匹配项，如 $P(s)$中(V_0,V_1)，(V_0,V_4)，从而避免无效的同构测试。

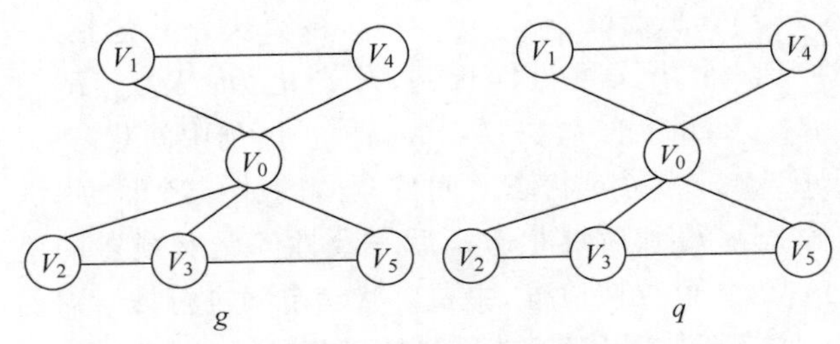

图 11.3-1 顶点度大的点作为同构匹配起点

在新型建筑智能化平台 CPN 网络拓扑匹配过程中，网络拓扑规模较大，结构复杂，查询点的匹配顺序至关重要。为此本章算法对查询图顶点度数，按照从大到小方式排序，优先选择图中顶点度数大的节点作为匹配的起始节点，此时可以尽早排除掉不可能的匹配项，从而可以提高算法匹配效率。算法 11.3-2 所示给出了节点度优化匹配顺序的方法。算法第 1 行对相关参数初始化，第 2～10 行通过查询图 q 的邻接矩阵 $\boldsymbol{M}_{[N]\times[N]}$ 对图中各个顶点度数进行统计，第 11～18 行，通过快速排序法获取顶点度数从大到小所对应的顶点集合 $C(v)$，并取顶点度大的点作为同构匹配起点，确定 $P(s)$ 候选集匹配项。

算法 11.3-2 GetStartCandidatesPairs(q,g)

输入：查询图 q，数据图 g；

输出：$P(s)$(候选集匹配项)；

```
1. 初始化 M[N]×[N]，degrees←0；
//M[N]×[N] 为查询图 q 邻接矩阵，degrees 为顶点度
2. 根据 q 得到 M[N]×[N]；
3. for i← to N－1                      //遍历矩阵每行
4.   for j←0 to N－1                   //遍历矩阵每列
5.     if(M[i],[j]＝＝1) then
6.       degrees ＋＋；                  //统计各个顶点度数
7.     end if
8.   end for
9. A[i],B[i]← degrees,degrees←0；
//将查询图 q 各个顶点度数保存到数组 A 与 B，并将 degrees 置 0。
10. end for
11. C＝Quicksort(A,0,N－1)             //对 A 数组降序排序
12. for i←0 to N－1
13.   for i←0 to N－1
14.     if C[k]＝＝B[i] then
15.         C(v)←i        //针对查询图 q 中顶点 v 得到数据图 g 中的候选顶点集 C(v)
16.     end if
17.   end for
18. end for
19. 根据数据图 g 与 C(v)计算 P(s)；
//P(s)为顶点对(v,w)的集合且 v∈C(v)，w∈Vg，即 P(s)候选集匹配项
```

11.3.3　邻域信息筛选策略优化

在面向单个数据图的查询图搜索问题中，一个有效的筛选策略是利用顶点的邻居信息。这个策略是在生成候选集匹配项验证之前，根据邻居信息对其进行筛选。

定义 11.3-1（邻域树）　如果顶点为根，那么以所有邻居为叶子的树被称为邻域树，记为：$NT(v)$。

定义 11.3-2（邻域信息筛选）　给出查询图 q 和数据图 g，q 中的某个顶点 v 与 g 中的某个顶点 w，v 的邻域树 $NT(v)$ 与 w 的邻域树 $NT(w)$，如果候选集匹配项 (v,w) 匹配成功，那么对于 (v,w) 所在的候选集中任意一个 (v',w')，若满足 $v'\in NT(v)$ 且 $w'\in NT(w)$ 或者 $v'\notin NT(v)$ 且 $w'\notin NT(w)$ 两种条件中的一种，我们称 v' 和 w' 满足邻域筛选条件，记为 $NF(v',w')=1$。

如图 11.3-1 中，假设候选集匹配项 $(V_1,V_1,)$ 匹配成功，则其中部分候选集 $P(s)$ 为 $\{(V_0,V_0),(V_0,V_2),(V_0,V_3),(V_0,V_4),(V_0,V_5)\}$，邻域树 $NT(V_0)$ 的节点集合为 (V_0,V_4)，故：$NF(V_0,V_0)=1$，$NF(V_0,V_4)=1$。由此可以看出，(V_0,V_2)、(V_0,V_3)、(V_0,V_5) 候选对被提前筛选去除。为此合理利用候选集节点的邻居关系对候选集匹配项进行筛选，可以尽早排除掉不可能的匹配项，减小了待匹配数据的规模，在验证匹配阶段有效地减少了验证函数的调用次数。如算法 11.3-3 所示给出邻域信息筛选优化算法。

算法 11.3-3　NeighborTree($v,w,P(s)$)

输入：查询图 q 顶点 v，数据图 g 顶点 w，候选集匹配项 $P(s)$；

输出：筛选后的候选集匹配项 $P_{\text{sim}}(s)$；

1. 根据查询图 q 邻接矩阵 $\boldsymbol{M}_{q[N]\times[N]}$，数据图 g 邻接矩阵 $\boldsymbol{M}_{g[N]\times[N]}$ 分别计算顶点 v 与 w 的邻域树 $NT(v)$ 与 $NT(w)$
2. for each$\{(v',w')\in P(s)$ do
3. 　if $(v'\in NT(v)\cap w'\in NT(w) \parallel v'\notin NT(v)\cap w'\notin NT(w))$ then
4. 　　$P_{\text{sim}}(s)\leftarrow(v',w')$
5. 　end if
6. end for

11.3.4　非递归实现优化

VF2 算法实现采用了递归思想，虽然递归算法有着直观的代码能够实现分析计算过程，从而使得算法通俗易懂，但当递归深度太深时，往往导致栈溢出，同时也会导致搜索时间的浪费，空间 CPN 网络拓扑匹配算法采用非递归思想对数据节点进行验证，不仅避免了传统的递归算法所造成的栈溢出问题，同时降低了验证阶段消耗的时间。

本节研究的空间 CPN 网络拓扑匹配算法，设计并实现了三种查询优化匹配技术。首先，结合新型建筑智能化平台节点网络拓扑规模较大、结构复杂等特点，从节点度出发对匹配顺序进行了优化；其次，基于节点间的邻居关系，提出了高效的筛选剪枝策略；最后，对空间 CPN 网络拓扑匹配算法进行了非递归实现。算法 11.3-4 是空间 CPN 网络拓扑匹配算法具体描述过程。由于新型建筑智能化平台中研究对象是无属性的无向图，因此，将可行性规则 $F(v,w,s)$ 进行了简单化，只定义了三点语法可行性规则。同时出现了“对称性”问题,对称性问题是指当查询图为完全对称结构时,会导致出现多种匹配结果。但是对于新型建筑智能化平台具体应用中,拓扑结构复杂,对称结构一般很难出现,如果出现该问题,需要人工根据 CPN 节点的相对方位信息去重。

算法 11.3-4 主程序:Match(q,g)

输入:查询图 q 与数据图 g,中间状态 s 且 s 初始状态为 s_0,有 $M(s_0)=\varnothing$

输出:$M(s)$(查询图 q 与数据图 g 顶点间的映射)

```
1. P(s)=GetStartCandidatesPairs(q,g)
2. for each(v,w)∈P(s) do
3.    if F(v,w,s) then
4.        将(v,w)添加到M(s)并计算状态s'
5.        SonMatch(q,g,M(s))
6.    else
7.        输出不同构
8.    end if
9. end for
```

子程序:SonMatch$(q,g,M(s))$

```
1. 根据M(s)计算出中间状态树深度depth
2. for each depth<=|V_q| do                //直到找到完整映射,循环终止
3.    根据M(s)计算出中间状态树深度depth;
4.    P(s)←M(s),v←M(s),w←M(s);
5.    P_sim(s)=NeighborTree(v,w,P(s))      //邻域筛选;
6.    for each (v,w)∈P_sim(s) do
7.      if F(v,w,s) then
8.           将(v,w)添加到M(s)并计算状态s';
//更新中间状态,保存有可能回溯的节点,未匹配的节点
9.           break;                          //跳出for,继续深度遍历
10.     else
11.          M(s-1)←M(s)                     //回溯到上一个状态
12.     end if
13. end for
14. end for
15. 输出M(s)
```

11.3.5 实验结果分析

本节将通过实验验证空间 CPN 网络拓扑匹配算法的适用性与高效性。使用相同的平台实现了 VF2 算法和空间 CPN 网络拓扑匹配算法,分别从平均匹配时间与匹配次数两个指标进行了对比。本实验的硬件环境为:Intel(R) Core(TM) i5-3337U CPU @ 1.80GHz,8GB 内存,操作系统采用 64 位 Windows 7,程序实现语言是 Java。

实验选取不同规模的建筑平面图,利用 SCPNNT 关系提取软件一键生成 SCPNNT,并将生成的 SCPNNT 作为数据图(连通图)用数据集 G 表示,分别对应 15 组数据(G_{10},G_{20},G_{30},G_{40},G_{50},G_{60},G_{70},G_{80},G_{90},G_{100},G_{110},G_{120},G_{130},G_{140},G_{150}),节点数依次递增,从 10

个节点到150个节点,查询图用数据集 Q 表示,共15组数据(Q_{10},Q_{20},Q_{30},Q_{40},Q_{50},Q_{60},Q_{70},Q_{80},Q_{90},Q_{100},Q_{110},Q_{120},Q_{130},Q_{140},Q_{150}),但每组数据中包含3个小图,用 s 表示,由数据集 G 中随机去除相应的边或节点构成(表示实际工程拓扑少线、少节点情况),去除边或点时保证图的连通性,即保证了 s 是 G 的子图。

图11.3-2给出了15组数据匹配成功时的平均同构时间与调用验证函数次数的实验结果。图11.3-2(a)为15组数据多次实验所得的平均同构时间与查询图节点数的关系图,实验结果表明:平均同构时间随着查询图节点个数增多而增大,即当查询图节点数增多时,则需要探测候选的节点数目和调用匹配函数的次数也随之增多。空间CPN网络拓扑匹配算法比VF2算法整体平均同构时间少,可见非递归匹配搜索方式效率更高。图11.3-2(b)为15组数据多次实验所得的调用次数与查询图节点数的关系图。当查询图节点个数增多时,调用函数的次数在增多。空间CPN网络拓扑匹配算法(Topology Matching Algorithm for New Building Intelligent Platform,TMANBIP)调用验证函数的次数比VF2算法少,可见图顶点度优化与候选集策略可以尽早减少很多不合格的候选节点。

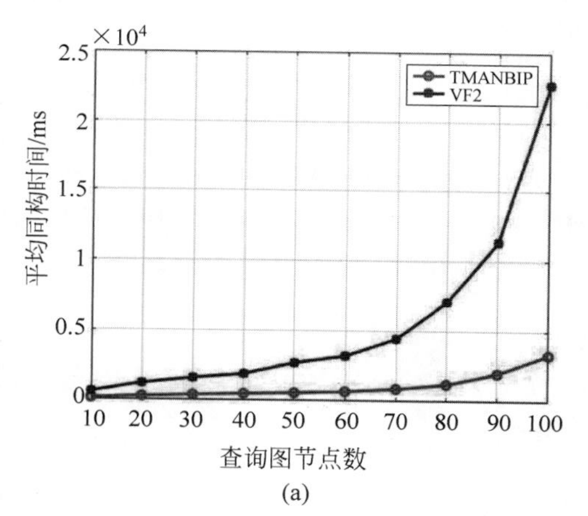

(a)

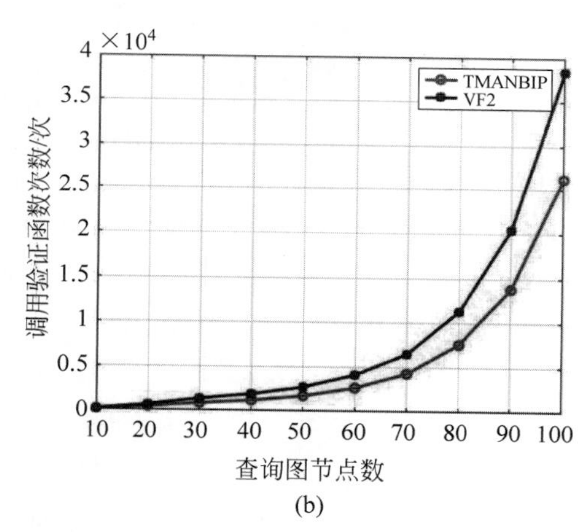

(b)

图11.3-2 算法对比结果图

11.4 本章小结

拓扑匹配是贯穿群智能建筑智能化系统平台应用的全生命周期的重要问题,是用户对CPN网络进行逻辑识别的关键。本章通过对拓扑匹配问题进行抽象,定义拓扑匹配为子图同构问题。通过综述该问题的解法,比对方法的适用场景和性能,确定以VF2算法为基础,针对平台和用户终端的特点进行合理优化,确定快速集中式拓扑匹配方法的具体流程。经验证,本章给出的优化算法具有相对于原始算法更好的性能表现,具有更好的场景针对性,可以作为分布式拓扑匹配算法的重要补充。

参考文献

[1] 杨亚龙,洪德建,张睿.新型建筑智能化平台的节点拓扑匹配算法研究[J].大连理工大学学报,2019,59,5.
[2] 洪德健.新型建筑智能化平台空间节点网络拓扑匹配算法研究与实现[D].安徽建筑大学,2019.
[3] 赵千川,姜子炎,陈曦.群智能建筑智能化系统平台技术[J].智能建筑,2019:22-24.

[4] 姜子炎,代允闯,江亿.群智能建筑自动化系统[J].暖通空调,2019,49(11):2-17.

[5] Wang Y,Zhao Q. A Distributed Algorithm for Building Space Topology Matching[M]. Advancements in Smart City and Intelligent Building,2019.

[6] Cordella L P,Foggia P,Sansone C,et al. A (sub)graph isomorphism algorithm for matching large graphs[J]. IEEE Trans Pattern Anal Mach Intell,2004,26(10):1367-1372.

[7] Zheng W,Zou L,Lian X,et al. Efficient Graph Similarity Search Over Large Graph Databases[J]. IEEE Transactions on Knowledge & Data Engineering,2015,27(4):964-978.

[8] Hong L,Zou L,Lian X,et al. Subgraph Matching with Set Similarity in a Large Graph Database[J]. IEEE Transactions on Knowledge & Data Engineering,2015,27(9):2507-2521.

[9] Ullmann J R. An Algorithm for Subgraph Isomorphism[J]. Journal of the ACM,1976,23(1):31-42.

[10] Schmidt D C,Druffel L E. A Fast Backtracking Algorithm to Test Directed Graphs for Isomorphism Using Distance Matrices[J]. Journal of the ACM,1976,23(3):433-445.

[11] Shang H,Zhang Y,Lin X,et al. Taming verification hardness: an efficient algorithm for testing subgraph isomorphism[J]. Proceedings of very large data bases,2008:364-375.

[12] Ehrlich H C,Rarey M. Maximum common subgraph isomorphism algorithms and their applications in molecular science: a review[J]. Wiley interdisplinary Reviews: Computational Molecular ence,2011,1(1):68-79.

[13] Lee J,Han W S,Kasperovics R,et al. An in-depth comparison of subgraph isomorphism algorithms in graph databases[J]. Proceedings of the VLDB Endowment,2013.

[14] Cordella L P,Foggia P,Sansone C,et al. Performance evaluation of the VF graph matching algorithm [C]//International Conference on Image Analysis & Processing. IEEE Computer Society,1999.

第5篇　仿真建模

第12章

消防系统在群智能建筑平台下的仿真实验研究

本章提要

群智能建筑平台以其扁平化、无中心的系统架构，不仅具有自组织、自识别能力，更可通过并行计算搭载丰富的智能算法。为了实现消防系统在群智能建筑平台下的应用，本章搭建了群智能建筑仿真平台，构建了消防设备的仿真模型，设计了在仿真平台下运行的消防系统应用程序，通过模拟某建筑的消防系统运行规律，验证了消防系统在群智能建筑平台下运行的有效性。在群智能平台下的消防系统，仅需从局部节点就能获取全局消防系统各个节点状态，相比传统的集散式架构下信息数据传递的稳定性差和时效性差等情况，能够实时监测火情且敏感度高。同时，该系统能有效减少现场接线和配置的工作量，降低用户安装成本的同时极大地提升消防系统的智能化特性，为消防系统的智能化应用奠定了基础。本章内容主要来源于文献[1]。

12.1 引言

我国建筑消防系统经过几十年的发展，形成了较为成熟的总线技术和设备产品，并制定了完善的标准规范，使得建筑消防系统在保障人民生命财产安全方面发挥了非常重要的作用。然而随着智能建筑的发展，消防系统的智能应用需求日趋迫切，例如如何先期预测火灾发生的可能性，如何表征火势和烟气的扩散态势，如何智能进行人员疏散，如何智能调度灭火资源高效灭火等。这些智能应用是传统消防系统难以实现的。因此，智能化的消防系统成为了国内外相关研究机构的研究热点。文献[2]构建了影响灭火救援因素的5级多层递阶解释结构模型，并采用主成分分析法对高层建筑灭火救援进行了综合评价。文献[3]使用多阶段特征选择技术和主成分分析降维技术，提出了一种低成本阵列式感测系统为基础的早期火灾探测算法。文献[4]将无线传感器网络和智能消防结合，构建了基于无线传感器网络的智能消防报警系统。文献[5-6]提出基于BIM(building information model)技术构建消防系统模型，进而构建一个基于BIM的智能化防火救灾系统。

上述对消防系统的研究体现在两方面：一是分析建筑与消防系统的特点，结合递阶解释结构模型、主成分分析法等基础理论，提出消防灭火的新方法；二是将消防系统与无线传感器网络、BIM等技术融合产生新的智能消防系统，来提高数据的可靠性。然而这些方法都是在传统消防系统的基础上进行的信息化与智能化方向的拓展，而没有关注消防系统甚至整个建筑自动控制系统本身架构带来的弊端。随着建筑结构越来越复杂，被控对象越来越多样，控制要求越来越智能，目前集中式的消防系统和建筑自控系统的诸多不足逐步显现出来，如系统建设阶段的设计调试成本高、周期长，系统运维阶段的维护管理与升级改造对操作人员的专业技术要求高，特别是系统在实际运行中较难实现复杂智能算法，智能化水平还不高[7-8]。为此，国家重点研发计划资助了“新型建筑智能化系统平台技术”项目研究，该项目提出了一种全新的扁平化、无中心的系统架构，拟从根本上解决传统系统的诸多问题，并称为群智能建筑平台。

群智能建筑平台将整个建筑空间和附属的机电设备系统分割成多个单元，每个单元部署一个智能计算节点(CPN),该节点负责本单元物理对象的测控、信息存取、算法计算等任务[9]。如图 12.1-1 所示,该平台包含大量的 CPN 节点,每个 CPN 节点包含 1 个处理器、1 个存储器、6 个网络接口,网口用于 CPN 节点间的通信,CPN 只与邻居节点通信,通过与邻居的层层交互,可以获取全局的信息,从而构成一个扁平化、无中心的测控与计算平台。该平台并行式的网状架构,不会因局部故障而瘫痪,高鲁棒性使得系统更加安全稳定。每个 CPN 内置空间单元和源类设备的信息模型,该模型定义了基本单元的运维管理特性,同时基本单元内部根据自身管控的对象属性,设置相应的信息模型,从而实现了物理对象的互换性和互操作性。例如,当 CPN 与源类设备基本单元相连后,通过信息交互,CPN 会获知连接的是空间单元设备还是风机,或是水泵,从而自动形成对应于该基本单元的数据库,与基本单元的信息模型自动匹配,实现 CPN 与智能设备的自组织、自识别和即插即用。每个 CPN 内置自主开发的操作系统,该系统封装了标准化的算子和算法,形成了可复制、可移植的模块,通过图形化的编程软件搭建各种应用功能的 App,CPN 上安装运行着同样的 App,所有 CPN 节点同时工作,各自执行自身的子任务,相互协作的完成一项任务,从而将存在于该系统的数据信息最大化的共享,有利于各种智能算法的实现[10-13]。目前,群智能建筑平台已在北京五彩城、水立方,苏州吴江万象汇,济南历下区华润中心等建筑得到试点应用[14-15]。

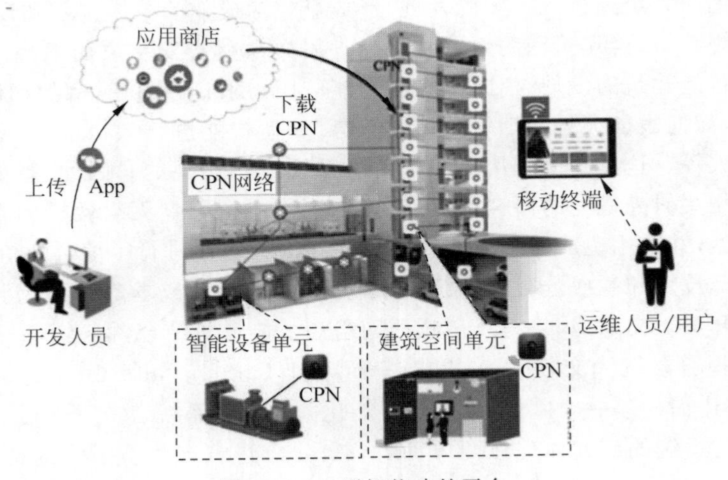

图 12.1-1 群智能建筑平台

基于上述群智能建筑平台的原理和特性分析,我们认为群智能建筑平台是实现消防系统智能应用的一种较好途径,并在该项目的资助下开展了相关研究。本章搭建了群智能建筑仿真平台,建立了并行式的群智能消防系统模型,通过仿真实现了消防系统在群智能建筑平台上的稳定运行。基于群智能建筑平台的消防系统不仅具有自组织、自识别能力,更可通过并行计算搭载丰富的智能算法,进而实现消防系统的智能化应用。

12.2 仿真平台的搭建

为了实现消防系统在群智能建筑平台上的应用,本章搭建了群智能建筑仿真平台。

如图 12.2-1 所示,该仿真平台主要由 CPN 网络、交换机、服务器、监控管理主机等四部分组成[16]。每个 CPN 节点内置标准信息模型,并安装相关应用程序,通过交换机与服务器中的仿真模型数据库进行数据交互。同时在监控管理主机上可以实现对仿真平台运行状况的监控和管理。

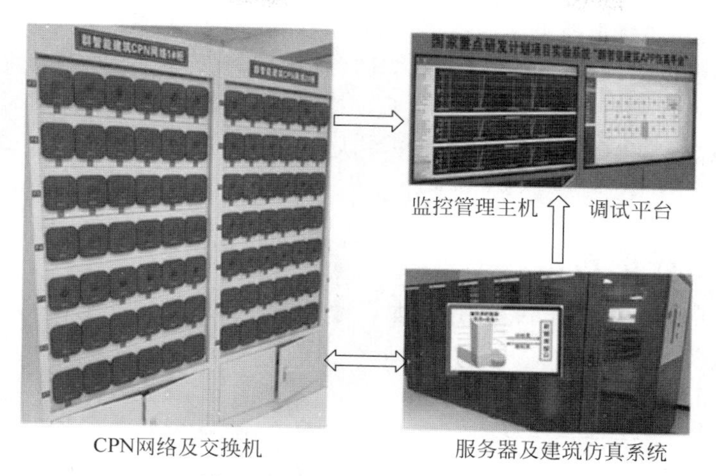

图 12.2-1　仿真平台硬件组成

图 12.2-2 为仿真平台的工作原理示意图,仿真平台的两个端点分别是群智能建筑仿真模型和 CPN 系统,它们都是仿真平台的数据输出源,也同时需要对方的数据输入,从而使数据流动形成一个闭环。

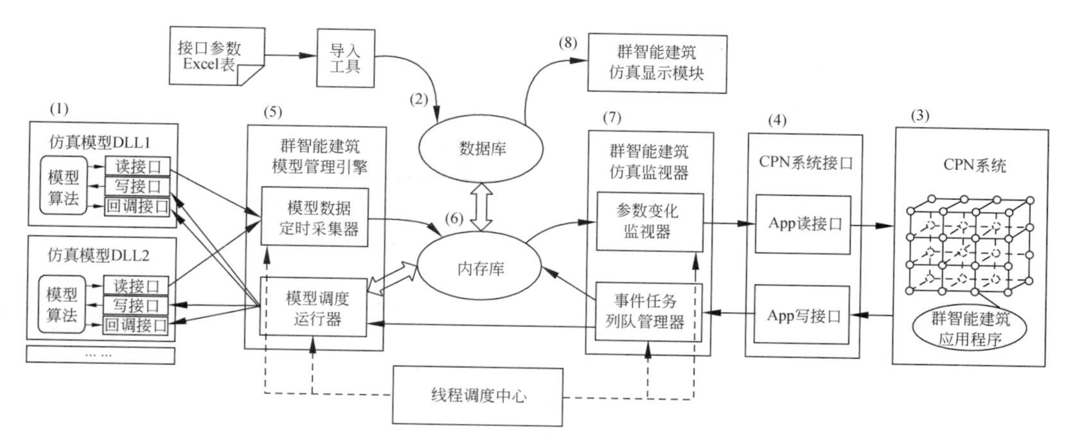

图 12.2-2　仿真平台工作原理

模型调度运行器在程序启动时初始化群智能建筑仿真模型,并通过动态链接库(dynamic link library,DLL)接口实现对仿真模型的动静态管理及内存管理。CPN 接口模块中 App 写接口以变化事件的形式,将 App 的运行数据写入仿真平台软件,形成事件任务,当事件任务队列管理器中出现变化事件,就会驱动模型调度运行器通过群智能建筑仿真模型的写接口写入数据,实现 App 算法向仿真模型的数据传递。同时当仿真模型需要其他应用程序或模型的参数时,便通过回调接口读取数据,进而完成模型数学规律的执行。

模型数据定时采集器通过群智能建筑仿真模型的读接口将参数运算数据放入内存库,参数变化监视器监视模型数据定时采集器维护的仿真模型参数,当监视到参数发生变化,则通过 CPN 接口模块中的 App 读接口读取参数，实现 CPN 系统中的应用程序对内存库数据的读取，从而完成仿真模型向 App 算法的数据传递。

内存库中存放仿真模型和 App 算法的参数数据，为仿真模型和 CPN 系统提供数据沟通平台。同时，内存库将不断更新的数据动态地写入数据库，数据库对其进行统一管理。仿真监视软件利用数据库中仿真运行的数据，实时地展示模型参数的动态变化。

线程调度中心实现对仿真平台工作进程的管理和控制，对模型数据定时采集器、模型调度运行器、内存库参数变化监视器、事件任务队列管理器的工作线程进行统一的分配和调度，保证了仿真平台工作的高效性和稳定性。

12.3 消防系统的仿真

利用所搭建的群智能建筑仿真平台，本节对某单层建筑的消防系统在该平台上的运行情况进行了仿真实验。

12.3.1 仿真条件

如图 12.3-1 所示，所仿真的建筑由 6 个房间和 1 个狭长走廊组成，中间粗实线将该楼层划分为两个防火分区，图中虚线将每个防火分区划分为 5 个空间单元，数字代表 CPN 节点名称，数字间的细实线表示 CPN 网络的拓扑连接关系。

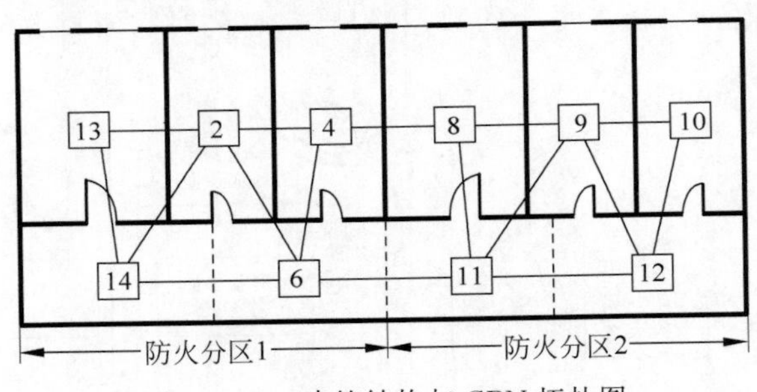

图 12.3-1 建筑结构与 CPN 拓扑图

依据本层建筑的空间分布，按照消防设备的功能和作用范围，在每个 CPN 节点上挂载了一定数量的消防设备模型，具体设备配置如表 12.3-1 所示。

表 12.3-1 消防设备配置表

CPN 名称	挂载设备				
13	火灾探测器				
2	火灾探测器	排烟阀			
4	火灾探测器	防火门			
14	火灾探测器	挡烟垂壁			
6	火灾探测器	防火门	火灾声光警报器	应急配电箱	手动报警按钮
8	火灾探测器				
9	火灾探测器	防火门			
10	火灾探测器	排烟阀			
11	火灾探测器	防火门	火灾声光警报器	应急配电箱	手动报警按钮
12	火灾探测器	挡烟垂壁			

实际模拟消防系统运行时，需要区分消防设备的全局、局部响应，即依据防火分区控制相应的设备。例如联动触发信号为同一防火分区内两只及以上独立的火灾探测器或 1 只火灾探测器和手动报警信号组成；联动信号生成后，能够打开整个网络中所有的火灾声光警报器。因此，构造了虚拟专用网(virtual private network，VPN)来模拟不同的防火分区，如图 12.3-2 所示，设置全局 VPN(0x00000000)包含全部 CPN 节点，设置局部 VPN(0x00000002)包含 8～12 共 5 个 CPN 节点。

所有VPN结果
总行数:10

id	VPN总数	区域码	VPN名称1
1	1	1F_004	0x00000000
2	1	1F_013	0x00000000
3	1	1F_014	0x00000000
4	1	1F_002	0x00000000
5	1	1F_006	0x00000000
6	2	1F_010	0x00000000,0x00000002
7	2	1F_012	0x00000000,0x00000002
8	2	1F_008	0x00000000,0x00000002
9	2	1F_009	0x00000000,0x00000002
10	2	1F_011	0x00000000,0x00000002

图 12.3-2　CPN 节点的 VPN 配置

12.3.2　设备建模

基于编制的消防设备标准化的信息模型[17]，使用 Visual Studio 编程环境将信息模型封装在 DLL 中，形成消防设备模型。

(1) 进行模型宏定义。将信息模型中的参数在 Visual Studio 中进行定义，赋予参数编码地址，与 CPN 内置的标准信息模型参数地址唯一对应。

(2) 定义变量名称。根据信息模型参数在群智能建筑平台中的实际需求，将参数划分为接口读、接口写、回调读共 3 类，分别对 3 类参数进行定义，包括参数的名称、数据类型等。

(3) 编写程序执行的算法策略。初始化 3 类参数，依据设备在群智能建筑中的运行特点编写程序，设置程序执行条件，参数运行范围，算法运行逻辑；合理设置仿真平台实时输出参数，同步绘制出曲线，便于对模型运行情况做定性定量分析。

在 Visual Studio 中正确生成项目，模型即封装完成。依据信息模型封装形成的设备模型，在仿真实验时，按照模拟的建筑空间场景任意配置，就能够组建群智能建筑平台下的消防系统。当建筑场景发生变化，需要对模型进行调整时，只需移动模型位置，将模型配置到新的 CPN 节点上就能实现系统的重新组态。

12.3.3　应用程序开发

在前期开发的群智能建筑图形化编程环境中，根据消防系统的相关标准规范要求，搭建了群智能建筑平台下的消防系统仿真应用程序。

如图 12.3-3 所示为消防系统应用程序的图形化界面。其中“求 FD 和”“求 MAB 和”两个模块使用了基于生成树的思想构造的全局求和函数，实现了在 CPN 网络中，当有任意 1 个探测器或手动报警按钮报警时，则由该节点 CPN 发起全局求和的任务，遍历全局节点，分别求得火灾探测器状态和、手报警按钮状态和。“求报警和”模块使用了基于逐条累加的策略构造的多变量求和函数，求得全局火灾探测器、手动报警按钮报警状态的总和。“开警报器”“关防火门”等模块使用了基于深度优先搜索构造的扩散传输函数，实现了由任意节点发起，逐个扩散遍历全局，将控制策略分发到所有节点。

按照图 12.3-3 搭建应用程序，设置相应的触发条件和应用属性。程序运行后，会周期性地累加火灾探测器和手动报警按钮的状态，当两者状态和≤1 时，程序自动结束。当非同一防火分区产生两种以上报警信号时，程序只累加同一个防火分区的报警信号，当两者状态和≤1 时，程序自动结束。当同一个防火分区的报警信号状态和≥2 时，程序动作，打开全局声光警报器，打开全局应急照明和疏散指示设备，关闭该防火分区的常闭防火门，顺序开启该防火分区的排烟阀、排烟风机，放下该防火分区的挡烟垂壁。

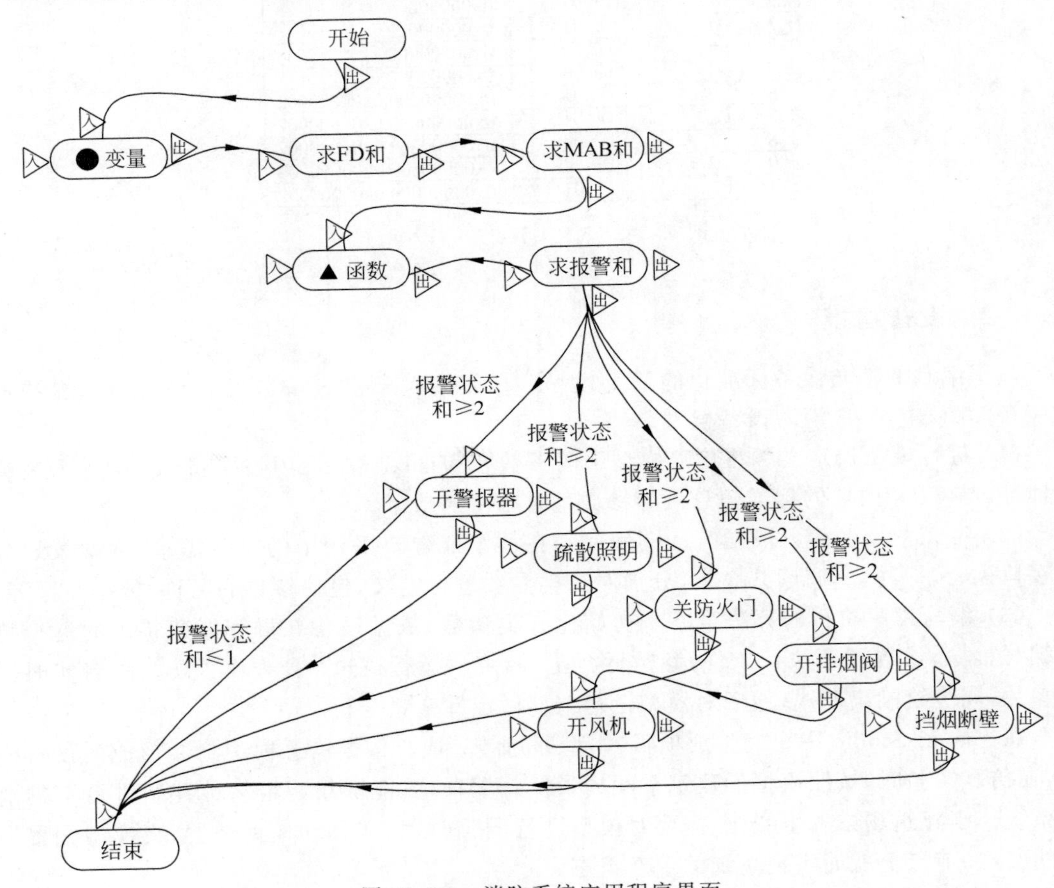

图 12.3-3　消防系统应用程序界面

12.4 仿真结果分析

通过上述消防设备的建模和仿真应用程序的开发，即可在仿真平台上模拟群智能消防系统的运行过程。由于涉及多种消防设备，输出曲线较多，本节仅以火灾自动报警系统为例，模拟其在群智能建筑平台的运行过程。

当未发生火灾报警时，火灾自动报警系统不动作。当只有一处火灾探测器报警时，如图 12.4-1 所示，即 2 号火灾探测器在 6s 时刻输出状态由 0 变为 1 而发出报警信号，其余探测器状态不变，根据仿真程序运行过程，累加信号为 1，不满足触发条件结束仿真。仿真结果如图 12.4-2 所示，火灾声光警报器状态不变，整个系统不动作，符合标准规范要求。

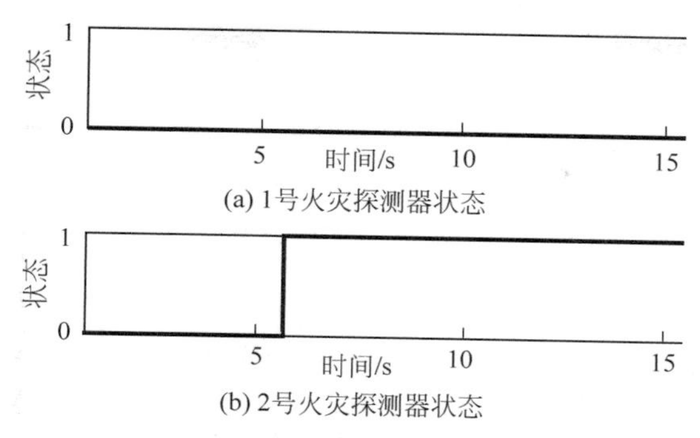

图 12.4-1　单点报警条件下的火灾探测器状态模拟

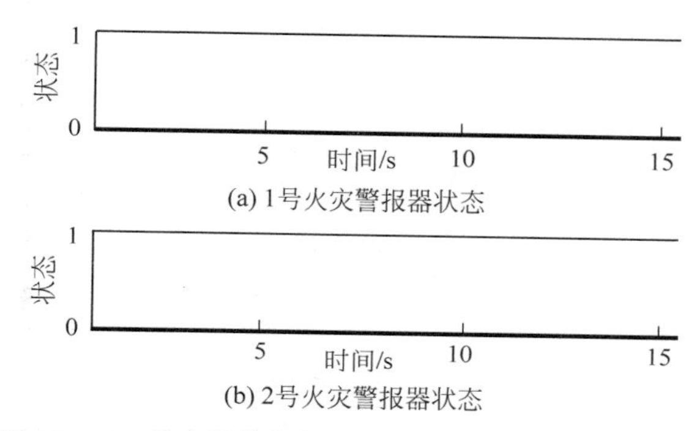

图 12.4-2　单点报警条件下声光警报器状态的仿真结果

当处于不同防火分区的两火灾探测器报警时，如图 12.4-3 所示，即 5 号探测器在 5.5s 时刻输出状态由 0 变为 1 而发出报警信号，2 号探测器在 7s 时刻输出状态由 0 变为 1 而发出报警信号，其余探测器状态不变，根据仿真程序运行过程，非同一防火分区的报警信号不累加，因此累加信号为 1，不满足触发条件结束仿真。仿真结果如图 12.4-4 所示，火灾声光警报器状态不变，整个系统不动作，符合标准规范要求。

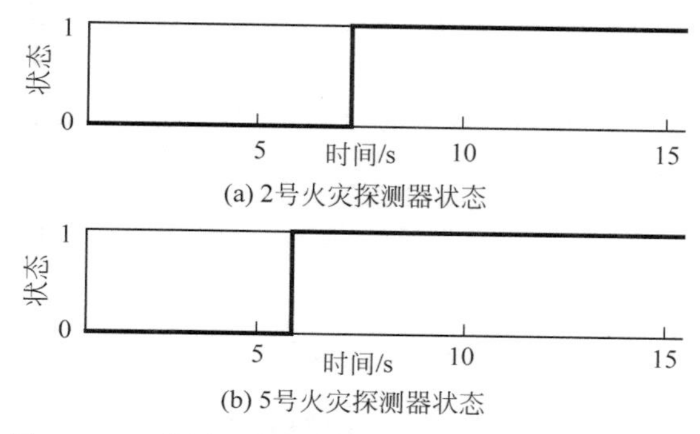

图 12.4-3　非同一分区两点报警条件探测器状态模拟

当处于同一防火分区的两处火灾探测器报警时，如图 12.4-5 所示，即 5 号探测器在 5s 时刻输出状态由 0 变为 1 而发出报警信号，6 号探测器在 10s 时刻输出状态由 0 变为 1 而发

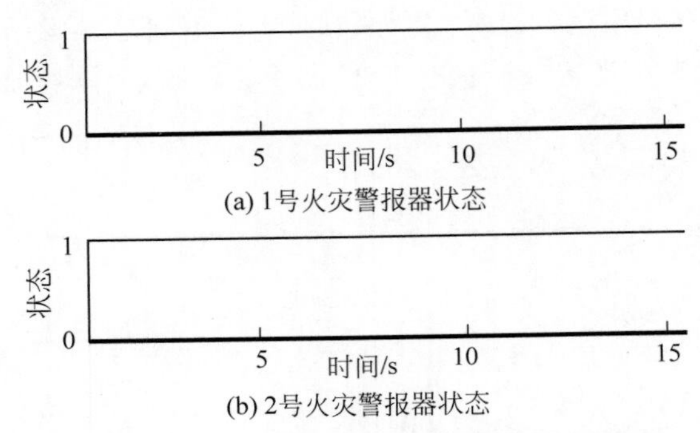

图 12.4-4 非同一分区两点报警条件警报器状态的仿真结果

出报警信号，其余探测器状态不变，根据仿真程序运行过程，累加信号为 2，满足触发条件。仿真结果如图 12.4-6 所示，火灾声光警报器在 10s 时刻状态由 0 变为 1 发出声光报警，整个系统动作，符合标准规范要求[18]。

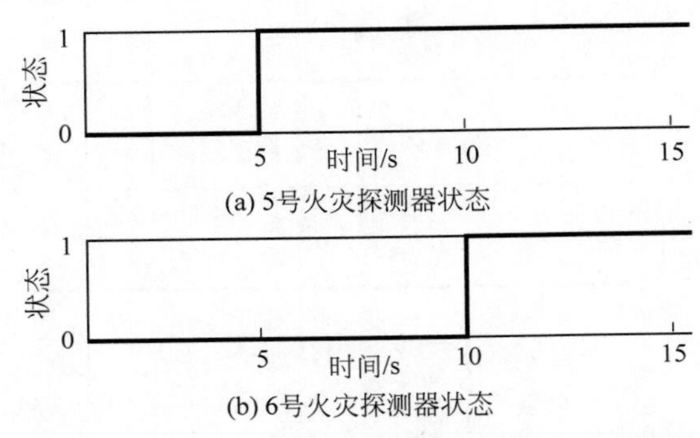

图 12.4-5 同一分区两点报警条件探测器状态模拟

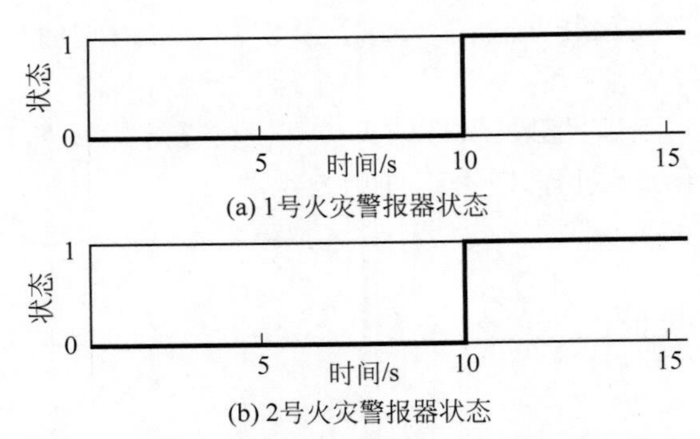

图 12.4-6 同一分区两点报警条件警报器状态的仿真结果

12.5 本章小结

本章建立了群智能建筑平台下的消防设备模型，构建了群智能消防系统仿真应用程序，使用所搭建的群智能建筑仿真平台模拟了实际建筑消防设备的运行过程，验证了消防系统在群智能建筑平台下运行的有效性，为消防系统的智能化应用奠定了基础。

自主可控的群智能建筑平台将成为智能建筑的重要发展方向，为适应消防系统在该平台下的稳定运行，可开发符合防火规范的 CPN 和配套线缆，并采用可靠的自备电源，确保发生火灾时，群智能建筑消防系统能够持续工作。未来智能化的消防系统对保障人员安全将发挥更重要的作用。

参考文献

[1] 刘夕广，谢立强，杨启亮，等. 消防系统在群智能建筑平台下的仿真实验研究[J]. 建筑科学，2020，36(4)：149-154.

[2] 乔萍. 高层建筑灭火救援风险综合评价研究[D]. 西安：西安建筑科技大学，2017.

[3] Andrew A M，Zakaria A，Saad S M，et al. Multi-Stage Feature Selection Based Intelligent Classifier for Classification of Incipient Stage Fire in Building[J]. Sensors，2017，(1)：16-31.

[4] 马子元. 面向智能消防的 WSN 信息保障关键技术研究[D]. 石家庄：石家庄铁道大学，2018.

[5] 任荣. 基于 BIM 技术的建筑消防系统优化[D]. 郑州：郑州大学，2015.

[6] Cheng M Y，Chiu K C，Hsieh Y M，et al. BIM integrated smart monitoring technique for building fire prevention and disaster relief[J]. Automation in Construction，2017，84：14-30.

[7] 阎成远. 对当前智能建筑设计问题的探讨[J]. 智能建筑与智慧城市，2018，(6)：41-42.

[8] 卢万涛. 智能建筑的现状与发展要求[J]. 工程技术研究，2017，(8)：28-31.

[9] 沈启. 智能建筑无中心平台架构研究[D]. 北京：清华大学，2015.

[10] 吴文苗，谢志刚. 无中心架构下的智慧城市供水管网监控系统研究[J]. 电脑知识与技术，2018，(4)：276-277.

[11] 华宇剑. 基于无中心的变风量空调送风系统模型与节能优化研究[D]. 西安：西安建筑科技大学，2018：1-20.

[12] 杨熊，于军琪，赵安军，等. 绿色建筑能耗无中心监控系统研究[C]//中国城市科学研究会. 2018 国际绿色建筑与建筑节能大会论文集. 北京：中国城市，2018：85-89.

[13] 洪德建. 新型建筑智能化平台空间节点网络拓扑匹配算法研究与实现[D]. 合肥：安徽建筑大学，2019：12-17.

[14] 吴涛，秦绪忠，代允闯，等. 群智能在"冰立方"中的应用实践[J]. 智能建筑，2018，(10)：21-24.

[15] 朱丹丹. 群智能建筑控制平台技术[J]. 建筑节能，2018，(11)：1-4.

[16] 薛广通. Lattice：一种群智能建筑应用程序(App)编程语言[D]. 南京：陆军工程大学，2019：1-6.

[17] 刘夕广，谢立强. 群智能建筑电气设备信息模型拟制研究[J]. 建筑电气，2019，(1)：50-53.

[18] 公安部沈阳消防研究所. GB 50116—2013 火灾自动报警系统设计规范[S]. 北京：中国计划出版社，2013：10-15.

第 6 篇　物理场校核

第 13 章

基于群智能的暖通空调输配管网流量和压力辨识

本章提要

目前的建筑智能化系统通常采用集中式架构，依靠中央系统来实现对各子系统的集成和控制。集中式架构通常需要大量的配置工作才能实现系统的正常运行，在系统的个性化定制中，这种繁重的配置工作通常需要专业技术人员重复进行，耗时耗力。本章提出了一种基于群智能概念的系统架构，并将此方法应用于暖通空调输配管网的流量和压力辨识。该方法具有无中心、扁平化、可扩展和即插即用的特点，通过局部求解基本能量平衡和流量平衡方程，并与相邻节点交换信息，实现整个管网压力和流量的辨识。本章通过两个典型输配管网的案例分析，利用群智能无中心算法得到了理想的辨识结果和收敛速度，进一步验证了将群智能系统应用于暖通空调系统控制的潜力。与传统集中式控制方法相比，该方法能够实现系统的自组织和可扩展，无须集中配置和计算，极大程度地减少了现场配置工作量和定制化开发成本，在楼宇级别控制实践中更具时效性和精准性。本章内容主要来源于文献[1]。

13.0 符号列表

Q_N	节点 N 所处的进、出口流量
Q_i	从节点 N_i 到节点 N 的流量
n	节点 N 的邻居节点数
P_N	节点 N 处的压力
P_i	节点 N_i 处的压力
S_i	节点 N_i 和节点 N 之间的管段阻力

13.1 引言

暖通空调(HVAC)系统由冷热源、输配系统和终端设备组成。输配系统将冷热源提供的冷量或热量输配到终端设备，并通过终端设备和室内空气之间的热交换将冷量或热量传递到建筑空间。在许多类型的建筑中，暖通空调系统消耗了 40%以上的能源[2-3]，实现对暖通空调系统的优化运行是整个建筑节能的关键因素。

合理的流量平衡和热量平衡可以避免建筑空间的冷热供应不均衡导致局部过冷或过热，是提升建筑环境舒适度的关键，也对暖通空调系统的优化控制至关重要。然而，调查显示输配系统运行不合理经常导致暖通空调的能源效率下降，暖通空调输配系统很少在运行前根据其设计条件进行严格的调试[4-5]。运行过程中，冷热负荷随着天气条件和内部负荷的变化而变化，这就需要对输配流量进行调整，保证运行参数满足设计要求。输配系统中不同设备间的压力干扰机理复杂，对于大规模的区域供热应用，通常由经验丰富的技术人员建立一个集中的输配管网数学模型，以协助输配系统的优化控制。由于该方法的复杂性和专业性，使得其在楼宇级别的控制实践中难以践行。

本章提出了一种分布式的方法对暖通空调输配系统进行整体描述，并仅利用局部信息实现压力和流量的辨识计算。该方法基于一套扁平化的建筑自动化体系，采用分布式智能节点构成的群智能系统构架[6]，每一个智能节点均为一个智能单元，包含自身和相邻节点的阻力、流量和压力等信息。通过相互之间的信息交换和更新，群智能系统对整个输配管网实现压力和流量的全局平衡。与传统的集中式控制方法相比，该方法易于实现，鲁棒性强，适用于暖通空调输配系统的楼宇级别的控制。

本章介绍了群智能系统的概念和结构，对输配系统进行了描述，提出了辨识和计算方法，并给出了该方法在不同输配系统中的仿真结果。最后，讨论了该方法的优势和潜力。

13.2 群智能概念介绍

群智能系统(collective intelligence system，CIS)是一种基于智能节点控制的分布式、扁平化建筑自动化系统，它采用被称为 CPN 的标准分布式智能节点来实现对控制对象的操作和管理。每个 CPN 控制建筑中的一个子空间，所有 CPN 具有相同的结构、硬件和软件，并通过有限数量的端口与相邻的 CPN 进行通信。与传统的集中式系统不同，所有 CPN 之间的关系是平等的。每个 CPN 代表一个智能区域或智能设备。智能区域包括建筑子空间、空调设备传感器、空间中的执行器等。智能设备包括冷水机、锅炉或其他建筑设备。CPN 只能与相邻节点交换信息，而没有中央计算机作为更高级别的协调器或控制器。通过这种控制架构，CIS 可以将建筑自动化系统分散成一个扁平化的结构体系，从而使新系统能够实现自我识别、自我集成、自我适应和自我编程[8-9]。CIS 架构图如图 13.2-1 所示。

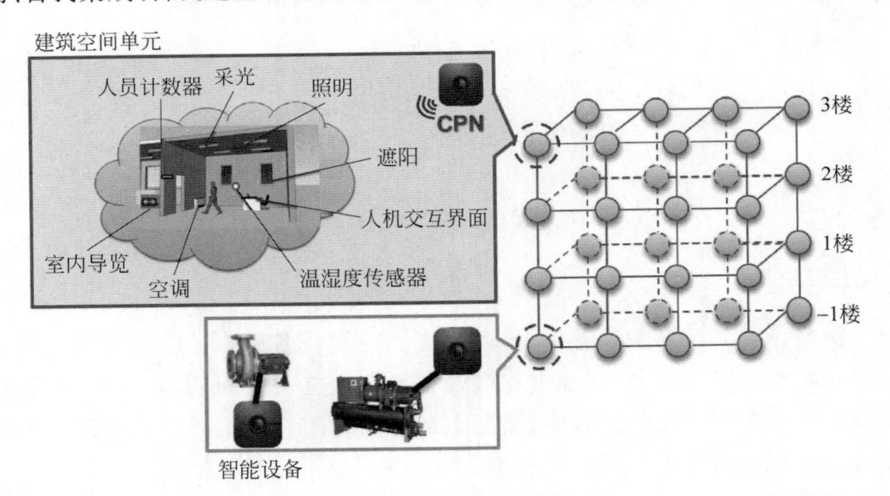

图 13.2-1 CIS 架构[9]

建筑自动化系统的去中心化架构利用分布式智能节点的协同工作来实现整体优化。为了辨识暖通空调输配系统中的流量和压力，CPN 在本地存储了连接、压力、阻力等信息，该信息可以从本地网络和系统设置中方便地获取。

13.3 输配管网中的流量和压力辨识

13.3.1 暖通空调系统输配管网描述

典型的暖通空调风系统管网如图 13.3-1 所示。图中的每个节点代表了管网的一部分。

节点分为三种类型："N"表示节点没有向内或向外的流量交换，如风管或空间；"R"表示节点有由外向内的流量，如进气口；"D"指节点有由内向外的流量，如出风口。每个节点之间的实线表示两个节点是相连的。每条连线都带有阻力(S)和流量(Q)等属性，每个节点则带有压力(P)等属性。

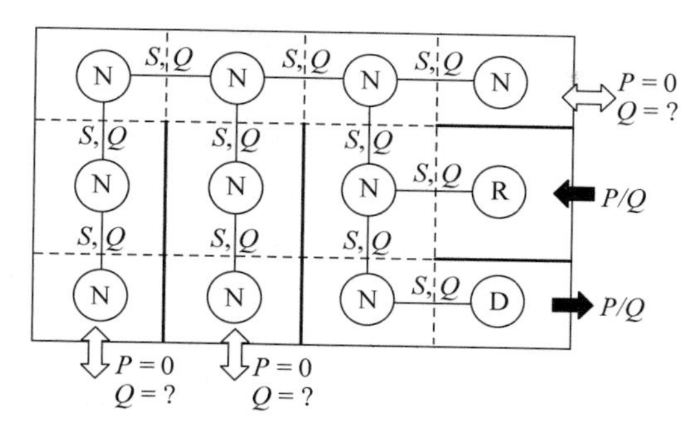

图 13.3-1 基于 CIS 概念的一个典型的暖通空调风系统管网

与传统系统不同的是，关于输配管网的信息分布式地存储在 CIS 中。如图 13.3-2 所示，每个节点存储自身的信息，通过彼此交换，各节点也可以获得其邻居节点的相关信息。没有一个节点拥有关于整个输配管网的全局信息，也不需要拥有这些信息。

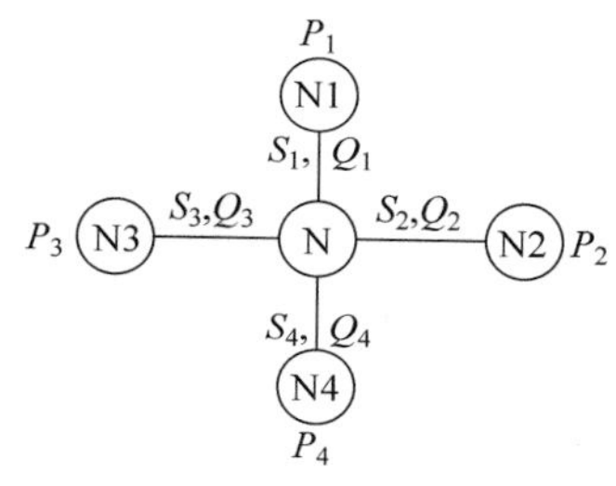

图 13.3-2 CIS 中暖通空调输配网络标准单元

图 13.3-2 中节点 N 遵循流量平衡方程式(13.3-1)和能量平衡方程式(13.3-2)：

$$\sum_{i=1}^{n} Q_i = Q_N \tag{13.3-1}$$

$$P_i - P_N = S_i Q_i^2, \quad i = 1, 2, \cdots, n \tag{13.3-2}$$

13.3.2 辨识过程

在 CIS 中，每个节点都有关于输配管网的本地信息。通过与相邻节点相互交换，新的信息将用于更新旧的信息。迭代过程会一直进行下去，直到新更新的信息与之前的信息足够接近，表示对压力和流量的估计足够精确。表 13.3-1 描述了此辨识过程。

表 13.3-1 输配管网压力和流量辨识过程

步骤	操　作
1	输配管网中各节点获取本地 P_N、Q_N、S_i 等信息
2	计算启动后，计算命令通过邻居节点之间的信息交换而在拓扑网络中传播
3	假设邻居节点的信息正确，每个节点求解式(13.3-1)和式(13.3-2)，得到新的 P_N 和 Q_i
4	更新本地的压力和流量信息(案例中学习因子采用 0.5)
5	与其相邻节点交换信息，得到新的 P、Q 值
6	比较新计算出的压力和流量与之前计算出的压力和流量，如果差值小于给定的阈值，则停止迭代
7	当所有节点停止迭代时，计算完成

13.4 结果与讨论

首先将该方法应用于图 13.4-1 所示的 5 节点输配管网。节点 1、4 和 5 是边界节点，假定其状态已知：节点 1 为入口，压力为 100Pa；节点 4 和节点 5 为出口，压力设置为 0。节点 2 和节点 3 的状态未知。学习因子设为 0.5，用于确定采用多少比例的新信息来更新旧信息。

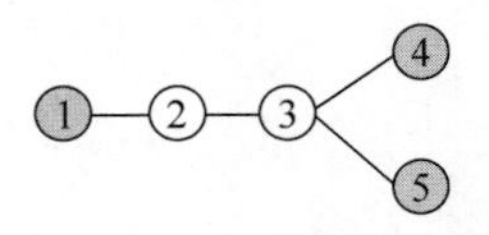

图 13.4-1 基于 CIS 概念的 5 节点风系统网络拓扑

将表 13.3-1 所述的算法在 Python 2.7 开发的 CIS 仿真环境中运行，仿真结果如图 13.4-2 和图 13.4-3 所示。其中图 13.4-2 为节点 2 的压力仿真结果。可以看出，经过大约 10 次迭代后，节点 2 的压力值(P2)达到并保持稳定，每次迭代间的压力更新值(dP)则很快减小到 0。节点 3 的求解结果与节点 2 类似，如图 13.4-3 所示。经过几次迭代后，节点 2 和节点 3 的未知压力和流量都能顺利求出。

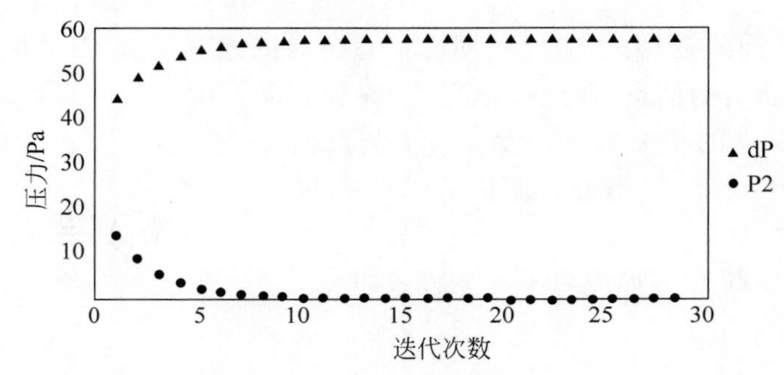

图 13.4-2 节点 2 压力值仿真结果

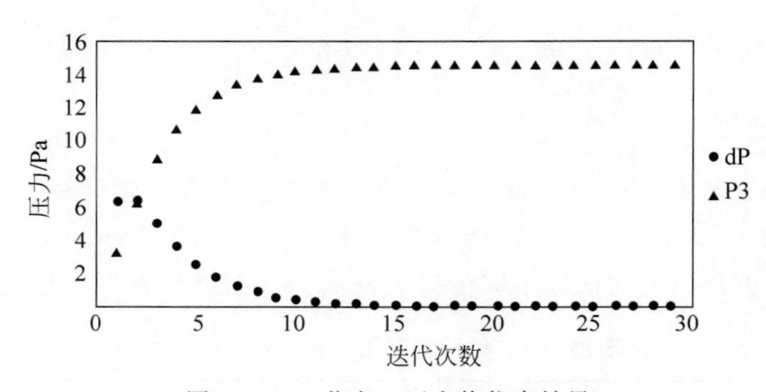

图 13.4-3 节点 3 压力值仿真结果

将该方法应用于如图 13.4-4 所示的 13 节点输配管网。节点 10 为环境压力为 100Pa 的流量入口；节点 12 为环境压力为－100Pa 的出口。节点 5、7、8、9、11 是仅作为输配网络的节点，不与外界产生流量交换；节点 1、2、3、4、6、13 对外开放，环境压力为 0Pa。

图 13.4-5 显示了 13 个节点的压力仿真结果。迭代约 10 次后，各节点压力收敛到稳定值。节点 10 的压力最大，因为它是主要的流量驱动源，环境压力为 100Pa。节点 12 的压力最小，因为它是泄流口，环境压力为－100Pa。其他节点的压力分散在中间。

可以发现，每次迭代之间的更新值(dP)很快降为 0。不同节点上的值一致收敛，这是因

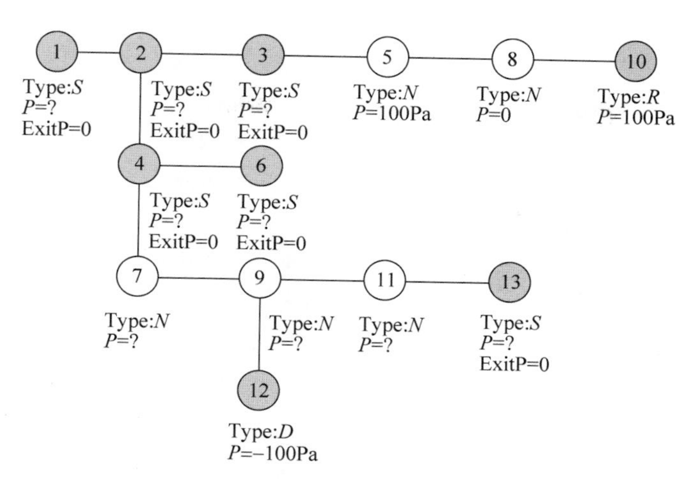

图 13.4-4　基于 CIS 概念的 13 节点风系统网络拓扑

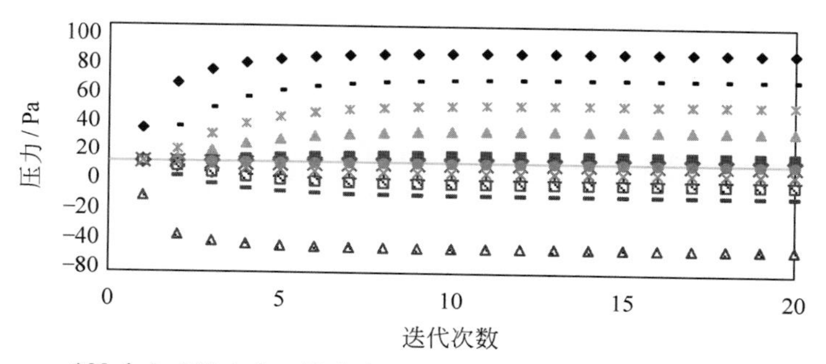

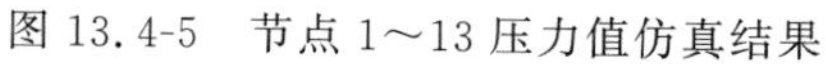
图 13.4-5　节点 1～13 压力值仿真结果

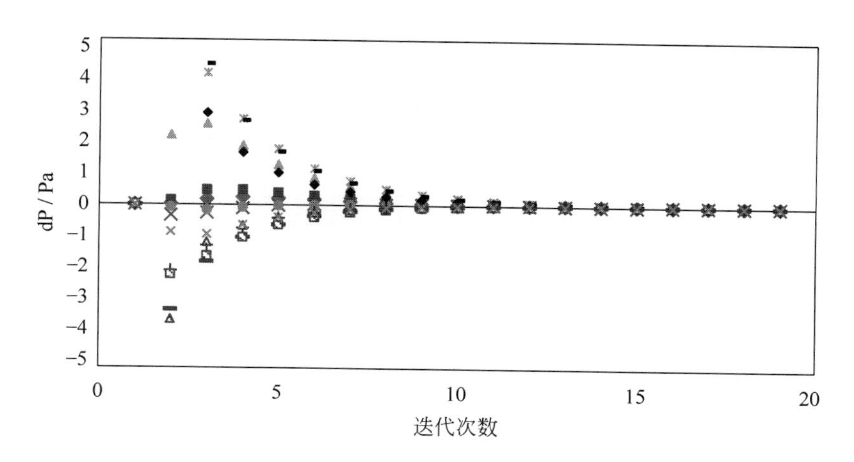

图 13.4-6　节点 1～13 压力更新值仿真结果

为所有节点属于同一个流体网络,任何一个节点的压力变化都会影响其他节点的值。

13.5 本章小结

本章介绍了一种新的空调输配管网流量和压力辨识方法。该方法基于一种新型的暖通空调控制架构——群智能系统(CIS),该系统可以实现暖通空调控制系统的自识别、自集成、自编程和自适应。

该方法通过局部求解基本能量平衡和流量平衡方程,并与相邻节点交换信息和更新本地信息,最终达到全局收敛,实现对流量和压力的辨识。将该方法应用于两个典型的空调输配管网,研究了该辨识方法的有效性,讨论了收敛时间和压力辨识结果。仿真结果表明,该方法实现简单,无须集中配置即可实现自组织,对于楼宇级别的控制项目具有重要意义。

与传统的集中式输配管网建模和辨识方法相比,该方法更加简单、鲁棒。每个节点采用统一的标准算法,并且可以预先编程,只需简单的局部配置,使其在实际工程中更可行。

在将来的研究中,可将该方法应用于更加复杂的暖通空调输配管网,并在实际工程中进行进一步实践和验证。

参考文献

[1] Yu Z,Li H. Identification of flow rate and pressures in HVAC distribution network based on collective intelligence system[C]//Proceedings of the 11th International Conference on Modelling,Identification and Control (ICMIC2019),Tianjin,2020: 1229-1237.

[2] Lam J C. Energy analysis of commercial buildings in subtropical climates[J]. Building and Environment,2000,35(1): 19-26.

[3] Abdelalim A,O'Brien W,Shi Z. Development of Sankey diagrams to visualize real HVAC performance [J]. Energy and Buildings,2017,149 (Supplement C): 282-297.

[4] Xiao F,Wang S. Progress and methodologies of lifecycle commissioning of HVAC systems to enhance building sustainability[J]. Renewable and Sustainable Energy Reviews,2009,13(5): 1144-1149.

[5] Dalamagkidis K,Kolokotsa D. Reinforcement learning for energy conservation and comfort in buildings [J]. Building and Environment,2007,42: 2686-2698.

[6] Dai Y,Jiang Z,Shen Q,et al. A decentralized algorithm for optimal distribution in HVAC systems[J]. Building and Environment,2016,95: 21-31.

[7] Wang S,Xing J. A decentralized sensor fault detection and self-repair method for HVAC systems[J]. Building Services Engineering Research and Technology,2018,39(6): 667-678.

[8] Zhang Z,Zhao Q,Yang W. A Distributed Algorithm for Sensor Fault Detection[C]//In: 14th IEEE International Conference on Automation Science and Engineering,Munich,Germany,2018: 756-761.

[9] Zhao Q,Xia L,Jiang Z. Project report: new generation intelligent building platform techniques[J]. Energy Informatics,2018,1-2.

第14章

基于群智能平台的多传感器分布式卡尔曼滤波算法

本章提要

基于群智能建筑系统,提出一种含有状态约束的并行式卡尔曼滤波算法。算法通过物理约束建立方程,利用相邻节点间的约束关系和投影法计算出含有状态约束的卡尔曼滤波估计值,从而达到故障诊断与数据校核的目的。算法基于的分布式结构采用传感器网络节点的形式,每个节点有自身处理系统而不需要任何中心节点或中心通信设施。因此,本章提出的算法具有完全分布性,允许在多个测量节点之间独立计算。详细论述算法推导过程,并通过软件仿真与硬件测试,验证了算法的并行性、准确性和稳定性。本章内容主要来源于文献[1]。

14.0 符号列表

x	状态变量
k	时间常数
u	系统的输入
z	系统测量值
n	传感器的个数
$\boldsymbol{F}$	系统矩阵
$\boldsymbol{H}$	观测矩阵
$\boldsymbol{G}$	输入矩阵
$\boldsymbol{W}$	权重矩阵

14.1 引言

随着计算机及通信技术的快速发展,控制系统正逐步朝着智能化领域发展,并展现出巨大的科学和社会价值。随着智能化的不断发展,系统也日渐显现出复杂性,为了保证系统各项任务的顺利完成,准确、有效的数据是其基础和保障。

在控制系统中,传感器是数据采集的重要手段,系统的智能化水平越高,对传感器要求也就越大。若传感器数据的准确性存在问题,系统将在错误数据的基础上运作,将对后续的检测、诊断甚至控制产生恶劣影响,造成无法估量的损失。因此,传感器数据的有效性在提高系统可用性、安全性和可靠性方面起着至关重要的作用。

现有的数据校核及故障诊断的方式,以集中式的方式为主。集中式方式是各个节点或子系统将数据采集完毕后,再统一传送至中心监控站进行处理[2]。此中心监控站掌握整个控制系统的全局信息,并统一作出处理,对中心监控站的性能提出了极高的要求,一旦因链路损坏或数据量巨大造成堵塞,极易造成中心监控站崩溃。此外,对于庞大的控制系统,传感器大多遍布在空间的各个角落以收集数据,集中式的方式往往不能更好体现空间拓扑及物理约束,不适合处理多传感器的情况[3-5]。其中,卡尔曼滤波就是集中式校核及诊断方式的典型代表,并有许多专家学者提出了IKF、KTKF、EKF、UKF[6-9]等多种改进方法。

另一种常见的方式是分布式方法,但已有的分布式方法大多为几个传感器对同一物理量进行同时观测,通过一定的表决方法,实现对数据和故障进行判定。如多传感器数据融合的方法[7]。然而这种分布式只是借助硬件冗余[10]提高准确性,成本较高,没有充分利用空间拓扑和物理约束。

约束滤波因为其准确度高越来越受到关注。杨元喜院士等[11]对基于等式约束抗差卡尔曼滤波进行了系统性描述[12]。朱建军教授等将基于先验约束信息的状态估计方法应用到变形监测数据处理中[13]。更有伪测量法[14]、降维法[15]、状态估计投影法[16]等用于估计。本章方法在状态估计投影法的基础上进行改进。

综上所述,分布式传感器网络需要完全并行的传感器数据校核及诊断方法。本章提出一种含有等式约束的并行卡尔曼滤波算法,用以实现分布式数据校核。该方法建立在清华大学建筑节能研究中心提出的群智能建筑系统之上,该系统没有任何中心节点,通过基层节点间的交互实现对传感器测量数据将能够自组织校核,从而避免复杂的信息传输及存储。另外,节点之间的校核基于物理约束和能量守恒的客观定律,具有很强的适应性,可以实现实时数据校核。

14.2 基本原理

14.2.1 问题描述

无论是智能建筑系统还是控制系统,各节点或传感器依照空间拓扑,有规律地分布在各个位置,构成网络。对于群智能建筑系统,它由大量智能节点组成,每个智能节点对应于建筑子空间或机电设备单元。群智能系统中的智能节点称为 CPN。CPN 仅与其邻居通信,并且 CPN 根据其在建筑物中的空间分布彼此连接[10]。群智能控制系统采用无中心的信息处理方式,其中每个 CPN 都是平等的,感知和计算信息后,仅与其邻居进行数据交互,来完成预先的控制任务,不会将数据集中到某个“中心”或“领导”。群智能控制系统作为一种新的控制系统体系架构,突破了传统系统的设计模式,无须建立中央监控站,增强了控制系统的容错和应对变化的能力,具有较高的自主性和抗损伤性,符合智能控制系统的发展趋势。

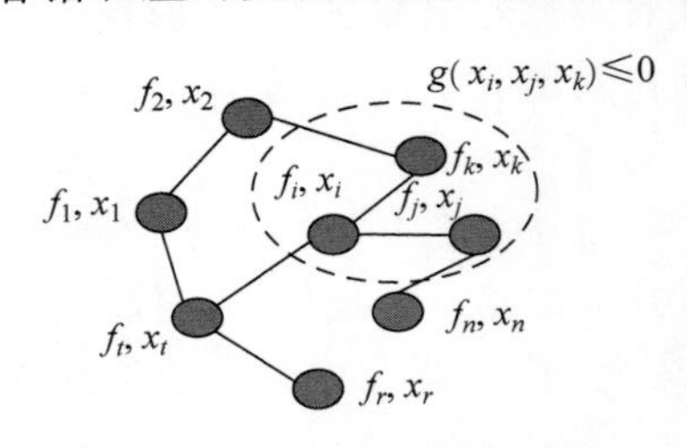

图 14.2-1 分布式传感器网络

对于某个传感器网络,每个传感器测量一组参数量,设传感器 i 测得的数据为 x_i,借助图论中的知识,用一个无向图来描述该传感器网络,如图 14.2-1 所示。

系统中各个测量变量之间存在相关性,该相关性由空间或系统固有基本物理约束如质量守恒定律、能量守恒定律、温度场、湿度场等决定,且多数物理场具有渐变性,由于距离的影响,仅能对邻居产生影响。

由此可以得到邻居节点间的等式、不等式约束

$$\begin{gathered} f(x_1, x_2, x_3, \cdots, x_i) = 0 \\ g(x_1, x_2, x_3, \cdots, x_n) \leqslant 0 \end{gathered} \tag{14.2-1}$$

空间中各个节点通过固有的物理约束互相影响,其数据间因物理约束产生联系。故当有一个或多个传感器产生故障,采集到错误数据,数据间必然会违反约束条件。

基于传感器网络拓扑,群智能算法运行于各个智能节点,每个节点所运行的算法完全一

致，是真正完全分布式的算法，目标是通过相邻节点的交互，通过邻居节点间的交互与分布式计算，可以快速根据约束关系得到该正确的数据，从而可以用来甄别是否发生故障及数据校核。本节所提出的方法也是基于上述思想而产生的。

14.2.2 传统卡尔曼滤波

首先，简单回顾传统卡尔曼滤波算法进行无约束状态估计的一些重要公式。这些公式将会在后续阐述中使用到。

$$
\begin{aligned}
&\boldsymbol{x}(k)=\boldsymbol{F}\boldsymbol{x}(k-1)+\boldsymbol{G}\boldsymbol{u}(k-1)+\boldsymbol{w}(k)\\
&\boldsymbol{z}(k)=\boldsymbol{H}\boldsymbol{x}(k)+\boldsymbol{v}(k)
\end{aligned}
\tag{14.2-2}
$$

其中，k 为时间常数，$\boldsymbol{x}$ 为状态变量，$\boldsymbol{u}$ 为已知的系统输入，$\boldsymbol{z}$ 为测量量，$\{\boldsymbol{w}(k)\}$ 和 $\{\boldsymbol{v}(k)\}$ 为噪声输入序列，$\boldsymbol{F}$ 为系统矩阵，$\boldsymbol{H}$ 为观测矩阵，$\boldsymbol{G}$ 为输入矩阵。此外，以上变量假设满足以下等式：

$$
\begin{aligned}
&E[\boldsymbol{x}_0]=\bar{\boldsymbol{x}}_0\\
&E[\boldsymbol{w}(k)]=E[\boldsymbol{v}(k)]=0\\
&P_{0|0}=E[(\boldsymbol{x}_0-\boldsymbol{x}^e_{0|0})(\boldsymbol{x}_0-\boldsymbol{x}^e_{00})^{\mathrm{T}}]\\
&\operatorname{cov}[\boldsymbol{w}(k),\boldsymbol{w}(m)]=E[\boldsymbol{w}(k)\boldsymbol{w}(m)^{\mathrm{T}}]=\boldsymbol{Q}\delta_{km}\\
&\operatorname{cov}[\boldsymbol{v}(k),\boldsymbol{v}(m)]=E[\boldsymbol{v}(k)\boldsymbol{v}(m)^{\mathrm{T}}]=\boldsymbol{R}\delta_{km}\\
&\operatorname{cov}[\boldsymbol{x}(k),\boldsymbol{w}(m)]=E[\boldsymbol{x}(k)\boldsymbol{w}(m)^{\mathrm{T}}]=0\\
&\operatorname{cov}[\boldsymbol{w}(k),\boldsymbol{v}(m)]=E[\boldsymbol{x}(k)\boldsymbol{v}(m)^{\mathrm{T}}]=0
\end{aligned}
\tag{14.2-3}
$$

其中 $\bar{\boldsymbol{x}}_0$ 是 $\boldsymbol{x}_0$ 的期望值，δ_{km} 是 Kronecker delta 函数（若 $k=m$，$\delta_{km}=1$；其他为 0）。$\boldsymbol{Q}$ 和 $\boldsymbol{R}$ 是协方差矩阵，则经典卡尔曼滤波的公式如下：

$$
\begin{aligned}
&\boldsymbol{x}^{e'}(k)=\boldsymbol{F}\boldsymbol{x}(k-1)+\boldsymbol{G}\boldsymbol{u}(k-1)\\
&\boldsymbol{P}'(k)=\boldsymbol{F}\boldsymbol{P}(k-1)\boldsymbol{F}^{\mathrm{T}}+\boldsymbol{Q}\\
&K(k)=P'(k)H(k)^{\mathrm{T}}(HP'(k)H^{\mathrm{T}}+R)^{-1}\\
&x^e(k)=x^{e'}(k)+K(k)(Z(k)-H(k)x^{e'}(k))\\
&P(k)=P'(k)-K(k)H(k)P'(k)
\end{aligned}
\tag{14.2-4}
$$

以上是本算法的基础公式，更多具体的描述请参考文献[17]。

14.2.3 含等式约束的分布式卡尔曼滤波

含等式约束的分布式卡尔曼滤波（以下简称 DCKF）源自集中式的卡尔曼滤波，通过系统基础上的改良应用到分布式系统。该方法运用了一种叫作投影法的数学方法[13]，将无约束的估计值 x 投影到约束平面，从而达到分布式约束条件的要求，计算估计值。

但是，普通的投影法存在许多不足。首先，这种方法不考虑约束中噪声的影响。然后，这种投影的方法仅作用于估计值，不对协方差矩阵 $\boldsymbol{P}$ 和卡尔曼增益 $\boldsymbol{K}$ 进行投影后的计算，因此，准确性将受到较大影响。

综上所述，本节提出一种分布式的针对全过程投影方法。该算法基于上述的群智能系统，在初步的状态预测之后，立即将估计和协方差矩阵投影到约束表面上，进行约束条件下的计算，因此，下一个预测值和迭代过程充分考虑了约束的影响。更重要的是，这种方法完全适用于分布式网络。

在含有 n 个传感器的网络中,测量向量、观测矩阵、噪声向量和观测噪声协方差矩阵可被改写如下:

$$\begin{aligned}
&\boldsymbol{z}(k)=[\boldsymbol{z}_1^{\mathrm{T}}(k),\boldsymbol{z}_2^{\mathrm{T}}(k),\boldsymbol{z}_3^{\mathrm{T}}(k),\cdots,\boldsymbol{z}_n^{\mathrm{T}}(k)]\\
&\boldsymbol{H}(k)=[\boldsymbol{H}_1^{\mathrm{T}}(k),\boldsymbol{H}_2^{\mathrm{T}}(k),\boldsymbol{H}_3^{\mathrm{T}}(k),\cdots,\boldsymbol{H}_n^{\mathrm{T}}(k)]\\
&\boldsymbol{v}(k)=[\boldsymbol{v}_1^{\mathrm{T}}(k),\boldsymbol{v}_2^{\mathrm{T}}(k),\boldsymbol{v}_3^{\mathrm{T}}(k),\cdots,\boldsymbol{v}_n^{\mathrm{T}}(k)]\\
&E[\boldsymbol{v}(k)\ \boldsymbol{v}(k)^{\mathrm{T}}]=\mathrm{diag}[\boldsymbol{R}_1(k),\boldsymbol{R}_2(k),\boldsymbol{R}_3(k),\cdots,\boldsymbol{R}_n(k)]
\end{aligned}\tag{14.2-5}$$

系统模型 $\boldsymbol{F}(k)$同样表示为 $\boldsymbol{F}_i(k)$,同样地,$\boldsymbol{G}_i(k)$是本地噪声,$\boldsymbol{w}_i(k)$是本地输入噪声,$\boldsymbol{Q}_i(k)$是输入噪声协方差矩阵。其中 $\boldsymbol{w}_i(k)$和$\boldsymbol{v}_i(k)$,$i=1,2,\cdots,n$ 均不相关。

因此,每个传感器节点都有其独立的系统模型。节点 i 的局部状态转移和观测方程如下:

$$\begin{aligned}
&\boldsymbol{x}_i(k)=F_i\boldsymbol{x}_i(k-1)+\boldsymbol{G}_iu_i(k-1)+\boldsymbol{w}_i(k)\\
&\boldsymbol{z}_i(k)=\boldsymbol{H}_i\boldsymbol{x}_i(k)+\boldsymbol{v}_i(k)
\end{aligned}\tag{14.2-6}$$

此外,节点 i 与节点 j 之间的状态约束如下:

$$\boldsymbol{A}_ix_i(k)-\boldsymbol{B}_ix_j(k)=\boldsymbol{l}_i(k),\quad j\in N_j,i=0,1,2,\cdots,n\tag{14.2-7}$$

其中 $\boldsymbol{A}_i$ 和 $\boldsymbol{B}_i$ 是部分连接矩阵。

接下来,对该算法的过程进行详细推导。

首先,为了得到节点 i 在时间 k 时刻的状态估计,先用标准 KF 计算该节点不含约束的先验状态估计:

$$\boldsymbol{x}_i^{upe}(k)=\boldsymbol{F}_i(k-1)\boldsymbol{x}_i^{pe}(k-1)+\boldsymbol{G}_i(k-1)\boldsymbol{u}_i(k-1)\tag{14.2-8}$$

其中 $\boldsymbol{x}_i^{upe}(k)$代表节点 i 在时间点 k 未进行投影时的状态估计值,$\boldsymbol{x}_i^{pe}(k-1)$代表在 $k-1$ 时刻进行过投影的状态估计。为了得到 k 时刻的投影状态估计,即 $\boldsymbol{x}_i^{pe}(k)$,考虑如下拉格朗日方程:

$$\begin{aligned}
&\min J(x_i^{pe}(k))=\mathrm{argmin}[\boldsymbol{x}_i(k)-\boldsymbol{x}_i^{pe}(k)]^{\mathrm{T}}W(k)[\boldsymbol{x}_i(k)-\boldsymbol{x}_i^{pe}(k)]\\
&\text{s.t.}\quad \boldsymbol{A}_i(k)\boldsymbol{x}_i(k)-\boldsymbol{B}_i(k)\boldsymbol{x}_j(k)=\boldsymbol{l}_i(k)
\end{aligned}\tag{14.2-9}$$

考虑到约束的影响,得到状态下的拉格朗日方程:

$$\begin{aligned}
L[x_i^{pe}(k),\lambda(k)]=&[\boldsymbol{x}_i(k)-\boldsymbol{x}_i^{pe}(k)]^{\mathrm{T}}\boldsymbol{W}(k)[\boldsymbol{x}_i(k)-\boldsymbol{x}_i^{pe}(k)]+\\
&\boldsymbol{\lambda}(k)[\boldsymbol{A}_i(k)x_i(k)-\boldsymbol{B}_i(k)x_j(k)-\boldsymbol{l}_i(k)]
\end{aligned}\tag{14.2-10}$$

其中$\boldsymbol{\lambda}(k)\in\mathbb{R}^{r_k}$是拉格朗日算子。

$$\begin{aligned}
&2\boldsymbol{W}_i(k)[\boldsymbol{x}_i(k)-\boldsymbol{x}_i^{pe}(k)]+\boldsymbol{A}_i(k)\boldsymbol{\lambda}_i(k)=0\\
&\boldsymbol{A}_i(k)\boldsymbol{x}_i(k)-\boldsymbol{B}_i(k)\boldsymbol{x}_j(k)-\boldsymbol{l}_i(k)=0
\end{aligned}\tag{14.2-11}$$

通过计算以上方程,拉格朗日算子可表示为

$$\boldsymbol{\lambda}_i(k)=2[\boldsymbol{A}_i(k)\boldsymbol{W}_i(k)^{-1}\boldsymbol{A}_i(k)^{\mathrm{T}^{-1}}][\boldsymbol{A}_i(k)\boldsymbol{x}_i^{pe}(k)-\boldsymbol{B}_i(k)\boldsymbol{x}_j(k)-\boldsymbol{l}_i(k)]\tag{14.2-12}$$

通过将算子结果回带方程,求得投影下状态估计:

$$\begin{aligned}
\boldsymbol{x}_i^{pe}(k-1)=&\boldsymbol{x}_i^{upe}(k-1)-\boldsymbol{W}_i^{-1}(k)\boldsymbol{A}_i^{\mathrm{T}}(k)\cdot[\boldsymbol{A}_i(k)\boldsymbol{W}_i^{-1}\boldsymbol{A}_i^{\mathrm{T}}(k)]^{-1}\\
&[\boldsymbol{A}_i(k)\boldsymbol{x}_i^{pe}(k)-\boldsymbol{B}_i(k)\boldsymbol{x}_j(k)-\boldsymbol{l}_i(k)]
\end{aligned}\tag{14.2-13}$$

为了简化方程，定义：

$$\begin{aligned}\boldsymbol{\Theta}_i(k) &= \boldsymbol{W}_i^{-1}(k)\boldsymbol{A}_i^{\mathrm{T}}(k)[\boldsymbol{A}_i(k)\boldsymbol{W}_i^{-1}(k)\boldsymbol{A}_k^{\mathrm{T}}(k)]^{-1}\boldsymbol{\Upsilon}_i(k) \\ &= I - \boldsymbol{\Theta}_i(k)\boldsymbol{A}_i(k)\end{aligned} \tag{14.2-14}$$

因此，式(14.2-13)可表示为

$$\boldsymbol{x}_i^{pe}(k-1) = \boldsymbol{x}_i^{upe}(k-1) - \boldsymbol{\Theta}_i(k)[\boldsymbol{A}_i(k)\boldsymbol{x}_i^{pe}(k) - \boldsymbol{B}_i(k)\boldsymbol{x}_j(k) - \boldsymbol{l}_i(k)] \tag{14.2-15}$$

所以，投影后的协方差矩阵可表示为

$$\begin{aligned}&\boldsymbol{P}_i^{pe}(k-1) = E[\boldsymbol{x}_i(k) - \boldsymbol{x}_i^{pe}(k-1)^{\mathrm{T}}] = E\{\boldsymbol{\Upsilon}_i(k)[\boldsymbol{x}_i(k) - \boldsymbol{x}_i^{upe}(k-1)] \\ &[\boldsymbol{x}_i(k) - \boldsymbol{x}_i^{upe}(k-1)^{\mathrm{T}}]\Upsilon_i(k)\} = \boldsymbol{\Upsilon}_i(k)P_i^{upe}(k-1)\boldsymbol{\Upsilon}_i^{\mathrm{T}}(k)\end{aligned} \tag{14.2-16}$$

接下来，更新其他变量，方程如下：

$$\begin{aligned}\boldsymbol{x}_i^{pe}(k) &= \boldsymbol{x}_i^{pe}(k-1) + \boldsymbol{K}^{pe}[y_i(k) - \boldsymbol{H}_i(k)\boldsymbol{x}_i^{pe}(k-1)]\boldsymbol{K}^{pe} \\ &= \boldsymbol{P}_i^{pe}(k-1)\boldsymbol{H}_i(k)^{\mathrm{T}}[\boldsymbol{H}_i(k)\boldsymbol{P}_i^{pe}(k-1)\boldsymbol{H}_i(k)^{\mathrm{T}}] + \boldsymbol{R}_i \\ \boldsymbol{P}_i^{pe}(k) &= [\boldsymbol{I} - \boldsymbol{K}^{pe}\boldsymbol{H}_i(k)]\boldsymbol{P}_i^{pe}(k-1) + \boldsymbol{Q}_i(k)\end{aligned} \tag{14.2-17}$$

至此，该方法推导基本完成，该分布式算法的主要流程如下：

步骤 1　每个本地节点 $i(i=1,2,\cdots,n)$ 与邻居节点 $j(j\in N_i)$ 交互，传送自身测量值并收取邻居传来的数据。

步骤 2　发起运算，则初始化系统，初始值 $k=1$。

步骤 3　用式(14.2-8)计算先验估计值。

步骤 4　选择合适的权重矩阵 $\boldsymbol{W}_i$，通常，令 $\boldsymbol{W}_i=\boldsymbol{I}$ 得到最小均方误差条件下的最优状态估计[15]。

步骤 5　通过式(14.2-10)～式(14.2-15)利用投影法，计算约束平面下的状态值。

步骤 6　通过式 (14.2-16)和式(14.2-17)更新其他变量。

步骤 7　令 $k=k+1$，跳转至步骤 3。

主要的流程如图 14.2-2 所示。

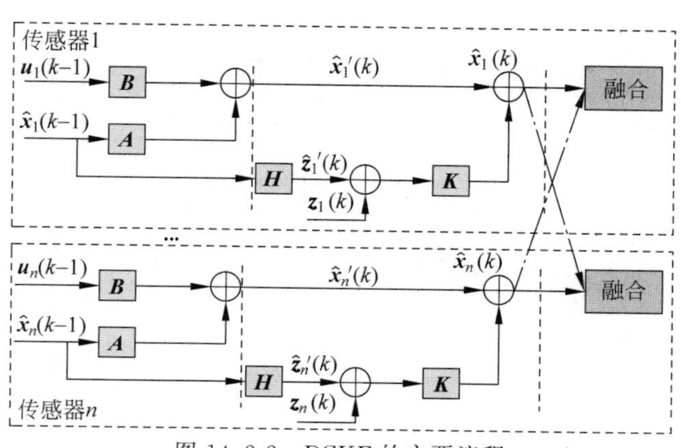

图 14.2-2　DCKF 的主要流程

14.2.4　仿真结果

为了验证算法的有效性，在本节中使用二级冷冻水泵系统来验证 DCKF 的有效性。空调系统中二次泵冷冻水系统如图 14.2-3 所示，并联冷水机组通过二次泵系统输送冷冻水，位于末端的 4 台并联的风机盘管（FCU）获得来自系统的冷冻水。各台 FCU 的冷冻水通过分、集水器汇合回至冷机并达到平衡。系统基本模型和传感器布局如图 14.2-3 所示。为达到校核目的，安装 16 个温度传感器 T1～T16 用于数据估计。同时，物理约束基础上的传感器网络如图 14.2-3 所示。结合空调系统的基础知识[3,18]，得到如下关于温度传感器的等式约束：

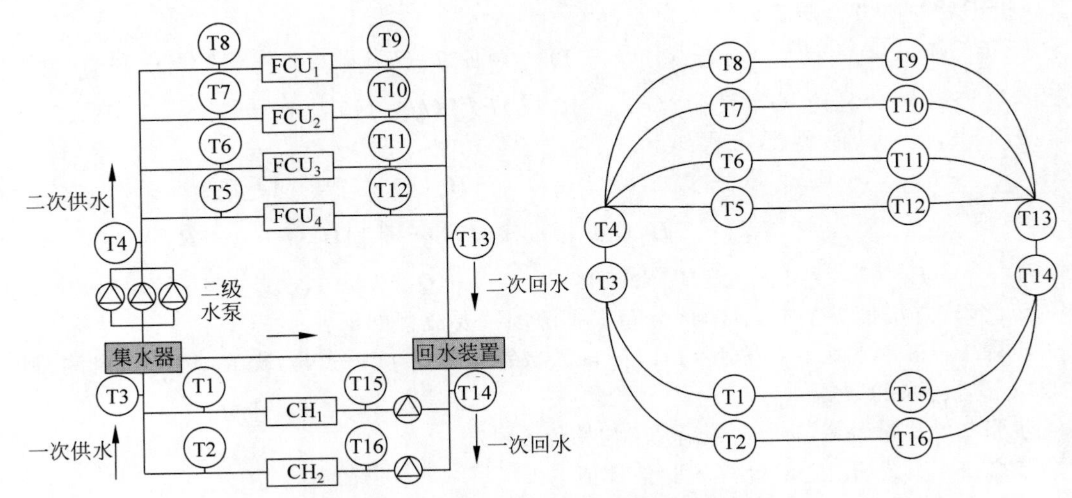

图 14.2-3 空调系统模型和传感器网络模型

$$
\begin{aligned}
&t_{14}=t_{15}=t_{16}\\
&t_3=t_4=t_5=t_6=t_7=t_8
\end{aligned}
\tag{14.2-18}
$$

通常，冷冻水的供水温度 t_1-t_8 的取值范围（单位：℃）为[5,10]，回水温度 t_9-t_{16} 取值范围（单位：℃）为[9,16]。在仿真中，将噪声值加到真实值中作为测量值，因为噪声和偏移在实际工程中十分常见。根据传感器之间的约束条件，仿真结果如图 14.2-4 所示。可以看出，对比测量值，估计值具有更高的精度。当传感器 T9 发生较大偏移时，算法仍可以给出较高精度的估计值。

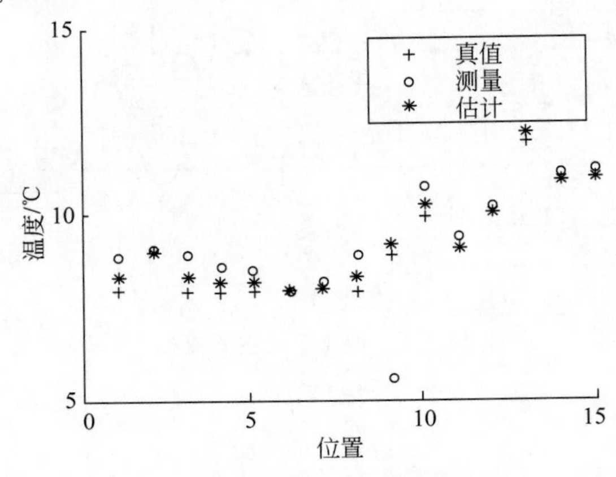

图 14.2-4 仿真结果与测量结果对比

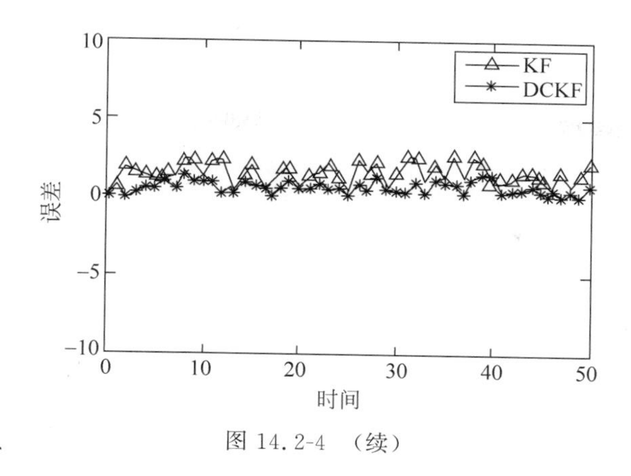

图 14.2-4　(续)

为了体现算法有效性，和已有的标准的不带约束的 KF 算法比较，从对比结果可以看出，图 14.2-4 中的 DCKF 算法具有更小的误差，平均误差百分比在 2%左右。

通过以上对比，说明 DCKF 算法得到更高精度的估计值，可以满足传感器在故障诊断与数据校核中的需要。

14.3　硬件测试与工程实践

该算法是基于清华大学国家重点研发项目群智能系统的分布式算法，为了进一步验证算法有效性，设计了相关硬件测试实验，并在实际工程——国家游泳中心水立方系统中运行了算法。

14.3.1　硬件测试

实验所用的操作平台为基于 LynkrOS (Lynkr operating system)的智能节点 CPN。该技术已经研发成功，并通过在建筑空间及大型设备中嵌入，可以实现对建筑的分布式智能控制，目前已在腾讯大楼、水立方等一批实际工程中安装运行，效果良好。硬件测试图如图 14.3-1 所示。

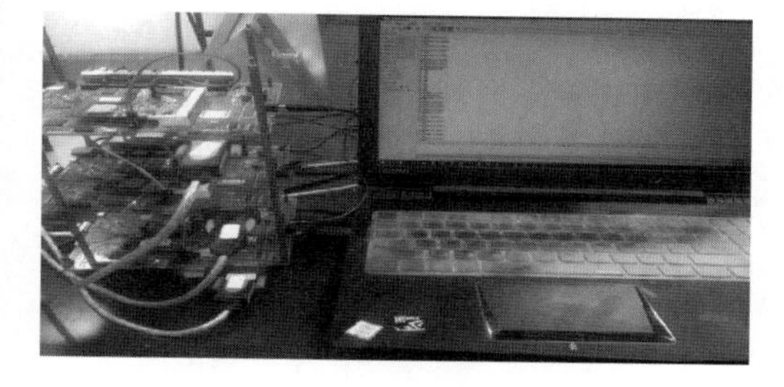

图 14.3-1　硬件测试图

本次实验模拟了室内温度传感器的校核过程，通过连接一定数量的 CPN 节点，模拟建筑中传感器网络。由于实验条件限制，故本次测量值由系统给出，并输入 CPN，模拟实际系统中传感器感测环境温度。

在实验中，设置传感器 3 为故障节点，其测量值为错误的 20℃，其余为正常的 15℃。

从图 14.3-2 可以看出，每个节点可以独立进行迭代运算，经过较短时间收敛到准确值 15℃附近。而从图 14.3-3 可以看出，虽然传感器 3 存在问题，但也能根据邻居间的约束关系最终收敛到正确的测量值，从而验证了算法的有效性。

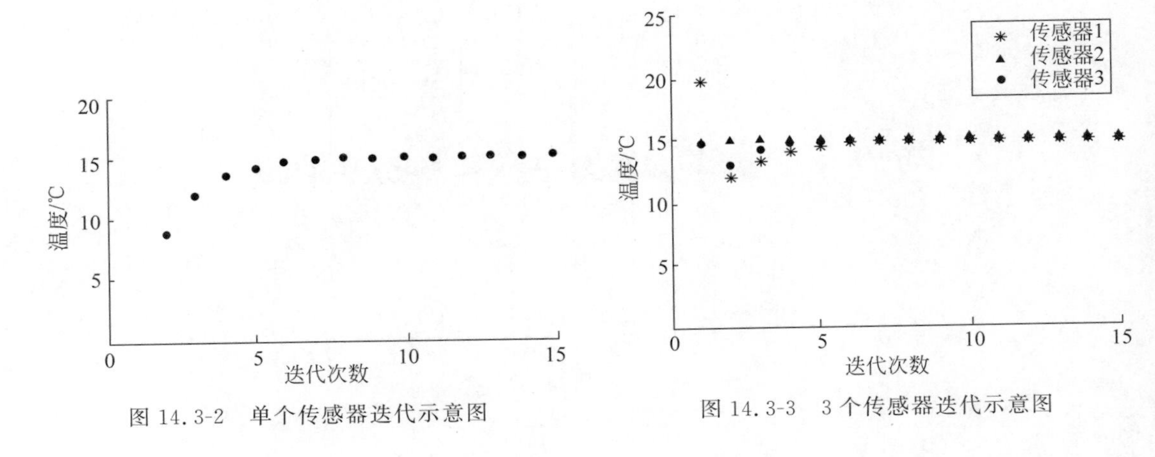

图 14.3-2 单个传感器迭代示意图　　图 14.3-3 3 个传感器迭代示意图

14.3.2 工程实例

为进一步验证算法的有效性，进行了实际工程验证。验证地点为安装了群智能控制系统的水立方空调系统。其系统监控图如图 14.3-4 所示。

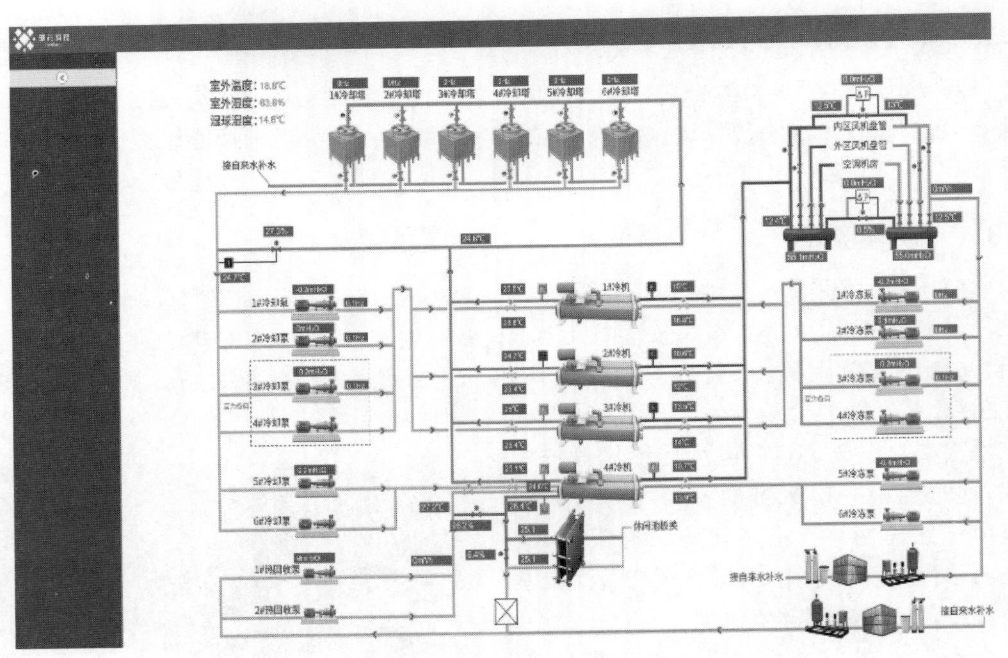

图 14.3-4 水立方系统监控图

在水立方的空调制冷系统中运行算法，待估计的参数包括冷水机组进出口冷却水温度、冷水机组进出口冷冻水温度、冷却塔冷却水进水干管温度、一次泵冷冻水分水器侧干管的温度，验证算法的有效性。本章只给出冷却塔进水感官温度测试图与数据曲线，如图 14.3-5 所示。

分析图 14.3-5 可知，冷却塔冷却水进水温度，来自 4 台冷机的分管真实值分别为 31.1℃、28.0℃、28.1℃、28.2℃，估计值分别为 31.3625℃、28.2186℃、28.1376℃、28.0563℃，干管真实值为 29.2℃，估计值为 29.2158℃。

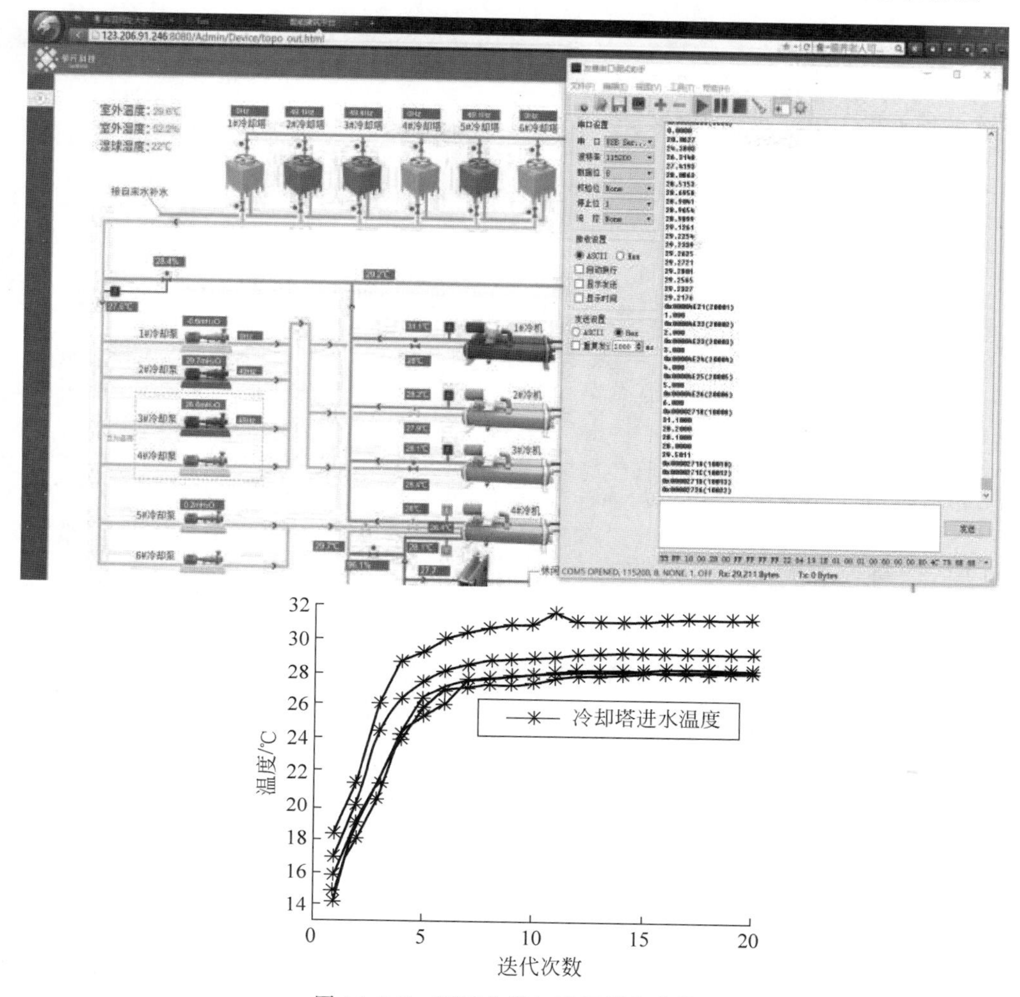

图 14.3-5　测试曲线与数据拟合曲线

综上所述，本章所提出基于投影法的分布式并行卡尔曼滤波算法，能够在工程现场设备中得到较好的估计值，从而进一步验证了算法的有效性，能够适应现场的环境，达到数据校核、帮助系统找到故障传感器的目的。

14.4　本章小结

通过数学分析、仿真验证和硬件测试与工程实测，验证了算法有效性，本章算法创新点如下：

(1) 提出了分布式并行的算法。算法基于群智能系统，由多个节点同时、独立地进行运算，是完全分布的、并行的算法，具有扁平化、无中心的特点。

(2) 改进了投影法。算法充分考虑到了实际环境中物理约束和噪声的影响，将投影法进行了改进，改变了投影时机，将噪声序列纳入投影法，提高了状态估计的准确性。

(3) 进行了硬件测试与工程实测。借助于实验平台与实际工程，完成了实验，进一步验证算法有效性。

但是，本章仅对等式约束影响下的算法进行了讨论，对于其他约束条件，还需在下一步研究中进行改进。

参考文献

[1] 李国平,邢建春,王世强.多传感器系统含状态约束的分布式并行卡尔曼滤波算法[J].计算机与现代化,2018,000(012):1-6.

[2] Cohen K,Leshem A. Energy-efficient detection in wireless sensor networks using likelihood ratio and channel state information[J]. IEEE Journal on Selected Areas in Communications,2011,29(8):1671-1683.

[3] Kalman R E. A new approach to linear filtering and Prediction Problems[J]. Journal of Basic Engineering,1960,82(D):35-45.

[4] Bashi A,Jilkov V P,Li X R. Fault detection for systems with multiple unknown modes and similar units-Part II: Application to HVAC[J]. IEEE Transactions on Control Systems Technology,2010,19(5):957-968.

[5] Serdio F,Lughofer E,Pichler K,et al. Fault detection in multi-sensor networks based on multivariate time-series models and orthogonal transformations[J]. Information Fusion,2014,20(1):272-291.

[6] Zhang J,You K. Kalman filtering with unknown sensor measurement losses [J]. IFAC-PapersOnLine,2018,49(22):315-320.

[7] Geng K K,Chulin N A. Applications of Multi-height Sensors Data Fusion and Fault-tolerant Kalman Filter in Integrated Navigation System of UAV[M]. Elsevier Science Publishers,2017.

[8] Jayaram S. A new fast converging Kalman filter for sensor fault detection and isolation[J]. Sensor Review,2013,16(3):219-224.

[9] Mahmoud M S,Khalid H M. Fault estimation and monitoring with multi-sensor data fusion: An unscented Kalman filter approach[J]. Dynamical Systems,2011.

[10] Liu W,Zhang S,Fan J. A diagnosis-based clustering and multipath routing protocol for wireless sensor networks[J]. International Journal of Distributed Sensor Networks,2012: Article ID 504205.

[11] 沈启.智能建筑无中心平台架构研究[D].北京:清华大学,2015.

[12] Yang Y,Gao W,Zhang X. Robust Kalman filtering with constraints: A case study for integrated navigation[J]. Journal of Geodesy,2010,84(6):373-381.

[13] 左廷英,宋迎春,朱建军.带有先验约束信息边坡变形监测滤波算法[J].湖南大学学报(自然科学版),2011,38(2):18-22.

[14] Hewett R J,Heath M T,Butala M D,et al. A robust null space method for linear equality constrained state estimation[J]. IEEE Transactions on Signal Processing,2010,58(8):3961-3971.

[15] Wen W,Durrant-Whyte H F. Model-based multi-sensor data fusion[C]//Proceedings of 1992 IEEE International Conference on Robotics and Automation. 1992: 1720-1726.

[16] Gupta N. Mathematically equivalent approaches for equality constrained Kalman Filtering[J]. Biogeosciences,2009,7(1):81-93.

[17] Mendel J. Optimal filtering[J]. IEEE Transactions on Automatic Control,1980,25(3):615-616.

[18] Lin W M,Ou T C. Unbalanced distribution network fault analysis with hybrid compensation [J]. IET Generation Transmission & Distribution,2011,5(1):92-100.

[19] Simon D,Chia T L. Kalman filtering with state equality constraints[J]. IEEE Transactions on Aerospace Electronic Systems,2002,38(1):128-136.

[20] 李建.基于约束信息的状态估计与融合研究[D].上海:上海交通大学,2014.

[21] 王世强,姜子炎,邢建春,等.空调系统传感器故障检测的无中心算法[J].制冷学报,2016,37(2):30-37.

[22] 王天旭.基于实测的冷水机组及冷冻水泵运行优化研究[D].大连:大连理工大学,2017.

[23] 胡正伟,刘创业.基于卡尔曼滤波与感知哈希技术的模板匹配跟踪算法[J].计算机与现代化,2017(7):57-61.

第7篇 人员分布

第15章

基于 WiFi 的群智能建筑系统人员估计算法

本章提要

群智能建筑是一种新型的建筑自动化系统，该系统立足于建筑机电设备自动控制需求，以空间和各种机电设备为基本单元对象，以人(使用者和管理者)为中心，实现对机电设备真正意义上的智能控制，解决了该领域长期存在的组网难、调试周期长且复杂、系统改造困难以及智能系统实际运行并不智能等难题。

建筑物内不同区域人员估计对群智能建筑自动化系统的暖通空调系统、照明系统以及紧急状况下人员疏散和搜救等应用起着非常关键的作用。而在室内复杂多变的环境下，和人的存在性密切相关的信号，如 WiFi 信号、视频/图像、红外信号等，均具有不稳定特征，给区域人员高精度估计带来较大的挑战。本章介绍基于 WiFi 的群智能建筑自动化平台下人员分布估计算法的最新研究成果。首先介绍室内人员分布的研究现状，总结当前国内外该领域取得的重要进展和方法特点，然后构建基于 WiFi 的人员分布估计系统模型，并讨论有较高准确率的基于分类的人员分布估计算法和基于关联规则分析的人员分布估计修正方法，最后给出算法性能及分析。本章内容主要来源于文献[1,2]。

15.0 符号列表

RSSI	信号强度
R_{th}	门限值
n	WiFi 探针的个数
P_j	WiFi 探针 j 对人员判断正确的概率
$f_i(x)$	移动终端在 WiFi 探针处的信号强度的概率密度函数

15.1 引言

近年来，由于智慧城市、智能建筑以及智能家居的实际建设需求，有关建筑物内人员监测的研究一直是学术界和工业界的一个研究热点。总体上建筑物内人员分布估计方法可以划分为三大类：基于硬件的(hardware-based)、基于软件的(software-based)及组合方法(combined method)。

基于硬件的人员分布估计方法，也称为直接监测方法(direct sensing method)，通常是通过安装或者是利用一些现有的基础设施，如摄像头、照相机、红外传感器、声波、射频(WLAN、蓝牙、WiFi、RFID)、传感器网络等，获取跟建筑物人员分布相关的信息，对采集到的信息进行分析与运算，从而得到对人员分布的估计。这一大类方法是目前学界和业界研究最多的。基于视频和图像的人员分布估计性能最好，可以广泛应用于一些公共场合。红外传感器由于其简单方便等特点，文献[3-5]都通过在建筑子空间边界设置红外传感器记录人流向量，从而对室内人数进行统计，准确率可达 70%。文献[6]使用特征工程法，提取最有用的音频信号对居民楼人数进行估计，计数准确率约为 70%，且性能受背景噪声影响很大。文献[7-8]均使用了主动式 RFID 标签，要求建筑物内人佩戴 RFID 标签，从而实现对人员分布的估计。在文献[10]里,作者使用一个电磁波运动传感器来检测建筑空间是否有行人,从而对照明设备进行控制以达到节省能耗的目的。还有文献[11]利用超宽带雷达优秀的目标识别能力来识别建筑物内的人,但由于其昂贵的成本,很少在实际中使用,除非一些特殊场合。基于建筑空间内人的存在对无线电磁场传播的影响,文献[12]在空地部署了一对无线收发器,通过实测数据,发现对不超过9个人的估计具有良好的预测能力。基于传感器的室内人员估计工作又可以分为两大类,一类工作是基于单一传感器,另一类工作是基于多种传感器。基于单一传感器的人员估计方法里,二氧化碳是使用最多的。文献[13]基于二氧化碳传感网对人员分布进行估计,小房间估计准确率为94.68%,大房间(如可容纳300人)的估计准确率为73.76%;文献[14]同样使用传感网感知到的二氧化碳浓度数据,引入领域自适应(domain adaptation)机制,对于可容纳230人的房间,其二进制估计正确率(即估计房间有人或者没人)为67.85%~75.42%,而对人数的精确估计准确率仅为59.45%~63.75%;还有一些其他的基于二氧化碳浓度的估计方法,其准确度都不够高,远小于90%[36-39],且都要求房间是密闭系统,没有考虑房间通风系统对算法性能的影响。文献[19]通过部署多个红外传感器记录人流向量,对传感网监测到的光照、声强、运动情况、二氧化碳浓度、温湿度等多个物理量采用机器学习算法实现对人员的估计,训练数据估计正确率为87.62%,测试数据估计正确率仅为64.83%,最多可以估计9个人。文献[20]基于对光照、二氧化碳浓度、温湿度、ZigBee无线电以及数字视频的分析建模,同样采用随机森林、GBM以及回归树等机器学习算法,对最多有2个人的房间人员估计正确率可达95%,作者还发现如果只用温度信息估计正确率陡降为83%。

第二大类人员估计工作是基于软件的,也称为基于模型的(model-based)。目前大多数基于模型的人员估计都是随机性模型,但对随机性的刻画程度有所区别,通常也是在准确度和计算复杂度之间做折中考虑。文献[21]是采用蒙特卡罗法,但没有考虑人员在室内位置时间相关性,也没有考虑人与人之间的空间互相关性;文献[22]所构造的人员分布估计模型考虑了每个人自身的时相关性,但人与人在建筑空间不同单元的空间互相关性没有加进去,而且没有考虑事件对人移动行为的影响,模型不够准确刻画实际人员分布;文献[23]所构造的人员分布模型,考虑了时间,模型准确度有所提高。从各种方法的实际效果来看,完全不考虑事件、不考虑时间自相关性和空间互相关性,或者过多考虑时间使得模型参数过于复杂,都是不实用的。如何在准确度和复杂度之间做出折中则是需要考虑的问题。

最后一类有关人员分布估计方法是基于硬件和模型的组合式研究方法。这部分工作目前还比较少报道。伊利诺伊大学香槟分校提出了基于SUN(sensor utility network)结构实现对室内人数计数的研究,性能比直接观察优70%[30]。为了提高人员计数的准确度,解决人数传感器存在的多检和漏检的问题,文献[31]提出一个概率模型,考虑了节假日、事件(开会等)以及凌晨三点时刻等对模型的影响,但具体估计准确率尚未报道。

综上所述,现有的研究大多以数据采集与信息处理技术为手段实现人员估计,较少考虑建筑内感知信号的不稳定特性,没有考虑新型智能建筑控制管理平台(如群智能建筑控制系统)对人员分布估计算法的分布式要求以及对高准确率的需求,目前对房间是空还是有人的二分类判断准确率比较高,但对人数的精确估计还不够。本章讨论的是一种无须额外铺设昂贵硬件设施、无须人员主动参与的被动式室内人员自动计数方法。基于当今社会人员和移动终端的强依赖关系,在感兴趣区域部署多个可持续监测WiFi连接请求信息的WiFi探针，检测人员的存在性，并基于神经网络模型对人员在区域内或者区域外进行判断，最终统计出目标区域内的人员数量。

15.2　WiFi 信号具有非加密性、突发性及间歇性

如图 15.2-1，根据 IEEE 802.11 协议规定，当移动终端打开 WiFi 模块后，它便会广播 WiFi 探测请求(probe request)帧，扫描所在区域内目前有哪些 IEEE 802.11 网络可接入(图 15.2-1 中用虚线表示 AP 可有可无)。该帧中包含终端 MAC 地址、接收信号强度、信道号等信息。WiFi 探针即利用 WiFi 探测请求帧的明文特性，监测并解析出其中的有用信息，并应用到不同的场景中。

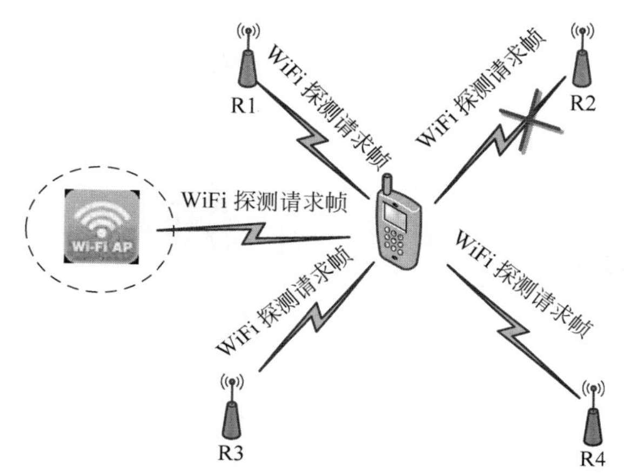

图 15.2-1　WiFi 探针工作原理示意图

除非加密性和广播性外，只要移动终端开启 WiFi 模块，无论是否成功接入到某个 AP，终端都会间歇性地、突发地广播 WiFi 探测请求帧。终端这种间歇性及突发特性以及室内无线传播环境的复杂性，使得位于终端通信半径内的 WiFi 探针不可能持续周期性地正确接收到来自同一终端的 WiFi 探测请求帧；并且在相同的持续时间间隔内，不同探针检测到的帧数量也不尽相同，如图 15.2-2 所示，同一时间段内不同探针接收到的来自同一终端 WiFi 探测请求帧相互独立，具有间歇性和突发性。

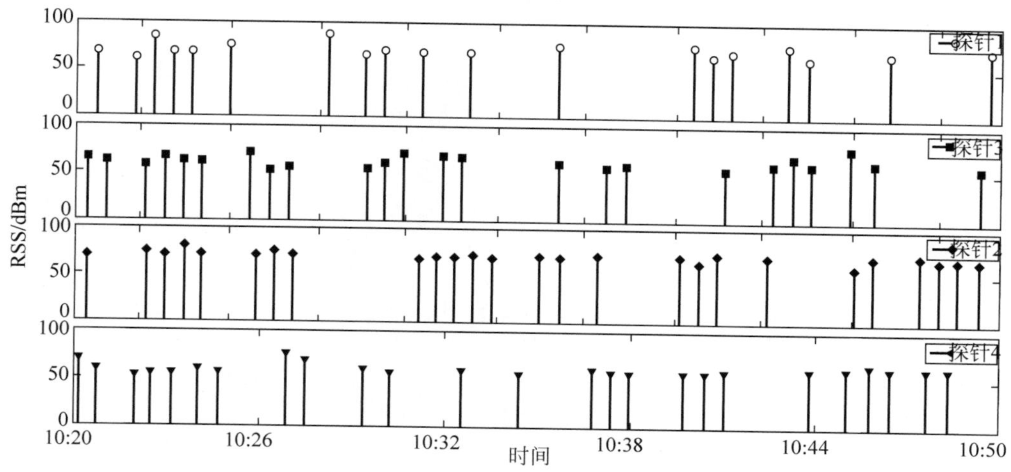

图 15.2-2　WiFi 探测请求帧的间歇性和突发性

综上所述，一方面，由于 WiFi 信号的非加密特性，即可通过对 WiFi 信号进行一定分析及利用以实现对人员分布的估计，满足群智能建筑自动化系统的使用需求；另一方面，WiFi 信号固有的突发性、间歇性，也同时对人员估计算法提出一定的自适应性要求。

15.3 人员分布估计系统模型

和现有的有关建筑物里人员分布估计方法不同的是，本章讨论的人员分布估计算法不仅要运行于群智能建筑自动化平台，且要服务于群智能建筑自动化系统。如图 15.3-1 所示，群智能建筑控制管理系统平台具有扁平化、无中心的特点，每个建筑空间单元包含一个智能节点，所有智能节点地位平等，只与邻居节点交互，节能算法运行在各节点上，智能机电设备和其所在的建筑单元空间里的智能节点交互。本章面向新型建筑智能化系统平台对人员计数的计算需求，研究新型室内人员计数方法，新方法实现了数据采集与计算分析本地化，能够和建筑空间单元的智能节点直接通信。

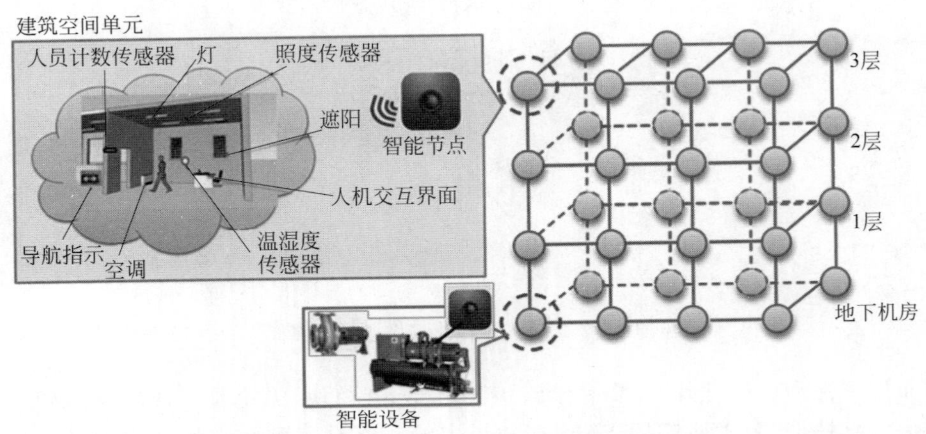

图 15.3-1 群智能建筑控制管理系统架构示意图

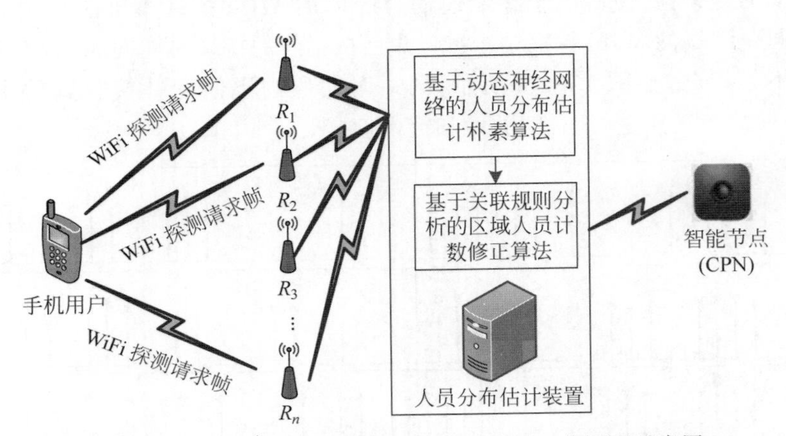

图 15.3-2 基于 WiFi 的室内人员计数方法工作原理示意图

考虑到当前人们的日常活动和手机密不可分，充分利用广泛存在的 WiFi 信号，本节介绍了基于 WiFi 的室内人员计数方法的最新研究成果，工作原理如图 15.3-2 所示。在每个建筑空间单元里部署 n 个 WiFi 探针，记为 $\boldsymbol{R}=(R_1, R_2, \cdots, R_n)$。WiFi 探针将这些信息透明转发给指定的处理节点(后面称作群智能建筑人员分布估计装置)。该处理节点接收到不同探针发来的信息后,将信息传递到人员位置判断模型,对终端在区域内或者区域外进行二分类判断,并将判断结果传递给区域人员实时计数模型;进一步地,针对一些人员分布比较平稳的建筑物,采用关联规则分析,对人员计数结果进行修正,以提高算法的准确度;区域人员实时计数模型周期性地对不同时间段内在区域内的人员进行计数统计,该结果实时保存在本地并上报给用户。

15.4 基于分类的群智能建筑人员分布朴素估计方法

15.4.1 问题分析及系统模型

考虑到室内人员随身携带的移动智能终端在连接 WiFi 时发出非加密的连接请求帧(WiFi probe request),利用 WiFi 探针被动嗅探技术,基于 WiFi 探针检测到的信号强度对移动终端进行定位,进而基于定位结果,统计出相关区域的人数以实现室内人员计数的目标。但考虑到 WiFi 无线信号在室内环境传播过程比较复杂,基于 WiFi 信号实现室内精确定位通常都需复杂的数学模型及昂贵的硬件支持,与群智能建筑平台条件不符合,故将面向室内人员计数的定位问题建模为二分类定位问题,即基于 WiFi 探针检测到的信号强度,仅需判断移动终端在区域内或区域外,进而统计出在区域内的人数,即可实现室内人员计数的目标,实现了低复杂度、低成本的人员计数技术。构建过程如下。

首先,用 RSSI_{ij} 来表示移动终端 i 广播的 WiFi 连接请求帧传播到 WiFi 探针 j 处时的信号强度(单位:dBm),根据自由空间电磁波信号传播特性,RSSI_{ij} 可写为

$$\mathrm{RSSI}_{ij}=P_T-10\eta\lg\|T_i-S_j\|+\chi \tag{15.4-1}$$

其中,η 和 P_T 均为常量,分别为路径衰减指数和发射功率;χ 为随机变量,刻画多径和噪声对信号传播的影响以及探针的处理增益影响;$\|T_i-S_j\|$ 是移动终端 i 和第 j 个 WiFi 探针之间的距离。

基于式(15.4-1)对 WiFi 探针检测到的 RSSI 的定义,首先利于 WiFi 探针所探测到的 RSSI 强度对人员位置进行二分类判断,进而对室内人员计数。假设人员在区域内记为“1”,在区域外记为“0”,WiFi 探针 j 对人员位置判别正确率 P_j 可写为

$$\begin{aligned}P_j&=p(1)p(1\mid 1)+p(0)p(0\mid 0)\\&=p(1)\int_{R_{\mathrm{th\_1}}}^{+\infty}f_1(x)\mathrm{d}x+p(0)\int_{-\infty}^{R_{\mathrm{th\_0}}}f_0(x)\mathrm{d}x\end{aligned} \tag{15.4-2}$$

式(15.4-2)中,$p(1)$是人员在区域内的概率;$p(1|1)$是人员在区域内时 WiFi 探针检测人员位置在区域内的条件概率;$p(0)$是人员在区域外的概率;$p(0|0)$是人员在区域外时 WiFi 探针检测人员在区域外的条件概率;$f_1(x)$是区域内移动终端在 WiFi 探针处的 RSSI 的概率密度函数;$R_{\mathrm{th\_1}}$ 是 WiFi 探针对区域内移动终端的判别门限值;$f_0(x)$是区域外移动终端在 WiFi 探针处的 RSSI 的概率密度函数;$R_{\mathrm{th\_0}}$ 是 WiFi 探针对区域外移动终端的判别门限值。

考虑到位于终端通信半径内的 WiFi 探针不可能持续周期性地正确接收到来自同一终端的 WiFi 探测请求帧,本方法使用多个 WiFi 探针对移动终端进行持续监听,假设使用 n 个探针对某移动终端进行位置判断,其判别正确率记为 $P(n)$。由于 P_j 相互独立,根据概率乘法公式,有

$$1-P(n)=(1-P_1)(1-P_2)\cdots(1-P_n) \tag{15.4-3}$$

进一步可得

$$P(n)=1-(1-P_1)(1-P_2)\cdots(1-P_n) \tag{15.4-4}$$

式(15.4-4)表明,由 n 个独立的 WiFi 探针观测到的 RSSI 对人员位置的判别正确率可由单个 WiFi 探针的判别正确率推导出来。且很容易证明,$\forall i \in \{1,2,\cdots,n\}$,均有 $P(n) \geqslant P_i$,即多个 WiFi 探针联合的判别正确率不小于其单个 WiFi 探针的判别正确率。进一步地,由于 P 的连续性,还可证明,$\forall n,m$,若 $n \geqslant m$,则有 $P(n) \geqslant P(m)$ 成立。

对此,提出一种使用多探针的基于分类的室内人员自适应计数方法,以降低 WiFi 探针接收信号不确定性以及 WiFi 信号本身的不确定性对计数方法性能带来的影响。基于分类器的人员位置判别模型如图 15.4-1 所示。

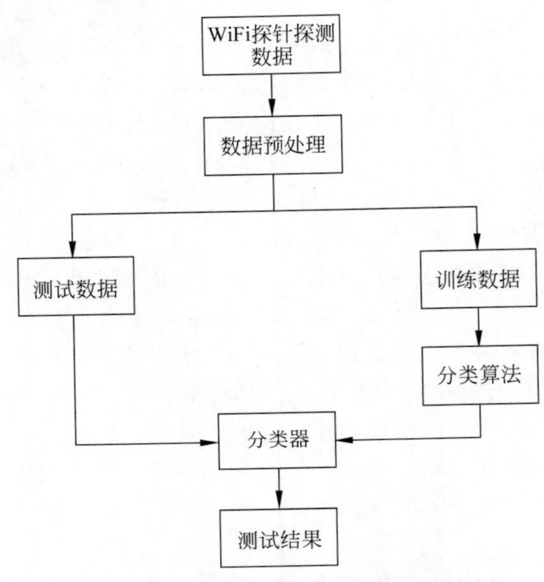

图 15.4-1 基于分类器的人员位置判别模型

研究中以 4 个 WiFi 探针在同一时间帧内嗅探到的同一移动终端的 RSSI 值为输入,每个 WiFi 探针对应着分类器的一维输入特征值,即该分类器的输入参数为一个四维特征向量,当该分类器输出值大为 1 时表明被感知的移动终端在指定的区域内,而当输出值为 0 时表明被感知的移动终端在指定的区域外。

15.4.2 基于分类的室内人员计数方法

基于上述系统模型构建,借助神经网络较好的分类功能,对人员的位置进行二分类判断,工作原理如图 15.4-2 所示。

WiFi 探针收到移动终端的 WiFi 探测请求帧后,将检测到的 RSSI 作为神经网络的输入参数,利用室内和室外 RSSI 的差异性,由神经网络完成对终端在室内室外的判断。

特别地,为了测试探针数量对分类准确性的影响,考虑到使用不同探针数目对判别正确性有一定的影响以及终端被不同数目监测到的概率不同,在实际使用中,对其进行组合性能测试。

经离线训练处理,在部署 n 个 WiFi 探针的约束条件下,可训练好共计 2^n-1 种神经网络,并保存好,在线阶段,根据探针实际接收数据情况,将数据实时传递给神经网络进行位置判断,若在区域内,则人数加 1,否则不变。

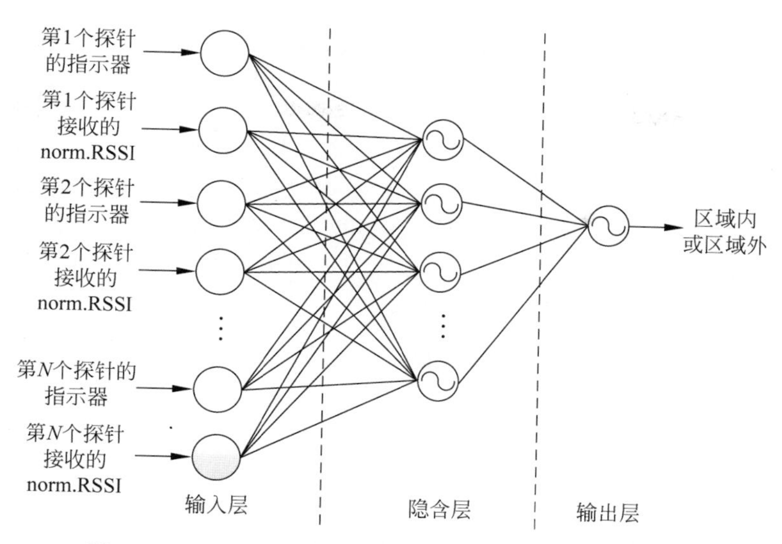

图 15.4-2　用于人员位置判别模型的神经网络结构示意图

15.4.3　实验验证及性能分析

为验证方法有效性，在某建筑楼里某个房间进行了场景验证测试。房间内共部署了 4 个 WiFi 探针，无须事先明确各个 WiFi 探针节点的具体位置坐标，仅须在整个实验过程中 WiFi 探针节点位置保持固定不变即可。WiFi 探针距地面 1.2m，以 30s 为周期上报接收到的 WiFi 探测请求帧。

考虑到能够监测到终端的探针数目并非一直不变以及不同数目探针对终端判别正确率的不同，本课题测试了 4 种不同探针组合情况下，该算法进行建筑内区域人员计数的性能：由图 15.4-3 可知，基于分类的多探针自适应人员分布估计方法具有较优的性能，和实测人数非常吻合，且满足群智能建筑自动化系统的要求。

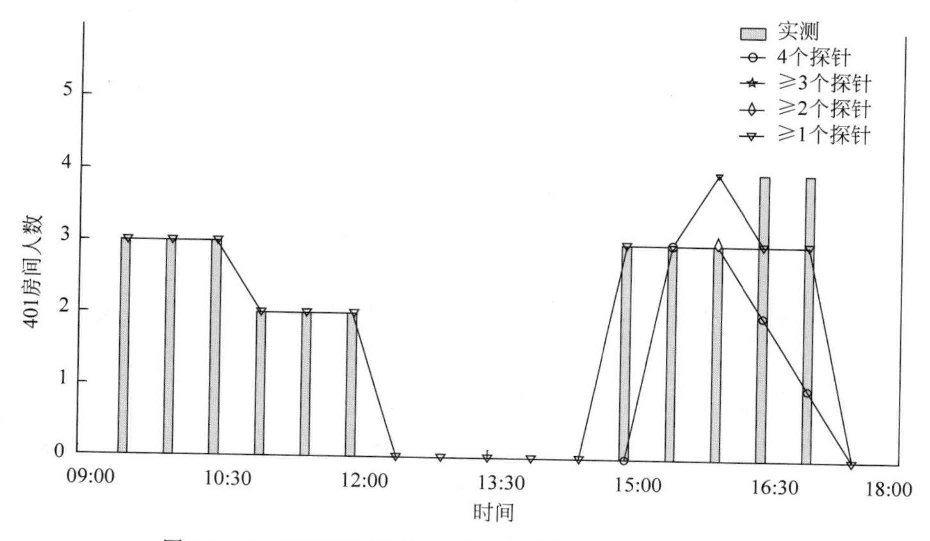

图 15.4-3　2017 年 11 月 13 日 401 房间人数随时间变化图

15.5 基于关联规则分析的室内人员计数修正算法

由前面可知，利用 WiFi 探针探测移动终端的 MAC 地址和接收信号强度(RSSI)等信息，通过使用神经网络构造分类器，可高准确率地辨别人员是否在指定区域内，并根据移动终端的 MAC 地址与人员的唯一映射关系，进而实现对该指定区域的室内人数统计以及身份识别。该方法假设建筑单元空间的人总是携带移动智能终端，且 WiFi 模块启动，是一个比较强硬的假设条件。事实上，建筑空间单元的人员因为自身原因未携带移动终端，或者手持移动终端的人员未开启无线网络连接功能，诸如此类的情况时有发生。该情况下，前述方法就不能准确有效地统计室内真实的人员数量。针对这种缺陷，考虑到在人员数量与分布相对固定的建筑空间单元内，人员之间在进出该区域时可能存在着某种相互联系，进一步对室内人员的关联关系进行观察与挖掘，提出一种基于关联规则分析的室内人员计数修正方法。

15.5.1 问题分析及系统模型

如图 15.5-1 所示，基于关联规则分析的室内人员计数修正方法，分为两个阶段：离线阶段和在线阶段。离线阶段，基于较长时间内的 WiFi 探针探测数据，采用数据挖掘方法对室内人员之间在指定区域内出现的相互关系进行关联规则发现，将获得的 k-扩展高频项目集进行高效存储；在线阶段，对检测到的当前室内的 MAC 地址集与存储的 k-扩展高频项目集进行匹配，得到修正后的 MAC 地址集，实现对室内人员计数的修正。

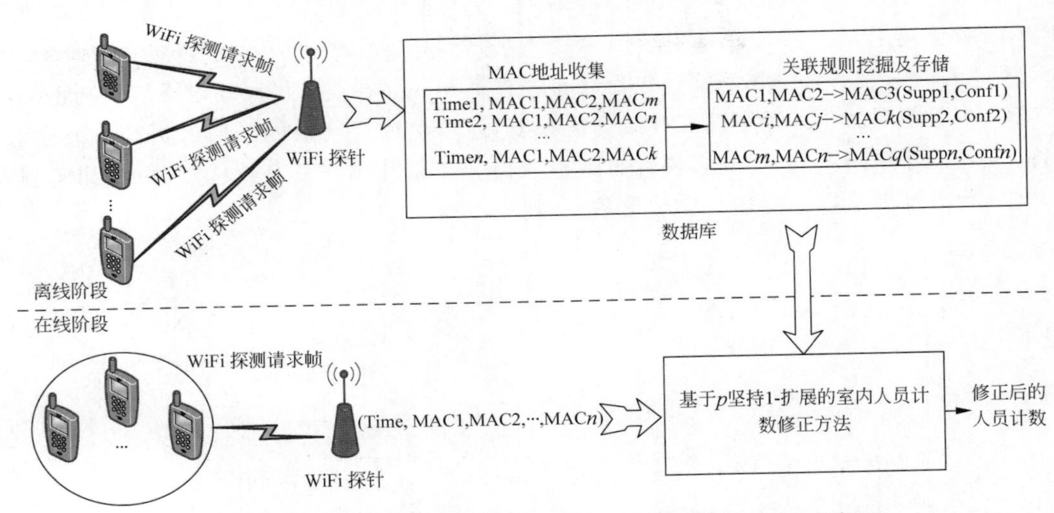

图 15.5-1 基于关联规则分析的室内人员计数修正方法工作原理图

15.5.2 高频项目集 k-扩展特性讨论

依据移动终端 MAC 地址与人员之间的唯一映射关系，通过对室内人员所对应的移动终端的 MAC 地址信息进行关联规则发现，即可探究室内人员之间存在的关联关系。为设计合理的人员计数修正算法，本节对高频项目集 k-扩展的特性进行讨论。

经过对长时间观察数据分析，可获得一些关联规则。其前件表示指定区域内的室内人员高频项目集，后件为前件高频项目集的 k-扩展（即后件中包含 k 个项目）。将基于关联分析得到室内人员高频项目集的 k-扩展的方法应用于室内人员计数问题上，表示为，在最小支持度阈值下，当室内人员高频项目集中包含的全部人员均出现的概率为置信度。显然地，置信度越大，估计的准确度越高。本课题给出如下定理，说明 1-扩展更适合用于人员计数修正。

定理 15.5-1　当关联规则中的前件高频项目集 X 相同，后件为 k-扩展时，其置信度一定不小于后件为 $(k+1)$-扩展时的置信度，即 $c(X\to Y_k)\geqslant c(X\to Y_{k+1})$。

证明　因为对于关联股则 $X\to Y_k$ 和 $X\to Y_{k+1}$，其支持度与置信度表达式为

$$s(X\to Y_k)=\frac{\sigma(X\cup Y_k)}{N}\qquad c(X\to Y_k)=\frac{\sigma(X\cup Y_k)}{\sigma(X)}$$

$$s(X\to Y_{k+1})=\frac{\sigma(X\cup Y_{k+1})}{N}\qquad c(X\to Y_{k+1})=\frac{\sigma(X\cup Y_{k+1})}{\sigma(X)}$$

又因为 $Y_k\subseteq Y_{k+1}$，所以 $(X\cup Y_k)\subseteq(X\cup Y_{k+1})$。

因为支持度度量的反单调性性质：一个项集的支持度绝不会超过它的子集的支持度，所以 $s(X\to Y_k)\geqslant s(X\to Y_{k+1})$。

由关联股则 $X\to Y_k$ 和 $X\to Y_{k+1}$ 的支持度与置信度表达式可得 $\sigma(X\cup Y_k)\geqslant\sigma(X\cup Y_{k+1})$，所以 $c(X\to Y_k)\geqslant c(X\to Y_{k+1})$。

故对于关联规则 $X\to Y_k$ 与 $X\to Y_{k+1}$，$c(X\to Y_k)\geqslant c(X\to Y_{k+1})$成立。

上述给出的证明说明当关联规则中前件相同，后件为 k-扩展时，其置信度一定不小于后件为 $(k+1)$-扩展时的置信度。而置信度度量通过规则进行推理具有可靠性，对于给定的规则 $X\to Y$，置信度越高，Y 在包含 X 的交易中出现的可能性就越大。因此置信度是影响基于高频项目集扩展对室内人员计数修正方法的准确度高低的一个十分重要的因素，即说明使用高频项目集的 k-扩展对室内人员计数进行修正时，k 值越小修正方法的准确性越高。

算法 15.5-1　高频项目集 1-扩展算法

输入：WiFi 探针收集数据 DataCol，支持阈值 $Supp_{th}$，置信阈值 $Conf_{th}$

输出：基于 1-RHS-1RHS 的高频项目集

步骤：

```
1.  if DataCol 空集 then;
2.    return;
3.  end
4.  初始化 HFI-1RHS =∅，TimeDiffRef = 1e10，TransSet =∅;
5.  while DataCol 非空 do;
6.    if TimeDiff(DataCol_i，DataCol_j) <= TimeDiffRef then;
7.      将 DataCol_i，DataCol_j 保存到 TransSet;
8.      从 DataCol 中删除 DataCol_i，DataCol_j;
9.    end
10. end
11. while TransSet 非空 do;
```

```
12.    if Supp_i >= Supp_th && Conf_i >= Conf_th then;
13.      HighFreItem = Trans_i;
14.      if Number of HighFreqItem's RHS == 1 then;
15.        将 HFI-1RHS 保存到 HighFreqItem;
16.      end
17.    end
18.    将 Trans_i 从 TransSet 中删除;
19 end
```

15.5.3 基于 p-坚持 1-扩展的室内人员计数修正方法设计

关联规则的置信度描述的是关联规则中前件出现时,后件同时出现的概率,是一个概率描述事件,对此,提出基于 p-坚持 1-扩展的室内人员修正方法。其核心思想是:对长期监测的数据,使用关联规则挖掘方法挖掘出表达指定区域的室内人员之间相互关系的关联规则并存储,再将其与基于 WiFi 探针的人员位置计数方法测得的室内人员进行规则匹配,找出基于 WiFi 探针的人员位置计数方法漏检的人员,并以概率 p 对室内人员计数进行修正。具体算法描述如算法 15.5-2 所示。

算法 15.5-2 基于 p-坚持 1-扩展的室内人员计数修正

输入:WiFi 探针在时间窗口 t 收集 MAC_t,高频项目集 1-RHS HFI-1RHS,概率 p

输出:在时间窗口 $t\Delta N_t$ 修正值

步骤:

```
20. if MAC_t 空集 then;
210.   return;
22. end
23. 初始化 ΔN_t = 0, NewMACsetAadded = ∅, TempMAC = ∅;
24. for MAC_i ∈ Mac_t do;
25.   Use MAC_i to construct the LHS set;
26.   Based on the LHS, match the association rules in HFI-1RHS to get the corresponding 1-RHS
    RHS of MAC_i;
27.   TempMAC = RHSofMAC_i;
28.   if TempMAC ∉ (MAC_t ∪ NewMACsetAdded) then;
29.     TempVar = rand;
30.     if TempVar ≤ p then;
31.       ΔN_t = ΔN_t + 1;
32.       将 TempMAC 保存到 NewMACsetAdded;
33.     end
34.   end
35. end
```

15.5.4 实验验证及性能分析

为验证方法有效性，在某高校教学 A 楼四楼 401 房间进行了场景验证测试。房间内共部署了 4 个 WiFi 探针，实验无须事先明确各个 WiFi 探针节点的具体位置坐标，仅须在整个实验过程中 WiFi 探针节点位置保持固定不变。WiFi 探针距地面 1.2m，以 30s 为周期上报接收到的 WiFi 探测请求帧。

为验证算法的有效性，特别地，实验室一名人员被要求关掉手机的 WiFi，使得 WiFi 探针无法嗅探到该人员的存在。实验中概率 p 取了两种值，一种是 p=置信度，另一种是 $p=1$。实验结果如图 15.5-2 所示。

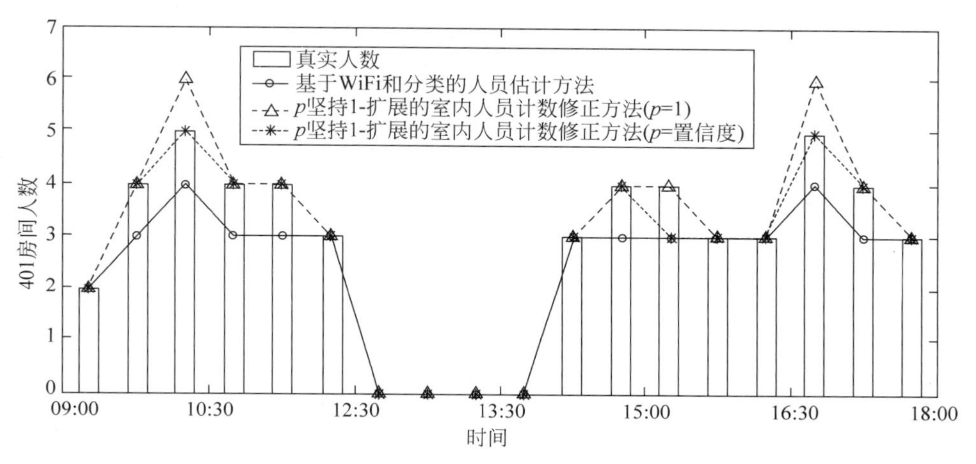

图 15.5-2 基于 p 坚持 1-扩展的室内人员计数修正方法性能曲线图

从实验结果可知，基于 p 坚持 1-扩展的室内人员计数修正方法可以解决基于 WiFi 的室内人员计数方法中的一些"漏检"问题，提升人员计数的正确率。值得注意的是，由于关联规则描述的不同人员之间的关联性属于概率事件，而 $p=1$ 把概率事件转换成确定性事件，会带来一定的误差，这也是实验结果中 p=置信度的修正方法准确率高于 $p=1$ 的修正算法的原因。

15.6 本章小结

考虑到室内人员分布对群智能建筑系统运行的关键支撑作用，本章讨论了一种无须建筑物内用户主动参与，利用 WiFi 探针被动接收移动终端连接 WiFi 时广播的接入请求帧，基于接收信号强度，采用神经网络模型完成对检测到的移动终端在区域内或外的二分类判断，进而统计出特定时间段在区域内的人数。该算法充分考虑了接入请求帧的突发性和间歇性，能够根据当前检测到的实际情况，实时动态地选择合适的神经网络模型。

另外，考虑到建筑物内人员的 WiFi 移动终端未携带或者 WiFi 功能关闭的情形，针对建筑物指定区域内人员相对固定的应用场景，为提升基于 WiFi 的室内人员计数方法的准确率，还讨论了一种基于 p 坚持 1-扩展的室内人员计数修正方法。该修正方法使用关联规则发现技术获取了室内人员登记 MAC 地址的高频项目集。依据基于室内人员登记 MAC 地址的高频项目集的 1-扩展，设计了基于高频项目集 1-扩展的室内人员计数修正方法，实现了更准确的基于 WiFi 探针感知数据的室内人员计数。结果表明，所提出的使用关联规则发现技术对基于 WiFi 探针感知数据的室内人员计数的修正是有效的。

参考文献

[1] Ping W, et al. A Classification-Based Occupant Detection Method for Smart Home Using Multiple-WiFi Sniffers[C]//International Conference on Smart City and Intelligent Buildings 2018 (ICSCIB2018), Hefei, China, Sep. 15-16, 2018, Advancements in Smart City and Intelligent Building, pp. 485-496.

[2] Ping W, et al. A p-Persistent Frequent Itemsets with 1-RHS Based Correction Algorithm for Improving the Performance of WiFi-Based Occupant Detection Method[C]//International Conference on Smart City and Intelligent Buildings 2018 (ICSCIB2018), Hefei, China, Sep. 15-16, 2018, Advancements in Smart City and Intelligent Building, 2018: 497-504.

[3] Song J, Dong Y F, Yang X W, et al. Infrared Passenger Flow Collection System Based on RBF Neural Net[C]//2008 International Conference on Machine Learning and Cybernetics, 2008, 3: 1277-1281.

[4] Wang H T, Jia Q S, Lei, Zhao Q, Guan X. Estimation of Occupant Distribution by Detecting the Entrance and Leaving Events of Zones in Building[M]. //IEEE Multisensor Fusion and Integration for Intelligent Systems. Hamburg, Germany, 2012, Sep. 12-15.

[5] Pan L L, Chen T, Jia Q S, et al. An Occupant Behavior Model for Building Energy Efficiency and Safety[C]//Proceedings of the 2nd International Symposium on Computational Mechanics and the 12th International Conference on the Enhancement and Promotion of Computational Methods in Engineering and Science, Springer-Verlag GmbH, May 21, 2010, 1233: 191-196.

[6] Ghaffarzadegan S, Reiss A, Ruhs M, et al. Occupancy Detection in Commercial and Residential Environments Using Audio Signal[C]//INTERSPEECH 2017, Stockholm, Sweden, August 20-24, 2017.

[7] Zhang K, Lim A L C, Zhu W, et al. Robust RFID-Based System and Method for Precise In-House Positioning. US: US20070109125[P], 2007.

[8] Li N, Calis G, Becerik-Gerber B. Measuring and monitoring occupancy with an RFID based system for demand-driven HVAC operations[J]. Automation in Construction, 2012, 24: 89-99.

[9] Zhen Z N, Jia Q S, Song C, et al. An Indoor Localization Algorithm for Lighting Control using RFID [C]//2008 Energy 2030 Conference, Atlanta, Georgia, Nov. 17-18, 2008.

[10] Leephakpreeda T. Adaptive Occupancy-Based Lighting Control via Grey Prediction[J]. Building and Environment, 2005, 40(7): 881-886.

[11] Dutta P K, Arora A K, Bibyk S B. Towards Radar-Enabled Sensor Networks[C]//Proceedings of the 5th international conference on Information processing in sensor networks, ACM, 2006: 467-474.

[12] Depatla S, Muralidharan A, Mostofi Y. Occupancy Estimation Using Only WiFi Power Measurements [J]. IEEE Journal on Selected Areas in Communications, 2015, 33(7): 1381-1393.

[13] Arief-Ang I B, Hamilton M, Salim F D. RUP: Large Room Utilisation Prediction with carbon dioxide sensor[J]. Pervasive and Mobile Computing, 2018, 46: 49-72.

[14] Arief-Ang I B, Salim F D, Hamilton M. DA-HOC: Semi-Supervised Domain Adaptation for Room Occupancy Prediction using CO2 Sensor Data. In: Proceedings of the 4th ACM International Conference on Systems for Energy-Efficient Built Environments (BuildSys'17) [C]//ACM, New York, NY, USA, 2017: 1-10.

[15] Arief-Ang I B, Salim F D, Hamilton M. SD-HOC: Seasonal Decomposition Algorithm for Mining Lagged Time Series[J]. Communications in Computer and Information Science, Springer International Publishing, 2018, 845: 125-143.

[16] Basu C, Koehler C, Das K, et al. PerCCS: person-count from carbon dioxide using sparse non-negative matrix factorization[C]//In Proceedings of the 2015 ACM International Joint Conference on Pervasive and Ubiquitous Computing. ACM, 2015: 987-998.

[17] Calì, Davide, Matthes P, Huchtemann K, et al. CO2 based occupancy detection algorithm: Experimental analysis and validation for office and residential buildings[J]. Building and Environment, 2015, 86: 39-49.

[18] Ebenezer Hailemariam, Rhys Goldstein, Ramtin Attar, and Azam Khan. Real-time occupancy detection using decision trees with multiple sensor types[C]. In Proceedings of the 2011 Symposium on Simulation for Architecture and Urban Design, 2011: 141-148.

[19] Yang Z, Li N, Becerik-Gerber B, et al. A Multi-Sensor Based Occupancy Estimation Model for Supporting Demand Driven HVAC Operations[C]//In Proceedings of the 2012 Symposium on Simulation for Architecture and Urban Design, 2012: 2.

[20] Candanedo L M, Feldheim V. Accurate Occupancy Detection of An Office Room From Light, Temperature, Humidity And CO2 Measurements Using Statistical Learning Models[J]. Energy and Buildings, 2016, 112: 28-39.

[21] Clevenger C M, Haymaker J. The Impact Of the Building Occupant On Energy Modeling Simulations, 2001: 1-10.

[22] Wang D, Federspiel C C, Rubinstein F. Modeling occupancy in single person offices[J]. Energy & Buildings, 2005, 37(2): 121-126.

[23] Chang W K, Hong T. Statistical Analysis and Modeling of Occupancy Patterns in Open-Plan Offices using Measured Lighting Switch Data[J]. Building Simulation, 2013, 6(1): 23-32.

[24] Page J, Robinson D, Morel N, et al. A Generalized Stochastic Model for the Simulation Of Occupant Presence[J]. Energy and Buildings, 2008, 40(2): 83-98.

[25] Dong B, Lam K P, Neuman C P. Integrated Building Control Based On Occupant Behavior Pattern Detection And Local Weather Forecasting[C]//12th Conference of International Building Performance Simulation Association, 2011: 193-200.

[26] Dong B, Andrews B, Lam K P, et al. An Information Technology Enabled Sustainability Testbed for Occupancy Detection Through An Environmental Sensing Network[J]. Energy and Buildings, 2010, 42(7): 1038-1046.

[27] Richardson, Thomson M, Infield D. A High-Resolution Domestic Building Occupancy Model For Energy Demand Simulations[J]. Energy and Buildings, 2008, 40(8): 1560-1566.

[28] Liao C, Lin Y, Barooah P. Agent-based and Graphical Modelling of Building Occupancy[J]. Journal of Building Performance Simulation, 2012, 5(1): 5-25.

[29] 王闯，燕达，丰晓航，等. 基于马尔可夫链与事件的室内人员移动模型[J]. 建筑科学，2015，31(10): 188-198.

[30] Meyn S, Surana A, Lin Y, et al. A Sensor-Utility-Network Method for Estimation of Occupancy in Buildings[C]//The 48th IEEE Conference on Decision and Control, Shanghai, China, Dec. 16-18, 2009.

[31] Hutchins J, Ihler A, Smyth P. Modeling Count Data from Multiple Sensors: A Building Occupancy Model[C]//Computational Advances in Multi-Sensor Adaptive Processing, 2007. CAMPSAP 2007.

第16章

基于红外的群智能建筑系统人员估计算法

本章提要

建筑物各区域内人员数量是智能建筑中建筑设备智能运行决策、建筑运行节能决策的重要因素。在众多感知技术里，红外感知因其成本低、响应快、安装简便和注重隐私保护等优势，为学术界研究和工业界应用所关注。面向群智能建筑系统平台实现的需求，基于红外技术，针对出入口是否分离两种场景，本章给出基于红外的群智能建筑自动化平台下人员分布估计算法的最新研究成果。首先介绍当前基于红外的人员分布估计算法的研究现状，总结当前国内外该领域取得的重要进展、贡献和方法特点；然后构建基于红外的人员分布估计系统模型，并讨论出入口分离和不分离两种情况下，算法设计的要点及不同点；最后给出算法性能及分析。本章内容主要来源于文献[1]。

16.0 符号列表

A	红外入侵探测装置
x_i	红外输出信号
S	数据序列
T_i	时间段
precision	精确率
recall	召回率

16.1 引言

近年来，人员计数已成为计算机研究的活跃领域。现有国内外针对人员计数的研究大致分为两类，基于计算机视觉的方法和非计算机视觉的方法。相较于其他非计算机视觉技术，红外传感器以安装简便、价格低廉、保护隐私等优势被大多数人选择用于人员的检测或计数。大多数情况，人员计数系统由以红外传感器为核心的信号采集模块和以单片机为核心的控制模块组成，并根据信号特征完成计数算法的研究。在国内，黄文理选用CD4017和74HC153芯片的组合作为控制单元，利用CD4017控制红外对射探测信号，利用74HC153辨识汽车进出方向，最终实现智能车辆计数[1]。湖北民族大学在分析红外传感的基础上，采用信号处理专用集成芯片设计了基于红外传感器的放大电路。人员计数系统选用两个PIR传感器用于信号获取，Cortex-M3单片机用于控制，并设计了计数算法，获取其在不同人体运动状态下的输出波形，根据波形辨别人体运动方向，实现实时计数[3]；清华大学根据测量信号中波峰波谷的数目确定人体运动的次数，设计了一种低支出、低消耗的计数器，将放大后的PIR探测器感知到的运动行为信号进行模数转换操作，利用单片机处理该运动信号，并通过简单的数峰操作实现计数[4-5]。国外方面，基于由一对单向PIR传感器组成的自持式超低功率传感器节点，开发了一种用于空间的人员计数系统，通过观察向内和向外PIR传感器之间的时间差，简单地区分运动的方向，其错误率仅有百分之一[6-7]。由于单方向检测的精确性低，研究人员用多对正交对齐的PIR传感器均匀分布在八个方向上检测人体运动的相对方向，收集不同方向、不同距离和不同速度下的数据，实现了正确率98%的运动方向检测[8-9]。另外，Zappi还提出了一种特征提取和传感器融合技术，该技术利用一组配备有PIR传感器的无线节点来跟踪在走廊中移动的人，能够实现100%正确率的运动方向检测以及83.49%～95.35%的距离间隔的正确检测[10]。

综上所述，基于计算机视觉的视频监控或图像计数系统部署广泛，能适用相对复杂的场景，可扩展性比较强。但是在人群密集，视点变化等情况下可能会导致计数准确率显著降低，且存在对系统统计精度和响应速度要求高，视频图像采集与处理设备成本较高等问题，该方法适合安保要求程度较高的场所。而对于普通场合来说，只注重简单的人数统计即可，此时非计算机视觉方法更加合适，相对于WiFi、蓝牙和RFID来说，红外传感器无须携带相关设备，无须进行结构性破坏、安装简便、成本低，有较高的响应速度和精度，特别地，在某些对隐私有高度要求的场所，红外传感技术的应用优势更明显，在智能建筑相关系统和应用中被广泛使用。因此，针对室内人员计数方法的需求，本章选用红外技术，完成了基于红外的人员计数方法的研究。

本章讨论了两种比较有代表性的场景：一是单向通行，即入口和出口物理分离，如地铁、超市、旅游区等，如图16.1-1(a)所示；二是双向通行，出入口合二为一，如办公室、民用房屋、商业门面等，如图16.1-1(b)所示。

(a) 单向通行场景

(b) 双向通行场景

图16.1-1 研究场景图

16.2 单向通行场景下的人员计数方法研究

在传统的基于红外的人员计数方法里，均是以相邻时间段内采集到的红外输出信号的取值变化为判据，即以1-0信号跃变次数进行人数统计。但在实际应用场景中，由于数据采集或数据传输过程中出现错误导致数据被逆转时，上位机接收到的数据并非完全准确。在这种情况下，传统的进出人员计数方法获得的人数与实际人数可能会存在偏差。针对探测器采集数据会出现少量错误的情况，本章使用模式匹配的思想，设计了一种基于部分聚类分类系统(partial clustering and classification system，PCCS)架构的室内人员计数方法[81]。

16.2.1 基于PCCS的室内人员进出辨识模型

对任意一个可编址主动红外入侵探测器装置，一段时间内采集的信号可用时间信号序列来表示。为了方便辨识模型的构建，首先给出以下两个定义。

定义16.2-1 设时刻$t_0,t_1,\cdots,t_{n-1},t_n,t_i-t_{i-1}=\Delta t>0,i=0,1,\cdots,n$。对可编址主动红外入侵探测器装置A，若$x_i$为$T_i=(t_{i-1},t_i]$时间段内采集到的一个红外输出信号，$x_i=0$或$x_i=1,i=1,2,\cdots,n$，则$S=<x_1,\cdots,x_{n-1},x_n>$是装置A在$T=[t_0,t_n]$时间段

内的红外信号数据序列。

定义 16.2-2 对可编址主动红外入侵探测器计数装置 A,当人员通过探测区域时,设室内人员计数装置生成的 0/1 信号序列 $S=<x_1,x_2,\cdots,x_k>$ 有 k 个 0/1 信号,则 s 的长度是 k,称 $\boldsymbol{s}$ 是一个基于可编址主动红外入侵探测器辨识人员通过的"k-有人模式"。

使用模式匹配的思想设计容错性更好的统计通过红外对射探测区域人数的方法,需要获得全部可能的人员通过探测区域时的 k-有人模式,人员通过探测区域时全部可能的 k-有人模式可以通过聚类的方法构造。对可编址主动红外入侵探测器计数装置 A 采集到的人员进出布防区域的 0/1 信号序列,构造长度为 k 的 0/1 序列的序列集。

对信号序列 $S=<x_1,\cdots,x_{n-1},x_n>$,令 $\boldsymbol{D}_i^{(k)}=(x_i\cdots x_{i+k-1})^{\mathrm{T}},1\leqslant i\leqslant n-k$,称 $\boldsymbol{D}_i^{(k)}$ 是 $\boldsymbol{S}$ 的一个 k 序列数据,进一步,$\boldsymbol{D}=\{\boldsymbol{D}_i^{(k)}\mid i=1,2,\cdots,n-k+1\}$ 是依据 $\boldsymbol{S}=<x_1,\cdots,x_{n-1},x_n>$ 构造的全部 k 序列数据的集合。形式上,$\boldsymbol{D}$ 可以用如式(16.2-1)规定的矩阵表示。式(16.2-1)规定的矩阵中,矩阵的每一列为一个长度为 k 的 0/1 序列。

$$\boldsymbol{D}=(\boldsymbol{D}_1^{(k)}\quad \boldsymbol{D}_2^{(k)}\quad \cdots\quad \boldsymbol{D}_{n-k+1}^{(k)})=\begin{pmatrix} x_1 & x_2 & \cdots & x_{n-k+1} \\ x_2 & x_3 & \cdots & x_{n-k+2} \\ \vdots & \vdots & \ddots & \vdots \\ x_k & x_{k+1} & \cdots & x_n \end{pmatrix} \tag{16.2-1}$$

对长度为 k 的 0/1 序列,全部的组合方式有 2^k 种,而对可编址主动红外入侵探测器计数装置 A 而言,可以用于辨识人员通过的 k-有人模式仅仅是全部 2^k 种组合中的一部分。若样本数据集中的每个数据都标注了是否有人通过,则可以在对样本数据集中的数据进行聚类分析的基础上获取合适的聚类划分,进而辨识每个聚类划分的表示模式是否是有效的 k-有人模式。当需要辨识是否有人位于人员计数装置 A 的探测区域时,可以将当前的 k 序列数据与全部的 k-有人模式进行对比,若至少存在一个 k-有人模式与当前的 k 序列数据匹配,则认为有人位于计数装置 A 的探测区域。上述过程是基于部分聚类分类(PCCS)的室内人员进出辨识的基本原理,基于 PCCS 的室内人员进出辨识框架如图 16.2-1 所示。

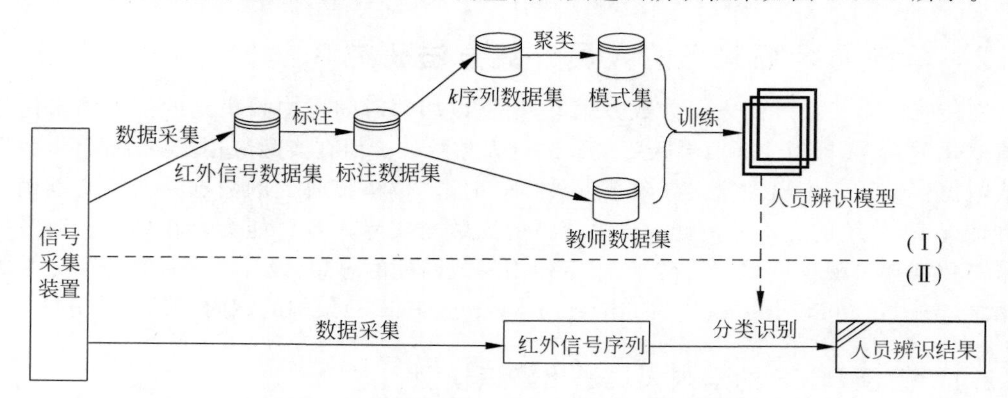

图 16.2-1 基于 PCCS 的室内人员进出辨识框架

图 16.2-1 展示了基于 PCCS 的室内人员进出辨识框架,主要包括两个阶段,图 16.2-1(Ⅰ)为离线阶段,主要完成辨识模型的获取。图 16.2-1(Ⅱ)为在线阶段,主要是利用训练好的辨识模型完成对实时采集数据的辨识。图 16.2-1(Ⅰ)中,为构造室内人员进出的辨识模型,需要对采集到的人员进出探测区域的红外信号集进行标注,有人在探测区域内的红外信

号标注为1,否则标注为0;在获得标注数据集后,依据标注数据集构造当前 k 序列数据集以及对应的教师集;然后对当前 k 序列数据集进行聚类分析获得室内人员进出模式集;最后基于室内人员进出模式集和已经构造的教师集对所采用的室内人员进出辨识模型进行训练,获得可以辨识室内人员进出情况的辨识模型。在获得室内人员进出情况的辨识模型的基础上,图16.2-1(Ⅱ)中,依据信号采集装置采集到的人员进出探测区域的红外信号构造出当前红外信号序列后,即可以使用图16.2-1(Ⅰ)中获得的辨识模型辨识当前是否有人在探测区域内,若探测区域内有人,辨识模型输出为1,否则输出0。

16.2.2 基于PCCS的室内人员计数方法

如算法16.2-1所示,输入identifyModel为训练好的人员辨识模型,S 是一段时间内红外对射装置用于人员进出感知时产生的红外输出序列,输出occupantCounter为相应时间段内通过探测区域的人员数量,其初始化值为0。preResult代表的是序列 S 中上一时刻的辨识结果,初值为−1,其为开始标志,对红外输出信号序列 S,依据式(16.2-1)的构造原理,以步长1为间隔构造 k 序列 s,对于每个 k 序列 s,利用辨识模型完成对序列 s 的人员进出区域辨识,得到辨识结果judgeResult,最后则根据可编址主动红外入侵探测器装置用于人员感知时的工作原理进行是否有人员进出的判定。当上一时刻辨识结果为1,而下一时刻辨识结果为0时,则认定此刻有人通过探测区域,此时对通过探测区域的人员数量occupantCounter执行加1操作,并完成对上一时刻辨识状态preResult的更新。如此循环,直至完成红外输出信号序列 S 的遍历,occupantCounter则为这段时间内通过探测区域的人员汇总量。

算法16.2-1 基于PCCS的室内人员计数方法

输入:红外输出信号序列 S;训练好的identifyModel;模式长度 k
输出:生成红外输出信号序列 S 时通过的人数occupantCounter

```
1.  occupantCounter = 0;
2.  sLen=length(S);
3.  preResult = -1;
4.  for i=k to sLen by 1
5.      s=S(i-k+1: i);
6.      judgeResult =occupantIdentify(identifyModel,s,k);
7.      if judgeResult ==0 and preResult ==1
8.          occupantCounter = occupantCounter + 1;
9.      preResult= judgeResult;
```

16.2.3 实验验证及性能分析

为验证本节提出的基于PCCS的室内人员进出计数方法的有效性,首先,需要确定最优的 k-有人模式。选择2~100的数值作为 k 的取值,组合不同聚类算法(K-means、DBSCAN、SOM)以及常见的分类算法(SVM、决策树)进行多次训练(本实验选择20次),通过对比多轮训练下不同 k 值对应的不同聚类方法的轮廓系数、不同分类方法的 F-score值以及不同聚类方法和分类方法组合下辨识结果序列与教师信号之间的均方差(mean square error,MSE)值大小,确定最优 k 值以及最优聚类分类方法组合。

随着 k 值的增长,轮廓系数和 F-score 曲线整体呈现下降趋势,而 MSE 曲线呈现上升趋势。考虑到数据的稳定性以及聚类、分类效果的好坏,对不同组合下的不同指标曲线进行分析,对每条曲线分别确定一个 k 值的取值范围,最终统计结果如表 16.2-1 所示。

表 16.2-1 k 值统计表

方法组合		k 值		
		轮廓系数(>0.95)	F-score(>0.9)	MSE(<0.015)
SOM	SVM	2,3,4,5,6,7	2、3	2、3
	决策树	2,3,4,5,6,7	3	3
K-means	SVM	2,3,4,5,6,7,8,9	2,3,4,5,6	2,3,4,5,6
	决策树	2,3,4,5,6,7,8,9	2,3,4,5,6	2,3,4,5,6
DBSCAN	SVM	2,3,4,5,6,7,8,9,10,11,12,13,14	2,3,4,5,6,7,8,9,10,11	2,3,4,5,6,7,8,9,10,11
	决策树	2,3,4,5,6,7,8,9,10,11,12,13,14	2,3,4,5	2,3,4,5,6,8

根据表 16.2-1 对 k 值统计表可知,k 取值在 2 或 3 时,聚类、分类以及辨识效果都较好。经大量实验可知,$k=2$ 或者 3 时准确率差距不是很大,则根据运行时间长短来选择,可知 DBSCAN 加 SOM 的组合与 DBSCAN 加决策树这两种组合的运行时间较短,考虑到 $k=2$ 或 3 时数据形式较简单,决策树适合处理高维度数据,用于处理这种低维数据集的分类不一定可以得到很好的效果,故最终选择了 DBSCAN 和 SOM 这种组合形式。

为了验证在不同误报率下基于 PCCS 的室内人员计数方法的有效性,考虑在多轮训练下,$k=2$ 和 3 时,利用 DBSCAN 和 SOM 的组合,对不同误报率下的红外信号序列进行计数处理,完成人数的统计。实验选取的误报率为 0.001～0.5 且步长为 0.001 的所有取值情况,进行了 10 次训练,统计不同误报率对应的人数统计结果的平均值及标准差,结果如图 16.2-2 所示。

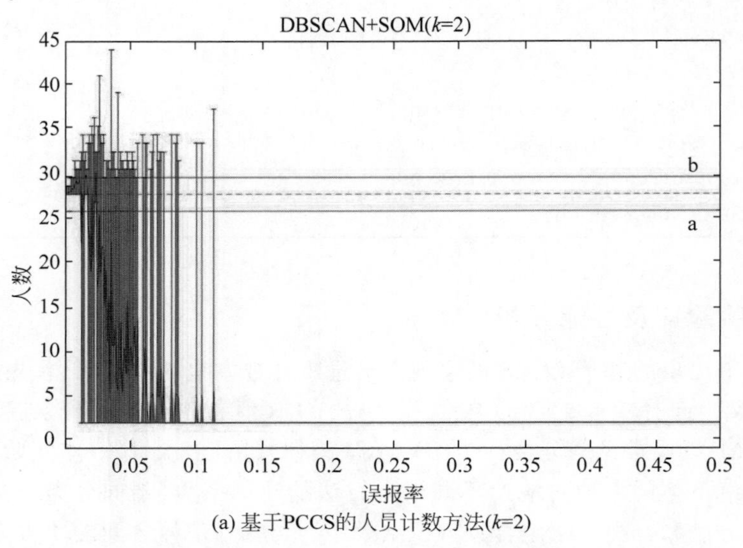

(a) 基于PCCS的人员计数方法(k=2)

图 16.2-2 不同误报率下不同方法的人数统计结果

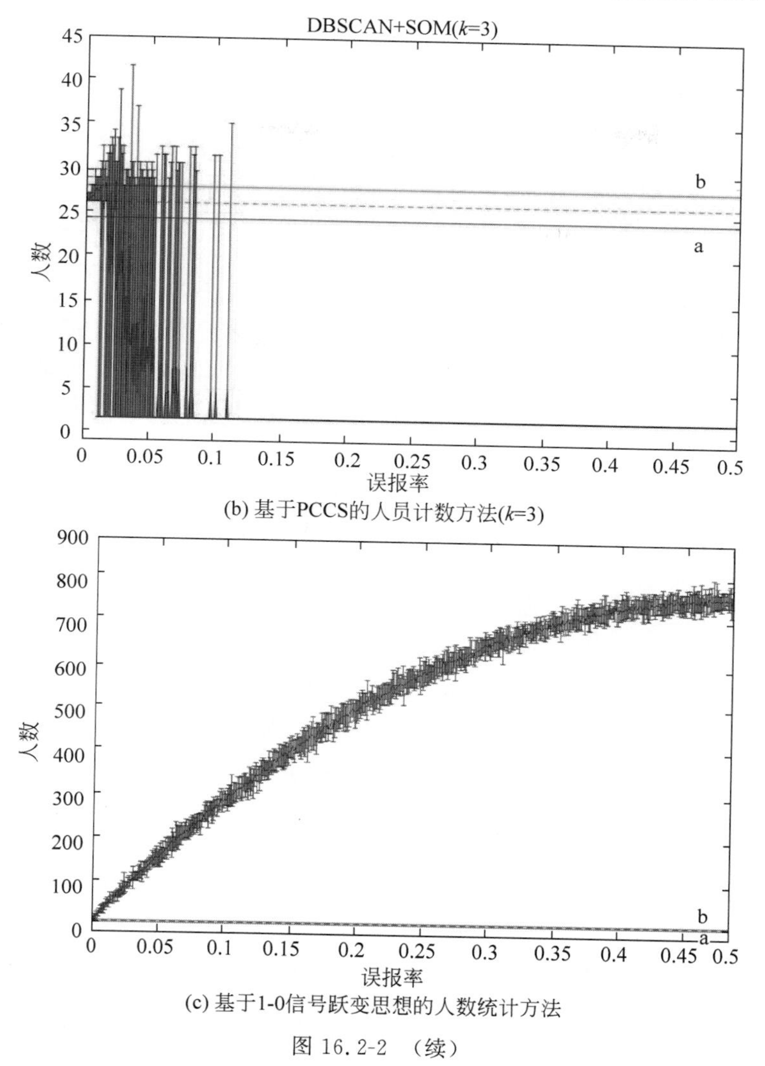

(b) 基于PCCS的人员计数方法(k=3)

(c) 基于1-0信号跃变思想的人数统计方法

图 16.2-2 （续）

16.3　双向通行场景下的人员计数方法研究

前面介绍了单向通行场景下的人员计数方法，但在实际应用中，除了单向通行场景外，双向通行场景也随处可见。为了准确统计双向通行场景下的人员数目，本节设计并实现了基于 LSTM 神经网络的人员进出计数方法。

16.3.1　基于 LSTM 的室内人员分布估计方法

本节讨论双向通行场景，即在建筑物内某个空间内存在一个出入口，允许进，也允许出，进出口共用。和单向通行场景相比，需要对信号来源于进入的人还是离开的人加以区分和辨识。对此，使用了双路多束型主动红外入侵探测器装置。该装置包括两组主动红外入侵探测器，两组探测器平行放置在出入口的两端，分别对应出口方向和入口方向。装置在一定时间间隔内进行一次数据的采集，采集到的数据 $\boldsymbol{S}$ 为一串二维的时间序列，定义 16.3-1 给出了详细解释。

定义 16.3-1 设时刻 $t_0,t_1,\cdots,t_{n-1},t_n,t_i-t_{i-1}=\Delta t>0,i=0,1,\cdots,n$。对双路多束型主动红外入侵探测器装置 A，$\boldsymbol{S}=(s_1,\cdots,s_{n-1},s_n)$，$\boldsymbol{s}_i=[x_i \quad y_i]^{\mathrm{T}}$ 为 $T_i=(t_{i-1},t_i]$ 时间段内探测器装置 A 采集到的一个输出信号，其中 x_i 和 y_i 分别对应的是在 T_i 时刻进口方向和出口方向红外探测器的状态，$x_i=0$ 或 1，$y_i=0$ 或 1，$i=1,2,\cdots,n$，则 $\boldsymbol{S}$ 是装置 A 在 $T=[t_0,t_n]$ 时间段内的输出数据序列。即

$$\boldsymbol{S}=(s_1,\cdots,s_{n-1},s_n)=\begin{pmatrix} x_1 & \cdots & x_{n-1} & x_n \\ y_1 & \cdots & y_{n-1} & y_n \end{pmatrix} \tag{16.3-1}$$

当双路多束型主动红外入侵探测器装置用于人员进出检测时，装置在一定时间内的输出数据序列反映出有人进、有人出、同时有人进出、无人进出四种情形。这四种情形分别对应一定长度的双路多束型主动红外入侵探测器装置的输出序列。考虑到人的步行速度的多样性，不同人在不同场景下通过该探测区域的时间是不固定的，故这四种情形对应的探测器的输出序列为不定长数据，即序列长度 k 是多变的。

为了实现室内人数的统计，使用模式识别的思想，设计对通过双路多束型主动红外入侵探测器装置探测区域的人数进行统计的方法，需要对一定时间范围内的装置输出序列进行分类辨识，判定该输出序列对应的四种情形的发生情况。但是这四种情形对应的装置输出序列为不定长的时间序列，其信号长度根据传感器的响应持续时间呈现不固定性，传统的前馈神经网络输入和输出的维度都是固定的，没有考虑到序列结构长度的不固定性。当训练样本输入是长短不一的连续的红外信号序列时，比较难直接拆分成一个个独立的样本来通过传统的前馈神经网络进行训练，故选用可用于处理不定长序列的 LSTM 神经网络实现对这四种情形的分类辨识，同时 LSTM 神经网络能考虑不同时刻输入的相互影响，对于处理双路多束型主动红外入侵探测器装置输出的这类时间序列有很大优势。

对于双路多束型主动红外入侵探测器装置的输出序列来说，若被标记了相应的进出情形的类别，则可以在 LSTM 神经网络对输出序列集学习的基础上获取合适的分类模型。当需要判定合适时间范围内双路多束型主动红外入侵探测器人员计数装置输出序列的类别时，只需要将输出序列输入到分类模型中，模型自动匹配输出相似度高的类别，最后根据此类别完成计数，当有人进入室内时，当前室内人数加 1，有人离开室内时，当前室内人数减 1，而当一人进入一人离开或无人进出时，室内人数不变。

关于对双路多束型主动红外入侵探测器装置输出序列的标注问题，实际人员进出场景主要包括有人进、有人出、同时有人进出、无人进出这四种情形。由于这四种情形对应一定长度的装置输出序列，在对每个时刻的输出信号 s_i 进行标注时，综合考虑时间序列的关联性，考虑到前后序列的影响，当有人进入时，标注为 1，有人离开时标注为 2，同时有人进出时标注为 3，无人进出时标注为 4，另外，除了这四种情形对应的标注外，对于那些综合前后序列特征仍无法判定属于哪种情形的数据，标注为 0 加以区分。

上述为基于 LSTM 的室内人员进出计数方法的原理，具体的基于 LSTM 的室内人员进出计数的框架如图 16.3-1 所示。

基于 LSTM 的室内人员进出计数框架，主要包括两个阶段。图 16.3-1(Ⅰ)为离线阶段，主要完成对 LSTM 辨识模型的学习，图 16.3-1(Ⅱ)则为在线阶段，完成对实时采集数据的辨识以及人员计数。图 16.3-1(Ⅰ)中，为训练得到基于 LSTM 的室内人员进出的分类模型，需要对双路多束型主动红外入侵探测器装置采集到的装置输出数据集进行标注，得到标注数据集。然后依据标注数据集划分四种情形对应的模式数据集以及其对应的教师集。最

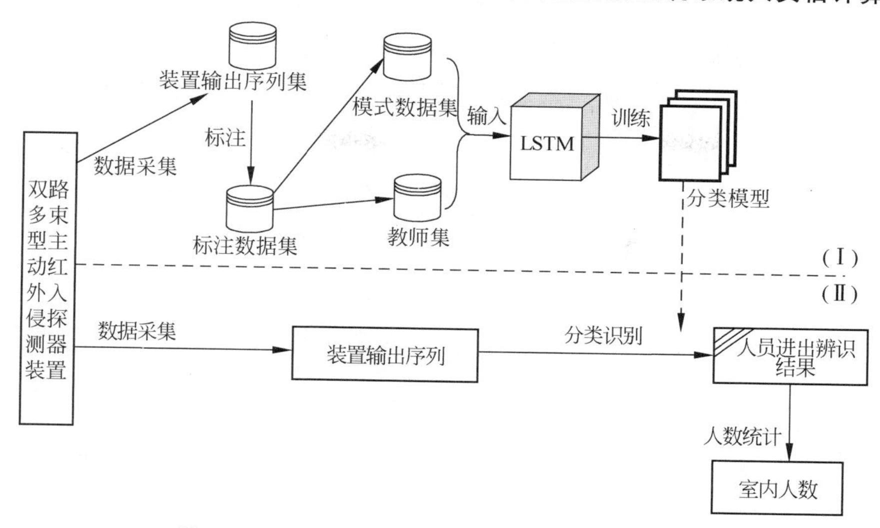

图 16.3-1　基于 LSTM 的室内人员进出计数框架图

后将模式数据集和教师集输入到 LSTM 神经网络模型中进行训练，获得可辨识这四种室内人员进出情况的分类模型。在获得可辨识室内人员进出情况的分类模型的基础上，图 16.3-1(Ⅱ)中，将双路多束型主动红外入侵探测器装置采集到的装置输出序列输入到图 16.3-1(Ⅰ)中获得的分类模型中得到人员进出的类别。在获得人员进出辨识结果之后，根据辨识结果完成当前室内人数的统计。

算法 16.3-1 描述了一段时间生成红外输出信号序列 $\boldsymbol{S}$ 时，基于 LSTM 的室内人员进出辨识模型的人员进出探测区域辨识步骤，双路多束型主动红外入侵探测器持续输出信号 s_i，对一段时间内的装置输出序列 $\boldsymbol{S}=\langle s_1,\cdots,s_{n-1},s_n\rangle$ 来说，其可能包含多种人员进出事件，需要根据数据特点划分出可能的进出事件，即待判别数据，并利用学习完成的 LSTM 室内人员进出辨识模型完成对此待判别数据的进出行为辨识。算法 16.3-1 中，输入 $\boldsymbol{S}$ 为某段时间生成的输出信号序列，输出为这段时间序列对应的进出辨识结果集 judgeCollection。

算法 16.3-1　人员进出探测区域辨识 occupantIdentify

```
输入：红外输出信号序列 S
输出：辨识结果集 JudgeCollection
1.  judgeResult=0; Patterndata=[]; mid=[]; judgeCollection=[];
2.  sLen=length(S);
3.  for i=1 to sLen by 1
4.      if (sum(x_i, y_i)~=0 and mid~=[] and any(any(mid'))==0)
        or (sum(x_i, y_i)==0 and mid~=[] and all(any(mid'))~=0)
5.          Patterndata =mid;
6.          judgeResult=identifyModel(Patterndata);
7.          judgeCollection=[judgeCollection judgeResult]
8.          mid==[]
9.          mid=[mid s_i]
10.     else
11.         mid=[mid s_i]
```

值得注意的是，利用分类器实现将装置输出序列映射到给定类别中的某一个类以完成人员进出的辨识，属于多分类问题。因此，采用多标签下的分类效果评估方式 Micro-F1 值来进行评估。

表 16.3-1 多分类混淆矩阵

实际值	类 1	类 2	类 3	类 4
类 1	x_{11}	x_{12}	x_{13}	x_{14}
类 2	x_{21}	x_{22}	x_{23}	x_{24}
类 3	x_{31}	x_{32}	x_{33}	x_{34}
类 4	x_{41}	x_{42}	x_{43}	x_{44}

以四分类为例，表 16.3-1 为标签数目为 4 对应的混淆矩阵，x_{ij} 为实际为类别 i 预测为 j 的个数，其中 $i=1,2,3,4$；$j=1,2,3,4$。

基于混淆矩阵，给出三个概念，TP、FP 以及 FN。TP 代表预测正确的个数，如实际值为类别 1 预测值也为类别 1 的个数；FP 指的是预测为某类，实际并不是该类的个数，如预测为类别 1，但实际值不为类别 1 的个数；FN 代表的是实际为某类别但预测其他类别的个数，如实际为类别 1 预测为除类别 1 之外的个数。即对于每个类别均能得到对应的 TP、FP 以及 FN 值。

$$\text{precision}=\frac{\sum_{i=1}^{n}\text{TP}_i}{\sum_{i=1}^{n}\text{TP}_i+\sum_{i=1}^{n}\text{FP}_i} \tag{16.3-2}$$

$$\text{recall}=\frac{\sum_{i=1}^{n}\text{TP}_i}{\sum_{i=1}^{n}\text{TP}_i+\sum_{i=1}^{n}\text{FN}_i} \tag{16.3-3}$$

式(16.3-2)和式(16.3-3)分别为精确率 precision 和召回率 recall 的计算公式，其中 n 为类别数。Micro-F1 值则由精确率和召回率得到，计算公式如下：

$$\text{Micro-F1}=\frac{2\times\text{recall}\times\text{precision}}{\text{recall}+\text{precision}} \tag{16.3-4}$$

算法 16.3-1 中，根据辨识模型得到的人员进出辨识结果完成对室内人员的计数。而对于算法 16.3-1 性能好坏的评估，主要从准确率来进行考虑。准确率主要指的是与实际人员数目的误差大小，且误差体现在两方面，最终的统计人数与实际室内人数的差异以及这段时间内的室内有人无人的判定误差。其中，根据最终统计的人数结果计算误差

$$\text{Error}=\frac{\text{real}-\text{predict}}{\text{real}} \tag{16.3-5}$$

式中，real 代表的是真实的室内人数；predict 为算法 16.3-1 统计得到的人数。

16.3.2 实验验证及性能分析

为验证本节提出的基于 LSTM 的室内人员进出计数方法的有效性，首先需要确定基于

LSTM神经网络的人员进出辨识模型，然后根据模型完成对信号序列的辨识，最后根据辨识结果完成人员的计数。

本章主要做了两组实验。实验1为辨识模型的获取，主要是通过学习大量的时间序列得到基于LSTM的人员进出辨识模型。实验2则是利用实验1训练好的模型，实时完成对人员进出情况的统计。

实验1数据为200ms周期采集的双路多束型主动红外入侵探测器的输出序列，一共包含16 035条数据，并完成这16 035条数据的标注。依据标注数据将数据进行划分，得到507组人员进出模式样本数据，且每组序列长度是不定长的。将此数据以近似7∶3的比例划分为训练集和测试集，训练集为356组，测试集为151组。训练集和测试集均包含四种进出情况：有人进入、有人离开、同时进出以及无人进出，数据划分情况如表16.3-2所示。

表16.3-2　数据划分情况

数据集	人数			
	有人进入	有人离开	同时进出	无人进出
训练集	70	64	44	178
测试集	29	27	19	76

将训练集用于学习得到人员进出辨识模型，测试集用于测试该人员进出辨识模型效果的好坏。为了保证数据的可靠性，进行了100次学习，最终，这100次学习模型下测试集辨识结果的Micro-F1值如图16.3-2所示。

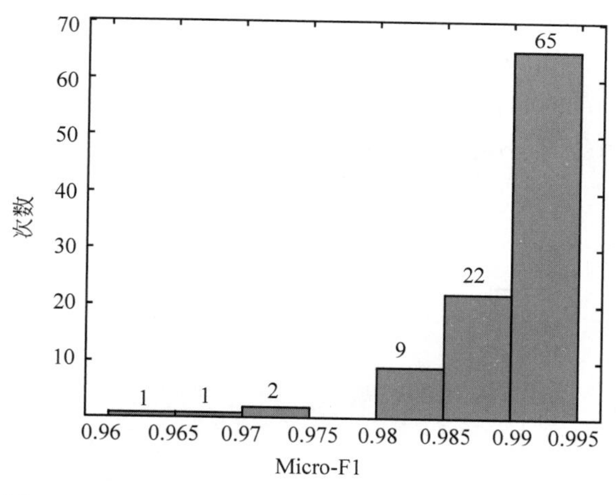

图16.3-2　测试集辨识结果的Micro-F1值分布直方图

图16.3-2展示了测试集在LSTM人员进出行为辨识模型下的辨识结果的Micro-F1值分布直方图，横坐标为Micro-F1值，纵坐标为对应范围内Micro-F1值出现的次数，从图16.3-2中可知，这100次训练中，Micro-F1值取值范围为[0.96,0.995]，且分布在(0.99,0.995]这个区间内的Micro-F1值出现的次数最多，出现了65次。统计实验结果可知，在这100次训练结果中，Micro-F1最大可达0.9934，最小为0.9603，平均值为0.9897，标准差为0.006 199，验证了基于LSTM的人员进出辨识模型的有效性。

为了进一步验证基于LSTM的人员计数方法的有效性，对于双路多束型主动红外入侵探测器的输出信号序列，经算法 16.2-1 给出的模式样本划分方法完成模式样本的划分之后，输入到学习过的 LSTM 人员进出行为辨识模型中，得到辨识结果，最后根据算法 16.3-1 给出的人员计数方法完成计数。实验 2 选取了 10min 左右双路多束型主动红外入侵探测器的输出信号，并对这期间的室内人数进行了统计，另外，真实的室内人数变化情况也被手工记录。

图 16.3-3 为手工记录的这段时间内室内人数变化情况，图中展示了不同时刻的室内人数，横坐标为时间，纵坐标为当前室内人数。从图中可知，最终室内人数为 9。

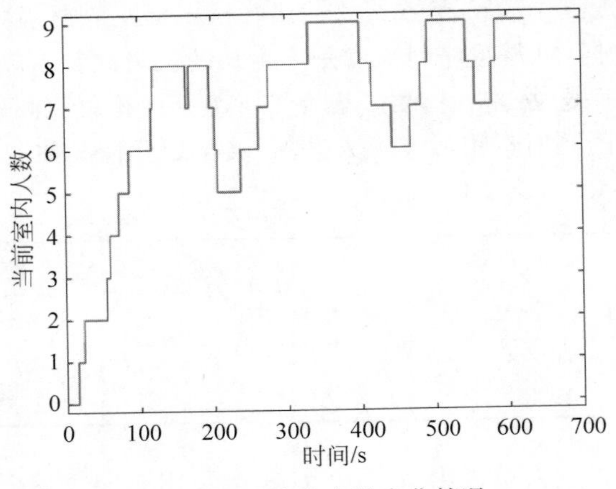

图 16.3-3 真实人数变化情况

图 16.3-4 展示了这 10min 信号数据在实验 1 学习得到的 100 个 LSTM 辨识模型下的辨识结果的 Micro-F1 值分布直方图，横坐标为 Micro-F1 值，纵坐标为对应范围内 Micro-F1 值出现的次数。将这 10min 数据分别输入到这 100 个 LSTM 辨识模型中得到对应的 Micro-F1 值，从图中可知，Micro-F1 值主要分布在[0.94,1]这个范围内，其中，分布在(0.98,0.99]这个范围内的 Micro-F1 值出现了 53 次，分布在(0.99,1]这个范围内的 Micro-F1 值出现了 37 次。根据实验结果数据可知，Micro-F1 值最小为 0.9444，最大可达到 1，平均值为 0.9863，标准差为 0.012 24，可见整体的辨识效果很好。

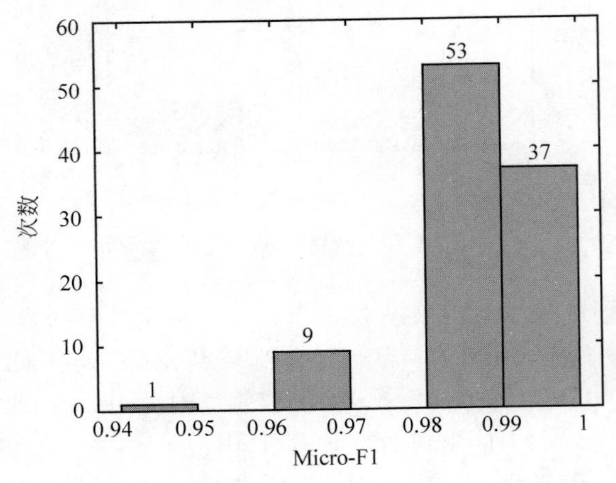

图 16.3-4 10min 信号辨识结果的 Micro-F1 值分布直方图

图 16.3-5 则是根据算法 16.3-1 提出的室内人数统计方法得到的人数统计结果的直方图。利用这 100 个模型分别进行室内人数的统计，得到 100 种结果，其中横坐标为人数，纵坐标为对应人数出现的次数。从图中可知，在这 100 次结果中，统计的室内人数有 7、8、9、10 和 11 这五种情况，人数统计结果为 8 和 9 的情况出现比例最高，分别出现了 34 次和 42 次，其余情况下，人数统计结果为 7 的情况出现了 15 次，人数统计结果为 10 出现了 5 次，人数统计结果为 11 的情况出现了 4 次。根据实验结果可知，这 100 次结果中，人数统计最大值为 11，最小值为 7，平均值为 8.49，标准差为 0.9481。其中，43 个辨识模型的统计人数与实际人数 9 一致。

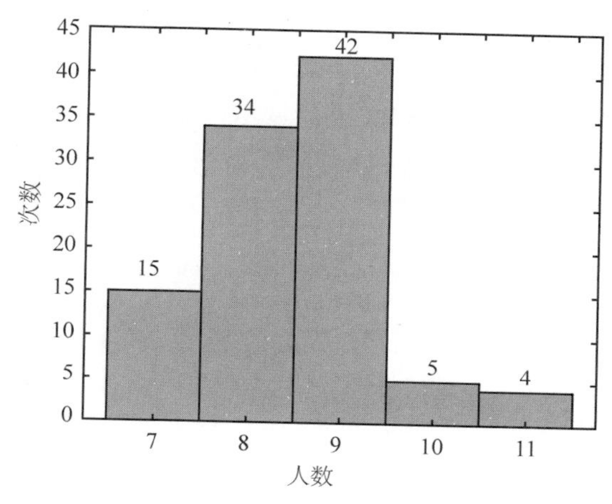

图 16.3-5　人数统计结果直方图

从图中可知，这 100 次统计结果中，统计的人数结果只有 7、8、9、10 和 11 五种情况，可知，这 100 次结果统计中，判定有人的概率为 100%，无人的概率为 0，从判定是否有人的误差标准来分析，该基于 LSTM 的人员计数方法是稳定且有效的。另外，根据统计人数与实际室内人数之间的误差标准来分析，与手工记录的真实人数 9 相比较，可知在这 100 个模型下，人数统计结果的误差最低可到 0，最高可达 0.222，且这 100 次模型下的人数统计结果的平均误差为 0.0856，综合可知，基于 LSTM 的室内人员进出计数方法的计数准确率最高可达 100%，平均准确率为 91.4%，满足室内计数的需求，验证了该方法的有效性。

16.4　本章小结

考虑到红外感知技术具备成本低、响应快、安装简便和注重隐私保护等优势，本章讨论了基于红外的群智能建筑人员分布估计方法。特别地，针对出入口是否分离两种情况分别进行了讨论。考虑到传统的基于 1-0 跃变思想得到的人数与实际人数会出现较大偏差，面向单向通行场景的人员计数，设计了一种基于 PCCS 架构的室内人员计数方法。该方法选用模式匹配的思想，对于采集到的感知数据，利用聚类的方法获取蕴含在样本数据中的 k-有人模式，基于获取的人员进出模式集和教师信号构建人员辨识模型，最终根据模型得到的辨识结果完成室内人员计数。实验结果表明，与基于 1-0 跃变的计数方法相比，基于 PCCS 的人员计数方法能有效排除数据错误的干扰，实现准确计数。针对双向通行的场景，在获取感知信号的基础上，根据采集到的时间序列数据的特点设计了基于 LSTM 的人员计数方法，充分利用LSTM处理不定长数据的优势，学习感知信号数据，构建了基于LSTM的辨识模型，最后根据LSTM模型的辨识结果完成人数统计。实验结果表明基于LSTM神经网络的计数方法能准确地完成双向通行场景下室内人数的统计，准确率不低于90%。

参考文献

[1] 聂芹芹.基于主动红外入侵探测器的室内人员计数方法研究[D].合肥：安徽建筑大学，2020.

[2] 黄文理，叶晨.智能车辆计数器的设计[J].电子世界，2018(13)：115-117.

[3] 易金桥，黄勇，廖红华.热释电红外传感器及其在人员计数系统中的应用[J].红外与激光工程，2015，44(4)：1186-1192.

[4] 于俊慧，董永贵.一种应用热释电红外探测器的人体运动计数[C]//全国信息获取与处理学术会议.2012：352-355.

[5] 杨汉祥，张琦.红外计数器的设计[J].科技广场，2009(7)：187-190.

[6] Wahl F, Milenkovic M, Amft O. A Distributed PIR-based Approach for Estimating People Count in Office Environments[C]//IEEE International Conference on Computational Science & Engineering. IEEE, 2012：640-647.

[7] Wahl F, Florian H, Milenkovic M, et al. A green autonomous self-sustaining sensor node for counting people in office environments[J]. 2012：203-207.

[8] Yun J. Human Movement Detection and Identification Using Pyroelectric Infrared Sensors[J]. 2014, 14：8057-8081.

[9] Yun J, Song M H. Detecting Direction of Movement Using Pyroelectric Infrared Sensors[J]. IEEE Sensors Journal, 2014, 14(5)：1482-1489.

[10] Zappi P, Farella E, Benini L. Tracking Motion Direction and Distance With Pyroelectric IR Sensors[J]. IEEE Sensors Journal, 2010, 10(9)：1486-1494.

第17章

室内人员分布的估计与应用

本章提要

本章介绍了群智能技术在室内人员分布的估计问题中的应用。室内人员分布信息对建筑的经济运行和应急疏散均具有重要意义。室内人员分布信息包括人员有无、数量以及运动特点等信息。为提升室内人员分布的估计精度，本章首先建立了室内人员的分层运动模型，用分层马尔可夫链刻画人员在建筑内外、楼层之间、楼层内不同区间、同一区间之内等几个不同空间尺度上的运动特点；然后提出了一种信息融合的方法，通过融合红外线区域边界传感器的传感信息、人员停留模型，提升对区间内人数的估计精度；最后提出了一种多区域联合估计方法，通过融合人员在多个区间之间运动的传感数据与统计模型，提升各区间人员分布的估计精度。群智能技术便于分布式实现，基于局部信息，通过各区间的分布式计算以及与邻居区间的信息交互，提升室内人员分布的估计精度。

17.0 符号列表

N	楼层数
M	电梯数
G	楼层间联通关系
R_{ij}	房间

17.1 建筑内人员运动的分层模型[3]

17.1.1 室内人员运动模型综述

室内人员分布信息对建筑暖通空调的经济运行，以及应急疏散具有重要意义。在常态下，根据室内人数可以估计暖通空调的负荷，调整冷机的启停台数、送回水温度等。在紧急情况下，可以根据室内分区人数调整疏散指挥，提升整体的疏散效率。

1. 室内人员运动的仿真模型

单人房间的占用时间在一定时段内可以近似描述为时齐或非时齐马尔可夫链。半马尔可夫模型也被考虑过。文献[1]将每个时间点上的人数作为随机变量，构建了一阶时齐马尔可夫模型描述人员的运动。这些模型在多层建筑中应用时面临维数灾的挑战。文献[6]提出了三层的人员运动模型。该模型综合使用日常会议室等预订信息，以及人员在建筑内的水平和垂直运动的随机性，通过非时齐马尔可夫链刻画人员的室内运动。然而，目前尚缺乏综合考虑人员进出建筑、在不同楼层间的移动、同楼层不同区间，以及在同区间内的移动的模型。

2. 室内人员计数传感器

存在大量的传感器可以用于估计室内的人员分布信息。可以简单分为两类：区间内部传感器主要检测一个区间内的人数；边界传感器主要统计人员穿越区间边界的事件。

区间内部传感器一般基于接收信号强度(received signal strength indicator，RSSI)或者信道状态信息(channel state information，CSI)进行估计，例如WiFi、ZigBee、UWB、蓝牙、(主动与被动)RFID。通过将传感数据进行统计分析可以获得时域、频域的特征，并借助机器学习提升估计精度。基于这类传感器的室内人员分布估计精度一般与传感器的数量与布设密度有关。视频传感器日益普及。这类传感器通常通过人脸识别、头肩特征统计人数，但是估计精度一般受背景光照影响大，且易引起隐私方面的顾虑。

区间边界传感器包括红外传感器、微波、超声波传感器、摄像头等。近年来三维相机也将人员计数的精度提高到95%，综合使用视频信息与深度信息可以进一步提升精度。

17.1.2 室内人员运动的分层模型

本节的人员运动模型旨在刻画人员在整个建筑内的运动。本节提出的室内人员运动模型一共包含四个层次。假设人员运动可以刻画为非时齐马尔可夫链，同时假设人员之间的运动互相独立。该模型需要使用建筑的拓扑结构和人员的相关参数。

考虑一栋建筑，含 N 层和 M 个电梯间或楼梯间。建筑的拓扑结构包括三部分信息：

(1) **建筑拓扑**。描述为无向图 $G_0=(V_0,E_0)$。考虑到人员进出大楼以及乘坐电梯、在楼梯间上下楼层的过程中处于特殊的位置，构建 $M+1$ 个虚拟楼层刻画这些特殊位置。将 N 个真实楼层和 $M+1$ 个虚拟楼层建模为节点 $V_0=\{v_j^0, j=1,\cdots,N+M+1\}$。这些节点间的连接关系刻画为边 E_0。图17.1-1中 G_0 为示例。

(2) **各楼层拓扑**。首先明确区间的概念。建筑楼层可基于功用及物理边界划分为多个区间。区间可以是房间、走廊，其中的一部分，或者若干房间与走廊聚集在一起的空间。将每个区间视作节点，将各区间之间的连接关系视作边，可以将楼层 $i(i=1,2,\cdots,N)$ 的区间拓扑建模为图 $G_i(V_i,E_i)$。$V_i=\{v_{ji}, j=1,2,\cdots,n_i\}$ 表示节点集合，其中 n_i 是楼层 i 中的区间数量。E_i 表示边的集合。图17.1-1中 G_3 为示例。

(3) **房间图**。表示为布尔矩阵，将房间划分为等间隔的小方块 Δ。对于长为 l 宽为 w 的房间，有 $\lceil l/\Delta \rceil \times \lceil w/\Delta \rceil$ 的矩阵 $\boldsymbol{R}$，其中每个元素 $\boldsymbol{R}_{ij}$ 对应于一个小方块。若一个小方块上有障碍物，则 $\boldsymbol{R}_{ij}=0$，否则 $\boldsymbol{R}_{ij}=1$。

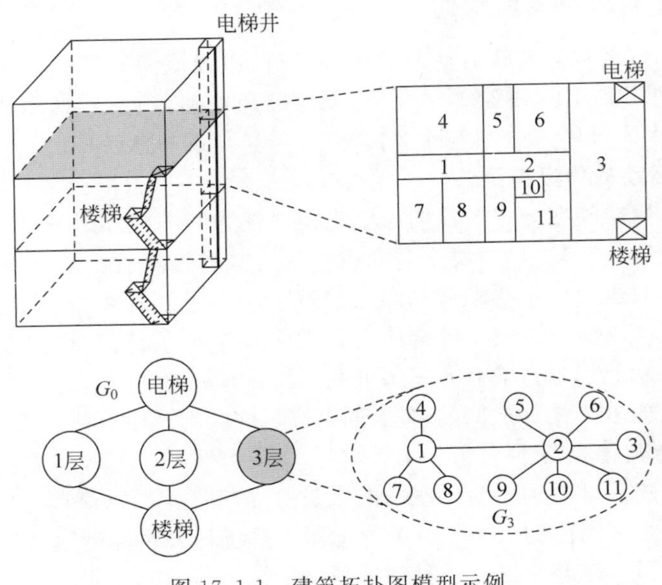

图 17.1-1 建筑拓扑图模型示例

图17.1-1中，G_0 表示楼层间连通关系，G_3 表示第三层楼内各区间之间的连通关系。

人员参数包括6部分，以即将到访楼层 f_0 中区间 z_0 的某人为例：

- 高度。
- 日程表，包括到达和离开大楼的时间。到达和离去过程均假设为非时齐泊松过程。
- 办公室位置，用楼层和区间编号表示。在本例中，该人的办公室位置是 (f_0, z_0)。
- 所携带的WiFi设备。
- 每个图 $\{G_i(V_i, E_i) \mid i=0,1,\cdots,N\}$ 的转移概率矩阵。人员在 t 时刻的位置为 x_t，取值为图中的某个节点。可以定义 $G_i(V_i, E_i)$ 的状态转移概率矩阵。

对建筑内的每个人员，其四层运动模型依次使用，形式如下。

第一层称为日程表层。根据人员的工作日程表以及会议室等的预订信息生成预先已知的到达与离去事件，仿真步长为5min。第二层针对楼层，仿真补偿为1min。用于生成人员在楼层之间，包括借助电梯和楼梯在楼层之间移动的行为。第三层为区间层，用于生成人员在不同区间之间的移动。第四层刻画区间内部的人员移动。第三、四层的仿真步长为1s。该四层模型生成的人员运动轨迹的示例如图17.1-2所示。

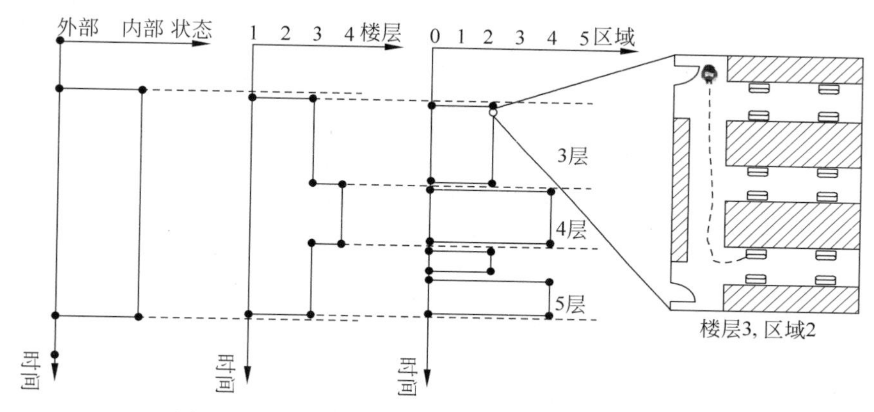

图17.1-2 四层人员运动模型产生的样本轨道示例

17.1.3 室内人员检测常用传感器的误差模型

有多种传感器可用于检测室内人员，本节对几种典型传感器的误差模型进行建模，为后续的基于模型的信息融合方法奠定基础。

1. 视频传感器

本节的视频传感器指用于人员计数用途的监控摄像头。这类摄像装置一般安装在公共区域，如走廊、电梯外等，通过检测人员的头、肩等关键部位实现人员检测及跟踪。针对被检测到的轨迹构建人员从区间 i 到达区间 j 的事件。在理想工作条件下，传感误差包括虚警和漏检两类。人员可能进入了视频的监控范围但是在时间段 $[t-1, t)$ 之内并未穿越两个区间的边界。

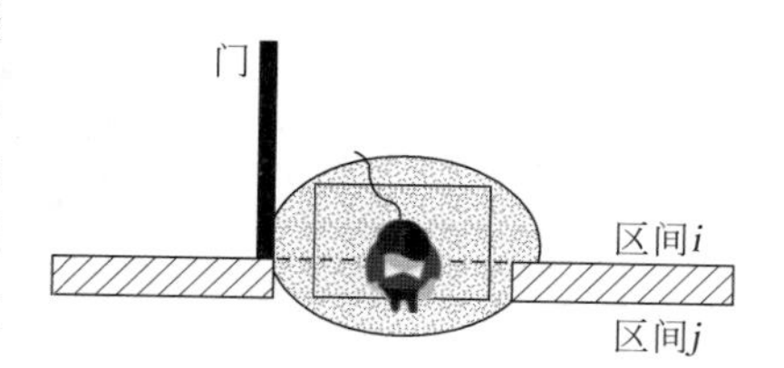

图17.1-3 视频传感器检测误差模型示意图

2. 简单红外线传感器

简单红外线传感器一般通过并排放置的两对红外线发射和接收装置检测人员的通过事件及移动方向。与之前类似，分别用虚警和漏检刻画两类传感误差。

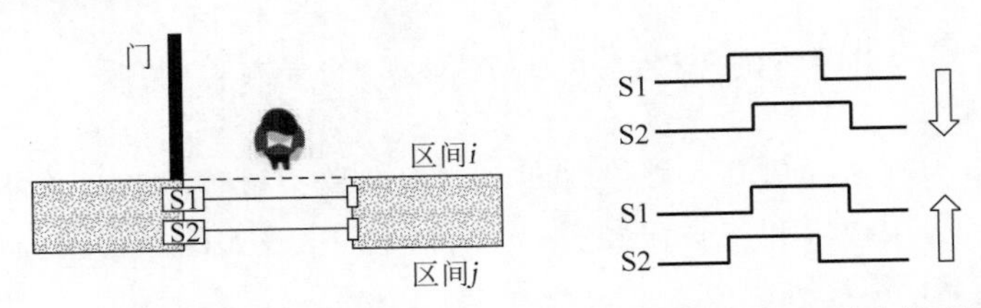

图 17.1-4 简单红外传感器(含两对红外线发射及接收装置)误差模型示意图

3. 多束红外线传感器

多束红外线传感器常见于红外幕帘,或者通过将多束红外线并行排列以提高整体的检测精度。分别用漏检和虚警两类错误刻画这类传感器的检测误差。

4. WiFi 探针

WiFi 探针指通过人员所携带的 WiFi 设备的 RSSI,通过信号强度地图的方式对人员进行定位,并根据定位结果判断人员所在区间以及穿越区间边界的行为。

17.1.4 案例研究

通过上述的分层人员运动模型可以采用较低的模型复杂度,同时较为精细地生成人员在建筑内的完整运动轨迹,再结合从机理出发的典型传感器的误差模型,便可以模拟典型场景下的传感器读数,评测在不同类型的空间中,采用何种传感器的估计精度最高。下面以北京信息科学与技术国家研究中心大楼(FIT 楼)为例展示这一仿真模型的应用。该大楼的概要图如图 17.1-5 所示。该建筑中各类区间的统计数据如表 17.1-1 所示。

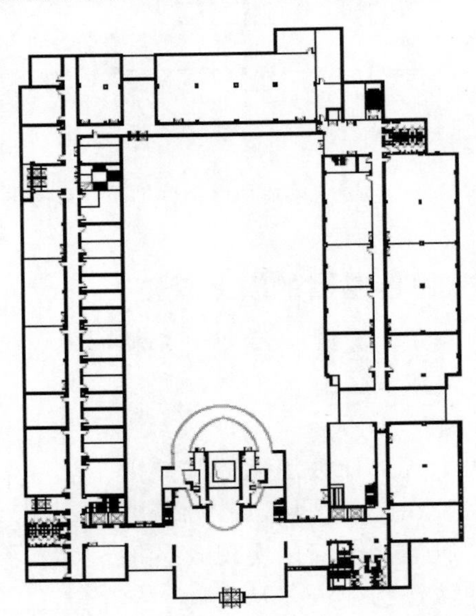

图 17.1-5 北京信息科学与技术国家研究中心大楼俯视示意图

表 17.1-1 FIT 楼各类区间的统计数据

分类名称	额定容量	数量
走廊	0	94
专用办公室	1	101
小办公室	2~9	26

续表

分类名称	额定容量	数　量
小实验室	10～15	49
实验室	16～30	28
空房间	0	39

采用上述仿真模型测试对比四种典型的传感系统：

（1）并联双红外传感器（含四束红外线）；

（2）视频传感器；

（3）简单红外对射传感器；

（4）WiFi 探针。

这些传感器的精度数据详见文献[8]。通过仿真评测，可以获得如下数值结果（见图 17.1-6～图 17.1-8）。据此可以根据用户所关心的误差类型，为不同功能的建筑区间选择合适的传感器（或者传感器的组合）。

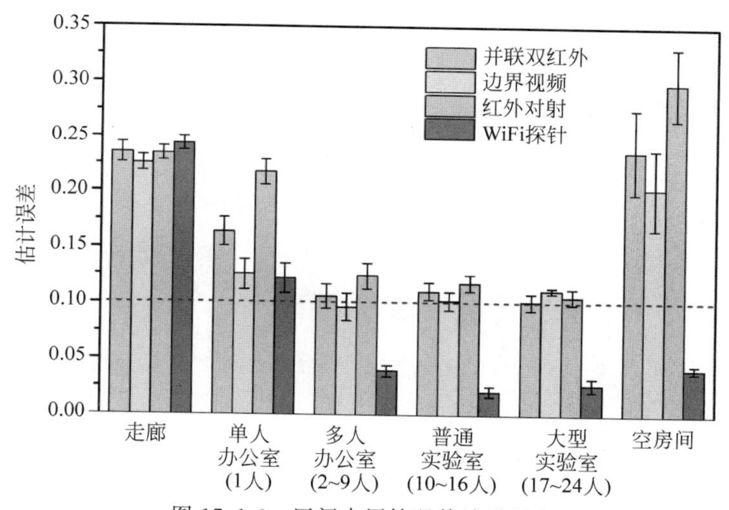

图 17.1-6　区间占用情况估计错误率

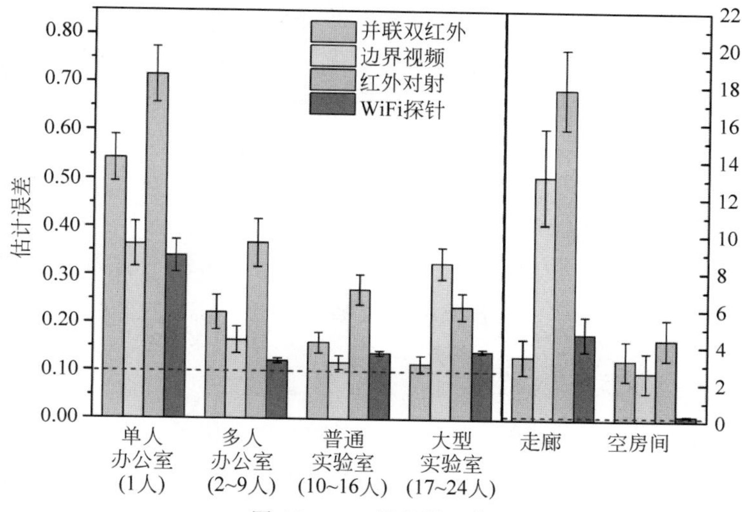

图 17.1-7　累积误差率

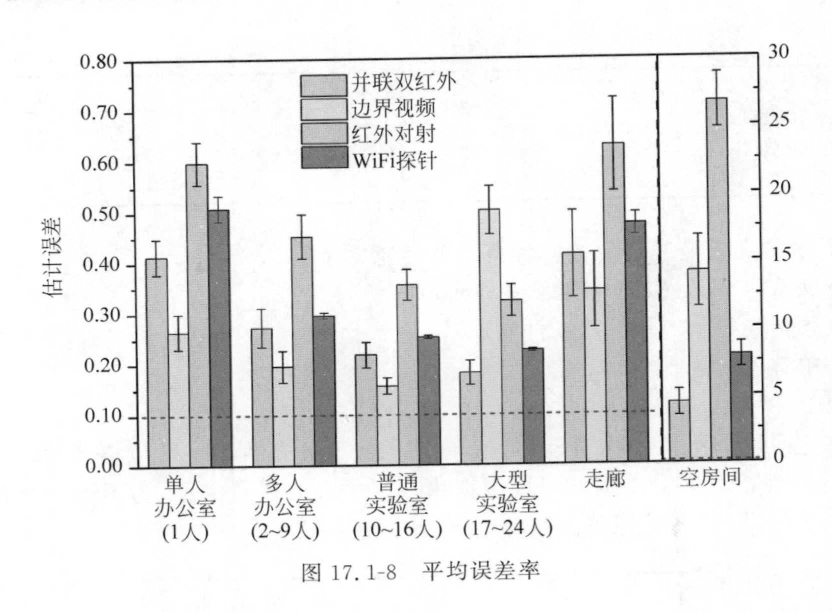

图 17.1-8 平均误差率

17.2 室内人员分布的信息融合方法[4]

室内人员的分布信息可以通过将区间内部传感器与区间边界传感器进行信息融合来估计。本节介绍与之相关的两个问题。首先，给出基于贝叶斯估计的近似算法；其次，分析传感器精度对最终估计结果精度的影响；最后，给出对综合区间边界与区间内部传感器的方法。本节的主要内容取自文献[4]。未尽事项，请阅读该参考文献。

17.2.1 基于蒙特卡罗方法的双红外贝叶斯估计近似算法

各区间之间相连有不同拓扑图。以星形结构为代表进行分析。对于“区间内传感器”与“区间边界传感器”这两种异质信息，基于贝叶斯理论的最优融合方法给出最优估计公式。对应一个离散的贝叶斯最优估计问题，其常用解法为格点法。在建筑内人员估计的特定应用场景中，需要注意的是，虽然各房间内人数的理论取值上限可以很大，但是实际当中，给定前一时刻的房间内人数估计，在几秒钟的时间尺度下，下一个时刻内的房间人数只会在前一时刻房间人数的基础上进行微小的变化。同时，对于一般的建筑，区间内的人员个数有最大值，且可以用建筑面积除以人员的平均使用面积估计，最大人数还受到建筑疏散能力的限制。可以采用类似于粒子滤波的方法，序贯生成房间人数的采样值。使用重采样防止估计问题的退化。采用递推方法减少算法执行的存储量和计算量。该算法适用于简单拓扑结构下的单区间人数估计，也适用于复杂拓扑结构下的多区间人数联合估计问题。其缺点在于，随着区间个数的增加，为保持算法性能不变，算法中的采样点个数需要以超指数的速度增长。换言之，随着问题规模的增长，若保持采样数量不变，则算法性能将急剧下降。

17.2.2 单传感器最优估计特性

为缓解贝叶斯估计方法的计算复杂度问题，本小节分析单传感器情形下的最优估计与单传感器测量精度之间的定量与定性关系。分别分析了四种情形：单步估计且只有一个可能人员、单步估计且可能有多个人员、多步估计且只有一个可能人员、多步估计且有多个可能人员。

针对单步估计且只有一个可能人员的情形，分析的结论是：①当被检测目标完全随机出现时，应按照传感器观测值估计；②当被检测目标被认为更倾向于存在时，应忽略传感器观测值，估计被检测目标存在；③当被检测目标被认为极其不可能存在时，应忽略传感器观测值，估计为被检测目标不存在。

针对单步估计且可能有多人的情形，分析的结论是：①当完全没有先验知识时，若传感器检测到运动则应该估计为最大可能人数；若传感器未检测到运动则估计为无人；②当被检测目标被认为更倾向于存在时，若检测到运动则应该估计为有人；③当被检测目标被认为更倾向于不存在时，若无检测值则应估计为无人。

17.2.3　基于热释电红外传感器检测特性的双红外信息融合算法

当在一个区间有多个传感器且彼此精度未必相同时，如何融合多种传感器的估计结果以获得比单个传感器更准确的估计结果？仍用贝叶斯公式表示计算结果。图 17.2-1 展示了两种传感器的估计结果不一致时，如何通过信息融合获得最好的估计精度。

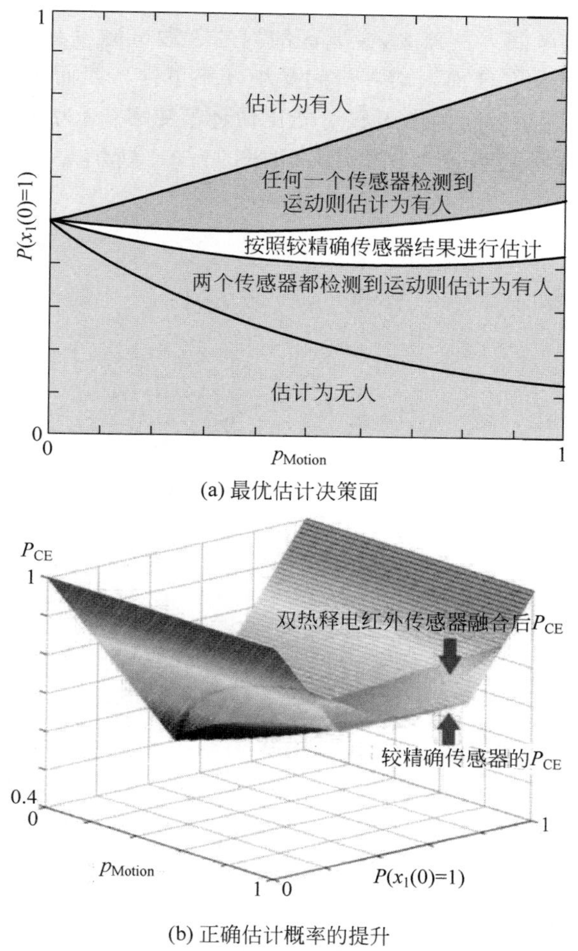

(a) 最优估计决策面

(b) 正确估计概率的提升

图 17.2-1　多传感器融合性能提升示意图

红外对射传感器瞬态性能好,稳态性能差;而热释电红外传感器则恰恰相反。所提出的基于热释电红外传感器检测特性的双红外信息融合算法,其基本思路是通过红外传感器对人数变化进行直接估计,再逐步利用热释电红外传感器修正这一检测结果。详细算法见文献[4]中的算法6。

17.3 基于群智能的室内人员分布估计方法

17.3.1 基于进出事件修正的人员分布信息协同感知

本节提出一种分布式的基于进出检测的人员分布信息协同感知方法。利用人员的停留时间模型对区域内人员个数进行估计。根据封闭区域的人员数目守恒定理,提出一种误差概率推送的方法,证明给出了树形拓扑建筑区域中的最优推送概率。

本节方法的主要思想是:人员在区间内的停留时长具有统计特征。针对传感器的检测误差,提出用人员停留时间的统计模型分析出两类小概率事件:一类是人员长期停留在区间内;另一类是人员频繁进出区间。针对不同功能的区间,通过统计历史数据结合实际数据,可以对不同区间停留时间的统计特性进行估计。当区间内人员的停留时间在合理范围之内时,不用调整。当区间的人员的停留时间明显过短或者过长,则对区间内人数进行调整:当很久没有检测到区间人员离去,说明区间内的人数可能没有所估计的那么多(因为区间内有许多人且长时间没有任何人离开房间是小概率事件),因而减小估计人数;当很频繁检测到区间人员离去,说明区间内的人数可能比估计值更多(因为区间内基本没有人且频繁有人离开是小概率事件),因而增大估计人数(如图17.3-1所示)。

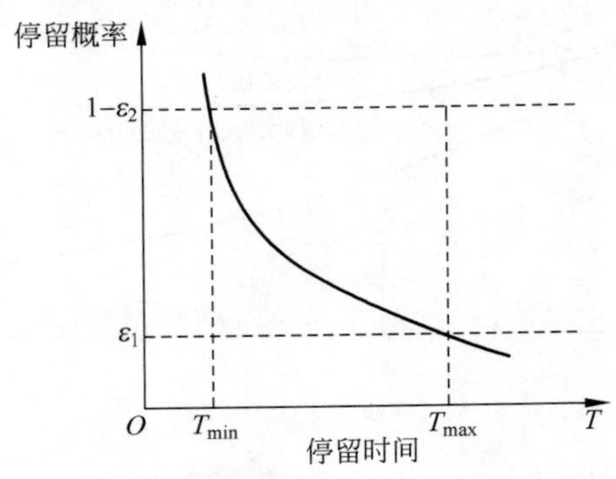

图17.3-1 根据区间内人员停留时间统计特征改进人数估计

在实际使用中需要根据能获得的数据对上述估计概率进行估计,并且根据房间的功能(比如走廊中人员的平均停留时间较短,办公室中人员的平均停留时间较长)调整相关参数的取值。

利用各区间彼此之间的连接关系,可以将基于上述方法产生的人数估计值修正量在楼层内以及楼层之间推送。有多种推送方式。其中一种朴素的方法是根据人员离去的历史数据统计结果进行分析。比如,当一个区间同时与两个区间相连时,基于停留时间判断出应当减小人数估计,说明有曾经发生的离去事件被漏检。此时可以根据历史上人员从当前区间离去后去两个相邻区间的概率大小,将估计人数应减小的消息通知给相邻区间中的某一个。与之类似,当前区间收到来自相邻区间推送来的修正信息后,需要综合后确定对当前区间的人数估计值是否进行修正，以及所需的修正量。

图 17.3-2 和图 17.3-3 给出了初始偏差为零或者非零时，基于停留时间和修正量推送的估计方法(M3)与朴素估计方法(NE，即直接根据检测到的人员到达与离去累加到当前的人数估计上)、M1 方法(仅对办公室基于停留时间修正估计值)和 M2 方法(对所有区间基于停留时间修正估计值)获得更好的估计性能，且在典型场景下均能最终将估计误差收敛到零。

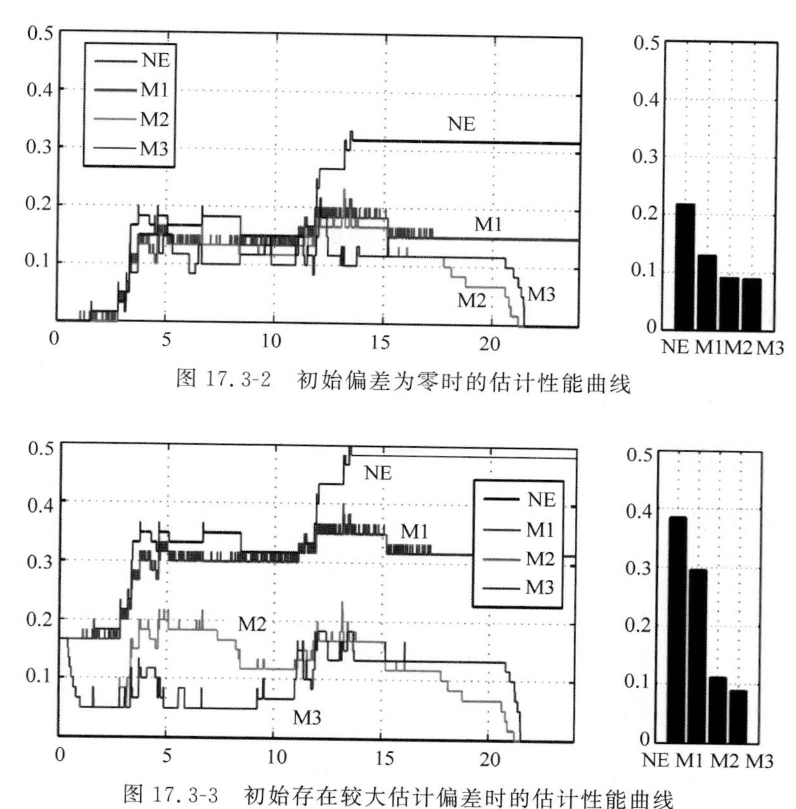

图 17.3-2　初始偏差为零时的估计性能曲线

图 17.3-3　初始存在较大估计偏差时的估计性能曲线

17.3.2　基于异质信息融合的人员分布信息协同感知

当不同类型的传感器进行信息融合时，可以基于贝叶斯公式融合其估计结果。鉴于贝叶斯公式的计算复杂度在大规模长时间应用时成为瓶颈，需要研究不同类型的传感器的误差特点，并提出基本规则对估计值进行近似。

在典型的大办公室环境下测试两种近似求解方法。方法 1(Method 1)假设不同传感器之间的观测误差彼此独立，据此可以简化贝叶斯公式的计算。方法 2(Method 2)用传感器两两之间的联合概率密度函数刻画观测值之间的关联关系，比方法 1 具有稍高的计算复杂度，但远低于贝叶斯公式的计算量。实验结果如图 17.3-4 所示。

从图 17.3-4 中可以看出，在这个特定的场景下，两种近似方法都比不融合的方法获得了更高的估计精度。相比之下，方法 2 的估计精度更高一些。由于这里考虑的两种传感系统一种是 RFID，另一种是视频，所以独立性假设比较合理，采用方法 1 可以减小计算量，精

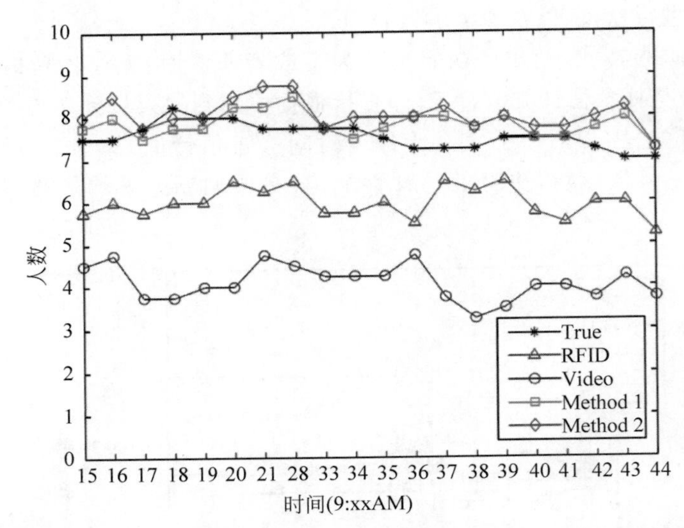

图 17.3-4 某区域不同时刻的真实人数(True)、系统观测人数(RFID、Video)及两种融合方法的融合效果(Method 1、Method 2)

度也比较满意。

可以进一步分析两种传感系统观测值之间的相关系数对融合后估计精度的影响。

17.4 本章小结

建筑内的人员分布信息在经济运行与应急疏散中具有重要价值。群智能的分布式架构便于与现有建筑内的传感系统融合,便于扩展与调整。本章讨论了在群智能框架下,如何基于区间内部以及区间边界传感器的观测值,经过信息融合并结合人员运动模型、停留时间模型,对各区间内人数进行估计。展示了信息融合与相邻区间之间的误差校验可以进一步提升估计精度。

建筑内的人员传感器多种多样,文中涉及的主要有红外线传感器、监控摄像头、WiFi 探针等。相关的融合算法也适用于融合其他传感器的观测值。本章所讨论的方法的精度,可以通过参数整定、机理模型与数据的深度融合等方法进一步提升,详见文献[1-9]。文献[4]初步讨论了人员分布信息在建筑节能中的应用。如何利用 5G 等信息技术进一步提升室内人员分布的估计精度,进一步提升建筑物的运行能效水平,有待科研人员进一步研究和探索。

参考文献

[1] Jia Q S,Wang H T,Lei Y L,et al. A decentralized stay-time based occupant distribution estimation method for buildings[J]. IEEE Transactions on Automation Science and engineering,2015,12(4):1482-1491.

[2] Jia Q S,Zhang C,Liu Z. A distributed occupancy distribution estimation method for smart buildings [C]//2019 IEEE 15th International Conference on Control and Automation (ICCA),Edinburgh,Scotland,Jul. 16-19,2019: 211-216.

[3] Jia Q S,Tang J,Lang Z. On event-based optimization with random packet dropping[J]. Science China

Information Sciences,2020,63(11): 212202.
[4] 郎振宁. 基于传感器融合的建筑内分区人数估计方法及应用[D]. 北京：清华大学,2016.
[5] Lang Z, Jia Q S. Event based parallel simulation on a sensing system for occupant distribution estimation in the whole building scale[C]//The 1st International Symposium on Sustainable Human-Building Ecosystems, Pittsburgh, Pennsylvania, USA, Oct. 4-7, 2015.
[6] Lang Z, Jia Q S, Feng X. A three-level human movement model in the whole building scale[C]//The 12th IEEE International Conference on Control and Automation (ICCA2016), Kathmandu, Nepal, Jun. 1-3, 2016.
[7] Liu Z, Jia Q S. An indoor occupant distribution estimation method based on improved stay-time algorithm[C]//The 2019 Chinese Control Conference, Guangzhou, China, Jul. 27-29, 2019.
[8] Tang J, Jia Q S. A simulation platform for sensing system selection for occupant distribution estimation in smart buildings[C]//The 2019 IEEE Conference on Automation Science and Engineering, Vancouver, Canada, Aug. 23-26, 2019.
[9] 王恒涛. 网络化信息的协同感知与拓扑重构研究[D]. 北京：清华大学,2013.
[10] Wang H T, Jia Q S, Song C, et al. Building occupant level estimation based on heterogeneous information fusion[J]. Information Sciences, 2014, 272: 145-157

第8篇　故障诊断

第18章

中央空调系统群智能传感器故障诊断方法研究

本章提要

本章针对物理场参数连续性的特点，建立了中央空调系统的传感器变量关联方程。根据故障发生的稀疏性规律，引入指数评价函数，以物理场参数之间的关联关系作为依据，建立了群智能传感器故障诊断模型。基于群智能平台节点分布式并行计算的特点以及物理场参数之间的变化规律，建立了群智能传感器故障诊断算法，通过相邻智能传感器间的互相校核实现了传感器故障诊断。以实际工程为例，通过仿真实验与硬件实验平台测试对算法进行了验证。结果表明，该方法能实现群智能平台下中央空调系统的传感器故障诊断，并能够对错误数据进行修复，通过标准化产品替代定制化工程，使得故障诊断方法能适用于不用建筑环境和不同设备组合之间，有效解决暖通知识落地难等问题，且具有简单易行、方便工程实现等优点。本章内容主要来源于文献[1]。

18.0 符号列表

Q_L	空调系统总负荷
Π_i	设备开启台数
i_1	空调箱支路
i_2	冷机支路
i_3	冷冻泵支路
i_4	冷却泵支路
i_5	冷却塔支路
T_{CHWS}	冷冻水供水温度
T_{CWS}	冷却水供水温度
T_{CHWR}	冷冻水回水温度
T_{CWR}	冷却水回水温度
H_{CHW}	冷冻泵压头
H_{CW}	冷却泵压头
H_{SA}	风机压头
m_{CHW}	冷冻水总流量
T_{SA}	送风温度
T_{RA}	回风温度
T_{MA}	混合空气温度
T_{wb}	室外湿球温度
P_{chiller}	冷机能耗
P_{CHWpump}	冷冻泵能耗
P_{CWpump}	冷却泵能耗

P_{AHU}	空调箱能耗
P_{CT}	冷却塔能耗
b	性能参数
r_i	估计值和实验值之差
u	收敛阈值

18.1 变量关联方程的建立

中央空调系统传感器通常分布在工程内部各台设备、各处管道、各个空间与各条线路等位置,包括压力传感器、流量传感器、温湿度传感器和功率传感器等。由于中央空调系统的运行参数本身具有连续性的特点,使得各个物理上相连通的变量之间存在相关性,即各个传感器测量变量是相互关联、相互牵制的,并且只有物理上有连通的节点才会产生相互作用[2],而且可以利用能量守恒定律、质量守恒定律、热平衡原理、压力流量平衡原理等建立相互之间的关联方程。

中央空调系统群智能传感器故障诊断方法是指基于群智能平台的传感器故障诊断方法。群智能传感器故障诊断中,各个传感器是内嵌 CPN 的智能传感器,各智能传感器节点就是根据这些关联方程,通过节点之间的协同计算来完成的。因此,本章首先建立传感器测量变量之间的关联方程。

水立方作为一个重要的公共建筑,对空调系统的可靠性与高效性要求与建筑基本一致。因此,本章主要以水立方空调系统为例,建立群智能传感器测量变量关联方程。

水立方空调系统中各个温度传感器、水流量传感器、压差传感器等布置如图 18.1-1 所示。空调制冷过程由多环节串联而成,并与物理反应、相变、能量转换、传热传质等复杂非线性过程相伴随。设某一时刻空调系统总负荷为 Q_L,定义 $\Pi_i(i=1,2,3,4)$分别表示冷机、冷冻泵、冷却泵、冷却塔的开启台数,以空调箱 $i_1(i_1=1,2,3)$支路、冷机 $i_2(i_2=1,2,3)$支路、冷冻泵 $i_3(i_3=1,2,3)$支路、冷却泵 $i_4(i_4=1,2,3)$支路以及冷却塔 $i_5(i_5=1,2,3)$支路为例,建立传感器变量关联方程。

需要指出的是,实际工程中若干变量能够通过传感器直接测量得到,例如,冷机 $i_2(i_2=1,2,3)$支路冷冻水供水温度 $T_{\mathrm{CHWS},i_2}(i_2=1,2,3)$、冷却水供水温度 $T_{\mathrm{CWS},i_2}(i_2=1,2,3)$、冷冻水回水温度 $T_{\mathrm{CHWR},i_2}(i_2=1,2,3)$以及冷却水回水温度 $T_{\mathrm{CWR},i_2}(i_2=1,2,3)$;冷冻水干管供水温度 T_{CHWS} 和干管回水温度 T_{CHWR},冷却水干管供水温度 T_{CWS} 和干管回水温度 T_{CWR};冷冻泵压头 H_{CHW} 和冷却泵压头 H_{CW},以及冷冻水总流量 m_{CHW}。

另外,空调箱 $i_1(i_1=1,2,3)$支路风机压头 H_{SA,i_1},送风温度 T_{SA,i_1},回风温度 T_{RA,i_1},混合空气温度 T_{MA,i_1},室外湿球温度 T_{wb} 等也可以由相应的传感器测量得到。除此之外,冷机能耗值 P_{chiller},冷冻泵能耗 P_{CHWpump},冷却泵能耗 P_{CWpump},空调箱 $i_1(i_1=1,2,3)$能耗,冷却塔能耗 P_{CT} 亦可由相应电表测量得到,如图 18.1-1 所示。

但是,由于实际工程中传感器安装数目有限,若干变量无法直接获得。此时,可以利用设备模型通过间接计算得到,具体如下。

1. 水泵水流量计算

根据相似定律,变频冷冻水泵在非额定转速下的压差与冷冻水量关系方程可以由额定转速下的公式推理得到。定义相对转速为

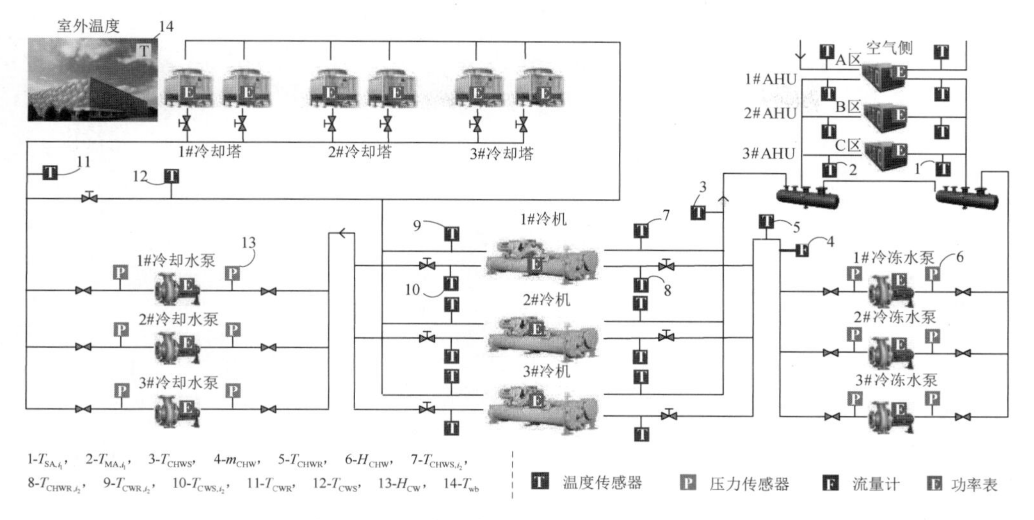

图 18.1-1　水立方空调系统传感器布置图

$$w_{CHW}=\frac{n_{CHW}}{n_{CHW,N}}(w_{CHW,0}<w_{CHW}<1) \tag{18.1-1}$$

其中，$w_{CHW,0}$ 为冷冻泵相对转速下限值，n_{CHW} 为冷冻泵转速，$n_{CHW,N}$ 为额定转速。从而，冷冻泵在非额定值下的性能曲线可以表示为

$$H_{CHW}=b_0\left(\frac{m_{CHW}}{\Pi_2}\right)^2+b_1w_{CHW}\left(\frac{m_{CHW}}{\Pi_2}\right)+b_2w_{CHW}^2 \tag{18.1-2}$$

其中，b_0，b_1，b_2 为拟合参数，可以通过实际测量数据拟合得到。现以水立方冷冻站的冷冻水循环水泵系统为例（如图 18.1-2 (a)所示）对拟合方法进行阐述。水泵型号都为 G360-40-55NY，额定流量为 365m^3/h，额定扬程 36.5mH_2O（1mH_2O＝9.8039kPa），额定功率为 55kW。

(a) 冷冻水循环泵系统

(b) 超声波流量计

(c) 手持式电能仪

图 18.1-2　实验对象及实验测试仪器

为了测试该水泵的工作特性曲线，需要的主要实验仪器有超声波流量计和手持式电能仪（如图 18.1-2(b)和图 18.1-2(c)所示），其中压差值和频率通过现场自控系统读取。实验通过变频器设定水泵的不同工作频率，通过改变水泵前的阀门开度来改变水泵的工作流量，同时利用超声波流量计、手持式电能仪分别测量水泵的工作流量和功率，实测的数据整理如表 18.1-1 所示。

表 18.1-1 G360-40-55NY 水泵实测数据

序　号	流量/($m^3 \cdot h^{-1}$)	频率/Hz	功率/kW	压头/mH_2O
1	104	35.12	15.7	16.00
2	118	40.14	19.9	21.48
3	175	45.05	26.0	26.00
4	225	45.05	28.0	26.10
5	226	35.12	18.7	14.70
6	235	50.00	30.87	29.95
7	276	40.14	23.8	18.77
8	276	35.12	19.7	13.10
9	284	45.05	30.7	23.93
10	296	35.12	19.9	12.47
11	311	45.05	31.0	23.45
12	320	40.14	24.4	17.03
13	332	35.12	20.2	10.15
14	355	40.14	25.6	14.70
15	369	45.05	33.2	21.25
16	377	40.14	27.2	14.00
17	407	50.00	39.95	25.00
18	427	45.05	34.9	18.65
19	467	50.00	41.9	22.45
20	509	50.00	43.32	20.35
21	164	35.12	19.9	15.60
22	190	45.05	26.7	26.15
23	195	40.14	21.5	20.53
24	287	50.00	34.52	29.90

由于以上设备特性方程中有若干组非线性方程，本章采用非线性最小二乘法对 3 个未知参数进行拟合，如

$$\begin{aligned} f(\boldsymbol{b}) &= \sum_{i=1}^{m} r_i^2(\boldsymbol{b}) \\ &= \sum_{i=1}^{m} (H_W - b_0 m_{CHW}^2 + b_1 w_{CHW} m_{CHW} + b_2 w_{CHW}^2)^2 \end{aligned} \tag{18.1-3}$$

其中，$f(\boldsymbol{b})$为估计值与实验数值差的平方和，$r_i(\boldsymbol{b})$为估计值与实验值之差，m 为参数估计中所用到的实验数值组数。

为了克服传统最小二乘法矩阵 $\boldsymbol{J}^T\boldsymbol{J}$($\boldsymbol{J}$ 为雅克比矩阵)出现病态的缺点，本章采用 Levenberg-Marquardt 方法对上述问题进行求解。根据 Levenberg-Marquardt 方法，得到搜索方向为

$$P_k = -[(\boldsymbol{J}^{(k)})^T \boldsymbol{J}^{(k)} + \lambda_k \boldsymbol{I}]^{-1} [(\boldsymbol{J}^{(k)})^T f(\boldsymbol{x}^{(k)})] \tag{18.1-4}$$

其中，λ_k 为参数，$\boldsymbol{I}$ 为单位矩阵。从而，迭代公式为

$$\lambda_{k+1}=\begin{cases}\dfrac{\lambda_k}{v}, & f(k+1)<f(k)\\ \lambda_k v, & f(k+1)>f(k)\end{cases}$$

$$b^{(k+1)}=b^{(k)}+P^{(k)} \tag{18.1-5}$$

其中，设定初值$\lambda_0=0.01$，$v=10$。迭代收敛条件为$b^{(k+1)}-b^{(k)}<u$，u为收敛阈值。通过以上计算可得，$b_0=-8e-5$，$b_1=0.029$，$b_2=29.34$。

从而，由式(18.1-1)和式(18.1-2)可以看出，当冷冻水泵运行频率(控制器设定值)与压差(压差传感器测量得到)确定后，冷冻水量便可计算得出。

变频冷却泵的压差与冷却水量关系方程形式与式(18.1-2)相同，如果定义冷却水泵相对转速为w_{CW}，相对转速下限值为$w_{\mathrm{CW},0}$，转速为n_{CW}，额定转速为$n_{\mathrm{CW},N}$，冷却水流量为m_{CW}，则水泵性能曲线公式便可确定，其中拟合参数为d_0，d_1，d_2。在水立方冷站系统中，$d_0=-8.5e-5$，$d_1=0.034$，$d_2=31.23$。当冷却水泵运行频率(控制器设定值)与压差(压差传感器测量得到)确定后，冷却水量便可计算得出。

2. 空调箱送风机风量计算

对于空调箱变频送风机，其性能特点与水泵类似。因此，送风机性能曲线与变频水泵形式相同。同样，定义送风机相对转速为u_f，相对转速下限为$u_{f,0}$，风机转速为n_f，额定转速为$n_{f,N}$，$i_1(i_1=1,2,3)$支路风机送风量为$m_{\mathrm{SA},i_1}(i_1=1,2,3)$，则送风机压头公式便可确定，其中，$j_0$、$j_1$、$j_2$为拟合参数。在水立方系统中，$j_0=-5e-1$，$j_1=6.29$，$j_2=500.34$。进一步地，当送风机运行频率(控制器设定值)与静压(压力传感器测量得到)给定时，送风机风量便可计算得出。

3. 冷却塔送风机风量计算

冷却塔风机性能曲线与以上不同，但是实时风量可以通过能耗公式得到。冷却塔风机能耗公式可以描述为

$$P_{\mathrm{CT}}=l_0+l_1 m_{\mathrm{CT}}+l_2 m_{\mathrm{CT}}^2 \tag{18.1-6}$$

其中，m_{CT}表示冷却塔风机风量；l_0，l_1，l_2为拟合参数，可以通过实际数据拟合得到。在本章中，$l_0=16.10$，$l_1=10.14$，$l_2=11.51$。从式(18.1-6)可以看出，当冷却塔能耗参数测得后，风机风量便可以确定。

在群智能平台中，以上各个性能曲线拟合参数在智能设备(如智能冷机、智能水泵、智能风机)出厂前预先写入相应CPN节点，为群智能优化运行方法的实施提供基础和便利。

当各个变量通过直接或间接的方式获得后，接下来便可以根据基本物理定律建立变量间的关联方程，具体如下：

(1) 根据空调箱表冷器换热模型，如图18.1-3所示，可以建立空调箱$i_1(i_1=1,2,3)$送风量m_{SA,i_1}、混风温度T_{MA,i_1}与冷冻水供水温度T_{CHWS}的关联方程，利用换热公式表示为

$$Q_{L,i_1}=\frac{p_0 m_{\mathrm{SA},i_1}^q}{1+p_1\left(\dfrac{m_{\mathrm{SA},i_1}}{m_{\mathrm{CHW},i_1}}\right)^q}(T_{\mathrm{MA},i_1}-T_{\mathrm{CHWS}}) \tag{18.1-7}$$

其中，Q_{L,i_1}为$\mathrm{AHU}_{i1}(i_1=1,2,3)$支路冷负荷，$m_{\mathrm{CHW},i_1}$为冷冻水量。公式参数$p_0$，$p_1$与$q$为拟合系数，通常可以由厂家提供样本数据或现场数据拟合得到。在水立方冷站系统中，

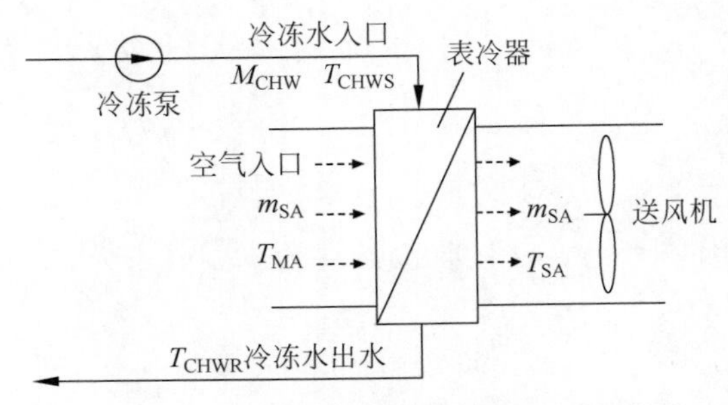

图 18.1-3　空调系统表冷器模型示意图

$p_0=3.67$，$p_1=1.12$，$q=3.23$。

(2) 根据物质与能量守恒关系，可以建立冷冻水供回水温度 T_{CHWS}、T_{CHWR} 与冷冻水量 m_{CHW} 的关联方程，具体为

$$Q_L=m_{CHW}\cdot c_{pw}\cdot(T_{CHWR}-T_{CHWS}) \tag{18.1-8}$$

其中，c_{pw} 为水的比热容，通常为 4.186kJ/(kg·℃)。

(3) 同样，根据物质与能量守恒关系，可以建立冷却水供回水温度 T_{CWS}、T_{CWR} 与冷却水流量 m_{CW} 的关联方程，具体为

$$Q_L=m_{CW}\cdot c_{pw}\cdot(T_{CWR}-T_{CWS}) \tag{18.1-9}$$

(4) 根据冷却塔中表冷器换热模型，建立冷却水回水温度 T_{CWR}、冷却水流量 m_{CW}、送风量 m_{CT} 等变量关联方程，具体为

$$\frac{Q_L}{\Pi_4}=\frac{r_0\left(\dfrac{m_{CW}}{\Pi_4}\right)^t}{1+r_1\left(\dfrac{\dfrac{m_{CW}}{\Pi_4}}{m_{CT}}\right)^t}(T_{CWR}-T_{wb}) \tag{18.1-10}$$

其中公式参数 r_0，r_1 与 t 为拟合系数。此处 $r_0=3.65$，$r_1=1.09$，$t=2.83$。

(5) AHU 送回风温度值 T_{SA,i_1}、T_{RA,i_1} 与送风量 m_{SA,i_1} 的关联方程可以由焓差方程表示，因为出入口焓值通常是由温度传感器和湿度传感器测量并计算得到的。设 h_{sar,i_1} h_{sac,i_1} 分别表示 AHU i_1($i_1=1,2,3$)入口与出口处的空气焓值，则焓差方程可表示为

$$Q_{L,i_1}=m_{SA,i_1}c_{pa}(h_{sar,i_1}-h_{sac,i_1}) \tag{18.1-11}$$

其中，c_{pa} 为空气的比热容，通常为 1kJ/(kg·℃)。

(6) 同理，冷却塔送风温度 T_{wb} 与送风量 m_{CT} 之间的关联方程也可以由焓差方程表示为

$$\frac{Q_L}{\Pi_4}=m_{CT}c_{pa}(h_{ai}-h_{ao}) \tag{18.1-12}$$

其中，h_{ai}，h_{ao} 分别表示冷却塔入口与出口处的空气焓值。

另外，干管与各个支路之间也可以建立能量与物质守恒关系。例如，在最优运行状态下，各个开启的同型号冷机制冷量相同，同型号水泵压差相等。此时，冷冻水供水干管水温 T_{CHWS} 与各个冷机支路水温相等，即 $T_{CHWS}=T_{CHWS,i_2}$($i_2=1,2,3$)。同理，$T_{CWS}=$

T_{CWS,i_2}，$T_{\mathrm{CHWR}}=T_{\mathrm{CHWR},i_2}$，$T_{\mathrm{CWR}}=T_{\mathrm{CWR},i_2}$。

群智能平台中的智能设备批量生产后，以上模型方程在出厂前由厂家直接写入相应的智能 CPN 节点。通过以上过程，可以建立空调系统各变量关联方程，为下文进行传感器故障诊断打下基础。

18.2　群智能传感器故障诊断模型的建立

实际工程中发现，最常见的传感器故障为漂移等产生的测量值偏差。漂移偏差是指数据测量偏差会随着时间朝着同一个方向缓慢变化。由于其故障数据输出特性与正常数据基本一致，测量得到的原始运行数据，本身虽然经过滤波、本地运行数据诊断等处理，依然无法消除温漂、时漂甚至是安装位置错误等引起的传感器问题。通过建立新型群智能传感器故障诊断模型，以实现群智能平台下的中央空调系统传感器慢漂移等故障诊断。

18.2.1　群智能传感器故障诊断模型统一描述

基于 18.1 节所建立的各个传感器测量变量之间的关联方程，群智能传感器故障诊断方法对测量数据的漂移故障进行校核，实现故障传感器节点的定位，并对故障数据进行修复。下面从基本原理、数学模型、运行机制及执行方式等方面对其进行研究。

通过理论方法分析与实际工程经验总结得到：任一时刻，系统中传感器发生显著误差（即发生故障的传感器）的个数总是少数的。换句话讲，多个传感器在同一时刻均出现显著偏差是小概率事件。

本节以此原则为基础，建立群智能系统传感器故障诊断模型。因此，在传感器故障诊断中，就是要通过修改最少的传感器测量值使得所有关联方程得到满足，从而可以将问题转化为优化问题求解，即

$$\begin{aligned}&\min\sum_{i=1}^{N}\Gamma_i(\|s_i-\bar{s}_i\|_2)\\&\text{s.t.}\ c_i(s_i,s_j),\quad j\in\Lambda_i\\&i=1,2,\cdots,N\end{aligned}\tag{18.2-1}$$

其中，$\Gamma_i(\|s_i-\bar{s}_i\|_2)$代表传感器 i 的故障概率，$\|\cdot\|_2$ 表示 2-范数。$\bar{s}_i$ 为传感器 i 的测量值，s_i 表示传感器 i 经过优化计算后的修正值。s_j 是相邻节点 j 的测量变量，$c_i(s_i,s_j)$ 表示变量 s_i 与 s_j 之间的关联方程。

从单个节点来看，每个节点具有一个故障概率函数，可以作为传感器的故障指标。传感器 i 的故障概率定义为

$$\Gamma_i(\|s_i-\bar{s}_i\|)=1-\exp(-\|s_i-\bar{s}_i\|_2)\tag{18.2-2}$$

通过分析可以看出，当传感器测量值与估计值偏差较大时，函数式(18.2-2)能够趋于 1，表示传感器发生故障，反之亦然。

进一步地，将式(18.2-2)泰勒展开，可以得到

$$\Gamma_i(s_i)=1-\exp\|s_i-\bar{s}_i\|_2=\|s_i-\bar{s}_i\|_2+o(s_i)\tag{18.2-3}$$

即当传感器测量误差较小时，该模型相当于通用的最小二乘法。从以上分析中可以看出，与传统状态估计方法相比，该诊断模型鲁棒性更强，适应范围更广。

在群智能传感器故障诊断中，每个智能传感器仅具备个体指标函数，且仅含有与个体相

关的传感器变量关联方程，则群智能传感器慢漂移等故障诊断问题可以转化为带约束的群智能优化问题，即

$$\begin{aligned}&\min \Gamma_i(\| s_i - \bar{s}_i \|_2)\\&\text{s.t.}\quad c_i(s_i, s_j),\quad j \in \Lambda_i\end{aligned} \tag{18.2-4}$$

在群智能平台下，式(18.2-4)写入节点 $i(i=1,2,3,\cdots,N)$ 中，节点 i 通过本地估计并与相邻节点交互，在满足所有物理约束前提下，使得目标函数式(18.2-1)取得最小值，进而实现传感器的故障诊断。下面针对具体系统的传感器故障诊断模型进行性质分析，为寻找分布式估计算法提供依据。

18.2.2 群智能传感器故障诊断模型特点分析

根据群智能平台特点，以 AHU $i_1(i_1=1,2,3)$，冷机 $i_2(i_2=1,2,3)$，冷冻泵 $i_3(i_3=1,2,3)$，冷却泵 $i_4(i_4=1,2,3)$，冷却塔 $i_5(i_5=1,2,3)$支路传感器为例，构建空调系统各个传感器故障诊断模型。将所建立的故障概率函数作为指示函数，并将 18.1 节中所有与个体变量相关的关联方程作为约束条件，具体如下：

(1) 传感器 1 故障诊断函数

$$\begin{aligned}&\min \Gamma_{\text{sensor1}}(T_{\text{SA},i_1})\\&\text{s.t.}\ H_{\text{SA},i_1} = j_0 m_{\text{SA},i_1}^2 + j_1 w m_{\text{SA},i_1} + j_2 w^2\\&\qquad Q_{L,i_1} = m_{\text{SA},i_1} \cdot c_{\text{pa}} \cdot (h_{\text{sar},i_1} - h_{\text{sac},i_1})\end{aligned} \tag{18.2-5}$$

(2) 传感器 2 故障诊断函数

$$\begin{aligned}&\min \Gamma_{\text{sensor2}}(T_{\text{MA},i_1})\\&\text{s.t.}\ H_{\text{SA},i_1} = j_0 m_{\text{SA},i_1}^2 + j_1 w m_{\text{SA},i_1} + j_2 w^2\\&\qquad Q_{L,i_1} = m_{\text{SA},i_1} \cdot c_{\text{pa}} \cdot (h_{\text{sar},i_1} - h_{\text{sac},i_1})\end{aligned} \tag{18.2-6}$$

(3) 传感器 3 故障诊断函数

$$\begin{aligned}&\min \Gamma_{\text{sensor3}}(T_{\text{CHWS}})\\&Q_L = m_{\text{CHW}} \cdot c_{\text{pw}} \cdot (T_{\text{CHWR}} - T_{\text{CHWS}})\end{aligned} \tag{18.2-7}$$

(4) 传感器 4 故障诊断函数

$$\begin{aligned}&\min \Gamma_{\text{sensor4}}(m_{\text{CHW}})\\&\text{s.t.}\ H_{\text{CHW}} = b_0(m_{\text{CHW}}/\Pi_2)^2 + b_1 w(m_{\text{CHW}}/\Pi_2) + b_2 w^2\\&\qquad Q_L = m_{\text{CHW}} \cdot c_{\text{pw}} \cdot (T_{\text{CHWR}} - T_{\text{CHWS}})\\&\qquad Q_{L,i_1} = \frac{p_0 m_{\text{SA},i_1}^q}{1 + p_1\left(\dfrac{m_{\text{SA},i_1}}{m_{\text{CHW},i_1}}\right)^q}(T_{\text{MA},i_1} - T_{\text{CHWS}})\end{aligned} \tag{18.2-8}$$

(5) 传感器 5 故障诊断函数

$$\begin{aligned}&\min \Gamma_{\text{sensor5}}(T_{\text{CHWR}})\\&\text{s.t.}\ Q_L = m_{\text{CHW}} \cdot c_{\text{pw}} \cdot (T_{\text{CHWR}} - T_{\text{CHWS}})\\&\qquad T_{\text{CHWR},i_2} = T_{\text{CHWR}}\end{aligned} \tag{18.2-9}$$

（6）传感器6故障诊断函数

$$\min \Gamma_{\text{sensor6}}(H_{\text{CHW}})$$
$$\text{s.t.}\ H_{\text{CHW}}=b_0(m_{\text{CHW}}/\Pi_2)^2+b_1 w(m_{\text{CHW}}/\Pi_2)+b_2 w^2 \tag{18.2-10}$$

（7）传感器7故障诊断函数

$$\min \Gamma_{\text{sensor7}}(T_{\text{CHWS},i_2})$$
$$\text{s.t.}\ T_{\text{CHWS},i_2}=T_{\text{CHWS}}$$
$$Q_L/\Pi_1=(m_{\text{CHW}}/\Pi_1)\cdot c_{\text{pw}}\cdot(T_{\text{CHWR},i_2}-T_{\text{CHWS},i_2}) \tag{18.2-11}$$

（8）传感器8故障诊断函数

$$\min \Gamma_{\text{sensor8}}(T_{\text{CHWR},i_2})$$
$$\text{s.t.}\ T_{\text{CHWR},i_2}=T_{\text{CHWR}}$$
$$Q_L/\Pi_1=(m_{\text{CHW}}/\Pi_1)\cdot c_{\text{pw}}\cdot(T_{\text{CHWR},i_2}-T_{\text{CHWS},i_2}) \tag{18.2-12}$$

（9）传感器9故障诊断函数

$$\min \Gamma_{\text{sensor9}}(T_{\text{CWR},i_2})$$
$$\text{s.t.}\ Q_L/\Pi_1=(m_{\text{CW}}/\Pi_1)\cdot c_{\text{pw}}\cdot(T_{\text{CWR},i_2}-T_{\text{CWS},i_2})$$
$$T_{\text{CWR},i_2}=T_{\text{CWR}} \tag{18.2-13}$$

（10）传感器10故障诊断函数

$$\min \Gamma_{\text{sensor10}}(T_{\text{CWS},i_2})$$
$$\text{s.t.}\ Q_L/\Pi_1=(m_{\text{CW}}/\Pi_1)\cdot c_{\text{pw}}\cdot(T_{\text{CWR},i_2}-T_{\text{CWS},i_2})$$
$$T_{\text{CWS},i_2}=T_{\text{CWS}} \tag{18.2-14}$$

（11）传感器11故障诊断函数

$$\min \Gamma_{\text{sensor11}}(T_{\text{CWR}})$$
$$\text{s.t.}\ Q_L=m_{\text{CW}}\cdot c_{\text{pw}}\cdot(T_{\text{CWR}}-T_{\text{CWS}})$$
$$\frac{Q_L}{\Pi_4}=\frac{r_0\left(\dfrac{m_{\text{CW}}}{\Pi_4}\right)^t}{1+r_1\left(\dfrac{\dfrac{m_{\text{CW}}}{\Pi_4}}{m_a}\right)^t}(T_{\text{CWR}}-T_{\text{wb}})$$
$$T_{\text{CWR},i_2}=T_{\text{CWR}} \tag{18.2-15}$$

（12）传感器12故障诊断函数

$$\min \Gamma_{\text{sensor12}}(T_{\text{CWS}})$$
$$\text{s.t.}\ Q_L=m_{\text{CW}}\cdot c_{\text{pw}}\cdot(T_{\text{CWR}}-T_{\text{CWS}}) \tag{18.2-16}$$

（13）传感器13故障诊断函数

$$\min \Gamma_{\text{sensor13}}(H_{\text{CW}})$$
$$\text{s.t.}\ H_{\text{CW}}=d_0(m_{\text{CW}}/\Pi_3)^2+d_1 w(m_{\text{CW}}/\Pi_3)+d_2 w^2$$
$$Q_L=m_{\text{CW}}\cdot c_{\text{pw}}\cdot(T_{\text{CWR}}-T_{\text{CWS}})$$

$$\frac{Q_L}{\Pi_4}=\frac{r_0\left(\frac{m_{\mathrm{CW}}}{\Pi_4}\right)^t}{1+r_1\left(\frac{\frac{m_{\mathrm{CW}}}{\Pi_4}}{m_a}\right)^t}(T_{\mathrm{CWR}}-T_{\mathrm{wb}}) \tag{18.2-17}$$

(14) 传感器 14 故障诊断函数

$$\min \Gamma_{\mathrm{sensor14}}(T_{\mathrm{wb}})$$

$$\text{s.t.}\ \frac{Q_L}{\Pi_4}=\frac{r_0\left(\frac{m_{\mathrm{CW}}}{\Pi_4}\right)^t}{1+r_1\left(\frac{\frac{m_{\mathrm{CW}}}{\Pi_4}}{m_a}\right)^t}(T_{\mathrm{CWR}}-T_{\mathrm{wb}}) \tag{18.2-18}$$

在群智能平台下，对式(18.2-5)～式(18.2-18)进行分布式并行估计，需要建立相关算法，使空调系统中各个智能传感器节点通过并行协同运算达到故障概率和最小，实现传感器的故障诊断。由于各故障诊断函数中约束方程存在非线性方程，且各个节点函数之间存在耦合，问题式(18.2-5)～式(18.2-18)可以看作群智能优化问题。

建立起各个传感器的故障诊断模型后，写入对应智能传感器的 CPN 节点。接下来，主要对群智能传感器故障诊断的具体实施方法进行研究。

18.3 群智能传感器故障诊断方法研究

群智能传感器故障诊断方法中，传感器故障诊断模型写入对应的智能传感器。各个智能传感器依据物理关系相互连接，构建起扁平化无中心形式的群智能传感器网络。传感器故障诊断任务依靠各个节点执行自身内置的群智能算法，并通过与邻居节点间的协同运算来完成，而无须构建集中管理和控制的监控主机。

18.3.1 群智能传感器故障诊断网络搭建

各个智能传感器根据测量变量关联方程进行连接，如空调系统中，根据 18.1 节所建立的变量关联方程将相关传感器进行连接，如图 18.3-1 中虚线所示。其中，根据式(18.1-11)将 AHU 处混风温度传感器(传感器 1)与送风温度传感器(传感器 2)相连接。式(18.1-7)将冷冻水供水温度传感器(传感器 3)、供水流量传感器(传感器 4)以及送风温度传感器相连接。式(18.1-2)将冷冻泵压差传感器(传感器 6)与冷冻水流量传感器相连接。式(18.1-8)将冷冻水回水温度传感器(传感器 5)、冷冻水供水温度传感器以及冷冻水流量传感器相连接。式(18.1-9)与冷却泵压头公式将冷却水供回水温度传感器(传感器 11 与 12)、冷却泵压差传感器(传感器 13)相连接。式(18.1-10)将冷却水回水温度传感器、冷却泵压差传感器以及冷却塔送风温度传感器相连接。式(18.1-12)将冷却塔送出风温度传感器相连接。

另外，根据能量与物质守恒关系，可以将冷机冷冻侧支路供水温度传感器(传感器 7)与干管供水温度传感器，回水温度传感器(传感器 8)与干管回水温度传感器相连接。同理，回水温度传感器(传感器 9)与干管回水温度传感器，冷却侧支路供水温度传感器(传感器 10)

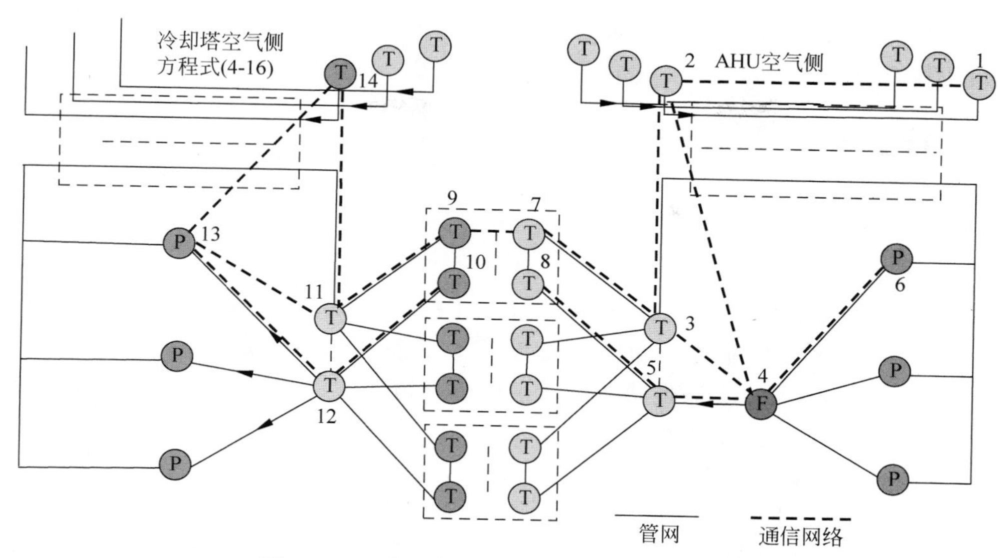

图 18.3-1　水立方空调系统传感器网络连接图

与干管供水温度传感器相连接。

从而，可以建立起相互连通的空调系统群智能传感器故障诊断网络。这里所说的诊断网络是智能传感器节点之间的逻辑连接，是群智能平台网络的一个子网。从图 18.3-1 中可以看出，传感器网络拓扑与空调系统设备管理拓扑基本一致，物理上相关的传感器在诊断网络中成为彼此的“邻居”。需要指出的是，并列的机组连接关系相同，因此，图 18.3-1 中未予以标注。

18.3.2　群智能传感器故障诊断算法研究

群智能传感器故障诊断算法主要研究传感器网络节点之间的自组织协作机制，通过与邻居节点的校核，正确估计各传感器的测量值，从而达到传感器故障诊断的目的[3]。

结合群智能传感器故障诊断模型与空调系统的特点，采用群智能分布式优化算法对上述传感器故障诊断问题进行求解，建立各智能传感器节点故障诊断算法如下。

算法 18.3-1　智能传感器 i 故障诊断算法(运行于任意一个智能传感器节点 i ($i=1,2,\cdots,N$)上，所有节点代码相同)

初始化：获得本地测量结果，并将自己的测量值传递给邻居节点；
任意智能传感器节点 i，$i=1,2,\cdots,N$，产生初始可行种群估计值；
　　设定迭代次数标记 $k=1$；
任意传感器节点 i，$i=1,2,\cdots,N$ 同时执行以下程序：
for $k=1,2,\cdots,$ do
将自己的种群估计值传递给邻居节点，同时收取相邻节点的种群估计结果；
将种群值代入本地传感器故障诊断函数，对本地种群估计值进行评价；
通过选择算子选取得到本次迭代的优秀种群；
利用交叉、变异算子更新本次迭代产生的优秀种群；
end

需要指出的是，在诊断过程中，将制冷量 Q_L 作为全局一致性约束，参与空调系统的群智能传感器故障诊断。

18.4 群智能传感器故障诊断仿真实验

本节选用水立方空调系统节能改造项目作为工程案例对算法 18.3-1 进行测试，系统中传感器布置如图 18.1-1 所示。

1. 实验条件

将传感器 1～14(AHU 1#，冷冻泵 1#，冷机 1#，冷却泵 1#，冷却塔 1# 支路)作为诊断对象来对提出的群智能传感器故障诊断算法进行验证。假定某一时刻的冷负荷为 2218kW。利用算法 18.3-1 对传感器故障进行诊断，其中惩罚因子 $\rho=1e-4$，种群规模为 1000，交叉概率为 0.9，变异概率为 0.1。

2. 仿真实验及结果分析

仿真实验中，采用单台计算机(Intel Core i5)作为算法运行的硬件平台，采用仿真软件 MATLAB 2016a 来模拟算法并行执行过程。以正常条件下工程现场数据作为传感器测量值，设置传感器 3 发生慢漂移故障，在某一时刻产生较大偏差，超出精度范围。当传感器发生超出精度范围的偏差后，节点之间的物理约束方程无法满足，各传感器开始相互校核。各传感器真实值、测量值以及执行算法后的修复值如图 18.4-1 所示。从图 18.4-1 中可以看出，各节点变量的估计值在初始时刻出现波动，继而通过相互协商，大约经过 5 次迭代后，最终稳定在新的纳什均衡解。

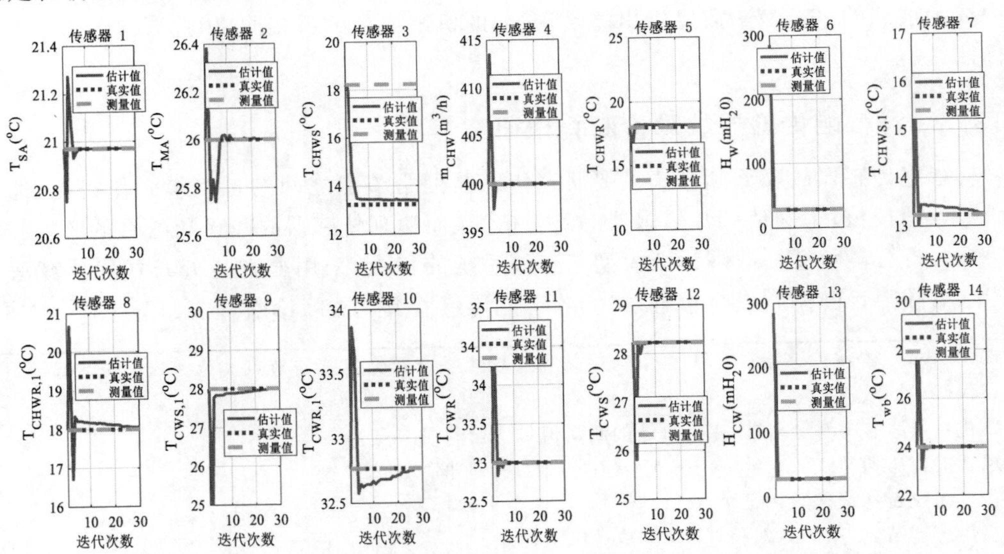

图 18.4-1 群智能传感器故障诊断算法仿真实验结果(1 个传感器故障)

故障传感器 3 的估计值与实际测量值有较大偏差，表明该传感器存在故障，使得测量产生了偏差，与实际情况相符。算法计算得到的估计值收敛于真实值，可作为故障传感器的修复数据。其他传感器受校核过程影响产生短期波动后均收敛到真实值，该仿真实验用时约 20min。

进一步地，各传感器的故障指标函数，即各节点的目标函数式(18.2-2)，迭代过程如图 18.4-2 所示。其中，省略各节点稳定之后的迭代步骤。从图中可以看出，发生故障的传感器节点故障指示函数经过不断迭代波动后趋于 1；相反地，未发生故障的传感器逐渐趋于 0，从而实现对故障传感器节点的定位。

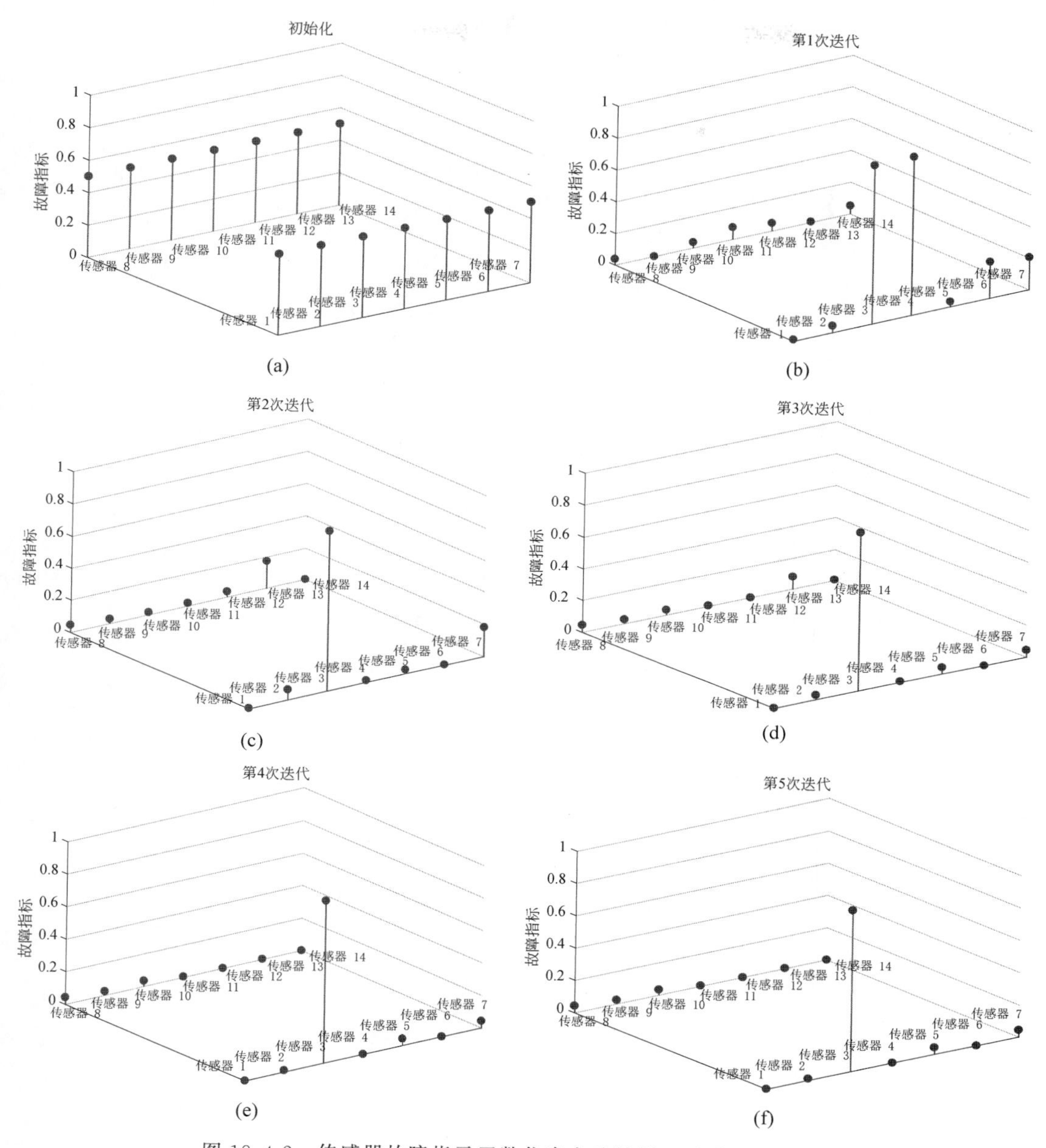

图 18.4-2　传感器故障指示函数仿真实验结果(1 个传感器故障)

由于本节建立的传感器故障诊断方法是利用相互之间的物理关联方程校核完成的，因此，验证传感器故障个数以及分布的密集度对诊断效果的影响具有现实意义。

进而增加故障传感器个数，设置传感器 2、传感器 3、传感器 10 均发生故障，再次执行算法 18.3-1，得到实验结果如图 18.4-3 和图 18.4-4 所示。

通过诊断结果可以看出，随着传感器故障个数增加，诊断过程中其他正常节点产生波动变大，诊断过程迭代次数增加，收敛速度变慢，但是，算法能够实现传感器故障诊断。

进一步增加故障密集度，将传感器 2、传感器 5、传感器 7、传感器 12、传感器 14 设置为故障传感器，通过对应的故障诊断函数式(18.2-6)～式(18.2-10)可以看出，以上故障传感器存在相互耦合。执行算法 18.3-1 得到实验结果如图 18.4-5 和图 18.4-6 所示。

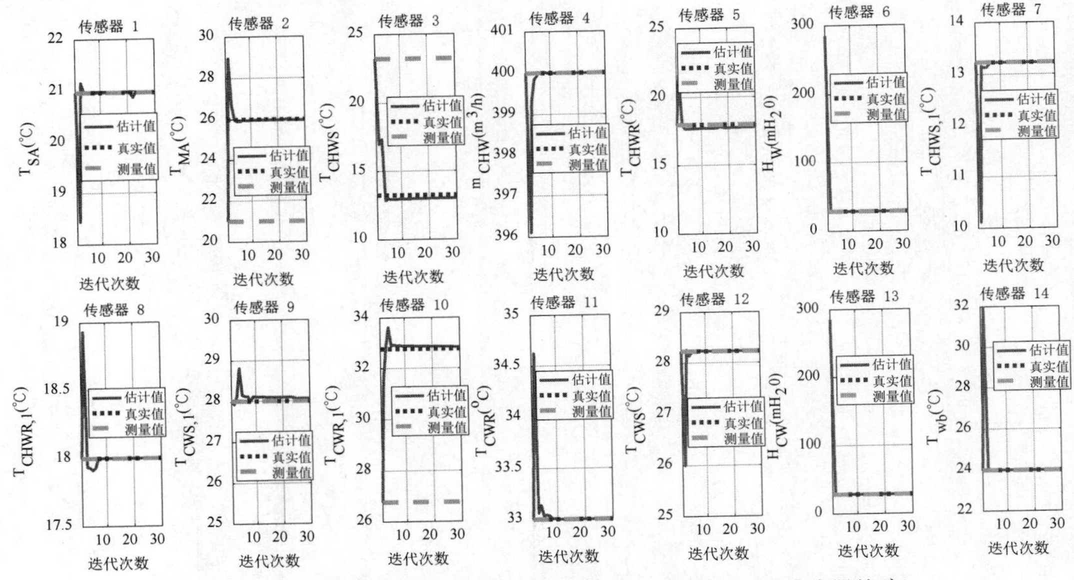

图 18.4-3　群智能传感器故障诊断算法仿真实验结果(3 个传感器故障)

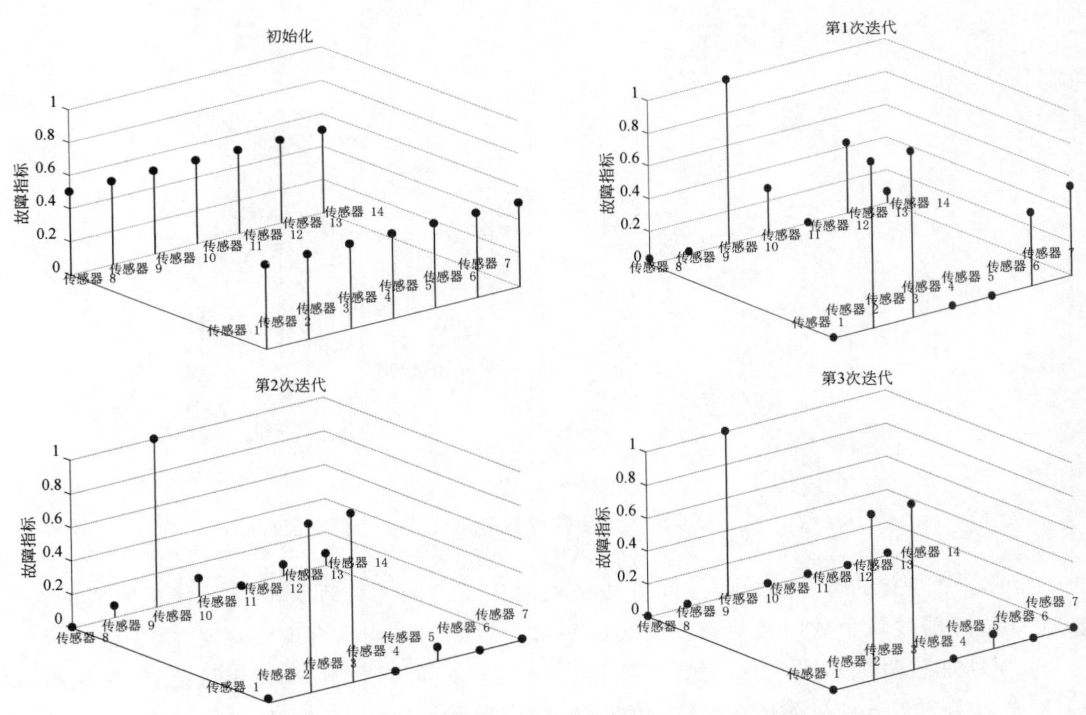

图 18.4-4　传感器故障指示函数仿真实验结果(3 个传感器故障)

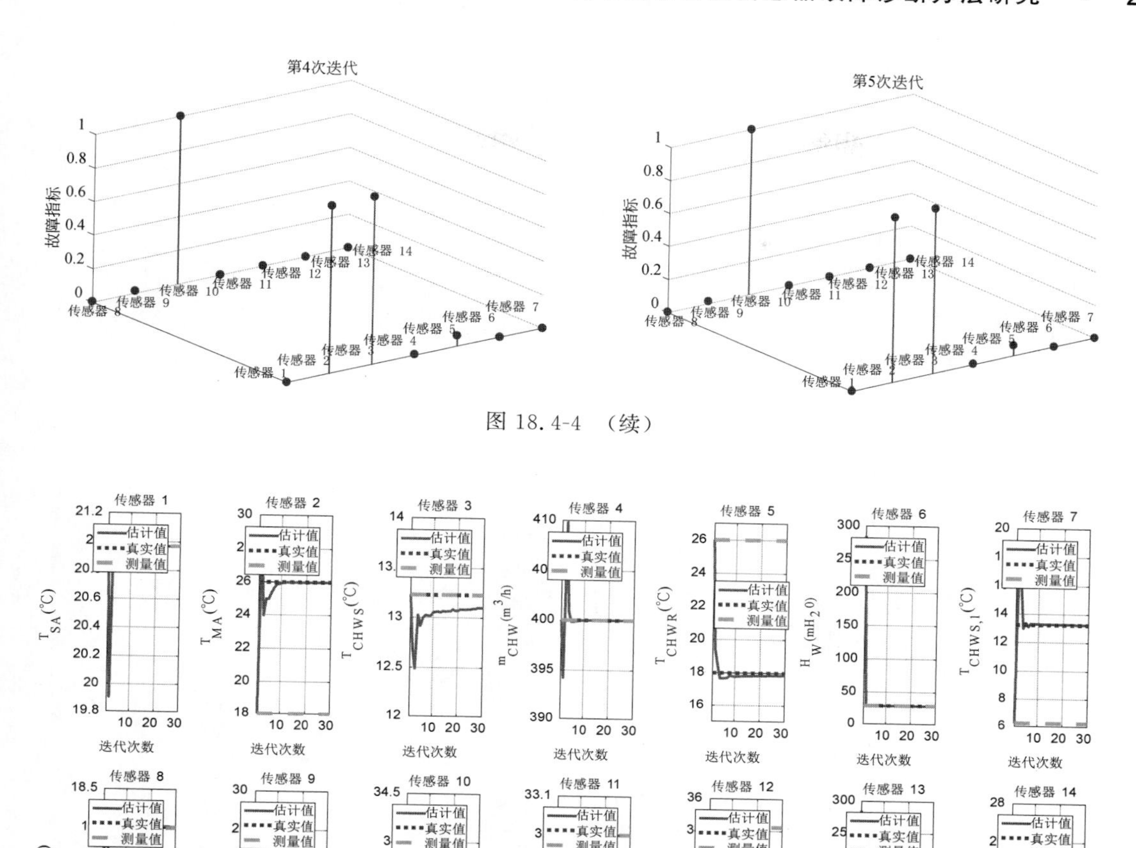

图 18.4-4　（续）

图 18.4-5　群智能传感器故障诊断算法仿真实验结果(5 个传感器故障)

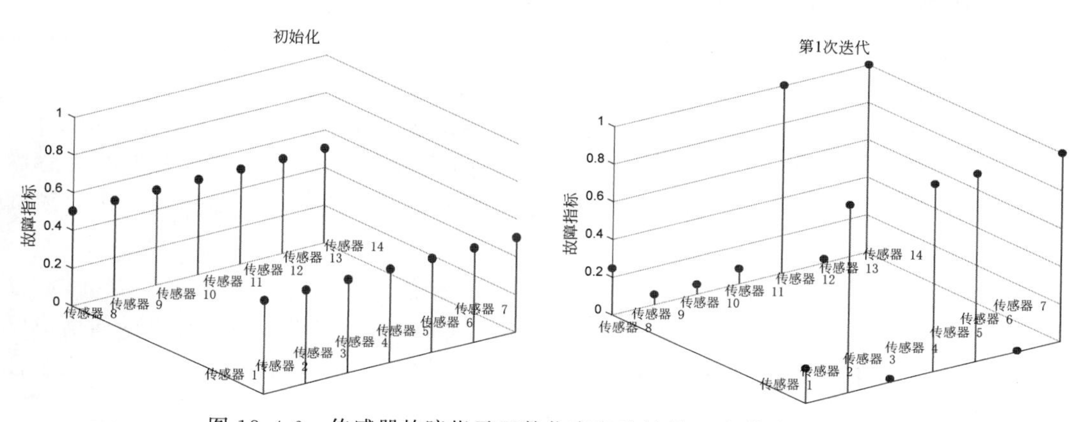

图 18.4-6　传感器故障指示函数仿真实验结果(5 个传感器故障)

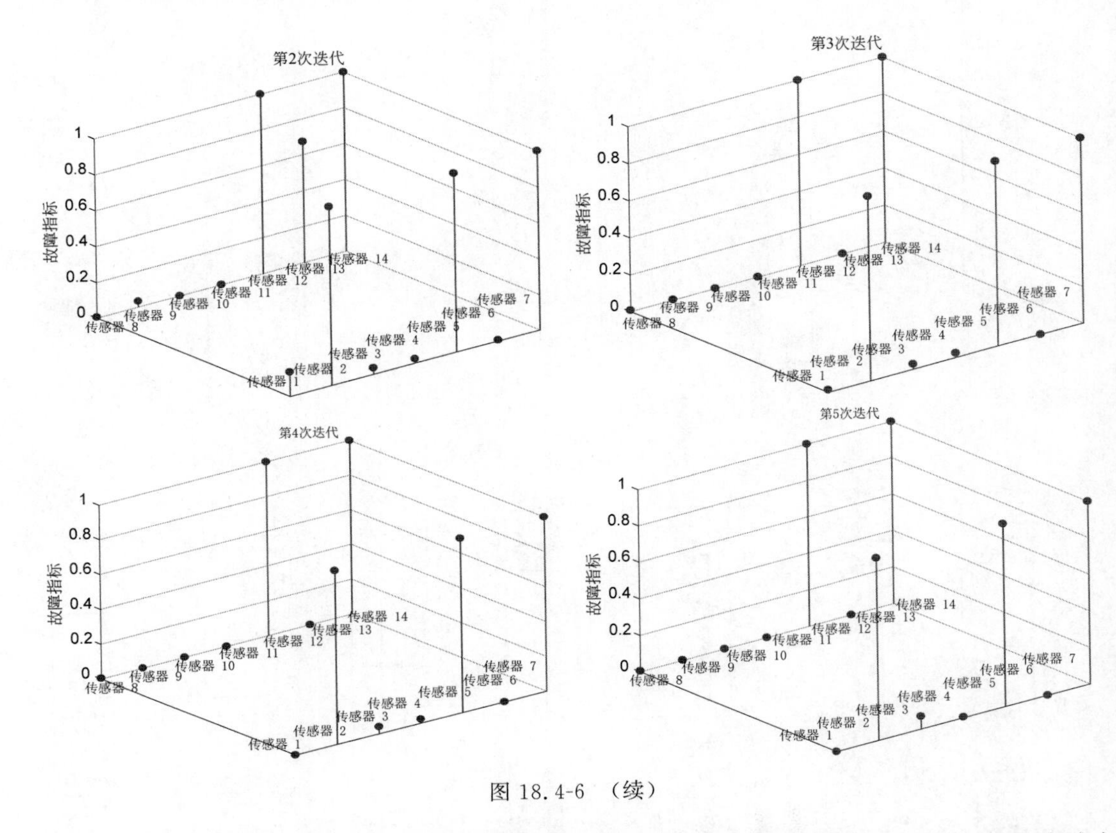

图 18.4-6 （续）

通过诊断结果可以看出，故障传感器密集度升高，诊断过程中其他正常节点产生波动变大，诊断过程迭代次数增加。然而，算法依然能够实现传感器故障诊断。

通过以上仿真实验可以得出，群智能传感器故障诊断算法能够实现故障传感器的定位，并对故障数据进行修复。为了验证算法在实际硬件平台上的性能与可行性，下面将在群智能硬件平台上进行算法的测试。

18.5 群智能传感器故障诊断硬件实验平台测试

本节基于清华大学建筑节能研究中心开发的智能 CPN 节点和群智能操作系统（things operating system，TOS），对算法进行测试。

同样以图 18.1-1 所示的水立方空调系统传感器故障诊断作为案例对算法进行测试。在实验过程中，每个 CPN 节点嵌入对应传感器的故障诊断函数，相当于一个智能的传感器节点，并按照图 18.3-1 所示拓扑将各个智能 CPN 节点用网线连接（如 RJ45），搭建起测试平台如图 18.5-1 所示。

网络平台搭建完成后，将算法 18.3-1 下载到智能节点 CPN 中。与仿真实验相同，设置传感器 2、传感器 3、传感器 10 为故障传感器，则每个 CPN 节点能够按系统定义的通信协议进行局部交互，与相邻节点合作执行算法，完成传感器故障诊断任务。各智能节点迭代过程如图 18.5-2 所示。

由图 18.5-2 可以看出，传感器 2、传感器 3、传感器 10 的估计值与测量值不一致，表明存在故障，与实际情况相符，依然能够实现对空调系统的传感器故障检测与数据修复。与仿

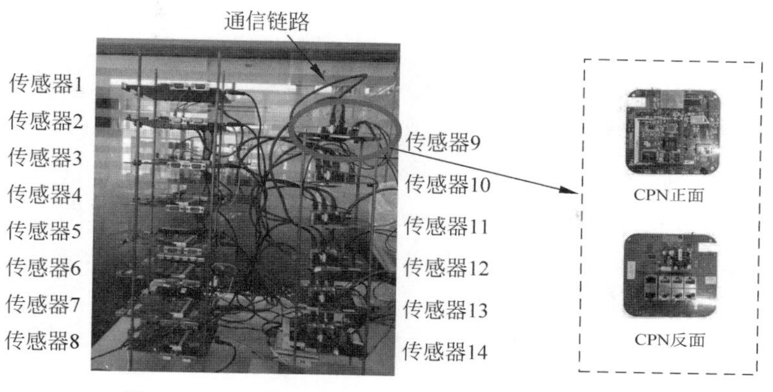

图 18.5-1　群智能传感器故障诊断方法硬件测试

真实验图 18.4-4 过程相比，硬件实验平台测试中各节点在诊断初期波动幅度较大，但是最终趋于稳定。需要指出的是，CPN 网络平台所用时间为 8s，用时明显小于单台计算机仿真实验用时。另外，考虑到人工成本等，群智能方法在实际应用中简洁方便，利于工程应用。因此，算法 18.3-1 能够有效实现空调系统传感器的故障检测与数据自修复功能。

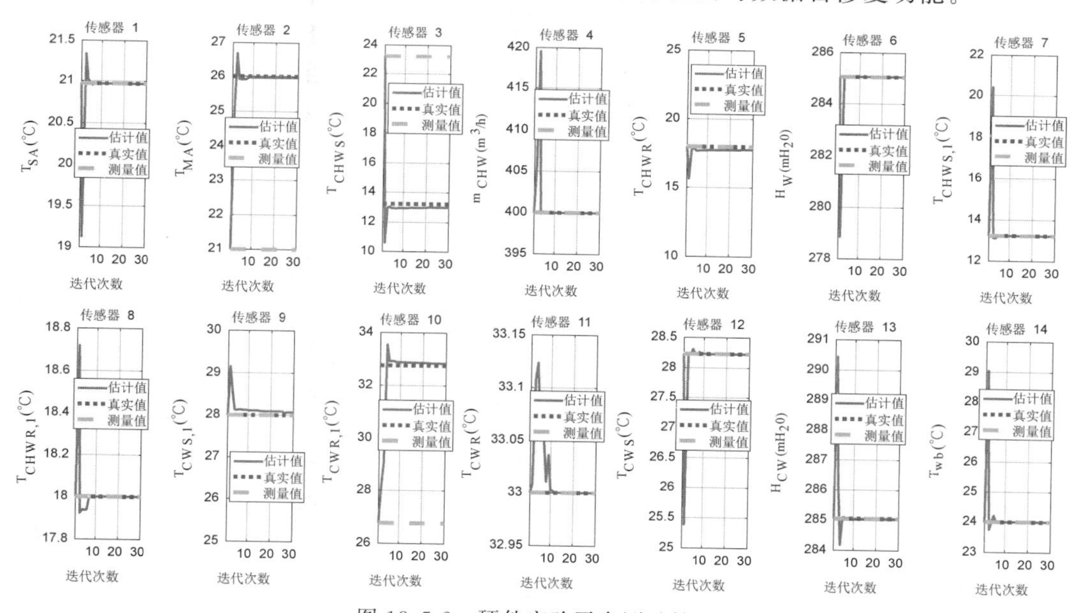

图 18.5-2　硬件实验平台测试结果

通过实验结果可以得出，本章提出的群智能传感器故障诊断算法切实有效，且具有建模成本低、算法下载即可运行等优点，可以用来解决实际工程问题。在传感器故障诊断中，诊断效果、灵敏度与系统中故障数据的个数以及分布的密集度有关。但在实际工程中，根据故障发生的稀疏性规律，出现大规模故障数据的概率是极低的，所以算法能够满足工程需要。另外，基于传感器数据，利用能量平衡等定理方程，还可以对设备故障进行诊断[4]，也进一步表明了传感器故障诊断方法在实际工程中的重要性。

18.6 本章小结

本章主要对建筑空调系统与分布式电源系统群智能传感器故障诊断方法进行了研究，以各个智能传感器为节点，并依物理关系相互连接，构建扁平化无中心形式的群智能传感器故障诊断网络。建立群智能传感器故障诊断模型，使得各个传感器节点仅通过局部交互校核，对故障节点定位，并对故障数据进行修复。仿真实验与硬件测试表明，本章提出的群智能传感器故障诊断算法是切实可行与有效的，能够为群智能平台的运行提供准确、可靠的数据基础，并且简单易行，方便工程实施。

参考文献

[1] Wang S, Xing J, Jiang Z. A decentralized sensor fault detection and self-repair method for HVAC systems[J]. Building Service Engineering, 2018: 014362441877588.

[2] Wang Y, Cai W, Soh Y, et al. A simplified modeling of cooling coils for control and optimization of HVAC systems[J]. Energy Conversion & Management, 2004, 45(18): 2915-2930.

[3] Jiang Y, Zhu W. Sensor fault detection in heating, ventilation and air-conditioning systems[J]. Journal of Tsinghua University, 1999, 39(12): 54-56.

[4] 杨文，赵千川. 基于能量平衡的暖通空调系统故障检测方法[J]. 清华大学学报：自然科学版，2017，57(12)：1272-1279.

第19章

传感器故障检测的分布式算法

本章提要

在群智能建筑体系中，由于存在外界干扰且传感器寿命有限，传感器的故障时有发生。本章提出了一种基于能量平衡的分布式故障检测算法，该算法适用于传感器或设备故障不相连的情形，并通过相邻节点的能量平衡关系判断设备和传感器是否有故障。在网络中的每个CPN上，该算法具有相同的形式，支持并行计算。由于节点具有自组织自识别的特性，该分布式算法具有可扩展性，随着网络规模的增大，与通用的集中式故障检测方法相比，分布式算法的效率更高，通用性更强。理论分析和仿真表明，该算法与同样基于能量平衡的集中式算法相比，具有更低的时间复杂度，且时间复杂度不随网络规模的增大而增加。本章内容主要来源于文献[1]。

19.0 符号列表

G	系统能量网络
V	设备(图的节点)集合
E	能量传感器(图的边)集合
v	设备(节点)
e_{ij}	节点 v_i 与节点 v_j 间的传感器(边)
a_{ij}	节点 v_i 向节点 v_j 传递能量的速率
b_{ij}	传感器 e_{ij} 的示值
$\boldsymbol{A}$	传递能量速率矩阵
$\boldsymbol{B}$	传感器示值矩阵
$N(v)$	节点 v 的邻居节点集
F	故障传感器集
ε_i	节点 v_i 单位时间内的能量损耗上界
d	网络中节点的数量
n	时间序列长度
e	发生故障的次数
t_n	节点与相邻节点传递信息的时间
t_c	进行能量平衡计算的时间
t_e	将信息传递到中心节点或报警节点的时间
l	网络直径

19.1 传感器故障检测概述

随着智能建筑的迅速发展，建筑中各系统的自动化与智能化也逐渐提升，而要实现系统的自动控制，就需要依赖传感器所给出的测量信号。除对系统的控制外，传感器还起到对设备的监测作用，当系统中的设备出现故障时，用于监测设备的传感器将接收到异常信号并进行故障报警。但在现实系统中,由于外界的干扰或传感器自身寿命有限等因素,传感器的故障时有发生。传感器的故障,既可能使系统因收到故障传感器的不正确信号而做出错误调节,影响系统中各设备的运行状态;还可能导致设备在故障状态下长期工作,造成设备可用时间减少甚至损坏,引起安全风险。因此,对传感器进行故障检测十分重要。及时发现传感器的故障,进而对传感器进行维修或更换,可以在一定程度上避免传感器故障带来的严重后果,保证系统的正常运行。

传感器故障检测的主要方法,大体可以分为基于定量模型的方法[2-4],基于定性模型的方法[5-6]和数据驱动的方法[8-9]三类。基于定量模型的方法通过数学物理知识建立系统的模型,通过对比传感器的实际测量值与定量模型给出的理论值,进而对系统的故障进行检测。具体来说,可以通过对系统中各设备的物理关系和特性来对系统进行建模,模拟系统的正常运行状态,进而给出各传感器所测值之间的关系。基于定性模型的方法使用定性的关系来对系统各组成部分的状态做出判断,常常通过基于规则的推理来实现。文献[7]给出了一种专家系统的案例收集与分析方法。数据驱动的方法收集历史数据,进而通过统计方法检测故障。人工神经网络常常被用于挖掘故障特征[8]。文献[9]介绍了一种基于能量平衡的故障检测方法,该方法建立了系统的能量网络模型,利用能量守恒的基本物理规律,提出了基于能量平衡的故障检测方法。由于该方法模型简洁且易于计算和实现,我们将在其基础上进行分布式算法的设计。

这些故障检测方法[2-9]均为集中式方法。即,每个传感器将收集到的数据发送到中央计算节点,中央节点收集所有用于检测传感器故障的数据,如图 19.1-1(a)所示。但随着建筑规模的扩大,集中式故障检测方法的效率低,适应性较差。因此,我们设计了分布式方法来应对这些挑战。

现有的分布式故障检测方法主要基于硬件冗余[10-13],并使用多个传感器测量相同的参数,如图 19.1-1(b)所示。文献[13]综述了无线传感器网络中的分布式过滤和检测方法。

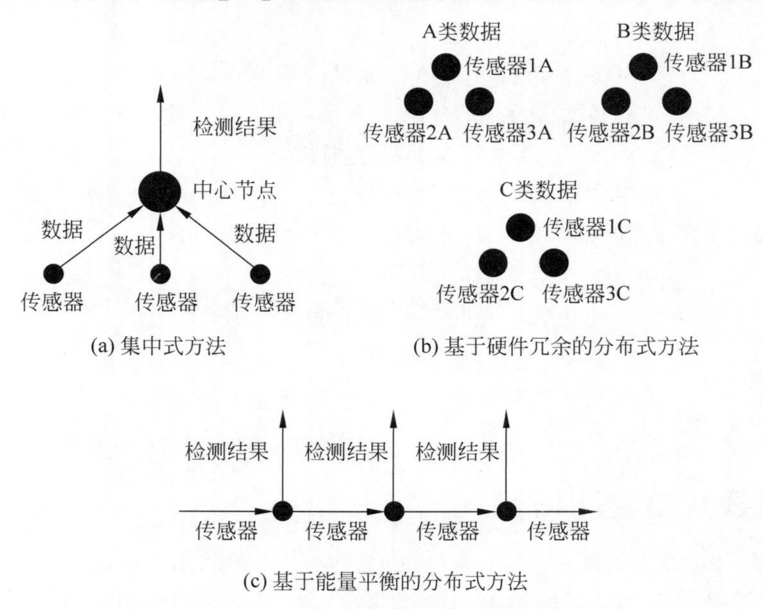

图 19.1-1 不同的传感器故障检测方法框架

文献[14]介绍了一种改进的基于 3σ 的算法，该方法比基于均值、中位数和投票的方法[10-12]效果更好。然而，部署多个传感器的成本较高，随着智能建筑规模的不断增长，该方法不再适合实际应用。

因此，我们考虑一种新的分布式检测方法，该方法的框架如图 19.1-1(c)所示。在该框架中，系统的每个节点独立收集信息，与相邻节点交换信息并检测与自身相连的传感器的故障。在这种分布式检测框架中，每个节点都是并行计算的。该框架既消除了中心节点，又在减少计算时间的同时避免了硬件冗余带来的高昂成本。

在图 19.1-1(c)的框架下，我们提出了一种基于能量平衡的分布式故障检测算法。该算法适用于传感器或设备故障不相连的情形，并通过相邻节点的能量平衡关系判断设备和传感器是否存在故障。

19.2　问题建模

在建筑系统中，能量的表现形式有电能、机械能、热能等，不同形式的能量在系统各设备间进行传递和消耗。对于部分系统而言，不存在可以直接测量能量传递的传感器，但存在测量流量、温度、电压、电流等参数的传感器。通过对它们示值的计算，可以间接求出流入和流出各设备的能量，因此，可以将这些传感器等效为能量传感器。为便于建模，本章除实际数据验证的部分外，均考虑能量传感器。我们假设系统中没有能量存储设备，且在任何两个具有能量流的设备之间都有一个能量传感器。因此通过测量在系统各设备间传递的能量，可以对各设备所消耗的能量做出计算，进而估算每个节点的能量消耗上限。

用有向图 $G=(V,E)$ 来描述系统的能量网络，$V=\{v\}$ 为图的节点集，表示系统中的设备；$E=\{e_{ij}\mid v_i,v_j\in V\}$ 为图中边的集合，表示系统中的能量传感器。定义网络中节点的数量为 d。边的权重 $a_{ij}(t)$ 表示 t 时刻 v_i 向 v_j 传递能量的速率，为便于计算，定义 $a_{ji}(t)=-a_{ij}(t)$。由此，$\boldsymbol{A}=[a_{ij}(t)]_{d\times d}$ 为系统的邻接矩阵。为对传感器进行检测，定义 t 时刻传感器 e_{ij} 的示值为 $b_{ij}(t)$，类似地，有 $b_{ji}(t)=-b_{ij}(t)$，$\boldsymbol{B}=[b_{ij}(t)]_{d\times d}$。对任意两个节点 $v_i,v_j\in V$，若两节点间存在能量传感器 e_{ij}，则称节点 v_i 是 v_j 的邻居节点。在能量网络中，定义节点 v_i 的邻居节点所构成的节点集为 $N(v_i)$。

如图 19.2-1 所示，图 19.2-1(a)所示的物理网络可以转化为图 19.2-1(b)所示的能量网络。

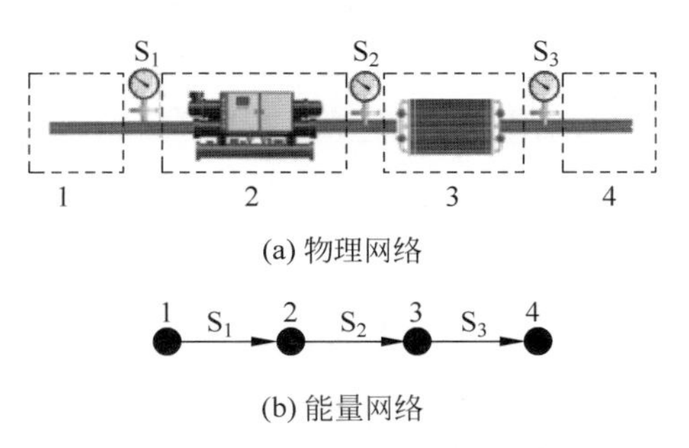

图 19.2-1　物理网络和对应的能量网络

该能量网络的邻接矩阵为

$$\boldsymbol{A}=\begin{bmatrix}0 & a_{12} & 0 & 0\\ a_{21} & 0 & a_{23} & 0\\ 0 & a_{32} & 0 & a_{34}\\ 0 & 0 & a_{43} & 0\end{bmatrix} \tag{19.2-1}$$

传感器示数矩阵为

$$\boldsymbol{B}=\begin{bmatrix}0 & b_{12} & 0 & 0\\ b_{21} & 0 & b_{23} & 0\\ 0 & b_{32} & 0 & b_{34}\\ 0 & 0 & b_{43} & 0\end{bmatrix} \tag{19.2-2}$$

当传感器 e_{ij} 出现故障时，假设传感器的示值将与实际的能量流动不同且产生足以检测的偏差，即 $b_{ij}(t)\neq a_{ij}(t)$。若所有传感器均无故障，对整个网络而言应有 $\boldsymbol{A}=\boldsymbol{B}$；反之，若存在故障传感器，则有 $\boldsymbol{A}\neq\boldsymbol{B}$。

本章需要解决的问题是在时刻 t 找出此时传感器集合 E 中所有故障的传感器，即 $F(t)=\{e_{ij}\mid b_{ij}(t)\neq a_{ij}(t),e_{ij}\in E\}$。

19.3 检测算法

考虑传感器故障所影响到的节点不相连时的故障情况。即能量网络中的任意两个故障传感器之间存在至少两个正常的传感器。在大多数情况下，能量网络中的故障应当是稀疏的，因此在不缺失传感器的情况下，本章所提出的方法适用于绝大多数情况。

对于能量网络中的任一节点 $v_i\in V$，根据能量守恒定律，该设备单位时间内流入流出的能量差即为该设备在单位时间内所消耗的能量。不考虑系统中的设备存在故障的情况，单位时间内流入设备的能量应大于流出设备的能量，而两者的能量差不应超过节点 v_i 单位时间内的能量损耗上限 ε_i，即

$$0\leqslant\sum_{v_j\in N(v_i)}a_{ji}(t)\leqslant\varepsilon_i \tag{19.3-1}$$

将该结论推广到整个能量网络，则有

$$\boldsymbol{0}\leqslant\boldsymbol{A}^{\mathrm{T}}\boldsymbol{u}\leqslant\boldsymbol{\varepsilon} \tag{19.3-2}$$

式中，$\boldsymbol{0}=(0,0,\cdots,0)^{\mathrm{T}}$，$\boldsymbol{u}=(1,1,\cdots,1)^{\mathrm{T}}$，均为 d 维列向量。$\boldsymbol{A}$ 为图的邻接矩阵，$\boldsymbol{A}^{\mathrm{T}}\boldsymbol{u}$ 为每个节点的能量消耗，设每个节点单位时间内的能量损耗上限为 $\boldsymbol{\varepsilon}=(\varepsilon_1,\varepsilon_2,\cdots,\varepsilon_n)^{\mathrm{T}}$。

在实际系统中，并不能直接获取能量网络中节点间的能量流动值 $a_{ij}(t)$，只能获取节点间有向边上的传感器示值 $b_{ij}(t)$。因此，在与节点 v_i 相连的传感器均无故障时，应有能量平衡关系：

$$0\leqslant\sum_{v_j\in N(v_i)}b_{ij}(t)\leqslant\varepsilon_i \tag{19.3-3}$$

当节点故障时，假设节点存在无法被传感器检测到的流入能量或流出能量，以致于不满足能量平衡关系。当传感器 e_{ij} 出现故障时，表现为该传感器示值 $b_{ij}(t)$ 与实际能量流动 $a_{ij}(t)$ 出现偏差，本章假设该传感器故障时所产生的偏差足够大，以至于将不满足传感器所连接两侧节点的能量平衡关系。

19.3.1 集中式算法

集中式算法如算法 19.3-1 所示。

算法 19.3-1 集中式故障检测[9]

步骤 1：初始化能量损耗上限 ε_i，进入步骤 2。

步骤 2：各节点将所有相连传感器的示值 $b_{ij}(t)$ 传递到中心节点，进入步骤 3。

步骤 3：对所有节点 $v_i \in V$ 检验式(19-3-3)，若节点 v_i 满足式(19-3-3)，则令 $k_i=0$，否则令 $k_i=1$，进入步骤 4。

步骤 4：对每个节点 $v_i \in V$ 进行检验。若 $k_i=0$，节点 v_i 及与其相连的所有传感器 e_{ij} 与 e_{ji} 均无故障，否则进入步骤 5。

步骤 5：若节点 v_i 每个邻居 $v_j \in N(v_i)$ 均有 $k_j=0$，则节点 v_i 出现故障，与节点 v_i 相连的其余传感器均无故障，否则进入步骤 6。

步骤 6：若节点 $v_j \in N(v_i)$ 满足 $k_j=1$，此时传感器 e_{ij} 或 e_{ji} 出现故障，节点 v_i 及与其相连的其余传感器均无故障。完成对所有节点的检验后，检测算法结束。

19.3.2 分布式算法

分布式算法如算法 19.3.2 所示。

算法 19.3-2 节点 v_i 的分布式故障检测

步骤 1：初始化能量损耗上限 ε_i，进入步骤 2。

步骤 2：获取各相连传感器的示值 $b_{ij}(t)$，进入步骤 3。

步骤 3：若式(19-3-3)满足，则令 $k_i=0$，否则令 $k_i=1$，进入步骤 4。

步骤 4：将 k_i 传递至 $N(v_i)$ 中的所有节点，进入步骤 5。

步骤 5：若 $k_i=0$，则节点 v_i 及与相连的所有传感器 e_{ij} 与 e_{ji} 均无故障，检测算法结束；否则进入步骤 6。

步骤 6：若节点 v_i 每个邻居 $v_j \in N(v_i)$ 均有 $k_j=0$，则节点 v_i 出现故障，与节点 v_i 相连的其余传感器均无故障，否则进入步骤 7。

步骤 7：在 $N(v_i)$ 中的节点传递给 v_i 的信息中，应存在唯一的节点 v_j 传递的信息为 1，此时传感器 e_{ij} 或 e_{ji} 出现故障，与节点 v_i 相连的其余传感器均无故障，检测算法结束。

值得注意的是，分布式算法在每个节点上具有相同的形式，这适用于群智能系统中计算节点(CPN)的并行计算。

算法正确性证明如下。

因为传感器的故障不相连，与每个节点相连的传感器至多只有一个发生故障。而传感器故障时所产生的偏差足够大，以至于将不满足传感器所连接两侧节点的能量平衡关系。故当节点 v_i 满足能量平衡关系时，与节点 v_i 相连的传感器 e_{ij} 与 e_{ji} 均正常。

当节点 v_i 不满足能量平衡关系时，必存在一个与节点 v_i 相连的传感器 e_{ij} 或 e_{ji} 出现故障，因此与该传感器相连的另一节点 v_j 亦不满足能量平衡关系。因为传感器的故障不相连，与 v_i 相连的故障传感器是唯一的，因此与 v_i 相邻不满足能量平衡关系的节点 v_j 也是唯一的，连接节点 v_i 与 v_j 的传感器 e_{ij} 或 e_{ji} 出现故障，其余传感器正常。

19.3.3 复杂度分析

在实际应用中，各节点所获取的传感器示值均为时间序列，表示不同时间各传感器的示值。在集中式算法中，各节点需要将包括自身能量损耗上限和每时刻的传感器示值在内的所有数据传递给中心节点，由中心节点进行统一的计算来做出故障检测。但在分布式算法中，各节点在接收到传感器数据后可自行计算，再通过相邻的节点进行信息交换来判断自身及相连传感器的故障情况。仅当发现故障时，才需将故障信息传递给报警节点。

定义能量网络中节点的数量为 d，传感器收集数据的时间序列长度为 n，在该时间序列中，发生故障的次数为 e。定义节点与相邻节点传递信息的时间为 t_n，进行能量平衡计算的时间为 t_c，将信息传递到中心节点或报警节点的时间为 t_e。

先考虑集中式算法。如图 19.1-1(a)所示，对时间序列中的每个时刻，每个节点需将自身所接收到的数据传递给中心节点，为保证将故障信息传递到中心节点，耗时为 dt_e；中心节点收到信息后，需对每个节点均计算能量平衡关系，耗时为 dt_c。由于时间序列的长度为 n，故集中式算法的故障检测总时间为

$$t_0 = n(t_e + dt_c) \tag{19.3-4}$$

考虑分布式算法。如图 19.1-1(c)所示，对时间序列中的每个时刻，每个节点需先计算自身的能量平衡情况，耗时为 t_c，再将该平衡情况传递给相邻的节点，耗时为 t_n。由于时间序列的长度为 n，故该步骤总耗时为 $n(t_c+t_n)$。当检测到故障时，检测到故障的节点将故障信息传递到报警节点。发生故障的次数为 e，故总的故障传递时间为 et_e。因此分布式算法的故障检测总时间为

$$t_1 = n(t_n + t_c) + et_e \tag{19.3-5}$$

假设节点与相邻节点交换信息的时间与网络尺寸无关。令网络直径为 l，随着网络尺寸的增大，t_e 将正比于 l 增大，而 t_n 为常数。在实际应用中，传感器发生故障的时间应远小于传感器正常工作的时间，也即应有 $e \ll n$。

由于通常对能量平衡关系的计算较为简单，单次计算能量平衡所需的时间远小于两节点间信息传递的时间，即 $t_c \ll t_n$。因此分布式算法的时间复杂度为 $O(n)$，集中式算法的时间复杂度则为 $O(nl)$。分布式算法的时间复杂度与网络尺寸无关，同时由于 CPN 具有自组织自识别的特性，该算法的扩展性强，效率高。

若对能量平衡关系的计算较为复杂，如考虑相连设备或传感器的故障，则可能会出现计算能量平衡所需的时间小于两节点间信息传递的时间，即 $t_c > t_n$ 的情况。此时，分布式算法的时间复杂度仍为 $O(n)$，但集中式算法的时间复杂度将达到 $O(nd)$。

19.4 数值结果

在本节中，我们将通过一个仿真案例来验证分布式算法，并比较分布式算法和集中式算法在节点数 d，时间序列长度 n 和故障数 e 不同时的运行时间。

19.4.1 仿真案例

图 19.4-1 为暖通空调的系统结构图，包含风、水和电力系统。该系统中有断路器、表冷器、电加热器、水泵、冷机、风机等 6 类设备；除设备外，还有 13 个传感器，包括测量空气热

能和动能的传感器 $S_1 \sim S_4$，测量电能的传感器 $S_5 \sim S_9$，测量冷冻水热能和动能的 $S_{10} \sim S_{13}$，测量泵和风扇输出机械能的 S_{14} 和 S_{15}。1′和 4′是冷冻水和空气的物理对象。传感器将物理系统分为 10 个区域，等效能量系统如图 19.4-2 所示。

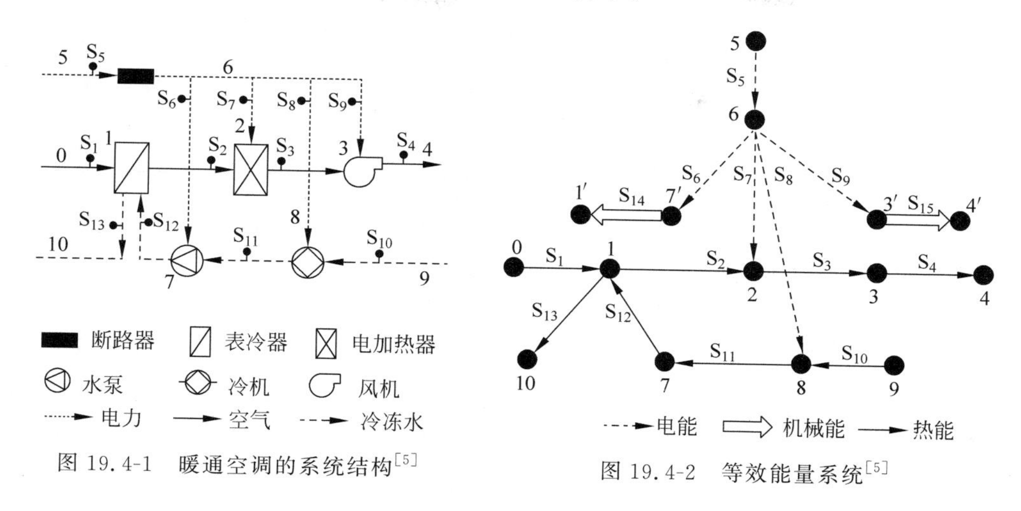

图 19.4-1 暖通空调的系统结构[5]

图 19.4-2 等效能量系统[5]

通过仿真，可以得到一段时间内各传感器的测量能量，如表 19.4-1 所示。

表 19.4-1 各传感器测量能量[5]

编　号	输入节点	输出节点	能量类型	示值/kJ
S_1	0	1	热能	125×10^3
S_2	1	2	热能	95×10^3
S_3	2	3	热能	122×10^3
S_4	3	4	热能	120×10^3
S_5	5	6	电能	120×10^3
S_6	6	7′	电能	28×10^3
S_7	6	2	电能	30×10^3
S_8	6	8	电能	30×10^3
S_9	6	3′	电能	30×10^3
S_{10}	9	8	热能	60×10^3
S_{11}	8	7	热能	60×10^3
S_{12}	7	1	热能	80×10^3
S_{13}	1	10	热能	108×10^3
S_{14}	7′	1′	机械能	25×10^3
S_{15}	3′	4′	机械能	27×10^3

假设各节点的能量损耗上限 ε 均为 120×10^3 kJ，将各节点的能量损耗上限与相邻传感器示值输入每个节点，即可得到检测结果，如表 19.4-2 所示。

表 19.4-2 检测结果

节点编号	检测结果
1	—
2	2

续表

节点编号	检测结果
3	—
6	—
7	S_{11}
8	S_{11}
3′	—
4′	—

检测结果显示，连接节点 7 和 8 的传感器出现故障。从能量网络中可发现该传感器为 S_{11}，该检测结果与文献[9]相同。

19.4.2 效率对比

为测试分布式算法的效率，在网络直径 l，时间序列长度 n，故障发生次数 e 取不同值时运行分布式算法与集中式算法。两种算法的运行时间如图 19.4-3 和图 19.4-4 所示。

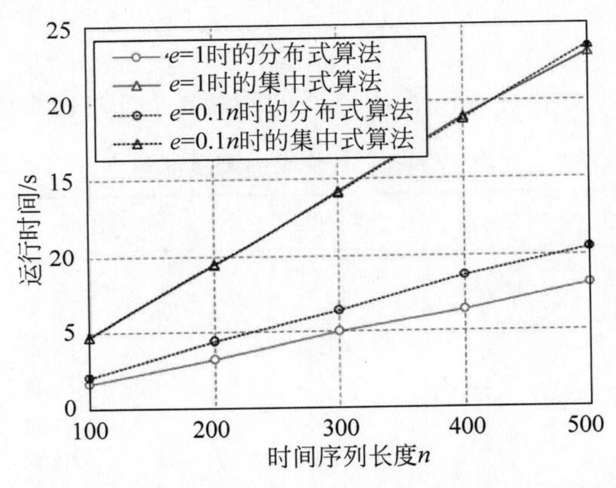

图 19.4-3　不同时间序列长度下的运行时间(该例子中网络的直径 $l=3$)

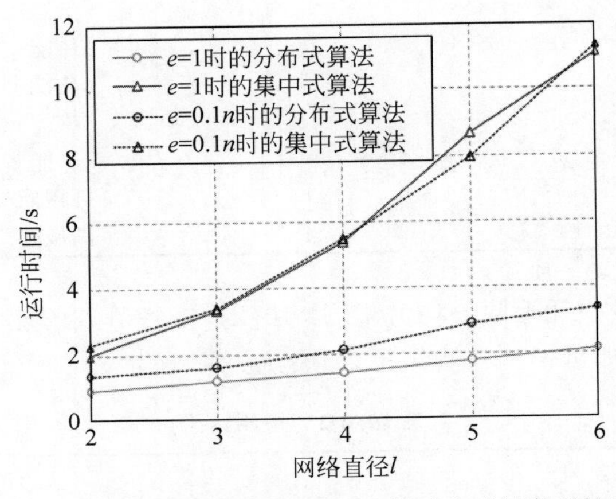

图 19.4-4　不同网络直径下的运行时间(该例子中时间序列长度 $n=1000$)

如图 19.4-3 所示，集中式算法和分布式算法的运行时间均随时间序列长度 n 增加而增大，且基本呈线性关系。

如图 19.4-4 所示，集中式算法的运行时间基本与网络直径 l 成正比，而分布式算法的运行时间受网络直径 l 影响很小。

从图 19.4-3 和图 19.4-4 中可发现，集中式算法的运行时间不受故障发生次数 e 的影响，但对分布式算法而言，随着故障发生次数 e 从固定值 1 增加到与序列长度相关的 $0.1n$，运行时间有一定幅度的上升。

从仿真结果来看，上文对分布式算法的时间复杂度为 $O(n)$，集中式算法的时间复杂度为 $O(nd)$ 的分析是合理的。由于分布式算法在检测到故障时需将信息传递到报警节点，运行时间会随故障发生次数增大而增加，但从仿真结果中发现，即使取 $0.1n$，分布式算法的耗时仍远小于集中式算法，且网络直径越大，相对而言分布式算法越好。实际应用中，传感器发生故障的时间应远小于传感器正常工作的时间，e 应当比 $0.1n$ 还小得多；且网络直径也应比仿真中所使用的网络直径更大，因此分布式算法的效率应当是远高于集中式算法的。

19.5　本章小结

本章通过分布式方法进行传感器故障检测，我们的算法基于能量网络和能量平衡关系设计。理论分析和数值结果表明，与同样基于能量平衡的集中式算法相比，该分布式算法具有较低的时间复杂度。

然而，本章仅考虑了传感器或设备故障不相连的情况。在实际系统中，也可能会出现传感器或设备的故障相连的情况，这需要在未来的工作中加以考虑。此外，在实际的建筑系统中，在存在能量流动的节点之间并不总是存在能够测量能量流动的传感器。在群智能系统中，并不是每个设备都具有能测量其所有流入流出能量的 CPN 节点。因此我们希望能扩展该方法，实现在缺少某些传感器时，能检测剩余传感器的故障。

参考文献

[1]　Zhang Z，Zhao Q，Yang W. A Distributed Algorithm for Sensor Fault Detection[C]// 2018 IEEE 14th International Conference on Automation Science and Engineering (CASE)，Munich，2018：756-761.

[2]　Isermann R. Process fault detection based on modeling and estimation methods-A survey[J]. Automatica，1984，20(4)：387-404.

[3]　Garcfa E，Frank P. On the relationship between observer and parameter identification based approaches to fault detection[J]. IFAC Proc. Vol.，1996，29(1)：6349-6353.

[4]　Zhong M，Song Y，Ding S. Parity space-based fault detection for linear discrete time-varying systems with unknown input[J]. Automatica，2015，59：120-126.

[5]　Powers G，Ulerich N. On-Line Hazard Aversion and Fault Diagnosis in Chemical Processes：The Digraph＋Fault-Tree Method[J]. IEEE Transactions on Reliability，1988，37(2)：171-177.

[6]　Wagner W. Trends in expert system development：A longitudinal content analysis of over thirty years of expert system case studies[J]. Expert systems with applications，2017，76：85-96.

[7]　Zhang J，Yan Y. A wavelet-based approach to abrupt fault detection and diagnosis of sensors[J]. IEEE Transactions on Instrumentation and Measurement，2001，50(5)：1389-1396.

[8]　Jia F，Lei Y，Lin J，et al. Deep neural networks：A promising tool for fault characteristic mining and intelligent diagnosis of rotating machinery with massive data[J]. Mechanical systems and signal

processing,2016,72-73: 303-315.

[9] 杨文,赵千川. 基于能量平衡的暖通空调系统故障检测方法[J]. 清华大学学报(自然科学版),2017,57(12): 1272-1279.

[10] Chen J,Kher S,Somani A. Distributed fault detection of wireless sensor networks[C]//Proceedings of the 2006 workshop on Dependability issues in wireless ad hoc networks and sensor networks. : ACM Press,2006: 65-72.

[11] Krishnamachari B, Iyengar S. Distributed Bayesian algorithms for fault-tolerant event region detection in wireless sensor networks[J]. IEEE Transactions on Computers,2004,53(3): 241-250.

[12] Ding M, Chen D, Xing K, et al. Localized Fault-Tolerant Event Boundary Detection in Sensor Networks[C]//24th Annual Joint Conference of the IEEE Computer and Communications Societies, 2005,2: 902-913.

[13] Dong H,Wang Z,Ding S,et al. A Survey on Distributed Filtering and Fault Detection for Sensor Networks[J]. Mathematical Problems in Engineering: Theory,Methods and Applications,2014.

[14] Panda M,Khilar P. Distributed self fault diagnosis algorithm for large scale wireless sensor networks using modified three sigma edit test[J]. Ad Hoc Networks,2015,25: 170-184.

第20章

树状能量网络故障检测

本章提要

本章研究具有树状拓扑的能量网络故障检测问题,基于能量分层平衡关系,给出传感器故障和设备故障的检测条件。与已有研究相比,本章得到的结果优点在于可以同时分析传感器故障和设备故障。本章给出的条件仅利用了系统每个节点的相关范围的局部信息,可用于在大规模网络化系统中实施并发的分布式故障检测。本章内容主要来源于文献[1]。

20.0 符号列表

V	节点集合
T	有向树
E	边集合
W	节点能量权函数
S	节点能量输入视值函数
δ	节点设备状态函数
$C_T(v)$	T 中节点 v 的子节点集合
v	节点 v

20.1 研究背景介绍

能量是物质运动转换的量度,尽管物质存在多种运动形式,分别对应于不同形式的能量,但是它们可以通过一定的方式互相转换。文献[1]提出了能量的普遍表达式和传递公理,在此基础上,文献[1]建立了能量网络的基本理论,这为从能量网络的角度分析复杂工程系统提供了基础。近年来,基于能量的系统建模和诊断方法得到了研究人员的重视。文献[4]对基于能量的工业系统建模、优化进行了较全面的总结。文献[5]分析了建筑暖通空调系统能量流动和传输情况,明确了建筑内电能、机械能、热能的传输和相互转换关系。根据能量平衡进行故障诊断,其主要思路是根据物理过程的测量信息建立能量平衡模型,在合理的假设下,若满足模型要求,则表明系统无故障,否则表明系统存在故障。部分学者根据能量平衡开展了暖通空调的故障诊断研究。文献[6]针对空调系统传感器故障提出了基于能量平衡的检测方法,但不能对设备故障进行检测。针对复杂工业系统难以建立精确数学模型的问题,Berton 和 Hodouin 提出了基于能量和物质平衡的故障检测方法[7]。受此启发,Theilliol 等提出了基于能量平衡的残差生成方法,应用到传感器故障检测中,提高了故障检测精度[8]。针对无源系统,文献[9]和文献[10]提出了基于能量的故障检测和容错技术,通过检测无源系统是否满足能量约束关系,来判断是否存在故障。文献[11]提出了基于能量平衡的异构传感器测量数据关联建模方法,并分别应用于空调和配电系统的传感器故障检测中。由于未能将多种形式的能量传递和变换综合考虑,以上方法只能解决部分故障诊断问题。本章针对具有树状拓扑的能量网络,通过建立节点标号有向树模型,利用能量分层平衡关系,建立系统出现传感器或设备故障的判断条件。这些条件允许我们同时分析传感器故障和设备故障。另外，由于我们给出的条件仅利用了系统每个节点的相关范围的局部信息，因此本章的结果可用于在大规模网络化系统中实施并发的分布式故障检测。

20.2 相关定义

定义 20.2-1 能量传感器的树状能量网络：$T=(V,E,W,S,\delta)$是一个节点标号有向树，V为节点集合，E为边集合，W为节点能量权函数，$W(v)$为节点设备正常状态下的能量输入值，S为节点能量输入视值函数，$S(v)$为节点v的能量测量读数，δ为节点设备状态函数，$\delta(v)$为节点v的设备故障状态下的能量泄漏(正)或注入(负)，设备无故障时$\delta(v)=0$。记$v_0\in V$为根节点，我们把带能量传感器的树状能量网络简称树状能量网络。

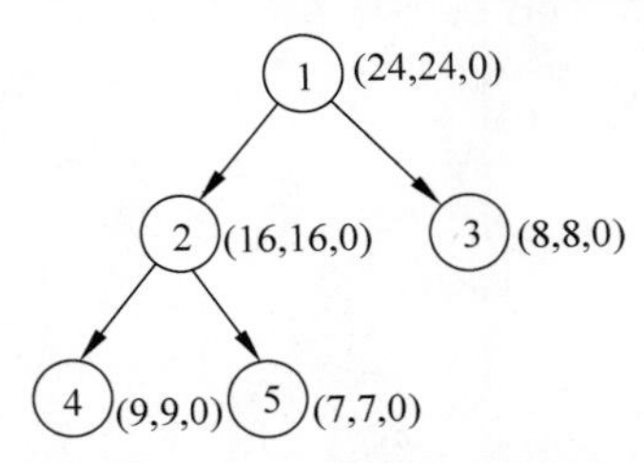

图 20.2-1 树状能量网络的示例

图 20.2-1 是包含 5 个节点的树状能量网络的一个示例，其中圆圈代表节点，箭头代表边，圆圈的数字代表节点编号，1 号节点是根节点，节点编号 $W(v)$，$S(v)$，$\delta(v)$列在圆圈右侧。

定义 20.2-2 树状能量网络 $T=(V,E,W,S,\delta)$的非叶子节点 $v\in V$ 满足能量分层一致性要求，如果条件

$$S(v)=\sum_{v'\in C(v)}S(v') \tag{20.2-1}$$

成立，其中$C_T(v)=\{v'\mid(v,v')\in E\}$表示$T$中节点$v$的子节点集合，简写为$C_T(v)$。如果式(20.2-1)对于$T$的任意非叶子节点均成立，则称$T$满足能量分层一致性要求。容易验证，图 20.2-1 中的树状能量网络满足能量分层一致性要求。

定义 20.2-3 树状能量网络的节点缩并操作：给定树状能量网络 $T=(V,E,W,S,\delta)$和其中一个节点$v\in V$，新的树状能量网络$T_v^c=(V',E',W',S',\delta')$成为$T$缩并节点$v$后得到的网络，其中

$$\begin{aligned}
&V'=V\backslash\{v\}\\
&E'=\{(v',v'')\mid 若\ v',v''\neq v\}\cup\{(v',v'')\mid 若\ v''\in C_T(v)\ 且\ v\in C_T(v')\}\\
&W'(v')=W(v'),\quad \forall v'\in V'\\
&S'(v')=S(v'),\quad \forall v'\in V'\\
&\delta'(v')=\delta(v'),\quad \forall v'\in V'
\end{aligned} \tag{20.2-2}$$

直观上讲，对节点v缩并运算就是将节点v及关联边移除的同时，将其子节点连接到v父节点上，并保持所有节点的权重不变。

图 20.2-2 给出了图 20.2-1 中树状能量网络缩并 2 号节点后得到的新的网络。

可以看出，缩并 2 号节点及其关联后，T的变化在于新添加的连接 2 号节点的父节点和子节点的两条边。

定义 20.2-4 树状能量网络节点v所对应的区域的设备故障表现为节点故障状态能量泄漏和注入值$\delta(v)$取非零值，即

$$\delta(v)\neq 0 \tag{20.2-3}$$

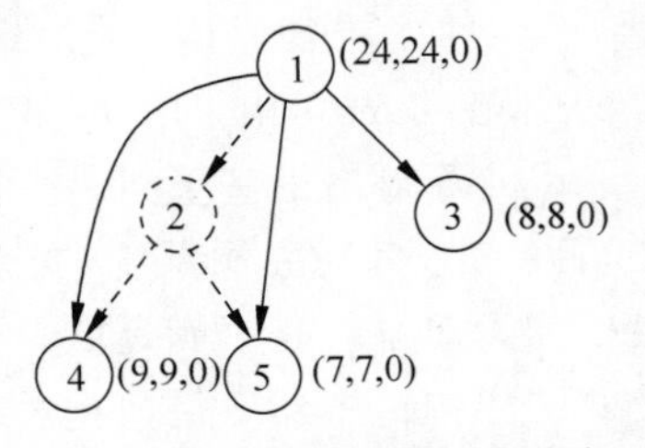

图 20.2-2 树状能量网络节点缩并运算的示例

定义 20.2-5 树状能量网络节点v的能量传感器故障表现为节点能量总输入值$W(v)$与能量读数$S(v)$不一致，$W(v)\neq S(v)$。

假设 20.2-1 树状能量网络只存在单一故障,即不存在多个传感器或设备同时故障的情形。

假设 20.2-2 树状能量网络节点输入总能量值可用 $W(v)$ 完全表征,且无论是否有设备故障,网络中能量处处平衡:

$$W(v)=\delta(v)+\sum_{v'\in C(v)} W(v') \tag{20.2-4}$$

对多有非叶子节点 v 均成立。

20.3 主要定理及其证明

给定树状能量网络 $T=(V,E,W)$ 中的非叶子节点 v,记其父节点为 $p_T(v)$。

定理 20.3-1 在假设 20.2-1、假设 20.2-2 下,对于树状能量网络 $T=(V,E,W,S)$ 中的非叶子节点 v,若 v 不能满足能量分层一致性要求,

$$S(v)\neq\sum_{v'\in C_T(v)} S(v') \tag{20.3-1}$$

但 $T_v^c=(V',E',W',\delta')$ 中 $p_T(v)$ 满足能量分层一致性要求,即

$$S'(p_T(v))=\sum_{v'\in C_{T_v^c}(p_T(v))} S'(v') \tag{20.3-2}$$

则节点 v 能量传感器存在故障,即 $S(v)\neq W(v)$。

证明 由单一故障假设 20.2-1,从 v 不满足能量分层一致性要求,可以推知故障一定发生在节点 v 或其子节点集合中,仅有①v 设备故障或②v 或子节点传感器故障两种情况,否则 v 必然满足能量分层一致性要求。

首先证明 v 节点设备无故障,即 $\delta(v)=0$。反设节点 v 的设备有故障,即 $\delta(v)\neq 0$。根据假设 20.2-1,v 的传感器无故障,其他节点的设备或传感器均无故障。

$$\delta(v')=0,\quad \forall v'\in V\backslash\{v\} \tag{20.3-3}$$

$$S(v')=W(v'),\quad \forall v'\in V \tag{20.3-4}$$

考虑节点 $p_T(v)$,由假设 20.2-2,

$$W(p_T(v))=\delta(p_T(v))+\sum_{v'\in C_T(p_T(v))} W(v')=\delta(p_T(v))+W(v)+\sum_{v'\in C_T(p_T(v)\backslash\{v\}} W(v') \tag{20.3-5}$$

考虑到式(20.3-3),有

$$W(p_T(v))=\delta(p_T(v))+W(v)+\sum_{v'\in C_T(p_T(v)\backslash\{v\}} W(v')=W(v)+\sum_{v'\in C_T(p_T(v)\backslash\{v\}} W(v') \tag{20.3-6}$$

这里用到式(20.3-3),对节点 v,假设 20.2-2 和式(20.3-3),有

$$W(v)=\delta(v)+\sum_{v'\in C_T(v)} W(v') \tag{20.3-7}$$

将式(20.3-7)带入式(20.3-6)得

$$W(p_T(v))=\delta(v)+\sum_{v'\in C_T(v)} W(v')+\sum_{v'\in C_T(p_T(v)\backslash\{v\}} W(v')=\delta(v)+\sum_{v'\in C_{T_v'}(p_T(v))} W(v') \tag{20.3-8}$$

根据式(20.3-4),

$$S'(p_T(v))=\delta(v)+\sum_{v'\in C_T'(p_T(v))} S'(v') \tag{20.3-9}$$

这里用到了缩并运算保持节点能量权值和测量值的性质，式(20.3-9)中 $\delta(v)\neq 0$ 就引出了与已知条件 $p_T(v)$在 T_v^c 中满足能量分层一致性要求的矛盾，根据反证法，v 节点有设备故障的假设不成立，于是 $\delta(v)\neq 0$。

其次，证明 v 的子节点没有传感器故障；反之，设存在 $v'\in C_T(v)$使得

$$S(v')\neq W(v') \tag{20.3-10}$$

根据假设 20.2-1，v 的传感器无故障，其他节点的设备和传感器均无故障，有

$$S(v'')=W(v''),\quad \forall v''\in V\backslash\{v'\} \tag{20.3-11}$$

此时节点 $p_T(v)$，由假设 20.2-2，可推出

$$W(p_T(v))=\sum_{v''\in C_{T_v^d}(p_T(v))} W(v'')=W(v')+\sum_{v''\in C_{T_{\tilde{U}}}(p_T(v))\backslash\{v'\}} W(v'') \tag{20.3-12}$$

进而有

$$S(p_T(v))=W(v')+\sum_{v''\in C_{T'_0}(p_T(v))\backslash\{v'\}} S(v'')\neq \sum_{v''\in C_{T'_\Phi}(p_T(v))} S(v'') \tag{20.3-13}$$

已知条件 $p_T(v)$在 T_v^c 中满足能量分层一致性要求的矛盾，因而 v 的节点有传感器故障的假设不成立，综上可知 v 必然存在传感器故障，证毕。

图 20.3-1 是满足定理 20.3-1 条件的树状能量网络的一个示例。原始系统在图的左侧，其中存在故障的节点是 2 号节点，其能量读数为 14 不等于子节点读数的和 16。其父节点为 1 号节点，右侧的图为原始系统缩并 2 号节点后得到的新系统。1 号节点在新系统中满足能量分层一致性要求，即 24=8+9+7。

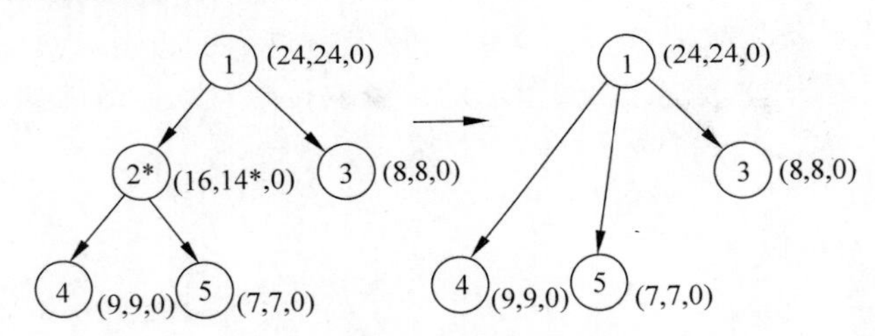

图 20.3-1 传感器故障示例

定理 20.3-2 在假设 20.2-1，假设 20.2-2 下，对于树状能量网络 $T=(V,E,W,S)$中的非叶子节点 v，若 v 不能满足能量分层一致性要求，

$$S(v)\neq \sum_{v'\in C_T(v)} S(v') \tag{20.3-14}$$

但其父节点与子节点均满足一致性要求，即

$$S(v')=\sum_{v''\in C_T(v')} S(v''),\quad \forall v'\in\{p_T(v)\}\cup C_T(v) \tag{20.3-15}$$

则表明该节点对应区域内存在设备故障，即 $\delta(v)\neq 0$。

证明 类似定理 20.3-1 证明，由单一故障假设 20.2-1，从 v 不满足能量分层一致性要求，可以推知故障一定发生在节点 v 或其子节点集合中，仅有(1)v 设备故障或(2)v 或子节点传感器故障两种情况。

以下用反证法排除情形(2)。首先排除 v 有传感器故障的情况。假设 v 有传感器故障，即 $W(v)\neq S(v)$，则由假设 20.2-1，所有设备无故障，根据假设 20.2-2，有

$$W(p_T(v)) = \sum_{v' \in C_T(p_T(v))} W(v') = \sum_{v' \in C_T(p_T(v)) \setminus \{v\}} S(v') + W(v) \qquad (20.3\text{-}16)$$

这里用到了传感器无故障时 $S(v')=W(v')$。考虑到 $W(p_T(v))=S(p_T(v))$，结合 $W(v) \neq S(v)$ 就导出了与已知条件 $p_T(v)$ 节点满足能量分层一致性的矛盾。同理，可以排除 v 的子节点 v' 有传感器故障的情况，因为这将破坏子节点 v' 所能满足的能量分层一致性条件。

图 20.3-2 是满足定理 20.3-2 条件的树状能量网络的一个示例。其中存在故障的节点是 2 号节点，其能量泄漏值为 2 不等于 0。该节点能量读数不等于子节点的读数之和，因而不满足能量分层一致性要求，其父节点满足能量分层一致性要求，即 24＝16＋8。

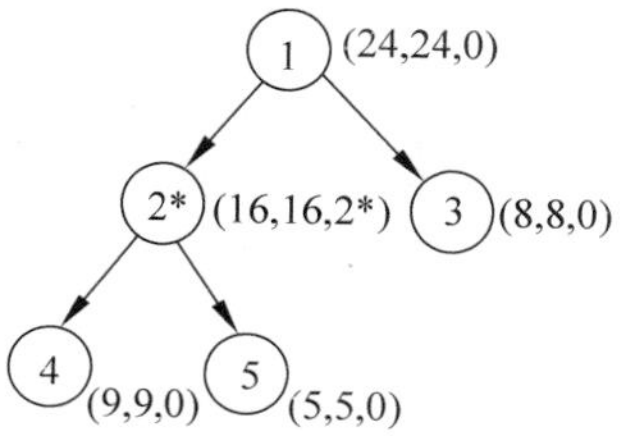

图 20.3-2　节点设备故障示例

单一故障的假设可以适当放松。

推论 20.3-1　对于存在多个节点故障的情形，只要在同一个节点的相关范围内存在单一故障，定理 20.3-1 和定理 20.3-2 的结论仍然适用。

该推论的意义在于，工程上，每个节点及其相关范围内的节点完全可以通过局部通信，相互协助，完成局部的故障检测，从而并发地实时判断各自的传感器或设备是否存在故障，而无须进行集中式的分析判断。因而，本章给出的条件支持大规模网络的故障检测。

20.4　数值仿真

文献[11]图 3 所示的算例，采用一个简化的配电网对本章结果进行验证，该配电由 16 个节点组成，每个节点代表 1 个配电设备，如图 20.4-1 所示，假设每个节点都按照有计量装置，其对应的树状能量网络如图 20.4-2 所示。

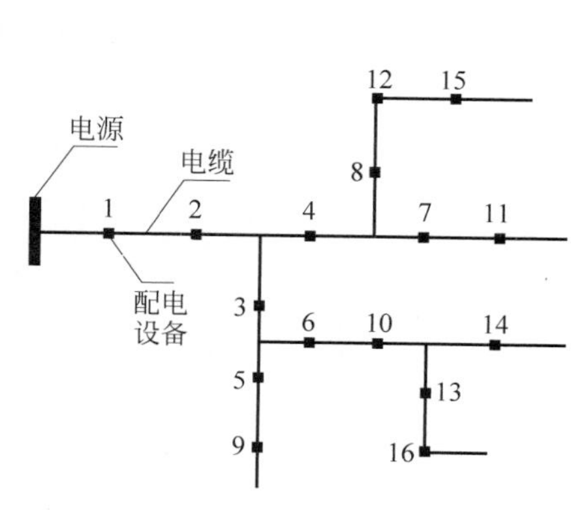

图 20.4-1　单点元多耦合节点辐射状配电网

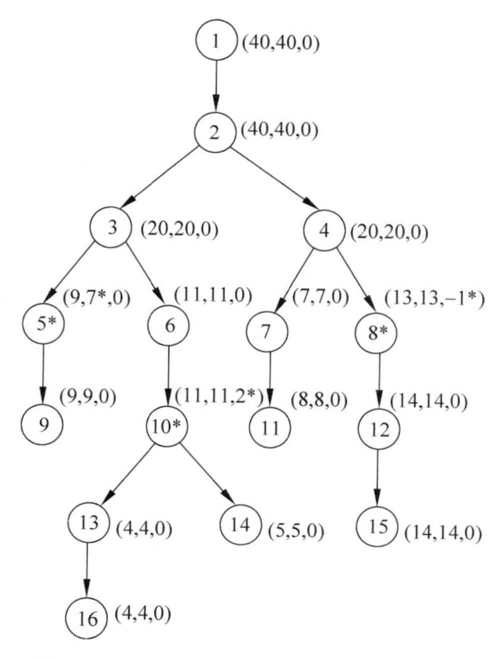

图 20.4-2　同时包含多个故障的能量网络

各个节点输入能量、能量测量值以及注入和泄漏数值标注在各个节点旁边。图中用星号标识出节点 5、8、10 不满足能量分层一致性要求。因此，此例属于推论 20.3-1 的范围，由于 $S(v_3)=S(v_9)+S(v_6)$ 即缩并节点 5 后，节点 3 满足能量分层一致性要求，根据定理 20.3-1，节点 3 的能量传感器存在故障，对于节点 10 和 8，由于其父节点和孩子节点都满足能量分层一致性要求，因此根据定理 20.3-2，这两个设备存在故障。进一步，比较其父节点和子节点的能量测量值，可以知道节点 10 存在能量泄漏，而节点 8 存在能量注入。

20.5 本章小结

本章通过构造节点标号的树状能量网络图模型，利用能量分层平衡关系，建立了仅依赖局部信息的传感器和设备故障判断条件，可适用于大规模网络。

参考文献

[1] 杨文，赵千川. 树状能量网络故障检测[J]. 系统科学与数学，2019，39(2)：278-285.

[2] 韩光泽，尹清华，华贲，等. 能量的普遍化表达式与能态公设[J]. 华南理工大学学报(自然科学版)，2001，29(7)：48-50.

[3] 陈皓勇，文俊中，王增煜，等. 能量网络的传递规律与网络方程[J]. 西安交通大学学报，2014，48(10)：66-76.

[4] School G，Uren K，Wyk M. An energy perspective on modeling，supervision，and control of largescale industrial systems：Survey and framework[J]. World Congress，2014：6692-6703.

[5] Perez-Lombard L，Ortiz J，Maestre I. The map of energy flow in HVAC systems[J]. Applied Energy，2011，88：5020-5031.

[6] Taal A，Itard L，Zeller W. Automatic detection and diagnosis based on mass and energy balance equations[J]. Control Engineering Practice，2003，11：103-113.

[7] Berton A，Hodouin D. Linear and bilinear fault diagnosis based on energy balance evaluation：Application to a metal processing[J]. ISA Transactions，2006，45：603-610.

[8] Yang H，Cooquempot V，Jiang B. Fault tolerance analysis for switched systems via global passivity [J]. IEEE Transactions on Circuits and Systems Ⅱ：Express Briefs，2008，55：1279-1283.

[9] Chen W，Ding S and Khan A. Energy based fault detection for dissipative systems [C]//2010 Conference on Control and Fault-Tolerant Systems. IEEE，2010：517-521.

[10] 杨文，赵千川. 基于能量平衡的暖通空调系统故障检测方法[J]. 清华大学学报(自然科学版)，2017，57(12)：1272-1279.

[11] 杨文，张邦双，叶欣，等. 基于能量平衡的配电网传感器故障检测方法研究[J]. 电力系统自动化，2018，42：154-159.

第21章

基于网络演算的网络故障检测方法

本章提要

在群智能建筑体系中，CPN需要与相邻的节点进行通信。在CPN网络中，由于存在外界攻击、节点寿命有限等原因，网络设备不可避免地会发生故障。在本章中，我们提出了一种基于网络演算的故障检测方法，并证明了该方法能在确定的时延范围内检测出网络中节点发生故障及恢复正常的时间，以及节点的故障种类。在网络中的每个CPN上，该算法具有相同的形式，支持并行计算。由于节点具有自组织、自识别的特性，该分布式算法具有可扩展性，且时间复杂度不随网络规模的增大而增加。在仿真算例上测试发现，该方法能及时检测出节点故障和正常的时间，且检测的平均准确率比当前常用的基于LSTM的方法高很多。本章内容主要来源于文献[1]。

21.0 符号列表

G	系统网络
V	网络元素(图的节点)集合
E	边的集合
v	网络元素(节点)
e_{ij}	节点 v_i 与节点 v_j 间的边
$N_{i,\mathrm{in}}$	发送数据到节点 v_i 的节点集
$N_{i,\mathrm{out}}$	接收节点 v_i 发出数据的节点集
$R_{\mathrm{in}}(t)$	输入过程
$R_{\mathrm{out}}(t)$	输出过程
$\otimes$	最小加卷积
$S(t)$	服务曲线
$C(t)$	节点在错误发送时的发送数据流
τ	节点开始服务的最大时延
r	节点服务的最低速率
$R'_{\mathrm{in}}(t)$	在某时刻初始化后的输入过程
$R'_{\mathrm{out}}(t)$	在某时刻初始化后的输出过程
T	故障系统表现正常时间上限
δT	采样周期

21.1 网络故障检测概述

随着计算机及网络技术的不断发展，通信网络的规模和复杂性也逐渐增加。但由于外界攻击、设备损坏等原因，网络系统中的故障是不可避免的[2]。为保证系统的正常运行，需要快速、准确地检测网络系统中的故障。目前网络故障检测的方法有很多，主要包括基于知识的方法[3-5]、基于模型的方法[6-8]、基于图论的方法[9-11]以及基于数据的方法[12-14]等。

基于知识的方法常常通过基于规则的推理实现,如故障诊断的专家系统[3]。对输入的信息,专家系统通过规则库内的知识进行推理,进而输出故障检测结果。Liu 等[4]使用 Java 实现了该方法并对其进行了讨论。王伟等[5]使用故障收集、故障过滤、专家系统和解释器四个模块构建了故障管理系统。但基于知识的方法效率较低,且通常只针对特定系统,当系统的复杂度逐渐提高时规则可能不再适用。

基于模型的方法用数学模型来描述系统的行为,通过模型预测的系统行为和系统的实际情况进行对比,进而判断系统是否发生故障。Dupuy 等[6]通过对网络对象和关系的定义设计了用于检测故障的网络管理模型。Katker 等[7]提出了一种网络中的故障隔离和事件关联算法。蒋康明等[8]使用主动探测技术,提出了故障检测探测选择和故障定位探测选择算法来检测网络故障。因为基于模型的方法建立在对系统性质的了解之上,这种方法通常具有可扩展性。但现有的基于模型方法难以检测设备联合故障的情况。

基于图论的方法需要先获取系统网络组件之间的依赖关系,再通过故障传播模型(RPM)[9]定位网络中的故障源。Kandula 等[8]提出了通过依赖关系图进行故障定位的两种算法,分别用于解决对象独立和对象间存在依赖关系的故障情况。Steinder 等[10]使用贝叶斯网络作为故障传播模型,并提出了多项式复杂度的近似算法。Bennacer 等[11]将案例推理与贝叶斯网络结合,对故障诊断的过程进行了进一步简化。基于图论的方法主要研究系统报警后的故障定位,通常不包含故障发现这一步骤。

随着近年来模式识别、神经网络技术的迅速发展,基于数据的方法开始被广泛使用。这种方法的好处是具有泛用性,对于不同的系统,不需分析系统的结构和具体的模型,均可通过大量的历史数据进行训练进而进行故障检测。Gardner 等[12]使用神经网络与传统方法相结合,进行通信网络中的故障管理。尚志信等[13]使用粗糙集处理网络故障,再使用处理后的规则训练神经网络。Kim 等[14]使用 LSTM 检测网络威胁,发现 LSTM 比传统的神经网络方法准确率更高。模式识别方法需要很长的训练时间和大量的训练数据,且只适用于特定种类的网络。

为解决目前网络故障检测方法适应性差、复杂度高的问题,我们借鉴文献[15]中运用网络演算进行交换机故障隔离的思想,考虑网络中的数据流,提出一种基于网络演算的信息网络系统的故障检测方法。相比于文献[15],我们的结果把网络演算分析故障的范围从单一通信设备拓展到了更一般的通信网络。网络演算是一种用来处理计算机网络中排队系统的理论[16-17],该理论的优势在于可以得到系统在最坏情况下的延迟上界,因而常被用于具有硬实时性要求的系统性能分析、数据流整形等。相应地,延迟上界估计的紧致性[18],就成为成功应用网络演算解决实际问题有效性的关键,也是近期网络演算理论研究的热点[19-20]。本章通过分析流入流出设备的数据,利用网络演算理论,建立针对网络中的设备故障检测方法。我们从理论上证明了该方法的有效性,并与 LSTM 网络进行了对比实验。

21.2 问题描述

参考网络演算[17]的建模方式,将网络抽象成数据流和网络元素两个组成部分。其中,网络元素可以表示网络中的服务器、路由器、传输线路等各种网络设备,为网络中的数据流提供服务。由此,可以将网络建模成有向图 $G=(V,E)$。其中,$V=\{v\}$为图中的节点集,表示网络元素,$E=\{e_{ij} \mid v_i, v_j \in V\}$为图中从 v_i 指向 v_j 的边,表示存在从节点 v_i 发送到节

点 v_j 的数据流。记从节点 v_i 发送到节点 v_j 的累计数据为 $R_{ij}(t)$，即在时间$[0,t]$内从 v_i 发送到 v_j 的总比特数。设发送数据到节点 v_i 的节点集为 $N_{i,\text{in}}=\{v_j \mid e_{ji}\in E\}$。接收节点 v_i 发出数据的节点集为 $N_{i,\text{out}}=\{v_j \mid e_{ij}\in E\}$。则在时间$[0,t]$内，节点 v_i 收到的累计数据为

$$R_{i,\text{in}}(t)=\sum_{v_j\in N_{i,\text{in}}} R_{ji}(t) \tag{21.2-1}$$

将 $R_{i,\text{in}}(t)$称为节点 v_i 的输入过程。节点 v_i 发送的累计数据为

$$R_{i,\text{out}}(t)=\sum_{v_j\in N_{i,\text{out}}} R_{ij}(t), \tag{21.2-2}$$

将 $R_{i,\text{out}}(t)$称为节点 v_i 的输出过程。在 t 时刻，若节点 v_i 的发送数据少于接收数据，即 $R_{i,\text{out}}(t)<R_{i,\text{in}}(t)$时，称此时节点 v_i 处存在数据积压。

为引入节点的服务模型，需要用到网络演算中的一些基本定义。

定义 21.2-1　最小加卷积$\otimes$

函数 $a(x)$和 $b(x)$之间的最小加卷积定义为

$$(a\otimes b)(x)=\inf_{0\leqslant y\leqslant x}[a(y)+b(x-y)] \tag{21.2-3}$$

定义 21.2-2　服务曲线 $S(t)$

若节点的输入过程为 $R_{\text{in}}(t)$，节点的输入过程为 $R_{\text{out}}(t)$，则当存在函数 $S(t)$满足

$$R_{\text{out}}(t)\geqslant(R_{\text{in}}\otimes S)(t) \tag{21.2-4}$$

时，称 $S(t)$为节点的服务曲线。

假设网络中的节点正常工作时为数据流提供如图 21.2-1 所示的服务曲线，服务曲线 $S_i(t)$表示节点服务能力的下界。

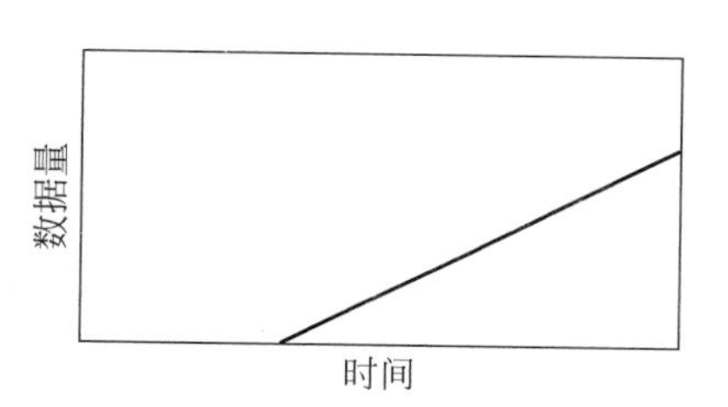

图 21.2-1　服务曲线

$S_i(t)=\max(0,r(t-\tau))$，τ 为节点开始服务的最大时延，r 为节点服务的最低速率。假设网络中的节点均有该类型的服务曲线，但不同节点的参数可能不同。

在故障检测中，我们考虑以下三类故障。

(1) 节点停止服务：节点不具有对数据流提供服务的能力。其行为特征约定如下：若节点 v_i 在时间$(s,s+t]$内停止服务，则对任意形式的输入过程和任意积压，均有

$$R_{i,\text{out}}(s+t)-R_{i,\text{out}}(s)=0 \tag{21.2-5}$$

且在停止服务的时间内，节点不保存接收的数据。若节点在时刻 $s+t$ 重新开始服务，节点仅对时刻 $s+t$ 后输入的数据提供服务。

(2) 节点服务减慢：节点对数据流提供服务，但服务能力远低于严格服务曲线所描述的下界。其行为特征约定如下：若节点 v_i 在时间$(s,s+t]$内服务减慢，则对任意形式的输入过程和积压，均有

$$R_{i,\text{out}}(s+t)-R_{i,\text{out}}(s)\leqslant rt \tag{21.2-6}$$

与停止服务不同的是，在服务减慢时节点仍保存所有收到的数据，并对其依次进行服务。

(3) 节点错误输出：节点不为接收的数据流提供服务，且大量发送与输入过程无关的

数据。其行为特征约定如下：若节点 v_i 在时间$(s,s+t]$内错误输出，则对任意形式的输入过程和积压，均有

$$R_{i,\text{out}}(s+t)-R_{i,\text{out}}(s)=C(t) \tag{21.2-7}$$

其中 $C(t)$为节点在错误发送时的发送数据流，与输入过程无关。同时，我们假设

$$C(t)\geqslant R_{i,\text{in}}(s+t)-R_{i,\text{in}}(s) \tag{21.2-8}$$

且 $C(t)\geqslant rt$。与停止服务相同，节点错误发送时不保存接收的数据。

图 21.2-2 中给出了节点正常与发生不同种类故障时的输入输出曲线示例。我们假设这些故障不会同时发生，且节点不同种类的故障不会连续出现，即故障状态的节点只可能保持当前的故障状态或恢复正常。

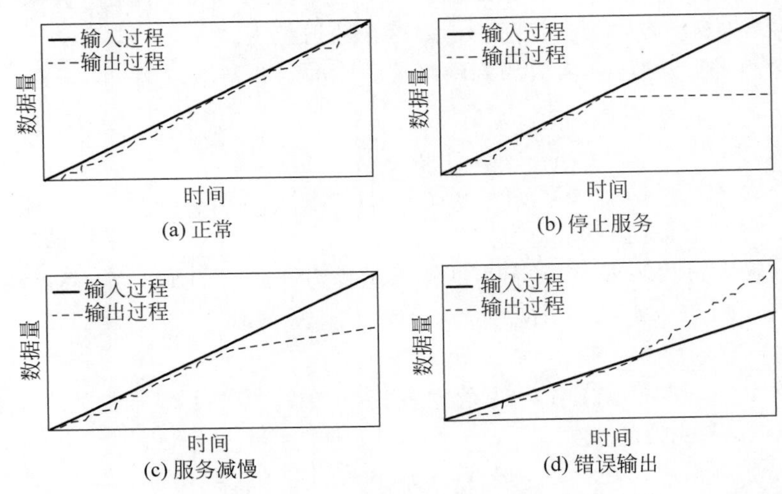

图 21.2-2　节点不同状态下的输入输出曲线示例

假设节点在故障或正常状态下持续的时间均不小于 τ，即节点不会出现频繁的状态切换。在实际过程中由于 τ 很小，该假设是合理的。故障检测的目标是通过网络中每个节点的输入过程与输出过程，获取每个节点发生故障与恢复正常的时间及故障种类。

21.3 主要结果

21.3.1 故障检测原理

为进行故障检测，我们先假设网络中每个节点 v 的输入过程 $R_{\text{in}}(t)$与输出过程 $R_{\text{out}}(t)$均可测量，且服务曲线 $S(t)$已知。服务曲线通过节点的输入过程，对节点输出过程进行了限制。由此，我们可以得到节点正常服务时，输入过程与输出过程之间的关系

$$R_{\text{out}}(t)\geqslant (R_{\text{in}}\otimes S)(t) \tag{21.3-1}$$

同时，节点正常服务时，发送的累计数据应不超过接收的累计数据，因此有

$$R_{\text{out}}(t)\leqslant R_{\text{in}}(t) \tag{21.3-2}$$

对网络中的任意一个节点 v，其正常工作时输入过程 $R_{\text{in}}(t)$与输出过程 $R_{\text{out}}(t)$应满足式(21.3-1)和式(21.3-2)。因此，若已知其输入过程 $R_{\text{in}}(t)$与输出过程 $R_{\text{out}}(t)$，则可通过式(21.3-1) 和式(21.3-2)判断其是否正常工作。

推论 21.3-1　若节点 v 的输入过程 $R_{in}(t)$ 与输出过程 $R_{out}(t)$ 在时刻 t 不满足式(21.3-1)或式(21.3-2)，则节点 v 在时间 $[0,s+t]$ 内存在故障。

式(21.3-1)或式(21.3-2)不满足是节点故障检测的充分条件，但并非必要条件。即使能确定节点发生故障，还需判断具体的故障时段，并根据输入过程和输出过程的关系，判断具体的故障类型。为在理论上保证故障的可检测性，在本节中对输入过程进行一些限制。需要注意的是，在实际的网络系统中，这些限制通常不一定会被满足。在算法设计中我们将对此进行进一步讨论。

为保证节点正常工作时不会出现过大的数据积压，我们引入如下假设：

假设 21.3-1　节点正常服务时，数据输入速率不大于最低服务速率，即节点 v 在时间 $(s,s+t]$ 内正常服务意味着

$$\forall a \in (s,s+t],\quad b \in (a,s+t],\quad R_{in}(b)-R_{in}(a) \leqslant r(b-a) \tag{21.3-3}$$

为检测节点是否停止服务，我们引入如下假设：

假设 21.3-2　输入过程 $R_{in}(t)$ 是严格单调递增的，即

$$\forall s,t>0,\quad R_{in}(s+t)-R_{in}(s)>0 \tag{21.3-4}$$

为检测节点是否服务减慢，我们引入如下假设：

假设 21.3-3　节点服务减慢时，服务速率远小于数据输入速率，即节点 v 在时间 $(s,s+t]$ 内服务减慢意味着存在 $r_0>0$ 满足

$$\forall a \in (s,s+t],\quad b \in (a,s+t],\quad R_{in}(b)-R_{in}(a) > R_{out}(b)-R_{out}(a)+r_0(b-a) \tag{21.3-5}$$

假设 21.3-4　节点错误输出时，输出速率远大于数据输入速率，即节点 v 在时间 $(s,s+t]$ 内错误输出意味着存在 $r_1>0$ 满足

$$\forall a \in (s,s+t],\quad b \in (a,s+t],\quad R_{in}(b)-R_{in}(a)+r_1(b-a) < R_{out}(b)-R_{out}(a) \tag{21.3-6}$$

在假设 20.2-1 和假设 20.2-2 的保证下，可以得到节点停止服务的检测方法。

定理 21.3-1　假设 20.2-1 和假设 20.2-2 满足时，若节点 v 的输入过程 $R_{in}(t)$ 与输出过程 $R_{out}(t)$ 在时刻 s 不满足式(21.3-1)，即 $R_{out}(s)<(R_{in}\otimes S)(s)$，且有 $R_{out}(s+t)-R_{out}(s)=0$，则节点 v 在时刻 s 停止服务。

证明　若 $R_{out}(s)<(R_{in}\otimes S)(s)$，则节点的服务能力低于严格服务曲线所描述的下界。且若 $R_{out}(s)<(R_{in}\otimes S)(s)<R_{in}(s)$，故时刻 s 节点 v 处有数据积压。但 $R_{out}(s+t)-R_{out}(s)=0$。则节点 v 未对积压的数据提供服务，即节点 v 在时刻 s 停止服务。**证毕。**

定理 21.3-2　假设 20.2-1 和假设 20.2-2 满足时，若节点 v 在时间 $(s,s+t]$ 内停止服务，则节点 v 的输入过程 $R_{in}(t)$ 与输出过程 $R_{out}(t)$ 在时间 $(s+\tau,s+t]$ 内不满足式(21.3-1)。

证明　若节点 v 在时间 $(s,s+t]$ 内停止服务，则 $\forall a\in(s+\tau,s+t]$，$R_{out}(a)-R_{out}(s)=0$。由假设 20.2-2 可知，$R_{out}(a)=R_{out}(s)\leqslant R_{in}(s)\leqslant R_{in}(a-\tau)$。又有 $(R_{in}\otimes S)(a)=\inf_{0\leqslant p\leqslant a}[R_{in}(p)+S(a-p)]$，$S(a-p)=\max(0,r(a-p-\tau))$。由假设 20.2-1 可知，$0\leqslant p\leqslant a-\tau$ 时，有 $R_{in}(a-\tau)-R_{in}(p)\leqslant r(a-p-\tau)=S(a-p)$，即 $R_{in}(a-\tau)\leqslant R_{in}(p)+S(a-p)$。又 $a-\tau\leqslant p\leqslant a$ 时，有 $S(a-p)=0$，即 $R_{in}(p)+S(a-p)=R_{in}(p)\geqslant R_{in}(a-\tau)$。综上，有 $(R_{in}\otimes S)(a)=R_{in}(a-\tau)$。故 $R_{out}(a)<(R_{in}\otimes S)(a)$，即不满足式(21.3-1)。**证毕。**

在假设 20.2-1 和假设 21.3-3 的保证下，可以得到节点服务减慢的检测方法。

定理 21.3-3 若节点 v 的输入过程 $R_{\mathrm{in}}(t)$ 与输出过程 $R_{\mathrm{out}}(t)$ 在时刻 s 不满足式(21.3-1)，即 $R_{\mathrm{out}}(s)<(R_{\mathrm{in}}\otimes S)(s)$，且有 $R_{\mathrm{out}}(s+t)-R_{\mathrm{out}}(s)>0$。则节点 v 在时刻 s 服务减慢。

证明 若 $R_{\mathrm{out}}(s)<(R_{\mathrm{in}}\otimes S)(s)$，则节点的服务能力低于服务曲线所描述的下界. 又知 $R_{\mathrm{out}}(s+t)-R_{\mathrm{out}}(s)>0$，故节点 v 在时刻 s 仍提供服务，即节点 v 在时刻 s 服务减慢。**证毕**。

由于服务曲线 $S(t)=\max(0,r(t-\tau))$ 中允许存在开始服务的时延，节点服务减慢的检测可能存在延迟。若节点 v 在时间 $(s,s+t]$ 内服务减慢，假设在服务减慢开始的时刻有 $R_{\mathrm{out}}(s)=R_{\mathrm{in}}(s)$，且输入速率满足 $\forall a\in(s+\tau,s+t]$，$R_{\mathrm{in}}(s+a)-R_{\mathrm{in}}(s)=ra$，服务速率满足 $\forall a\in(s+\tau,s+t]$，$R_{\mathrm{in}}(s+a)-R_{\mathrm{in}}(s)=R_{\mathrm{out}}(s+a)-R_{\mathrm{out}}(s)+(r_0+\delta)a$，$\forall a\in(s+\tau,s+t]$，$R_{\mathrm{out}}(s+a)=R_{\mathrm{in}}(s+a)-(r_0+\delta)a=R_{\mathrm{in}}(s)+ra-(r_0+\delta)a$，则可检测的时间 a_0 需满足 $(R_{\mathrm{in}}\otimes S)(s+a_0)=R_{\mathrm{in}}(s+a_0-\tau)=R_{\mathrm{in}}(s)+r(a_0-\tau)>R_{\mathrm{out}}(s+a_0)=R_{\mathrm{in}}(s)+ra_0-(r_0+\delta)a_0$。解得 $a_0>r\tau/(r_0+\delta)$，令 δ 趋于 0，此时有 $a_0>r\tau/r_0$。故在该情况下，检测延迟最长可达 $a_0>r\tau/r_0$。

由于未对节点的服务能力上界做出约束，节点恢复正常时可能立即处理完所有积压数据。在该情况下，若节点在 $s+t+\delta$ 时刻恢复正常，则此时已满足式(21.3-1)。令 δ 趋于 0，则不满足式(21.3-1)的时间 $a_0\leqslant s+t$。

下面的定理证明了对于一般情况，在时间 $(s+r\tau/r_0,s+t]$ 内均可检测节点服务减慢的故障。

定理 21.3-4 假设 21.3-1，假设 21.3-3 满足时，若节点 v 在时间 $(s,s+t]$ 内服务减慢，则节点 v 的输入过程 $R_{\mathrm{in}}(t)$ 与输出过程 $R_{\mathrm{out}}(t)$ 在时间 $(s+r\tau/r_0,s+t]$ 内不满足式(21.3-1)。

证明 若节点 v 在时间 $(s,s+t]$ 内服务减慢，由假设 11.3-3，有 $\forall a\in(s+r\tau/r_0,s+t]$，$R_{\mathrm{out}}(a)-R_{\mathrm{out}}(s)<R_{\mathrm{in}}(a)-R_{\mathrm{in}}(s)-r_0(a-s)$。又由假设 11.3-1 可知，$(R_{\mathrm{in}}\otimes S)(a)=\inf_{0\leqslant p\leqslant a}[R_{\mathrm{in}}(p)+S(a-p)]=R_{\mathrm{in}}(a-\tau)$。则 $R_{\mathrm{out}}(a)<R_{\mathrm{in}}(a)-R_{\mathrm{in}}(s)+R_{\mathrm{out}}(s)-r_0(a-s)\leqslant R_{\mathrm{in}}(a)-r_0(a-s)\leqslant R_{\mathrm{in}}(a)-r\tau\leqslant R_{\mathrm{in}}(a-\tau)$。即不满足式(21.3-1)。**证毕**。

在假设 21.3-1，假设 21.3-4 的保证下，可以得到节点错误输出的检测方法。

定理 21.3-5 假设 21.3-1，假设 21.3-4 满足时，若节点 v 的输入过程 $R_{\mathrm{in}}(t)$ 与输出过程 $R_{\mathrm{out}}(t)$ 在时刻 s 不满足式(21.3-2)，即 $R_{\mathrm{out}}(s)>R_{\mathrm{in}}(s)$，则节点 v 在时刻 s 错误输出。

证明 若 $R_{\mathrm{out}}(s)>R_{\mathrm{in}}(s)$，则节点发送的累计数据超过了接收的累计数据，节点错误输出。**证毕**。

由于服务曲线 $S(t)=\max(0,r(t-\tau))$ 中允许存在开始服务的时延，节点错误输出的检测可能存在延迟。若节点 v 在时间 $(s,s+t]$ 内错误输出，假设在错误输出开始的时刻有 $R_{\mathrm{in}}(s)=R_{\mathrm{out}}(s)+r\tau$，且输出速率满足 $\forall a\in(s,s+t]$，$R_{\mathrm{in}}(s+a)-R_{\mathrm{in}}(s)+(r_1+\delta)a=R_{\mathrm{out}}(s+a)-R_{\mathrm{out}}(s)$，即 $\forall a\in(s,s+t]$，$R_{\mathrm{out}}(s+a)=R_{\mathrm{in}}(s+a)+(r_1+\delta)a-r\tau$，则可检测的时间 a_0 需满足 $(s+a_0)=R_{\mathrm{in}}(s+a_0)+(r_1+\delta)a_0-r\tau>R_{\mathrm{in}}(s+a_0)$。解得 $a_0>r\tau/(r_1+\delta)$，令 δ 趋于 0，此时有 $a_0>r\tau/r_1$。故在该情况下，检测延迟最长可达 $a_0>r\tau/r_1$。

下面的定理证明了对于一般情况，在时间 $(s+r\tau/r_1,s+t]$ 内均可检测节点错误输出的故障。

定理 21.3-6 假设 21.3-1，假设 21.3-4 满足时，若节点 v 在时间 $(s,s+t]$ 内错误输出，

则节点 v 的输入过程 $R_{in}(t)$ 与输出过程 $R_{out}(t)$ 在时间 $(s+r\tau/r_1, s+t]$ 内不满足式(21.3-2)。

证明　若节点 v 在时间 $(s,s+t]$ 内错误输出，由假设 21.3-4，有 $\forall a\in(s+r\tau/r_1,s+t]$，$R_{in}(a)-R_{in}(s)+r_1(a-s)<R_{out}(a)-R_{out}(s)$。又由假设 11-4-1 可知，$(R_{in}\otimes S)(s)=\inf_{0\leqslant p\leqslant a}[R_{in}(p)+S(s-p)]=R_{in}(s-\tau)$。则 $R_{out}(a)>R_{in}(a)-R_{in}(s)+R_{out}(s)+r_1(a-s)\geqslant R_{in}(a)-R_{in}(s)+R_{in}(s-\tau)+r_1(a-s)\geqslant R_{in}(a)$ 即不满足式(21.3-2)。**证毕**。

由定理 21.3-1～定理 21.3-6，可以在一定的延迟容忍下检测出正常状态的节点进入故障状态的时刻，并对节点的故障种类做出判断。在实际系统中，节点的故障有时是由外界干扰导致的。在干扰消除后，节点又会恢复正常。因此，除了检测节点发生故障的时间与故障种类外，在节点进入故障状态后，我们还需要判断节点恢复正常的时间。

为判断节点恢复正常的时间，并对节点进行后续的故障检测，定义对输入过程、输出过程的初始化。

设在时刻 s 对输入过程 $R_{in}(t)$ 和输出过程 $R_{out}(t)$ 进行初始化，则有

$$R'_{in}(s+t)=R_{in}(s+t)-R_{in}(s) \tag{21.3-7}$$

$$R'_{out}(s+t)=R_{out}(s+t)-R_{out}(s) \tag{21.3-8}$$

在假设 21.3-2 的保证下，可以得到节点从停止服务到恢复正常的检测方法。

定理 21.3-7　假设 21.3-2 满足时，若 s 时刻处于停止服务状态的节点 v 在 $s+t$ 时刻发送数据，即 $R_{out}(s+t)-R_{out}(s)>0$，则节点在 $s+t$ 时刻已恢复正常。

证明　由于节点在停止服务时不发送数据，而 $R_{out}(s+t)-R_{out}(s)>0$ 意味着节点发送了数据，故节点在 $s+t$ 时刻已恢复正常。**证毕**。

定理 21.3-8　假设 21.3-2 满足时，若节点 v 在时刻 s 从停止服务到恢复正常，且在时间 $(s,s+t]$ 内均正常，则节点 v 的输出过程 $R_{out}(t)$ 满足 $\forall a\in(s+\tau,s+t]$，$R_{out}(a)-R_{out}(s)>0$。

证明　若节点 v 在时刻 s 从停止服务到恢复正常，由于节点仅对时刻 s 后的数据重新开始服务，在时刻 s 对输入过程 $R_{in}(t)$ 和输出过程 $R_{out}(t)$ 进行初始化，则 $\forall a\in(s+\tau,s+t]$，$R_{out}(a)-R_{out}(s)=R'_{out}(a-s)=(R'_{in}\otimes S)(a-s)$。由假设 21.3-2 可知，$R'_{in}(a-\tau-s)=R_{in}(a-\tau)-R_{in}(s)>0$。故 $a\in(s+\tau,s+t]$，$R_{out}(a)-R_{out}(s)>0$。**证毕**。

在假设 21.3-1 和假设 21.3-3 的保证下，可以得到节点从服务减慢到恢复正常的检测方法。

定理 21.3-9　假设 21.3-1 和假设 21.3-3 满足时，若 s 时刻处于服务减慢状态的节点 v 满足 $\exists t>0$，$R_{out}(s+t)-R_{out}(s)>rt$，则节点在 $s+t$ 时刻已恢复正常。

证明　若节点在 $s+t$ 时刻仍服务减慢，由假设 21.3-1 和假设 21.3-3 可知，$R_{out}(s+t)-R_{out}(s)<R_{in}(s+t)-R_{in}(s)<rt$。故 $\exists t>0$，$R_{out}(s+t)-R_{out}(s)>rt$，则节点在 $s+t$ 时刻已恢复正常。**证毕**。

定理 21.3-10　假设 21.3-3 满足时，若节点 v 在时刻 s 从服务减慢到恢复正常，则节点 v 的输出过程 $R_{out}(t)$ 满足 $\exists a\in(s,s+\tau]$，$b>a$，$R_{out}(b)-R_{out}(a)>r(b-a)$，$t>0$。

证明　若节点 v 在时刻 s_0 进入服务减慢状态，在时刻 s 从服务减慢到恢复正常，则由假设 21.3-3 可知，$R_{in}(s)-R_{out}(s)>R_{in}(s_0)-R_{out}(s_0)+r_0(s-s_0)\geqslant r_0(s-s_0)$。故时刻 s 存在数据积压，节点恢复正常后，开始服务的时延不超过 τ，速度不低于 r，故 $\exists a\in(s,s+\tau]$，$b>a$，$R_{out}(b)-R_{out}(a)>r(b-a)$，$t>0$。**证毕**。

在假设 21.3-1 的保证下，可以得到节点从错误输出到恢复正常的检测方法。

定理 21.3-11 假设 21.3-1 满足时，将处于错误输出状态的节点 v 在 s 时刻初始化，若 $\exists t>0$，使得初始化后的输入过程 $R'_{in}(t)$ 和输出过程 $R'_{out}(t)$ 在时间 $(s,s+t]$ 内满足式(21.3-2)，则节点在 s 时刻后已恢复正常。

证明 若节点 v 在时刻 s 仍处于错误输出状态，则 $\exists a\in(s,s+t]$，$R_{out}(a)-R_{out}(s)>r(a-s)$。由假设 21.3-1 可知，$R_{out}(a)-R_{out}(s)>r(a-s)>R_{in}(a)-R_{in}(s)$。即初始化后的输入过程 $R'_{in}(t)$ 和输出过程 $R'_{out}(t)$ 在时刻 $a\in(s,s+t]$ 不满足式(21.3-2)，矛盾。**证毕。**

定理 21.3-12 若节点 v 在时刻 s 从错误输出到恢复正常，且在时间 $(s,s+t]$ 内均正常，则在 s 时刻初始化后的输入过程 $R'_{in}(t)$ 和输出过程 $R'_{out}(t)$ 在时间 $(s,s+t]$ 内满足式(21.3-2)。

证明 若节点 v 在时刻 s 从错误输出到恢复正常，由于节点仅对时刻 s 后的数据重新开始服务，故 s 时刻初始化后的输入过程 $R'_{in}(t)$ 和输出过程 $R'_{out}(t)$ 在正常时间 $(s,s+t]$ 内均满足式(21.3-2)。**证毕。**

综上所述，我们已经给出了在网络中每个节点 v 的输入过程 $R_{in}(t)$ 与输出过程 $R_{out}(t)$ 均可测量，服务曲线 $S(t)$ 已知且假设 21.3-1～假设 21.3-4 满足时，节点的故障检测方法。

此时，节点停止服务与恢复的检测延迟不超过 τ，节点服务减慢的检测延迟不超过 $s+r\tau/r_0$，速率恢复的检测延迟不超过 τ，节点错误输出的检测延迟不超过 $s+r\tau/r_1$，正确输出的检测延迟不超过检测的最短间隔。

21.3.2 检测原理假设的可满足性讨论

在此，我们集中讨论为了得出 21.3.1 节中理论结果所做的主要假设在实际系统中的可满足性，及其对故障检测方法的影响，以便设计符合实际的故障检测算法。

在实际系统中，部分节点 v 的输入过程 $R_{in}(t)$ 与输出过程 $R_{out}(t)$ 可能无法测量。此时，可以将无法测量输入或输出过程的节点与相邻的节点组成一张子图，若子图的总输入输出可测量，则可以对子图内是否有节点发生故障做出判断。

图 21.3-1 中给出了使用子图进行故障检测的一个示例。若节点 v_2 的输入与输出过程无法测量，可将节点 v_1,v_2,v_3 看作一个子图，通过测量节点 v_1 的输入过程 $R_{1,in}(t)$ 和节点 v_3 的输出过程 $R_{3,out}(t)$，检测子图的故障情况。

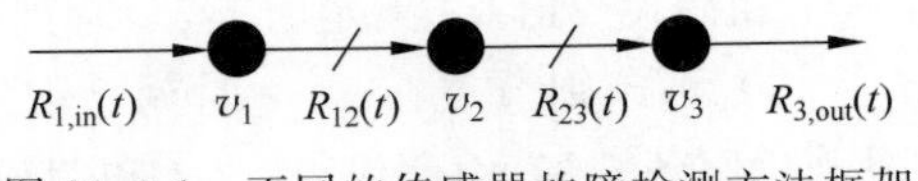

图 21.3-1 不同的传感器故障检测方法框架

我们假设不会发生子图中的节点故障恰好抵消的情形，即子图中节点恰好同时发生不同种类的故障，这些故障导致输入输出过程满足式(21.3-1)与式(21.3-2)，进而故障无法检测的情况。这种情况虽然理论上可能发生，但概率极小。

假设 21.3-1～假设 21.3-4 要求输入过程和输出过程均为时间的连续函数。但在实际系统中，由于节点接收与发送的数据通常是一个个数据包的形式，输入过程和输出过程是离散的。进行故障检测时，我们以一个固定的采样周期，对节点的输入过程和输出过程进行采样，且采样周期远大于连续发送的两个数据包之间的时间间隔。因此输入过程和输出过程可以被近似当作连续来处理，对检测结果不会产生影响。

为进行故障检测，我们需要先得到节点或子图的服务曲线。服务曲线可以从节点的历史输入输出中获得，但在这里我们使用一种更简单的方法。为测量节点的最大时延，只需向节点逐个发送数据包，在节点完成对一个数据包的服务后再发送下一个。统计节点发送数据包的时延，即可得到节点的最大时延 τ。为测量节点的服务最低速率，向节点提供一个速率较大的输入过程 $R_{\text{in}}(t)=Vt$，使节点的输出过程满足 $R_{\text{out}}(t)<V(t-\tau)$。统计节点发送数据的速率，即可得到节点的服务最低速率 r。

假设 21.3-1 要求数据输入速率不大于最低服务速率。但实际系统中，节点的服务能力通常只保证这个假设在长期成立。即 $\exists a>0, \forall s>a, R_{\text{in}}(s)>rs$。短期来看，节点的输入过程中，常常会有突然到达的大量数据引起暂时性的积压，进而不满足假设 21.3-1。假设 21.3-1 不满足时，节点的各类故障检测与故障结束时的检测均可能发生更大的延迟。

假设 21.3-2 要求数据输入速率不为 0。但实际系统中，数据通常是间断性输入到节点的，不可避免地会出现数据输入速率为 0 的时期。当数据输入速率为 0 时，由于节点正常和停止服务时都无输出，无法检测节点是否从正常状态进入停止服务状态或从停止服务状态恢复正常。直到开始有数据输入时才能进行检测。因此假设 21.3-2 不满足时，节点停止服务与恢复的检测均可能发生更大的延迟。

假设 21.3-3 要求数据输入速率比节点服务减慢时的服务速率大 r_0。由于数据的间断性输入，假设 21.3-3 同样无法保证。当节点正常时，若数据输入速率小于节点服务减慢时的服务速率，则数据从到达节点到服务完成的时延不会超过 τ，故障无法检测。但此时即使节点服务减慢，也并不会对系统的整体性能造成影响，因此故障无法检测也是可以接受的。若数据输入速率大于节点服务减慢时的服务速率，但差值很小，由定理 21.3-4 可知检测延迟上界为 $r\tau/r_0$，故检测延迟可能很大。当节点服务减慢时，若数据输入速率小于节点服务减慢时的服务速率，则节点无论是否恢复正常，服务速率都可能不超过 r，无法判断恢复。为防止系统持续错误报警，引入一个新的判断规则。

若处于服务减慢状态的节点 v 在时间 $(s,s+T]$ 内接收到了数据，即 $R_{\text{in}}(s+T)-R_{\text{in}}(s)>0$，且满足式(21.3-2)，则认为节点 v 在 $s+T$ 时刻已恢复正常。其中 $T>\tau$，该规则的含义是如果系统连续收到数据且正常工作了时间 T，则认为系统可能已恢复正常。具体的 T 值需要根据系统的实际情况选取，较大的 T 值会导致检测时延较长，较小的 T 值可能会导致误判。但即使发生了误判，当数据输入速率大于节点服务减慢时的服务速率后，系统也能重新检测出故障。

假设 21.3-4 要求错误输出时的数据输出速率比数据输入速率大 r_1。由于数据存在突发到达，假设 21.3-4 无法保证。当节点处于正常状态时，若数据输入速率大于错误输出时的数据输出速率，无法检测节点是否进入错误输出状态。直到数据输入速率小于错误输出速率时才能进行检测。若数据输入速率小于错误输出时的数据输出速率，但差值很小，由定理 21.3-6 可知检测延迟上界为 $r\tau/r_1$，故检测延迟可能很大。当节点处于错误输出状态时，若数据输入速率大于错误输出时的数据输出速率，可能会出现误判，即通过节点在 s 时刻初始化后的输入输出过程满足式(21.3-2)判断节点恢复正常。因此，需要引入新的判断规则。

将处于错误输出状态的节点 v 在 s 时刻初始化，若 $\forall t\in(s,s+T]$，初始化后的输入过程 $R'_{\text{in}}(t)$ 和输出过程 $R'_{\text{out}}(t)$ 满足式(21.3-2)，则节点在 $s+T$ 时刻已恢复正常。该规则的含义是如果系统输出小于输入持续了时间 T,则认为系统可能已恢复正常。具体的 T 值需要根据系统的实际情况选取,较大的 T 值会导致检测时延较长,较小的 T 值可能会导致误判。但即使发生了误判,当数据输入速率小于节点错误输出时的服务速率后,系统也能重新检测出故障。

经过讨论我们发现,引入新的判断规则后,假设 21.3-1-假设 21.3-4 不满足带来的主要影响是检测时延变长。

21.3.3 故障检测算法

本节基于检测原理和假设在实际中的可满足性讨论,设计如下基于网络演算的故障检测算法(算法 21.3-1),该算法适用于网络中的一个可测量输入输出过程的节点或子图。在算法中,输出状态 state 值表示节点或子图状态,0 为正常,1 为停止服务,2 为服务减慢,3 为错误输出。

算法 21.3-1 基于网络演算的三类故障检测算法

步骤 1 获得采样后的输入过程 R_{in},输出过程 R_{out},服务曲线 $S(t)=\max(0,r(t-\tau))$,采样周期 δt,正常持续上限 T。

步骤 2 初始化采样后延迟 delay$=\lceil\tau/\delta t\rceil$,采样后正常持续上限 $T_0=\lceil T/\delta t\rceil$,延迟输出过程下界 lowbound=0,当前时刻 $t=0$,当前状态 state=0,正常持续时间 con=0。

步骤 3 若 $t\leqslant$delay,到步骤 21。

步骤 4 若 $t>$delay,则 state==0 到步骤 5,state==1 到步骤 10,state==2 到步骤 11,state==3 且 con==0 到步骤 16,state==3 且 con>0 到步骤 17。

步骤 5 更新下界 lowbound=min (lowbound+$r\delta t$,$R_{in}[t-\text{delay}]$)。

步骤 6 若 lowbound>$R_{out}[t]$,且 $R_{out}[t]==R_{out}[t-1]$,更新状态 state=1,到步骤 21。

步骤 7 若 lowbound>$R_{out}[t]$,且 $R_{out}[t]>R_{out}[t-1]$,更新状态 state=2,到步骤 21。

步骤 8 若 $R_{out}[t]>R_{in}[t]$,更新状态 state=3,到步骤 21。

步骤 9 若 $R_{out}[t]<R_{in}[t]$且 lowbound<$R_{out}[t]$,到步骤 21。

步骤 10 若 $R_{out}[t]>R_{out}[t-1]$,初始化 $R_{in}=R_{in}-R_{in}[t]$,$R_{out}=R_{out}-R_{out}[t]$,lowbound=0,state=0,到步骤 21。

步骤 11 更新下界 lowbound=min (lowbound+$r\delta t$,$R_{in}[t-\text{delay}]$)。

步骤 12 若 $R_{out}[t]-R_{out}[t-1]>r\cdot\text{delay}$,更新状态 state=0,到步骤 21。

步骤 13 若 lowbound<$R_{out}[t]$,到步骤 14,否则重置正常持续时间 con=0,到步骤 21。

步骤 14 若 con$\geqslant T_0$,更新状态 state=0,重置正常持续时间 con=0,到步骤 21

步骤 15 若 con$<T_0$,更新正常持续时间 con+=1,到步骤 21。

步骤 16 测试初始化输入过程,输出过程 $R'_{in}=R_{in}-R_{in}[t]$,$R'_{out}=R_{out}-R_{out}[t]$,lowbound=0,con=1,到步骤 21。

步骤 17 更新下界 lowbound=min (lowbound+$r\delta t$,$R'_{in}[t-\text{delay}]$)。

步骤 18 若 $R'_{in}[t]<R'_{out}[t]$,到步骤 19,否则重置正常持续时间 con=0,到步骤 21。

步骤 19 若 con$\geqslant T_0$,初始化 $R_{in}=R'_{in}$,$R_{out}=R'_{out}$,更新状态 state=0,重置正常持续时间 con=0,到步骤 21。

步骤 20 若 con$<T_0$,更新正常持续时间 con+=1,到步骤 21。

步骤 21 输出当前状态 state,更新时间 t+=1,到步骤 3。

该算法在网络中的每个 CPN 节点上具有相同的形式，这适用于群智能系统中 CPN 的并行计算。设相邻节点数为 n，采样后的输入过程 R_{in} 与输出过程 R_{out} 长度为 t，则算法的时间复杂度为 $O(nt)$，与网络尺寸无关。由于 CPN 具有自组织自识别的特性，该算法的扩展性强，效率高。

21.4　仿真算例与对比

21.4.1　仿真算例

在本节中，我们使用网络模拟器（network simulator 3，NS3）搭建仿真算例来验证算法的可行性。

在实际系统中，对网络中的每个节点而言，发生故障的时间应当远小于正常工作的时间。但在仿真算例中，为了检验故障检测算法的效果，对网络中的节点 v，假设节点状态正常持续的时间在$[T_n-\delta T_n, T_n+\delta T_n]$内均匀分布，节点故障持续的时间在$[T_e-\delta T_e, T_e+\delta T_e]$内均匀分布，且节点发生各类故障的概率相等。假设节点间断性地收到数据，周期为 T_1+T_2，每个周期内的前 T_1 时间未收到数据，后 T_2 时间以固定速率 ρ 收到数据，即输入过程为

$$R_{in}(t)=\lfloor t/(T_1+T_2)\rfloor \rho T_2+\max(0,\rho(t-T_1-\lfloor t/(T_1+T_2)\rfloor(T_1+T_2))) \tag{21.4-1}$$

实验中，取 $T_n=T_e=40\text{s}$，$\delta T_n=\delta T_e=10\text{s}$，$T_1=T_2=7\text{s}$，$\rho=1\text{Mb/s}$。节点正常时的服务速率为 $r_n=4\text{Mb/s}$，服务减慢的服务速率为 $r_n=0.4\text{Mb/s}$，错误输出时的输出速率为 $r_e=4\text{Mb/s}$。在故障检测中，需要对输入输出过程进行采样，取采样周期为 $\delta T=0.1\text{s}$。设置节点服务速率下界的估计为 $r=4\text{Mb/s}$，时延为 $\tau=0.1\text{s}$。此处节点错误输出时的输出速率虽然不大于服务速率，但大于输入速率 ρ，因此不会出现将正常服务与错误输出状态混淆的情况。算法中设置节点故障时正常工作时间上限 $T=0.2\text{s}$。

仿真时间共 500s，即采样后序列长度为 5000，实验结果如图 21.4-1 和图 21.4-2 所示。

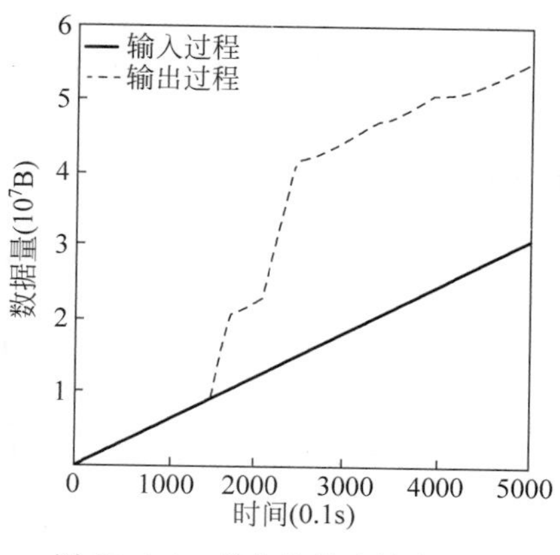

图 21.4-1　节点的输入输出过程

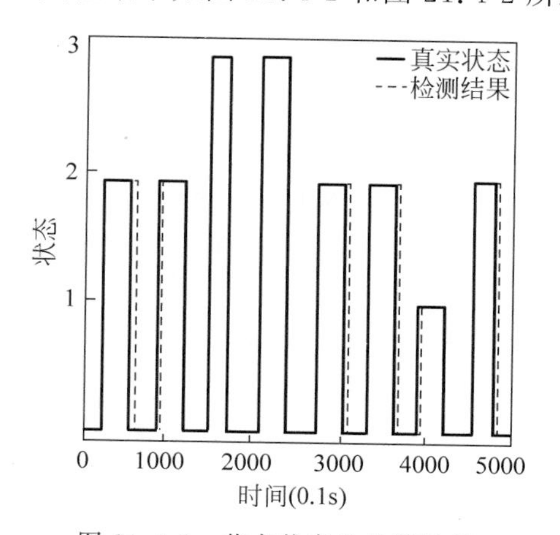

图 21.4-2　节点状态及检测结果

如图 21.4-1 和图 21.4-2 所示，在仿真时间 500s 内，节点共发生 8 次故障，故障检测过程中未发生漏检和误报。

从检测延迟来看，节点停止服务与服务减慢故障的检测出现了一定的延迟。这是因为节点刚停止服务或服务减慢时，若未收到数据，此时无论节点是否发生故障，都有相同的表现，从理论上无法检测。节点从服务减慢状态到恢复正常的检测也出现了延迟，这也是因为节点刚恢复正常时，若未收到数据，则无法判断节点是否恢复，收到数据后才可判断。

分别考虑算法在所有采样点上和收到数据时的检测准确率，结果如表 21.4-1 所示。

表 21.4-1　检测准确率

状　态	正　常	停止服务	服务减慢	错误输出
全部	0.913	0.837	0.969	0.998
部分	0.975	0.986	0.983	0.997

如表 21.4-1 所示，在考虑所有采样点时，节点正常状态和停止服务状态的检测准确率相对较低。如上所述，这是由于节点未收到数据导致的。准确率低的另一个原因是在仿真时故障和正常时间均较短，实际系统中时间较长，准确率会高很多。

在仅考虑节点收到数据时的检测准确率时，节点各状态的检测准确率均很高。事实上，此时无论是节点发生故障还是恢复正常，都只有数个采样周期的延迟，均不超过 1s。同样，在实际系统中故障和正常时间较长，准确率也会有提升。

21.4.2　效果对比

在本节中，我们使用时序数据故障检测常用的 LSTM 与基于网络演算的方法进行对比。

由于不同节点的服务曲线不同，对网络中的每种节点，均需要训练一个故障检测模型。LSTM 模型的输入为节点的输入过程和输出过程采样后的二维时间序列，输出为每个时间点上的状态。$T_n=T_e=40\text{s}$，$\delta T_n=\delta T_e=10\text{s}$，$T_1=T_2=7\text{s}$，$\rho=1\text{Mb/s}$。

在训练时，由于一次仿真中输入过程和输出过程采样后的长度均很大，需要对其进行切割。从每个序列中随机取出一段长度为 1500 的子序列进行训练，每个 LSTM 单元隐层状态的维数为 16，再通过全连接层输出维数为 4 的预测值，使用 Adam 算法进行训练优化。训练集使用了 10 次采样后序列长度为 5000 的仿真数据，在每个序列上进行了 10 次采样，采样后子序列数共 100。为了防止过拟合，各仿真数据的 T_n，δT_n，T_e，δT_e，T_1，T_2，ρ 值均不同。

在测试的过程中，将输入拆分成多段长度为 1500 的子序列输入模型。由于在子序列的起始点可能会发生误判，令相邻序列的重合长度为 750，最终结果中，除第一个子序列外，只选取每个子序列的后 750 个结果作为对应时间上的预测结果。测试集使用了 5 次采样后序列长度为 5000 的仿真数据。且各仿真数据的 T_n，δT_n，T_e，δT_e，T_1，T_2，ρ 值均在训练集中对应值的上下限范围内。

在每个采样点上，两种算法的检测准确率如表 21.4-2 所示。

表 21.4-2　检测准确率对比

	状态	正常	停止服务	服务减慢	错误输出
网络演算	全部	0.959	0.957	0.923	0.999
	部分	0.980	0.992	0.982	0.999
神经网络	全部	0.836	0.783	0.578	0.945
	部分	0.852	0.768	0.570	0.921

如表 21.4-2 所示，在各状态下，基于网络演算的方法的检测准确率均高于 LSTM。且值得注意的是，在仅考虑节点接收数据的采样点下，基于网络演算的方法准确率与考虑所有采样点时相比提升了很多。这是因为节点未接收数据时，理论上无法检测停止服务和服务减慢两类故障。但 LSTM 在两者上效果相差不大，这可能是因为 LSTM 难以学习到"节点未接收数据时前两类故障无法检测"这一特性，反而对未接收数据的故障状态进行了错误的学习，进而导致 LSTM 的检测准确率低。

除此之外，基于网络演算的方法检测耗时略低于 LSTM，且服务曲线获取只需要很简单的操作，远低于 LSTM 的训练时长。

21.5　本章小结

本章提出了一种基于网络演算的故障检测方法，并证明了该方法能在确定的时延范围内检测出网络中节点发生故障及恢复正常的时间与故障种类。仿真算例显示，该方法能及时检测出节点故障和正常的时间，且在各采样点上的平均准确率比 LSTM 高很多。

然而，该检测方法需要节点为数据流提供的服务曲线满足特定形式。虽然网络系统中的大部分节点具有该形式的服务曲线，但在群智能系统中，并不能保证所有 CPN 的服务曲线满足该形式。因此，我们希望未来能将该方法扩展到更一般的情况。

参考文献

[1]　章子游，赵千川，杨文. 基于网络演算的网络故障检测方法[J]. 控制理论与应用，2019，36(11)：1861-1870.

[2]　Dusia A，Sethi A. Recent advances in fault localization in computer networks[J]. IEEE Communications Surveys & Tutorials，2016，18(4)：3030-3051.

[3]　Lor K. A network diagnostic expert system for Acculink multiplexers based on a general network diagnostic scheme[C]//Proceedings of the IFIP TC6/WG6.6 Third International Symposium on Integrated Network Management with participation of the IEEE Communications Society CNOM and with support from the Institute for Educational Services，1993：659-669.

[4]　Liu G，Mok A. An event service framework for distributed real-time systems[C]//IEEE Workshop on Middleware for Distributed Real-Time Systems and Services，1997：1-8.

[5]　王伟，芦东昕，唐英. 基于专家系统的网络故障管理系统的设计[J]. 计算机工程与设计，2005，26(11)：3031-3033.

[6]　Dupuy A，Sengupta S，Wolfson O，et al. Design of the Netmate network management system[J]. Integrated Network Management，1991：639-650.

[7]　Katker S，Paterok M. Fault isolation and event correlation for integrated fault management[J]. International Symposium on Integrated Network Management，1997：583-596.

[8]　蒋康明，林斌，乔焰. 基于主动探测的高效故障检测与定位方法[J]. 北京邮电大学学报，2012，

35(1): 36-40.

[9] Kandula S, Mahajan R, Verkaik P, et al. Detailed diagnosis in enterprise networks[J]. ACM SIGCOMM Computer Communication Review, 2009, 39(4): 243-254.

[10] Steinder M, Sethi A. Probabilistic fault diagnosis in communication systems through incremental hypothesis updating[J]. Computer Networks, 2004, 45(4): 537-562.

[11] Bennacer L, Amirat Y, Chibani A, et al. Self-diagnosis technique for virtual private networks combining Bayesian networks and case-based reasoning[J]. IEEE Transactions on Automation Science and Engineering, 2014, 12(1): 354-366

[12] Gardner R, Harle D. Alarm correlation and network fault resolution using the Kohonen self-organizing map[C]//IEEE Global Telecommunications Conference, 1997: 1398-1402.

[13] 尚志信,周宇,叶庆卫,等. 基于粗糙集和BP神经网络算法的网络故障诊断模型研究[J]. 宁波大学学报(理工版),2013,26(2): 45-48.

[14] Kim J, Kim J, Thu H, et al. Long short term memory recurrent neural network classifier for intrusion detection[C]//2016 International Conference on Platform Technology and Service (PlatCon), 2016: 1-5.

[15] Brahimi B, Aubrun C, Rondeau E. Network calculus based FDI approach for switched ethernetarchitecture[C]//International Federation of Automatic Control(IFAC) Symposium on Fault Detection, Supervision and Safety of Technical Processes(SAFEPROCESS 2006); 20060830-0901; Beijing(CN). 2006: 312-317.

[16] Boude J, Thiran P. Network calculus: a theory of deterministic queuing systems for the internet[M]. Spinger, 2001.

[17] Jiang Ym Liu Y. Stochastic network calculus[M]. Springer, 2008.

[18] 龙彦辰,沈海斌,鲁中海. 基于网络演算的聚合模型分析方法及其评估[J]. 电子学报,2018,46(8): 1815-1821.

[19] Bondorf S. Better Bounds by Worse Assumptions—Improving Network Calculus Accuracy by Adding Pessimism to the Network Model[C]//IEEE International Conference on Communications (ICC), 2017: 1-7.

[20] Bondorf S, Nikolaus P, Schmitt J. Catching Corner Cases in Network Calculus —Flow Segregation Can Improve Accuracy[C]//Measurement, Modelling and Evaluation of Computing Systems (MMB), 2018: 218-233.

第22章

面向群智能系统架构的防护工程配电网故障诊断方法研究

本章提要

可靠的供配电系统是防护工程能够稳定高效运行的重要基础。由于传统的集中式系统架构下的配电网在运行、维护中存在诸多问题，近年来学者们将分布式架构的思想引入防护工程中配电网的建设中。本章面向群智能系统架构，提出了一种基于BP神经网络的防护工程配电网故障诊断方法。利用群智能节点自组网能力和BP神经网络的自学习及良好的泛化性能，实现防护工程配电网的故障诊断。仿真结果表明本章提出的方法具有训练快速、实现方便等优点，即插即用，在需要多变、环境恶劣的复杂情况下适用性强，对于防护工程配电网单一和多重故障均能做出准确的定位。本章内容主要来源于文献[1]。

22.0 符号列表

m	输入层 i 节点数目
h	隐含层 j 节点数目
n	输出层 k 节点数目
v	设备(节点)
θ_j	隐含层阈值
b_j	输出层的阈值
η	学习率
ζ_k	输出层误差
ΔW_{jk}	权值变化量
E	性能函数
f	激活函数

22.1 引言

随着IT和互联网技术不断渗透到防护工程应用的各个领域，防护工程一直向着信息化和智能化的方向发展，尤其是大型防护工程，配备了大规模的传感器网络以及一体化集成控制系统[1]。然而，在实际的运行过程中，这些智能化系统并不是那么“智能”，部分防护工程的智能化控制系统甚至处于瘫痪的状态[3]。出现这种现象的主要原因是，现有的工程自控系统普遍采用分级集成的系统架构，所有终端测控点(传感器、执行器、现场控制器)都通过总线通信网络连通[4]，如图22.1-1所示为传统的集散控制系统架构示意图。整个控制系统要发挥协调、决策、优化控制和管理的作用，就需要对每一个终端测控点做详细的现场配置[5]，即根据工程的实际情况，将自控系统与实体建筑进行对接，这个过程称为系统组态。系统架构的原因，使得系统组态成为一件必须要在现场人工完成、工作量大、专业要求较高的工作[6]。大多数工程往往只是完成了测控点接线和通信调试，以及主要测控点的物理配置,在中央机房界面上能看到这些关键信息,就将系统草草交付使用。从而使得大量工程自控系统名不副实。

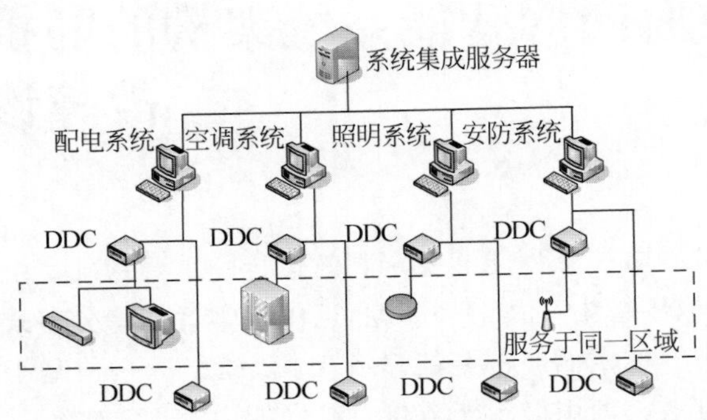

图 22.1-1 传统的集散控制系统架构示意图

为了更好地解决上述问题,近些年学者们将分布式的思想引入到工程自控领域,其中清华大学建筑节能研究中心研发了建筑群智能系统平台(insect intelligent building, I2B)[7][8]。其基本思想是将建筑内部的各种机电设备和建筑空间定义为基本空间单元(spacial unit,SU),每个空间单元内配置一个具有独立计算与通信能力的智能节点。如图 22.1-2 所示为群智能系统架构示意图。群智能系统架构的优越性在于,系统不再需要中央基站处理冗杂的数据,控制网络是扁平化、无中心的。所有复杂的运算与控制都由 CPN 节点自组织进行,通过节点间的相互协作完成数据交互与算法的求解[9]。CPN 仅需要配置本地信息,组网环节也得到了极大的简化,真正做到即插即用,利于解决工程自控领域的诸多瓶颈问题。

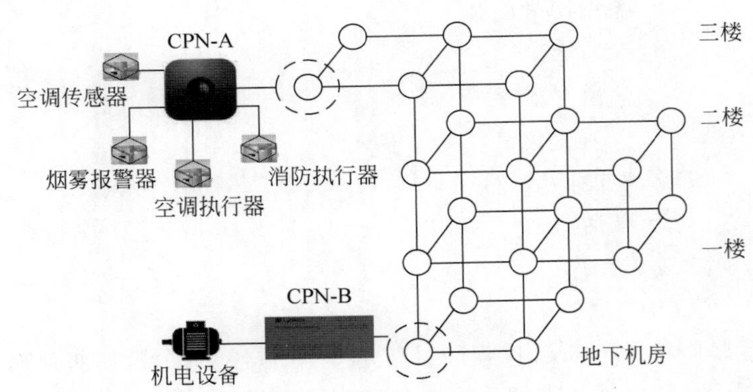

图 22.1-2 群智能系统架构示意图

对于防护工程的众多子系统而言,供配电系统在整个工程中占有举足轻重的地位[10]。与一般的民用建筑相比,两者在配电原理方面基本相似,但在可靠性、可用性等方面防护工程配电系统的要求更高。防护工程配电系统一旦发生故障,轻则导致短时停电,重则导致设备损坏、延误战机[11]。因此,高效、快速地诊断配电网故障对防护工程智能化系统而言具有重要的意义。

当前大多数配电网故障诊断方法仅适用于传统的集中式系统架构,且故障诊断与恢复的效率较低。张龙等[12]提出了基于贝叶斯方法的建筑电气故障诊断模型,采用相关向量机的原理建立了建筑电气系统的多分类故障诊断模型，其概率形式的输出结果能够揭示出故障分类结果的不确定性。曹亮等[13]提出一种基于压缩感知理论的建筑电气系统故障分析诊断方法，将故障的分类归结为一个求解待测样本对于整体训练样本的稀疏程度的问题。单宝峰[14]在馈线终端单元上增加方向元件采集故障信号，利用量子粒子群优化算法对评价函数进行求解实现诊断。张珊珊等[15]对故障的原始数据运用粗糙集属性约减算法进行约简，再利用人工神经网络对最简规则集进行学习训练，优化了配电网故障诊断方法。

由于集中式控制系统在故障诊断方面存在诸多问题，且传统的故障诊断方法不能直接应用于群智能系统架构下，因此在群智能控制平台下的故障诊断研究具有十分重要的意义。本章的研究重点为如何将集中式系统架构下的故障诊断问题等效为若干独立的子问题，并行地在群智能各CPN节点中求解，各智能节点仅与邻居节点进行数据交互，快速地诊断出配电网故障点并及时修复。受前人研究的启发，本章面向群智能控制系统，提出一种基于BP神经网络的防护工程配电网故障诊断方法。本方法利用群智能节点CPN对配电网各级配电箱的运行状态进行监测，以防护工程配电网潮流计算中常见故障状态为样本，对BP神经网络进行训练，形成BP神经网络的模型结构，进而实现对配电网单一故障和多重故障的准确定位。

22.2 BP神经网络

传统的防护工程配电网故障诊断方法一般是基于SCADA系统所提供的保护和断路器信息来判别系统中的故障元件位置(区域)、类型和误动作的装置[16]。判定过程中，由于预测故障方法的随机性和不确定性，传统的回归分析、数理统计等方法往往难以达到理想的预测效果[17]。近年来，多种人工智能技术已经应用到防护工程故障诊断当中，如专家系统、随机优化技术、随机森林等。其中人工神经网络(artificial neural network，ANN)因其具有良好的学习和泛化能力，在故障分类与识别等方面得到了广泛的使用[18]。神经网络中BP神经网络(back propagation network，BPN)作为应用最为广泛的神经网络模型之一，具有较强的非线性映射能力、鲁棒性、容错性和自适应、自组织、自学习等许多特性[19]。由于BP神经网络具有以上优势，因此本章建立基于BP神经网络的故障诊断模型。利用BP神经网络的函数逼近能力，完成特征空间到故障空间的非线性映射，结合群智能系统的自组网能力，快速地诊断出故障位置。

BP神经网络作为最基础的神经网络，其输出信号采用前向传播，误差信号采用反向传播。BP神经网络含输入层、隐含层、输出层三层结构，输入层接收数据，输出层输出数据，前一层神经元连接到下一层神经元，收集上一层神经元传递来的信息，经过“激活”把值传递给下一层。其结构拓扑如图22.2-1所示。

假设BP神经网络的输入层i节点数为m、隐含层j节点数为h，输出层k节点数为n。输入层与隐含层之间的连接权值为W_{ij}，隐含层与输出层之间的连接权值为W_{jk}，隐含层阈值为θ_j，输出层的阈值为b_j，输入层无阈值。

隐含层的输入与输出计算公式为[20]

$$S_j = \sum_{i=0}^{m-1} W_{ij} X_i - \theta_i \tag{22.2-1}$$

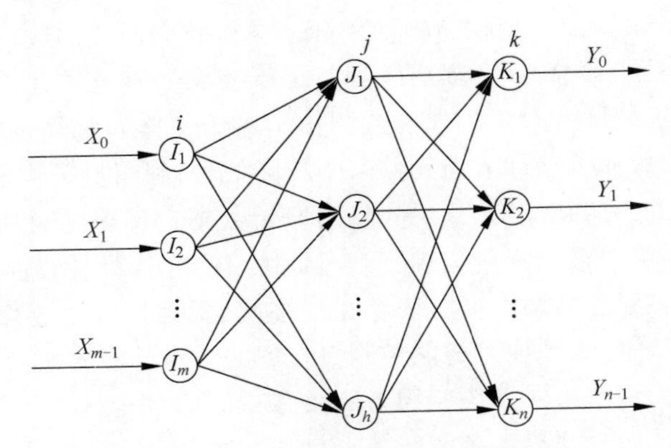

图 22.2-1 BP 神经网络结构拓扑

$$Y_j = f(S_j) = f\left(\sum_{i=0}^{m-1} W_{ij} X_i - \theta_i\right) \tag{22.2-2}$$

其中 f 为激活函数，一般隐含层激活函数选取对数 S 形转移函数(logarithmic sigmoid transfer function，LSTF)，输出层激活函数选取线性函数(linear transfer function，LTF)。

输出层的输入与输出计算公式为

$$U_k = \sum_{j=0}^{h-1} W_{jk} P_j - b_k \tag{22.2-3}$$

$$Y_k = f(U_k) = f\left(\sum_{j=0}^{h-1} W_{jk} P_j - b_k\right) \tag{22.2-4}$$

根据神经网络输出与样本 D 进行误差计算，其中 E 为性能函数：

$$E_k = \frac{1}{2}\sum_{k=0}^{n-1} e_k = \frac{1}{2}\sum_{k=0}^{n-1}(D_k - Y_k) \tag{22.2-5}$$

输出层与隐含层之间的连接权值与阈值调整的计算公式如下，其中 ΔW_{jk} 为权值变化量，Δb_k 为阈值变化量，η 为学习率($0<\eta<1$)，ζ_k 为输出层调整误差：

$$\Delta W_{jk} = -\eta \frac{\partial E}{\partial W_{jk}} = \eta \zeta_k S_j \tag{22.2-6}$$

$$\Delta b_k = \eta \zeta_k \tag{22.2-7}$$

$$\zeta_k = Y_k(1 - Y_k)(D_k - Y_k) \tag{22.2-8}$$

同理，隐含层与输入层之间的连接权值与阈值调整的计算公式[21]如下：

$$\Delta W_{ij} = -\lambda \frac{\partial E}{\partial W_{ij}} = \lambda \zeta_j x_i \tag{22.2-9}$$

$$\Delta \theta_j = \lambda \zeta_j \tag{22.2-10}$$

$$\zeta_j = (1 + Y_k)(1 - Y_k)\sum_{k=0}^{n-1} \zeta_j W_{jk} \tag{22.2-11}$$

BP 神经网络用以上规则在训练过程中进行权值和阈值的更新迭代，直到输出值与期望值之间的误差满足精度要求则停止训练。

22.3　群智能系统架构下故障诊断模型

群智能系统架构下的防护工程配电网，需要在配电网的每一个配电箱(柜)中安装智能节点 CPN，使其成为"智能"配电箱(柜)。各级配电箱(柜)所关联的机电设备或建筑空间的电力运行状态都实时地记录到内置的 CPN 中。故障诊断过程中，首先通过群智能系统的自组网能力，在每个 CPN 内部生成各自的拓扑连接树。CPN 根据基本的电路原理约束关系，制定 BP 神经网络训练样本集。通过一定时间的训练学习后，当系统内任一节点触发故障诊断信号，则群智能网络自主进行检测，最终确定故障点所在位置。

22.3.1　CPN 自组网过程

群智能节点 CPN 内设有拓扑信息储存区，主要内容包括 CPN 节点信息与支路信息。CPN 拓扑信息配置如表 22.3-1 所示。

表 22.3-1　CPN 拓扑信息配置表

分　类	名　称	数据类型	备　注
节点信息	节点编号	Int	节点的唯一编号
	节点属性	Int	节点的类型
支路信息	支路编号	Int	支路的唯一编号
	支路方向	Boolean	支路相对节点的方向

节点属性用于存储 CPN 基本信息，其中，节点编号用于保证节点的唯一性；节点属性用于描述本节点所对应的节点类型，例如配电箱、机电设备、空间单元等，本章由于仅讨论配电网故障诊断问题，所以节点属性默认为配电箱(柜)。支路用于连接各配电箱(柜)，使得群智能网络能够互联互通，其中：支路编号用于保证支路的唯一性；支路方向用来描述支路相对于节点的位置，相对节点进线的支路标记为"1"，否则标记为"0"。

群智能系统发起自组网指令后，各 CPN 节点向一跳邻居节点广播自身拓扑信息表，邻居节点接收到信息后对发起信息来源节点相对于自身的位置进行判断。位置关系判断流程图如图 22.3-1 所示。

在判断位置关系后，各节点以广播回馈的方式将位置信息回馈至相应的广播端节点，如表 22.3-2 所示。

表 22.3-2　拓扑信息回馈表

名　称	数据类型	备　注
节点编号	Int	节点的唯一编号
相对位置	Int	节点上下游关系
公共支路	Int	对应的公共支路

各 CPN 节点根据反馈的信息，生成局部拓扑。而后采用深度优先搜索[22]和设置广播权限[23]的方式，由局部拓扑生成全局的拓扑结构。群智能系统下各节点生成的拓扑结构为线性序列，包含着所有节点的连接信息。图 22.3-2 所示为群智能系统架构下的某防护工程配电网拓扑连接示意图。

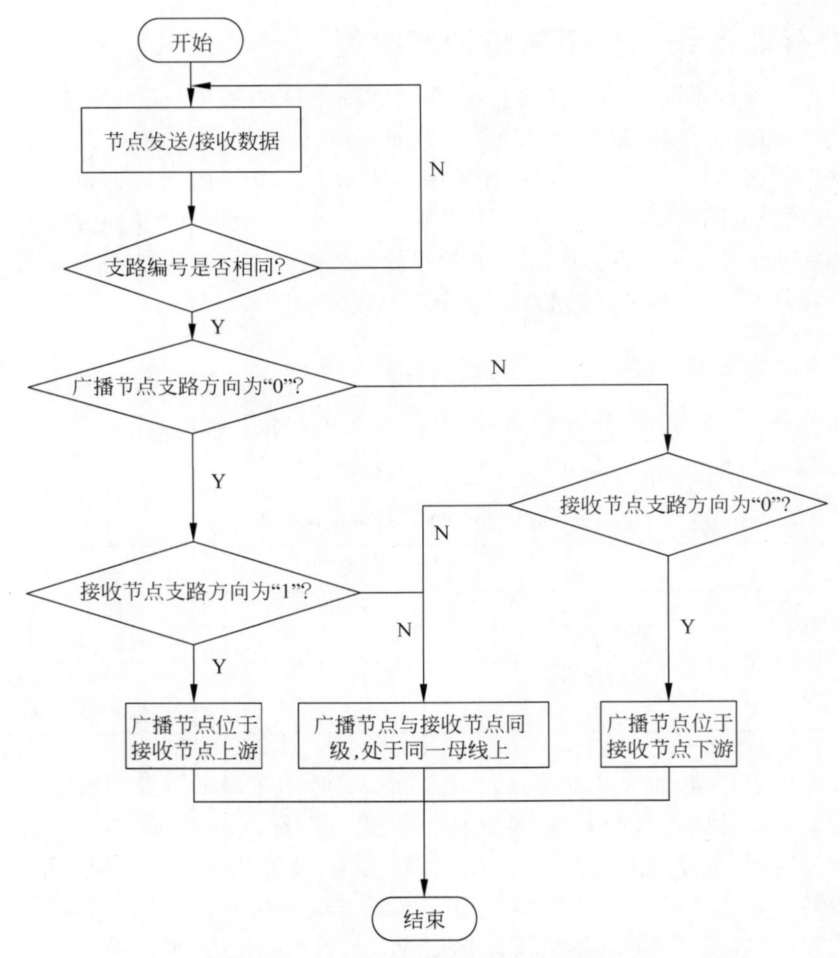

图 22.3-1　位置关系判断流程图

图 22.3-2 中圆点为配电箱(柜),连接线即为实际 CPN 的通信线,CPN 网络的连接路线与实际工程中配电网的连接线完全一致。在经过 CPN 节点的自组网过程后,每个 CPN 内部都生成以自身为父节点的全局拓扑连接树[23]。群智能系统不需要中控计算机即可生成全局拓扑,仅通过节点间的相互协作便可完成自组网的过程。

22.3.2 BP 神经网络样本训练集的构建

群智能系统中各节点结合自身的拓扑结构与上下游关系,基于基本的电路约束关系,分别生成配电网故障特征集,作为各自节点的 BP 神经网络训练样本。以过电流故障为例,当 CPN 所控制的区域内产生越限电流,则 CPN 的电流越限信息位置"1",否则置"0"。以图 22.3-2 所示配电网拓扑结构为例,表 22.3-3 所示为配电网单一故障时节点 1 内的 BP 神经网络输入样本训练集[24]。D1～D14 代表各 CPN 节点,选取配电网中常见的 14 种故障状态及 1 种正常运行状态共同组成训练样本集 1～15,每组样本包含 14 个节点的运行状态,将此训练集用于节点 1 的 BP 神经网络的学习中。群智能系统中其他节点 BP 神经网络训练过程同理。

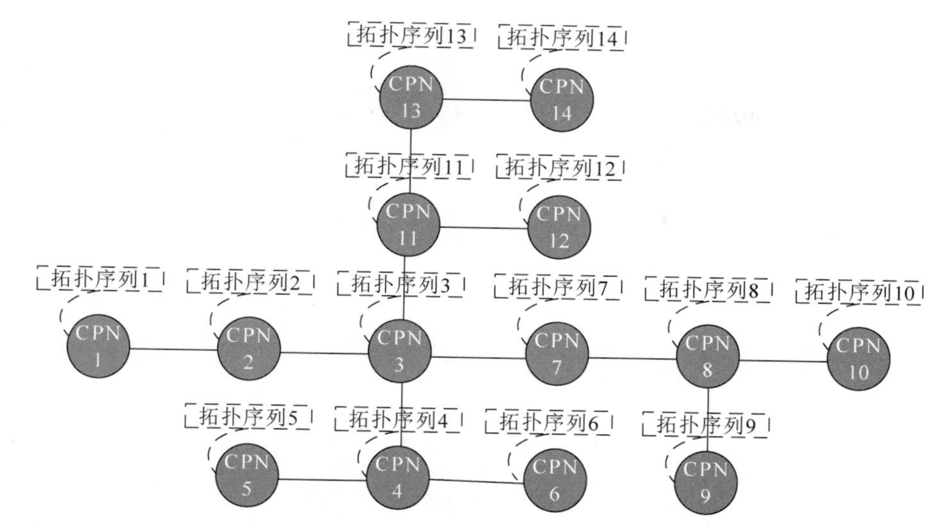

图 22.3-2　群智能系统架构下的某防护工程配电网拓扑连接示意图

表 22.3-3　单一故障的 BP 神经网络输入样本(节点 1)

样　　本	1	2	3	4	5	6	7	8	9	10	11	12	13	14	15
D1	0	1	1	1	1	1	1	1	1	1	1	1	1	1	1
D2	0	0	1	1	1	1	1	1	1	1	1	1	1	1	1
D3	0	0	0	1	1	1	1	1	1	1	1	1	1	1	1
D4	0	0	0	0	1	1	1	0	0	0	0	0	0	0	0
D5	0	0	0	0	0	1	0	0	0	0	0	0	0	0	0
D6	0	0	0	0	0	0	1	0	0	0	0	0	0	0	0
D7	0	0	0	0	0	0	0	1	1	1	1	0	0	0	0
D8	0	0	0	0	0	0	0	0	1	1	1	0	0	0	0
D9	0	0	0	0	0	0	0	0	0	1	0	0	0	0	0
D10	0	0	0	0	0	0	0	0	0	0	1	0	0	0	0
D11	0	0	0	0	0	0	0	0	0	0	0	1	1	1	1
D12	0	0	0	0	0	0	0	0	0	0	0	0	1	0	0
D13	0	0	0	0	0	0	0	0	0	0	0	0	0	1	1
D14	0	0	0	0	0	0	0	0	0	0	0	0	0	0	1

BP 神经网络为前向神经网络,通过期望输出与实际输出之间误差平方的极小来进行权值学习和训练,因此有导师学习的 BP 神经网络还需要构建相应的期望输出表。表 22.3-4 所示为单一故障的神经网络期望输出样本训练集。

表 22.3-4　单一故障的神经网络期望输出样本(节点 1)

样　　本	1	2	3	4	5	6	7	8	9	10	11	12	13	14	15
D1	0	1	0	0	0	0	0	0	0	0	0	0	0	0	0
D2	0	0	1	0	0	0	0	0	0	0	0	0	0	0	0
D3	0	0	0	1	0	0	0	0	0	0	0	0	0	0	0
D4	0	0	0	0	1	0	0	0	0	0	0	0	0	0	0

续表

样 本	1	2	3	4	5	6	7	8	9	10	11	12	13	14	15
D5	0	0	0	0	0	1	0	0	0	0	0	0	0	0	0
D6	0	0	0	0	0	0	1	0	0	0	0	0	0	0	0
D7	0	0	0	0	0	0	0	1	0	0	0	0	0	0	0
D8	0	0	0	0	0	0	0	0	1	0	0	0	0	0	0
D9	0	0	0	0	0	0	0	0	0	1	0	0	0	0	0
D10	0	0	0	0	0	0	0	0	0	0	1	0	0	0	0
D11	0	0	0	0	0	0	0	0	0	0	0	1	0	0	0
D12	0	0	0	0	0	0	0	0	0	0	0	0	1	0	0
D13	0	0	0	0	0	0	0	0	0	0	0	0	0	1	0
D14	0	0	0	0	0	0	0	0	0	0	0	0	0	0	1

由于防护工程配电系统的复杂性，经常会出现多处故障同时发生的情况，所以需要建立多重故障的神经网络输入与期望输出样本训练集。表 22.3-5 所示为配电网多重故障时节点 1 的神经网络输入样本集，表 22.3-6 为多重故障的神经网络期望输出样本集。

表 22.3-5 多重故障的神经网络输入样本（节点 1）

样 本	1	2	3	4	5	6	7	8	9	10	11	12	13	14	15
D1	1	1	1	1	1	1	1	1	1	1	1	1	1	1	1
D2	1	1	1	1	1	1	1	1	1	1	1	1	1	1	1
D3	1	1	1	1	1	1	1	1	1	1	1	1	1	1	1
D4	1	1	1	1	1	1	1	1	1	1	1	0	0	0	1
D5	0	0	1	1	0	1	0	0	1	0	1	0	0	0	1
D6	0	0	0	0	0	0	0	0	0	0	0	0	0	0	0
D7	1	0	1	0	1	1	0	0	0	0	0	1	1	1	0
D8	0	1	0	1	1	1	0	0	0	0	0	0	1	1	0
D9	0	0	0	0	1	1	0	0	0	0	0	0	0	1	0
D10	0	0	0	0	0	0	0	0	0	0	0	0	0	0	0
D11	0	0	0	0	0	0	1	1	1	1	1	1	1	1	1
D12	0	0	0	0	0	0	0	1	0	0	0	0	0	0	0
D13	0	0	0	0	0	0	0	0	1	1	0	1	1	1	1
D14	0	0	0	0	0	0	0	0	0	1	0	1	1	1	1

表 22.3-6 多重故障的神经网络期望输出样本（节点 1）

样 本	1	2	3	4	5	6	7	8	9	10	11	12	13	14	15
D1	0	0	0	0	0	0	0	0	0	0	0	0	0	0	0
D2	0	0	0	0	0	0	0	0	0	0	0	0	0	0	0
D3	0	0	0	0	0	0	0	0	0	0	0	0	0	0	0
D4	1	1	0	0	1	0	1	1	0	1	0	0	0	0	0
D5	0	0	1	1	0	1	0	0	1	0	1	0	0	0	1
D6	0	0	0	0	0	0	0	0	0	0	0	0	0	0	0
D7	1	0	1	0	0	0	0	0	0	0	0	1	0	0	0

续表

样　本	1	2	3	4	5	6	7	8	9	10	11	12	13	14	15
D8	0	1	0	1	0	0	0	0	0	0	0	0	1	0	0
D9	0	0	0	0	1	1	0	0	0	0	0	0	0	1	0
D10	0	0	0	0	0	0	0	0	0	0	0	0	0	0	0
D11	0	0	0	0	0	0	1	0	0	0	1	0	0	0	0
D12	0	0	0	0	0	0	0	1	0	0	0	0	0	0	0
D13	0	0	0	0	0	0	0	0	1	0	0	0	0	0	0
D14	0	0	0	0	0	0	0	0	0	1	0	1	1	1	1

22.3.3 群智能算法定位故障点

通过一定时间的训练学习后，当系统内任一节点触发故障诊断信号，则群智能网络自主进行检测。各个 CPN 节点收集整个配电网运行状态，输入进各自的 BP 神经网络中，每个 CPN 节点根据神经网络输出的故障概率判断故障点所在位置，为电流越限的 CPN 节点编号。由于单个 CPN 节点通过神经网络的判定可能会出现误报的状况，CPN 网络需通过广播投票机制确定故障点所在位置，超过半数的 CPN 判定的故障点即可确定为故障位置。图 22.3-3 所示为 CPN 节点协作确定故障点的流程示意图。

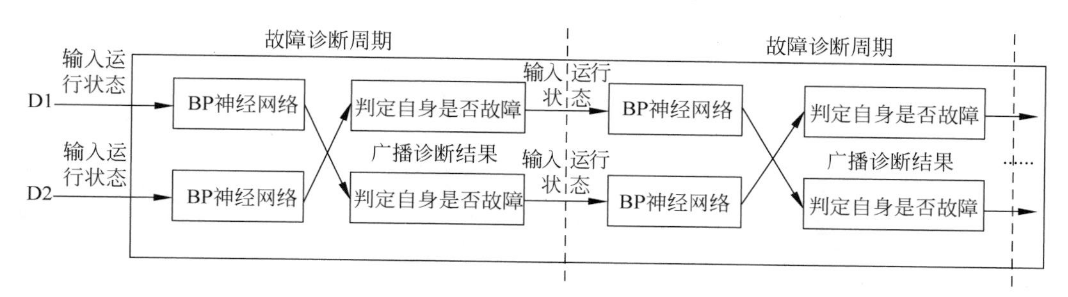

图 22.3-3　CPN 节点协作确定故障点的流程示意图

对于传统架构下的防护工程配电网，一处发生严重的故障会导致工程内部多处线路报错，增大故障排查的难度。而群智能系统架构的优势在于，即使配电箱监测的数据发生改变，CPN 依然可以独立自主地工作。且群智能系统具有良好的自组网能力，CPN 节点可以即插即用，使得系统中即使出现多个故障的 CPN 节点，系统依然可以正常运行，极大地增强了系统的鲁棒性。

22.4 仿真实验与分析

以图 22.3-2 所示的群智能系统架构下的防护工程配电系统拓扑图为例，对其进行仿真分析。利用 MATLAB 的 newff 函数建立一个三层 BP 神经网络，训练函数为带有动量项的梯度下降法 traingdm，输入层到隐含层选取 tansig 函数，隐含层到输出层选取 purelin 函数[25]。显示频率为每训练 20 次显示一次，学习率取 0.05，附加动量因子取 0.9，训练次数为 1000 次，训练目标最小误差取 0.001。

隐含层节点数的选取会对神经网络的性能有所影响，表 22.4-1 所示为在不同隐含层节点数量下的 BP 神经网络性能对比。

表 22.4-1　不同隐含层节点数的 BP 神经网络性能对比表

节　点　数	单一故障			多重故障		
	训练次数	训练时间	误差梯度	训练次数	训练时间	误差梯度
20	19 350	48s	0.001 59	12 697	24s	0.002 72
30	6210	12s	0.002 74	3677	7s	0.004 06
40	2868	7s	0.004 50	1485	3s	0.007 34
50	1961	5s	0.005 37	1042	2s	0.009 07
60	1908	5s	0.006 22	759	1s	0.0101
70	1122	2s	0.008 32	528	1s	0.0177
80	1081	2s	0.008 90	577	1s	0.0119

通过对比不同隐含层节点数量的神经网络性能，可以看出：隐含层节点数较少时，训练次数较多，系统达到精度要求所需的时间较长；隐含层节点数较多时，训练次数有显著的减少，但误差曲面梯度值也会随之增大，使得系统判断故障点的精度降低。通过对比隐含层节点数对系统各方面性能的影响，对隐含层节点数量为 50 的神经网络进行仿真分析，既可以实现快速达到训练精度，又可以满足误差曲面梯度的要求。图 22.4-1 所示为隐含层节点数为 50 时单一故障的神经网络训练结果。

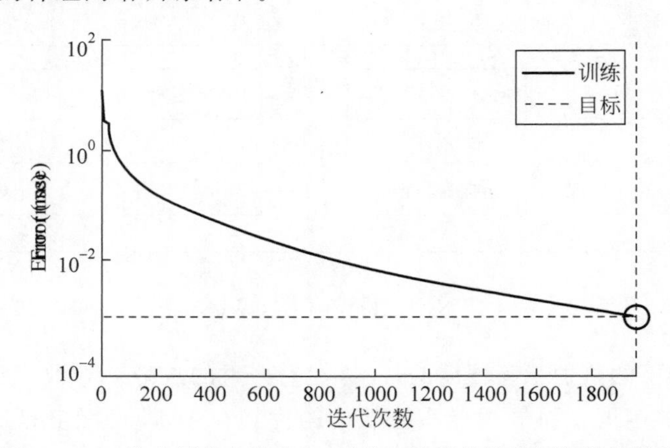

图 22.4-1　隐含层节点数为 50 时单一故障的神经网络训练结果

表 22.4-2 所示为防护工程群智能配电系统 BP 神经网络的单一故障实际输出。

表 22.4-2　BP 神经网络的单一故障实际输出

节点	1	2	3	4	5	6	7	8	9	10	11	12	13	14	故障点
样本 1	−0.01	0.02	−0.01	0.00	0.99	0.01	−0.01	0.01	0.00	0.00	0.00	0.00	−0.01	0.00	节点 5
样本 2	−0.02	0.02	−0.01	0.00	0.00	0.02	0.00	0.00	−0.01	0.01	0.01	0.00	0.98	0.00	节点 13
样本 3	−0.03	0.01	0.02	0.01	0.02	−0.09	−0.02	0.96	0.08	0.16	0.01	−0.05	−0.07	−0.01	节点 8

表 22.4-3 所示为防护工程群智能配电系统 BP 神经网络的多重故障实际输出。

表 22.4-3　BP 神经网络的多重故障实际输出

节点	1	2	3	4	5	6	7	8	9	10	11	12	13	14	故障点
样本 1	−0.01	−0.01	−0.01	1.02	0.00	−0.02	0.00	1.01	0.00	−0.02	0.00	0.03	−0.01	0.01	节点 4、8
样本 2	−0.01	−0.01	−0.01	0.03	1.00	−0.04	0.00	0.01	0.01	−0.04	0.00	0.05	1.01	0.00	节点 5、13
样本 3	0.01	0.01	0.01	−0.05	0.01	0.01	−0.01	0.00	1.00	0.01	0.00	−0.01	0.04	−0.96	节点 9、14

由表 22.4-2 和表 22.4-3 中的数据可知，在配电网故障检测过程中，故障节点的 BP 神经网络输出明显大于其他节点的输出。从以上仿真可以看出，本章提出的方法可以实现对故障节点的准确定位。

22.5　本章小结

在群智能平台下提出的基于 BP 神经网络的防护工程配电系统故障诊断模型具有以下优点：

(1) 快速性。本章提出的 BP 神经网络响应速度较快，且群智能节点可对防护工程配电网运行状态进行实时监控，一旦发生故障可以迅速地检测出故障位置。

(2) 并行性。群智能节点通过通信获取全局拓扑，并行地运行 BP 神经网络，彼此之间互不干扰，即使有节点故障也不影响 BP 神经网络的运算。同时不需要中央基站进行信息的收集与处理，大大地提高了运算速度。

(3) 适用性。由于防护工程内部环境恶劣，易发生多重故障，能够并行地处理多重故障才符合实际运行的要求。本章构造的 BP 神经网络不仅适用于单一的配电网故障诊断，对于配电网多重故障诊断同样适用。

本章提出了一种在群智能控制平台下，基于 BP 神经网络的防护工程配电系统故障诊断方法。限于时间和能力，针对 BP 神经网络的优化算法没有进行深入研究。如何利用优化算法对神经网络阈值和权值进行改善，从而加快神经网络的训练速度是未来主要的研究方向。

参考文献

[1] 张玉晗，邢建春，赵硕，等. 面向群智能系统架构的防护工程配电网故障诊断方法研究[J]. 防护工程，2019(2)：54-61.

[2] 钱江，奚江琳，邹大海. 智能人防工程设计研究[J]. 地下空间与工程学报，2006，2(2)：175-177.

[3] 毛云，汤霞清，张景浩. 分级递阶智能控制在指挥防护工程内环境系统中的应用[J]. 火力与指挥控制，2006(s1)：22-23+26.

[4] 佚名. 基于以太网和现场总线的工业控制网络实训系统设计[J]. 自动化仪表，2017，38(3)：41-43.

[5] 王捷，艾红，魏翔. MACS 集散控制系统控制器组态研究[J]. 工业仪表与自动化装置，2017(4)：87-91.

[6] 慕小斌，王久和，孙凯，等. 配电自动化的电能质量集散控制研究[J]. 电力系统及其自动化学报，2017，29(3)：96-103.

[7] 沈启. 智能建筑无中心平台架构研究[D]. 北京：清华大学，2015.

[8] Dai Y，Jiang Z，Shen Q，et al. A decentralized algorithm for optimal distribution in HVAC systems[J]. Building and Environment，2015：S0360132315301153.

[9] Jiang Z，Dai Y，Jiang Z，et al. A decentralized，flat-structured building automation system[J]. Energy

Procedia,2017,122：68-73.

[10] 朱栋华,原宝龙.智能建筑供配电系统的综合自动化[J].建筑节能,2003,31(1)：26-28.

[11] 杨新军,苗志谦.人防工程供配电系统设计浅析[J].智能建筑电气技术,2014(1)：87-90.

[12] 张龙,陈宸,王亚慧,等.压缩感知理论中的建筑电气系统故障诊断[J].智能系统学报,2014,9(2)：204-209.

[13] 曹亮,孔峰,陈昆薇.一种配电网的实用潮流算法[J].电力系统保护与控制,2002,30(5)：58-60.

[14] 单宝峰,陈军港,撖奥洋,等.基于QPSO算法的含分布式电源配电网故障诊断[J].青岛大学学报：工程技术版,2018,33(1)：28-32.

[15] 张珊珊,孙季鑫,张敏,等.粗糙集与BP神经网络对配电网故障的诊断[J].电子质量,2017(5)：40-43.

[16] Tautz-Weinert J,Watson S J. Using SCADA data for wind turbine condition monitoring—a review [J]. LET Renewable Power Generation,2017,11(4)：382-394.

[17] Zhang J,Feng Z P,Chu F L. Fault diagnosis of gears based on time-wavelet energy spectrum[J]. Journal of Vibration & Shock,2011,30(1)：157-161.

[18] Yi Z,Heng P A,Leung K S. Convergence analysis of cellular neural networks with unbounded delay [J]. IEEE Transactions on Circuits & Systems I Fundamental Theory & Applications,2001,48(6)：680-687.

[19] Li Z,Zhao X. BP artificial neural network based wave front correction for sensor-less free space optics communication[J]. Optics Communications,2017,385：219-228.

[20] Sun H,Wang R,Geng J. Thermal system modeling based on entropy and BP neural network[J]. Journal of System Simulation,2017.

[21] Zhipan W U,Zhao Y,Luo Z,et al. License plate recognition technology based on PSO-BP neural network[J]. Acta Scientiarum Naturalium Universitatis Sunyatseni,2017.

[22] 陶华,杨震,张民,等.基于深度优先搜索算法的电力系统生成树的实现方法[J].电网技术,2010,34(2)：120-124.

[23] 龚建华.深度优先搜索算法及其改进[J].现代电子技术,2007,30(22)：90-92.

[24] 刘萍,冯桂莲.图的深度优先搜索遍历算法分析及其应用[J].青海师范大学学报(自科版),2007(3)：41-44.

[25] Qu Z,Zheng S,Wang X,et al. Converged recommendation system based on RNN and BP neural networks [C]//2018 IEEE International Conference on Big Data and Smart Computing (BigComp). 2018.

第 23 章

群智能系统在某商业建筑的工程应用

本章提要

群智能系统是一种新型建筑智能化系统平台技术，区别于传统的基于不同功能子系统的集中式控制系统架构，群智能系统将建筑及其机电系统划分为基本的建筑空间单元和机电设备单元，各基本单元通过计算节点(CPN)升级为智能单元，智能单元之间基于通信相互协作，运行系统中各类 App 应用，自组织地实现建筑系统中各类控制管理功能。本章介绍了位于苏州的某新建商场全面应用群智能建筑平台的方案设计、工程实施、系统 App 应用及其运行效果。通过实际工程应用，验证了群智能建筑平台快速部署、智能诊断、敏捷开发、即插即用的系统优势，并为推进建筑机电智能设备单元出厂“预制化”发展提供重要的实践基础。本章内容主要来源于文献[1]。

23.1 群智能建筑平台

当前的建筑自动化系统是基于不同功能子系统的集中式树状分层的系统架构，如图 23.1-1 所示，包括了照明、暖通、安防、消防等不同功能的子系统，而建筑在使用中是基于空间区域划分的，同一建筑空间区域内有不同功能的子系统，这些子系统都是为同一空间区域服务的，需要信息的交互与融合，而在当前的建筑自控系统架构下，很难实现跨系统的控制功能；集中式的控制架构与建筑空间拓扑不一致，在实际应用中同样需要控制系统的组态、现场配置等大量二次开发的工作，且在使用过程中升级改造困难，自控系统的“实用性”较差；而且不同建筑物的空间结构、功能分区各不相同，也无法将针对某建筑开发成熟的建筑自控系统大规模的复制拓展，只能针对实际的工程进行逐例开发，建筑自控系统缺乏“通用性”。

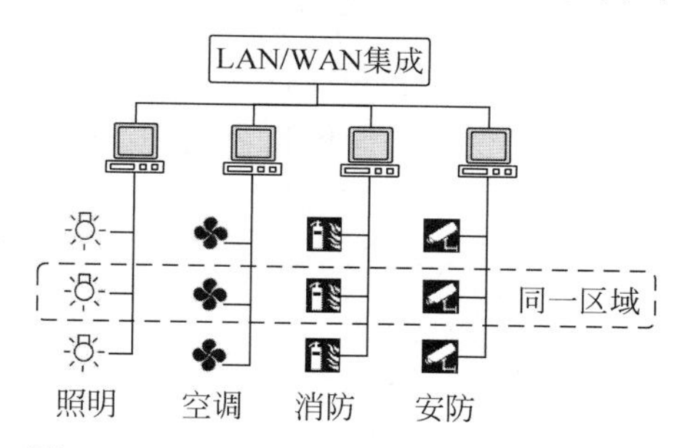

图 23.1-1　基于子系统的集中式树状分层的系统架构

空间是构成建筑的基本单元，建筑系统运行的功能需求及各类应用服务均以空间单元作为基本单位，而不同功能设备集成的需求也多发生在同一个建筑空间单元内，各建筑空间单元中的功能服务需求、各类终端、机电设备是基本相同的，如图 23.1-2 所示，因而空间单元是组成各种建筑的可复制的基本单元，为每个基本空间单元赋予智能，智能空间单元内部各类设备实现集成化管理。

此外，建筑中还有一些为各空间单元提供服务的“源类”机电设备，如冷机、水泵、冷却塔、空调箱等，这类机电设备单元的运行管理任务是需求相对固定的实时控制与相互协作。因而，将整个建筑及其机电系统看作由建筑空间单元和机电设备单元组合而成，每个建筑空间单元和机电设备单元都安装一个智能节点(CPN)，包含标准化的信息集合，集成管理建筑空间单元内部和机电设备单元的各类信息，将其升级为智能空间单元和智能设备单元。智能节点(CPN)之间依据建筑空间的拓扑关系即插即用地连接组成一个网络，如图 23.1-3

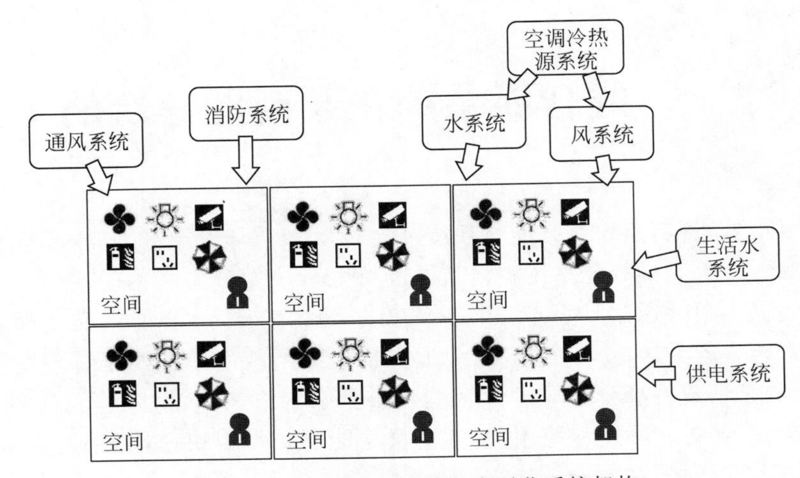

图 23.1-2　面向空间功能的扁平化系统架构

所示。相互连接的 CPN 之间基于网络通信交互信息，基于并行计算的机制协同工作，以一种群落智能的组织方式实现各类建筑控制管理功能。

可以将图 23.1-3 中每个 CPN 视为计算机 CPU 的一个内核，相邻 CPN 之间的通信连线即为计算机 CPU 中各个内核之间的数据总线，因而上述由多个 CPN 组成的群智能平台可以等效为一台分布在建筑空间中的多核并行计算机。群智能操作系统（TOS）即为这台“计算机”开发的一套操作系统，用于计算资源的调度、任务进程管理、群智能算法的运行等。而建筑中的各种控制管理功能，如电动遮阳控制、冷机群控、水泵优化控制等，均可开发为可在 TOS 中下载运行的 App 应用，增加或调整系统中的控制策略，相当于在系统中下载安装或者升级相应的 App。

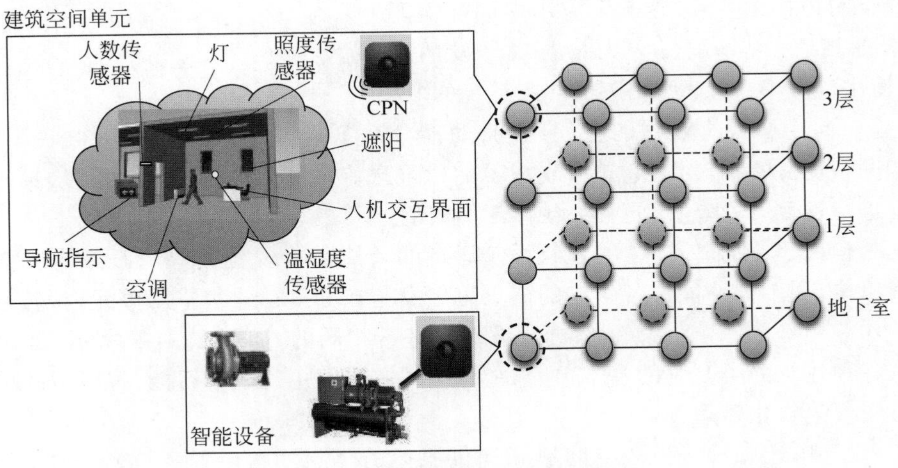

图 23.1-3　群智能建筑平台架构示意

群智能建筑平台基于建筑空间单元分布，面向空间融合所有机电系统，使所有基本单元标准化、平等，组成去中心化的扁平化架构，是一种无中心、自组织、自识别的即插即用的组网和控制方式。

23.2 工程背景及群智能方案

该示范工程位于苏州市吴江区开平路南侧，为新建商业综合体，地下二层、地上商业四层，如图 23.2-1 所示。主要包括零售、影院、餐饮、儿童活动、娱乐、健身房及超市等业态，商业部分总建筑面积为 13.98 万平方米，于 2019 年 6 月 16 日正式营业。

群智能系统在该项目的应用范围包括中央空调系统（冷冻站、空调箱、新风机、公区的风机盘管、租区风机盘管供回水干管监控），部分区域的送排风机，中庭天窗的电动遮阳，室内公区的环境监测。

图 23.2-1 新建商业建筑效果图

在群智能的系统架构下，安装在基本空间单元内并且仅服务于该空间单元的设备，如风机盘管、排风机、遮阳卷帘等，由该空间单元的 CPN 节点就地集成管理，不同的基本空间单元中 CPN 节点管理的设备是不同的，如卫生间内包括风机盘管和室内环境传感器，公区走廊内包括室内环境传感器，顶层天窗区域包括电动遮阳和室内环境传感器，重点机房内则包括送排风机和门禁（预留）等；服务于多个空间单元或全楼区域的源类机电设备单元，则将机电设备及其附属的传感器、执行器集成到该设备单元的 CPN 节点进行管理，将各类机电设备升级为智能机电设备，如智能水泵、智能冷却塔、智能空调箱等，本项目中各类基本单元的类型、数量及详细功能信息如表 23.2-1 所示。

表 23.2-1 群智能系统的基本单元

单元类型		功能描述	数量
机电设备单元	空调箱	新风阀＋回风阀，初效＋静电除尘＋中效，表冷器电动水阀＋出口水温传感器，变频送风机	18
	新风机	新风阀，初效＋静电除尘＋中效，表冷器电动水阀＋出口水温传感器，变频送风机	17
	冷机	变频离心机，电动水阀，水侧压力传感器，电表，能量计	4
	水泵	变频泵（冷冻泵、热水泵），水泵进出口压力传感器	9
		定频泵（冷却泵），电表，水泵进出口压力传感器	5
	冷却塔	双速风机，电动水阀，电表，出口水温传感器	4
	空调干管	供回水温传感器（租区 FCU 供回水干管），电动调节水阀	13
	锅炉	真空燃气锅炉，电动水阀，电动排烟阀，能量计	3
	定压补水	启停、故障状态监测，液位监测	2
空间单元	独立房间	电梯厅、卫生间等独立房间内环境温度传感器、多个 FCU 末端的监控	41
	设备机房	设备机房内的排风机监控	16
	重点机房	重点机房内预留门禁、照明设备的监控接口	22
	公区走廊	走廊分隔的空间单元内环境参数传感器监测（温度、CO_2、PM2.5）	55
	顶层天窗	顶层天窗区域的电动遮阳卷帘的监控	4
	空调区域	空调远端区域的供回水管道压力监测	3
	室外环境	监测室外温度、湿度、照度、PM2.5	2
智能单元（空间单元＋设备单元）合计			218

23.3 群智能系统的工程实施

现行建筑自控系统在实施流程中，不同施工单位、不同施工环节相互影响、专业技术细节繁杂，任何一个局部有疏漏都会影响设备或系统整体的运行效果，而这不佳的运行效果最终又是通过自控系统呈现出来的，也就在业内形成自控系统往往无法自动运行的印象，其中不排除自控系统自身在现场未调试到位的因素，也有可能是之前的机电安装、调试环节不完善。

以建筑系统中最常见的空调箱为例，采购到现场组装的包括：①空调箱机组、风阀阀体、电动风阀执行器、电动水阀、强电控制柜，这些由机电总包单位进行现场组装，组装过程又往往分为风、水、电不同的工序向下分包给不同的施工队；②风道温度传感器、水管温度传感器、压力传感器、压差开关、弱电控制箱，这些由弱电总包单位进行现场安装。

弱电施工单位一方面需要连接自己范围内的零部件；另一方面还要去了解并对接不同机电分包单位购买和安装的零部件。例如，机电分包单位的电动风阀执行器迟迟未固定安装，或者安装不规范导致无法顺畅转动，都会极大地影响弱电单位的施工调试进度；弱电单位的压差开关已经安装并调试完毕，机电分包单位给风道粘贴保温层时，将压差开关的导压管压成死折，导致压差开关无法正常工作。这类细节沟通、交接不到位的情况，同样会带来大量重复的工作量。

在群智能系统的架构下，"终极理想"的工程实施流程是直接采购各类"智能设备单元"，到现场固定安装、连接电源线和智能单元之间的通信线即可。这些智能设备单元在出厂时已经是通过严格出厂检测的成熟可靠的机电产品，内置 CPN 智能节点：对内集成管理设备单元自身的各类传感器、执行器设备，有完善的安全保护、优化控制和故障提示等内部逻辑；对外可以基于通信与其他智能设备单元沟通协作，所有智能单元整体构成的群智能系统中运行各类 App 应用，如冷机群控 App、水泵组优化控制 App、时间表 App 等，实现系统的各类控制管理功能。

在目前尚未实现设备出厂智能化的情况下，本项目利用 CPN 节点内置的群智能算法检查功能，辅助实现了施工现场的质检。

23.3.1 智能单元的"开机自检"，在施工现场实现"出厂预制化"的严格质检过程

在本示范工程中，借助 CPN 节点内置的智能算法检查程序，通过类似智能设备单元"开机自检"的程序，从智能设备实际运行工况的角度出发，对机电安装环节和弱电安装环节各类隐藏的问题进行动态的全面检查，在工程现场实现了智能设备单元出厂检测的环节，确保最终的设备单元的各零部件能够安全、稳定地运行，从而在施工现场间接实现了智能机电设备单元出厂"预制化"的流程。

以本项目的空调箱设备单元为例，每台空调箱机组配置一个 CPN 控制器，将该机组的所有传感器、执行器等附属部件均纳入 CPN 的监控，如图 23.3-1 所示，通过对该"机电设备单元"风侧、水侧、电侧等不同维度的大数据进行综合分析，在设备"开机自检"阶段和后续长期的实际运行阶段，给出设备异常信息的报警提示，提示人员进行更有针对性的检查。

在空调箱设备单元的 CPN 中，内置的"开机自检"的程序功能如表 23.3-1 所示。这类"开

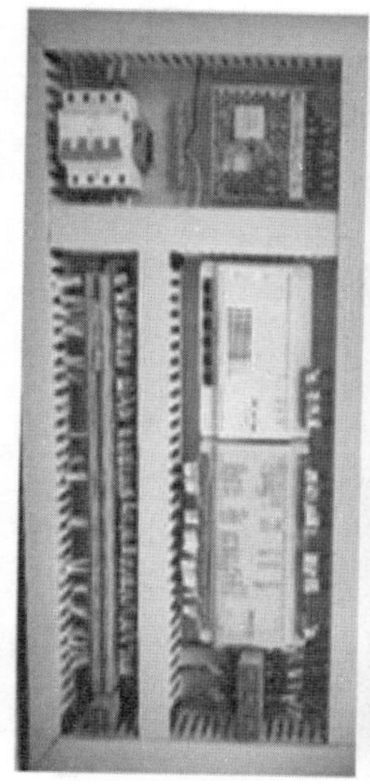

(a) CPN控制箱

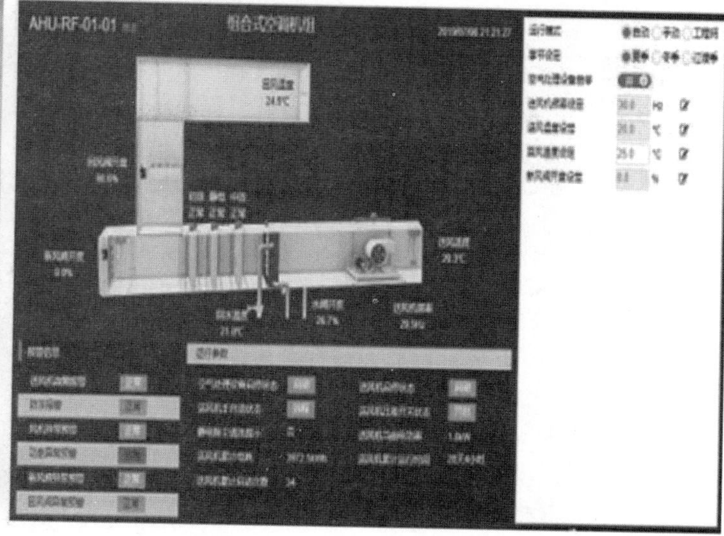

(b) 设备单元健康信息页面

图 23.3-1 智能设备单元——空调箱

机自检”的流程在设备不同的调试阶段中自动或人工激活运行，调试人员针对系统检查的异常提示进行更有针对性的全面排查，相当于通过 CPN 节点内置的“开机自检”程序辅助完成机电安装阶段设备重点部件的验收工作。表格中某些智能算法检查条目，除了在调试阶段的“开机自检”中发挥作用，在后续的试运行阶段甚至设备正式运行阶段，都会持续地发挥作用。

表 23.3-1 智能空调箱设备单元“开机自检”功能

自检内容	自检流程	异常原因
电动风阀（包括新风阀、回风阀）	(1-1) 风机关闭，打开、关闭风阀数次，对比风阀开度设定与开度反馈值，二者偏差较大则提示异常	**机电安装问题：** ➢ 风阀被固定螺丝卡死 ➢ 电动执行器与风阀阀杆偏心 **弱电施工问题：** ➢ 接线错误
	(1-2) 风机启动，打开、关闭风阀数次，对比风阀开度设定与开度反馈值，二者偏差较大则提示异常	**设备选型问题：** ➢ 电动风阀执行器转矩不足，设备选型过小 **机电安装问题：** ➢ 不同转矩电动执行器未与阀门尺寸对应安装
电动水阀	(2-1) 打开关闭水阀数次，对比水阀开度设定值与开度反馈值，二者偏差较大则提示异常	**机电安装问题：** ➢ 电动执行器阀柄被防雨罩或其他设备挡住无法转动 **弱电施工问题：** ➢ 接线错误
	(2-2) 增大或减小水阀开度，对比分析表冷器出口水温，判断水温变化趋势与阀门开度趋势不一致，提示异常	**机电安装问题：** ➢ 安装时电动执行器开度与阀体开度未对应 **弱电调试问题：** ➢ 电动执行器正反转、信号类型等初始设置不正确

续表

自检内容	自检流程	异常原因
变频风机	(3-1) 启动、停止风机，对比风机启停状态反馈与风机压差开关信号，二者不一致则提示风机状态异常	**机电安装问题：** ➢ 电机缺相转速过低 ➢ 供电相序错误导致电机反转 **弱电调试问题：** ➢ 压差开关高低压侧安装错误、接线错误 ➢ 压差开关导压管后期被压死不通畅
	(3-2) 启停风机并调节风机转速，对比风机实际运行的电动率与基于电机额定功率与运行频率计算出来的理论功率，二者偏差较大则提示风机功率异常	**机电安装问题：** ➢ 电机反转 ➢ 电机与风机连接的皮带轮松动 ➢ 电动风阀执行器与风阀阀杆之间松动滑丝，电动执行器转动而阀体不转 ➢ 送回风管道上防火阀、手动调节阀未打开导致的风路不通畅
表冷器	(4) 通过综合表冷器前后的空气侧参数(温湿度)、空气侧流量(根据风机频率、功率、阀门开度拟合)、表冷器出口水温、冷冻水系统供水温度，判断表冷器风水侧换热是否异常	**设备选型问题：** ➢ 盘管设计选型不当 **表冷器供水不足：** ➢ 资用压头过小 ➢ 盘管入口过滤器堵塞

上述表格中，(3-2)提到的风机功率异常检测过程，在本项目的实现方式是CPN节点通过与风机变频器通信对接，从变频器中读取风机的实时运行功率以及累计运行电耗，充分利用系统既有的资源，并没有额外增加计量电表。

在本项目的调试阶段，利用CPN节点内置的"开机自检"功能，检查出大量的由于机电安装不当导致的问题。

如图23.3-2所示，利用自检程序(1-1)发现的电动风阀执行器安装不当，固定电动执行器用的自攻螺丝直接钉在风阀阀体上，导致阀体转动不畅甚至完全钉死无法转动。改进后，将固定电动执行器的自攻螺丝钉在风阀阀体的侧面连接法兰处，从而避免影响阀体转动。

如图23.3-3所示，利用自检程序(1-2)发现的电动风阀执行器型号安装错误。风机停止时，电动风阀执行器工作正常；而风机运行时，电动风阀执行器无法完全打开。经检查设计方案中配置给不同尺寸风阀的电动执行器的转矩是不一样的，机电安装过程并未按照设计要求，电动执行器被随意安装，有些大尺寸的风阀安装了小转矩的电动执行器，导致在风机运行时风阀阻力过大而电动执行器无法驱动风阀。

如图23.3-4所示，利用自检程序(2-2)发现的电动水阀执行器安装问题，电动水阀执行器开度反馈为0时，表冷器出口水温迅速降低；开度反馈为100%时，表冷器出口水温缓慢升高。检查发现在将电动水阀执行器固定到水阀阀体上时，阀体阀芯实际的开度位置并未与电动执行器的开度相对应，导致电动执行器的开度位置不能反映阀体阀芯真实的开度，在利用电动水阀执行器开度调节送风温度的闭环自控过程中，会使得整个调控过程错误。

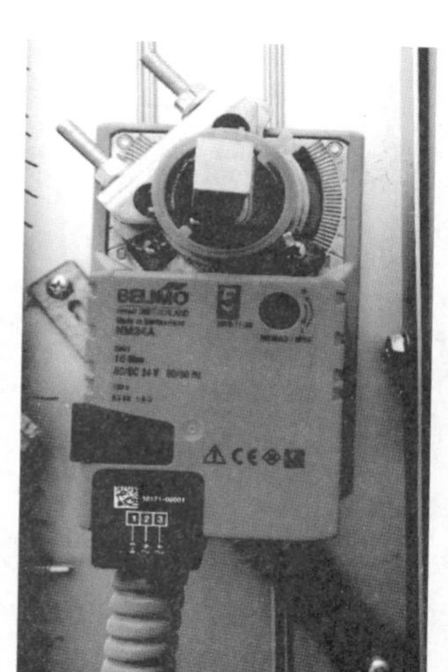

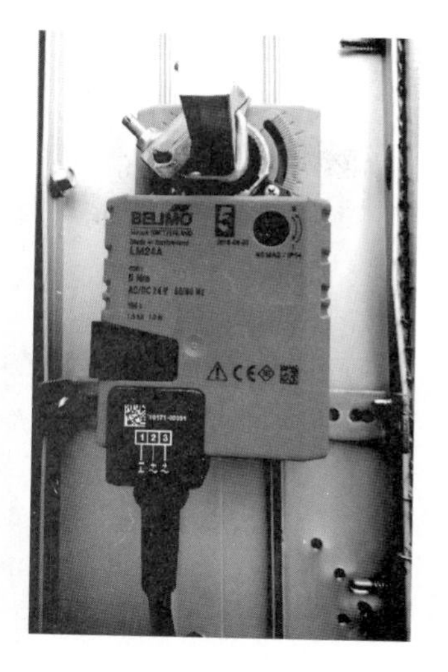

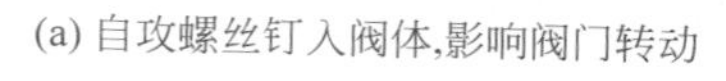

(a) 自攻螺丝钉入阀体,影响阀门转动　　(b) 自攻螺丝钉入侧面的连接法兰

图 23.3-2　电动风阀执行器固定安装问题

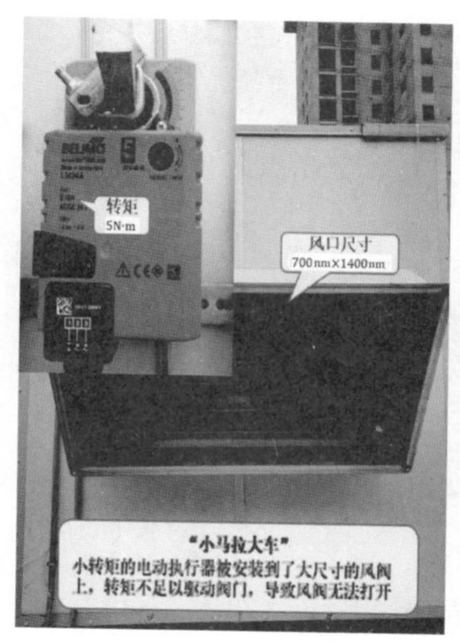

(a) 小转矩执行器安装到大尺寸风阀　　(b) 大转矩执行器安装到小尺寸风阀

图 23.3-3　不同扭矩的电动风阀执行器未与阀门尺寸对应问题

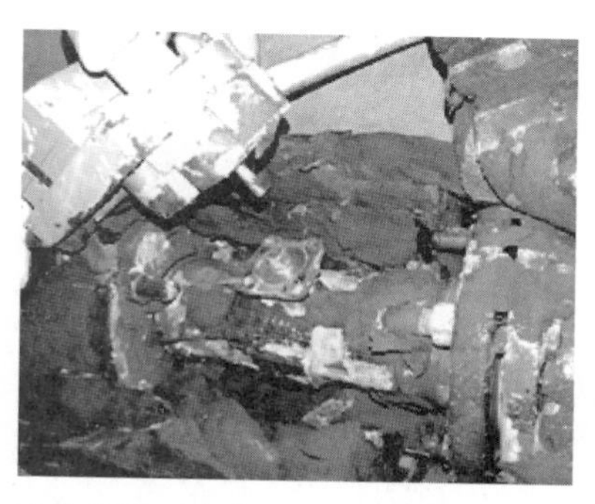

图 23.3-4　电动执行器开度位置没有与阀体阀芯实际位置相对应

23.3.2 智能单元运行数据的智能化分析，试运行阶段协助发现隐藏问题

在施工现场经过人工查线、逐点调试以及智能设备单元开机自检过程后，智能设备单元自身的各类问题都排查完毕，可以进入试运行阶段。

在设备试运行阶段，智能设备单元利用自身运行的“大数据”进行智能分析，继承类似表 23.3-1 中所示的开机自检功能，给出机组运行异常情况提示，例如实时检测电动风阀、电动水阀的开度设定值与反馈值的偏差，实时计算对比分析变频风机的实际运行功率与理论功率，实时计算检测表冷器的换热情况等。

同样以空调箱设备单元为例，在进入试运行阶段后，多台机组在运行过程中提示“风机功率异常报警”，提示物业运行人员重点检查空调箱外部连接的送回风管道气流的通畅性，排查出多种不同原因导致风机实际运行功率远低于理论值。

如图 23.3-5 所示，在空调机组送回风干管上安装有防火阀，在机电安装完成，经过机电调试、风机风量检测环节后，防火阀应该是全部打开的，但有可能在最后的风道保温环节中，人为因素使得防火阀脱扣闭合。

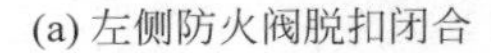

(a) 左侧防火阀脱扣闭合　(b) 上侧防火阀损坏闭合　(c) 防火阀脱扣闭合，手动恢复

图 23.3-5　送回风干管上防火阀脱扣闭合

如图 23.3-6 所示，在空调机组送回风管道上装有多个手动调节风阀，在机电安装完成，经过风平衡调试环节后，各风道支路上的手动调节阀应该是处于某一固定位置并由紧固螺丝固定。但由于风道震动、租户精装修环节人为因素导致紧固螺丝松动，风机启动或者频率增大使得管道回风速度增大的过程，会使得阀门受力偏离原有位置，甚至完全吸闭。

如图 23.3-7 所示，空调机组室内回风口的滤网严重堵塞，堵塞物质为商场室内精装环节吊顶石膏或壁挂石材抛光打磨过程的粉尘，经水汽固化堵塞回风口，导致风量严重降低，此处并不像空调机组内部的初中效过滤器处安装有压差开关提示滤网脏堵清洗，因而更加难以发现。

除了智能设备单元内部运行数据的分析发现的隐蔽问题，群智能系统通过综合分析相互关联的智能设备单元之间的信息，也协助发现了机电安装的隐蔽问题。如图 23.3-8 所示，AHU-RF-02-02 机组在暖通设计方案中是负责 1 楼、2 楼相应区域，AHU-RF-02-04 负责

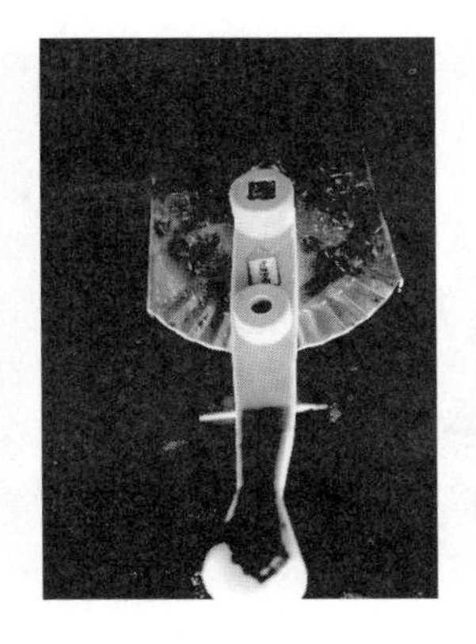

(a) 紧固螺丝松动导致阀门闭合　(b) 紧固螺丝丢失导致手阀位置偏移　(c) 紧固螺丝丢失导致手阀闭合

图 23.3-6　回风干管上手动调节阀关闭或位置偏移

图 23.3-7　室内回风口滤网严重堵塞

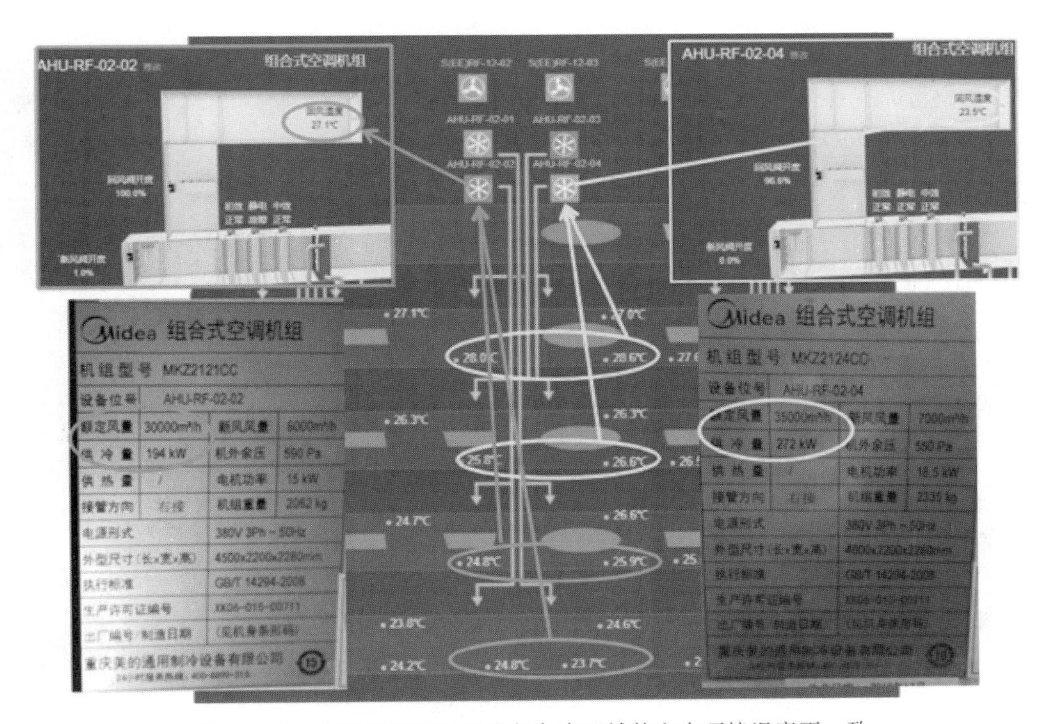

图 23.3-8　空调机组回风温度与负责区域的室内环境温度不一致

3 楼、4 楼相应区域。在试运行过程中,通过对比分析空调机组回风温度与负责区域相关空间单元的空气温度均值,发现 02-04 机组回风温度低于负责区域空气温度均值,而 02-02 机组回风温度则高于负责区域空气温度均值,即空调机组的回风温度与负责区域的室内环境温度不一致。

检查发现两台机组的送回风管道在施工过程中接反了,即设计选型较小(供冷量 194kW)的 02-02 机组实际连接的是负荷较大的 3、4 层区域的送回风管道,而设计选型较大(供冷量 272kW)的 02-04 机组连接的是负荷较小的 1、2 层区域的送回风管道,如图 23.3-9 所示。在实际运行过程中,极有可能出现高楼层制冷量不够的情况,导致相关区域室内环境温度失控。

(a) 接反的送回风管道

(b) 修改后的送回风管道

图 23.3-9 高低楼层空调机组送回风管道施工错误

23.3.3 智能单元之间网络连接拓扑的自辨识

各类智能单元自身功能调试确认完成后,再对智能单元之间的网络连接拓扑进行检查确认。这一过程可以利用群智能系统网络连接拓扑自动辨识的功能,对 CPN 节点之间通信网线的实际连接拓扑自动识别并直观地显示在系统监控页面上,如图 23.3-10 所示,并通过与设计方案中各节点的连接关系分析比对,将实际施工连接与设计方案连接不一致的局部线路高亮显示,提示施工人员有针对性地调整接线。

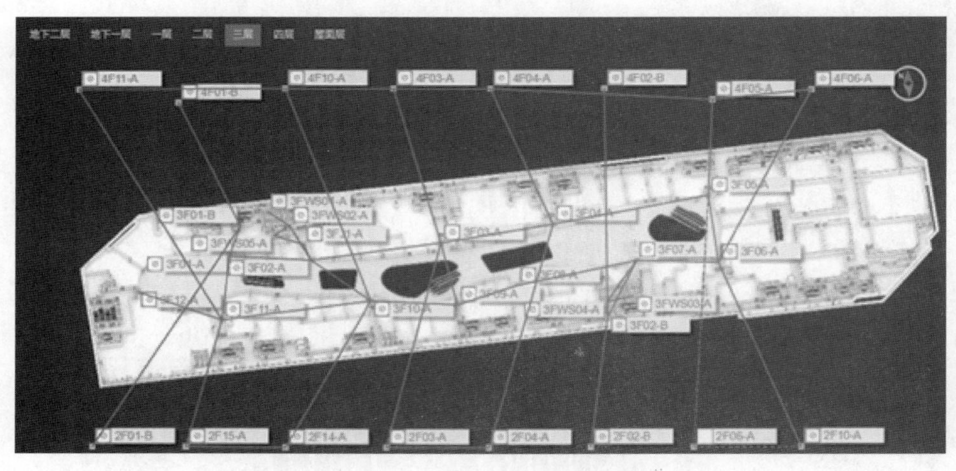

图 23.3-10 智能单元之间的平面连接拓扑

在智能单元通信网络调试阶段，利用拓扑自动辨识功能更直观、更有针对性地指导施工整改，极大地提高了调试效率。在系统给出的提示中，一方面可以发现通信网线漏连、错连；另一方面还可以通过群智能系统自动发起的高频次、大数据量的传输、计算任务，对网线施工的稳定性和可靠性进行测试，例如在施工过程中，有些网线是对接延长的，有些网线布好后被其他工作面施工导致绝缘外皮破损，这些都会导致系统高速率通信环节丢包率大幅提升，使得通信不稳定。

23.3.4　小结

在本项目群智能系统的实施过程中，智能单元"单机"调试阶段的"开机自检"功能，单机试运行阶段智能设备单元自身运行数据、相关智能单元之间运行数据的智能化分析，系统网络调试阶段智能单元之间网线连接拓扑自动辨识功能，协助发现的各类问题汇总如表 23.3-2 所示。在整个实施过程中，群智能系统中这些智能化辅助手段的应用极大地提升了调试效率，投入较少的人工时，更多地发现并解决系统中机电施工阶段、弱电施工阶段的各类隐蔽问题。

表 23.3-2　发现问题汇总

预警提示	问题原因	数量
新风阀异常	风阀固定安装问题，无法顺畅转动	10
	风阀转矩型号安装错误	4
回风阀异常	风阀进水损坏，无法动作	12
电动水阀异常	电动执行器故障，无法转动	3
	安装问题导致电动执行器与阀芯位置不同步	1
风机功率异常	电动执行器与风阀阀杆松动滑丝，无法同步转动	1
	风道防火阀脱扣闭合	4
	风道手动调节阀阀位偏移或闭合	4
	室内回风口滤网严重堵塞	2
温度异常	空调机组送回风管道接错	2
网络拓扑异常	智能单元间网线连接错误、连接网线遗漏	11
	网线对接延长导致通信不稳定	3
	网线绝缘外皮破损，线芯裸露短接导致通信异常	4

23.4　群智能系统的实际运行

群智能系统调试完成投入运行后，全楼 218 个智能单元整体构成的群智能平台总览如图 23.4-1 所示，这台分布在建筑空间中的"218 核"并行计算机中，运行的是 TOS 并行操作系统，下载安装了 22 个 App，涵盖了从系统管理、系统基础类应用，到室内环境控制、冷站系统群控等专业化的应用。

系统中 218 个节点之间是用网线依据实际拓扑进行连接的，某些情况下系统中需要相互沟通协作的智能节点之间并没有网线直接连接，可以在系统中设置虚拟子网 VPN，在该 VPN 中需要相互沟通协作的智能节点之间通过生成的路由表可以"直接通信"。

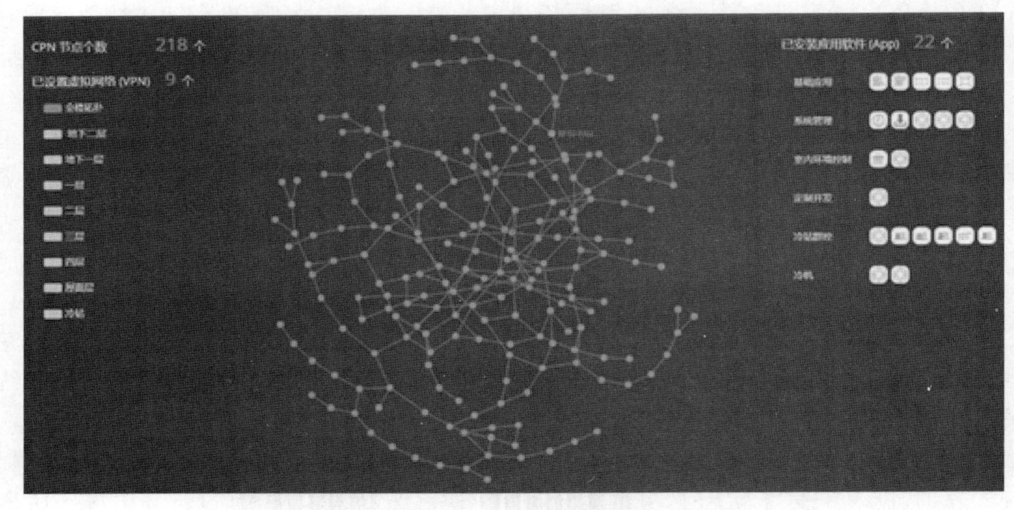

图 23.4-1　群智能系统总览

系统中不同层面的 App 运行逻辑，即为智能单元之间相互协作的基础，本项目实际运行的各类 App 的功能及运行机制如表 23.4-1 所示。

表 23.4-1　运行 App 介绍

App 名称	功能介绍
系统授时	系统中智能节点之间授时与时钟同步
协处理器程序下载	通过智能节点远程升级协处理器程序
VPN 设定	根据系统节点协作需求，在系统中设置虚拟子网
路由表查询	查询系统中根据 VPN 自动生成的连接路由
用户变量接口自定义	用户根据 App 开发需要，在系统中自定义变量及系统接口
参数查询	通过该 App 查询系统中的各类参数
参数设定	通过该 App 对系统中的相关参数进行设定
系统结构自辨识	用于自动辨识智能节点之间的连接拓扑关系
时间表	用于指定系统中各类智能节点在什么时刻执行什么样的操作
空间单元内 FCU 自动控制	根据智能单元内的温度自动调节 FCU 的风机和水阀，同时自动计算风机电耗和供冷(热)量
中庭区域环境协同控制	中庭区域的空间单元与负责该区域的送排风机、电动遮阳、智能空调箱单元、智能新风机单元沟通协作，共同完成该区域的环境参数控制
电力监控数据采集	将群智能系统中相关电能信息打包转发给电力监控平台
冷站系统结构自动辨识	自动辨识冷站内智能设备单元之间的连接关系，如冷机与水泵先并后串或先串后并，为冷站内各类智能设备单元之间的相互协作提供通信基础
冷站系统协作保护	冷站内各类智能设备单元之间相互配合、确保各类设备均能安全稳定运行的机制

续表

App 名称	功能介绍
末端系统冷负荷需求计算	利用系统信息(能量计、流量计、温度传感器等)计算冷站当前总制冷量,根据系统供水温度测量与设定值、运行冷机的电流比,对当前总制冷量进行修正,得到目标制冷量,即末端系统的冷负荷需求
并联冷机自组织优化控制	智能冷机节点内置了机组的性能曲线,基于当前蒸发、冷凝温度工况下的冷机性能曲线,对目标制冷量进行优化分配,得到总体能效最高情况下应当运行哪几台冷机
并联定频水泵自组织控制	智能水泵节点内置了水泵的性能曲线,调整定频冷却泵的台数,响应冷机冷却侧流量的需求
冷冻水系统压差优化设定	动态优化调整冷冻水系统的压差设定值,在满足所有末端负荷需求的情况下,使得末端调节水阀开度接近全开(70%~90%)
并联变频水泵自组织优化控制	智能水泵节点内置了水泵的性能曲线,调整变频冷冻泵的台数和转速,一方面保证冷机冷冻侧最小流量需求,另一方面满足根据末端负荷需求得到的扬程设定值,同时使得水泵工作点效率最高
并联冷却塔自组织优化控制	根据冷却水系统总流量判断冷塔水阀开启的数量,在保证均匀布水的前提下,开启尽量多的水阀充分利用冷塔的换热面积;根据室外湿球温度及冷塔出口水温调节风扇开启的台数及运行挡位,同时确保冷却塔出口水温不低于冷机安全运行的冷水水温下限

系统中的上述各类 App,可在 TOS 中直接下载安装,下载即运行,因而在现场完成了群智能系统的硬件调试工作后,直接下载试运行各类控制管理功能的 App,在项目开业时,群智能系统即实现了全自动运行。

以建筑系统的能耗大户冷冻站为例,如图 23.4-2 和图 23.4-3 所示,冷站的日综合效率平均在 4.5 以上,冷机大部分时间运行在高效率区间,冷冻水输配系数平均在 60 以上,冷却水输配系数平均在 35 以上,冷冻站的群智能系统实现了安全稳定、高效节能的自动化运行。

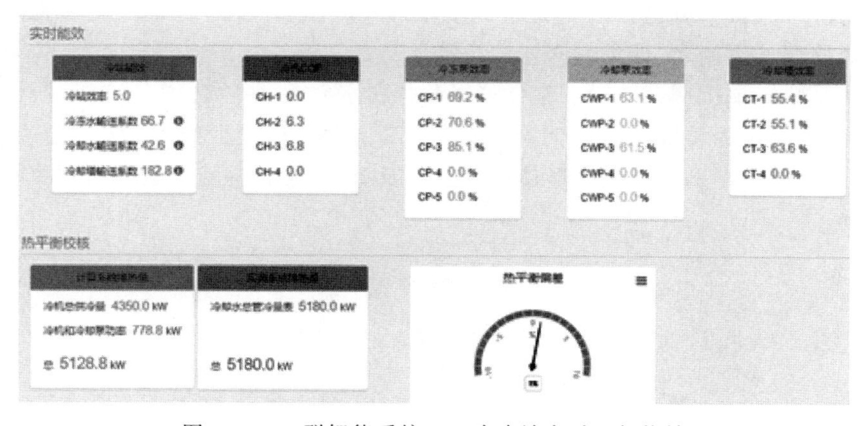

图 23.4-2 群智能系统——冷冻站实时运行能效

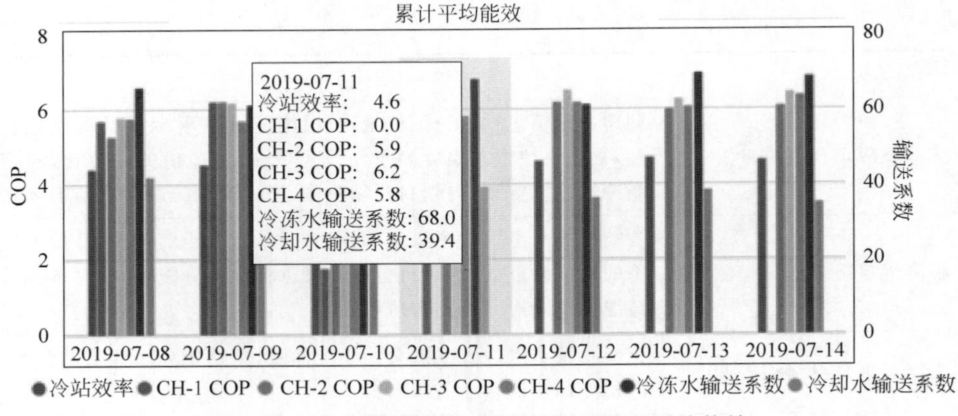

图 23.4-3　群智能系统——冷冻站系统日平均能效

23.5　本章小结

本章围绕群智能系统在某新建商业建筑的工程应用，介绍了群智能系统的方案设计、工程实施过程、系统实际运行效果。

在现阶段设备现场层到底层控制层的施工环节中，群智能系统与传统系统底层的施工量是相似的，即都要将各类机电设备监控所需的 IO 点位接入控制器。但在其后的调试环节中，群智能系统提供了简单快捷的辅助方法：(1)智能单元"单机"调试阶段的"开机自检"功能；(2)智能单元单机试运行阶段智能设备单元自身运行数据的智能化分析，从而可以极大地缩减现场的调试工作量。通过该群智能系统的工程实践，为推进建筑机电智能设备单元出厂"预制化"发展提供重要的实践基础。

在系统层面的施工环节中，传统控制系统需要将所有控制器按系统总线方式全楼连接组网，而群智能系统则只需将空间相邻的相互关联的 CPN 节点点对点连接，即全楼的 CPN 节点都只与自己附近的邻居节点连接，从而降低了系统组网的施工工作量。在控制系统层面的调试环节中，群智能系统可以通过：(1)群智能系统网络调试阶段智能单元之间网线连接拓扑自动辨识功能；(2)相关智能单元之间运行数据的综合自动分析功能；(3)群智能系统平台通用的可直接下载运行的各类控制管理 App，可进一步缩短项目现场所需的系统整体联动层面的调试周期，实现项目开业即自动运行的目标。

群智能系统在单机调试阶段和整体调试阶段的各类特有的功能，在工程项目的整个周期中，以群智能系统为关键节点，"向前"延伸可以协助实现全面细致的机电安装的检查验收，"向后"延伸可以辅助完成系统整体试运行以及机电调适，并协助物业实现更长期的精细化运行管理。

参考文献

[1] 代允闯，姜子炎，张烽，等. 群智能系统在某商业建筑中的应用[J]. 暖通空调 HV&AC，2019，49(11)：18-25.

[2] 朱丹丹. 群智能建筑控制平台技术[J]. 建筑节能，2018(11)：1-4.

[3] 沈启. 智能建筑无中心平台架构研究[D]. 北京：清华大学，2015.

[4] 代允闯. 空调冷冻站"无中心控制"系统研究[D]. 北京：清华大学，2016.

第 9 篇　设备运行优化

第24章

HVAC冷站分散式节能优化

本章提要

优化采暖通风与空调(heating,ventilation and air conditioning,HVAC)系统的控制策略有助于满足人们对舒适度的要求,同时降低HVAC系统能耗。本章建立了HVAC冷站系统优化问题的数学模型以求得使系统能耗最低的控制量设定值。该优化问题具有非凸、强耦合、包含离散和连续决策变量等特性。本章提出了一种分散式优化方法,将系统的每个设备作为一个子系统并基于与邻居子系统通信所得信息确定自身的控制变量的取值。测试结果表明,通过从邻居子系统获得的有限信息,每个子系统都能获得原优化问题的最优控制变量设定值。该方法不需要系统的全局信息,对于HVAC冷站系统的优化具有较大应用价值。本章内容主要来源于文献[1]。

24.0 符号列表

A_{ch}	冷机工作状态
$T_{ch}^{w,in}$	冷机入口冷却水温度
G_{ch}^{w}	冷机的冷却水流量
$T_{ch}^{w,out}$	冷机的冷却水温度
s_{ch}	冷机管道的阻力系数
f_{p}	冷却泵的转动频率
f_{fan}	冷却塔风机的转动频率
$P_{p}^{w,in}$	冷却泵的入口水压
$P_{p}^{w,out}$	冷却泵的出口水压

24.1 暖通空调系统研究背景概述

HVAC系统的能耗在美国约占国内能耗总量的40%,在中国约占国内能耗的15%[2]。大多数情况下,HVAC系统的控制策略都不是最优策略。例如,对加拿大43万座商业公共建筑的调研结果表明,这些建筑中大多数的HVAC系统控制策略均欠佳,会造成15%~30%的能源损失[3]。由此可见,HVAC系统控制策略的优化具有巨大的节能潜力。

目前HVAC系统优化方法主要包括基于HVAC系统数学模型的经典优化方法[4]和基于仿真的现代优化方法[5-6]。基于仿真的优化方法一般直接与HVAC系统仿真软件相结合,操作简单,但无法确定所得解是否为最优解。目前HVAC系统的优化方法大多采用集中式方法实现。集中式优化方法需要HVAC系统中各个设备将其信息(如每个房间的温度、湿度、该房间中暖通空调送风温度和风量等)传给某个中央处理器,再由该处理器根据这些信息做出控制决策(如确定每个房间最优的送风温度和风量等)。但是HVAC系统规模庞大,因此其集中式优化问题的规模和所需信息量都很大。分散式方法可以较好地解决上述问题,分散式优化方法的主要思想是将系统拆分成多个子系统,每个子系统基于局部信息做出最优决策或者对子优化问题进行优化。该方法的关键在于它不需要一个集中的协调器来协调各个子系统的工作。对于 HVAC 系统而言,其分散式优化是指系统中每个设备根据自身信息(如该设备的模型及所具有的传感器采集的信息等)及与周围设备通信所获得的信息,确定自身控制变量的取值。分散式方法中每个设备所需信息仅来自设备自身及其邻居,并且大规模的优化问题被拆分成多个小规模优化问题,因此求解每个子优化问题规模及每个子系统所需的信息量都较小。

关于分散式优化算法的研究可追溯到 20 世纪 60 年代[7]。Bertsekas 和 Tsitsiklis 在分布式计算方面做过大量研究[7],然而所提出的分布式算法大多用于并行计算,要求每个子系统掌握与该子系统相关决策变量的所有信息。这一点在 HVAC 系统优化控制中很难做到,目前常用的分散式方法包括分散梯度方法[9-11]和对偶方法[12-14]等。然而上述这些方法均要求优化问题具有凸性,HVAC 系统的优化问题是非凸的,且同时包括离散和连续型变量。因此上述方法不适合用于求解 HVAC 的优化问题。本章提出了一种基于罚函数方法的分散式迭代优化算法以求解 HVAC 优化问题,该方法首先采用变量分裂法实现变量的解耦,进而通过罚函数方法将原优化问题分解为多个子优化问题,最后每个设备仅通过与邻居设备的通信和求解子优化问题来获得整个优化问题的最优解。数值结果表明该分散式优化方法所得结果与传统集中式优化方法所得结果相同。

24.2 优化问题建模

典型 HVAC 系统包括冷冻水侧和冷却水侧,两者通过冷机连接,当室内温度高于设定值时,HVAC 系统通过冷冻水将室内多余的热量转移至冷机。冷机消耗电能做工,将热量转移至冷却水,再由冷却水将热量转移到室外空气,冷站包括冷却水侧和冷机。图 24.2-1 为某个典型的 HVAC 系统冷站的结构。该冷站包含冷机、冷却水泵、冷却塔和冷却塔风机,

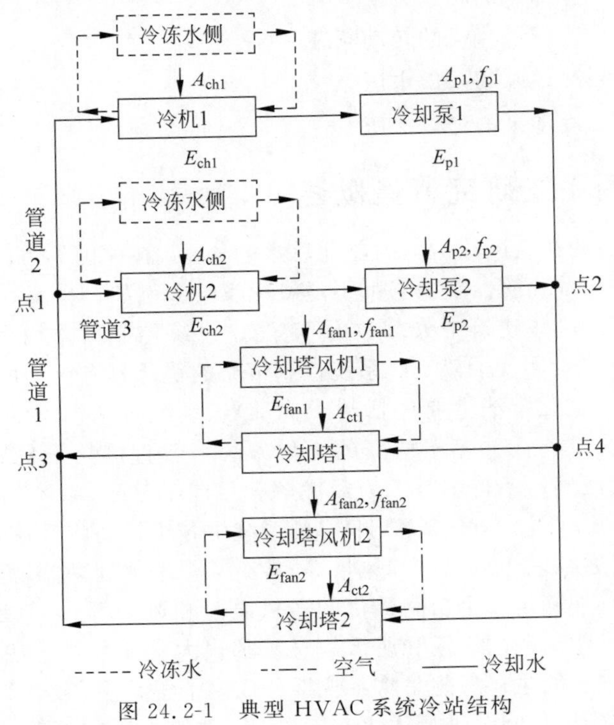

图 24.2-1 典型 HVAC 系统冷站结构

图 24.2-1 中分别用 ch、p、ct 和 fan 表示。每个模块表示 1 个设备，模块上的箭头表示该设备的控制量($A=1$ 表示设备处于工作状态，否则 $A=0$，f 表示冷却泵或冷却塔风机的转动频率)，模块下用 E 表示该设备的能耗。

模块左右两侧箭头表示各个设备的相互连接关系，设备 i 的邻居是指与设备 i 直接相连的设备。图 24.2-2 是图 24.2-1 所示系统的网络结构图，用 N_i 表示设备 i 的邻居的集合，则 $N_{冷机1}=\{冷却泵 1, 冷机 2\}$，分散式算法的目的是要让每个设备通过与邻居设备通信，决定自身控制变量的取值，使系统总能耗最小。下面分别描述每个设备的功能及其所需满足的约束，其中设备 i 的工作模型用 F_i 表示。

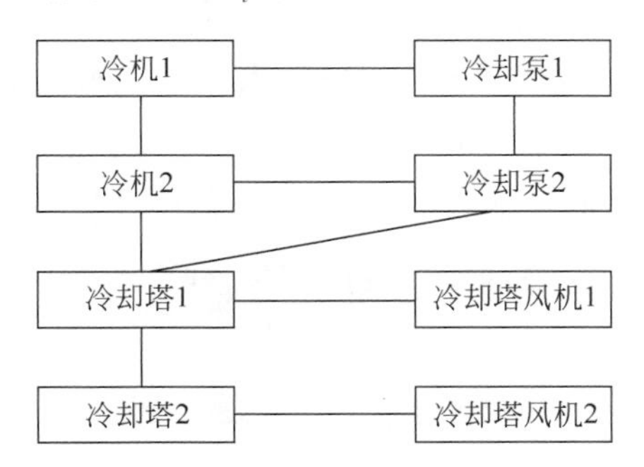

图 24.2-2　典型 HVAC 系统冷站网络结构图

24.2.1　冷机

冷机将冷冻水侧的热量转移至冷却水，冷冻水温度(通常为 7～12℃)低于冷却水温度(通常为 20℃以上)，因此冷机将热量从低温水转移至高温水需要消耗电能做工。用 F_{ch} 表示冷机工作模型，可得：若冷机工作($A_{ch}=1$)，则$[T_{ch}^{w,out} \quad E_{ch}]^{T}=\boldsymbol{F}_{ch}(T_{ch}^{w,in}, G_{ch}^{w})$。其中，$T_{ch}^{w,in}$ 和 G_{ch}^{w} 分别表示冷机入口处的冷却水温度和流经冷机的冷却水流量，$T_{ch}^{w,out}$ 表示流出冷机的冷却水温度。冷机的工作模型表明：已知冷机入口处的冷却水温度以及水量，可以得到冷机出口处的冷却水温度及冷机能耗。事实上，冷机的能耗与冷冻水的流量和进出口水温相关，本章重点研究冷站的优化，因此在冷机模型中假设冷冻水的流量、进出口温度均确定，所含变量仅为冷机能耗和冷却水侧变量。

另外，冷却水流经冷机时受到阻力的作用，水压会发生变化，即 $P_{ch}^{w,in}-P_{ch}^{w,out}=s_{ch}(G_{ch}^{w})^{2}$。其中 $P_{ch}^{w,in}$ 和 $P_{ch}^{w,out}$ 分别表示流经冷机的冷却水入口和出口水压，s_{ch} 是冷机管道的阻力系数。

若冷机关闭，则流经冷机的冷却水量为 0，该情况下不需要考虑水温和水压，因此 $A_{ch}=0$ 时冷机需要满足的约束仅为 $E_{ch}=0, G_{ch}^{w}=0$。

关于冷机各个变量间的等式约束 $h_{ch}(\boldsymbol{x}_{ch})=0$，其中：

$$\boldsymbol{h}_{ch}(\boldsymbol{x}_{ch})=\begin{bmatrix}\boldsymbol{F}_{ch}(T_{ch}^{w,in}, G_{ch}^{w})-[T_{ch}^{w,out} \quad E_{ch}]^{T} \\ P_{ch}^{w,in}-P_{ch}^{w,out}-s_{ch}(G_{ch}^{w})^{2}\end{bmatrix}, \quad A_{ch}=1$$

$$[E_{ch}^{w} \quad G_{ch}]^{T}, \quad A_{ch}=0 \tag{24.2-1}$$

$$\boldsymbol{x}_{ch}=[G_{ch}^{w} \quad T_{ch}^{w,in} \quad T_{ct}^{w,out} \quad P_{ct}^{w,in} \quad P_{ch}^{w,out} \quad A_{ch} \quad E_{ch}]^{T} \tag{24.2-2}$$

另外,为了确保冷机安全运行,冷机的冷却水入口温度需高于某温度下限$\underline{T}_{ch}^{w,in}$,且流经冷机的冷却水流量也有最大和最小流量限制,即若$A_{ch}=1$,则$g_{ch}(\boldsymbol{x}_{ch})=[G_{ch}^{w}-\bar{G}_{ch}^{w}\quad \underline{G}_{ch}^{w}-G_{ch}^{w}\quad \underline{T}_{ch}^{w,in}-T_{ch}^{w,in}]^{T}\leqslant\boldsymbol{0}$。

24.2.2 冷却塔

通常,冷机放置于地下以便更好地降低冷冻水温度,而冷却塔置于楼顶以便与室外空气充分换热,冷却泵提供足够的扬程将冷却水由冷机送至冷却塔。用F_{p}表示冷却泵工作模型函数,可得:若冷却泵工作即$A_{p}=1$,则$[P_{p}^{w,out}\quad E_{p}]^{T}=\boldsymbol{F}_{p}(f_{p},G_{p}^{w},P_{p}^{w,in})$。冷却塔的转动频率$f_{p}$、通过冷却泵的冷却水量$G_{p}^{w}$和冷却入口处的水压$P_{p}^{w,in}$决定了冷却泵输出的水压$P_{p}^{w,out}$和消耗的能量$E_{p}$。

另外,流经冷却泵的冷却水水温不变,即$T_{p}^{w,in}=T_{p}^{w,out}$。若冷却泵关闭,即$A_{p}=0$,则冷却塔频率为0。同时认为没有冷却水经过冷却泵,即$E_{p}=0,G_{p}^{w}=0,f_{p}=0$。因此冷却泵各个变量需要满足的等式约束为$h_{p}(x_{p})=0$,其中:

$$\left.\begin{array}{l}\begin{bmatrix}\boldsymbol{F}_{p}(f_{p},G_{p}^{w},P_{p}^{w,in})-[P_{p}^{w,out}\quad E_{p}]^{T}\\ T_{p}^{w,in}-T_{p}^{w,out}\end{bmatrix},\quad A_{p}=1\\ {[E_{p}\quad G_{p}^{w}\quad f_{p}]^{T}},\quad A_{p}=0\end{array}\right\}\tag{24.2-3}$$

$$\boldsymbol{x}_{p}=[G_{p}^{w}\quad T_{p}^{w,in}\quad T_{p}^{w,out}\quad P_{p}^{w,in}\quad P_{p}^{w,out}\quad A_{p}\quad f_{p}\quad E_{p}]^{T}\tag{24.2-4}$$

另外,冷却塔运行时,其频率及水泵两侧压差需要满足一定要求,即若冷却泵工作,则$\boldsymbol{g}_{p}(\boldsymbol{x}_{p})=[f_{p}-\bar{f}_{p}\quad \underline{f}_{p}-f_{p}\Delta P_{p}-\overline{\Delta P}_{p}\quad \underline{\Delta P}_{p}-\Delta P_{p}]^{T}\leqslant\boldsymbol{0}$。

冷却水在冷却塔中与室外空气充分接触将热量转移至空气。用F_{ct}表示冷却塔工作模型。若冷却塔工作,即$A_{ct}=1$,则$[T_{ct}^{w,out}\quad T_{ct}^{a,out}]^{T}=F_{a}(G_{ct}^{w},T_{a}^{w,in},G_{ct}^{a},T_{ct}^{a,in})$。

利用该模型,在已知冷却塔入口水量G_{ct}^{w}和水温$T_{ct}^{w,in}$,以及入口空气流量G_{ct}^{a}和空气湿球温度$T_{ct}^{a,in}$的情况下,可以求得冷却塔出口水温$T_{ct}^{w,out}$和空气温度$T_{ct}^{a,out}$。另外,冷却水流经冷却塔时,由于冷却塔管道阻力作用以及冷却塔入口与出口高度差的影响,水压会发生变化,即$P_{ct}^{w,in}-P_{ct}^{w,out}=s_{ct}(G_{ct}^{w})^{2}+Z_{ct}$。其中,$P_{ct}^{w,in}$,$P_{ct}^{w,out}$是流经冷机的冷却水入口和出口水压,$s_{ct}$是冷机管道的阻力系数为常数,$Z_{ct}$是冷却塔入口与出口高度差造成的水压变化量,亦为常数。令

$$\boldsymbol{x}_{ct}=[G_{ct}^{w}\quad T_{ct}^{w,in}\quad T_{ct}^{w,out}\quad G_{ct}^{a}\quad T_{ct}^{a,out}\quad P_{ct}^{w,in}\quad P_{ct}^{w,out}\quad A_{ct}]^{T}\tag{24.2-5}$$

则冷却塔需要满足的等式约束$\boldsymbol{h}_{ct}(\boldsymbol{x}_{ct})=\boldsymbol{0}$为

$$\boldsymbol{h}_{ct}(\boldsymbol{x}_{ct})=\begin{cases}\begin{cases}F_{ct}(G_{ct}^{w},T_{ct}^{w,in},G_{ct}^{a},T_{ct}^{a,in})-[T_{ct}^{w,out}\quad T_{ct}^{a,out}],\quad A_{ct}=1\\ P_{ct}^{w,in}-P_{ct}^{w,out}-s_{ct}\cdot(G_{ct}^{w})^{2}-Z_{ct}\end{cases}\\ G_{ct}^{w},\quad A_{ct}=0\end{cases}\tag{24.2-6}$$

24.2.3 冷却塔风机

冷却塔风机安装于冷却塔中。它加快室外空气流动速度,使其与冷却水充分换热。用

$\boldsymbol{F}_{\mathrm{fan}}$ 表示冷却塔风机工作模型，可得：若冷却塔风机工作，即 $A_{\mathrm{fan}}=1$，则 $[G_{\mathrm{fan}}^{\mathrm{a}}\quad E_{\mathrm{fan}}]^{\mathrm{T}}=\boldsymbol{F}_{\mathrm{fan}}(f_{\mathrm{fan}})$。即冷却塔风机的频率 f_{fan} 决定了其产生的风量 $G_{\mathrm{fan}}^{\mathrm{a}}$ 和能耗 E_{fan}。

进一步可以得到有关冷却塔风机的等式约束：

$$\boldsymbol{h}_{\mathrm{fan}}(\boldsymbol{x}_{\mathrm{fan}})=\begin{cases}\boldsymbol{F}_{\mathrm{fan}}(f_{\mathrm{fan}})-[G_{\mathrm{fan}}^{\mathrm{a}}\quad E_{\mathrm{fan}}]^{\mathrm{T}}=\mathbf{0}, & A_{\mathrm{fan}}=1\\ [f_{\mathrm{fan}}\quad E_{\mathrm{fan}}]=\mathbf{0}, & A_{\mathrm{fan}}=0\end{cases}\tag{24.2-7}$$

其中，$\boldsymbol{x}_{\mathrm{fan}}=[f_{\mathrm{fan}}\quad G_{\mathrm{fan}}^{\mathrm{a}}\quad A_{\mathrm{ct}}\quad E_{\mathrm{fan}}]^{\mathrm{T}}$。

另外，冷却塔风机运行时，其频率需要满足一定要求，即若冷却塔风机工作（$A_{\mathrm{fan}}=0$），则 $\boldsymbol{g}_{\mathrm{fan}}(\boldsymbol{x}_{\mathrm{fan}})=[f_{\mathrm{fan}}-\bar{f}_{\mathrm{fan}}\quad \underline{f_{\mathrm{fan}}}-f_{\mathrm{fan}}]^{\mathrm{T}}\leqslant\mathbf{0}$。

24.2.4 质量平衡与能量平衡

图 24.2-1 中冷站中各个设备通过冷却水或空气管道相连，对于管道中的某一点而言，冷却水或空气需要满足质量平衡和能量平衡关系，流入该点的冷却水或空气质量（用流量表示）和能量（用流量和温度的乘积表示）等于流出该点的冷却水或空气的质量和能量。例如图 24.2-1 中点 1 是管道 1，2 和 3 之间的连接点，管道 1 中的水经由点 1 分流到管道 2 和 3 中，管道 1 中水的质量和能量与管道 2 和 3 中水的质量和能量相同。假设点 k 是管道系统中若干管道的连接点，定义以下 2 个集合：$U=\{u\mid$点 k 与管道 u 的出口直接相连$\}$，$V=\{v\mid$点 k 与管道 v 的入口直接相连$\}$，则对于点 k 而言：

$$\left.\begin{array}{c}\sum_{u\in U}G_u=\sum_{v\in V}G_v\\ \sum_{u\in U}G_u c(T_u^{\mathrm{node}_k}-T^{\mathrm{node}_k})=0\\ T_v^{\mathrm{node}_k}=T^{\mathrm{node}_k},\quad \forall v\in V\end{array}\right\}\tag{24.2-8}$$

其中：$T_u^{\mathrm{node}_k}$ 是管道 u 中冷却水或空气在点 k 的温度，$T_v^{\mathrm{node}_k}$ 是管道 v 冷却水或空气在点 k 的温度，是流入点 k 的冷却水或空气混合后的温度，c 是比热容。冷却水或空气相关变量需要满足的等式约束为

$$h_{\mathrm{node}_k}(\boldsymbol{x}_{\mathrm{node}_k})=\begin{bmatrix}\sum_{u\in U}G_u-\sum_{v\in V}G_v\\ \sum_{u\in U}G_u c(T_u^{\mathrm{node}_k}-T^{\mathrm{node}_k})\\ T_v^{\mathrm{node}_k}-T^{\mathrm{node}_k},\quad \forall v\in V\end{bmatrix}=0\tag{24.2-9}$$

综上所述，取 n 为设备数，

$$\boldsymbol{x}_{\mathrm{all}}=[x_{\mathrm{ch}}\quad x_{\mathrm{p}}\quad x_{\mathrm{ct}}\quad x_{\mathrm{fan}}]^{\mathrm{T}}\tag{24.2-10}$$

$$h_{\mathrm{all}}(\boldsymbol{x}_{\mathrm{all}})=[h_{\mathrm{ch}}(\boldsymbol{x}_{\mathrm{ch}})\quad h_{\mathrm{p}}(\boldsymbol{x}_{\mathrm{p}})\quad h_{\mathrm{ct}}(\boldsymbol{x}_{\mathrm{ct}})\quad h_{\mathrm{fan}}(\boldsymbol{x}_{\mathrm{fan}})\quad h_{\mathrm{node}}(\boldsymbol{x}_{\mathrm{node}})]^{\mathrm{T}}\tag{24.2-11}$$

$$g_{\mathrm{all}}(\boldsymbol{x}_{\mathrm{all}})=[g_{\mathrm{ch}}(\boldsymbol{x}_{\mathrm{ch}})\quad g_{\mathrm{p}}(\boldsymbol{x}_{\mathrm{p}})\quad g_{\mathrm{fan}}(\boldsymbol{x}_{\mathrm{fan}})]^{\mathrm{T}}\tag{24.2-12}$$

可得冷站优化问题：

$$\begin{aligned}&\min_{x_{\text{all}}}\sum_{i=1}^{n_{\text{ch}}}E_{\text{ch},i}+\sum_{i=1}^{n_{\text{p}}}E_{\text{p},i}+\sum_{i=1}^{n_{\text{fan}}}E_{\text{fan},i}\\&\text{s.t.}\quad h_{\text{all}}(\boldsymbol{x}_{\text{all}})=0\\&\qquad g_{\text{all}}(\boldsymbol{x}_{\text{all}})\leqslant 0\end{aligned}\tag{24.2-13}$$

这里 $A_i=0$ 或 1,i 表示系统中设备的编号,h_{all} 含有非线性等式约束。另外,该问题含有离散变量,即设备运行状态变量 A,且根据设备运行状态不同,设备的等式约束也存在两种描述。

另外,需要指出暖通空调系统冷却水侧设备的反应速度很快,一般认为设备能在调节时间间隔(5min)内使其控制变量达到控制点并稳定,且该控制过程与初始状态无关。因此,本章没有考虑初始状态约束和时段间的耦合约束。

24.3 分散式优化算法

记 $\boldsymbol{z}_i$ 为与设备 i 相关的变量组成的向量,则 $\boldsymbol{z}_i$ 由 x_i 和 x_{node_k}(点 k 是设备 i 的输入输出节点)中的元素组成。记 $\boldsymbol{z}_{ij}$ 为与设备 i 和 j 都相关的变量组成的向量。由图 23.4-1 中邻居的划分方式可知,当设备 i 与 j 为邻居时,才存在变量与设 i 和 j 都相关。例如,流经管道 2 的冷却水流量既与冷机 1 相关,又与冷机 2 相关。通过变量分裂法[15]将 $\boldsymbol{z}_i$ 和 $\boldsymbol{z}_j$ 中的 $\boldsymbol{z}_{ij}$ 用 $\boldsymbol{z}_{ij,i}$ 和 $\boldsymbol{z}_{ij,j}$ 代替。记替换后的变量为 $\hat{\boldsymbol{z}}_i$ 和 $\hat{\boldsymbol{z}}_j$,则 $\hat{\boldsymbol{z}}_i$ 和 $\hat{\boldsymbol{z}}_j$ 无公共变量且 $\boldsymbol{z}_{ij,j}=\boldsymbol{z}_{ij,i}$。

以下将在变量分裂法的基础上,由集中式优化问题获得每个设备的子优化问题。通过变量分离,优化问题式(24.2-13)可表述为

$$\left.\begin{aligned}&\min_{\hat{z}_{\text{all}}}\sum_{\text{all}}^{i=1}(E_i)\\&\text{s.t.}\quad h_i(\hat{\boldsymbol{z}}_{ii})=0,\quad i=1,2,\cdots,n_{\text{all}}\\&\qquad g_i(\hat{\boldsymbol{z}}_{ii})\leqslant 0,\quad i=1,2,\cdots,n_{\text{all}}\end{aligned}\right\}\tag{24.3-1}$$

$h_{\text{node}_k}(\hat{\boldsymbol{z}}_{\text{node}_k})=0$,$k$ 是管道中的任意节点的编号;

$$\left.\begin{aligned}&\boldsymbol{z}_{ij,j}-\boldsymbol{z}_{ij,i}=0,\quad i=1,2,\cdots,n_{\text{all}},j\in N_i\\&A_i=0\text{ 或 }1,\quad i=1,2,\cdots,n_{\text{all}}\end{aligned}\right\}\tag{24.3-2}$$

式(24.3-2)中等式约束 $\boldsymbol{z}_{ij,j}=\boldsymbol{z}_{ij,i}$ 可通过罚函数形式表示,即

$$\left.\begin{aligned}&\min_{\hat{z}_{\text{all}}}\sum_{n_{\text{all}}}^{i=1}\left(E_i+\sum_{z_{ij},j}\alpha_i^{i=1}\parallel\boldsymbol{z}_{ij,j}-\boldsymbol{z}_{ij,i}\parallel^2\right)\\&\text{s.t.}\quad\hat{\boldsymbol{z}}_{\text{all}}\in\bigcup D_i,\quad i=1,2,\cdots,n_{\text{all}}\end{aligned}\right\}\tag{24.3-3}$$

其中罚因子 $\alpha_i\in\mathbb{R}^*$,初始值为有限值并随着迭代过程逐步增大至无穷。另外 $D_i=\{\hat{\boldsymbol{z}}_i\,|\,h_i(\hat{\boldsymbol{z}}_i)=0,g_i(\hat{\boldsymbol{z}}_i)\leqslant 0,A_i=0$ 或 $1,h_{\text{node}_k}(\hat{\boldsymbol{z}}_{\text{node}_k})=0,\forall k$ 是与设备 i 相连的节点的编号$\}$表示变量 $\hat{\boldsymbol{z}}_i$ 的可行域。显然,D_i 不受其他设备的影响,仅由设备 i 决定。式(24.3-3)中的目标函数和可行域可以拆分成 n_{all} 部分,其中每个部分对应 1 个设备,称为式(24.3-3)的子优化问题。对于设备 i,对应的子优化问题为

$$\left.\begin{aligned}&\min_{\hat{z}_i} E_i + \sum_{j\in N_i} \alpha_i \| \boldsymbol{z}_{ij,j} - \boldsymbol{z}_{ij,i} \|^2 \\ &\text{s.t.} \quad \hat{z}_i \in D_i\end{aligned}\right\} \tag{24.3-4}$$

对于设备 i,算法可以表示如下：

步骤1 初始化罚因子 $\alpha_i=\alpha_{i,0}$,决策变量$\hat{z}_i(1)=\hat{z}_{i,0}$,迭代次数 $l=0$,α_i 的乘因子$\beta>1$,α_i 上限$M=10^3$；

步骤2 更新 l 至$(l+1)$；

步骤3 将 $\boldsymbol{z}_{ij,i}(l)$传递给邻居,并接收邻居发来的信息 $\boldsymbol{z}_{ij,j}(l)$,$j\in N_i$；

步骤4 求解下列问题,以获得 $\hat{z}_i(l+1)$：

$$\hat{z}_i(l+1)=\underset{\hat{z}_i\in D_i}{\operatorname{argmin}}\left(E_i + \sum_{j\in N_i} \alpha_i \| \boldsymbol{z}_{ij,j}(l) - \boldsymbol{z}_{ij,i}(l) \|^2\right) \tag{24.3-5}$$

步骤5 若 $\| \hat{z}_i(l+1)-\hat{z}_i(l) \|<\varepsilon$,则进入步骤6；否则,回到步骤2；

步骤6 更新 α_i 为 $\alpha_i\beta$；若 $\alpha_i>M$ 则终止；否则转到步骤2。

设备 i 需要处理的优化问题(见步骤4)的定义域 D_i 完全由设备 i 决定,目标函数也只与自身能耗 E_i 及邻居决策变量 $\boldsymbol{z}_{ij,j}(j\in N_i)$有关。因此,该算法仅需要每个设备自身及其邻居的信息。

实践中,计算和通信造成的延时会使分散式算法的同步迭代变得困难。虽然该算法是以同步迭代的方式表述的,但是测试结果表明该算法也可用于异步迭代。

该算法中,设备 i 中所需的外界信息仅为$\boldsymbol{z}_{ij,j}(j\in N_i)$。而$\boldsymbol{z}_{ij,j}$ 的目标是使设备j 的子问题目标函数 $E_j + \sum_{i\in N_j} \alpha_i \| \boldsymbol{z}_{ij,i} - \boldsymbol{z}_{ij,j} \|^2$ 最小化。因此,设备 i 及其所有邻居设备 $j(\forall j\in N_i)$ 的能耗均在式(24.3-4)的目标函数中有所反映。当α 很小甚至极限情况$\alpha_i=0$时,求解式(24.3-4)所得最优解是使 E_i 最小化的决策变量设定值。随着 α_i 的增大,罚函数部分 $\alpha_i \| \boldsymbol{z}_{ij,j} - \boldsymbol{z}_{ij,i} \|^2$ 在目标函数中所占比重增大。此刻,求解式(24.3-4)不仅要考虑降低设备 i 的能耗,还要考虑减小$\| \boldsymbol{z}_{ij,j} - \boldsymbol{z}_{ij,i} \|^2$,即$\boldsymbol{z}_{ij,i}$ 向$\boldsymbol{z}_{ij,j}$ 接近。当α_i 接近正的无穷大时,最小化目标函数必然会要求 $\boldsymbol{z}_{ij,j}=\boldsymbol{z}_{ij,i}$。此时 $\boldsymbol{z}_{ij,i}$ 同时是设备 i 与 j 优化问题的最优解,即所得结果在降低设备 i 自身能耗与降低邻居设备 j 能耗间达到了平衡,为原优化式(24.2-13)的最优解。实际上,理论上可以证明本章提出的算法在优化问题满足凸性的假设下收敛,证明方法可参照非线性 Gauss-Seidel 方法的相关证明[8]。

24.4 案例分析

本章所采用的系统含有2台冷机、2台冷却泵和4台冷却塔,且每台冷却塔对应1台冷却塔风机。所有冷机的性能参数相同,假设所有冷却泵、冷却塔和冷却塔风机性能参数相同。本章关注 HVAC 系统冷站的优化,因此默认冷冻水侧的各个参数均已给定。其中与 HVAC 系统冷站优化有关的参数为：(1)室外湿球温度为21.36℃；(2)流经各台冷机的冷冻水量总和为67.6kg/s；(3)冷机冷冻水入口温度为11℃；(4)冷机冷冻水出口温度为5.3℃。由于冷机的供冷量取决于流经冷机的冷冻水量和进出冷机的冷冻水温差。因此,在确定上述参数的取值时,已经考虑冷机的供冷量之和满足建筑中的冷量需求。

假定系统中 2 台冷机均工作。通常冷却泵的台数与冷机台数一致,因此有 2 台冷却泵工作。另外,冷却塔风机和冷却塔的开关状态相同,即 $A_{ct}=A_{fan}$,其值由优化结果确定。冷量较大时,冷却塔工作台数较大以达到足够的冷却效果;冷量较小时减少冷却塔的工作台数可以节能。此处对两种不同冷量下 HVAC 系统的工作情况进行优化,以判断该优化算法是否能够优化冷却塔台数这一离散变量。需要指出的是,该分散式可以异步迭代,该部分列出的优化结果均是考虑了通信和计算延时后所得结果。

本章通过将分散式优化结果与最优解对比来检验所提优化方法的性能。其中,最优解是通过 MATLAB 的优化函数 fmincon 求解原优化式(24.2-13)所得结果。

假设每台冷机的冷量为 805kW,设 $\alpha_{i,0}=0.01$,$\beta=1.01$,$M=10^5$。所得优化结果见表 24.4-1,其中 f_{fan1}、f_{fan2}、f_{fan3}、f_{fan4} 和 f_{p1}、f_{p2} 分别是各个冷却塔风机和冷却泵的转动频率,计算值为本章分散式算法计算所得结果,误差为最优值与计算值的相对误差。可知计算值与最优值很接近,由于存在计算误差,能耗的计算值小于最优值。

表 24.4-1 冷量较大时分散式优化结果

数值种类	f_{fan1}/Hz	f_{fan2}/Hz	f_{fan3}/Hz	f_{fan4}/Hz	f_{p1}/Hz	f_{p2}/Hz	E_{all}/kW
最优值	30.28	30.28	30.28	30.28	32.39	32.39	205.605
计算值	30.34	30.34	30.34	30.34	32.32	32.32	205.604
误差/%	0.20	0.20	0.20	0.20	0.21	0.21	0.0005

假设每台冷机的冷量为 80.5kW,设 $\alpha_{i,0}=0.01$,$\beta=1.01$,$M=10^5$。所得优化结果见表 24.4-2,其中 $f_{fan}=0$ 表明该冷却塔和冷却塔风机处于关闭状态。由计算结果可见,该分散式算法可以使设备通过与邻居设备通信决定自身开关状态。

表 24.4-2 冷量较小时分散式优化结果

数值种类	f_{fan1}/Hz	f_{fan2}/Hz	f_{fan3}/Hz	f_{fan4}/Hz	f_{p1}/Hz	f_{p2}/Hz	E_{all}/kW
最优值	0	0	0	30	25	25	88.9685
计算值	0	0	0	30.060	25.001	25.001	88.9688
误差/%	0	0	0	0.20	0.004	0.004	0.0003

表 24.4-1 和表 24.4-2 分别给出了不同冷量下 HVAC 系统冷站的优化结果。在此基础上,本章对 HVAC 系统的冷站进行为时一天的优化:首先,建立一个与实际大楼规模相似的楼宇模型,以获得楼宇冷量(即室内多余热量值)逐时变化过程;其次,采用《建筑环境及 HVAC 系统模拟软件平台 DeST》中典型年北京 6 月 1 日数据作为室外气象参数;再次,将该楼宇中人员工作时间定为 9:00—20:00;最后,设定控制量调节时间间隔定为 5min。优化结果如图 24.4-1 所示。

由表 24.4-1 和表 24.4-2 可知,工作状态下的各个冷却塔风机频率相近。类似地,冷却泵的频率也相近。因此,图 24.4-1 只给出了某台冷却塔风机和冷却泵的频率设定点。由图 24.4-1 可见,最优冷却塔风机频率、冷却泵频率和能耗均与冷量有明显关系。该结论可供冷站设备的控制作为参考。

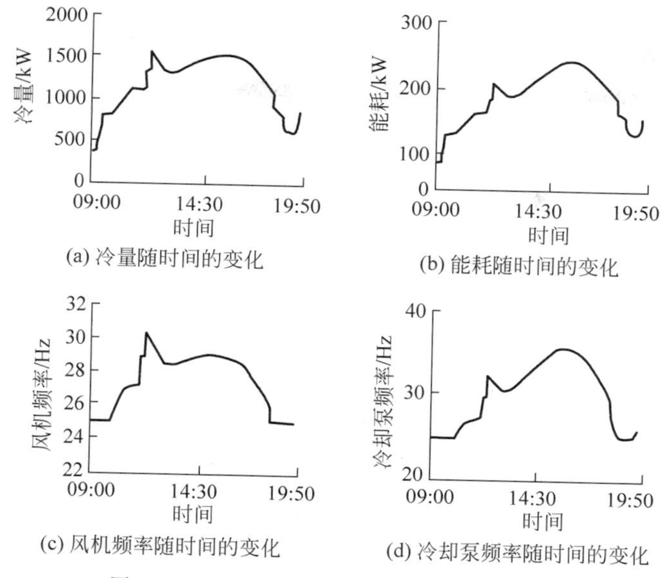

图 24.4-1　HVAC 系统冷站全天优化结果

24.5　本章小结

本章研究了 HVAC 系统冷站的分散式优化，提出了一种基于罚函数方法的分散式优化算法。采用该算法，HVAC 系统中的每个设备仅需要与其邻居设备进行通信并求解与其相关的子优化问题，就能确定该设备所含决策变量的取值。数值结果表明该算法所得解为优化问题的最优解。该算法能够用来求解非线性、强耦合、非凸和决策变量含有离散变量的优化问题。实践中往往难以判断某优化问题是否具有凸性，该算法不要求系统全局信息和凸性，因此有较大应用潜力。

参考文献

[1] 柳哲，陈曦，管晓宏．HVAC 冷站分散式节能优化[J]．清华大学学报(自然科学版)，2014(54)：1560-1565.

[2] Liang J，Du R. Design of intelligent comfort control system with human learning and minimum power control strategies[J]. Energy Conversion & Management，2008，49(4)：517-528.

[3] Nassif N，Kajl S，Sabourin R. Optimization of HVAC Control System Strategy Using Two-Objective Genetic Algorithm[J]. Hvac & R Research，2005，11(3)：459-486.

[4] Yao Y，Chen J. Global optimization of a central air-conditioning system using decomposition-coordination method[J]. Energy & Buildings，2010，42(5)：570-583.

[5] Sun Y，Huang G，Li Z，et al. Multiplexed optimization for complex air conditioning systems[J]. Building & Environment，2013，65(Jul.)：99-108.

[6] Chow T T，Zhang G Q，Lin Z，et al. Global optimization of absorption chiller system by genetic algorithm and neural network[J]. Energy & Buildings，2002，34(1)：103-109.

[7] Benders J. Partitioning procedures for solving mixed-variables programming problems[J]. Computational Management Science，2005，2(1)：238-252.

[8] Dimitri B，John N. T. Parallel and distributed computation：numerical methods[M]. Athena Scientific，

2015.

[9] Semsar-Kazerooni E, Khorasani K. Multi-agent team cooperation: A game theory approach[J]. Automatica,2009,45(10): 2205-2213.

[10] Nedic A, Ozdaglar A. Distributed Subgradient Methods for Multi-Agent Optimization[J]. IEEE Transactions on Automatic Control,2009,54(1): 48-61.

[11] Nedic A,Ozdaglar A,Parrilo P A. Constrained consensus and optimization in multi-agent networks [J]. IEEE Transactions on Automatic Control,2010,55(4): 922-938.

[12] Zhu M,Martinez S. On Distributed Convex Optimization Under Inequality and Equality Constraints [J]. IEEE Transactions on Automatic Control,2011,57(1): 151-164.

[13] Le L, Hossain E. Cross-layer optimization frameworks for multihop wireless networks using cooperative diversity[J]. IEEE Transactions on Wireless Communications,2008,7(7): 2592-2602.

[14] Raffard,R L,Tomlin,C J,Boyd,S P. Distributed optimization for cooperative agents: Application to formation flight[C]//IEEE Conference on Decision and Control (CDC). IEEE, Nassau, 2004, 3: 2453-2459.

[15] Negenborn R R, De Schutter B, Hellendoorn J. Multi-agent model predictive control for transportation networks: Serial versus parallel schemes[J]. Engineering Applications of Artificial Intelligence,2008,21(3): 353-366.

[16] Afonso M V, Bioucas-Dias, José M, Figueiredo, Mário A. T. Fast Image Recovery Using Variable Splitting and Constrained Optimization[J]. IEEE Trans Image Process,2010,19(9): 2345-2356.

采暖通风与空调系统分散式节能优化研究

本章提要

优化采暖通风与空调(HVAC)系统的控制策略能够降低其能耗。本章将1个典型的HVAC系统建模成包含3个子系统，优化目标为能耗最小，并利用分散式步长递减且协方差矩阵适应的进化策略求解在满足室内人员舒适度的基础上能耗最少的HVAC系统的控制策略。算例结果显示，相比于常规控制，由进化策略得到的控制策略可以节省大于34%的能耗。本章内容主要来源于文献[1]。

25.0 符号列表

E_{subct}	冷却塔子系统能耗
E_{subc}	冷机子系统能耗
E_{subAHU}	AHU子系统的能耗
$X_{\mathrm{con,subct}}$	冷却塔子系统控制策略
$X_{\mathrm{con,subc}}$	冷机子系统控制策略
$X_{\mathrm{con,subAHU}}$	AHU子系统控制策略
N	设备的数量
f	设备的频率
K	阀门的开度
T	水的温度

25.1 引言

随着社会与经济的发展，人们对建筑内的环境质量有了更高的要求。为了保证舒适的室内环境，建筑中所消耗的能耗约占全世界总能耗的40%[2]。在建筑中的所有耗能设备中，HVAC系统的运行状态直接影响到室内的温度、含湿量及二氧化碳浓度，是建筑内主要的耗能设备之一，其能耗约占建筑总能耗的40%[3]。大量研究表明，优化HVAC系统的控制策略能够节省能耗。

HVAC系统主要为身处室内的人员提供舒适的室内环境。在满足室内舒适度要求的前提下，尽可能降低HVAC系统的运行能耗。但是HVAC系统模型的高复杂度大大增加了优化策略的求解难度。HVAC系统模型的复杂度主要表现为：(1)设备之间的耦合。在HVAC系统中，不同的设备(包括冷却塔、冷机等)连接在一起，相互协作，将室内环境保持在舒适度要求的范围之内。某一个设备的控制策略的改变同时会影响到与之相连的设备的运行状态。(2)多个变量。HVAC系统中包含许多连续和离散的变量，例如不同种类的温度、流量、频率以及数量等。(3)多个约束条件。除了每个变量取值范围的约束之外，HVAC系统还包含许多的线性和非线性约束。例如，不同种设备的运行状态的约束，水压分布约束以及人员舒适度模型约束。这些因素使HVAC系统变得很复杂，增加了HVAC

系统优化策略的求解难度。

为降低 HVAC 系统的能耗，许多学者以 HVAC 系统中不同的设备为研究对象，做了许多工作。文献[4]应用遗传算法优化冷机系统；文献[5]应用进化算法优化冷却水系统；文献[6]中使用模拟退火算法评价冷冻水循环系统的参数，并搜寻相应的控制策略；文献[7]使用序优化的算法求解 HVAC 系统的优化策略。与已有研究不同的是，本章利用一种分散式步长递减且协方差矩阵适应的进化策略求解 HVAC 系统的优化控制策略。进化策略是一类求解连续空间内多极值问题的有效算法，常用来解决大型实际系统的优化问题。由 Hansen 和 Ostermeier 提出的协方差矩阵适应的进化策略(evolution strategy with covariance matrix adaptation，CMA-ES)是目前最常用的进化策略[8]，但该方法需要累积进化路径来更新步长和协方差矩阵，求解过程需要设置的参数较复杂。为简化运算过程，文献[9]提出了一种步长递减且协方差矩阵适应的进化策略(evolution strategy with covariance matrix and decreasing stepsize adaptation，CMDSA-ES)。本章将包含冷却塔、冷机和风机盘管的典型 HVAC 系统作为研究对象，搜寻在满足人员舒适度(包括温度、含湿量及二氧化碳浓度)的基础上，最小化 HVAC 系统能耗的控制策略。为降低 HVAC 系统模型的复杂度，将整个 HVAC 系统分成冷却塔子系统，冷机子系统以及室内空气处理(air handling unit，AHU)子系统，并进行各个子系统的建模，然后利用分散式 CMDSA-ES 来求解 HVAC 系统的优化问题。为加快求解效率，针对每个子系统，提出可行性的经验条件来预先粗略判断控制策略的可行性。算例结果显示，相比于常规控制，由分散式 CMDSA-ES 得到的 HVAC 系统的控制策略可以节省约 34%的能耗。

25.2 优化问题建模

典型的 HVAC 系统包含冷却塔、冷机、风机盘管和水泵等设备，如图 25.2-1 所示。为了降低建模的复杂度，根据 HVAC 系统各设备的实际物理位置及耦合关系，将整个 HVAC 系统分为 3 个子系统——冷却塔子系统、冷机子系统和 AHU 子系统，如图 25.2-2 所示。冷却水循环连接冷却塔子系统和冷机子系统，冷冻水循环连接冷机子系统和 AHU 子系统。冷却塔子系统和 AHU 子系统没有直接连接。

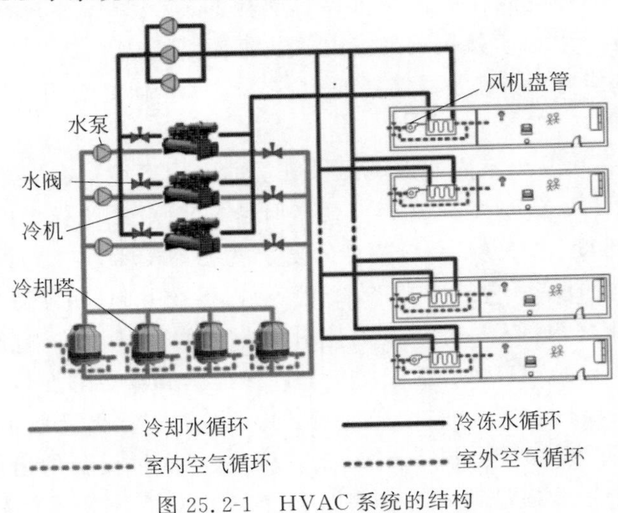

图 25.2-1 HVAC 系统的结构

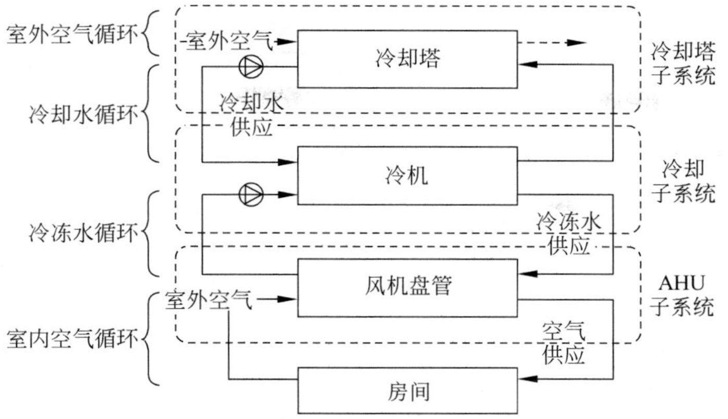

图 25.2-2　HVAC 系统的子系统

为了使 HVAC 系统的能耗最小,优化问题的目标函数为

$$E_{\text{all}}(\boldsymbol{X}_{\text{con,all}}) = \sum_{k}(E^{k}_{\text{subct}} + E^{k}_{\text{subc}} + E^{k}_{\text{subAHU}}) \tag{25.2-1}$$

其中:

$$\boldsymbol{X}_{\text{con,all}} = [X_{\text{con,subct}}, X_{\text{con,subc}}, X_{\text{con,subAHU}}] \tag{25.2-2}$$

式中:$E^{k}_{\text{subct}}, E^{k}_{\text{subc}}, E^{k}_{\text{subAHU}}$ 分别为在 k 时刻冷却塔子系统、冷机子系统和 AHU 子系统的能耗;$X_{\text{con,subct}}, X_{\text{con,subc}}, X_{\text{con,subAHU}}$ 分别为冷却塔子系统、冷机子系统和 AHU 子系统的控制策略。

25.2.1　冷却塔子系统的建模

冷却塔子系统中的耗能设备包括冷却塔和冷却水泵。因此,冷却塔子系统的控制策略为

$$\boldsymbol{X}_{\text{con,subct}} = [N^{k}_{\text{ct}}, N^{k}_{\text{cwp}}, f_{\text{ct}}, f_{\text{cwp}}, T_{\text{cw,ct,in}}, K_{\text{subct}}] \tag{25.2-3}$$

其中:

$$f_{\text{ct}} = \{f^{k}_{\text{ct},1}, \cdots, f^{k}_{\text{ct},i} \cdots, f^{k}_{\text{ct},N^{l\,\text{pper}}_{\text{ar}}}\}$$

$$f_{\text{cwp}} = \{f^{k}_{\text{cwp},1}, \cdots, f^{k}_{\text{cwp},i}, \cdots, f^{k}_{\text{cwp},N^{\text{Upper}}_{\text{cwp}}}\}$$

$$T_{\text{cw,ct,in}} = \{T^{k}_{\text{cw,ct,in},1}, \cdots, T^{k}_{\text{cw,ct,in},i}, \cdots, T_{\text{cw,ct,in},N^{l\,\text{er}}_{\text{ar}}}\}$$

$$K_{\text{subct}} = \{K^{k}_{\text{ct},1}, \cdots, K^{k}_{\text{ct},i}, \cdots, K^{k}_{\text{ct},N^{\text{Upper}}_{\text{ct}}}, K^{k}_{\text{cwp},1}, \cdots, K^{k}_{\text{cwp},i}, \cdots, K^{k}_{\text{cwp},N^{\text{Upper}}_{\text{cwp}}}\} \tag{25.2-4}$$

式中:N^{k}_{ct} 和 N^{k}_{cwp} 分别为 k 时刻工作的冷却塔和冷却水泵的数量;f_{ct} 和 f_{cwp} 分别为冷却塔和冷却水泵频率的集合;$T_{\text{cw,ct,in}}$ 为流入冷却塔的冷却水温度的集合;K_{subct} 为冷却塔子系统中阀门开度的集合;$N^{\text{Upper}}_{\text{ct}}$ 和 $N^{\text{Upper}}_{\text{cwp}}$ 分别为冷却塔和冷却水泵的总数量;$f^{k}_{\text{ct},i}$ 和 $f^{k}_{\text{cwp},i}$ 分别为 k 时刻第 i 台冷却塔和冷却水泵的频率;$T^{k}_{\text{cw,ct,in},i}$ 为 k 时刻流入第 i 台冷却塔的冷却水的温度;$K^{k}_{\text{ct},i}$ 和 $K^{k}_{\text{cwp},i}$ 分别为 k 时刻与第 i 台冷却塔和冷却水泵相连的阀门的开度。

冷却塔子系统的优化问题描述为

$$\min_{X_{\text{con,subct}}} E^k_{\text{subct}}(X_{\text{con,subct}}, X_{\text{neb,subct}}) = \sum_k \left(\sum_{i=1}^{N^k_{\text{ct}}} E^k_{\text{ct},i} + \sum_{i=1}^{N^k_{\text{cwp}}} E^k_{\text{cwp},i} \right)$$
$$\text{s.t.} \quad F_{\text{subct}}(X_{\text{con,subct}}, X_{\text{neb,subct}}) = 0$$
$$G_{\text{subct}}(X_{\text{con,subct}}, X_{\text{neb,subct}}) < 0 \tag{25.2-5}$$

式中：$X_{\text{neb,subct}}$ 为会影响冷却塔子系统运行状态的相邻子系统的控制变量；$E^k_{\text{ct},i}$ 和 $E^k_{\text{cwp},i}$ 分别为第 k 时刻第 i 台冷却塔和冷却水泵的能耗；F_{subct} 和 G_{subct} 分别为冷却塔子系统的等式约束和不等式约束，主要包括冷机、冷却水泵等设备模型约束和耦合约束。

25.2.2 冷机子系统的建模

冷机子系统中的耗能设备包括冷机和冷冻水泵。因此，冷机子系统的控制策略为

$$\boldsymbol{X}_{\text{con,subc}} = [N^k_c, N^k_{\text{chwp}}, f_{\text{chwp}}, T_{\text{chw,c,out}}, T_{\text{cw,c,out}}, K_{\text{subc}}] \tag{25.2-6}$$

其中：

$$f_{\text{chwp}} = \{f^k_{\text{chwp},1}, \cdots, f^k_{\text{chwp},i}, \cdots, f^k_{\text{chwp},N^{\text{Upper}}_{\text{chw}}}\}$$
$$T_{\text{chw,c,out}} = \{T^k_{\text{chw,c,out},1}, \cdots, T^k_{\text{chw,c,out},i}, \cdots, T^k_{\text{chw,c,out},N^{\text{Upper}}_{\text{c}}}\}$$
$$T_{\text{cw,c,out}} = \{T^k_{\text{cw,c,out},1}, \cdots, T^k_{\text{cw,c,out},i}, \cdots, T^k_{\text{cw,c,out},N^{\text{Upper}}_{\text{c}}}\}$$
$$K_{\text{subc}} = \{K^k_{\text{c},1}, \cdots, K^k_{\text{c},i}, \cdots, K^k_{\text{c},N^{\text{Upper}}_{\text{c}}}, K^k_{\text{chwp},1}, \cdots, K^k_{\text{chwp},i}, \cdots, K^k_{\text{chwp},N^{\text{Upper}}_{\text{chwp}}}\} \tag{25.2-7}$$

式中：N^k_{c} 和 N^k_{chwp} 分别为 k 时刻工作的冷机和冷冻水泵的数量；f_{chwp} 为冷冻水泵频率的集合；$T_{\text{cw,c,out}}$ 和 $T_{\text{chw,c,out}}$ 分别为流出冷机的冷却水和冷冻水温度的集合；K_{subc} 为冷机子系统中阀门开度的集合；$N^{\text{Upper}}_{\text{c}}$ 和 $N^{\text{Upper}}_{\text{chwp}}$ 分别为冷机和冷冻水泵的总数量；$f^k_{\text{chwp},i}$ 为 k 时刻第 i 台冷冻水泵的频率；$T^k_{\text{cw,c,out},i}$ 和 $T^k_{\text{chw,c,out},i}$ 分别为 k 时刻流出第 i 台冷机的冷却水和冷冻水的温度；$K^k_{\text{c},i}$ 和 $K^k_{\text{chwp},i}$ 分别为 k 时刻与第 i 台冷机和冷冻水泵相连的阀门的开度。

冷机子系统的优化问题描述为

$$\min_{X_{\text{con,subc}}} E^k_{\text{subc}}(X_{\text{con,subc}}, X_{\text{neb,subc}}) = \sum_k \left(\sum_{i=1}^{N^k_{\text{c}}} E^k_{\text{c},i} + \sum_{i=1}^{N^k_{\text{chwp}}} E^k_{\text{chwp},i} \right)$$
$$\text{s.t.} \quad F_{\text{subc}}(X_{\text{con,subc}}, X_{\text{neb,subc}}) = 0$$
$$G_{\text{subc}}(X_{\text{con,subc}}, X_{\text{neb,subc}}) < 0 \tag{25.2-8}$$

式中：$X_{\text{neb,subc}}$ 为会影响冷机子系统运行状态的相邻子系统的控制变量；$E^k_{\text{c},i}$ 和 $E^k_{\text{chwp},i}$ 分别为第 k 时刻第 i 台冷机和冷冻水泵的能耗；F_{subc} 和 G_{subc} 分别为冷机子系统的等式约束和不等式约束，主要包括冷机、冷冻水泵等设备模型约束和耦合约束。

25.2.3 AHU 子系统的建模

AHU 子系统中的耗能设备主要是风机盘管。因此，AHU 子系统的控制策略为

$$\boldsymbol{X}_{\text{con,subAHU}} = [N^k_{\text{coil}}, f_{\text{coil}}, T_{\text{chw,coil,in}}, K_{\text{subAHU}}] \tag{25.2-9}$$

其中：

$$f_{\mathrm{coil}}=\{f^{k}_{\mathrm{coil},1},\cdots,f^{k}_{\mathrm{coil},i},\cdots,f^{k}_{\mathrm{coil},N^{\mathrm{Upper}}_{\mathrm{coil}}}\}$$

$$T_{\mathrm{chw,coil,in}}=\{T^{k}_{\mathrm{chw,coil,in},1},\cdots,T^{k}_{\mathrm{chw,coil,in},i},\cdots,T^{k}_{\mathrm{chw,coil,in},N^{\mathrm{Upper}}_{\mathrm{coil}}}\}$$

$$K_{\mathrm{subAHU}}=\{K^{k}_{\mathrm{coil},1},\cdots,K^{k}_{\mathrm{coil},i},\cdots,K^{k}_{\mathrm{coil},N^{\mathrm{Upper}}_{\mathrm{coil}}}\} \tag{25.2-10}$$

式中：N^{k}_{coil} 为 k 时刻工作的风机盘管的数量；f_{coil} 为风机盘管频率的集合；$T_{\mathrm{chw,coil,in}}$ 为流入风机盘管的冷冻水温度的集合；K_{subAHU} 为 AHU 子系统中阀门开度的集合；$N^{\mathrm{Upper}}_{\mathrm{coil}}$ 为风机盘管的总数量；$f^{k}_{\mathrm{coil},i}$ 为 k 时刻第 i 台风机盘管的频率；$T^{k}_{\mathrm{chw,coil,in},i}$ 为 k 时刻流入第 i 台风机盘管的冷冻水的温度；$K^{k}_{\mathrm{coil},i}$ 为 k 时刻与第 i 台风机盘管相连的阀门的开度。

AHU 子系统的优化问题描述为

$$\min_{X_{\mathrm{con,subAHU}}} E^{k}_{\mathrm{subAHU}}(X_{\mathrm{con,subAHU}},X_{\mathrm{neb,subAHU}})=\sum_{k}\sum_{i=1}^{N^{k}_{\mathrm{coil}}}E^{k}_{\mathrm{coil},i}$$

$$\text{s.t.}\quad F_{\mathrm{subAHU}}(X_{\mathrm{con,subAHU}},X_{\mathrm{neb,subAHU}})=0$$

$$G_{\mathrm{subAHU}}(X_{\mathrm{con,subAHU}},X_{\mathrm{neb,subAHU}})<0 \tag{25.2-11}$$

式中：$X_{\mathrm{neb,subAHU}}$ 为影响 AHU 子系统运行状态的相邻子系统的控制变量；$E^{k}_{\mathrm{coil},i}$ 为 k 时刻第 i 台风机盘管的能耗；F_{subAHU} 和 G_{subAHU} 分别为 AHU 子系统的等式约束和不等式约束，主要包括风机盘管的设备模型约束、耦合约束和舒适度模型约束。

25.3 分散式 CMDSA-ES

对于每一个子系统，CMDSA-ES 的求解过程类似。以冷却塔子系统为例，说明 CMDSA-ES 的计算流程。

步骤 1 初始化。迭代次数 $i=1$。冷却塔子系统产生 1 个可行的初始解 $X^{(i)}_{\mathrm{con,subct}}$，并结合接收到的相邻的冷机子系统的 $X^{(i)}_{\mathrm{neb,subct}}$ 和能耗 $E^{(i)}_{\mathrm{con,subct}}$ 计算并记录自身能耗 $E^{(i)}_{\mathrm{subct}}$ 和与相邻冷机子系统的能耗总和 $E^{(i)}_{\mathrm{subct,withneb}}$。

步骤 2 根据协方差矩阵 $C^{(i)}_{\mathrm{subct}}$ 和步长 $\sigma^{(i)}_{\mathrm{subct}}$，产生冷却塔子系统的样本点。

步骤 3 利用冷却塔子系统的可行性的经验条件初步判断产生的样本点的可行性。

步骤 4 重复步骤 2 和步骤 3，直到得到 N_{subct} 个冷却塔子系统可行的样本点 $[X_{\mathrm{con,subct},1},\cdots,X_{\mathrm{con,subct},N_{\mathrm{subct}}}]$。

步骤 5 根据 $X^{(i)}_{\mathrm{nei,subct}}$ 和能耗 $E^{(i)}_{\mathrm{nei,subct}}$，评价每一个样本点自身的能耗 E_{suct} 和与相邻冷机子系统的能耗总和 $E_{\mathrm{subct,withneb}}$。

步骤 6 对 N_{subct} 个样本点得到的 $E_{\mathrm{subct,withneb}}$ 进行排序，选出其中的最小值记为 $E_{\mathrm{subct,mi}}$。

步骤 7 更新最优解、协方差矩阵及步长等信息。如果

$$\boldsymbol{X}^{(i+1)}_{\mathrm{con,subct}}=\boldsymbol{X}^{(i)}_{\mathrm{con,subct}}$$

$$\boldsymbol{\sigma}^{(i+1)}_{\mathrm{subct}}=\alpha_{i}\boldsymbol{\sigma}^{(i)}_{\mathrm{subct}}$$

$$\boldsymbol{C}^{(i+1)}_{\mathrm{subct}}=\boldsymbol{C}^{(i)}_{\mathrm{subct}} \tag{25.3-1}$$

则停机；选取 $E_{\mathrm{subct,withneb}}$ 较小的 μ_{subct} 个

$$\sigma_{\text{subct}}^{(i+1)}=\sigma_{\text{subct}}^{(i)}$$

$$\boldsymbol{C}_{\text{subct}}^{(i+1)}=\left(1-\frac{1}{\tau_{\text{subct}}^{(i)}}\right)\boldsymbol{C}_{\text{subct}}^{(i)}+\frac{1}{\tau_{\text{subct}}^{(i)}\mu_{\text{subct}}}\sum_{l=1}^{\mu_{\text{sit}}}\boldsymbol{A}\boldsymbol{A}^{\mathrm{T}}$$

$$\boldsymbol{X}_{\text{con,subct}}^{(i+1)}=\frac{1}{\mu_{\text{subct}}}\sum_{l=1}^{\mu_{\text{gbt}}}\boldsymbol{X}_{\text{con,subct,I}} \tag{25.3-2}$$

其中：$\boldsymbol{A}=\dfrac{\boldsymbol{X}_{\text{con,subct,}}-\boldsymbol{X}_{\text{con,subct}}^{(i)}}{\boldsymbol{\sigma}_{\text{subct}}^{(i)}}$。

步骤 8 更新迭代次数 $i=i+1$。

步骤 9 重复步骤 2～步骤 8，直到满足迭代停止条件。当满足停止条件时，输出当前 $X_{\text{con,subct}}^{(i)}$ 作为冷却塔子系统的最优解。

CMDSA-ES 在冷机和 AHU 子系统中的应用与其在冷却塔子系统中的应用相类似。

25.4 算例分析

本章以如图 25.2-1 所示的 HVAC 系统 12 个小时(9:00—20:59)运行状态为例，比较由分散式 CMDSAES 和常规控制得到的控制策略的效果。图 25.2-1 所示的 HVAC 系统包含 3 台冷机、4 台冷却塔、6 台水泵及 60 个房间，各设备的参数如表 25.4-1 所示。室内舒适度要求如表 25.4-2 所示。本例中借助北京一典型日的室外天气信息来求解 HVAC 系统每小时的控制策略[10]。

表 25.4-1 HVAC 系统中设备参数

设备名称	参数	数值
冷却塔	总数	4
	额定能耗/kW	6.18
	风机频率/Hz	10～50
冷机	总数	3
	额定能耗/kW	234.5
	额定制冷量/kW	1470
水泵	数量	6
	额定能耗/kW	39
	工作频率/Hz	10～50
风机盘管	数量	一个房间有一组风机盘管
	额定能耗/kW	4
	风机频率/Hz	10～50

表 25.4-2 室内舒适度

参数	数值
温度/℃	22～26
相对湿度/%	40～60
二氧化碳浓度/$\times10^{-6}$	<900

常规控制的控制策略是根据对中国约 100 座大型公共建筑的调研结果得到的[11]。在

常规控制中，除了冷却塔及冷机的开停状态及室内风机盘管的频率，其他变量不可控。

图 25.4-1 是由分散式 CMDSA-ES 和常规控制得到的冷却水的入水温度与出水温度的温度差和冷却塔子系统的能耗随时间变化的曲线。由图 25.4-1 可以看出，冷却水的出、入水温差较大时，冷却塔子系统的能耗较小。

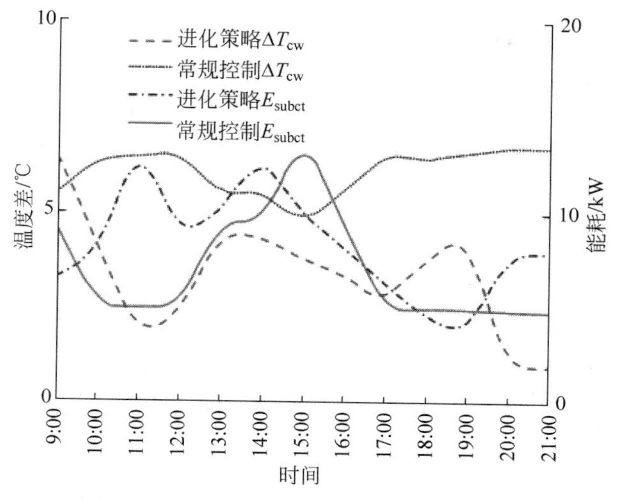

图 25.4-1　冷却水温差与冷却塔子系统能耗

图 25.4-2 是由分散式 CMDSA-ES 和常规控制得到的冷却水出、入水的温度差与冷机子系统的能耗随时间变化的曲线。由图 25.4-2 可以看出，冷却水的出、入水温差较小时，冷机子系统的能耗较小。

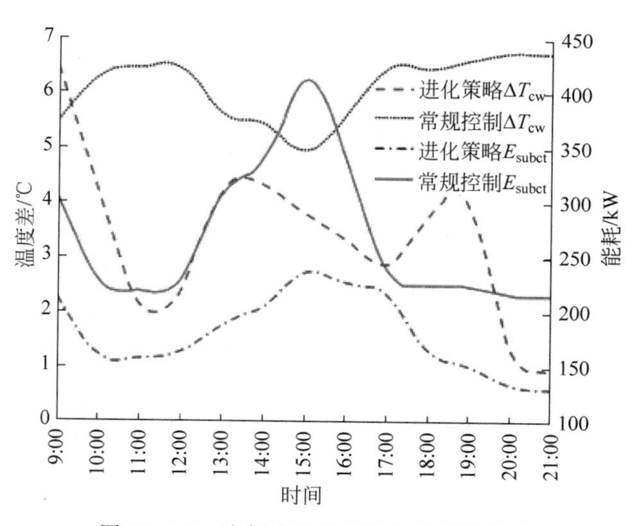

图 25.4-2　冷却水温差与冷机子系统能耗

较大的冷却水的出、入水温差，可以减小冷却塔子系统的能耗，但却增加了冷机子系统的能耗。因此，冷却塔子系统与冷机子系统的能耗之间会相互影响，相互制约。采用优化后的策略，合理控制冷却水的出、入水温差，才能减小整个 HVAC 系统的能耗。

图 25.4-3 展现的是在分散式 CMDSA-ES 和常规控制下，整个 HVAC 系统每小时的能

耗总量。相比于常规控制,分散式 CMDSA-ES 得到的控制策略使 HVAC 系统每小时至少节省了 4%的能耗。因此,从每小时所消耗的能耗总量上看,分散式 CMDSA-ES 得到的控制策略更具有节能潜力。

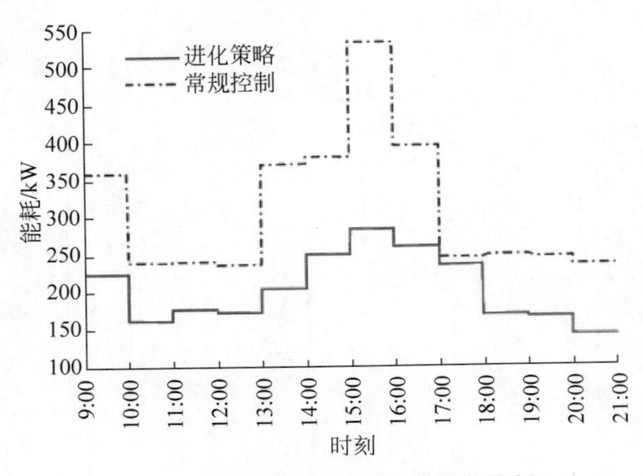

图 25.4-3　HVAC 系统每小时的能耗

图 25.4-4 展现的是 HVAC 系统不同设备的每小时平均能耗情况,其中 CT 代表冷却塔,Chiller 代表冷机,CP 代表冷却水泵,CHP 代表冷冻水泵。由图 25.4-4 可以看出,在分散式 CMDSA-ES 得到的控制策略下,高耗能设备的耗能情况都优于常规控制策略。另外,对于整个 HVAC 系统而言,相比于常规控制,分散式 CMDSA-ES 得到的控制策略平均可以节约 34%的能耗。因此,从 HVAC 系统各设备的平均能耗及总能耗情况上看,由分散式 CMDSA-ES 得到的控制策略更具有节能潜力。

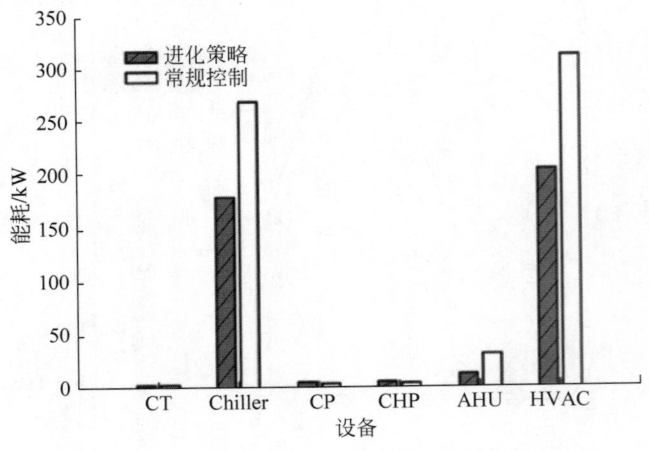

图 25.4-4　HVAC 系统中不同设备的平均能耗

25.5　本章小结

本章以一个包含冷却塔、冷机及风机盘管等设备的典型 HVAC 系统作为研究对象,并将其建模成含有 3 个子系统且优化目标为能耗最小的优化问题。利用分散式 CMDSA-ES 来求解该优化问题的控制策略,并将其能耗情况与常规控制进行比较。结果显示,无论在小时能耗或是在平均能耗方面，分散式 CMDSA-ES 得到的控制策略的效果都优于常规控制策略。

参考文献

[1] 庄露萍，杨卓，陈曦. 采暖通风与空调系统分散式节能优化研究[J]. 智慧电力，2017，45(7)：31-36.

[2] Imbabi M S. Computer validation of scale model tests for building energy simulation[J]. International Journal of Energy Research，2010，14(7)：727-736.

[3] Ferreira P M，Silva S M，Ruano A E，et al. Neural network PMV estimation for model-based predictive control of HVAC systems[C]//International Joint Conference on Neural Networks. IEEE，2012：1-8.

[4] Chow T T，Zhang G Q，Lin Z，et al. Global optimization of absorption chiller system by genetic algorithm and neural network[J]. Energy & Buildings，2002，34(1)：103-109.

[5] Fong K F，Hanby V I，Chow T T. System optimization for HVAC energy management using the robust evolutionary algorithm[J]. Applied Thermal Engineering，2009，29(11-12)：2327-2334.

[6] Barrett Adams Flake. Parameter estimation and optimal supervisory control of chilled water plants [D]. The University of Wisconsin-Madison，1998.

[7] Zhuang L，Chen X，Guan X. A decentralized ordinal optimization for energy saving of an HVAC system[C]//American Control Conference. IEEE，2016：611-616.

[8] Hansen N. Adapting arbitrary normal mutation distributions in evolution strategies：the covariance matrix adaptation[C]//Proceedings of IEEE International Conference on Evolutionary Computation. IEEE，1996：312-317.

[9] Yang Z，Chen X. Evolution Strategy with Covariance Matrix and decreasing step-size Adaptation (CMDSA-ES)[C]//2016 IEEE International Conference on Automation Science and Engineering (CASE). IEEE，2016：1008-1013.

[10] DeST Software，清华大学. 2008. http://www. dest. com. cn.

[11] 薛志峰. 既有建筑节能诊断与改造[M]. 北京：中国建筑工业出版社，2007.

第 26 章

不依赖模型的中央空调优化运行方法

本章提要

本章针对建筑能源系统设备模型难以精确建立的特点，基于基本物理定律，借鉴强化学习方法，提出了一种不依赖模型的群智能设备优化决策方法。不依赖模型的群智能设备优化决策方法摆脱传统依赖建模的方法，利用传感器实时反馈值，通过协同进化算法，各智能设备实现自主寻优，提升了算法的实用性，降低了建模成本，对于复杂度高、信息量少的设备使用场景，可靠性强，增强了算法的通用性。同时，从理论上证明了群智能优化决策算法的收敛性，利用半物理实验平台测试验证了算法的有效性。本章内容主要来源于文献[1]。

26.0 符号列表

S_t	智能体检测到环境状态
r	奖赏信号
a	智能体动作
α	学习因子
γ	折扣率
T_{CHWS}	冷冻水供水温度
T_{CHWR}	冷冻水回水温度
T_{CWS}	冷却水供水温度
T_{CWR}	冷却水回水温度
Q	制冷量
P_{AHU}	空调箱送风机能耗
H_{CHW}	冷冻泵压差设定值
H_{CW}	冷却泵压差设定值
P_{CHWpump}	冷冻泵能耗
P_{CWpump}	冷却泵能耗
P_{CT}	冷却塔能耗
ρ	惩罚因子

26.1 不依赖模型的优化运行方法概述

26.1.1 模型不确定性分析

空调系统是一个复杂的热力系统，系统中有些设备或部件模型具有很强的非线性、随机性和多模态性，对象的参数易于变化且难以确定，想用精确的数学模型来描述并得出准确的系统参数几乎不可能[2]。另外，有些大型设备，随着运行年限的增长，其物理特性也会产生变化，如叶轮气蚀、压缩机磨损导致吸排功能下降等。

甚至有时候很难建立一些换热部件的换热模型，或者只知道一个趋势，由于许多参数无法直接准确获得且参数自身随外界条件的变化而变化。尤其是近些年一些可再生能源系统的接入(如地源热泵系统、PV/T 系统等),使得建筑能源系统建模更加复杂。

例如,地源热泵系统的地埋管换热器的传热过程就十分复杂,很难用传统的数学方法建立精确的预测模型。因为地埋管换热器受到钻井深度范围内不同地质层、地下水流动以及地下水位等水文地质条件,管间距、管径、管材等埋管参数,管内流体参数等因素的影响,实际上是一个复杂的非稳态传热过程。目前对地埋管换热器的研究主要从实测和数值模拟两方面展开。由于各地水文地质情况的千差万别,实测数据很难用于其他地区的地埋换热器优化运行。而数值模拟又由于计算时间过长,不适合实时的优化控制计算[3],很难为实际工程所用[4]。因此,对其所进行的研究都是使用了某种简化的传热模型,只是假设的条件不同[5]。例如 Michopoulos 利用了解析模型对地埋管换热器出口温度进行了预测,但最大误差高达 6℃,精度不高[6]。再比如,PV/T 系统组件模型既要考虑电子对的剧烈运动、内部空穴,以及复合产热情况等因素,又要考虑光照强度、室外温度等外部环境因素,因此,很难根据产热机理对 PV/T 组件建模,且实用性不强[7]。从而,探索一种新的、更加实用的建筑能源系统全局优化运行方法极具研究价值。

26.1.2　不依赖模型的优化运行方法介绍

前人所采用的优化决策方法均有一个前提是各个设备的(灰箱)模型已确定,但是通过分析可知,该方法对模型的依赖从一定程度上降低了基于群智能平台的能源系统即插即用、即连即通的优势。

为了解决以上问题,通常采用模型在线更新的方法用于空调系统的优化决策。此时,控制器主要由三部分组成:模型预测、滚动优化和反馈校正。而且通常利用神经网络对模型进行预测。但是,神经网络等黑箱模型方法往往具有较高的计算复杂度,且在线建模过程中需要保存大量的历史运行数据,在一定程度上限制了其实际应用。有些学者提出了模糊聚类的方法,不需要预先建立具体的解析表达式,且不需要相关的先验知识,具有较强的模型校正能力,特别适合应用于被测对象呈现亦此亦彼的多模态性且难以用常规数学定量描述的场合,在建模中得到了大量应用[8-12]。该方法利用模糊推理和聚类分析,以模糊规则的形式从运行数据中提取和保留代表性的运行状态,因此,模糊聚类的方法难以用于优化决策应用。

另外,模型在线辨识方法由于具有自学习、自适应、鲁棒性等优点也得到了广泛的研究与应用。但是,该方法在数据的预处理阶段要去除干扰变量引起的变化趋势,较为困难,且随着被控对象条件变化,鲁棒性减弱。当模型具有很强的非线性、随机性和多模态性等特点时,实际中常用的曲线拟合方法往往存在诸多限制,难以通用及在线更新。

以上方法在应用于能源系统优化运行时都存在各自的不足,因此,学者开始对无模型的优化决策方法进行研究。典型的无模型优化决策方法主要有三类[13]:专家规则系统、强化学习方法和其他方法,如图 26.1-1 所示。

专家规则控制器通常由知识库、控制规则库、推理机构及信息获取与处理四部分组成[14]。知识库由事实集和经验数据库、经验公式组成。控制规则集为专家及熟练操作者在系统实际控制过程中积累的专门知识和经验,使能源系统能够以最优方式运行。规则结论则在不断地运行中,用后续的数据获取优化方法进行修改、优化。推理机构一般采用前向推理机制，对控制规则由前向后逐条匹配，直至搜索到目标。信息获取主要是通过其闭环控制系统的反馈信息及系统的输入信息，获得控制系统的误差及误差变化量等，对控制规则进行修正。但是，专家系统自身存在一些难以克服的缺点，如知识获取的“瓶颈”、推理能力弱等问题[15-16]。

强化学习的基本模型如图 26.1-2 所示，其中智能体作为学习的主体，学习过程可以描述为：在 t 时刻，智能体检测到环境的状态 S_t；针对当前的状态和强化信息 r_t，智能体选择动作 a_t 作用于环境；环境的状态发生改变，转移到新的转态 S_{t+1}，同时，智能体接收到下一个奖赏信号 r_{t+1}，如此反复输出行为。

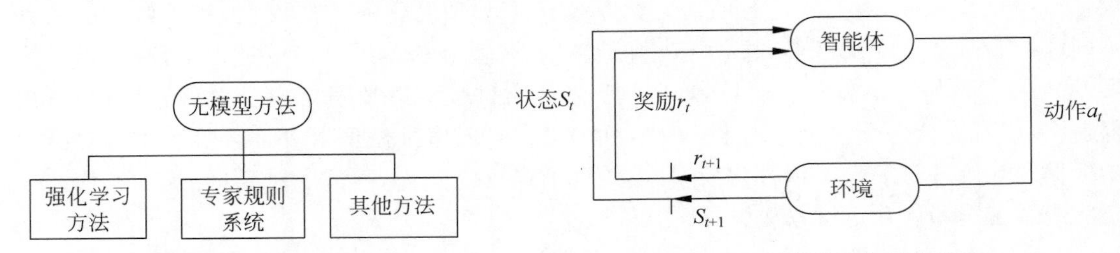

图 26.1-1　无模型的优化决策方法分类

图 26.1-2　强化学习的基本模型

Q 学习算法为典型的强化学习算法，不需要对所处的动态环境建模，能在智能体与环境交互时在线使用。在 Q 学习算法中，智能体利用状态-动作对的回报评价值 $Q(s,a)$ 来工作，其运行机制为：在每一时刻，检测当前状态 s，以概率 p 选择 Q 值最大的动作，以 $1-p$ 的概率选择其他动作；检测后续状态 s'，获得一个瞬时奖赏 r，利用学习因子 α，折扣率 γ 来调节 $Q(s,a)$ 的值，即

$$Q(s,a)=(1-\alpha)\cdot Q(s,a)+\alpha\cdot(r+\gamma\cdot\max Q(s',b)) \tag{26.1-1}$$

其中，$\max Q(s',b)$ 表示在状态 s' 时，最大的动作-状态对评价值。然而，强化学习的优化效果依赖于学习参数的选取，需要存储若干组历史策略评价值，而且在集中式模式下耗时太长，实用性较差[17,20]。

另外，还有其他一些不依赖模型的优化运行方法。例如，有些方法是通过连续调节各个执行器的动作并监控收集整个系统的能耗数据，再通过比较和计算，利用爬山法等优化方法确定下一步的寻优方向，使系统向着能耗最低的方向运行。该方法不需要存储大量数据，且同样无须数值模型，易于工程实现且对于所有电气驱动系统都适应。然而，由于建筑能源系统的动态性以及环境因素变化的不确定性，该方法在本质上会出现不稳定[21]。

由于以上不依赖模型的优化运行方法存在不足，并且无法满足群智能平台的新需求，本章将对不依赖模型的群智能优化运行方法做深入研究。

26.2　不依赖模型的群智能设备优化决策方法研究

26.2.1　不依赖模型的群智能设备优化决策方法总体设计

本节主要对不依赖模型的空调系统设备群智能优化决策方法进行研究。需要指出的是，大部分传感器的安装与布置是为了满足机电设备运行变量的控制需求，即从控制逻辑上来讲，各个传感器与相应的机电设备之间存在逻辑关联。因而，在群智能平台中，应该将各智能设备节点与相关的智能传感器节点连接，交由机电设备控制管理，是机电设备的附属传感器，参与智能机电设备协调运行。从而，各个智能设备可以具有感知、计算与通信能力。在不依赖模型的群智能优化决策方法中，无须建立设备模型，各个智能设备仅仅通过实时采集传感器反馈值，通过自身优化及邻居协同得到最优决策值。各设备主要的决策变量(冷机冷冻水供水温度、冷冻泵压差、冷却泵压差、冷却塔出水温度与风机静压等)以及能耗值 $P_{chiller}$，$P_{CHWpump}$，P_{CWpump}，P_{AHU}，P_{CT}，均可以通过传感器读取得到。另外，实时制冷量可以通过多个局部相邻传感器测量值组合计算得到。如图 26.2-1 所示。

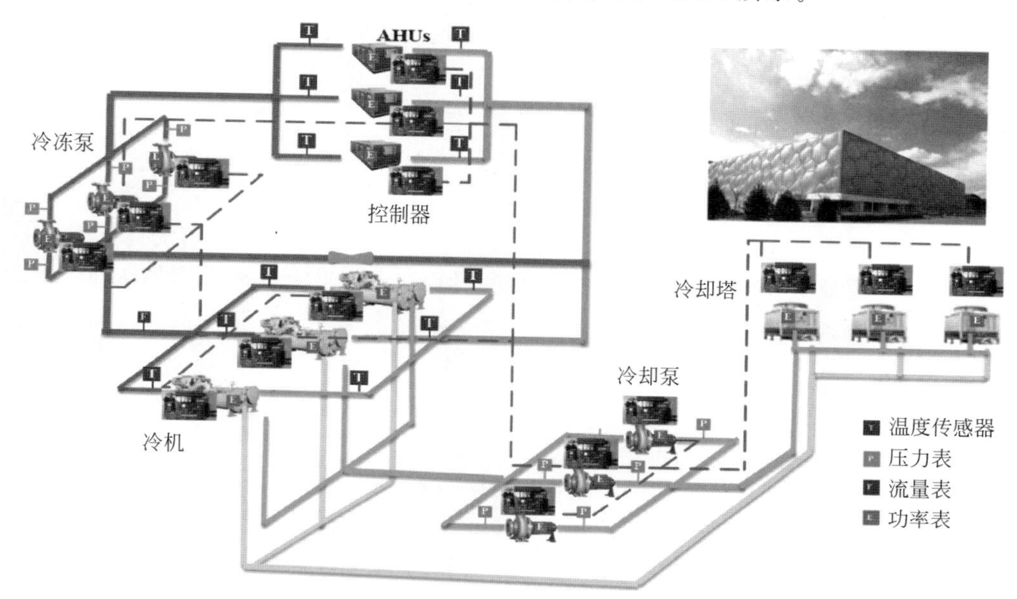

图 26.2-1　中央空调系统结构及群智能平台图

各个设备的优化决策函数介绍如下：

(1) 空调箱优化决策函数

$$
\begin{aligned}
&\min P_{AHU} \\
&\text{s.t. } T_{RA,i_1} = T_{s,i_1} \\
&\qquad Q_{t,i_1} = m_{SA,i_1} c_{pa} (h_{sar,i_1} - h_{sac,i_1}) \\
&\qquad Q_{L,i_1} = Q_{t,i_1}, \quad i_1 = 1,2,3
\end{aligned} \tag{26.2-1}
$$

其中，T_{s,i_1} 为区域 i_1 温度设定值，Q_{t,i_1} 为智能空调箱 i_1 实时制冷量。空调箱送风机能耗 P_{AHU} 可以通过电表采集得到。送风量 m_{SA,i_1} 可以通过风速传感器测量得到。简单起见，将回风温度 T_{RA,i_1} 作为房间温度。智能 AHU 节点的决策变量为送风机静压值 P_{SA}。

(2) 冷机优化决策函数

$$
\begin{aligned}
&\min P_{chiller} \\
&\text{s.t. } Q_t = (m_{CHW}/\Pi_1) \cdot c_{pw} \cdot (T_{CHWR} - T_{CHWS}) \\
&\qquad Q_L/\Pi_1 = Q_t
\end{aligned} \tag{26.2-2}
$$

其中，Q_t 为实时制冷量。在运行过程中，冷冻水供回水温度 T_{CHWS} 与 T_{CHWR} 能够通过相应的温度传感器测量得到。冷机能耗 $P_{chiller}$ 可以利用电表测得。冷冻水流量可以利用冷冻水干管流量计测量得到。从而,可以计算得到实时制冷量。冷机决策变量为冷冻水供水温度 T_{CHWS}。

(3) 冷冻泵优化决策函数

$$
\begin{aligned}
&\min P_{\mathrm{CHWpump}}\\
&\text{s.t. } Q_t=(m_{\mathrm{CHW}}/\Pi_2)\cdot c_{\mathrm{pw}}\cdot(T_{\mathrm{CHWR}}-T_{\mathrm{CHWS}})\\
&\quad\ Q_L/\Pi_2=Q_t
\end{aligned}
\tag{26.2-3}
$$

其中,冷冻泵能耗 P_{CHWpump} 由电表测量得到,冷冻水流量可以由干管流量计测得。冷冻水供水温度 T_{CHWS} 与冷冻水回水温度 T_{CHWR} 能够通过与智能冷机节点交互获得。智能冷冻泵节点的决策变量为压差设定值 H_{CHW}。

(4) 冷却泵优化决策函数

$$
\begin{aligned}
&\min P_{\mathrm{CWpump}}\\
&\text{s.t. } Q_L/\Pi_3=Q_t
\end{aligned}
\tag{26.2-4}
$$

其中,冷却泵实时能耗 P_{CWpump} 可以由电表测量得到。如图 26.2-1 所示,实际工程中冷却水管网处没有流量计,实时制冷量无法计算得到。但是,根据冷机处冷冻测与冷却侧的能量平衡关系,稳定运行时,冷却水系统实时制冷量等于冷冻水系统实时制冷量。智能冷却泵节点决策变量为水泵压差 H_{CW}。

(5) 冷却塔优化决策函数

$$
\begin{aligned}
&\min P_{\mathrm{CT}}\\
&\text{s.t. } Q_L/\Pi_4=Q_t
\end{aligned}
\tag{26.2-5}
$$

其中,冷却塔风机实时能耗 P_{CT} 亦可以由电表采集得到。智能冷却塔节点的决策变量设定值为冷却水回水温度 T_{CWR}。

各个智能设备的设定值与传感器反馈信息如图 26.2-2 所示。当各个设备决策变量确定后,下传到底层 PID 控制器作为设定值。当调节稳定后,可以通过功率表测量得到此时设备能耗,进而利用优化决策算法更新决策值,如此反复,不断迭代。接下来,主要对该群智能优化决策算法进行研究。

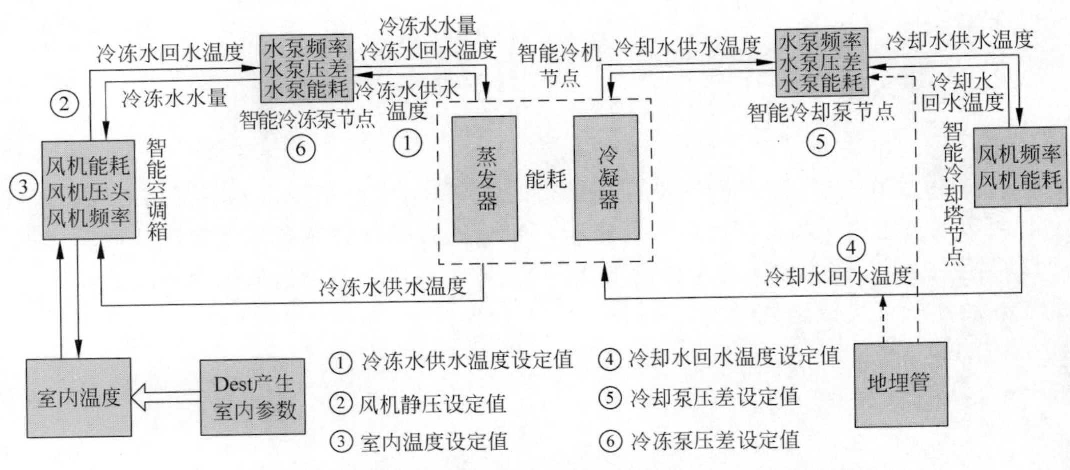

图 26.2-2 不依赖模型的空调系统设备优化运行信息传输示意图

26.2.2　不依赖模型的群智能设备优化决策算法研究

本节针对群智能平台下的建筑能源系统的特点，提出一种不依赖模型的群智能优化决策算法。具体描述为：在每一次迭代中，各个智能设备 CPN 采集本地设备能耗等信息，并且收集邻居局部耦合信息计算实时制冷量，从而可以对当前动作值作出评价。然后，通过与上一次动作进行比较，依下式所示的概率分布模型选择当前最优动作。

$$P[e_{i,\min}(k)=e_{i,\min}(k-1)]=\frac{\exp\{\beta J_i(e_{i,\min}(k-1))\}}{E}$$

$$P[e_{i,\min}(k)=e_{i,\text{child}}(k-1)]=\frac{\exp\{\beta J_i(e_{i,\text{child}}(k-1))\}}{E} \tag{26.2-6}$$

其中，学习参数 $\beta<0$，$J_i(e_{i,\min}(k-1))$ 与 $J_i(e_{i,\text{child}}(k-1))$ 分别代表上一代最优变量与子代变量的利益函数取值，利益函数是通过将各个智能设备优化决策函数式(26.2-3)～式(26.2-6)转化为公式带惩罚函数的形式而得到，并且 $E=J(e_{k,\min}(k-1))+J(e_{k,\text{child}}(k-1))$。

从单个智能节点来看，不依赖模型的优化运行方法执行示意图如图 26.2-3 所示，具体算法如算法 26.2-1 所示。需要指出的是，在算法执行过程的初始阶段，由于可行解较少，各个智能设备利益函数中的惩罚因子 ρ 应该足够大，以使优化过程尽快进入可行解区域搜索，尽快满足负荷需求。随着迭代次数 k 的增加，可行解越来越多，此时惩罚因子 ρ 应逐渐减小。在满足负荷需求的条件下，进一步优化能耗函数。具体来讲，惩罚因子 ρ 可以根据迭代次数建立自适应取值方程，即

$$\rho(k)=\rho_0\times \mathrm{e}^{(-k^2/2\sigma^2)}+1 \tag{26.2-7}$$

其中，参数 $\rho_0>0$ 必须足够大，参数 σ 能够决定惩罚因子的下降速率。

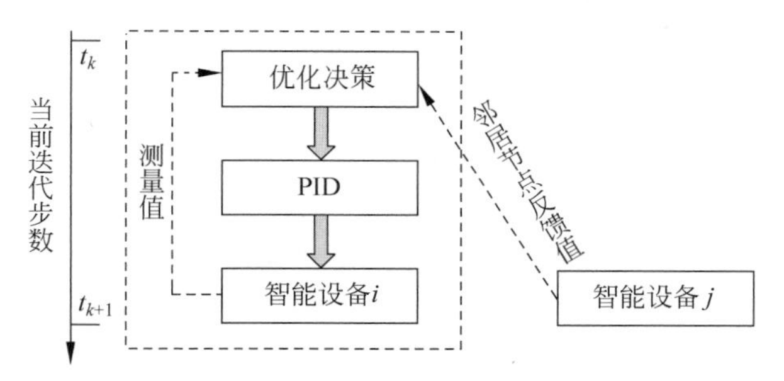

图 26.2-3　不依赖模型的优化运行方法示意图

算法 26.2-1　群智能自主进化算法伪代码(运行于任意一个智能设备节点 $i(i=1,2,\cdots,N)$上，所有节点代码相同)
初始化：设定迭代次数标记 $k=1$；
智能节点 $i,i=1,2,\cdots,N$，随机生成初始值 $x_i(1)$；
初始化当前时刻最优值 $e_{i,\min}=x_i(1)$；
设定二进制执行标志 $a_i(1)=1$。
所有智能节点同时执行以下程序：
Loop for $k=1,\cdots,k_{\max}$，其中 $k_{\max}$ 为算法最大迭代次数
Exploration：

If $a_i(k-1)=0$,智能节点 i 通过变异产生子代迭代值 $e_{child}(k)$:

$e_{child}(k)=e_{child}(k-1)+\Delta\cdot(1-k/k_{max})\cdot(1-k/k_{max})$,其中 Δ 为 0 到 1 的随机数

设置 $a_i(k-1)=1$。

End if

Update

If $a_i(k-1)=1$,智能节点 i 根据概率分布更新最优变量取值

设置 $a_i(k-1)=0$。

End if

end loop

return x_{min}

另外,可以看出该方法不同于目前的多智能体强化学习方法,因为每个智能设备个体会涉及局部协同合作。

26.2.3 不依赖模型的群智能设备优化决策理论证明

首先,对单个智能节点 $i(i=1,2,\cdots,N)$ 的最优收敛性进行研究。

引理 26.2-1 通过执行算法 26.2-1,如果第 k 次迭代取值 $e_i(k)$ 为状态 S_i,令 $q_{ij}(i,j=0,1)$ 代表第 $(k+1)$ 次迭代值 $e_i(k+1)$ 转移到状态 S_j 的概率,从而 $q_{11}=c$ 与 $q_{10}=1-c$,其中 $c\in(0,1)$。

证明

(1) 对于算法 26.2-1,当惩罚因子 β 足够大时,

$$\exp\{\beta[J_i(e_i)]\}\ll\exp\{\beta[J_i(\bar{e}_i)]\},\quad \forall e_i\in D_0,\bar{e}_i\in D_1 \tag{26.2-8}$$

即

$$1/\exp\{\beta[J_i(e_i)]\}\gg 1/\exp\{\beta[J_i(\bar{e}_i)]\},\quad \forall e_i\in D_0,\bar{e}_i\in D_1 \tag{26.2-9}$$

因此,$q_{00}=1,q_{01}=0$。

(2) 设当前解为 $e_i(k)$,在当前解的基础上产生随机扰动 $\Delta\sim N(0,\sigma^2)$,得到新解 $x_{ic}(k)$,产生新解的概率为

$$p^{\Delta}(k)=\frac{1}{\sqrt{2\pi}}\mathrm{e}^{-\frac{\Delta^2}{2\sigma^2}} \tag{26.2-10}$$

根据算法 26.2-1,新解接受概率为

$$p_{10}=\int_{D_0}\frac{1}{\sqrt{2\pi}}\mathrm{e}^{-\frac{\Delta^2}{2\sigma^2}}\cdot\Pr[e_{min}(i)=e_{child}(i-1)]\mathrm{d}\Delta \tag{26.2-11}$$

$$p_{11}=\int_{D_0}\frac{1}{\sqrt{2\pi}}\mathrm{e}^{-\frac{\Delta^2}{2\sigma^2}}\cdot\Pr[e_{min}(i)=e_{min}(i-1)]\mathrm{d}\Delta \tag{26.2-12}$$

进而,可以得到

$$q_{10}=\lim_{t\to 0}p_{10}=c(0<c<1) \tag{26.2-13}$$

以及

$$q_{11}=1-q_{10}\leqslant c(0<c<1) \tag{26.2-14}$$

定理 26.2-1　对于本章提出的群智能优化决策问题，算法 26.2-1 迭代产生的稳定解 $(e_1,\cdots,e_i,\cdots,e_N)$ 能够以概率 1 收敛到最优纳什均衡解 $(e_1^*,\cdots,e_i^*,\cdots,e_N^*)$。

证明　根据 Borel-Cantelli theorem 定理，可以得到

$$\overline{p_k}=P\{e_i^*(m)\notin D_0,m=0,1,2,\cdots,k\}=q_{11}^k\leqslant c^k \tag{26.2-15}$$

从而

$$\sum_{k=1}^{\infty}\overline{p_k}\leqslant\sum_{k=1}^{\infty}c^k=\frac{c}{1-c}<\infty \tag{26.2-16}$$

进一步地，可以得到

$$P\left\{\bigcap_{m=1}^{\infty}\bigcup_{k\geqslant m}[|J_i(e_i^*(k))-J_i^*|\geqslant\varepsilon]\right\}=0 \tag{26.2-17}$$

等价于

$$p_i=P\left\{\bigcap_{m=1}^{\infty}\bigcup_{k\geqslant m}[|J(e_i(k))-J_i^*|<\varepsilon]\right\}=1 \tag{26.2-18}$$

即如果适应度函数 $J_i(e_i)$ 为有界区域 Ω_i 上的连续函数，则算法能够以概率 1 收敛到智能节点 i 的最优解 $e_i^*(m)$，得到

$$e_i^*(m)=\operatorname{argmin} J_i(e_i(m)) \tag{26.2-19}$$

其中，$e_i(m)$ 为智能节点 $i(i=1,2,\cdots,N)$ 进化算法第 m 次迭代所生成随机解。以上为单个智能节点的收敛性证明，接下来将进行多个节点协同全局优化问题的证明。

基于式(26.2-9)与式(26.2-18)，可以通过简单推导得到

$$\lim_{\substack{\beta\to\infty\\ m\to\infty}}p(m)=\prod_{i=1}^{N}\lim_{\substack{\beta\to\infty\\ m\to\infty}}\frac{1/\exp\{\beta[J_i(e_i^*)]\}}{\sum_{x\in X}1/\exp\{\beta[J_i(e)]\}}=\lim_{\substack{\beta\to\infty\\ m\to\infty}}\frac{1/\exp\{\beta[J(e^*)]\}}{\sum 1/\exp\{\beta[J(e)]\}}=1 \tag{26.2-20}$$

意味着算法 26.2-1 能够以概率 1 收敛到全局最优解 e^*，从而定理 26.2-1 得证。

26.3　不依赖模型的群智能设备优化决策实验测试

基于群智能平台的应用算法是一种自组织、自协调的并行算法，有别于传统串行控制逻辑，算法开发难度较大，需要进行不断的调试与完善。其次，采用真实物理设备进行应用算法的验证，不仅成本高昂、实验方法复杂，还存在测试周期长、测试过程艰难等问题，严重阻碍其向实际工程推广。而且在新的应用算法运用于实际工程之前，需保证其安全性、稳定性。因此，建立群智能建筑仿真平台对于应用算法的研究等方面具有重要的现实意义[22-23]。

26.3.1　半物理实验平台

国家重点研发计划项目研究中，建立了半实物物理模型的群智能建筑仿真平台，如图 26.3-1 所示。该群智能建筑仿真平台，主要包括 CPN 节点网络、交换机、仿真服务器及监控主机。CPN 网络是由 84 个完全相同实物智能 CPN 组成。交换机主要用于群智能建筑平台中各智能 CPN 节点与仿真服务器通信。仿真服务器主要用于物理模型运行仿真。监控主机运行监控软件，主要用于显示仿真平台结果及控制仿真平台的运行状况。

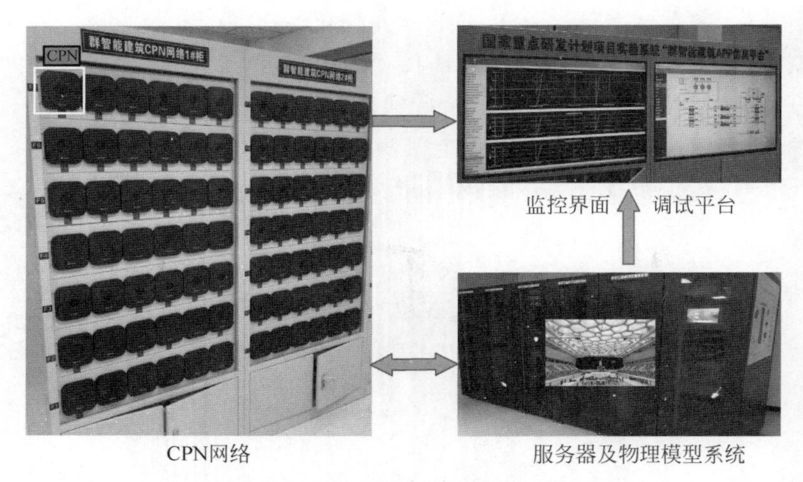

图 26.3-1 群智能建筑平台实验装置

由于空调系统的复杂性，在实际工程中不同的时刻几乎无法获得同样的冷负荷，因此，在进行算法对比实验时，也需要通过仿真平台进行验证。因此，在群智能建筑平台上建立了水立方空调系统模型，以便于对本章建立的不依赖模型的群智能优化决策算法进行测试。

平台中 84 个 CPN 节点依据智能设备节点的连接关系依次相连，这里 CPN 节点分别负责监控冷水机组、水泵、冷却塔、空调箱、各个房间等设备与空间单元的运行状态。空调仿真系统主要由建筑动态仿真模块、空调设备动态仿真模块、管网动态仿真模块组成，建筑动态仿真模块，用于模拟真实建筑参数，该建筑参数包括室内温湿度、冷/热负荷和室内含湿量。该建筑动态仿真模块具体包括围护结构仿真单元、气象参数模拟单元和室内物体发热模拟单元，主要用于模拟建筑围护结构形式、气象参数和室内物体发热（包括人员、照明设备及其他设备）对室内温度、湿度和负荷影响。

水立方空调设备动态仿真模块用于动态仿真空调设备实时工作状态及参数，具体包括空调末端设备模拟单元、末端控制器模拟单元、水泵模拟单元、冷机模拟单元、冷却塔模拟单元以及水阀模拟单元等。设备模型主要基于冷站设备和末端设备的真实性能参数，厂家提供的样本数据和控制调节特性来建立。其中，冷机模拟单元用于动态模拟冷机在不同负载率、不同冷冻水出口温度、不同冷却水温度、不同冷冻水量和不同冷却水量下的冷机两侧出口温度、功率和 COP，以及开关机负荷变化过程的控制调节性能。冷却塔模拟单元用于动态仿真模拟不同风水比、不同进水温度、不同温湿度以及不同风机频率设定下的出水温度、功率、能耗等信息。

水泵模拟单元用于模拟在不同频率、不同水管网阻力特性下流量、扬程和功率，该水泵模拟单元也分为冷冻水泵模拟单元；水阀模拟单元用于动态模拟不同阀门下管网的阻力、流量变化过程，该水阀模拟单元也分为冷冻水水阀模拟单元、冷却水阀模拟单元。另外，对于冷水机组等热惯性较大的部件，考虑了系统在运行过程中的启动过程、热损失、热惯性、延迟等动态特性，建立其动态模型。

管网动态仿真模块，用于动态仿真管网参数，管网参数包括各管段的流量、压差以及各节点的压力、温度参数。该管网动态仿真模块包括冷冻水管网模拟单元、冷却水管网模拟单元以及风管网模拟单元。冷冻水管网模拟单元、冷却水管网模拟单元以及风管网模拟单元均包括热惯性模拟单元和管网阻力模拟单元。管网阻力模拟单元用于动态模拟在不同负荷下末端阀门开度变化及阻力变化过程，以及冷冻水泵、冷却水泵的实时流量、扬程和效率。

热惯性模拟单元主要用于模拟动态仿真管网在开机过程、关机过程、待机过程、负荷变化过程中的水温变化。由于管网模块热惯性很小，动态响应较快，所以只需考虑其稳态特性，对其进行稳态建模。

26.3.2　群智能设备优化决策硬件平台测试

本节主要利用硬件实验平台对不依赖模型的群智能设备优化决策算法进行测试。设定某一时段负荷为 4000kW（A 区与 B 区各 2000kW），将群智能优化决策算法下载到实验平台 CPN 网络中运行，其中惩罚因子 $\rho=0.2$，学习参数 $\beta=-1$，采样周期设置为 6s，得到各智能设备节点决策变量进化过程如图 26.3-2 所示。

另外，群智能方法下系统总功率与供需差值进化过程如图 26.3-3 所示。从图中看出，大约在第 300 次迭代（30min）时，制冷量达到需求。

系统达到负荷需求后，各智能设备节点通过微调继续寻优，最终达到稳定。从收敛结果可以看出，不依赖模型的群智能设备优化决策方法平均能耗节省约 3.1%。

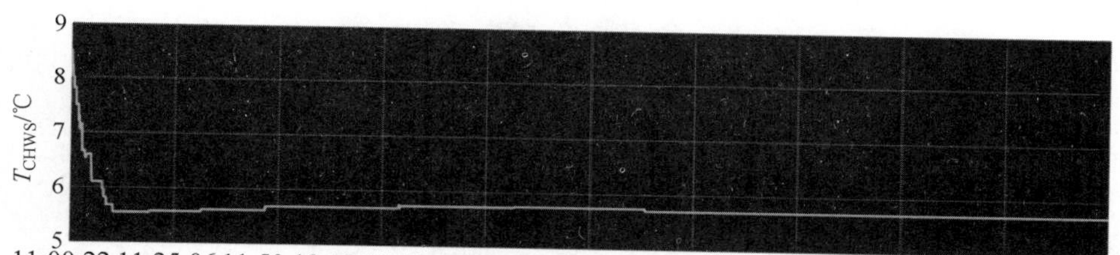

(a) 冷冻水供水温度

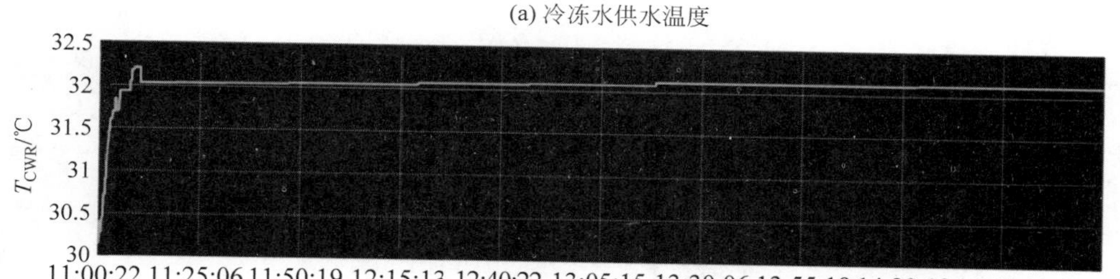

(b) 冷却塔出水温度

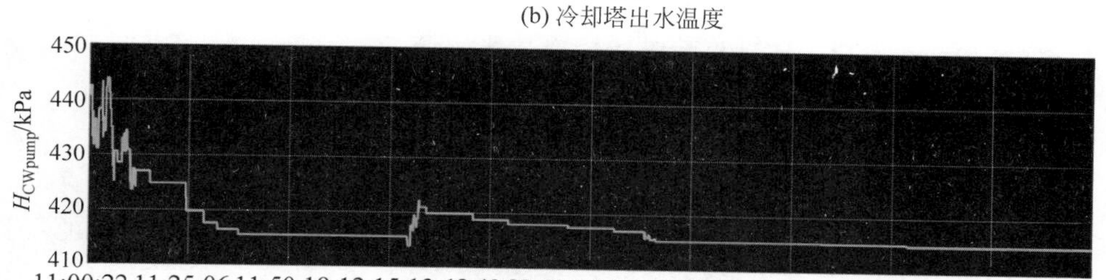

(c) 冷却泵压差

图 26.3-2　群智能设备优化决策实验平台测试结果

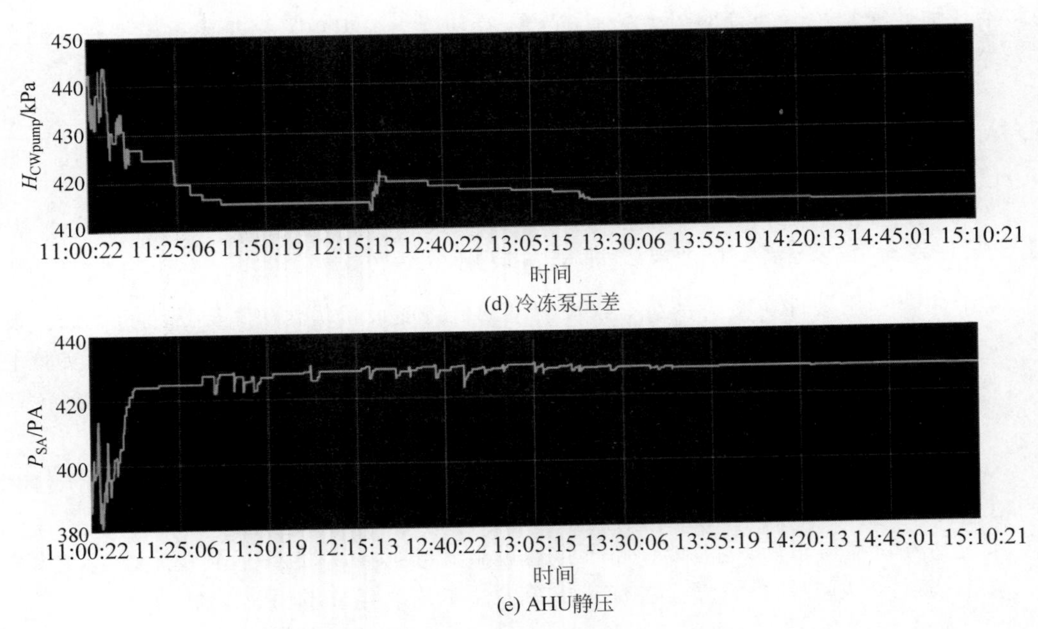

(d) 冷冻泵压差

(e) AHU静压

图 26.3-2 （续）

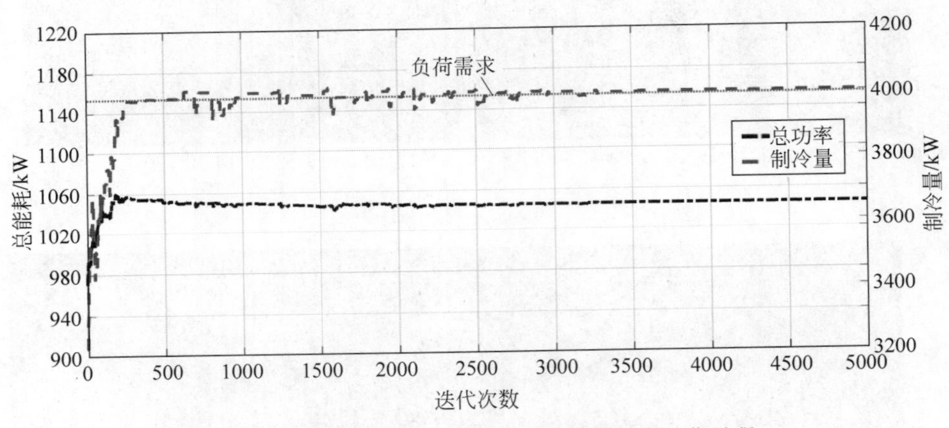

图 26.3-3 群智能方法系统功率及供需平衡进化过程

通过以上实验可以看出，不依赖模型的群智能决策方法在具有即插即用、即连即通、自识别等优点的同时，在优化运行过程中能够达到节能效果，可以在设备类型、连接方式不同的空调系统的群智能平台上运行。

26.4 本章小结

本章针对中央空调系统设备或部件模型难以精确建立的特点，对不依赖模型的群智能传感器故障诊断方法与群智能设备优化决策方法进行了研究，降低了建模成本，增强了算法的通用性，实现了方法的即连即通。通过理论推导证明了方法的收敛性，并且利用半物理实验平台对算法进行了测试，运行效果较为理想，为工程现场应用打下基础。

参考文献

[1] Wang S, Xing J, Jiang Z and Dai Y. A Decentralized Swarm Intelligence Algorithm for Global Optimization of HVAC System[J]. IEEE Access,2019,7: 64744-64757.
[2] 江亿,朱伟峰,周强华. 暖通空调系统故障诊断的故障向量空间法[J]. 清华大学学报(自然科学版),1999,39(12): 57-61.
[3] 付作勇,王子彪,张坤. 垂直地埋管换热器传热模型及实用分析[J]. 制冷与空调(四川),2010,24(2): 95-98.
[4] 陈旭,范蕊,龙惟定,等. 竖直地埋管单位井深换热量影响因素回归分析[J]. 制冷学报,2010,31(2): 11-16.
[5] 施志钢. 基于动态过程模型的土壤源热泵系统运行优化控制研究[D]. 西安: 西安建筑科技大学博士学位论文,2009.
[6] Michopoulos A,Kyriakis N. Predicting the fluid temperature at the exit of the vertical ground heat exchangers[J]. Applied Energy,2009,86(10): 2065-2070.
[7] 李畸勇,赵振东,李宜生,等. 基于 PCA-Elman 神经网络的短期 PV/T 组件温度预测[J]. 可再生能源,2017(12): 45-51.
[8] Jin Y. Fuzzy modeling of high-dimensional systems: complexity reduction and interpretability improvement[J]. IEEE Transactions on Fuzzy Systems,2002,8(2): 212-221.
[9] Diez-Olivan A,Pagan J A,Sanz R,et al. Data-driven prognostics using a combination of constrained K-means clustering,fuzzy modeling and LOF-based score[J]. Neurocomputing,2017,241: 97-107.
[10] Salgado C M, Viegas J L, Azevedo C S, et al. Takagi-sugeno fuzzy modeling using mixed fuzzy clustering[J]. IEEE Transactions on Fuzzy Systems,2017,25(6): 1417-1429.
[11] Torres L M M,Serra G L D O. State-space recursive fuzzy modeling approach based on evolving data clustering[J]. Journal of Control Automation & Electrical Systems,2018,29(4): 426-440.
[12] Goyal L M, Mittal M, Sethi J K. Fuzzy model generation using Subtractive and Fuzzy C-Means clustering[J]. Csi Transactions on Ict,2016,4(2-4): 129-133.
[13] Wang S,Ma Z. Supervisory and optimal control of building HVAC systems: a review[J]. HVAC&R Research,2008,14(1): 3-32.
[14] Hordeski MF. HVAC control in the new millennium[M]. Lilburn,GA: Fairmont Press,Inc,2001: 127-242.
[15] 高岩. 基于专家系统的锅炉燃烧系统优化控制[J]. 电力自动化设备,2005,25(5): 27-29.
[16] 周洪煜. 基于人工智能和专家系统的中央空调节能运行及故障诊断技术研究与实现[D]. 重庆: 重庆大学,2007: 25-73.
[17] Henze G,Jobst Schoenmann. Evaluation of reinforcement learning control for thermal energy storage systems[J]. Hvac & R Research,2003,9(3): 259-275.
[18] Liu S,Henze G P. Experimental analysis of simulated reinforcement learning control for active and passive building thermal storage inventory: Part 1: Theo retical foundation[J]. Energy & Buildings,2006,38(2): 142-147.
[19] Liu S,Henze G P. Experimental analysis of simulated reinforcement learning control for active and passive building thermal storage inventory: Part 2: Results and analysis[J]. Energy & Buildings,2006,38(2): 148-161.
[20] Michailidis,Iakovos T,Schild,et al. Energy-efficient HVAC management using cooperative,self-trained,control agents: A real-life German building case study[J]. Applied Energy,2018,211:

113-125.

[21] Braun J E, Diderrich GT. Near-optimal control of cooling towers for chilled-water systems [J]. ASHRAE Transactions, 1990, 96(2): 806-813.

[22] 胡玮,陈立定.基于 Trnsys 的水冷型中央空调系统建模与仿真[J].制冷,2011,07(2): 218-222.

[23] 季科,张永贵,刘冰冰,等.基于 TRNSYS 的空调水系统仿真平台[J].暖通空调,2015(5): 93-96.

第27章

基于群智能平台的微电网经济调度算法研究

本章提要

随着微电网技术在电力系统中的应用愈加广泛，协调微电网内部分布式电源的出力分配以提高经济性，成为了研究的重要课题。目前主流的经济调度方法是微电网调度中心利用全网微电源及负荷的信息进行调度，但这种集中式的方法依赖调度中心的计算能力，抗损毁性差，扩展难度高，与微电网的分布式特性相违背。群智能平台技术可通过节点间的自组织自识别，实现系统的去中心化，提高系统抗损毁性、可扩展性，将调度计算的压力分至各个节点。因此，本章基于此提出一种完全分布式并行的调度方法，各分布式电源作为独立的智能体，平等地参与调度工作，利用自身与邻居节点之间的势能博弈，基于粒子群算法优化自身的出力，进而实现全网经济性最优的目标。在MATLAB平台上搭建了独立微电网优化调度模型，验证了所提出方法的可行性，并讨论了相关参数的变化对于调度结果的影响。本章内容主要来源于文献[1]。

27.0 符号列表

P_{WT}	风力电站的输出功率
P_{STC}	标准测试环境光照强度
G_C	实际工况下的光照强度
k	功率温度系数
T_C	实际工况下的电池表面温度
G_{STC}	标准工况下的光照强度
T_{STC}	电池表面温度
P_{WT}	风力电站的输出功率
v	风力电站所处环境风速
P_{r}	风力电站额定功率
v_{r}	风力电站运行额定风速
v_{ci}	风力电站运行切入风速
v_{co}	风力电站运行切出风速
a,b,c	位燃料耗量特性系数
$f_i(P_i)$	节点 i 单位功率的发电成本
$f_k(P_k)$	节点 i 的第 k 个邻居节点的发电成本
N_i	节点 i 邻居节点个数
$T_{k,i}$	第 k 个邻居节点向节点 i 传输的功率
A	全网优化调度问题
H	分布式电源集合
$\{X_h\}$	出力方案集合

$\{Z_h\}$	电源 h 的邻居电源集合
$\{U_h\}$	电源 h 在对$\{X_h\}$中的方案进行优劣性评价时所用的势能函数集合
F_h	电源 h 某一方案对应的势能函数
$f_h(P_h)$	h 自身的发电成本
P_{z1}^1	邻居电源 z_1 流向 h 节点负荷的功率分量
$f_{z1}(P_{z1}^1)$	邻居电源 z_1 流向 h 节点负荷的功率分量产生的成本
P_{z2}^1	电源 z_2 传输到 h 节点的功率分量
$f_{z2}(P_{z2}^1)$	电源 z_2 传输到 h 节点的功率分量产生的成本

27.1 微电网经济调度问题概述

随着微电网技术在电力系统中的应用日益广泛,协调微电网内部分布式电源的出力分配,以实现微电网经济性最优,成为了重要的研究课题[2-4]。

目前,微电网的经济调度工作可由调度中心通过集中式的调度来完成[5-14]。文献[5]将微电网参与电力市场的收益最大作为目标,利用集中式方法得到最优发电计划。文献[9]、文献[10]在调度中心采用粒子群算法将功率平衡约束作为罚函数加入适应度函数计算,达到优化目标。在集中式调度方法下,每个微电源的出力由调度中心根据全部微电源容量、负荷分布以及发电带来的经济效益计算得到。这种集中式的方法过多地依赖调度中心的计算能力,一旦调度中心发生故障,全网的调度就无法进行。此外,这种调度方法需要微电源与调度中心之间有良好的通信能力[6],若某微电源与调度中心之间通信发生故障,则该电源无法参与调度。且集中式调度方法下,若有新电源加入微电网,均需要与调度中心建立通信连接,故不利于实现微电源的即插即用[7]。

由于集中式方法存在诸多缺陷,不需要调度中心的分布式调度方法应运而生。文献[8]提出一种基于蜂窝无线网络的微电网信息传输架构,此架构下微电源之间通过交互出力和负荷信息,保证系统的功率平衡,但每个微电源均独立地进行出力优化,未考虑邻居微电源的经济性。文献[9]利用多智能体系统,为多联产型微电网设计了一种分布式的能量管理系统,并利用粒子群算法在考虑蓄电池放电量、水氢储量等多种约束下,以年为时间跨度对微电网运行总成本进行优化,但该文章仅在上层智能体之间实现了分布式的控制,而在下层仍然是集中式的。文献[14]提出一种全局分布式迭代的优化框架,用于对空间上集群式微电网进行集群分布式优化调度,并通过仿真证明其所用方法经过少量迭代即可达到全局最优。但在每个微电网内部,调度仍是由调度中心完成的。上述两种方法分别在空间上和类别上对微电网进行了划分实现上层的分布式调度,但在下层各个微电源仍然需要由调度中心进行出力分配。

本章提出一种完全分布式的并行调度方法,此方法下每个微电源都是可以进行信息处理的智能体,利用本地信息及邻居微电源的交互信息,进行势能博弈,基于粒子群算法对自身出力进行优化,从而达到全网经济性最优的目标。在 MATLAB 仿真平台上建立了独立微电网模型,验证了此调度方法的可行性,并分析了相关参数的变化带来的影响。

27.2 用于本章研究的微电网经济调度模型

本研究提出一种完全分布式的并行调度方法,微电网内每一台分布式电源均作为一个智能体。分布式电源通过母线为负荷供电形成微电网的能量网络,而对于信息网络,则在空间上距离较近的智能体间建立连接。每个智能体仅与通信相连的邻居进行信息交互，交互的信息包括传输功率、本地负荷及发电成本。微电网内每个可调分布式电源利用自身和邻居的信息进行博弈，从而调节自身的输出功率，分布式电源协同优化，使全网总的经济性达到最优。

27.2.1　微电网拓扑结构

微电网包含分布式电源、负荷以及储能装置，其中储能装置的作用主要在于对电能进行缓冲，优化电能质量、提高新能源微电网的稳定性，以及实现削峰填谷节约能源[15]。本章重点研究微电网经济调度的分布式方法，由于储能装置可在充电放电过程中分别作为负荷或电源来工作，为简化对于调度方法研究的影响，暂不考虑微电网中储能装置的调度。

建立的实验模型包含风力电站、光伏电站、柴油机电站三类，设计一种环形的独立微电网，拓扑结构如图 27.2-1 所示，每个分布式电源连接到母线上且均带有本地负荷，通信连接如图 27.2-1 上虚线所示，以此拓扑结构为基础展开对于分布式调度方法的研究。

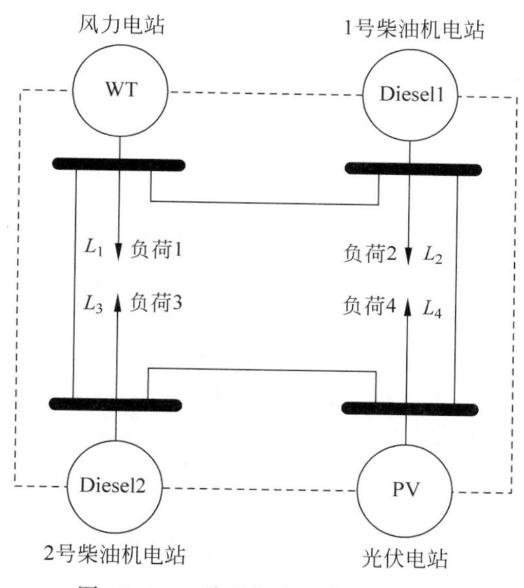

图 27.2-1　独立微电网简化拓扑图

在此拓扑下，分布式电源 i 输出功率的去向可大致分为三部分：供本地负荷消耗、传输给邻居两个节点的功率。

27.2.2　微电源模型

实验模型包含风力电站、光伏电站、柴油机电站三类电源，下面对各种分布式电源进行建模。

1. 风力电站

风力电站的基本组成单元是风力发电机，其输出功率由设备所处环境风速决定，按照式(27.2-1)进行建模[16]。

$$P_{WT}=\begin{cases}0 & v<v_{ci}\\ P_r\dfrac{v^3-v_{ci}^3}{v_r^3-v_{ci}^3} & v_{ci}<v<v_r\\ P_r & v_r<v<v_{co}\\ 0 & v_{co}<v\end{cases} \tag{27.2-1}$$

式中，P_{WT} 为风力电站的输出功率；v 为电站所处环境风速；P_r 为电站额定功率；v_r 为电站运行额定风速；v_{ci}，v_{co} 为电站运行切入、切出风速。

风力电站的发电成本，主要来自于风力机组维护保养产生费用，根据经验其单位功率的发电成本可根据式(27.2-2)建模。

$$f(P_{WT})=0.0296P_{WT} \tag{27.2-2}$$

2. 光伏电站

光伏电站由若干光伏面板组成，面板输出功率与电池表面的温度、面板接受光照强度有关，按照式(27.2-3)进行建模[16]。

$$P_{PV}=[1+k(T_C-T_{STC})]\frac{G_C}{G_{STC}}P_{STC} \tag{27.2-3}$$

式中，P_{PV} 为输出功率；P_{STC} 为标准测试环境光照强度 $1kW/m^2$、电池表面温度 25℃下的最大功率；G_C 为实际工况下的光照强度；k 为功率温度系数；T_C 为实际工况下的电池表面温度；G_{STC}，T_{STC} 分别为标准工况下的光照强度与电池表面温度。

光伏电站的运行成本主要是维护保养所产生的费用，其单位功率的成本函数可根据式(27.2-4)建模：

$$f(P_{PV})=0.0096P_{PV} \tag{27.2-4}$$

3. 柴油发电机电站

风力电站的基本组成单元是风力发电机，其输出功率由设备所处环境风速决定，按照式(27.2-5)进行建模[16]。

$$P_{WT}=\begin{cases}0 & v<v_{ci}\\ P_r\dfrac{v^3-v_{ci}^3}{v_r^3-v_{ci}^3} & v_{ci}<v<v_r\\ P_r & v_r<v<v_{co}\\ 0 & v_{co}<v\end{cases} \tag{27.2-5}$$

式中，P_{WT} 为风力电站的输出功率；v 为电站所处环境风速；P_r 为电站额定功率；v_r 为电站运行额定风速；v_{ci}，v_{co} 为电站运行切入、切出风速。

如式(27.2-6)柴油发电机可以根据自身下垂曲线，在一定范围内进行输出功率的调节：

$$P_{diesel}^{min}<P_{diesel}<P_{diesel}^{max} \tag{27.2-6}$$

因需要使用化石燃料作为发电能源，故发电成本较高，其单位功率发电成本可根据式(27.2-7)进行建模[17]：

$$f(P_{diesel})=aP_{diesel}^2+bP_{diesel}+c \tag{27.2-7}$$

式中，a，b，c 为燃料耗量特性系数[18]。

通常，微电网的经济调度需要综合考虑发电成本和环境保护效益，为注重于算法的研究，简化问题，故优化目标中暂时不考虑环境保护效益，在建立经济调度模型时，将实现全网发电成本最低作为优化目标：

$$\min \sum_{i \in V}^{n} f_i(P_i) \tag{27.2-8}$$

$f_i(P_i)$表示节点 i 单位功率的发电成本。

分布式的调度算法下，各个分布式电源采取局部合作的思想[17]，考虑自身以及邻居的发电成本，计算各种出力方案下的经济效益，因此在节点 i 上，优化目标为

$$\min(f_i(P_i) + \sum_{k}^{N_i} f_k(P_k)) \tag{27.2-9}$$

$f_i(P_i)$表示节点 i 自身的发电成本，$f_k(P_k)$表示 i 的第 k 个邻居的发电成本。相应的，节点 i 在进行调度时的约束条件[16]如下：

$$P_i + \sum_{k=0}^{N_i} T_{k,i} = L_i \tag{27.2-10}$$

$$\text{s.t.}\ \ P_i^{\min} < P_i < P_i^{\max} \tag{27.2-11}$$

$$T_l^{\min} < T_{i,k}^{l} < T_l^{\max} \tag{27.2-12}$$

式(27.2-10)表示节点 i 所提供的功率与所有邻居节点向 i 传来功率之和等于本地负荷大小，其中 N_i 表示节点 i 邻居节点个数，$T_{k,i}$ 表示第 k 个邻居节点向节点 i 传输的功率；式(27.2-11)表示节点 i 自身出力定额约束；式(27.2-12)表示节点 i 与邻居 k 的功率传输线 l 上的限额约束。

27.3　基于局部信息交互粒子群的调度算法

27.3.1　势能博弈

根据 27.2 节中定义的分布式经济调度目标函数，各个节点参照式(27.2-8)给出的优化目标独立自主地调节出力，最终实现式(27.2-7)全局的发电成本最低的优化目标。为实现邻居节点之间的相互合作，这里将势能博弈的概念引入微电网运行调度。

将分布式电源的出力分配问题看作一个博弈问题[19]，其表示为

$$A = [H, \{X_h\}_{h \in H}, \{Z_h\}_{h \in H}, \{U_h\}_{h \in H}] \tag{27.3-1}$$

其中，A 表示全网优化调度问题，H 表示分布式电源集合，$\{X_h\}$表示出力方案集合，$\{Z_h\}$表示电源 h 的邻居电源集合，$\{U_h\}$表示电源 h 在对集合$\{X_h\}$中的方案进行优劣性评价时，所用到的势能函数集合。

对应于式(27.2-8)所定义的单个节点的目标函数，$\{U_h\}$应当同时包含电源 h 以及邻居电源的发电成本。在调度时各电源还需要满足各自运行的约束条件。罚函数法提供了一种在分布式优化问题中，解决各节点约束条件不一致的方法[21]。各节点将满足本地负荷所需功率约束作为惩罚项，加入每个智能体的势能函数中，某节点势能函数得到如式(27.3-2)的定义：

$$F_h = f_h(P_h) + f_{Z1}(P_{Z1}^1) + f_{Z2}(P_{Z2}^2) +$$

$$\alpha^k(P_h^2+P_{Z1}^1+P_{Z2}^2-L_h) \tag{27.3-2}$$

F_h 为电源 h 某一方案对应的势能函数，$f_h(P_h)$表示 h 自身的发电成本，P_{Z1}^1 表示邻居电源 z_1 流向 h 节点负荷的功率分量，$f_{Z1}(P_{Z1}^1)$表示此分量所产生的成本，P_{Z2}^1、$f_{Z2}(P_{Z2}^1)$表示电源 Z_2 传输到 h 节点的功率分量及其产生成本，$\alpha^k(P_h^2+P_{Z1}^1+P_{Z2}^1-L_h)$为罚函数，$P_h^2$ 表示电源 h 提供给本地负荷的功率的分量，L_h 表示 h 节点本地负荷。惩罚系数 α^k 着迭代次数 k 的增加而增大，使得 h 节点处本地电源出力与接收功率之和随着迭代进行，不断逼近负荷的需求。

微电网内每个分布式电源均使用这样的函数进行优劣性评价，根据势能博弈理论，全网存在一个调度方案的集合，使得全网总势能函数达到最小，进而选出最佳的出力方案。

27.3.2 分布式粒子群算法

本章提出一种基于局部信息交互的分布式并行粒子群算法。该方法中：每个智能体首先按照 27.2 节中式(27.2-9)的约束，随机产生一些可供选择的方案，组成初始种群，而后开始迭代计算，如图 27.3-1 所示，在某次迭代中，节点利用 27.3.1 节中式(27.3-2)定义的势能函数，对现有种群中的所有个体进行评价，从中选取最优个体进行记录。在这一过程中需要注意，势能函数中使用的邻居节点信息来自于邻居上一次迭代中的最优结果，且自身选择的最优结果也将作为交互信息，发送给所有的邻居用于下一次迭代。通过势能函数的比较，完成选择最佳个体的操作后，进行种群的更新，在约束条件下，根据前一次迭代的最优方案和多次迭代的全体最优方案，生成新的种群供下一次迭代选择。

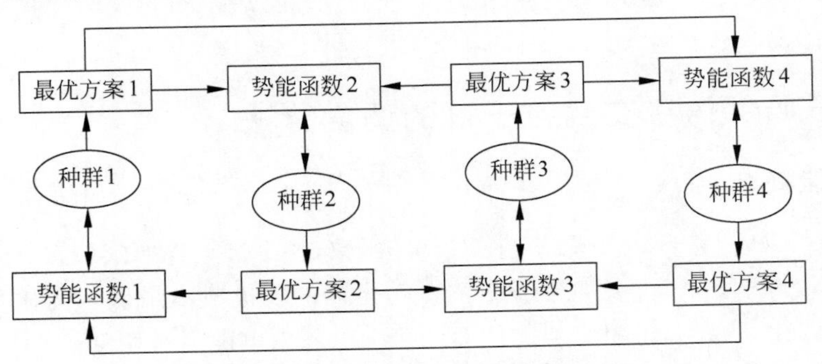

图 27.3-1 某次迭代中粒子的选择与更新

据此，微电网内某节点调度算法伪代码如算法 27.3-1 所示。

算法 27.3-1 节点出力方案制定算法

1. 识别电源类型
2. 设定最大进化代数 T，种群大小 D，局部及全局学习因子 C_1、C_2，变异系数阈值 $W_{\max}$、$W_{\min}$，惩罚系数 α 及其随进化代数的变化规律 α^k
3. 初始化普通种群$\{X\}$、最优种群$\{P\}$、速度矩阵$\{V\}$
4. for h = 1 to T

   接收邻居信息

5.　　for $j=1$ to D

　　　评价粒子 j 优劣性，更新 P_j

　　　更新 X_j、V_j

　　　修正在约束条件外的 $v\in V$、$x\in X$

　　end

　　记录本次迭代最优个体、编号

　　记录最优个体中与邻居节点耦合的变量

　　更新 α

　　发送耦合变量给邻居

end

某节点上算法流程如图 27.3-2 所示。

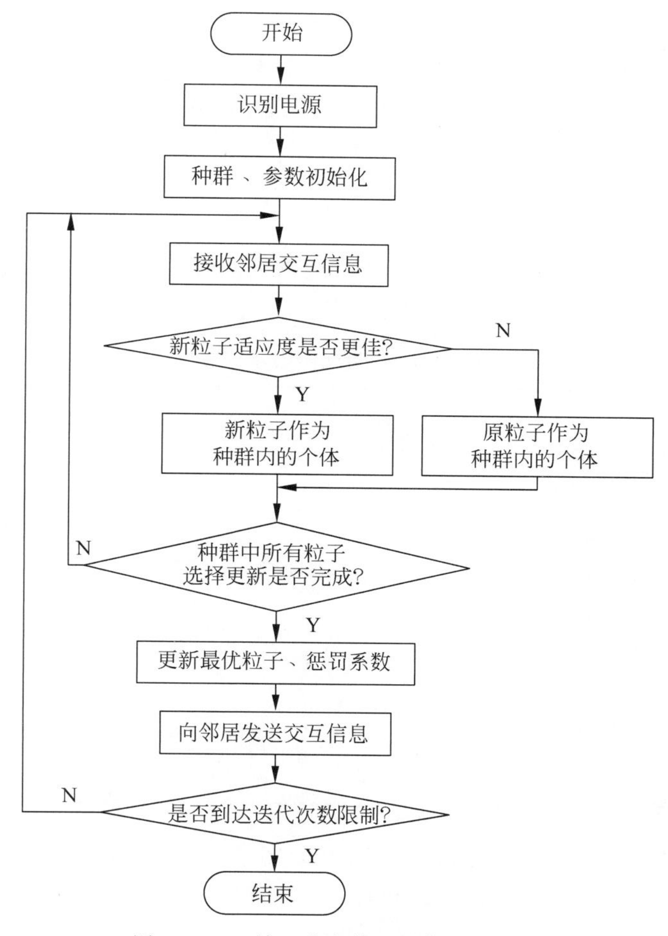

图 27.3-2　单一节点粒子群算法流程图

27.4　仿真实验

在 MATLAB 仿真平台上，按 27.3.2 节中定义的某一智能节点的算法，分别产生四组相互独立的粒子种群和速度矩阵，每个节点拥有各自的种群、速度矩阵、势能函数。在 h 节点利用势能函数评价个体的优劣时,式(27.2-11)中的本地变量 P_h、P_h^2 由节点 h 自身种群提供。而由于每个节点在一次迭代完成后,要将最优出力方案下的传输到某邻居节点功率和这部分功率所产生的成本,发送给该邻居。因此 P_{Z1}^1、P_{Z2}^1 以及 $f_{Z1}(P_{Z1}^1)$、$f_{Z2}(P_{Z2}^1)$由邻居节点完成方案选择工作后,对全局变量进行赋值,进而可被节点 h 的势能函数使用。

每次迭代时,四个节点分别执行如 27.3.2 节中提出算法的步骤 5,待四个节点全部完成选择与更新后,再更新全局变量,开始下一次迭代。因此,即使各节点在选择方案的时间上有先后顺序,但同一次迭代中使用的交互信息均是上一次迭代的,故四节点的计算仍可以看作是分布式并行的。

由于风力电站与光伏电站输出不可调节,且目前的风、光功率预测技术偏差仍比较大[22-21],为保证经济性和环保性,需尽量使其出力全部提供给负荷,因此进行实验时,为了简化程序,在额定输出功率范围内,假定两个电站的出力为定值,同时假定某一时刻各节点上负荷是不变的。

实验中选取电源出力及负荷大小为无量纲量进行计算,风力电站出力选为 18,光伏电站选为 15,1 号柴油机电站出力范围 5～20,2 号柴油机电站出力范围 10～30,负荷 L_1～L_4 分别取为 14、15、24、12。

27.4.1 实验结果

经过调节参数观察优化结果,根据成本大小、迭代至收敛所用代数以及是否满足功率平衡等因素,综合考虑,选取了最佳的参数如表 27.4-1 所示。

表 27.4-1 最优参数设置表

参 数	值
最大进化代数 T	200
种群维度	12
个体数量	20
局部学习因子 C_1	1.2
全局学习因子 C_2	1.2
变异系数上限 W_{max}	0.8
变异系数下限 W_{min}	0.4
惩罚系数初值 α	50
惩罚系数增量 k	3

在这种参数设置下,得到收敛的调度结果如图 27.4-1 所示,因实验在 MATLAB 平台上进行,很容易得到四个节点的发电总成本,对每一代的值进行记录绘制如图 27.4-2 所示。

多次实验后发现,分布式的粒子群算法在此参数设置下通常只需要 0.7s 就可迭代至最高代数,完成优化,因此具有快速性。而当这种优化算法使用在分布式的平台上时,其每一个节点的运算都是同步进行的,收敛时间还将进一步缩短。

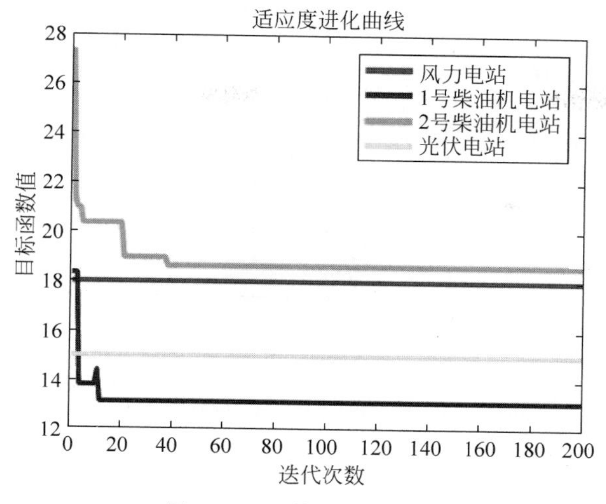

图 27.4-1　优化出力结果

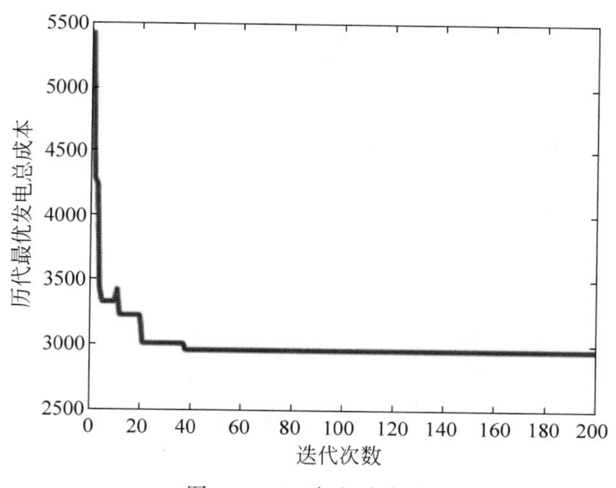

图 27.4-2　发电总成本

27.4.2　参数影响分析

实验中发现在配置算法关键参数时，参数的变化可能造成优化结果的不同，因此需要对参数的影响作用进行分析，为在分布式平台上实现算法的配置提供依据。

1. 改变局部学习因子

考虑极端情况，即不使用局部学习时，优化结果呈现出收敛速度变慢，且无法迅速满足约束条件的现象。出力结果、总成本如图 27.4-3 和图 27.4-4 所示。

2. 改变全局学习因子

同样考虑极端情况，即没有全局学习时，算法出现了收敛不可靠、陷入局部最优结果的问题。如图 27.4-5 和图 27.4-6 所示。

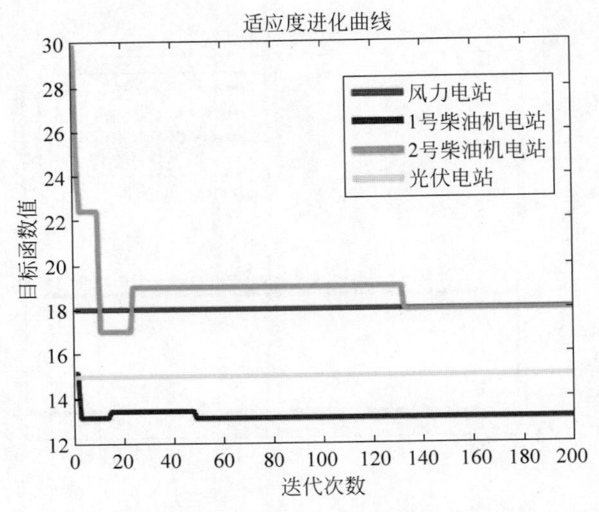

图 27.4-3　无局部学习优化结果

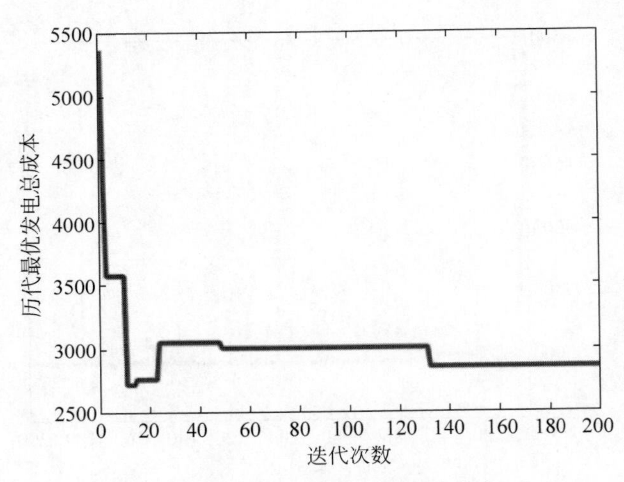

图 27.4-4　无局部学习发电总成本

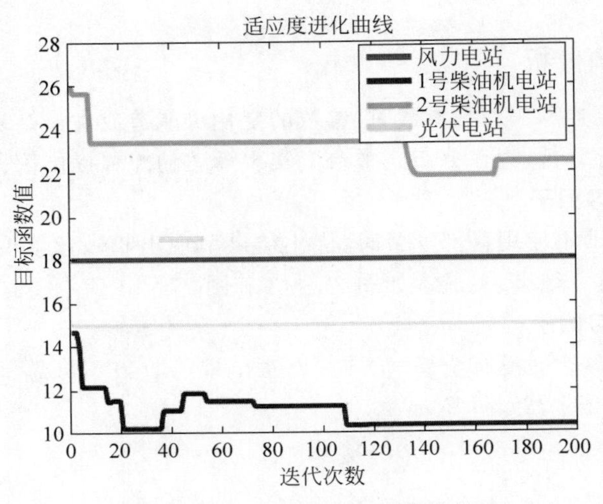

图 27.4-5　无全局学习优化结果

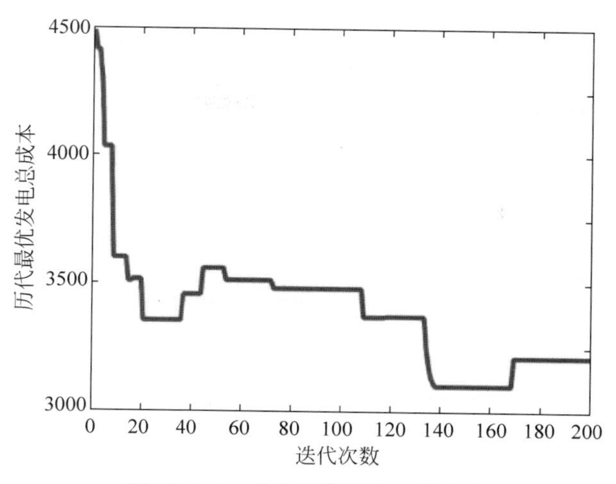

图 27.4-6　无全局学习发电总成本

3. 改变惩罚系数

罚函数的作用在于随着迭代的进行，提升惩罚系数，使得罚函数值更小的个体优势更加明显，进而使得约束条件得到满足。

当惩罚系数的初始值选取过小时，迭代的前半部分结果将会十分不稳定，无法满足约束条件要求，满足约束条件后，优化还未完成，因而浪费了计算资源。当惩罚系数初始值选择过大时算法又容易陷入局部最优。因此选取合适的惩罚系数初始值对于算法很重要。步进值选取过大时，实验中超过 10 时，也会导致算法陷入局部最优，结果满意度不高。选取过小时，实验中小于 1 时，则会导致如初值过小时同样的资源浪费现象。当惩罚系数初值选为 10，步进值选为 1 时结果如图 27.4-7 和图 27.4-8 所示。

在这种条件下，前期无法满足约束条件的要求，后期又无法达到期望结果。可见惩罚系数的选取对于算法十分重要。

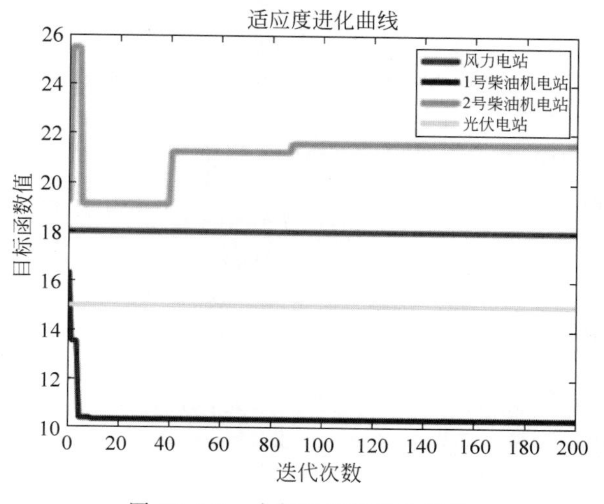

图 27.4-7　小惩罚系数优化结果

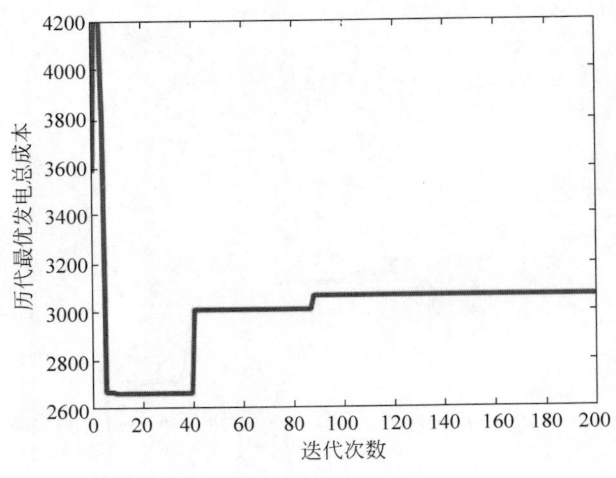

图 27.4-8 小惩罚系数发电总成本

27.5 本章小结

本章提出一种基于局部信息交互的分布式粒子群算法，用于解决基于群智能平台的微电网经济调度问题。该算法仅需要分布式电源与邻居交互信息，就能通过势能博弈选取出最优出力方案，实现微电网运行经济性最优的目标。并利用 MATLAB 仿真平台，验证了所提出算法的可行性并讨论了关键参数对于算法结果的影响。

进一步的研究工作将围绕在分布式的群智能仿真平台上实现算法来开展。同时，需要进一步复杂化微电网的结构，加入储能装置、新电源及负荷，验证算法在复杂系统中的可行性。

参考文献

[1] 胡浩宇，邢建春，周启臻. 一种用于微电网经济调度的分布式粒子群算法[J]. 微型机与应用，2020，39(3)：10-16.

[2] 周晓倩，余志文，艾芊，等. 含冷热电联供的微网优化调度模型综述[J]. 电力自动化设备，2017，37(6)：26-33.

[3] 吴雄，王秀丽，刘世民，等. 微电网能量管理系统研究综述[J]. 电力自动化设备，2014，34(10)：7-14.

[4] 冯庆东. 分布式发电及微网相关问题研究[J]. 电测与仪表，2013，50(2)：54-59＋82.

[5] 李燕青，仝年. 基于多属性决策的微电网多目标优化运行[J]. 电测与仪表，2018，55(4)：55-60＋69.

[6] Ding M，Zhang Y Y，Mao M Q，et al. Operation optimization for microgrids under centralized control [C]//Power Electronics for Distributed Generation Systems (PEDG)，2010 2nd IEEE International Symposium on. IEEE，2010：984-987.

[7] Cavraro G，Caldognetto T，Carli R，et al. A master/slave control of distributed energy resources in low-voltage microgrids[C]//Control Conference. IEEE，2016：1507-1512.

[8] Parhizi S，Khodaei A，Shahidehpour M. Market-Based Versus Price-Based Microgrid Optimal Scheduling[J]. IEEE Transactions on Smart Grid，2018，9(2)：615-623.

[9] 王锐，顾伟，吴志. 含可再生能源的热电联供型微网经济运行优化[J]. 电力系统自动化，2011，35(8)：22-27.

[10] 陈达威，朱桂萍. 微电网负荷优化分配[J]. 电力系统自动化，2010，34(20)：45-50.

[11] Anand S, Fernandes B G. Reduced-Order Model and Stability Analysis of Low-Voltage DC Microgrid [J]. IEEE Transactions on Industrial Electronics, 2013, 60(11): 5040-5049.

[12] Liang H, Choi B J, Abdrabou A, et al. Decentralized Economic Dispatch in Microgrids via Heterogeneous Wireless Networks[J]. IEEE Journal on Selected Areas in Communications, 2012, 30(6): 1061-1074.

[13] Karavas C S, Kyriakarakos G, Arvanitis K G, et al. A multi-agent decentralized energy management system based on distributed intelligence for the design and control of autonomous polygeneration microgrids[J]. Energy Conversion & Management, 2015, 103(oct.): 166-179.

[14] 周晓倩,艾芊,王皓.即插即用微电网集群分布式优化调度[J].电力系统自动化,42(18),106-119.

[15] 李国庆,张慧杰,王鹤,等.计及储能装置削峰填谷的微网优化运行[J].电测与仪表,2013,50(10): 73-78.

[16] 马溪原,吴耀文,方华亮,等.采用改进细菌觅食算法的风/光/储混合微电网电源优化配置[J].中国电机工程学报,2011,31(25): 17-25.

[17] Wood A J, Wollenberg B F. Power Generation, Operation and Control[M]. John Wiley & Sons, 1984.

[18] Maestre J M, Muñoz De La Peña D, Camacho E F. Distributed model predictive control based on a cooperative game[J]. Optimal Control Applications and Methods, 2011, 32(2): 153-176.

[19] Marden J R, Arslan G, Shamma J S. Cooperative Control and Potential Games[J]. IEEE Transactions on Systems Man & Cybernetics Part B Cybernetics A Publication of the IEEE Systems Man & Cybernetics Society, 2009, 39(6): 1393.

[20] Xu Y, Wu Q, Wang J, et al. Opportunistic Spectrum Access Using Partially Overlapping Channels: Graphical Game and Uncoupled Learning[J]. IEEE Transactions on Communications, 2013, 61(9): 3906-3918.

[21] Inalhan G, Stipanović D M, Tomlin C J. Decentralized optimization with application to multiple aircraft coordination[C]//Proceedings of the 41st IEEE Conference on Decision and Control. IEEE, 2002, 1: 1147-1155

[22] 黄国栋,李伟刚,李振斌.大规模风电接入的电网发电调度研究综述[J].电测与仪表,2015,52(9): 1-5.

第28章

并联变频水泵转速优化控制研究

本章提要

本章探讨了一种可应用于群智能建筑控制系统中，用于并联变频水泵转速优化的方法。在实际工程应用中，会存在不同水泵并联的情况；即使对于相同水泵并联，由于各水泵支路的阻力不同，也会等效为不同水泵并联。本章针对闭式循环水系统中并联变频水泵的转速优化控制问题，建立了并联变频水泵的特性模型，证明了当并联水泵转速保持等比例同步调节时，水泵各自的相似工作点不发生变化；并通过理论分析得到了水泵工作点特征值的解析式，表明各并联水泵工作点特征值相等时，并联水泵整体效率最高；进一步得到了并联水泵最优转速比值的解析式，为并联变频水泵转速优化控制提供了理论依据。本章内容主要来源于文献[1]。

28.0 符号列表

S_i	支路等效阻抗
S	设计工况管网阻抗
H_i	水泵 i 的扬程
Q_i	水泵 i 的流量
a,b,c	扬程-流量模型中水泵的性能常数
j,k,l	效率-流量模型中水泵的性能常数
S	管网等效阻抗
n_0	水泵的额定转速
n	水泵的实际运行转速
w	水泵转速比
P_i	为第 i 台水泵的功率
$1/\sqrt{S_i}$	相似工作点变量的表达形式
R_b	并联水泵的最优转速比值
L	构造的拉格朗日函数
λ	拉格朗日乘子
H_{set}	给定的压差设定值
$D(S)$	水泵相似工作点的特征函数

28.1 引言

在供热空调闭式循环水系统中，末端用户根据自身需求进行个性化流量调节，从而会导致系统总流量的大范围变化，为适应这一特性，通常采用多台水泵并联变频运行，对某一给定的工况，有多种不同的水泵台数、转速组合满足需求，因而并联变频水泵的优化控制研究成为供热空调系统节能控制中的关键内容。

对于相同型号的并联水泵，很多研究结果表明，保持相同的转速同步调节时并联水泵整体效率最高。然而在实际工程中，存在不同型号水泵并联运行的情况，如在集中空调冷冻水系统中，对应不同型号的冷水机组，会设计“几大一小”的冷水泵并联；此外，即使是相同型号的并联水泵，由于各自支路阻力特性（过滤器、阀门等阻力部件）的不同，当压差控制的测点设置在各并联水泵支路的交点时，各并联支路可等效为不同型号水泵并联运行。

图 28.1-1 显示了并联水泵实际运行连接示意图。如果不同支路的阻抗等效为 S_i，并联水泵的扬程-流量曲线方程为 $H_i = aQ_i^2 + bQ_i + c$（其中 H_i 为水泵 i 的扬程，Q_i 为水泵 i 的流量，a，b，c 为水泵的性能常数），则各支路等效的水泵性能曲线方程可以表示为 $H = H_i - S_iQ_i^2$，即

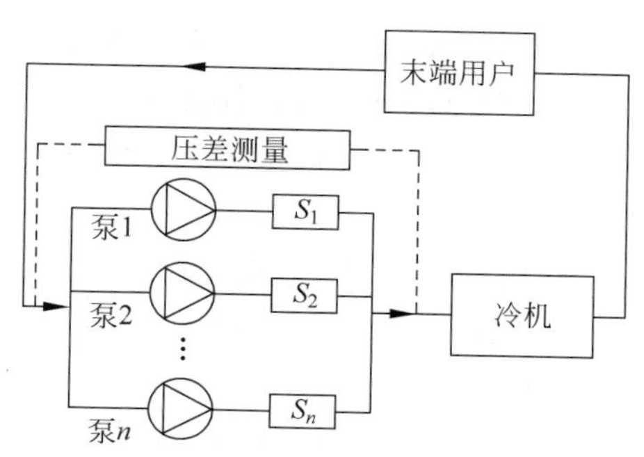

图 28.1-1　并联水泵实际运行连接示意图

$$H = (a - S_i)Q_i^2 + bQ_i + c \tag{28.1-1}$$

由于不同支路的阻抗 S_i 不同，导致相同型号的并联水泵在实际控制中变为了不同型号的水泵并联。因而，研究不同型号并联水泵的转速优化控制问题具有一定的实际意义。

本章将对基于给定的水泵启停状态，即给定开启哪几台并联水泵后，研究如何对开启的并联变频水泵的转速进行优化控制。

28.2　并联变频水泵模型

对于常见的离心式循环泵，在额定转速运行时，水泵的扬程-流量模型可以表示为 $H = aQ^2 + bQ + c$，效率-流量模型可以表示为 $\eta = jQ^2 + kQ + l$（其中 j，k，l 为水泵的性能常数）。根据水泵的相似率有

$$\frac{Q(n)}{Q(n_0)} = \frac{n}{n_0},\quad \frac{H(n)}{H(n_0)} = \left(\frac{n}{n_0}\right)^2,\quad \frac{\eta(n)}{\eta(n_0)} = 1 \tag{28.2-1}$$

式中，n_0 为水泵的额定转速；n 为水泵的实际运行转速。

如果定义水泵的转速比 w 为

$$w = n/n_0 \tag{28.2-2}$$

则水泵在任意转速下的模型可以表示为

$$H = aQ^2 + bwQ + cw^2 \tag{28.2-3}$$

$$\eta = j(Q/w)^2 + k(Q/w) + l \tag{28.2-4}$$

28.3　并联变频水泵转速优化控制问题分析

通过对上述并联变频水泵模型的理论分析，推导出对相同型号水泵并联和不同型号水泵并联均适用的转速调节准则。

28.3.1 相似工作点不变的条件

当通过改变频率调节水泵转速时,根据式(28.2-1)可得,其相似工作点满足

$$\frac{H(n)}{H(n_0)}=\left(\frac{n}{n_0}\right)^2=\left(\frac{Q(n)}{Q(n_0)}\right)^2 \tag{28.3-1}$$

即

$$\frac{H(n)}{Q^2(n)}=\frac{H(n_0)}{Q^2(n_0)}=K \tag{28.3-2}$$

因而,所有 K 值相等的水泵工作点所代表的工况都是相似的,水泵的效率是相同的。对于闭式循环系统,管路的阻力特性是二次型的,即 $H=S_iQ^2$,所以 K 值相当于水泵工作的 S_i 值。当通过改变频率调节水泵转速时,只要保证水泵自身工作的 S_i 值不变,水泵的相似工作点就不变,水泵效率也不变。因此,水泵自身工作的 S_i 值可以表征水泵的相似工作点。

当管网中只有1台水泵工作时,水泵工作的 S_i 值仅由管网的阻力特性决定,当管网的阻力特性不变时,水泵工作的 S_i 值不变,此时水泵变频时其相似工作点不变。当管网中有多台水泵并联时,只改变其中某1台水泵的频率,管网总的 S 值会在不同水泵之间重新分配,每台水泵各自的 S_i 值会发生改变,即水泵各自的相似工作点发生了变化。并联水泵的扬程 H_i 均相同,各自的流量 Q_i 之和等于管网的总流量,即 $H=H_i$, $Q=\sum Q_i$, $H_i=S_iQ_i^2$,因而水泵各自的 S_i 值与管网的 S 值之间满足:

$$\frac{1}{\sqrt{S}}=\sum\frac{1}{\sqrt{S_i}} \tag{28.3-3}$$

根据式(28.2-4)可得

$$w_i=\frac{-b_iQ_i+\sqrt{b_i^2Q_i^2-4a_ic_iQ_i^2+4c_iH}}{2c_i} \tag{28.3-4}$$

对于每台并联的水泵,满足 $H=S_iQ_i^2$,代入式(28.2-4),简化可得

$$\sqrt{H}=\frac{2c_i\sqrt{S_i}}{\sqrt{4c_iS_i+b_i^2-4a_ic_i}-b_i}w_i \tag{28.3-5}$$

如果定义函数 $g(S)$ 为

$$g_i(S_i)=\frac{2c_i\sqrt{S_i}}{\sqrt{4c_iS_i+b_i^2-4a_ic_i}-b_i} \tag{28.3-6}$$

则式(28.3-5)可以表示为

$$\sqrt{H}=w_i\cdot g_i(S_i) \tag{28.3-7}$$

并联水泵的压差相同,有

$$w_1\cdot g_1(S_1)=w_2\cdot g_2(S_2)=\cdots=w_i\cdot g_i(S_i) \tag{28.3-8}$$

若各台并联水泵转速保持等比例同步调节 $w_i=R_iw$(其中 R_i 为比例常数),则有

$$R_1\cdot g_1(S_1)=R_2\cdot g_2(S_2)=\cdots=R_i\cdot g_i(S_i) \tag{28.3-9}$$

因而,通过式(28.3-3),式(28.3-9)可以唯一地确定并联水泵各自的相似工作点的 S_i

值。而且各自的相似工作点的 S_i 值只与管网的 S 值和水泵之间的转速比例 R_i 有关，与水泵的转速无关。

进一步地，可以将该结论总结为准则 1：当外部管网 S 值不变，给定水泵之间的转速比例 R_i，并联水泵转速保持等比例同步调节时，水泵各自的相似工作点的 S_i 值不发生变化，水泵的效率不变。

28.3.2　并联水泵工作点的最优分配

并联变频水泵的优化控制问题可以表示如下：

$$\begin{aligned}&\min\sum P_i\\ \text{s.t.}\quad &H=a_iQ_i^2+b_iw_iQ_i+c_iw_i^2\\ &H=S\left(\sum Q_i\right)^2\\ &\eta_i=j_i(Q_i/w_i)^2+k_iQ_i/w_i+l_i\\ &P_i=\rho gHQ_i/\eta_i\end{aligned}\tag{28.3-10}$$

式中，P_i 为第 i 台水泵的功率；ρ 为水的密度；g 为重力加速度。

根据式(28.3-11)，可以得到功率 P_i 用流量 Q_i、扬程 H 表达的关系式，对变形后的约束条件应用拉格朗日乘数法，可得

$$L=\sum P_i+\lambda\left(\sum Q_i-\sqrt{H/S}\right)\tag{28.3-11}$$

式中，L 表示构造的拉格朗日函数；λ 为拉格朗日乘子。

式(28.3-11)取得最小值的条件为所有偏导数均为 0，即

$$\begin{aligned}&\frac{\partial P_i}{\partial Q_i}=-\lambda\\ &\sum Q_i=\sqrt{H/S}\end{aligned}\tag{28.3-12}$$

在给定的压差设定值 H_{set} 的情况下，各并联水泵的功率 P_i 对流量 Q_i 的偏导数相等时，整体能耗最小。进一步地，对于每台并联的水泵，满足 $H=S_iQ_i^2$，代入式(28.3-4)，简化可得

$$\frac{Q_i}{w_i}=\frac{2c_i}{\sqrt{4c_iS_i+b_i^2-4a_ic_i}-b_i}\tag{28.3-13}$$

因而，水泵的效率 η_i 可以表示为水泵相似工作点的 S_i 值的函数：

$$\eta_i(S_i)=j_i\left(\frac{2c_i}{\sqrt{4c_iS_i+b_i^2-4a_ic_i}-b_i}\right)^2+k_i\frac{2c_i}{\sqrt{4c_iS_i+b_i^2-4a_ic_i}-b_i}+l_i\tag{28.3-14}$$

水泵的功率 P_i 可以表示为

$$P_i=\frac{\rho gHQ_i}{\eta_i}=\frac{\rho gS_iQ_i^3}{\eta_i(S_i)}\tag{28.3-15}$$

式(28.3-12)中的 $\dfrac{\partial P_i}{\partial Q_i}=-\lambda$ 可以表示为

$$\frac{\partial P_i}{\partial Q_i}=\rho g\left(\frac{Q_i^3}{\eta_i(S_i)}\frac{\partial S_i}{\partial Q_i}+\frac{3S_iQ_i^2}{\eta_i(S_i)}-\frac{S_iQ_i^3}{\eta_i^2(S_i)}\frac{\partial \eta_i(S_i)}{\partial S_i}\frac{\partial S_i}{\partial Q_i}\right) \tag{28.3-16}$$

其中 $S_i=\frac{H}{Q_i^2}$，即 $\frac{\partial S_i}{\partial Q_i}=-\frac{2H}{Q_i^3}$，代入式(28.3-6)，简化后可得

$$\frac{\partial P_i}{\partial Q_i}=\rho g H\left(\frac{1}{\eta_i(S_i)}+\frac{2S_i}{\eta_i^2(S_i)}\eta_i'(S_i)\right) \tag{28.3-17}$$

并联水泵总能耗最小的条件为各并联水泵对应的式(28.3-17)相同，此时可以把公式中的 ρ，g，H 变量消去，该条件仅以水泵各自的相似工作点的 S_i 值为变量。

定义函数 $D(S)$ 为水泵的相似工作点特征函数，即

$$D_i(S_i)=\frac{1}{\eta_i(S_i)}+\frac{2S_i}{\eta_i^2(S_i)}\eta_i'(S_i) \tag{28.3-18}$$

可以看出，水泵的相似工作点特征值 D 仅由自身的性能参数(a_i，b_i，c_i，j_i，k_i，l_i)决定，随着自己相似工作点的 S_i 值的变化而变化。因而，水泵相似工作点的特征函数曲线是表征水泵自身性能的一条曲线。

因而，并联水泵总体能耗最低的条件可以表述为

$$D_1(S_1)=D_2(S_2)=\cdots=D_i(S_i) \tag{28.3-19}$$

并联水泵自身的相似工作点的 S_i 值与外部管网的阻抗 S 满足式对于每台并联的水泵满足 $H=S_iQ_i^2$，代入式(28.2-4)，简化可得

$$\sqrt{H}=\frac{2c_i\sqrt{S_i}}{\sqrt{4c_iS_i+b_i^2-4a_ic_i}-b_i}w_i \tag{28.3-5}$$

因而，在给定外部管网阻抗 S 后，唯一存在一组并联水泵相似工作点的 S_i 值的最优分配方式，使得并联水泵整体能耗最低，该工作点的分配方式可以由式(28.3-3)、式(28.3-19)联立求出。考虑到式(28.3-3)中相似工作点变量的表达形式为 $1/\sqrt{S_i}$，为了便于应用求解，将水泵相似工作点的特征值函数 $D(S)$ 的自变量变换元 $1/\sqrt{S_i}$ 的形式，即

$$\begin{gathered}D_1(1/\sqrt{S_1})=D_2(1/\sqrt{S_2})=\cdots=D_i(1/\sqrt{S_i})\\ \sum\frac{1}{\sqrt{S_i}}=\frac{1}{\sqrt{S}}\end{gathered} \tag{28.3-20}$$

综上所述，准则 2 可以总结为：给定外部管网的阻抗 S 和并联水泵的启停状态后，唯一存在并联水泵一组相似工作点的 S_i 值的最优分配方式，使得并联水泵整体能耗最低；其分配方式只与管网的阻抗 S 和开启的水泵特性有关。

28.3.3 并联水泵最优转速比值

根据准则 2 和准则 1，在调节过程中，若要保证各并联水泵均在分配的最优相似工作点下，只需使各并联水泵的转速保持某一比例 R_b，等比例地同步调节。这样，各台并联水泵的相似工作点均不发生变化，维持在分配的最优相似工作点，整体能耗最低。称这一转速比值 R_b 为并联水泵的最优转速比值。

根据式(28.3-8)可得并联水泵转速比值 R 与水泵相似工作点 S_i 的关系式

$$R=\frac{w_i}{w_j}=\frac{g_j(S_j)}{g_i(S_i)} \tag{28.3-21}$$

由于并联水泵最优相似工作点的 S_i 值的分配只与外部管网阻抗 S 有关，并联水泵的最优转速比值 R_b 也仅与外部管网阻抗 S 有关。当给定一组最优分配的相似工作点的 S_i 值后，水泵的最优转速比值 R_b 就可以根据式(28.3-21)求出来。

综上所述，准则 3 可以总结为：外部管网的阻抗 S 值和并联水泵启停状态确定后，存在一个并联水泵最优转速的比值 R_b，各并联水泵的转速根据此比值保持等比例地进行同步调节，来满足不同的压差设定值，各水泵的相似工作点均不发生变化，维持在使整体能耗最低的最优分配的相似工作点的 S_i 值；当管网阻抗 S 发生变化时，可以找到一个新的最优转速比值。

28.4　准则实例应用与验证

根据上述准则，可以实现并联变频水泵(相同型号、不同型号均可)的转速优化控制。选取 4 台不同型号的水泵，其中两两一组可以并联工作。首先应用上述准则，计算出设计工况管网阻抗 S 下，最优相似工作点分配和最优转速比值；然后通过数值仿真，解出在该管网阻抗 S 下，满足不同工况的并联水泵转速最优的运行状态。最后对利用准则得到的优化结果进行验证。

28.4.1　准则应用

在设计水泵并联应用时，应选取工作扬程范围重合、工作流量有所差别的水泵进行并联。本算例中选取 4 台不同的水泵，其中两两一组可以并联工作(扬程相同、流量较大的水泵称为大泵；流量较小的水泵称为小泵)。泵组 1 的设计扬程为 32m，泵组 2 的设计扬程为 31m。这两组水泵的性能曲线如图 28.4-1 所示。

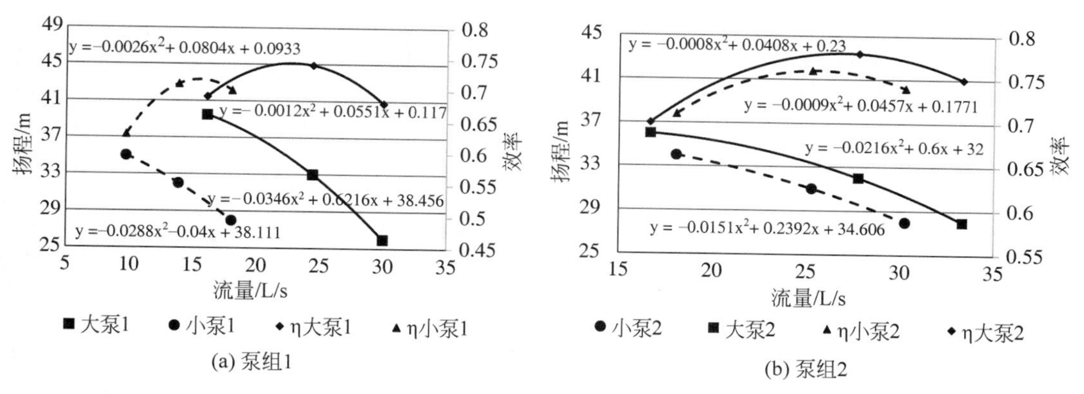

图 28.4-1　并联水泵性能曲线

根据上述水泵的性能曲线，可以分别求出各台水泵工作点的特征值曲线，如图 28.4-2 所示，每条曲线代表 1 台水泵的工作点特征值曲线，曲线上两个圆圈之间的范围为水泵在实际运行工况中可及的工作点范围。可以看出，在实际工况中可及的工作点范围内，水泵工作点的特征值为单调增函数。

两组水泵的设计工况参数如表 28.4-1 所示。

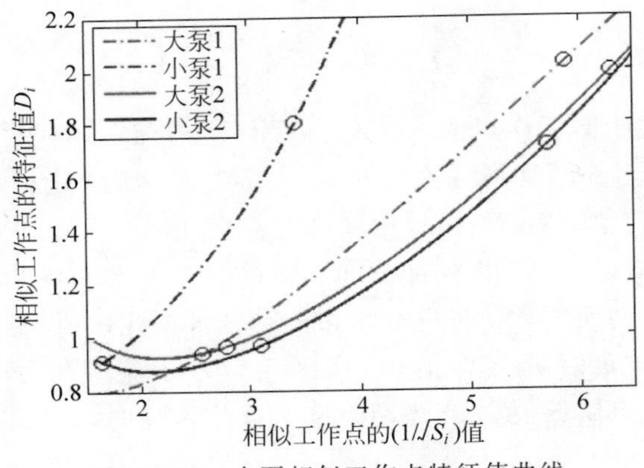

图 28.4-2 水泵相似工作点特征值曲线

表 28.4-1 并联泵组的设计工况参数

		扬程/m	流量/(L/s)	设计工作点的 $1/\sqrt{S_i}$ 值	$\sum(1/\sqrt{S_i})$
泵组 1	大泵	32	25.33	4.4780	6.9332
	小泵	32	13.89	2.4552	
泵组 2	大泵	31	29.35	5.2723	9.8137
	小泵	31	25.29	4.5414	

根据准则 2 可知，在设计工况管网阻抗 S 下，唯一存在一组并联水泵相似工作点的最优分配，使并联水泵整体能耗最低。利用水泵相似工作点特征值曲线，可以很容易地将相似工作点的最优分配求出来：保持并联水泵的相似工作点特征值相等，同时使其相似工作点的 $1/\sqrt{S_i}$ 值之和等于该工况下外部管网阻抗 S 决定的工作点之和。图 28.4-3 为利用这一准则分别求出的两组并联水泵在设计工况下的最优相似工作点分配。

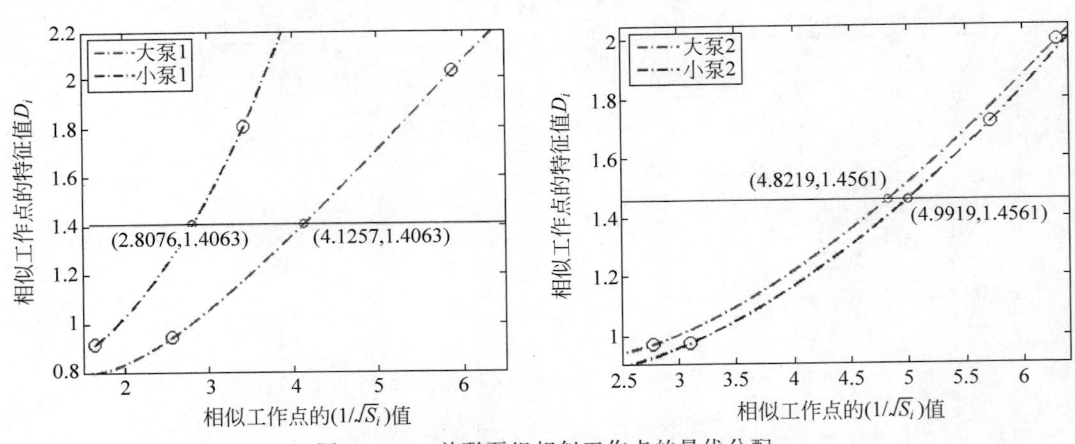

图 28.4-3 并联泵组相似工作点的最优分配

从最优相似工作点分配的计算结果可以看出，设计工况下 2 台水泵的工作点不是最优的。利用最优的相似工作点分配结果，根据准则 3，可以求出在设计工况管网阻抗 S 下，并联水泵的最优转速比值 R_b，如表 28.4-2 所示。

表 28.4-2　并联泵组最优转速比值

		最优工作点的 $1/\sqrt{S_i}$ 值	水泵性能参数			$g(S_i)$	最优转速比值 $R_b=\frac{w_1}{w_2}$
			a_i	b_i	c_i		
泵组 1	大泵	4.1257	−0.0346	0.6216	38.456	4.4780	0.9543
	小泵	2.8076	−0.0288	−0.04	38.111	2.4552	
泵组 2	大泵	4.8219	−0.0216	0.6	32	5.2723	0.9629
	小泵	4.9919	−0.0151	0.2392	34.606	4.5414	

因而，在设计工况管网阻抗 S 下，并联水泵根据求出的最优转速比值 R_b，保持该比例同步地调节转速，满足不同的压差设定值需求，并联水泵的相似工作点的 S_i 值均不发生变化，维持在最优分配的相似工作点上。

28.4.2　准则验证

对于上述两台水泵并联的情况，可以利用穷举法通过数值仿真，求出满足条件的并联水泵最优运行状态参数。

在设计工况管网阻抗 S 下，给定某一压差设定值，将两台并联水泵所有满足该压差设定值的转速组合求解出来，然后求出每组转速组合对应的总功率，最后找到总功率最小的那组转速组合，即为满足条件的水泵最优转速组合，进一步可以求出最优转速比值和相似工作点分配。泵组 1 和泵组 2 的优化计算结果分别如表 28.4-3 和表 28.4-4 所示。

表 28.4-3　泵组 1 优化计算结果

扬程设定值/m	最优转速比 wb		最优转速比值	最优工作点的 $1/\sqrt{S_i}$ 值		水泵效率	
	大泵	小泵		大泵	小泵	大泵	小泵
23.5	0.8369	0.8770	0.9543	4.1257	2.8075	0.75	0.71
24	0.8458	0.8863	0.9543	4.1253	2.8078	0.75	0.71
24.5	0.8545	0.8955	0.9543	4.1255	2.8077	0.75	0.71
25	0.8632	0.9045	0.9543	4.1260	2.8072	0.75	0.71
25.5	0.8718	0.9136	0.9542	4.1250	2.8082	0.75	0.71
26	0.8803	0.9224	0.9544	4.1263	2.8069	0.75	0.71
26.5	0.8887	0.9313	0.9543	4.1260	2.8072	0.75	0.71
27	0.8971	0.9400	0.9544	4.1261	2.8071	0.75	0.71
27.5	0.9053	0.9488	0.9542	4.1247	2.8085	0.75	0.71
28	0.9135	0.9573	0.9543	4.1255	2.8077	0.75	0.71
28.5	0.9216	0.9659	0.9542	4.1247	2.8085	0.75	0.71
29	0.9297	0.9742	0.9544	4.1262	2.8070	0.75	0.71
29.5	0.9377	0.9826	0.9543	4.1260	2.8072	0.75	0.71
30	0.9456	0.9909	0.9544	4.1262	2.8070	0.75	0.71
30.5	0.9534	0.9992	0.9542	4.1248	2.8084	0.75	0.71
		均值	**0.9543**	**4.1256**	**2.8076**	0.75	0.71
		标准差	7.3E−05	5.8E−04	5.8E−04	5.5E−06	7.8E−07

表 28.4-4 泵组 2 优化计算结果

扬程设定值/m	最优转速比 wb		最优转速比值	最优工作点的 $1/\sqrt{S_i}$ 值		水泵效率	
	大泵	小泵		大泵	小泵	大泵	小泵
23.5	0.8538	0.8868	0.9628	4.8209	4.9928	0.75	0.75
24.0	0.8628	0.8961	0.9628	4.8214	4.9923	0.75	0.75
24.5	0.8718	0.9054	0.9629	4.8225	4.9912	0.75	0.75
25.0	0.8806	0.9146	0.9629	4.8220	4.9917	0.75	0.75
25.5	0.8894	0.9237	0.9629	4.8220	4.9917	0.75	0.75
26.0	0.8981	0.9327	0.9629	4.8225	4.9912	0.75	0.75
26.5	0.9067	0.9416	0.9628	4.8215	4.9922	0.75	0.75
27.0	0.9151	0.9505	0.9628	4.8209	4.9928	0.75	0.75
27.5	0.9236	0.9592	0.9629	4.8226	4.9911	0.75	0.75
28.0	0.9319	0.9679	0.9628	4.8209	4.9928	0.75	0.75
28.5	0.9402	0.9765	0.9629	4.8215	4.9922	0.75	0.75
29.0	0.9485	0.9850	0.9629	4.8225	4.9912	0.75	0.75
29.5	0.9566	0.9935	0.9629	4.8220	4.9917	0.75	0.75
		均值	**0.9629**	**4.8218**	**4.9919**	0.75	0.75
		标准差	5.2E−05	6.5E−04	6.5E−04	8.8E−06	9.5E−06

表 28.4-3、表 28.4-4 中的计算结果表明，在给定的管网阻抗 S 下，当满足不同的压差设定值需求时，并联水泵的最优转速比值为一定值，与利用准则 3 计算出来的最优转速比值相同；并联水泵的相似工作点均保持不变，与利用准则 2 计算出来的最优分配的相似工作点相同；水泵的工作效率均维持不变。

值得注意的是，若水泵转速不能超过额定转速，即转速比 $w_{max}=1$，则在设计工况的管网阻抗 S 下，当压差设定值增大到设计值时，只有当两台并联水泵转速均为额定转速（$w_i=1$）时才能满足压差设定值。而利用准则 3 优化计算出的最优转速，小泵的转速会超过额定转速（$w_i>1$），因而这种工况下最优转速的方案不能实现。

在实际工程中，一方面系统在绝大部分情况下均运行在部分负荷工况；另一方面在设计选型时，都会对管网阻抗估计偏大，或者再乘以一个大于 1 的安全系数，会导致水泵选型偏大。因而，上述工况极少出现在实际工况中。如果出现了这种工况，当前的变频器可以实现超频运行，即变频器输出频率大于工频 50Hz，当然要考虑水泵电动机的承受能力。此外，如果条件不允许，面对这种不常见的工况时，也应该优先保证系统的需求，可以不运行最优转速的方案。

28.5 本章小结

针对闭式循环水系统中并联变频水泵的转速优化控制问题，建立了并联变频水泵的特性模型，通过理论分析，总结出并联变频水泵转速优化控制的准则：

(1) 当外部管网 S 值不变，给定水泵之间的转速比例 R_i，并联水泵转速保持等比例同步调节时，水泵各自的相似工作点的 S_i 值不发生变化，水泵的效率不变。

(2) 给定外部管网的阻抗 S 值和并联水泵的启停状态后，唯一存在并联水泵一组相似工作点的 S_i 值的最优分配方式，使得并联水泵整体能耗最低；其分配方式只与管网的阻抗

S 和开启的水泵特性有关。

(3) 外部管网的阻抗 S 确定后，存在一个并联水泵最优转速比值 R_b，各并联水泵的转速根据此比值保持等比例地同步调节，来满足不同的压差设定值，各水泵的相似工作点均不发生变化，维持在使整体能耗最低的最优分配的相似工作点的 S_i 值；当管网阻抗 S 发生变化时，可以找到一个新的最优转速比值。

在理论推导过程中，定义了水泵相似工作点的特征函数 $D(S)$，是表征水泵自身工作特性的函数，仅与水泵的性能参数和水泵的相似工作点有关，在水泵可及的工作范围内单调递增。在并联水泵调节过程中，只需保持各并联水泵的相似工作点特征值相等，并联水泵的整体能耗最低。

本章对并联变频水泵转速优化控制的研究是基于给定的水泵启停状态，即给定开启哪几台水泵的组合后，根据上述准则可以对水泵的转速进行优化。在某种工况下，开启"一大一小"和"两台大泵"均能满足要求，在这两种水泵开启台数组合的方案中如何选择，最直接的方法是对每一种组合方案利用上述准则进行转速优化，然后比较这两种转速优化后的组合，选择能耗最低的方案。当然，是否能找到一种量化的指标或准则，对水泵的启停状态组合进行优化，需要进一步的研究。

参考文献

[1]　代允闯，姜子炎，陈佩章，等. 并联变频水泵转速优化控制研究[J]. 暖通空调. HV&AC，2015，45(8)：30-35.

[2]　代允闯，姜子炎，陈佩章，等. 并联变频水泵转速优化控制研究[J]. 暖通空调，2015(8)：30-35.

[3]　蔡增基，龙天渝. 流体力学泵与风机[M]. 4版. 北京：中国建筑工业出版社，1999：304-305.

第 29 章

基于群智能技术的高层建筑集中供暖系统控制与优化研究

本章提要

由于新、旧建筑采用节能控制技术的差异，传统集中供暖系统控制策略很难使建筑室内舒适性与节能性达到理想的情况，很难根据建筑群体供暖需求量来优化各循环水泵的负荷分配。本章提出一种高层建筑集中供暖系统群智能控制方法，该方法分析了相邻室温之间的耦合因素，基于状态空间法建立了多变量室内温度模型并进行了分析验证；采用模型预测分布式群控方法对建筑室内温度进行控制与优化，并根据预测后的需热量对换热站循环水泵负荷进行群智能控制优化。比较传统控制方式，基于群智能技术的高层建筑集中供暖系统可以针对不同建筑类型灵活配置系统架构，满足不同类型建筑供暖控制与优化的需求，提高供暖系统中各类机电设备的运行效率。在相同室内外环境下，基于群智能的室内温度预测模型群控算法能够优化调节室内温度并提高换热站水泵运行效率，从而达到舒适与节能优化的目标。本章内容主要来源于文献[1-2]。

29.0 符号列表

C_{wo}，C_{wi}	围护结构 w 外墙、内墙的平均热容，J/℃
h_{wo}，h_{wi}	外墙、内墙与相邻空气之间的综合传热系数
f_{wo}，f_{wi}	围护结构 w 外墙、内墙面积，m^2
t_o	与围护结构外墙相邻的室外或邻室平均温度，℃
t_z	与围护结构内墙相邻的室内平均温度，℃
t_{wo}，t_{wi}	围护结构 w 外墙、内墙节点平均温度，℃
h_{woi}	外围护结构内墙与外墙之间的综合传热系数
h_{wj}	内墙与其他内围护结构之间的长波辐射换热系数
q_{sol}	太阳透过窗户的辐射热量，W
t_j	除本围护结构外围护结构 j 平均温度，℃
C_l	第 l 个窗户平均热容，J/℃
t_l	第 l 个窗户外层、内层窗户平均温度，℃
f_l	第 l 个窗户面积，m^2
h_{lo}	外层玻璃与室外空气对流传热系数，W/(m^2 · ℃)
h_{li}	内层玻璃与室内空气对流传热系数，W/(m^2 · ℃)
q_s	外层玻璃吸收的太阳辐射热量，W/m^2
C_q	干扰热源平均热容，J/℃
t_q	干扰热源节点温度，℃
f_q	干扰热源的有效面积，m^2

h_q	干扰热源与室内空气之间的对流系数，W/(m^2·℃)
q_{gf}	干扰热源获得的辐射热，W
C_z	室内空气热容，J/℃
c_o	室外空气比热容，J/(kg·℃)
ρ	室外空气密度，kg/m^3
G_{out}	与室外冷空气换气量，m^3/s
t_{out}	室外空气温度，℃
q_{rad}	散热器投入到室内的散热量，W
Φ_{out}	室外冷空气渗透量对室温的影响系数
q_{fs}	室内空气获得的内部产热的对流热，W
C_{rad}	散热器热容，J/℃
t_{rad}	散热器平均温度，℃
c_w	流经散热器的热水比热容，kJ/ kg·℃
k_v	阀门的流通能力，取 $6.3m^3/h$
$\Delta\rho$	阀门两侧压差，Pa
R	阀门可调比，一般为 30～60，此处取 30
x	阀门的开度[0,0.1,0.2,…,0.9,1]
t_s	流经散热器的供水温度，℃
K_{rad}	散热器传热系数
f_{rad}	散热器有效散热面积，m^2
$\overline{t_s}$	散热器供水计算温度，℃
$\overline{t_r}$	散热器回水计算温度，℃
$\boldsymbol{C}$	每个节点在单位温度变化率下的蓄热能力矩阵
$\boldsymbol{A}$	各相邻温度节点间由于温度差而产生的热流动关系矩阵
$\boldsymbol{B}$	各热扰与每个温度节点的作用情况的矩阵
$\boldsymbol{U}$	作用在各温度节点上的热扰组成的向量
$\dot{T}$	温度变化率
T	房间所有温度节点
$t_{bz}(\tau)$	房间自然温度，℃
λ_i	对角阵 $\boldsymbol{\Lambda}$ 的各项对角元素
$\Phi_{o,0}$	房间各邻室当前时刻温度值对室温影响系数
Φ_{ra}	房间散热器热量当前时刻对室温影响系数
t_{zi}	室内温度 t_z 的分解量
$\Phi_{k,1}$	房间第 k 种热扰前一时刻值对室温的影响系数
u_k	第 k 种热扰量
$\Phi_{k,0}$	房间第 k 种热扰当前时刻值对室温的影响系数
τ	时间
H	水泵的扬程，单位为米水柱

Q	水泵的流量,m^3/h
η	水泵的效率
α_i	各水泵的开启状态,取值为 0 或 1,分别表示未开启或开启状态
m	并联水泵台数
P_i	各水泵的能耗
x_i	各水泵的流量
X	建筑供暖所需求的总供水量

29.1 集中供暖系统群智能控制

29.1.1 集中供暖系统控制现状

集中供暖是我国北方寒冷及严寒地区的主要采暖方式[1]。随着人口增多及经济发展需求,国内新建居民建筑逐渐发展为以高层建筑为主。新建高层建筑外墙均加有新型保温材料,保温效果高于老旧建筑[4],且供暖时期建筑室内温度受诸多不确定因素和非线性因素影响[5],传统的室内温度控制方法采用温控阀控制,无法考虑诸多外部因素对房间供暖温度的影响[6],尤其是相邻房间之间的温度影响。从而不能有效控制建筑室内温度。住宅楼下配备的换热站控制系统多为经验控制或半自动化控制[7],无法根据上层建筑所需供热量进行准确的热量供应,导致供热量偏大,使建筑室内普遍出现温度过高现象,许多住户采取开窗散热方式以使室温达到人体舒适度,因此造成供暖热量的大量浪费。研究显示我国单位面积供暖能耗为相近发达国家的 2～3 倍[8]。

近年来,集中供暖的室内温度控制系统已经取得了很多进展[9]。如对散热器供热系统进行鲁棒控制[10],对恒温散热器阀门的不稳定性提出基于辐射动力学现行参数变化模型的增益调度控制器[11]。针对控制过程中室温变化的滞后性,模型预测控制通过数学模型预测建筑物的热负荷并进行控制使得供热能耗最小化[12]。在模型预测控制室内温度过程中,可以通过访问天气预报数据代替实测值从而消除对天气测量的需求[13]。除了采用模型预测控制外,还可以采用人工神经网络(ANN)或通过优化控制散热器的调节机制实现室内温度的预测与控制[14]。

小区换热站机电设备主要包括热交换器与循环水泵。市政供热水流经热交换器后经循环水泵送至住户[15]。对于换热站的优化控制,可以优化由热交换器连接到散热器系统的控制,使回水温度更低,从而减少区域供热流量[16]。换热站中的并联水泵控制目前多为恒压差控制。根据并联变频水泵的特性模型,采用分析方法对并联水泵台数进行优化确定,连续检测并联水泵总流量与扬程在线决策当前水利工况下的最佳水泵运行台数,根据确定的最佳水泵运行台数决定每台水泵的运行效率[17]。通过拟合水泵在工频与恒压变频下的特性曲线,以效率和轴功率为研究对象,采用对称曲线法分析对比得到高效能的水泵并联运行方案[18]。

与集中式控制方式相比,分布式控制方法更加灵活。在无人机编队控制中,采用分布式编队控制方式有效解决了集中式控制中长机通信负载过大的问题,各无人机之间通过邻接通信引导编队飞行[19,20]。将分布式控制方法应用在机电设备组中,并联机电设备群控问题,相比集中控制方法更加灵活且可以随意扩展系统结构[21]。

29.1.2　集中供暖系统群智能控制方法

群智能控制的基本概念是系统组件之间的本地信息交互，建立秩序并自主协调，不再通过中央控制器就可以实现本地的控制优化目标[22]。根据群智能控制思想，集中供暖建筑中每户配有一个分布式控制器，将室内所有散热器等效为一个散热器，通过控制该散热器阀门也就是供暖热水入户阀门开度对室内温度进行调节，建筑楼下所配备的换热站中每个循环水泵及换热器均配有一个分布式控制器，并称其为计算处理节点（CPN）[23]。每个 CPN 按照图 29.1-1 所示的建筑集中供暖系统物理结构连接成图 29.1-2 所示的群智能控制拓扑结构。建筑空间单元 CPN 包含有室内温度设定值，建筑物理参数，室内温度影响因素参数，室内温度，相邻房间室内温度，外界气候参数，散热器阀门特性参数，阀门开度，散热器热水流量等信息。循环水泵 CPN 包含水泵启停状态反馈，水泵进出口压力，水泵实际转速，水泵流量，工作频率以及故障报警信号。换热器 CPN 包含一次网供回水温度信息，二次网供回水温度信息，换热效率及板换面积信息。各 CPN 仅和自己相邻的 CPN 协同工作，实现自主协同的分布式集中供暖系统控制与优化。建筑空间单元与换热站水泵的 CPN 节点信息连接分别如图 29.1-3(a)和图 29.1-3(b)所示。

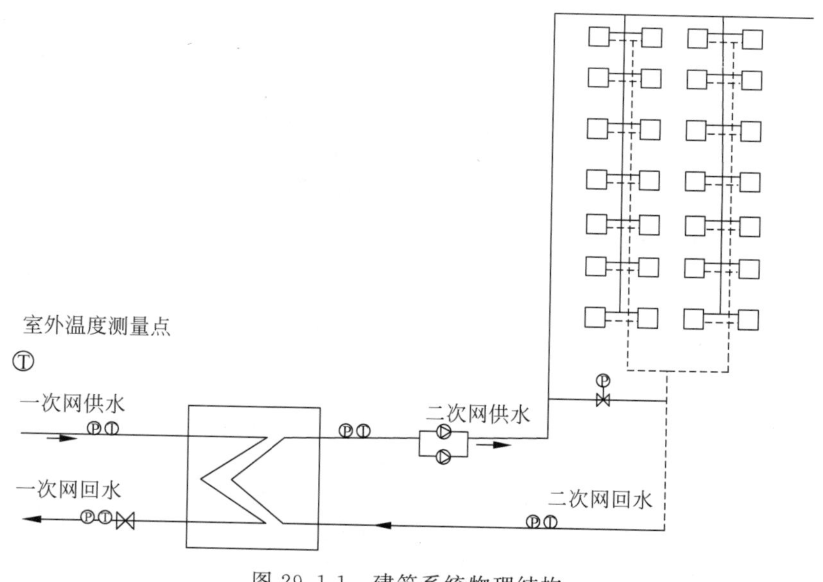

图 29.1-1　建筑系统物理结构

由各个建筑空间 CPN 主动发起控制调节任务，获取室外气象参数信息、室内实时与设定温度、散热器阀门开度，通过与各相邻 CPN 通信获取相邻房间室内温度，结合建筑物理参数建立室内温度控制数学模型，通过模型预测控制计算下一时刻所需供水流量，并将散热器开度作为控制信号传递给阀门进行控制调节[24]。所有的 CPN 遵循相同的控制过程并进行相应阀门开度动作，完成整栋建筑集中供暖室内温度协调控制与优化。换热站水泵 CPN 接收到上层建筑物供暖所需的供水量信息后，根据分布式优化算法调整自身频率从而改变供水量。并将调整后的相对效率及与总需水量之差传送至相邻节点，相邻节点根据传递信息调整自身状态，直至满足上层建筑供暖所需供水量为止。

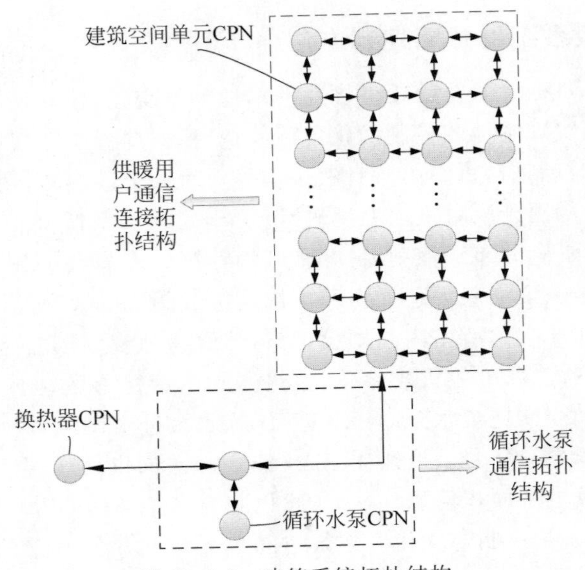

图 29.1-2 建筑系统拓扑结构

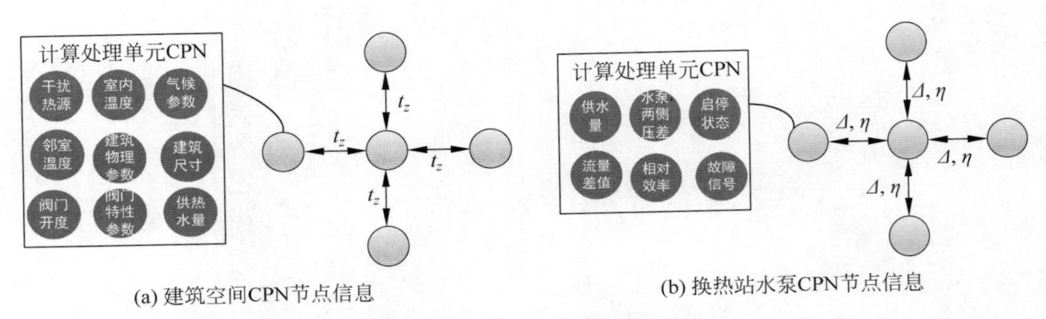

(a) 建筑空间CPN节点信息 (b) 换热站水泵CPN节点信息

图 29.1-3 CPN 节点信息连接图

29.1.3 建筑模型建立

本课题的模型依据的是西安建筑科技大学南院教师家属楼。家属楼一共三栋建筑，每栋 32 层，一层四户。每户房间面积为 139.2m^2，层高为 2.8m，单体建筑长为 12m，宽为 11.6m。冬季供暖时期家属楼采用辐射地暖形式。住宅平面图如图 29.1-4 所示。

各墙面参数参考表 29.1-1。

表 29.1-1 围护结构材料

结构名称	外围护结构	内围护结构	屋顶/地板	北窗	南窗
材料	0.2m 的钢筋混凝土承重层、0.08m 的苯板保温层	0.02m 水泥砂浆、0.24m 重砂浆黏土	0.025m 水泥砂浆 0.15m 钢筋混凝 0.02m 水泥砂浆	中空双层玻璃	中空双层玻璃

建筑室内温度影响因素如图 29.1-5 所示，本章仅对散热设备为散热器时进行相应研究。

图 29.1-4　住宅平面图

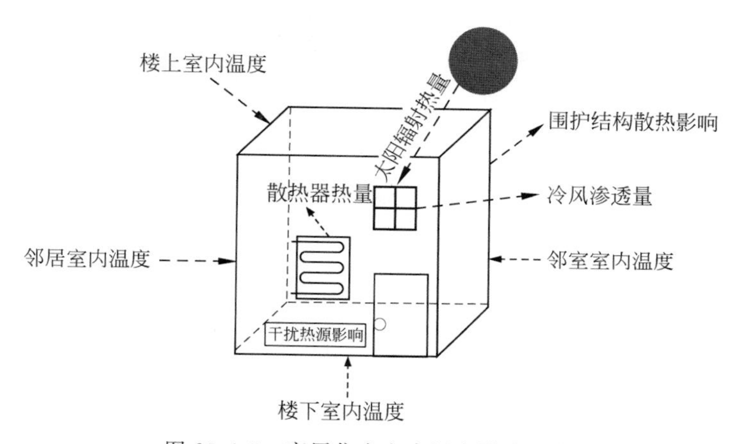

图 29.1-5　高层住宅室内温度影响因素

采用机理建模方式，通过描述各影响因素蓄热放热的动态过程，建立室内热平衡方程组，运用状态空间法对方程组求解得到表征室温各影响因素的特征系数，从而根据影响因素计算室内温度，并根据下时刻影响因素对室内温度进行预测。根据室内温度影响因素，各热动态方程如下：

外围护结构热动态方程

$$C_{wo}\frac{\mathrm{d}t_{wo}}{\mathrm{d}\tau}=h_{wo}f_{wo}(t_o-t_{wo})+h_{woi}f_{wo}(t_{wi}-t_{wo})+q_{\mathrm{sol}} \tag{29.1-1}$$

内围护结构热动态方程

$$C_{wi}\frac{\mathrm{d}t_{wi}}{\mathrm{d}\tau}=h_{wi}f_{wi}(t_z-t_{wi})+h_{woi}f_{wi}(t_{wo}-t_{wi})+\sum_j h_{wj}(t_j-t_{wi}) \tag{29.1-2}$$

窗户结构热动态方程

$$C_l\frac{\mathrm{d}t_l}{\mathrm{d}\tau}=h_{lo}f_l(t_o-t_l)+h_{li}f_l(t_z-t_l)+q_s \tag{29.1-3}$$

干扰热源热动态方程

$$C_g \frac{\mathrm{d}t_g}{\mathrm{d}\tau}=h_g f_g(t_z-t_g)+q_{gf} \tag{29.1-4}$$

室内空气热动态方程

$$C_z \frac{\mathrm{d}t_z}{\mathrm{d}\tau}=\sum_i h_{wi} f_{wi}(t_{wi}-t_z)+\sum_l h_{li} f_l(t_l-t_z)+h_g f_g(t_g-t_z)+ c_o\rho G_o(t_{\mathrm{out}}-t_z)+q_{\mathrm{rad}}+q_{fs} \tag{29.1-5}$$

散热器热动态方程

$$C_{\mathrm{rad}} \frac{\mathrm{d}t_{\mathrm{rad}}}{\mathrm{d}\tau}=c_w K_v\sqrt{\Delta p}R^{x-1}(t_s-t_z)-K_{\mathrm{rad}} f_{\mathrm{rad}}(t_{\mathrm{rad}}-t_z) \tag{29.1-6}$$

联立上述方程可得到建筑总热平衡方程式

$$C\dot{T}=AT+BU \tag{29.1-7}$$

经过求解方程组即可求得表征房间的各热特性指数,即可得到表征房间热特性系数 λ_i,$\varphi_{i,k}$。这些系数由建筑物的结构、材料以及随时间变化的各热扰作用在建筑物上产生的响应综合形成。根据得到的热特性系数及式(29.1-7)即可得到房间室内温度的动态模型如下:

$$t_z(\tau)=t_{bz}(\tau)+\sum\phi_{o,0}t_o(\tau)+ \phi_{ra}K_{\mathrm{rad}}f_{\mathrm{rad}}\frac{K_v\sqrt{\Delta p}R^{x-1}(\overline{t_s}-\overline{t_r})}{f_{\mathrm{rad}}}\ln R+\phi_{\mathrm{out}}c_o\rho G_{\mathrm{out}}t_{\mathrm{out}}(\tau) \tag{29.1-8}$$

式中,

$$t_{bz}(\tau)=\sum_i e^{\lambda_i\Delta\tau}t_{zi}(\tau-\Delta\tau)+ \sum_k(\phi_{k,1}u_k(\tau-\Delta\tau)+\phi_{k,0}u_k(\tau))+ \sum_o\phi_{o,0}t_o(\tau-\Delta\tau) \tag{29.1-9}$$

表示未供暖时室内自然温度。

根据维护结构材料以及室外气候条件,将建筑物理参数以及计算得出的特征值及热扰影响系数,代入式(29.1-8)即可得出室内空气温度计算公式:

$$t_z(\tau+1)=t_{bz}(\tau)+0.08t_{o1}(\tau+1)+0.08t_{o2}(\tau+1)+ 0.087t_{o3}(\tau+1)+0.094t_{o4}(\tau+1)+6.96\times 30^{x-1}+ 0.0002(t_{\mathrm{out}}(\tau+1)-t_z(\tau+1)) \tag{29.1-10}$$

式中,t_{o1},t_{o2},t_{o3},t_{o4} 为建筑物的四个相邻室内空气温度。

29.1.4 模型验证

室温预测模型验证中室内用户入口阀门开度与室内温度实测数据通过能耗管理系统采集;室外风速由本地小型气象站获得;太阳辐射热量采用天气预报数据且窗户的得热系数为 0.626[25]。在实验过程中,为简化用户入口阀门控制复杂性,阀门调节时暂不考虑水管网之间的耦合关系。将用户入口阀门开度控制信号离散为 $U_k=\{0,0.1,0.2,\cdots,0.9,1\}$,室温采样时间为 2017 年 12 月 20 至 2017 年 12 月 26 日,每 1 小时进行一次采样,共 143 个采样点。得到供暖时期用户入口阀门开度如图 29.1-6(a)所示，室温实测值与模型预测计算值比较如图 29.1-6(b)所示。

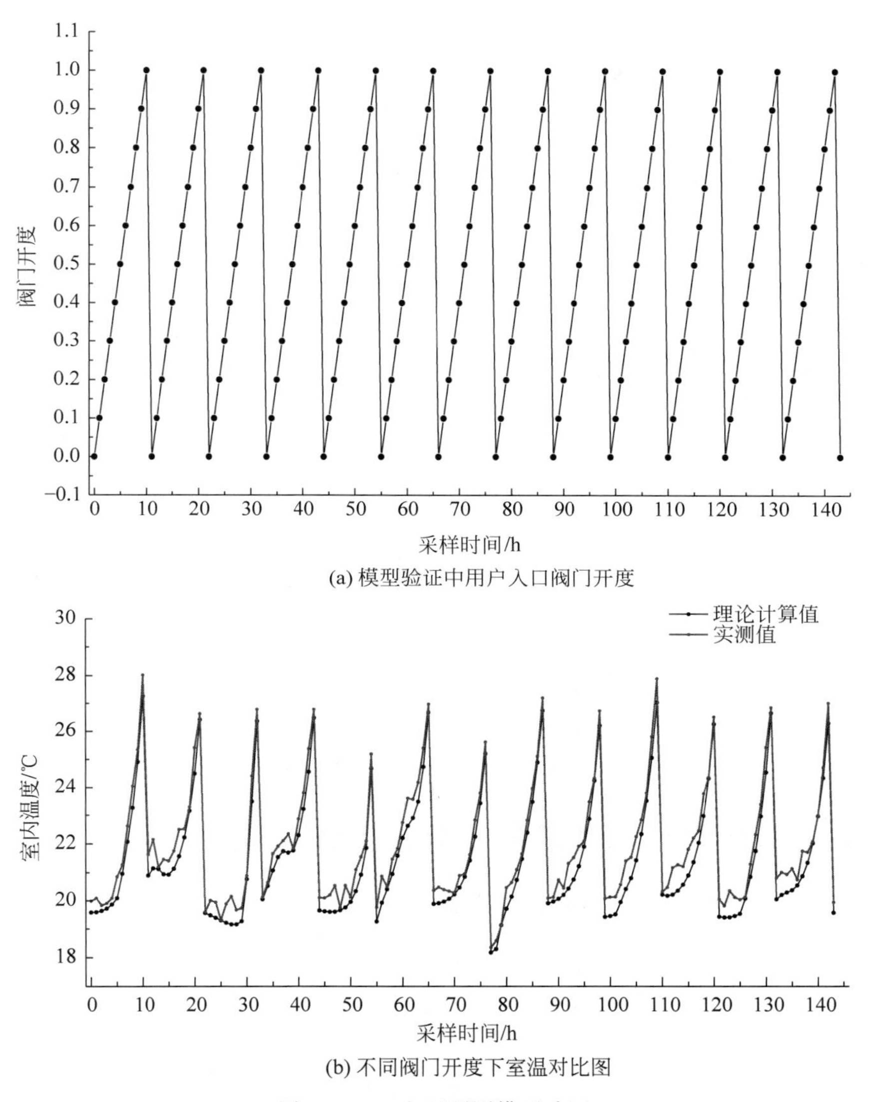

图 29.1-6　室温预测模型验证

从图 29.1-6 可以看出，随着住宅用户入口阀门开度的增大，室内温度呈上升趋势，并有一段时间的滞后现象。经计算，实测值与室内温度控制模型预测值的均方根误差(RMSE)为 0.02℃，相关系数 R^2 为 0.884，表明室内温度控制模型能够很好地跟踪反映室内温度。

29.1.5　换热站并联水泵模型

由于小区楼层较高，因此换热站分为低区供暖和高区供暖两部分，低区供暖主要负责 1～7 层住户供暖需求，高区供暖主要负责 8 层及以上的住户供暖需求。低区供暖区域为三台 ISW40-160(Ⅰ)型水泵并联；高区供暖区域为三台 ISW80-200 水泵并联对小区住户进行供水。其性能曲线如图 29.1-7 所示。

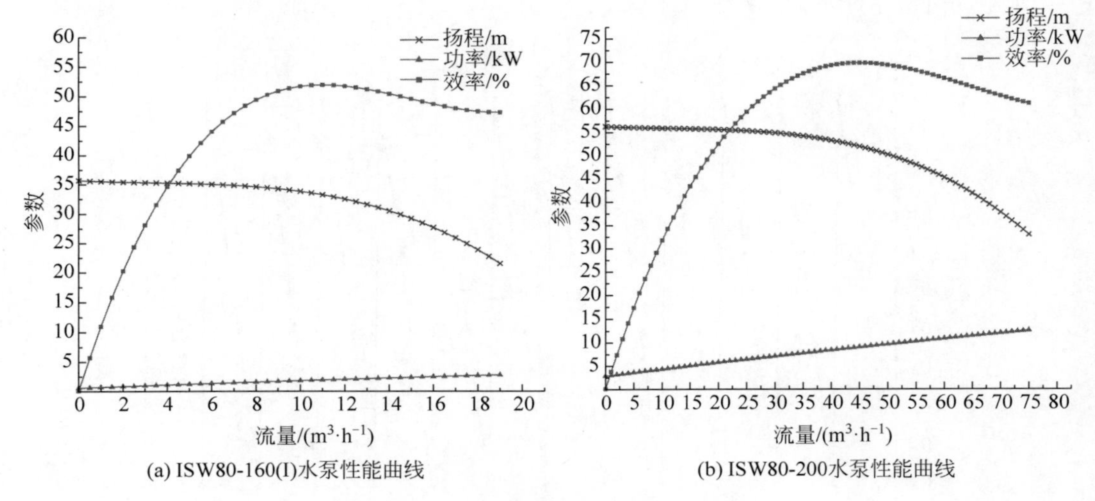

图 29.1-7 水泵性能曲线

ISW80-160A 水泵模型如式(29.1-11)和式(29.1-12)所示，ISW80-200 水泵模型如式(29.1-13)和式(29.1-14)所示。

$$H=35.7-0.019Q+3.32\times 10^{-2}Q^2-3.27\times 10^{-3}Q^3 \tag{29.1-11}$$

$$\eta=0.1+11.69Q-8.41\times 10^{-1}Q^2+3.277\times 10^{-3}\times Q^3 \tag{29.1-12}$$

$$H=56.3-0.060Q+2.95\times 10^{-3}\times Q^2-8.39\times 10^{-5}Q^3 \tag{29.1-13}$$

$$\eta=0.1+3.776\times Q-6.45\times 10^{-2}Q^2+3.3392\times 10^{-4}Q^3 \tag{29.1-14}$$

29.2 集中供暖系统群智能控制算法设计

29.2.1 室内温度模型预测群智能控制

室内温度模型预测控制器的目标主要在于保证下一时刻的预测温度与设定温度之间的温度差最小。因此控制器的目标函数定义如式(29.2-1)所示，控制器设计目标如式(29.2-2)所示。

$$J(k)=\| t_z(k+\Delta\tau)-t_s \|_Q^2 \tag{29.2-1}$$

$$\min_{u(k)} J_k=\| t_a(t+\Delta\tau)-t_s \|_Q^2 \tag{29.2-2}$$

式中，$u(k)$表示系统控制量，即散热器阀门开度。

结合人体舒适度研究将室内温度的设定范围设置为 $18℃\leqslant t_s\leqslant 21℃$。权值 Q 取值如下：

$$Q=\begin{cases}0, & 18℃\leqslant t_z\leqslant 21℃\\ 1, & t_z<18℃ \text{ 或 } t_z>21℃\end{cases} \tag{29.2-3}$$

室温模型预测群智能控制在每次采样步长中的控制步骤如图 29.2-1 所示。根据群智能分布式的控制方式，每个住户的散热器均配有分布式控制器，组成计算处理节点 CPN。

CPN 从建筑物模型中获取所需的输入参数，输出控制量到阀门模型，对阀门模型进行动作。

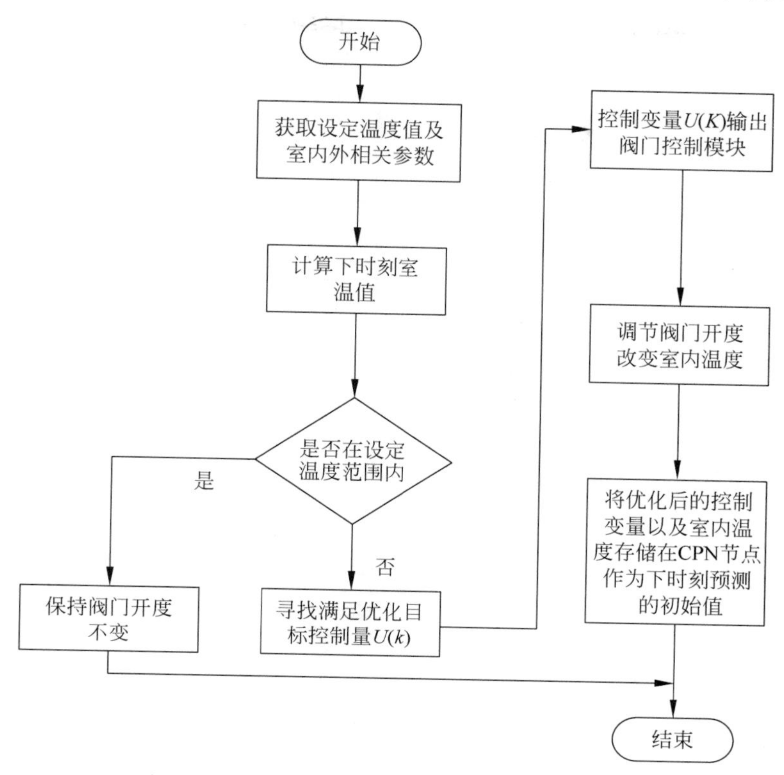

图 29.2-1　温模型预测群智能控制流程示意图

具体实现步骤如下：

(1) CPN 节点获取建筑物理参数，室外气象参数 t_o，太阳辐射量 q_{sol}，室内设定温度 t_s，相邻房间室温，当前时刻散热器阀门开度信息。

(2) 根据式(29.1-8)计算下一时刻室温预测值 $t_z(k+\Delta\tau)t_2(k+\Delta\tau)$。判断预测出的下一时刻该房间的室内温度是否在设定的温度范围内。若在则保持此时阀门开度，若不在设定范围内，则进行步骤(3)。

(3) 对控制变量 u_k 进行遍历循环，寻找满足控制优化目标 $\min\limits_{u(k)} J_k = \| t_z(t+\Delta\tau) - t_s \|_Q^2 \min\limits_{u(k)} j_k = \| t_2(t+\Delta\tau) - t_s \|_Q^2$ 的控制量 u_k。

(4) 将优化得到的控制变量输出给 TRNSYS 中的阀门模块，根据控制量对阀门进行调节，从而改变室内温度。

(5) 将优化后的控制变量以及室内温度存储在 CPN 节点作为下一时刻预测的初始值。根据优化后的控制信号、室内温度以及相邻房间的室温预测下一时刻在保持控制信号不变的情况下该房间的室内温度 $t_z(k+\Delta\tau)$。

(6) 当系统完成一个仿真步长后，重复以上循环，直至仿真时间结束。

本章将 TRNSYS 与 MATLAB 结合，模拟分布式的室温模型预测控制。根据模块以及数据连接信息建立 TRNSYS 高层集中供暖室温控制系统如图 29.2-2 所示。

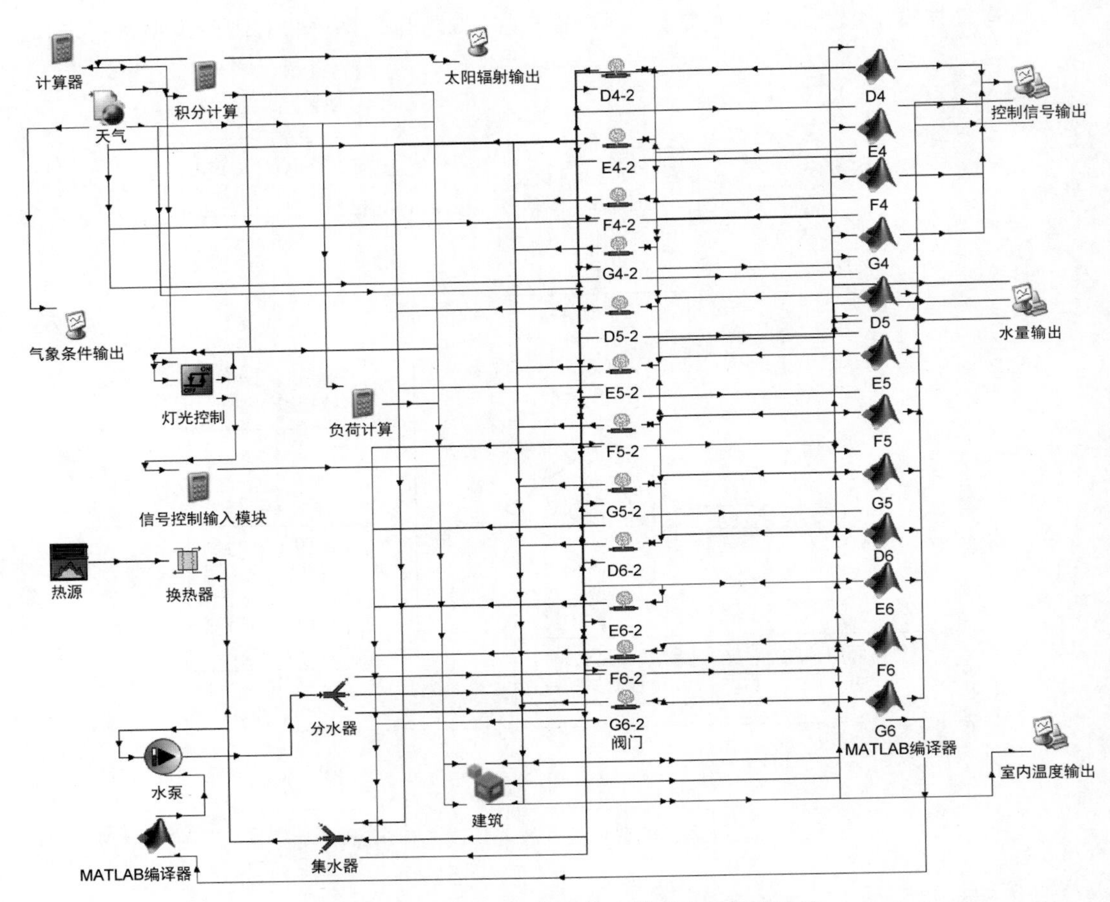

图 29.2-2 TRNSYS 高层集中供暖室温控制系统

29.2.2 换热站并联水泵群智能优化控制

小区换热站的优化主要针对其中循环水泵的优化控制。并联水泵的优化采用分布式优化方法，将并联的所有水泵均配置分散控制器，形成 CPN 节点，对其进行相同控制算法。并联水泵的优化目标为在保证用户需水量的情况下水泵的总能耗最小。其优化问题可以描述为

$$\text{s.t.} \sum_{i=1}^{m} \alpha_i x_i = X \tag{29.2-4}$$

由水泵性能曲线图 29.1-7 可以看出，水泵的效率-分配变量曲线为二次曲线。离心水泵的相似率准则：

$$\frac{Q(n)}{Q(n_0)}=\frac{n}{n_0},\quad \frac{H(n)}{H(n_0)}=\left(\frac{n}{n_0}\right)^2,\quad \frac{\eta(n)}{\eta(n_0)}=1 \tag{29.2-5}$$

在并联水泵两侧压差相同的情况下，由式(29.2-4)及式(29.2-5)可得，每台设备都追求自身运行效率最高时则系统总体效率最高。即在保证供水流量一定的情况下，并联水泵系统的整体效率最高，那么每台循环水泵的效率应该处在相对最高点处。由于初始调整节点

为循环水泵的最高效率点，因此在迭代过程中，每个循环水泵都保证在相对效率最高点处，则当流量满足要求时，此时整个循环水泵的效率一定是最高效率处。水泵 CPN 计算调节机制如图 29.2-3 所示。

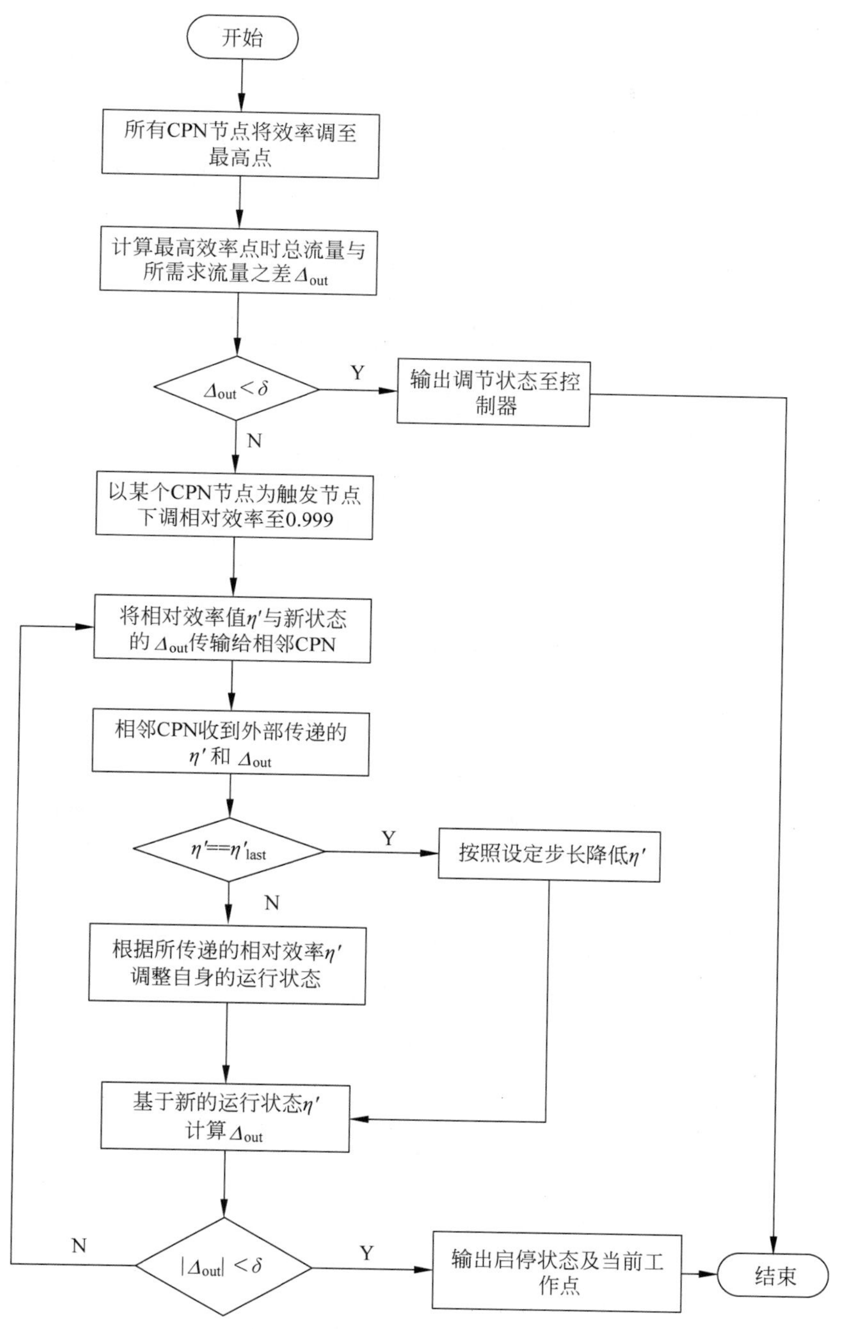

图 29.2-3　水泵 CPN 计算调节机制

具体实现步骤如下：

(1) 将所有的循环水泵 CPN 初始调节点设置为水泵运行效率的最高点。

(2) 计算此时所有循环水泵的供水量,并求出与所需供水量的偏差 Δ_{out}。

(3) 判断 Δ_{out} 是否小于设置的偏差阈值 δ。

(4) 若 Δ_{out} 小于偏差阈值 δ,则输出调节状态至控制器,控制循环水泵转速达到设定要求,算法结束。

(5) 如果 Δ_{out} 大于偏差阈值 δ,则以某个 CPN 节点为触发节点,将相对效率点从 1 降低至 0.999。并计算此时的 Δ_{out}。

(6) 将调节后的相对效率与流量差 Δ_{out} 信息传递给相邻 CPN 节点。

(7) 相邻水泵 CPN 节点根据传递的相对效率信息调整本节点的效率。

(8) 判断传递来的相对效率是否与自身 CPN 上时刻的相对效率一致。

(9) 若一致,则按照设定的步长降低自身 CPN 相对效率点。

(10) 若不一致,则根据所传递的相对效率调整自身 CPN 运行状态。

(11) 基于新的运行状态,相对效率计算出调整后的流量与总流量之差。

(12) 判断 Δ_{out} 是否小于设置的偏差阈值 δ。

(13) 若 Δ_{out} 小于偏差阈值 δ,则输出调节状态至控制器,控制循环水泵转速达到设定要求,算法结束。若 Δ_{out} 大于偏差阈值 δ,则重复步骤(6)~步骤(12),直至算法结束。

经过依次迭代后,循环水泵的总供水量与总需水量之差达到合理的误差范围后,此时所有循环水泵的运行工况点即为迭代优化后的工况点,根据工况点对循环水泵进行控制动作,完成并联循环水泵的优化控制。

29.3 集中供暖系统群智能控制研究结果及分析

29.3.1 室内温度模型预测群智能控制结果

本节选取 2018 年 1 月 1 日对住宅室温进行全天候控制。取样时以每一小时为一个采样点。以房间 E12 及其相邻住宅房间作为研究对象。研究对象空间连接拓扑结构如图 29.3-1 所示,其中 E11 左侧与 F12 顶部均与室外环境相邻,E13 与 D12 均与住宅房间相邻。

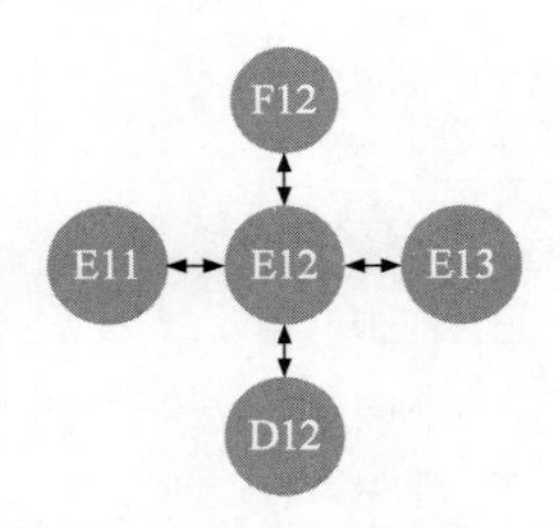

图 29.3-1 研究对象拓扑结构图

各房间室内温度设定值如表 29.3-1 所示。

表 29.3-1 温度设定值

房间	E12	D12	F12	E11	E13
温度/℃	20	19	21	20	18

经过模型预测群智能控制后，E12 及其相邻房间的散热器阀门开度与室内外温度分别如图 29.3-2(a)和图 29.3-2(b)所示。

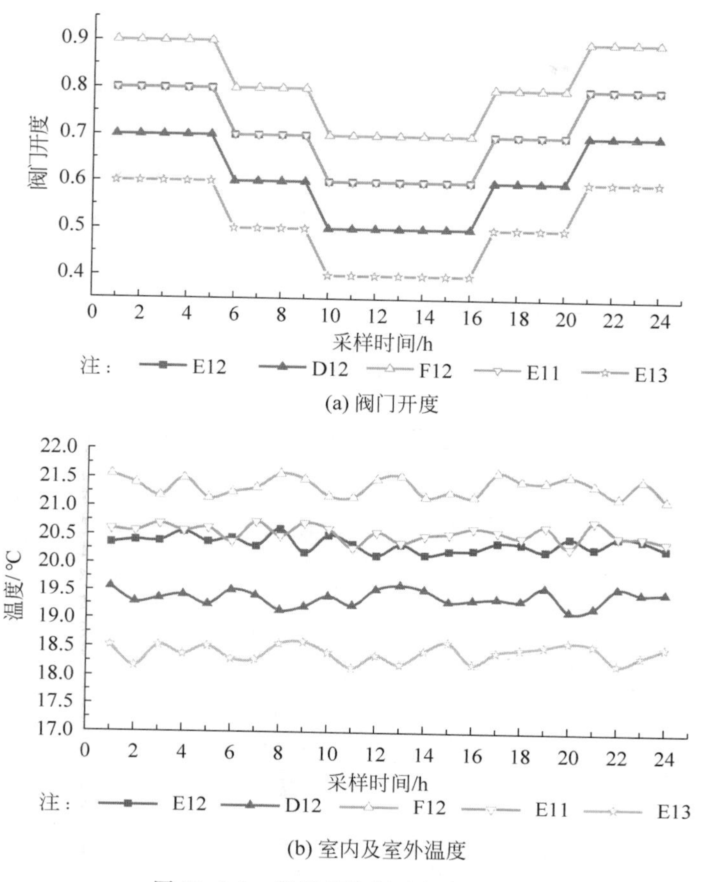

图 29.3-2　群智能控制后室内温度图

阀门开度按照 10%的步长进行调节。从图中可以看出，在 10 时至 16 时外界气温最高，此时房间所需散热器提供的热量最小，阀门开度处于最低状态。当室外气候及相邻房间温度有波动时，各房间的室内温度均可以保持在设定值范围内。

13 时改变 E11 及 F12 的设定室内温度为 18℃，其余房间室内温度设定值不变的情况下，基于分布式模型预测群控后各房间阀门开度以及温度变化情况分别如图 29.3-3(a)和图 29.3-3(b)所示。

从图 29.3-3(a) 中可以看出，E11 与 F12 房间的计算处理节点 CPN 在 13 时检测到室内设定温度发生变化时，调节房间散热器阀门开度，使房间温度适应设定温度。与 E11，F12 相邻的房间仅为 E12，因此 E11 与 F12 室内温度的变化造成 E12 房间室内温度发生改变，当 E12 房间计算处理节点 CPN 得到相邻房间温度改变的信息后，对本房间散热器阀门开度进行相应调节，保证 E12 室内温度维持在设定值范围内。

从图 29.3-3(b)可以看出，在 13 时 E11 与 F12 阀门开度减小，房间温度降低，因为室内温度变化具有大滞后性，因此在阀门开度变化一小时后房间温度降为设定值范围内。在 14 时 E12 房间室内温度达到调节要求，此时散热器阀门动作，加大阀门开度，保证 E12 房间温

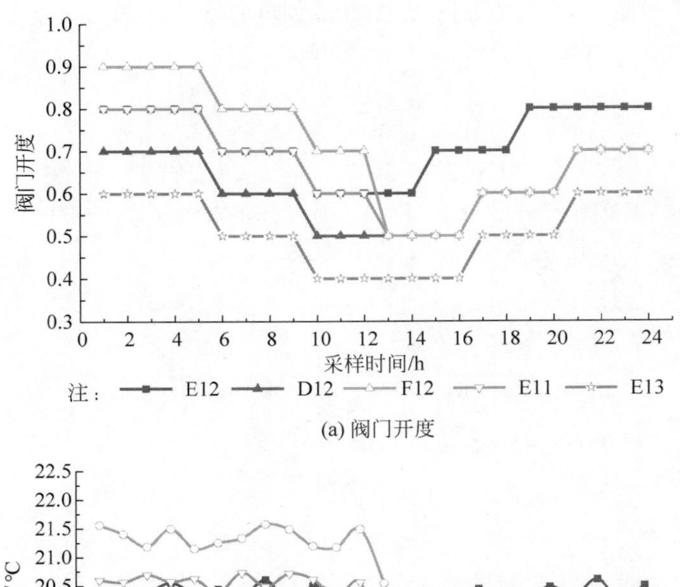

(a) 阀门开度

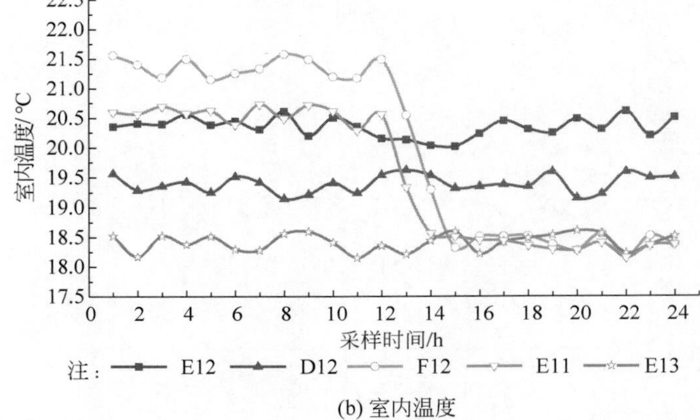

(b) 室内温度

图 29.3-3 设定温度变化后阀门开度与室内温度变化

度维持在设定范围内。

以一天 24 小时为模拟周期，计算传统恒温控制阀与经过分布式室温模型预测群控下每个房间室内所需供热量如图 29.3-4 所示。

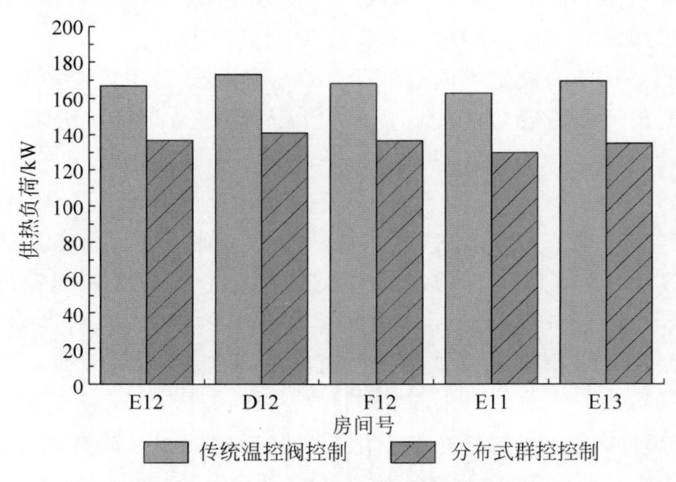

图 29.3-4 不同工况下建筑室温所需供热量

从图 29.3-4 可以看出，传统控制下建筑一天室温所需供热量在 160kW 左右，模型预测群智能控制后的建筑室温所需供热量在 130kW 左右，减少了热能浪费，供热负荷相比传统控制下降低了 14.28%。

整个家属楼进行模型预测群智能控制后的一天循环水量和换热站实测的一天循环水量对比图如图 29.3-5 所示。

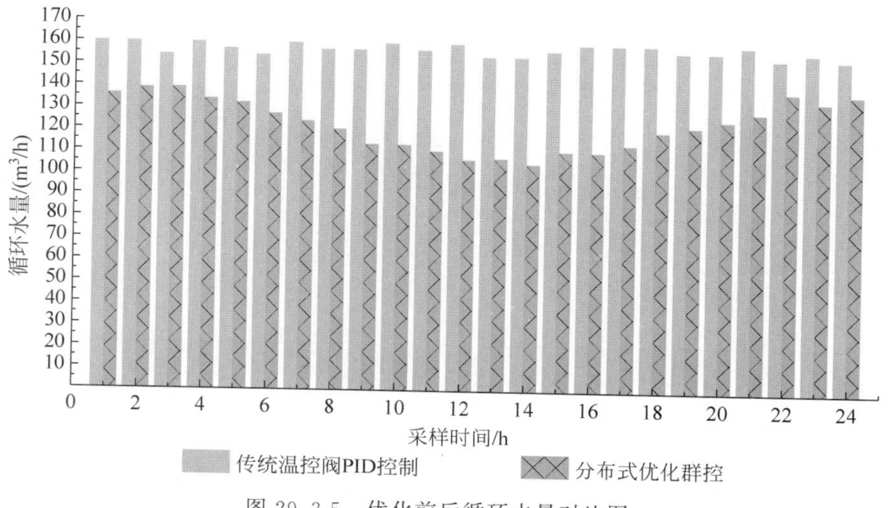

图 29.3-5　优化前后循环水量对比图

由图 29.3-5 可以看出，群智能模型预测控制后的循环水量相比于小区换热站实测下的循环水量明显减少。一天当中，群智能模型预测控制的循环总水量为 2951.758m^3/h，传统换热站的循环总水量为 3788.763m^3/h。传统的温控阀 PID 控制通常是监测当前室温是否与设定温度一致，忽略了集中供暖的温度大滞后性，使调节不及时，从而导致调节后的室温无法达到设定温度，模型预测群控方式首先对下时刻的室温进行预测，根据预测温度对散热器阀门进行控制，从而保证经过控制后的温度能够达到设定范围内。

29.3.2　换热站循环水泵群智能控制结果分析

确定住宅楼供暖用水量后，以高区循环水泵 ISW80-200 为例，对小区换热站循环水泵进行分布式群控优化。将高区 3 台循环水泵 CPN 并联形成一个整体模块，并联水泵采用恒压差控制，给定 50m 的压差设定值。传统控制方式下水泵为定频控制，优化后的水泵为变频控制。以 2018 年 1 月 1 日为例，对建筑室内温度采用群智能控制后，1 月 1 日 17 时高区需水量为 87m^3/h，最终调节的流量收敛阈值保持在 ±1m^3/h 以内即可。3 台水泵流量及效率初始值如表 29.3-2 所示。

表 29.3-2　并联循环水泵初始状态

循环水泵编号	1 号	2 号	3 号
流量/(m^3/h)	29	29	29
效率/%	61.19	61.19	61.19

调整过程中，选择3号水泵为初始调节点，因此3号水泵效率被调整到最大。

当经过3号水泵CPN节点的计算处理后，可计算出此时$\Delta=20.18\text{m}^3/\text{h}$，即此时系统供应流量比需求流量多$20.18\text{m}^3/\text{h}$，然后3号CPN节点将$\eta'$和$\Delta$作为参数，一并发送给2号水泵CPN节点，2号CPN节点收到发送来的参数后，按照同样的规则计算η'和Δ的值，将计算出的结果作为参数传递给1号水泵CPN节点，1号CPN节点收到调节参数后，进行同样的计算，并将结果传递给相邻节点，如此往复进行迭代计算直至调节停止。当系统供应流量与外部所需流量的偏差达到$0.77\text{m}^3/\text{h}$，满足算法收敛条件，此时停止计算。此时3台循环水泵的供水量及效率如表29.3-3所示。将每个水泵CPN节点的当前工作频率传递给循环水泵控制器，按照最终的控制信号对水泵进行调节控制。

表 29.3-3 并联循环水泵优化后的状态

循环水泵编号	1号	2号	3号
流量/(m^3/h)	44.01	0	43.76
效率/%	71.47	0	71.40

整个迭代调整的流程如图29.3-6(a)所示。

下一个控制周期开始时，循环水泵CPN节点接收到建筑物的供暖预测需水量，以上一个控制周期调节结果为基础，根据同样的迭代算法计算新一周期各循环水泵的控制量。由图29.3-5可以得出，建筑物高区18时所需的供热水量为$107\text{m}^3/\text{h}$，以17时的调节状态为基础，各循环水泵CPN节点迭代过程如图29.3-6(b)所示。

从图29.3-6(b)可以看出，在17时换热站2号水泵并未开启，18时由于需水量增加，当2号水泵CPN节点检测到接收的信息中目前的供水量小于建筑物所需水量，发起启动并按照接收到的相对效率进行调整。后续过程中各循环水泵CPN节点仍按照既定的迭代算法运行，直至供需量误差达到合理范围，停止计算，并将各CPN节点的控制信号传递给循环水泵控制器进行控制。

以高区换热站17时并联水泵为优化结果分析对象。3台并联水泵优化控制前后的流量效率对比图如图29.3-7所示。

从图29.3-7可以看出，1号循环水泵优化后的效率为71.47%，比优化前的效率提高了16.8%；2号循环水泵优化后停止工作；3号循环水泵优化后的效率为71.40%，比优化前的效率提高了16.6%。整个并联水泵系统效率相比于优化前的效率提高了16.74%。

对并联水泵实施群智能控制后，并联水泵系统的整体效率明显提高，家属楼24小时换热站各循环水泵的流量、效率与未优化前的定频水泵对比如图29.3-8所示。

从图29.3-8可以看出，经过群智能优化控制后各循环水泵可根据不同的总流量需求，自主调节运行频率，且整体效率相较于未优化前提高16.74%。图29.3-9为一天内高区和低区水泵能耗在优化前后的对比，从图中可以看出高区水泵优化后能耗降低11.36%，低区水泵优化后能耗降低9.04%，总能耗降低10.92%。

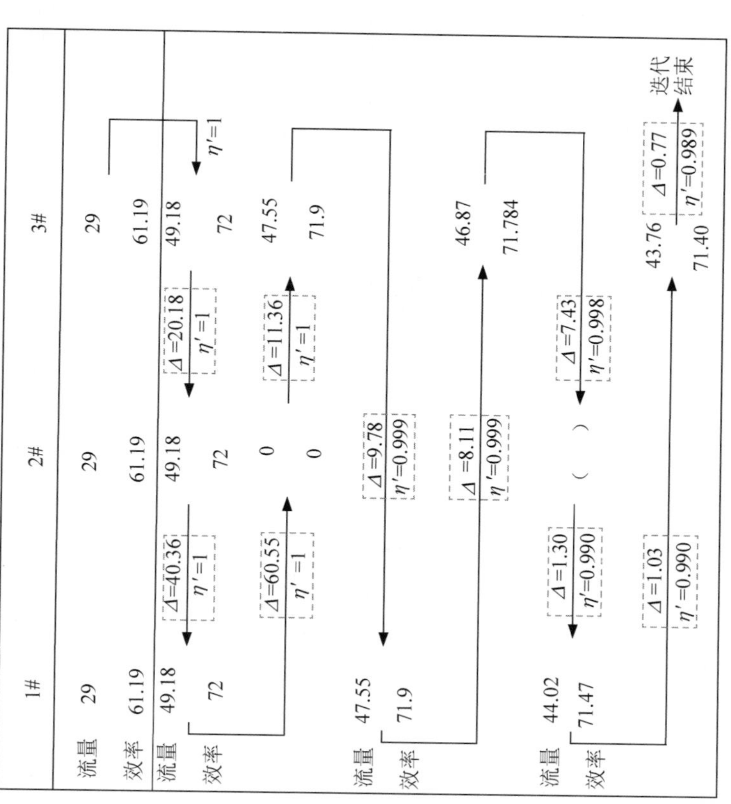

(a) 17时循环水泵迭代过程

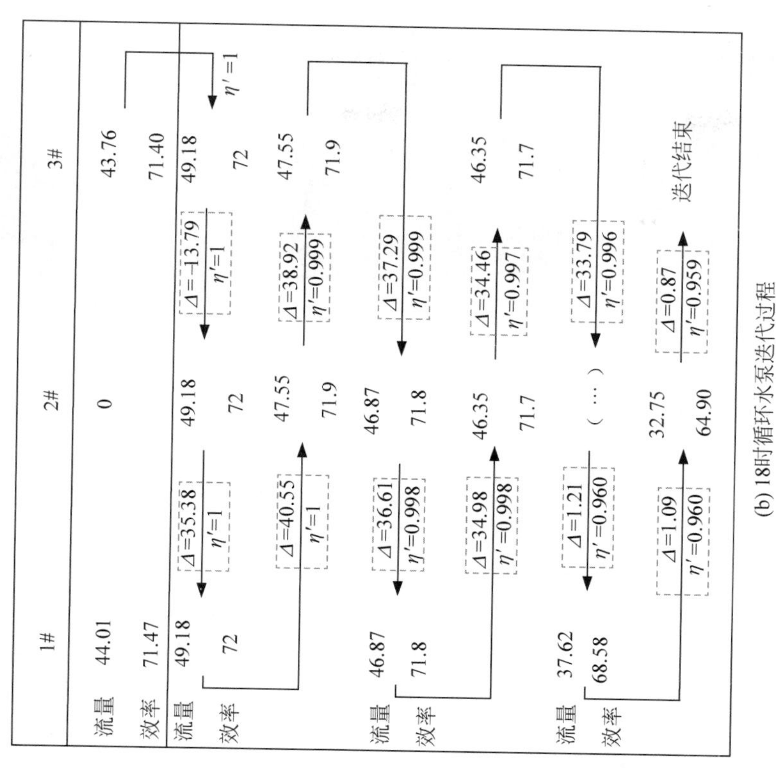

(b) 18时循环水泵迭代过程

图 29.3-6　循环水泵分布式算法迭代过程

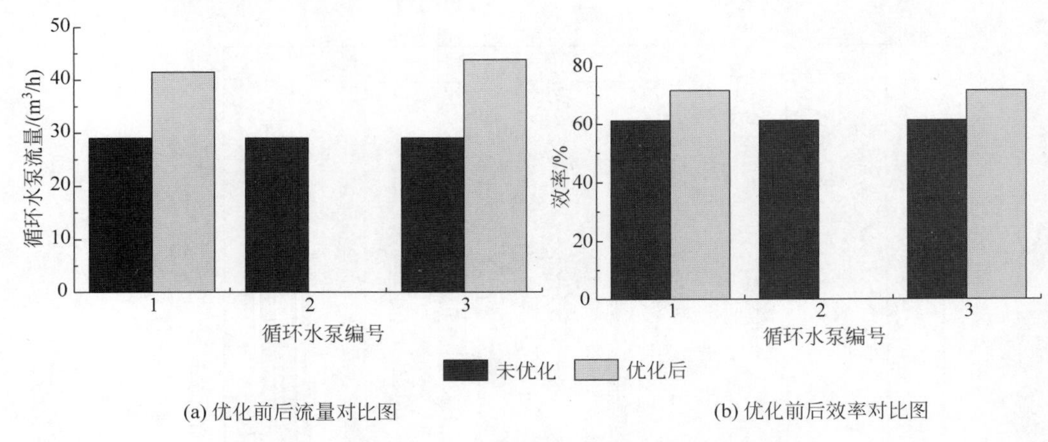

(a) 优化前后流量对比图　　(b) 优化前后效率对比图

图 29.3-7　17 时并联水泵优化控制前后对比

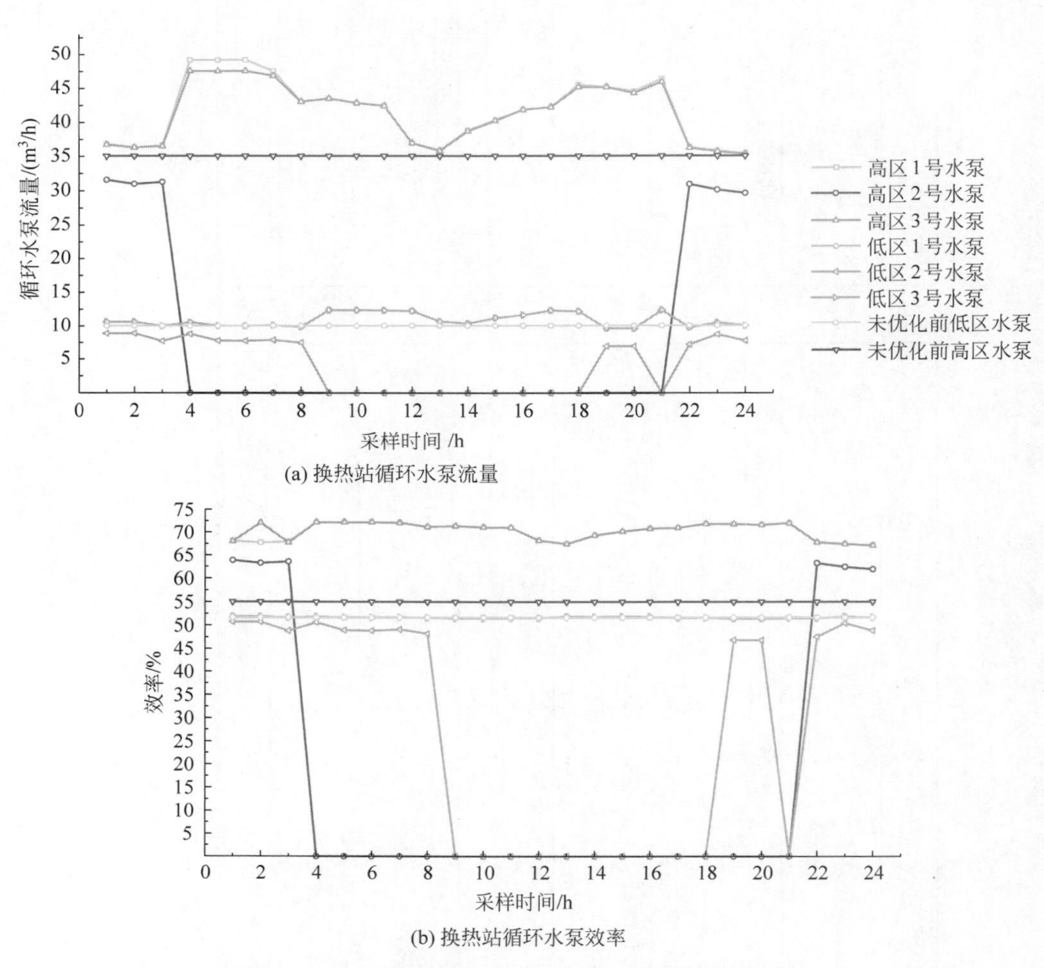

(a) 换热站循环水泵流量

(b) 换热站循环水泵效率

图 29.3-8　群智能优化控制后高区循环水泵运行状态

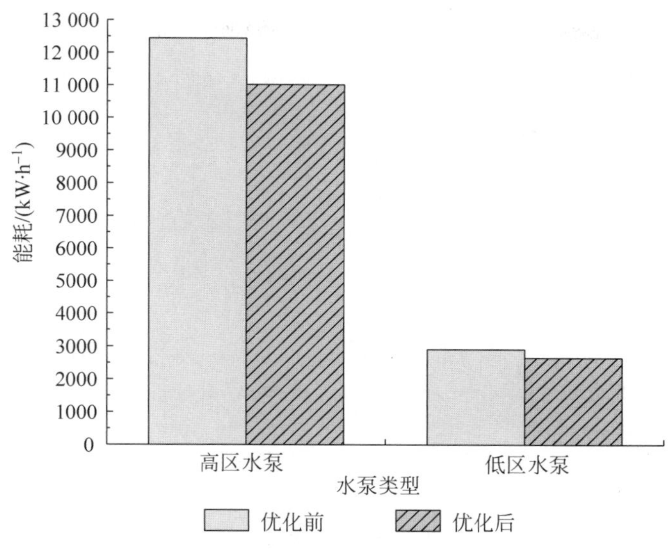

图 29.3-9　循环水泵优化前后能耗对比

29.4　本章小结

本章通过状态空间法建立建筑热平衡方程组并求解室内建筑热特性系数,建立室温预测模型。采用群智能室温模型预测控方法对建筑室温进行预测与群控。解决目前传统集中供暖室温控制方式仅对自己房间温度进行控制,而忽略相邻房间之间的相互影响作用,使室温无法按照设定的温度进行调节的缺陷。最后采用 TRNSYS 根据研究对象搭建集中供暖系统分布式控制拓扑结构仿真模型,并进行模型验证以及群智能模型预测控制模拟实验。最后对小区换热站并联循环水泵进行群智能优化控制研究。

之后的研究,可增加对室内空气品质的控制,如二氧化碳浓度等,建立更加完善的高层建筑集中供暖分布式群控系统,增加室内的舒适度。

参考文献

[1]　赵安军,周梦,于军琪,等. 集中供暖室内温度分布式控制与优化研究[J]. 暖通空调,2020,50(4):104-110.

[2]　赵安军,周梦,于军琪,等. 基于分布式群控技术的高层建筑集中供暖系统控制与优化研究[J]. 建筑科学,2020,36(6):23-34.

[3]　王昭俊,宁浩然,吉玉辰. 严寒地区人体热适应性研究(4):不同建筑热环境与热适应现场研究[J]. 暖通空调,2017,47(8):103-108.

[4]　Wong L T,Mui K W,Tsang T W. An open acceptance model for indoor environmental quality (IEQ)[J]. Building and Environment,2018,142(SEP.):371-378.

[5]　Cadau N,Lorenzi A D,Gambarotta A,et al. A Model-in-the-Loop application of a Predictive Controller to a District Heating system[J]. Energy Procedia,2018,148:352-359.

[6]　冯国会,王嵇炜,刘馨. 北方地区典型城市既有非节能居住建筑集中供暖节能分析[J]. 沈阳建筑大学学报(自然科学版),2018,34(2):323-332.

[7]　李连众. 集中供暖二次网优化控制策略及仿真[J]. 供热制冷,2019(1):23-26.

[8]　于丹,孙鹏,曹勇等. 寒冷地区换热站能效评价系统的应用[J]. 暖通空调,2019,49(3):78-79.

[9] 韩飞,胡松涛,王海英.青岛市集中供暖住宅室内热环境测试与分析[J].青岛理工大学学报,2017,38(3):64-69.

[10] Wang Y,You S,Zheng X,et al. Accurate model reduction and control of radiator for performance enhancement of room heating system[J]. Energy and Buildings,2017,138(Mar.):415-431.

[11] 何坤,蔡瑞忠,郝洪彬,等.热网汽水换热站动态模拟[J].清华大学学报(自然科版),2003,43(12):1679-1683.

[12] Miezis M,Jaunzems D,Stancioff N. Predictive Control of a Building Heating System[J]. Energy Procedia,2017,113:501-508.

[13] Dear R J D. Global database of thermal comfort field experiments[J]. ASHRAE Transactions,1998,104(1b):1141-1152.

[14] Hedegaard R E,Pedersen T H,Knudsen M D,et al. Towards practical model predictive control of residential space heating: Eliminating the need for weather measurements[J]. Energy & Buildings,2018,170(JUL.):206-216.

[15] 李斌,孙恩慧,史良宵.我国北方部分乡村地区供暖模式调查研究与综合评价[J].暖通空调,2017,47(4):46-51.

[16] Lauenburg P,Wollerstrand J. Adaptive control of radiator systems for a lowest possible district heating return temperature[J]. Energy & Buildings,2014,72(apr.):132-140.

[17] Anna C. Simple Models of Central Heating System with Heat Exchangers in the Quasi-static Conditions[M]. Computer Aided Systems Theory—EUROCAST 2015. Springer International Publishing,2015.

[18] Embaye M,Al-Dadah R K,Mahmoud S. Numerical evaluation of indoor thermal comfort and energy saving by operating the heating panel radiator at different flow strategies[J]. Energy and Buildings,2016,121(Jun.):298-308.

[19] 成成,张跃,储海荣,等.分布式多无人机协同编队队形控制仿真[J].计算机仿真,2019,36(5):31-37.

[20] 李广文,蒋正雄,贾秋玲.分布式多无人机编队控制系统仿真[J].计算机仿真,2010,27(2):101-103,117. DOI:10.3969/j.issn.1006-9348.2010.02.025.

[21] 沈启,代允闯.机电设备群控的分布式快速优化方法[J].暖通空调,2018,48(7):88-93+70.

[22] Dai Y C,Jiang Z,Shen Q,et al. A decentralized algorithm for optimal distribution in HVAC systems[J]. Building and Environment,2016,95:21-31.

[23] 王世强,邢建春,李决龙,等.一种传感器故障诊断的无中心自组织算法[J].微电子学与计算机,2016,33(5):80-84.

[24] 王昭俊,方修睦,廉乐明.哈尔滨市冬季居民热舒适现场研究[J].哈尔滨工业大学学报,2002,34(4):500-504.

[25] 王苏颖.窗户太阳得热对严寒地区采暖能耗影响的研究[C].全国暖通空调制冷2002年学术年会论文集.中国建筑学会暖通空调专业委员会、中国制冷学会第五专业委员会:中国制冷学会,2002:4.

[26] 赵安军,周梦,于军琪,等.集中供暖室内温度分布式控制与优化研究[J].暖通空调,2020,50(4):104-110.

[27] 赵安军,周梦,于军琪,等.基于分布式群控技术的高层建筑集中供暖系统控制与优化研究[J].建筑科学,2020,36(6):23-34.

第30章

基于分布式人工鱼群的并联水泵运行优化方法

本章提要

水泵作为建筑系统中耗能强度大、运行时间长的动力设备，由于其功能保障的重要性以及运行工况的随机性，通常需要并联多台设备进行主备切换运行。在群智能建筑技术架构中，水泵的台数及转速配置是经典的分配优化问题。群智能水泵实现信息模型词条对接后，它们即实现了即插即用、拓扑自组织自识别，为基于分布式算法，特别是自上而下设计的寻优算法的直接应用创造了便利的条件。本章以空调冷冻站的循环泵为例，首先提出了分布式的控制架构并分析了其需求与关键问题，综述了分布式算法在并联水泵控制中的应用研究，基于状态机和变量解耦将人工鱼群算法（AFSA）移植到分布式架构中，提出了一种执行效率更高的，适于并联水泵优化控制的分布式人工鱼群算法（DAFSA），仿真应用表明，DAFSA 继承了 AFSA 的特性，计算效率更高。本章提出的移植方法对其他启发式算法在分布式架构中的转换应用，具有一定的通用性。本章内容主要来源于文献[1]。

30.0 符号列表

H_{set}	主管上要求的压力差
W	泵的总能耗
H_i	每个分支的压力差
Q_i	每台水泵提供的流量
η_i	每台水泵的效率
H_o	传感器检测到的压力差
Q_o	传感器检测到的流量
Q_p	计算得到的总流量
w_i	单台水泵的转速比
S	管网阻抗
P_F	惩罚函数
β	惩罚系数
t	迭代次数
β_0	自适应 β 高斯函数的参数
σ	自适应 β 高斯函数的参数
$\boldsymbol{X}_S^i$	第 i 次迭代中，由泵的转速比组成的 AF(S)的位置
$\boldsymbol{Y}_S^i$	AF 在 $\boldsymbol{X}_S^i$ 处与食物的距离
$\boldsymbol{X}_{S,P}$	AF 执行捕食行为后的初始位置
$\boldsymbol{Y}_{S,P}$	捕食行为中初始位置 $\boldsymbol{X}_{S,P}$ 与食物的距离
$\boldsymbol{X}_{S,\text{Prey}}$	AF 执行捕食行为后的位置
$\boldsymbol{X}_C$	伙伴鱼群的中心位置

$\boldsymbol{Y}_C$ 伙伴鱼群中心位置与食物的距离
M 可视范围内 AF 的总数
$\boldsymbol{X}_{S,\text{Swarm}}$ AF 执行聚集行为后的位置
$\boldsymbol{X}_{\max}$ 可视范围内最佳个体的位置
$\boldsymbol{Y}_{\max}$ 可视范围内最佳个体位置与食物的距离
$\boldsymbol{X}_{S,\text{Follow}}$ AF 执行跟随行为后的位置
ΔQ 计算流量与流量约束的偏差

30.1 并联水泵分布式运行优化概述

30.1.1 研究背景

流体输送会消耗大量电能，其中大部分能耗都来源于泵组。根据国际能源署的数据，电动机消耗了全球电力需求的 46%[14]，在工业领域，该比率高达近 65%[11]。在暖通空调系统中，配电系统 60%～70%的能耗来源于水泵和基于风扇的能量传输系统。这些数据表明，泵组存在巨大的节能潜力，应提出有效的优化措施以提高运行效率。

非变速泵的优化通常侧重于根据末端需求的变化来调节泵的运行组合，而在使用变频器时，水泵可以获得更大范围的可变流量特性和更好的运行效率，但是调节过程更加复杂，因为不仅需要确定多台水泵的运行组合，而且每个泵的频率都需要被确定，因此难以精确地建立物理模型，进而定制常规的优化方法。在这种情况下，启发式算法具备更好的适用性。例如，Kecebas 和 Yabanova(2012)[7] 利用人工神经网络来优化区域供热系统。Wang 等(2009 年)[15] 创建了一种基于遗传算法(GA)的方法，该方法可以实现较低的电力成本。Olszewski(2016)[11] 使用遗传优化技术优化了一组并联离心泵的复杂系统，并通过实验验证了该方法的效率。Zhang 等(2012 年)[19] 提出了一种基于神经网络的控制方案，该神经网络通过测量实时操作数据进行更新，以控制用于处理废水的并联泵的转速。Shankar 等(2016 年)[12] 对离心泵系统中提高能源效率的不同方法进行了回顾总结，并介绍了几种实用的进化算法。在最近的研究中，总体的趋势是更新现有的优化方法或开发更有效的方法，但是很少提及优化传统的集中控制架构以及改善现有算法的可扩展性和通用性。

当前大多数算法都是基于集中式架构开发的，其中所有传感器和执行器都连接到一个主控制器，并且现场总线技术通常用于处理通信。图 30.1-1 展示了暖通空调物理系统结构和对应的集中式控制系统的典型物理结构。集中式系统通过现场总线上的链接器(RS-485/以太网模拟量)，将每个独立设备的传感器和执行器信号逐级汇总到主控制器中。

集中控制结构以层级形式构建，与物理系统不一致，因此需要建立两个系统之间的映射机制。之后，应根据目标物理系统建立整个系统的数学模型，并据此定制特定的控制策略。在此过程中，需要进行大量工作，例如系统识别、软件开发以及操作调试。数学模型是基于不同系统的物理特性而建立的，它使得上述过程成为了一个具体的个性化案例，因此大多数在一个系统上有效的算法很难移植到其他系统上。当物理系统需要进行更新时，必须重复大部分过程，包括建模、软件修改和操作调试，这在某种程度上降低了算法的灵活性和通用性。由于所有设备均由主控制器管理，因此一台设备的故障也会对其他设备造成影响，从而导致整个控制系统异常运行甚至瘫痪。

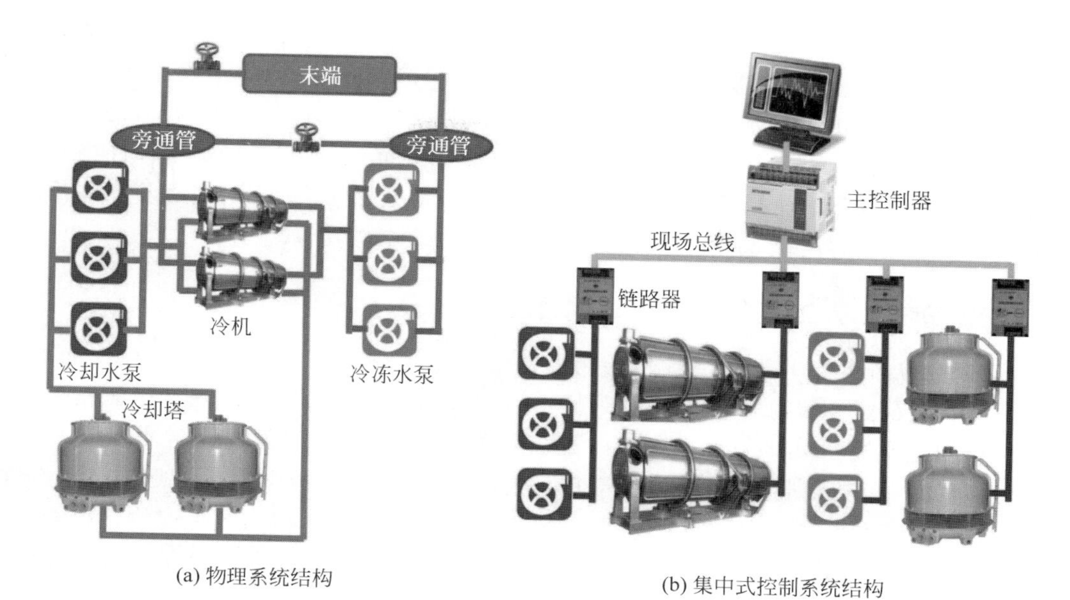

图 30.1-1　暖通空调系统与集中式控制系统结构

多智能体和分布式控制系统为该问题提供了可能的解决方案[13]，Windham 和 Treado (2016)[16]分析了多智能体在建筑中的应用前景。Dai 等(2016 年)[4]提供了一种新颖的分布式控制结构，其中将每台水泵和冷水机组升级为一个智能单元，并在每个设备中嵌入一个控制器，这些控制器可以独立工作，并共同合作以完成全局优化任务。

30.1.2　分布式控制系统架构

在大多数大型泵系统中，泵组由几个相同的大泵组成，一个或两个小泵协同工作，以达到节能的目的。如图 30.1-2 所示，传统的主控制器(如 PLC 或 DDC)被分成若干嵌入每个泵中的分布式智能单元，以将其升级为智能设备。流量计和压力计连接到其中一个智能单

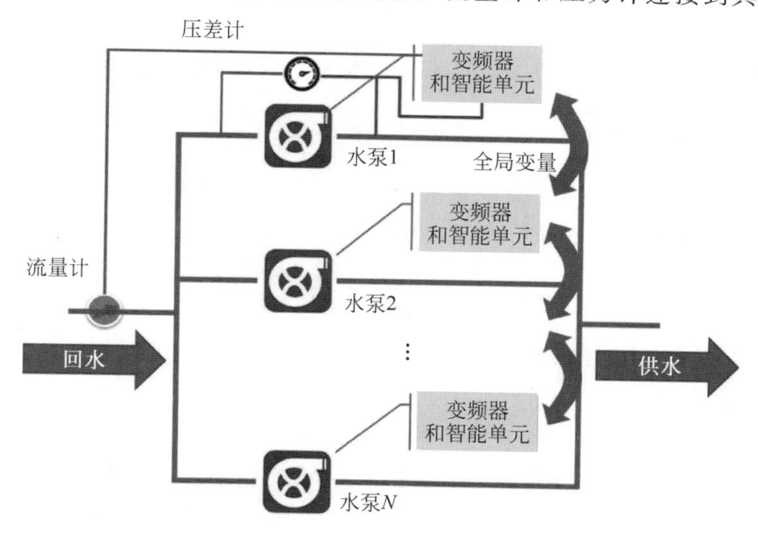

图 30.1-2　并联水泵的分布式控制结构

元中,以检测管网的当前状态。这些智能水泵将与其邻居通信,每个智能设备都能够通过很少的配置就可以拆卸或替换,从而方便了系统的更新和扩展。

每个智能泵与相邻的智能泵两两相连,形成链式结构,每个智能泵的运行状态将通过其邻居发送的数据进行更新。每个智能泵中的指令都是相同的,所有变量都用标准格式分为局部变量和全局变量。全局变量将在链上的一个智能单元之间来回传输。每个泵的模型作为局部变量存储在智能单元中,不需要像集中式结构那样对整个系统进行建模。

30.1.3 分布式人工鱼群优化算法的提出

Dai 等的工作是对并联泵上这种结构的初步开发,所提出的优化方法也存在局限性。为了进一步验证这种结构的前景,应该研究更有效和自适应的分布式算法。由于较少依赖物理模型的建模过程,并且在解决复杂的非线性高维问题上具有良好的性能,因此许多启发式算法,例如 GA、粒子群优化(PSO)、人工鱼群算法(AFSA)和 蚁群优化(ACO),值得在此结构上进行研究和参考。在这些启发式算法中,AFSA 是一种代表算法,它具有出色的鲁棒性,全局搜索能力,参数设置容忍度,并且对初始值不敏感[9,18]。许多学者利用 AFSA 解决一系列连续的工程设计优化问题[5,6,10,17]。与 PSO 相比,它具有更强的抗早熟性,并且在调整参数较少的情况下能够获得更快的全局收敛速度[3]。AFSA 具有遗传算法不受目标函数梯度信息影响等优点,不需要遗传算法中的交叉和变异过程,更易于移植,执行效率更高。虽然 AFSA 也存在局部收敛速度慢、全局搜索与局部搜索不平衡等缺点,但是对于不同类型系统,上述优点使其具备更好的通用性与扩展性。

为了进一步验证分布式架构的潜力与前景,本研究提出了一种分布式 AFSA(DAFSA),以优化并联水泵,使得控制系统具备可扩展性和灵活性。本章以 AFSA 为例,详细介绍了这种移植方法,对其他类似的分布式架构应用也有一定的参考意义。此外,本章以某制冷站冷冻水泵系统的物理模型为基础,进行了仿真研究,通过与遗传算法、粒子群算法等启发式算法的比较,验证了 DAFSA 算法的性能。结果表明,DAFSA 继承了 AFSA 的优点,并且在执行上更为高效。

30.2 基于 DAFSA 的并联水泵供水量分配优化方法

30.2.1 智能水泵建模与适应度函数的建立

在非额定转速下运行的单个变频泵的扬程和流量可根据额定转速下运行的泵的扬程和流量进行缩放。根据离心泵的特性定律,变频泵的相似工况可由下式确定:

$$\frac{Q_i(n)}{Q_i(n_0)}=\frac{n}{n_0},\quad \frac{H_i(n)}{H_i(n_0)}=\left(\frac{n}{n_0}\right)^2,\quad \frac{\eta_i(n)}{\eta_i(n_0)}=1 \tag{30.2-1}$$

式中,n_0 为额定泵速,n 为非额定工况下的泵速。每台泵的转速比(w_i)如式(30.2-2)所示,w_0 为转速比的下限。

$$w_i=n/n_0(w_0<w_i<1) \tag{30.2-2}$$

非额定转速下的泵的拟合公式可以表示为

$$H_{\text{set}}=H_i=a_iQ_i^2+b_iw_iQ_i+c_iw_i^2 \tag{30.2-3}$$

$$\eta_i = j_i\left(\frac{Q_i}{w_i}\right)^2 + k_i\left(\frac{Q_i}{w_i}\right) + l_i \tag{30.2-4}$$

$$W = \sum_{i=1}^{N} \rho g H_i Q_i / \eta_i \tag{30.2-5}$$

H_{set} 是主管上要求的压力差；W 是泵的总能耗；H_i 是每个分支的压力差；Q_i 是每台水泵提供的流量；η_i 是每台水泵的效率；a_i, b_i, c_i 和 j_i, k_i, l_i 是不同分支的静态物理特性。如果检测到的压力差 H_o 不等于 H_{set}，则控制系统将计算所需的总流量 Q_p，然后通过调节 w_i 来确保压力差，并使 Q_i 满足 Q_p。

$$H_o = SQ_o^2, \quad H_{set} = S\left(\sum Q_i\right)^2 = SQ_p^2 \tag{30.2-6}$$

式中，S 是管网的阻抗；H_o 和 Q_o 是传感器检测到的压差和流量。优化目标可以描述为找到满足 Q_p 且能耗最小的泵的运行组合，拟合函数可表示为

$$\begin{aligned}\min J &= W + P_F = W + \beta(t)\left(\sum_{i=1}^{N} Q_i - Q_p\right)^2 \\ &= W + \beta(t)(\Delta Q)^2\end{aligned} \tag{30.2-7}$$

该问题采用罚函数(P_F)来处理等式约束，β 是惩罚系数。P_F 通过在目标函数中引入额外的增量，使不符合约束条件的解变得更糟。在分配 β 值时有一个权衡，即大值会导致过早收敛，小值会导致精度下降甚至出现不可行的解决方案。

$$\beta(t) = \beta_0 \times e^{(-t^2/2\sigma^2)} + 1 \tag{30.2-8}$$

当优化开始时，可行解很少，β 值应该很大，以引导搜索过程进入可行域。随着进化的进行，会有越来越多的解进入可行域，β 值也会相应减小，这将逐步引导搜索过程从约束条件转移到优化目标 W，减小 β 也可以使可行域附近的解参与竞争，提高稳定性。基于式(30.2-8)中的高斯函数，建立了一个随迭代次数变化的自适应 β，其中 t 是迭代次数，β_0 应该是一个大于 W 的正常数，σ 决定 β 的下降趋势。

30.2.2 人工鱼群算法简介

人工鱼群算法(AFSA)是 Li 于 2003 年提出的一种新的进化优化算法[8]。AFSA 模拟鱼群的觅食行为，每个人工鱼(AF)都是适应度函数的一个可行解。在初始化过程中，AF 的位置是随机的，它们将在解空间内迭代寻找最优解。在迭代过程中，这些 AF 将不断地执行捕食、聚集和跟随动作，然后根据这些动作的结果进行自我更新。当 AFSA 应用于水泵时，X 由每台泵的转速比(w_i)组成，用来表示的每个 AF 的位置。

捕食是每个 AF 随机移动以找到一个靠近食物丰富的位置的动作。例如，在第 i 次迭代中，由泵的转速比(w)组成的 AF(S)的位置是 $\boldsymbol{X}_S^i$，而在 $\boldsymbol{X}_S^i$ 处与食物的距离(由适应度函数得出的结果)定义为 $\boldsymbol{Y}_S^i$。当它按照式(30.2-9)执行捕食动作后，则将达到($\boldsymbol{X}_{S,P}$，$\boldsymbol{Y}_{S,P}$)，其中 Rand()为 0 和 1 之间的随机数。如果 $\boldsymbol{Y}_{S,P}$ 比 $\boldsymbol{Y}_S^i$ 更接近食物，则它会向 $\boldsymbol{X}_{S,P}$ 靠近一步，表示为 $\boldsymbol{X}_{S,\mathrm{Prey}}$，否则再尝试一次，直到找到更好的位置。如果一个 AF 在限制时间内没有移动，那么它将随机移动一步。

$$\boldsymbol{X}_{S,P} = \boldsymbol{X}_S^i + \mathrm{Rand}()$$

$$\boldsymbol{X}_{S,\mathrm{Prey}}=\boldsymbol{X}_S^i+\mathrm{Rand}()\times(\boldsymbol{X}_{S,P}-\boldsymbol{X}_S^i)/\|\boldsymbol{X}_{S,P}-\boldsymbol{X}_S^i\| \tag{30.2-9}$$

$$(\text{if } \boldsymbol{X}_{S,\mathrm{Prey}}<\omega_0;\ \text{then } \boldsymbol{X}_{S,\mathrm{Prey}}=0)$$

聚集是AF在可视范围内游向中心点的行为。每个AF将在其可视范围内搜索其他个体，并首先计算其中心位置 $\boldsymbol{X}_C$，如果 $\boldsymbol{Y}_C$ 比 $\boldsymbol{Y}_S^i$ 更接近食物，AF将朝 $\boldsymbol{X}_C$ 移动一步，如式(30.2-10)所示。M 表示可视范围内AF的总数。

$$\boldsymbol{X}_C=\left(\sum_{S=1}^{M}\boldsymbol{X}_S^i\right)/M$$

$$\boldsymbol{X}_{S,\mathrm{Swarm}}=\boldsymbol{X}_S^i+\mathrm{Rand}()\times(\boldsymbol{X}_C-\boldsymbol{X}_S^i)/\|\boldsymbol{X}_C-\boldsymbol{X}_S^i\| \tag{30.2-10}$$

$$(\text{if } \boldsymbol{X}_{S,\mathrm{Swarm}}<\omega_0;\ \text{then } \boldsymbol{X}_{S,\mathrm{Swarm}}=0)$$

跟随是AF向可视范围内最佳个体靠近的行为。AF($\boldsymbol{X}_S^i,\boldsymbol{Y}_S^i$)首先搜索其最佳的同类个体($\boldsymbol{X}_{\max},\boldsymbol{Y}_{\max}$)，如式(30.2-11)所示，该AF将向 $\boldsymbol{X}_{\max}$ 前进。

$$\boldsymbol{X}_{S,\mathrm{Follow}}=\boldsymbol{X}_S^i+\mathrm{Rand}()\times(\boldsymbol{X}_{\max}-\boldsymbol{X}_S^i)/\|\boldsymbol{X}_{\max}-\boldsymbol{X}_S^i\|$$

$$(\text{if } \boldsymbol{X}_{S,\mathrm{Follow}}<\omega_0;\ \text{then } \boldsymbol{X}_{S,\mathrm{Follow}}=0) \tag{30.2-11}$$

这些行为的结果将在式(30.2-7)的适应度函数中计算，并将最佳结果作为式(30.2-12)中($\boldsymbol{X}_S^i,\boldsymbol{Y}_S^i$)的下一个位置。较大的可视范围可以提高AFSA的全局搜索能力和稳定性[2]。

$$\boldsymbol{X}_S^{i+1}=\mathrm{Screen}(\boldsymbol{X}_{S,\mathrm{Follow}},\boldsymbol{X}_{S,\mathrm{Swarm}},\boldsymbol{X}_{S,\mathrm{Prey}}) \tag{30.2-12}$$

为了提高全局搜索的稳定性和速度，可视范围在此定义为无限，这意味着 $\boldsymbol{X}_C$ 是整个群体的中心，而 $\boldsymbol{X}_{\max}$ 是全局的最佳位置。

30.2.3 分布式人工鱼群算法

在分布式人工鱼群算法(DAFSA)中，所有变量都将分为全局变量和局部变量。局部变量关系到每个单元本身，例如每台泵的物理参数以及确保泵在高效区内运行的速度范围。全局变量用于管理迭代过程，并从一个控制器传输到另一个控制器。图30.2-1中列出了关键的局部和全局变量。

关键局部和全局变量			
全局变量:		局部变量:	
种群规模	(S)	[$X_1(m)$~$X_S(m)$]	($X_{1\sim S}(m)$)
状态		[$X_{1,\mathrm{Swarm}}(m)$~$X_{S,\mathrm{Swarm}}(m)$]	($X_{1\sim S,\mathrm{Swarm}}(m)$)
X[1~S]下个位置的索引	(Index_next)	[$X_{1,\mathrm{Follow}}(m)$~$X_{S,\mathrm{Follow}}(m)$]	($X_{1\sim S,\mathrm{Follow}}(m)$)
流量需求	(Q_p)	[$X_{1,\mathrm{Prey}}(m)$~$X_{S,\mathrm{Prey}}(m)$]]	($X_{1\sim S,\mathrm{Prey}}(m)$)
压差设定值	(H_{set})		
控制循环		[$Q_{1,\mathrm{Swarm}}(m)$~$Q_{S,\mathrm{Swarm}}(m)$;	
迭代次数	(t in Eq.(8))	$Q_{1,\mathrm{Follow}}(m)$~$Q_{S,\mathrm{Follow}}(m)$;	
Qsum[1~S]		$Q_{1,\mathrm{Prey}}(m)$ ~ $Q_{S,\mathrm{Prey}}(m)$;]	(Q[1~S,1~3])
Wsum[1~S]			
$X_{\max}$的索引		[$W_{1,\mathrm{Swarm}}(m)$~$W_{S,\mathrm{Swarm}}(m)$;	
全局最优适应度	(gbest)	$W_{1,\mathrm{Follow}}(m)$ ~$W_{S,\mathrm{Follow}}(m)$;	
		$W_{1,\mathrm{Prey}}(m)$ ~ $W_{S,\mathrm{Prey}}(m)$;]	(W[1~S,1~3])
		水泵参数(m)	
		$X_{\max}(m)$	
		转速比范围(m)	($w_0<w<1$)

图30.2-1 DAFSA中在链上传递的关键全局变量和每个智能单元中的关键局部变量

每个智能单元中的局部变量是独立的，图30.2-2显示了如何以水泵的转速比为例将变量划分到每个智能单元中。向量$[X_1(m) \sim X_S(m)]$表示第 m 台泵的转速比，水泵总数为 N，AF 的种群大小为 S。$X_{1\sim S,\text{Swarm}}(m)$，$X_{1\sim S,\text{Follow}}(m)$和 $X_{1\sim S,\text{Prey}}(m)$是 $X_{1\sim S}(m)$分别执行聚集、跟随和捕食行为之后的结果。$Q[1\sim S, 1\sim 3]$和 $W[1\sim S, 1\sim 3]$是将 $X_{1\sim S,\text{Swarm}}(m)$，$X_{1\sim S,\text{Follow}}(m)$和 $X_{1\sim S,\text{Prey}}(m)$代入式(30.2-3)～式(30.2-5)计算出的各台水泵的给定流量和能量消耗，通过将式(30.2-9)～式(30.2-11)中的向量分解为每个智能单元中的独立变量，该算法具备了可扩展性，并可在分布式架构中运行。

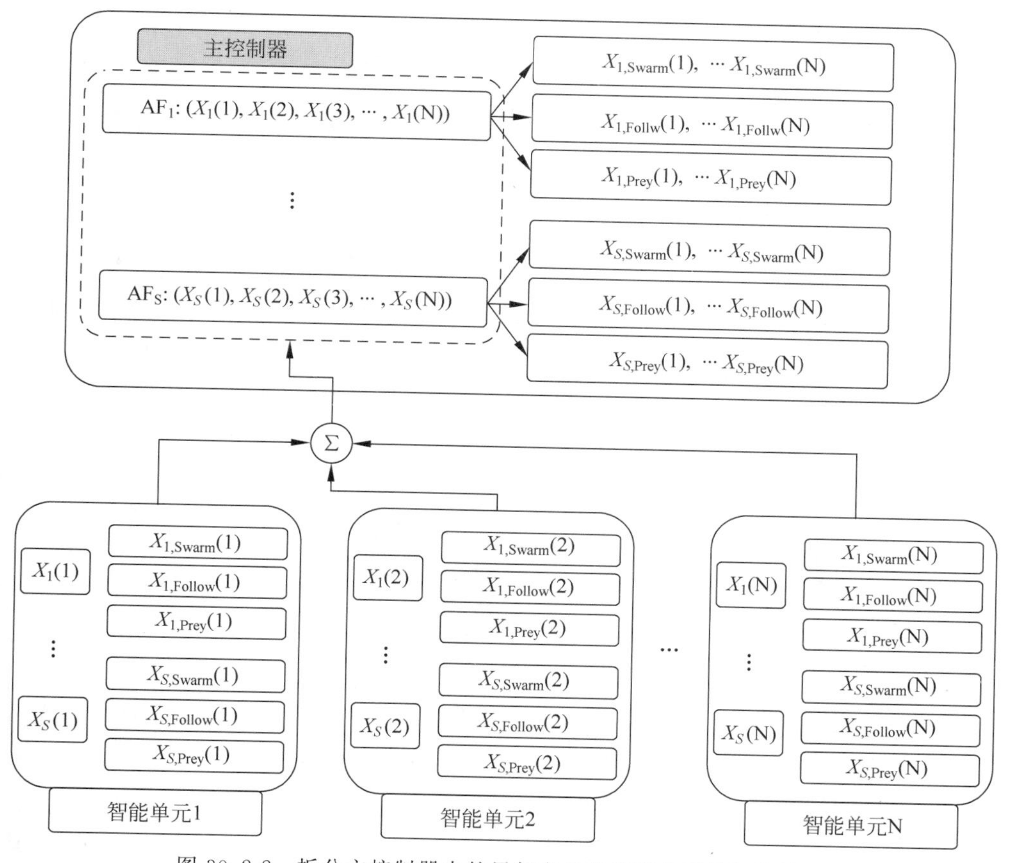

图 30.2-2　拆分主控制器中的局部变量并将其分配给智能单元

当控制器接收到全局变量时，它可以根据状态决定应执行 DAFSA 指令的哪一部分。一些全局变量，例如水泵提供的总流量($Q_{\text{sum}}[1\sim S]$)和总能耗($W_{\text{sum}}[1\sim S]$)，将与局部变量 $Q[1\sim S, 3]$和 $W[1\sim S, 3]$进行累加。

Index_next 是这样的列：[AF 的索引(1～S)，行为(聚集，跟随，捕食)]。当第 i 个智能单元接收到该列时，它将根据该列的内容依次更新 $X_{1\sim S}(i)$。例如，(1，3)表示应使用 $X_{1,\text{Prey}}(i)$更新 $X_1(i)$，而(5，2)意味着应使用 $X_{5,\text{Follow}}(i)$更新 $X_5(i)$。Iterated 记录了迭代次数，该迭代次数将用于计算式(30.2-8)中变化的惩罚系数。如果 $X_{\max}$ 的索引大于零，则应根据 $X_{\max}$ 的索引更新每个智能单元中的 $X_{\max}$。当 $X_{\max}$ 的索引等于(6，3)时，表示 $X_{\max}$ 应该用 $X_{6,\text{Prey}}(i)$更新；如果 $X_{\max}$ 的索引等于(3，2)，则意味着 $X_{\max}$ 应该用 $X_{3,\text{Follow}}(i)$。

在每个智能单元中，图 30.2-3(a)中显示了一种具有两种状态的状态机，根据全局变量中的状态值执行哪种状态。当全局变量已传送到链的末尾时，状态值将在最后一个智能单元中切换，并且全局变量将被传回，如图 30.2-3(b)所示。

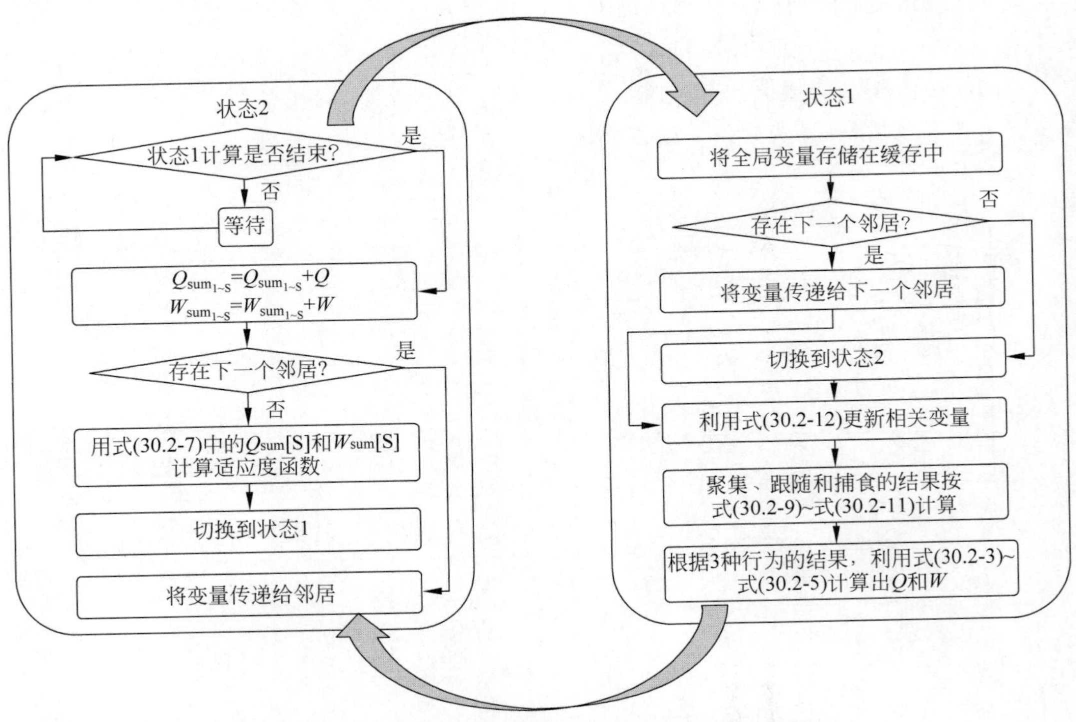

(a) 由在每个智能单元中运行的DAFSA指令组成的状态机

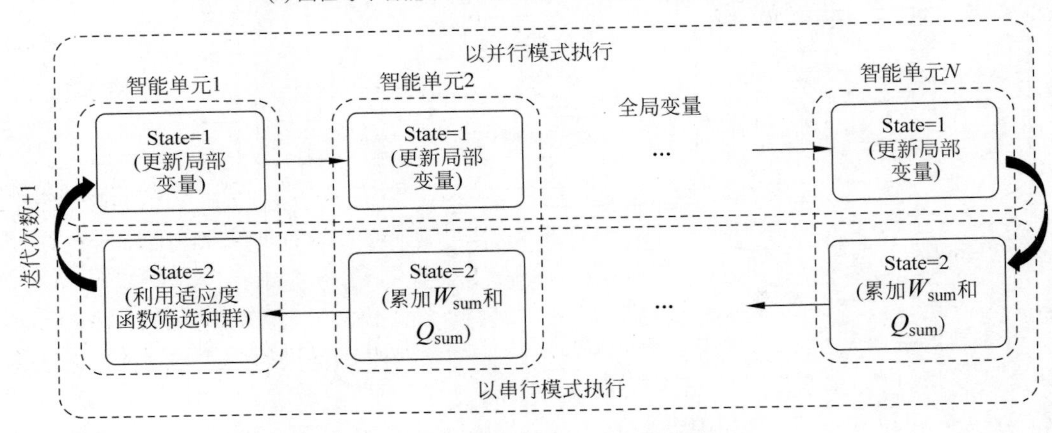

(b) 智能单元之间DAFSA的迭代过程

图 30.2-3 分布式人工鱼群算法(DAFSA)流程图

在状态 1 中，智能单元将根据状态 2 的结果更新局部变量。迭代将从 State1 开始，并且首先将使用初始化后的 $X_{1\sim S}(i)$计算局部变量。之后，每次在 State1 中，智能单元都会将全局变量传输给下一个邻居，然后才开始使用它们来更新局部变量，因此每个智能单元几乎可以同步地进行局部变量的更新过程。由于 State1 可以并行方式执行，因此在泵数量较大时，与 AFSA 相比，该部分的计算时间可以大大减少。

在 State2 中，W_{sum} 和 Q_{sum} 将在每个智能单元中按图 30.2-3(b)中深色箭头所示的方向累加 Q 和 W。当全局变量到达最后一个智能单元时，将计算式(30.2-7)中的适应度函数，并将结果用于更新 Index_next 和 $X_{\max}$ 的索引。之后，将执行 State1，并将更新的全局变量传输到每个智能单元，以按照图 30.2-3(b)中浅色箭头所示的方向更新本地变量。

30.3　并联水泵供水量分布式分配优化控制仿真

30.3.1　仿真案例

通过将 DAFSA 与 PSO、GA 和 AFSA 进行比较，并将其应用在不同流量要求下工作的水泵系统模型，验证了 DAFSA 的性能。式(30.2-3)和式(30.2-4)中泵的物理参数和相应的性能曲线如图 30.3-1 所示，这些参数利用某冷冻站实际运行数据辨识得到。同一型号的泵性能相近，所以每种类型都用一条综合曲线来描述。冷冻站供冷和制冰的额定负荷分别为 6235kW 和 3696kW。水泵系统由 5 台并联工作的水泵组成，包括 3 台大泵(叶轮直径 KP1020-3457mm)和两台较小的泵(叶轮直径 KP1020-3406mm)。此处采用定压差控制，整个系统的设计压差和设计流速分别为 45m 和 6600m^3/h。

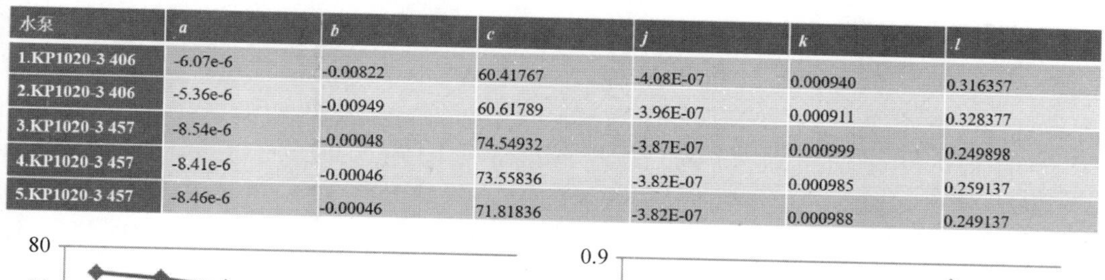

水泵	a	b	c	j	k	l
1.KP1020-3 406	-6.07e-6	-0.00822	60.41767	-4.08E-07	0.000940	0.316357
2.KP1020-3 406	-5.36e-6	-0.00949	60.61789	-3.96E-07	0.000911	0.328377
3.KP1020-3 457	-8.54e-6	-0.00048	74.54932	-3.87E-07	0.000999	0.249898
4.KP1020-3 457	-8.41e-6	-0.00046	73.55836	-3.82E-07	0.000985	0.259137
5.KP1020-3 457	-8.46e-6	-0.00046	71.81836	-3.82E-07	0.000988	0.249137

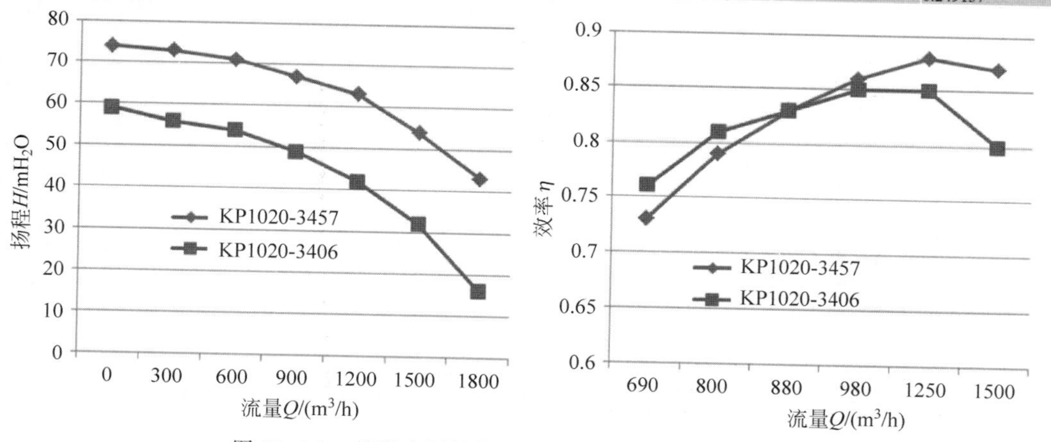

图 30.3-1　并联水泵的物理特性和性能曲线(H-Q 和 η-Q)

由于这些启发式算法均包含随机搜索过程，因此每个独立优化过程的结果可能不同，应根据某些特定指标，通过统计方法评估其性能，其中优化过程应执行多次，性能指标将集中在优化效果和鲁棒性上。通过对比适应度函数(ROF)的结果范围、结果的均方根误差(RMSE)和流量偏差(ΔQ)，来评估这些算法的优化效果和鲁棒性。每种算法将在控制周期内运行相同的时间。

在案例研究中，算法将按照以下步骤触发：管网发生变化后，智能单元将检测到压力差 H_o 不等于 H_{set}，并且可以通过干管上的流量计获得 Q_o，进而 S 和 Q_p 可以在式(30.2-6)中求解。该算法由 MATLAB(R2010a)开发。H_{set} 保持设计压差(45m)恒定，并且 Q_p 从设计流量的50%逐渐增加。每种算法的种群大小为200，控制周期设置为5s，阈值 ΔQ 为 $5m^3/h$，w_0 设置为0.75。惩罚函数如式(30.2-8)中所述，其中 σ 为200，α 为3。

30.3.2 案例仿真结果与讨论

在每种工况下，对每种算法进行了50次独立的实验，并根据前面提出的性能指标分析了结果的统计特性。在相同的工作条件下，如果启发式算法运行几次，可能会得到不同的解。表30.3-1列出了独立实验中最优化的解决方案，表30.3-2列出了所有可行方案的统计性能指标。

表 30.3-1 算法独立实验的最优解

#工况	DAFSA			AFSA			PSO			GA		
$Q_p=3300m^3/h$	Hz	m^3/h	η	Hz	m^3/h	η	Hz	m^3/h	η	Hz	m^3/h	η
Pump1	0	0	0	0	0	0	0	0	0	0	0	0
Pump2	0	0	0	0	0	0	0	0	0	0	0	0
Pump3	43.4	1124	0.89	43.3	1103	0.89	43.8	1177	0.89	44.4	1252	0.89
Pump4	43.2	1070	0.89	43.5	1098	0.89	43.2	1063	0.89	43.0	1031	0.89
Pump5	44.1	1106	0.89	44.0	1099	0.89	43.7	1059	0.88	43.4	1016	0.88
能耗/kW	462			462			463			465		
$Q_p=3940m^3/h$	Hz	m^3/h	η	Hz	m^3/h	η	Hz	m^3/h	η	Hz	m^3/h	η
Pump1	0	0	0	0	0	0	0	0	0	0	0	0
Pump2	0	0	0	0	0	0	0	0	0	0	0	0
Pump3	44.9	1302	0.88	45.1	1330	0.88	44.0	1193	0.89	44.9	1302	0.88
Pump4	45.1	1311	0.88	45.3	1331	0.88	45.3	1332	0.88	45.1	1311	0.88
Pump5	45.9	1327	0.88	45.5	1279	0.88	46.8	1434	0.86	45.9	1327	0.88
能耗/kW	558			558			563			558		
$Q_p=4620m^3/h$	Hz	m^3/h	η	Hz	m^3/h	η	Hz	m^3/h	η	Hz	m^3/h	η
Pump1	49.6	1010	0.85	49.0	945	0.84	50	1054	0.85	48.2	855	0.83
Pump2	0	0	0	0	0	0	0	0	0	0	0	0
Pump3	43.4	1120	0.89	44.1	1212	0.89	43.5	1128	0.88	45.2	1349	0.88
Pump4	44.6	1250	0.89	44.5	1227	0.89	44.4	1221	0.84	44.1	1177	0.89
Pump5	45.1	1240	0.88	45.1	1236	0.88	44.9	1216	0.82	45.1	1239	0.88
能耗/kW	656			656			655			660		
$Q_p=5280m^3/h$	Hz	m^3/h	η	Hz	m^3/h	η	Hz	m^3/h	η	Hz	m^3/h	η
Pump1	50	1054	0.85	49.8	1034	0.85	49.9	1049	0.85	48.8	921	0.84
Pump2	50	1037	0.85	50	1035	0.85	47.7	767	0.80	0	0	0
Pump3	43.3	1114	0.89	43.1	1074	0.89	42.7	1029	0.89	46.5	1484	0.86
Pump4	42.8	1005	0.89	42.5	958	0.88	44.0	1168	0.89	46.4	1453	0.86
Pump5	43.8	1069	0.88	44.6	1180	0.89	45.3	1267	0.88	46.7	1422	0.87
能耗/kW	755			756			759			767		

续表

#工况	DAFSA			AFSA			PSO			GA		
Q_p=5940m³/h	Hz	m³/h	η	Hz	m³/h	η	Hz	m³/h	η	Hz	m³/h	η
Pump1	49.9	1045	0.85	50.0	1054	0.85	50.0	1054	0.85	49.7	1028	0.85
Pump2	49.8	1012	0.85	50.0	1037	0.85	50.0	1037	0.85	49.6	992	0.84
Pump3	44.4	1241	0.89	44.7	1282	0.89	42.3	958	0.88	46.3	1462	0.86
Pump4	44.7	1260	0.89	44.6	1248	0.88	47.8	1597	0.84	44.3	1212	0.89
Pump5	46.3	1382	0.87	45.8	1318	0.88	45.6	1292	0.88	45.1	1245	0.88
能耗/kW	852			852			864			856		

在表 30.3-1 中的每种工况下，可以有不同的运行泵组合，以满足流量要求，但能耗不同。例如，当流量为 3300m³/h 时，我们可以同时打开两个小泵和一个大泵或三个大泵，表 30.3-1 中的结果表明，这些算法的最佳解决方案应该是打开三个大泵。在大多数情况下，四种算法的运行泵是相同的，并且能耗彼此接近。当流量为 5280m³/h 时，GA 开启了 4 台泵，其能耗明显高于其他算法水泵全开的能耗。表 30.3-1 的结果表明，DAFSA 和 AFSA 的最优解与 PSO 和 GA 的结果相似。

图 30.3-2(a)和图 30.3-2(b)分别描述了在设计工况下($H_{set}=45$m，$Q_p=6600$m³/h)进行的 20 个独立实验中，四种算法的优化能耗和 ΔQ。这些算法的最优解相似，对应的能耗在 969kW 附近。AFSA 和 DAFSA 的独立实验结果为 969～977kW，这意味着独立实验的解彼此接近。在独立实验中，PSO 和 GA 的结果分布更分散，GA 的某些解决方案甚至超过了 ΔQ 的限制，这意味着在 PSO 或 GA 中，得到最优解附近的概率较低，有的解甚至不可行。

表 30.3-2　独立实验中可行解的统计性能指标

#工况	DAFSA	AFSA	PSO	GA
Q_p=3300m³/h				
ROF	462.4～478.1kW	462.6～476.3kW	463.0～509.5kW	465.7～507.4kW
RMSE	2.5	1.8	10.5	9.3
ΔQ	−0.06～0.03m³/h	−0.07～0.09m³/h	−1.91～1.72m³/h	−0.24～1.83m³/h
Q_p=3960m³/h				
ROF	558.2～578.3kW	558.5～577.1 kW	564.9～610.5 kW	560.2～622.0 kW
RMSE	3.0	2.6	7.5	8.7
ΔQ	−0.02～0.05m³/h	−0.13～0.02m³/h	−1.23～1.06m³/h	−0.14～0.36m³/h
Q_p=4620m³/h				
ROF	656.6～668.8 kW	656.1～669.3 kW	655.3～719.3 kW	661.5～724.0 kW
RMSE	2.9	2.3	9.1	7.1
ΔQ	−0.06～0.31m³/h	−0.1～0.13m³/h	−1.61～1.01m³/h	−1.88～0.43m³/h
Q_p=5280m³/h				
ROF	755.1～767.9 kW	756.6～769.6 kW	759.5～782.9 kW	767.2～829.5 kW
RMSE	2.2	2.1	6.5	14.3
ΔQ	−0.72～0.4m³/h	−0.22～0.26m³/h	−0.75～1.44m³/h	−2.72～1.83m³/h

续表

#工况	DAFSA	AFSA	PSO	GA
Q_p＝5940m³/h				
ROF	852.5～857.5kW	852.2～858.3kW	865.6～933.13kW	856.3～922.7kW
RMSE	1.3	1.5	13.3	18.0
ΔQ	－0.55～0.25m³/h	－0.37～0.56m³/h	－0.38～2.43m³/h	－1.3～1.74m³/h

表 30.3-2 中的结果进一步表明，AFSA 和 DAFSA 的优化效果相似，并且解分布在最优解附近。在粒子群优化和遗传算法中，适应度的 RMSE、ΔQ 和适应度的范围都明显较大。AFSA 和 DAFSA 在最优解附近有较高的机会获得可行解和最优解。统计结果也反映了 DAFSA 在分布式结构上工作正常，并且继承了 AFSA 的鲁棒性。

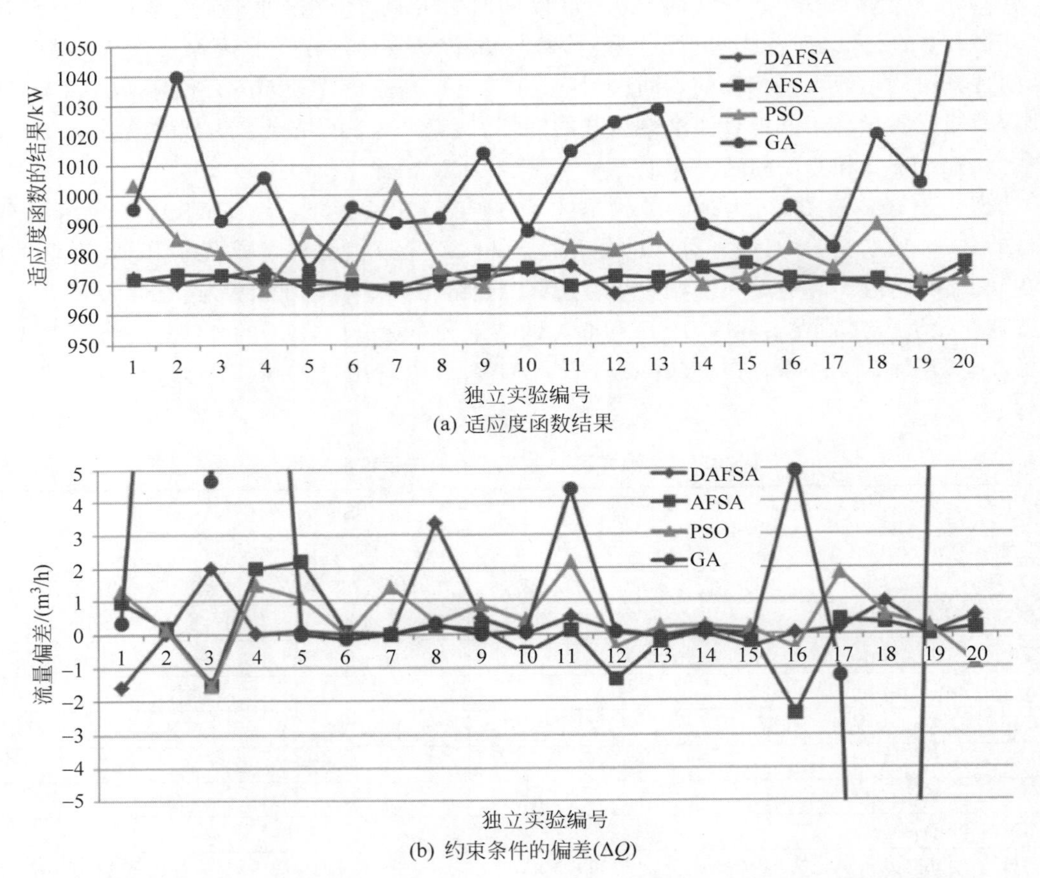

图 30.3-2 当 Q_p＝6600m³/h 且 H_{set}＝45m 时，每种算法独立执行 20 次的结果

平均适应度是独立实验中适应度函数结果的平均值，它也是评估稳定性和收敛能力的重要指标。如图 30.3-3 所示，在表 30.3-2 中的四个工作条件下绘制了平均适应度的收敛过程，并在持续 5s 的迭代过程中进行了等间隔采样(300ms)。在第一秒，AFSA 和 DAFSA 的平均适应度度已经接近稳定值，并且 DAFSA 的收敛速度比其他方法更快，因为部分指令可以由智能单元并行执行。该算法持续 3s 后，所有算法的平均适应度已达到稳态，而

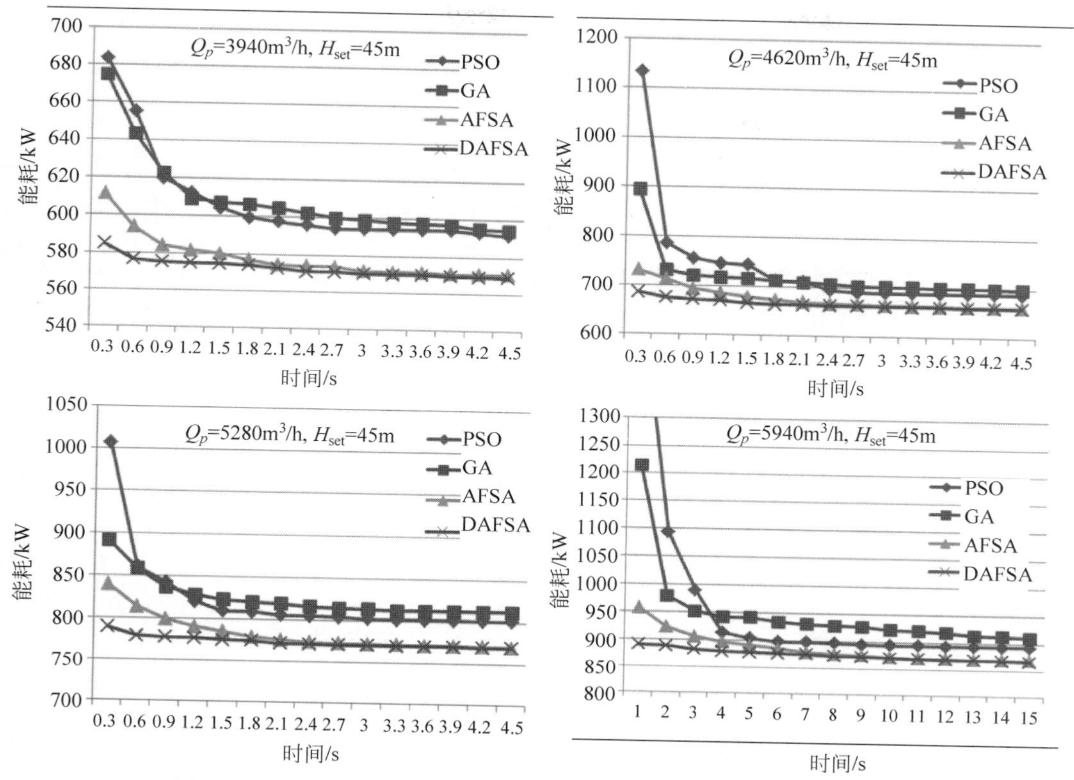

图 30.3-3 不同的工作条件下四种启发式算法平均适应度的收敛过程

AFSA 和 DAFSA 的平均适应度明显较低。AFSA 和 DAFSA 在稳态时的平均适应度彼此接近,并且收敛速度和稳定性高于 PSO 和 GA。

30.4 本章小结

大多数并联水泵系统的优化方法都是基于集中式架构,在这种架构下,所有的管理任务都必须由一个主控制器来完成。这种结构的计算效率和稳定性相对较低,因为所有的数据都必须由一个控制器来处理,而且一个故障设备会影响整个系统,该架构下的控制策略是一种个性化的控制策略,不易移植到其他系统中。

通过比较水泵台数变化时 AFSA 和 DAFSA 的收敛过程,进一步表明了 DAFSA 迭代速度的提高,在图 30.4-1(a)开启了两台小泵和一台大泵,在图 30.4-1(b)中开启了五台泵。与图 30.4-1(a)中相比,图 30.4-1(b)中 AFSA 中的迭代达到稳态所需的时间明显更长,并且 DAFSA 收敛时间的增加很小。这种对比表明,如果不考虑全局变量传输的时间消耗,当水泵运行台数变化时,DAFSA 的迭代速度几乎是恒定的;而当水泵台数大于 1 时,DAFSA 的收敛速度更快。

在当前的研究中,分布式控制策略已应用于并联水泵系统,在该系统中,传统的主控制器被嵌入每个水泵中的一系列独立智能单元所取代。AFSA 被移植到分布式结构中,成为 DAFSA 算法,这种基于状态机和变量解耦的移植方法具有通用性,可以进一步移植其他启发式算法。DAFSA 已通过冷冻站中的实际水泵系统进行了验证,并与其他常用的启发式

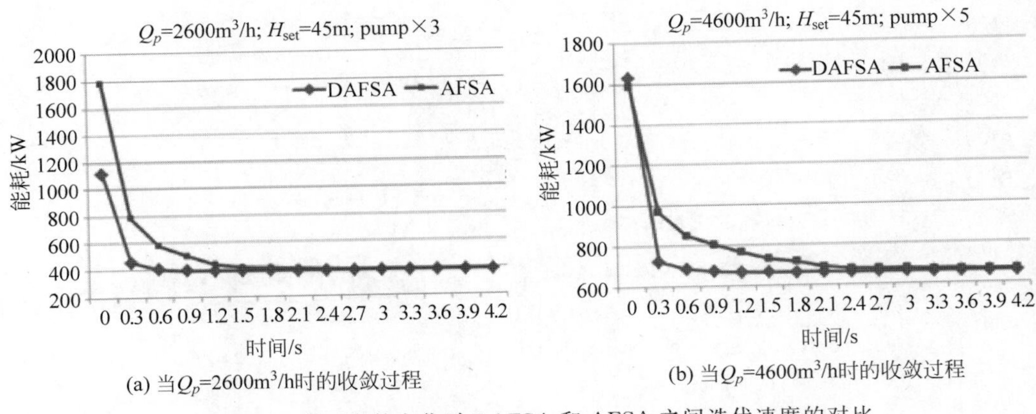

(a) 当Q_p=2600m³/h时的收敛过程　(b) 当Q_p=4600m³/h时的收敛过程

图 30.4-1　水泵台数变化时 DAFSA 和 AFSA 之间迭代速度的对比

算法进行了比较。结果表明，DAFSA 继承了 AFSA 的特性，计算效率更高。本章所提出的算法提高了并联模式下水泵的控制系统的通用性和灵活性。

参考文献

[1] Yu H, Zhao T, Zhang J. Development of a distributed artificial fish swarm algorithm to optimize pumps working in parallel mode[J]. Science and Technology for the Built Environment, 2018, 24(3): 248-258.

[2] Ramiro, H, Bravo, et al. Designing HVAC systems using particle swarm optimization[J]. HVAC&R Research, 2012, 18(5): 845-857.

[3] Chen H. A Hybrid of Artificial Fish Swarm Algorithm and Particle Swarm Optimization for Feedforward Neural Network Training[J]. International Journal of Computational Intelligence Systems, 2007.

[4] Yunchuang Dai, Jiang Z, Shen Q, et al. A decentralized algorithm for optimal distribution in HVAC systems[J]. Building and Environment, 2016, 95: 21-31.

[5] Farzi S. Efficient Job Scheduling in Grid Computing with Modified Artificial Fish Swarm Algorithm [J]. International Journal of computer theory and engineering, 2009, 1(1): 13.

[6] Gao Y, Guan L, Wang T. Optimal artificial fish swarm algorithm for the field calibration on marine navigation[J]. Measurement, 2014, 50: 297-304.

[7] A A K, B S Y. Thermal monitoring and optimization of geothermal district heating systems using artificial neural network: A case study[J]. Energy and Buildings, 2012, 50(7): 339-346.

[8] Li X L. A New Intelligent Optimization Method Artificial Fish School Algorithm[D]. Zhejiang: Zhejiang University, 2003

[9] Neshat M, Adeli A, Sepidnam G, et al. A review of artificial fish swarm optimization methods and applications[J]. International Journal on Smart Sensing & Intelligent Systems, 2012, 5(1): 107-148.

[10] Neshat M, Yazdani D, Gholami E, et al. 2011. A new hybrid algorithm based on artificial fishes swarm opti-mization and K-means for cluster analysis[J]. Journal of Computer Science Issues, 2011, 8(4): 251.

[11] Olszewski, Pawel. Genetic optimization and experimental verification of complex parallel pumping station with centrifugal pumps[J]. Applied Energy, 2016, 178: 527-539.

[12] Arun Shankar V K, Umashankar S, Paramasivam S, et al. A comprehensive review on energy efficiency enhancement initiatives in centrifugal pumping system[J]. Applied Energy, 2016, 181: 495-

513.

[13] Viehweider A, Chakraborty S. Multi-Agent based Distributed Optimization Architecture for Energy-Management Systems with Physically Coupled Dynamic Subsystems[J]. IFAC PapersOnLine, 2015, 48(30): 251-256.

[14] Waide P, Brunner C U. Energy-efficiency policy opportunities for electric motor-driven systems[M]. IEA Energy Papers, OECD Publishing. 2011.

[15] Wang J Y, Chang T P, Chen J S. An enhanced genetic algorithm for bi-objective pump scheduling in water supply[J]. Expert Systems with Applications, 2009, 36(7): 10249-10258.

[16] Windham A, Treado S. A review of multi-agent systems concepts and research related to building HVAC control[J]. Science and Technology for the Built Environment, 2016, 22(1): 50-66

[17] Yang Y, Jiang P, Cong H, et al. Research on the route optimization for fresh air processing of air handling unit in spacecraft launching site[J]. Applied Thermal Engineering, 2015, 86: 292-300.

[18] Zhang X, Hu F, Tang J, et al. A kind of Composite Shuffled Frog Leaping Algorithm[C]// International Conference on Natural Computation. IEEE, 2010, 5: 2232-2235.

[19] Zhang Z, Zeng Y, Kusiak A. Minimizing pump energy in a wastewater processing plant[J]. Energy, 2012, 47(1): 505-514.

第31章

并联水泵系统的一种分布式节能控制方法

本章提要

近些年来并联水泵的优化问题是一个研究热点，虽然现在提出了各种水泵优化算法，具有很好的性能表现，但是水泵运行并不节能。本章提出了一种分布式群智能并联水泵优化算法，基于网络生成树，智能水泵节点随机采样优化水泵转速比，最小化系统能耗，满足约束。每台水泵通过与邻居交互协作实现并联水泵系统的优化运行，不存在中心节点。仿真实验验证了该方法性能并与其他算法进行对比，实验结果展示了该方法能够严格满足约束，最小化能耗，具有收敛性保证，同时展示群智能算法具有很好的灵活性。本章内容主要来源于文献[1-2]。

31.0 符号列表

$a_{P1,i}, b_{P1,i}$	水泵参数
H_i	水泵 i 扬程
m	水泵数量
n_i	水泵 i 转速
N_i	节点 i 的子节点集合
P_i	水泵 i 能耗
$P_{T,i,k}$	水泵 i 子树上部分能耗和
Q_i	水泵 i 流量
$Q_{T,i,k}$	节点 i 子树上部分流量和
ω_i	水泵 i 转速比
ω^-	转速比约束下界
$\omega_{i,k}$	水泵 i 第 k 次采样样本
ω_i^*	水泵 i 最优转速比
$\tilde{\boldsymbol{\omega}}^*$	最优转速比组合
$\tilde{\boldsymbol{\omega}}_k^*$	第 k 次采样最优转速比估计值组合
ξ_p	节能百分比
η_i	机械效率
$\eta_{M,i}$	电机效率
$\eta_{VFD,i}$	变频器效率
Δ	$\sum Q_i - Q_0$ 的违反值

31.1 研究背景概述

在公共建筑领域，随着人口的增加和舒适度要求的提高，暖通空调系统的能耗一直居高不下，占建筑总能耗的50%左右[1]，并联水泵是暖通空调系统中的主要耗能设备，欧盟的报告显示水泵系统的能耗占电机总能耗的 20%左右[4]，有研究显示水泵系统总能耗占暖通空调系统总能耗的 40%左右[5]。这些数据表明，并联水泵系统的能耗相当可观，具有相当大的节能潜力，因此关于并联水泵的优化运行是一个研究热点。现有的控制模式普遍采用主从控制模式[4]，因此如何控制水泵运行的数量和相应的转速以满足系统需求，同时使总能耗最小是非常重要的。

现有的研究提出了各种并联水泵优化控制的策略[7-11]，这些研究发挥了重要的作用，帮助实际操作人员实现并联水泵系统的节能运行。但是现有的并联水泵系统控制方法具有很大的改进空间，比如末端系统的频繁调节可能是由于流量的不匹配造成的。另外，由于缺乏收敛性保证，现有的水泵控制方法具有很大的节能潜力。

这里我们考虑一种分布式并联水泵控制系统，基于分布式和对等计算框架，提出一种新颖的分布式优化算法，以解决现有的理论挑战。算法包括两部分，首先，为了处理网络的信息，所有的节点采用广度优先搜索算法，建立一棵生成树，实现信息的传递；其次，所有的节点通过与邻居进行协作，随机采样转速比样本点。进一步，证明了所提出的方法具有收敛性保证。在整个分布式控制系统中，没有任何的集中式节点，所有的节点仅通过与邻居的协作来实现并联水泵的优化控制。

31.2　问题建模

这里我们考虑 m 台并联水泵的优化控制，水泵的大小可能不同，因此需要研究的问题是如何控制水泵的启停和相应的转速来满足给定的流量需求，同时使得总能耗最小。

我们首先要考虑水泵的转速和能耗之间的关系，并建立相应的数学模型。为了能够更加准确地描述水泵的特性，同时使得系统的计算更加方便，我们选取多项式来描述水泵的特性，并考虑水泵的扬程、流量、效率之间的联系。当水泵处于额定转速时，给出相应的联系，具体如下面的方程所示：

$$H_i = a_{p_1,i}Q_i^2 + a_{p_2,i}Q_i + a_{p_3,i} \tag{31.2-1}$$

$$\eta_i = b_{p_1,i}Q_i^2 + b_{p_2,i}Q_i + b_{p_3,i} \tag{31.2-2}$$

$$P_i = \frac{\rho g Q_i H_i}{1000\eta_i \eta_{M,i} \eta_{\mathrm{VFD},i}} \tag{31.2-3}$$

式中，H_i 表示水泵的扬程，Q_i 表示水泵的流量，η_i 表示机械效率，P_i 表示水泵的能耗；水泵的能耗依赖于电机效率 $\eta_{M,i}$，机械效率 η_i，变频器效率 $\eta_{\mathrm{VFD},i}$；$a_{p_1,i}$，$a_{p_2,i}$，$a_{p_3,i}$，$b_{p_1,i}$，$b_{p_2,i}$，$b_{p_3,i}$ 表示水泵的性能参数。

我们给出水泵转速比 ω_i 的定义如下：

$$\omega_i = \frac{n_i}{n_{0,i}} \tag{31.2-4}$$

这里用 n_i 表示水泵的实际转速，$n_{0,i}$ 表示水泵的额定转速。

由于水泵的实际运行参数和水泵的转速和工作点有关，当水泵的运行工作点没有发生变化时，通过水泵的相似定律[12]，可以得到水泵的一系列性能曲线方程如下：

$$Q_i(n_{0,i}) = \frac{Q_i(n_i)}{\omega_i}$$

$$H_i(n_{0,i})=\frac{H_i(n_i)}{\omega_i^2}$$

$$\eta_i(n_{0,i})=\eta_i(n_i) \tag{31.2-5}$$

应用式(31.2-5)的水泵相似定律，我们可以得到水泵扬程与流量，效率与流量在非额定转速下的性能曲线方程如下：

$$H_i=a_{p_1,i}Q_i^2+a_{p_2,i}\omega_iQ_i+a_{p_3,i}\omega_i^2 \tag{31.2-6}$$

$$\eta_i=b_{p_1,i}\left(\frac{Q_i}{\omega_i}\right)^2+b_{p_2,i}\left(\frac{Q_i}{\omega_i}\right)+b_{p_3,i} \tag{31.2-7}$$

有研究指出水泵的电机效率和变频器效率依赖于水泵转速比，当水泵转速比满足 $0.4\leqslant\omega_i\leqslant1$，水泵的电机效率和变频器效率可以近似为常数，可以忽略它们的影响，只考虑水泵的机械效率，因此我们可以将水泵的能耗方程写为下面所示的形式：

$$P_i=\frac{\rho gQ_iH_i}{1000\eta_i} \tag{31.2-8}$$

基于上述的水泵模型，我们可以建立并联水泵系统的优化方程，并称其为水泵转速比优化问题，即

$$\min_{\omega_i i\in\{1,2,\cdots,m\}}\sum_{i=1}^{m}P_i(\omega_i) \tag{31.2-9}$$

$$\text{s.t.}\ H_0=H_i \tag{31.2-10}$$

$$Q_0=\sum_{i=1}^{m}Q_i \tag{31.2-11}$$

$$\omega^-\leqslant\omega_i\leqslant1\quad 或\quad \omega_i=0 \tag{31.2-12}$$

这里的目标函数是最小化并联水泵系统的总能耗，约束条件为扬程需求平衡和流量需求平衡方程，以及水泵转速比取值范围要求，当水泵转速比为0时，表示该水泵处于关闭状态。

31.3 群智能优化算法

为了解决并联水泵的优化问题，我们提出了一种广度优先随机采样算法(BRS)，该算法由两部分组成：

(1) 为了处理网络的信息，我们采用广度优先搜索算法[18]，建立一棵生成树，来支持并联水泵节点之间的相互通信。

(2) 基于该生成树，节点可以随机采样转速比样本点，所有节点通过与邻居进行协作，进行并行计算，不断优化转速比样本点，同时最小化系统的总能耗。

假设1 在并联水泵控制系统中，每个节点配有一个控制器，节点内存储有水泵的模型和计算程序，节点能够和邻居进行通信，进行并行计算，并联水泵系统中所有节点构成一个强连通的网络。

当暖通空调系统的总流量和扬程需求改变时，每个节点将重新开启一轮调节，在调节期间所有节点通过应用BFS算法构建一棵生成树，通过该树可以进行消息传递和全局计算。

基于该生成树，我们提出了一种随机采样算法，具体操作流程如算法31.3-1所示。每

个节点运行该算法，并与邻居进行协作，完成计算。在算法 31.3-1 中，每个叶子节点独立采样转速比样本点，并且该采样过程满足在区间$[\omega^- -\tau, 1]$上的均匀分布。如果采样得到的转速比样本点 $\omega_{i,k} \geqslant \omega^-$，则计算相应的流量 $Q_{i,k}$ 和 $P_{i,k}$；否则，该样本点设为 0，表示关闭该水泵。然后，节点发送 $Q_{T,i,k}$，$P_{T,i,k}$，$\omega_{T,i,k}$ 给父节点。如果叶子节点没有收到停止命令，叶子节点将会不断采样。当叶子节点收到停止命令，将会停止采样，返回对最优转速比的估计值。中间节点也会执行和叶子节点相同的操作，区别是中间节点将会计算部分流量和 $Q_{T,i,k}$ 和部分能耗和 $P_{T,i,k}$ 基于节点 i 的子树和子节点传递过来的消息。如果部分流量和 $Q_{T,i,k} \leqslant Q_0$，则中间节点将发送 $Q_{T,i,k}$，$P_{T,i,k}$，$\omega_{T,i,k}$ 给父节点；否则将会删除 $Q_{T,i,k}$，$P_{T,i,k}$，$\omega_{T,i,k}$。根节点将会根据总流量需求 Q_0 和子节点提供的 Q_{T,j,k_j} 来计算自己的流量 $Q_{i,k}$。由 $Q_{i,k}$，根节点将根据水泵模型和总扬程需求，计算转速比 $\omega_{i,k}$。当转速比样本点 $\omega_{i,k}$ 满足约束时，将会计算总能耗 $P_{T,i,k}$。P_k^* 表示在 k 次采样之后最优能耗值。$\tilde{\boldsymbol{\omega}}_k^*$ 表示在 k 次采样之后最优转速比估计值。当 $P_{T,i,k} < P_k^*$，则根节点更新 P_k^* 和 $\tilde{\boldsymbol{\omega}}_k^*$ 保存当前最优估计值。

按照算法 31.3-1 的流程，在 k 轮迭代后，根节点将会输出最优转速比估计值，向子节点发送停止命令和最优转速比估计值，一旦子节点收到计算停止消息和最优转速比估计值，将会发送给自己的子节点。

算法 31.3-1　随机采样算法

输入：生成树，水泵参数，总流量 Q_0，总扬程 H_0，采样调节参数 τ，子节点集合 N_i，ω^-，K

输出：最优转速比估计值 $\tilde{\omega}_i^*$

步骤：

1. if 节点是子节点和中间节点 then；
2. 　初始化 $k=0$，$Q_{T,i,k-1}=[]$，$P_{T,i,k-1}=[]$，$\omega_{T,i,k}=[]$；
3. 　while 没有收到停止命令 do；
4. 　　采样 $\omega_{i,k}$ 且 $\omega_{i,k} \sim U[\omega^- -\tau, 1]$；
5. 　　if $\omega_{i,k} \geqslant \omega^-$ then；
6. 　　　利用水泵模型和 H_0 计算 $Q_{i,k}$，$P_{i,k}$；
7. 　　end
8. 　　else
9. 　　　$\omega_{i,k}=0$，$Q_{i,k}=0$，$P_{i,k}=0$；
10. 　　end
11. 　　运行算法 31.3-2，返回 $Q_{T,i,k}$，$P_{T,i,k}$，$\boldsymbol{\omega}_{T,i,k}$；
12. 　　if $Q_{T,i,k} \geqslant Q_0$ then；
13. 　　　删除 $Q_{T,i,k}$，$P_{T,i,k}$，$\boldsymbol{\omega}_{T,i,k}$；
14. 　　end
15. 　　$k=k+1$；
16. 　end
17. 　发送停止命令和$\tilde{\boldsymbol{\omega}}_k^*$ 给子节点；
18. 　跳转到 final；

---

19. end
20. if 节点是根节点 then;
21. 　初始化 $k=0, P_k^*=\infty, \widetilde{\boldsymbol{\omega}}_k^*=[], \boldsymbol{\omega}_{T,i,k}=[], Q_{T,i,k-1}=[], P_{T,i,k-1}=[], \boldsymbol{\omega}_{T,i,k}=[]$;
22. 　while $k<K$ do;
23. 　　$Q_{i,k}=[], P_{i,k}=[], \omega_{i,k}=[]$;
24. 　　运行算法 31.3-2,返回 $Q_{T,i,k}, P_{T,i,k}, \boldsymbol{\omega}_{T,i,k}$;
25. 　　$Q_{i,k}=Q_0-Q_{T,i,k}$;
26. 　　利用水泵模型和 H_0 计算 $\omega_{i,k}, \boldsymbol{\omega}_{T,i,k}, P_{T,i,k}$;
26. 　　if $P_{T,i,k}\geqslant P_k^*$ then;
28. 　　　$\widetilde{\boldsymbol{\omega}}_k^*=\boldsymbol{\omega}_{T,i,k}, P_k^*=P_{T,i,k}$;
29. 　　end
30. 　　$k=k+1$;
31. 　end
32. 　发送停止命令和 $\widetilde{\boldsymbol{\omega}}_k^*$ 给子节点;
33. 　跳转到 final;
34. end
35. final;
36. 返回:最优转速比估计值 $\widetilde{\boldsymbol{\omega}}_i^*$

算法 31.3-2 给出了主要消息处理算法,节点之间的消息传递机制可以描述为,每个节点拥有 6 个消息队列,每个消息队列用来记录邻居发送过来消息,一旦消息被读取,将会从消息队列中删除,节点之间的通信是同步的,在第 k 次迭代时,节点之间发送消息,读取消息队列,因此,所有子节点的消息将会被收集。

算法 31.3-2 消息处理算法

输入:子节点集合 $N_i, Q_{i,k}, P_{i,k}, \omega_{i,k}, Q_{T,i,k-1}, P_{T,i,k-1}, \boldsymbol{\omega}_{T,i,k-1}$
输出:每个节点输出部分流量和 $Q_{T,i,k}$,部分能耗和 $P_{T,i,k}$ 以及 $\boldsymbol{\omega}_{T,i,k}$
步骤:
1. 初始化 $Q_{T,i,k}=Q_{i,k}, P_{T,i,k}=P_{i,k}, \boldsymbol{\omega}_{T,i,k}=[\boldsymbol{\omega}_{T,i,k}, \omega_{i,k}]$;
2. 发送 $Q_{T,i,k-1}, P_{T,i,k-1}, \boldsymbol{\omega}_{T,i,k-1}$ 给父节点,接收子节点 $j, j\in N_i$;
3. $Q_{T,i,k}=Q_{T,i,k}+\sum\limits_{j\in N_i} Q_{T,j,k_j}$;
4. $P_{T,i,k}=P_{T,i,k}+\sum\limits_{j\in N_i} P_{T,j,k_j}$;
5. $\boldsymbol{\omega}_{T,i,k}=[\boldsymbol{\omega}_{T,i,k}, \bigcup\limits_{j\in N_i} \boldsymbol{\omega}_{T,j,k}]$;
6. 返回:$Q_{T,i,k}, P_{T,i,k}, \boldsymbol{\omega}_{T,i,k}$

本章所提出的算法能够精确满足系统的流量需求,此外,基于分布式控制架构,系统具有很好的灵活性。每个节点将会得到自己的最优转速比,整个调节过程是一个不断迭代优化计算的过程,系统的约束在调节过程中,始终严格满足,相应的系统总能耗趋近于最小值。

31.4 理论分析

这里我们给出算法的收敛性证明。根据算法的设计，每个节点的采样过程可以看作是独立同分布的采样过程，每个节点采样得到的样本满足均匀分布：

$$U[\omega^{-}-\tau,1] \tag{31.4-1}$$

假设 2 能耗函数 $P_i(\omega_i)$ 和流量函数 $Q_i(\omega_i)$ 在 $[\omega^{-}-\tau,1]\cup\{0\}$ 均为连续函数，$Q_i(\omega_i)$ 是单调递增函数。

首先我们给出主要理论结果：由 BRS 算法产生的转速比样本点，将收敛于水泵转速比优化问题的最优解，在 k 趋近于无穷大时。根据算法设计，所有的节点可以分成三种类型。并用 I 表示中间节点集合，L 表示叶子节点集合，$R=\{r\}$ 表示根节点。

根据节点类型，我们可以重写水泵转速比优化问题如下：

$$\min_{\omega_i} \sum_{i\in L\cup I\cup R} P_i(\omega_i) \tag{31.4-2}$$

$$\text{s.t.}\ H_0=H_i,\quad i\in L\cup I\cup R \tag{31.4-3}$$

$$Q_0=\sum Q_i \tag{31.4-4}$$

$$\omega^{-}\leqslant\omega_i\leqslant 1\quad 或\quad \omega_i=0,\quad i\in L\cup I\cup R \tag{31.4-5}$$

为了方便分析，我们根据节点类型，基于生成树定义了最优转速比如下：

$$\boldsymbol{\omega}_T^{*}=[\omega_i^{*},i\in L\cup I\cup\{r\}] \tag{31.4-6}$$

同时，

$$\boldsymbol{\omega}_T=[\omega_i,i\in L\cup I\cup\{r\}] \tag{31.4-7}$$

BRS 算法 k 轮优化得到的决策变量如下：

$$\tilde{\boldsymbol{\omega}}_{T,K}^{*}=[\omega_{i,K}^{*},i\in L\cup I\cup\{r\}] \tag{31.4-8}$$

由于流量需求平衡约束和假设 2，我们可以将最优转速比写成如下形式：

$$\omega_r^{*}=Q_r^{-1}\Big(Q_0-\sum_{i\in L\cup I}Q_i(\omega_i^{*})\Big) \tag{31.4-9}$$

类似地可以得到

$$\tilde{\omega}_{r,K}^{*}=Q_r^{-1}\Big(Q_0-\sum_{i\in L\cup I}Q_i(\tilde{\omega}_{i,K}^{*})\Big) \tag{31.4-10}$$

假设 3 $\omega_r^{*}\in(\omega^{-},1)$ 且 $\sum\limits_{i\in L\cup I}Q_i(\omega_i^{*})>0$。

定理 31.4-1 当假设 1、假设 2、假设 3 满足时，取 $\varepsilon>0$ 且为任意正数，则

$$\lim_{K\to\infty}\Pr\{|P(\tilde{\boldsymbol{\omega}}_{T,K}^{*})-P(\boldsymbol{\omega}_T^{*})|<\varepsilon\}=1$$

这里 $\tilde{\boldsymbol{\omega}}_{T,K}^{*}=[\omega_{i,K}^{*},i\in L\cup I\cup\{r\}]$ 是由算法 BRS 在 k 轮迭代后输出的转速比值。

证明 由假设 3，我们知道 $\omega_r^{*}\in(\omega^{-},1)$ 且 $\sum\limits_{i\in L\cup I}Q_i(\omega_i^{*})>0$，在这种情况下，我们有 $Q_r(\omega_r^{*})>0$ 且存在 $i_0\in L\cup I$ 使得

$$Q_{i_0}(\omega_i^{*})>0 \tag{31.4-11}$$

则 $Q_r(\omega_r^{*})\in[Q_r(\omega^{-}),Q_0)$ 且 $Q_{i_0}(\omega_i^{*})\in(0,Q_0)$。

因为 Q_r 和 P_r 是连续的，对于任意给定的 $\varepsilon_1>0$，总存在一个 $\delta_r(\varepsilon_1)\in(0,1-\omega^{-})$ 使

得对于$\forall \omega_r \in [\omega_r^-(\varepsilon_1), \omega_r^*]$,这里$\omega_r^-(\varepsilon_1)=\omega_r^*-\delta_r(\varepsilon_1)$则

$$Q_r(\omega_r) \in (Q_r(\omega_r^*)-\varepsilon_1, Q_r(\omega_r^*)] \tag{31.4-12}$$

$$P_r(\omega_r) \in (P_r(\omega_r^*)-\varepsilon_1, P_r(\omega_r^*)+\varepsilon_1) \tag{31.4-13}$$

由于Q_i和P_i是连续的,当$Q_i(\omega_i^*)>0$,对于任意的$\varepsilon_2>0$,则存在一个$\delta_i(\varepsilon_2)\in(0,1-\omega^-)$,使得$\forall \omega_i \in \boldsymbol{B}_i=[\omega_i^*, \omega_i^+(\varepsilon_2)]$且$\omega_i^+(\varepsilon_2)=\omega_i^*+\delta_i(\varepsilon_2)$,则有

$$Q_i(\omega_i) \in [Q_i(\omega_i^*), Q_i(\omega_i^*)+\varepsilon_2) \tag{31.4-14}$$

$$P_i(\omega_i) \in (P_i(\omega_i^*)-\varepsilon_2, P_i(\omega_i^*)+\varepsilon_2) \tag{31.4-15}$$

当$\omega_i^*=0$,则$Q_i(\omega_i^*)=0$对应的$\boldsymbol{B}_i=\{0\}$。

因为最优解是可行的,因此可以得到

$$Q_0=Q_r(\omega_r^*)+\sum_{i\in L\cup I} Q_i(\omega_i^*) \tag{31.4-16}$$

对于给定的$\varepsilon_1>0$和$\delta_r(\varepsilon_1)$,可以选择ε_2使得

$$(m-1)\varepsilon_2 \leqslant Q_r(\omega_r^*)-Q_r(\omega_r^-(\varepsilon_1)) \tag{31.4-17}$$

$$\sum_{i\in L\cup I} Q_i(\omega_i^*)+(m-1)\varepsilon_2 \leqslant Q_0-Q_r(\omega_r^-(\varepsilon_1)) \tag{31.4-18}$$

当$\omega_i, i\in L\cup I$且满足$\bigcap_{i\in L\cup I} \boldsymbol{B}_i$,有

$$\omega_r=Q_r^{-1}\left(Q_0-\sum_{i\in L\cup I} Q_i(\omega_i)\right) \tag{31.4-19}$$

$$\omega_r=Q_r^{-1}\left(Q_r(\omega_r^*)+\sum_{i\in L\cup I}(Q_i(\omega_i^*-Q_i(\omega_i)))\right)\geqslant Q_r^{-1}(Q_r(\omega_r^*)-(m-1)\varepsilon_2) \tag{31.4-20}$$

$$\omega_r \geqslant Q_r^{-1}(Q_r(\omega_r^-(\varepsilon_1)))=\omega_r^-(\varepsilon_1) \tag{31.4-21}$$

由$Q_r^{-1}()$函数的单调性质,可以得到

$$\omega_r \leqslant Q_r^{-1}(Q_r(\omega_r^*))=\omega_r^* \tag{31.4-22}$$

因此

$$\omega_r \in [\omega_r^-(\varepsilon_1), \omega_r^*] \tag{31.4-23}$$

当$\omega_i=0$时,$P_i(\omega_i)=0$则可以得到

$$\sum_{i\in L\cup I} | P_i(\omega_i)-P_i(\omega_i^*) | < (m-1)\varepsilon_2 \tag{31.4-24}$$

对于ω_r可以得到

$$P_r(\omega_r) \in (P_r(\omega_r^*)-\varepsilon_1, P_r(\omega_r^*)+\varepsilon_1] \tag{31.4-25}$$

因此,有

$$\left|\sum_{i\in L\cup I\cup\{r\}} P_i(\omega_i)-P(\boldsymbol{\omega}^*)\right|=\left|\sum_{i\in L\cup I\cup\{r\}}(P_i(\omega_i)-P(\omega_i^*))\right| < Q_r(\omega_r^*)-Q_r(\omega_r^-(\varepsilon_1))+\varepsilon_1 \tag{31.4-26}$$

对于任意给定的$\varepsilon>0$,可以选择ε_1使得

$$Q_r(\omega_r^*)-Q_r(\omega_r^-(\varepsilon_1))+\varepsilon_1<\varepsilon \tag{31.4-27}$$

对于节点$i\in L\cup I$,定义事件$A_{i,k}$表示第k次样本$\omega_{i,k}$属于区间B_i,根据设计的算法

可知当 $Q_i(\omega_i^*)>0$ 时，则

$$\Pr\{A_{i,k}\}=\Pr\{\omega_{i,k}\in B_i\}=\frac{\omega_i^+-\omega_i^*}{1-(\omega^--\tau)} \tag{31.4-28}$$

当 $Q_i(\omega_i^*)=0$ 时，则

$$\Pr\{A_{i,k}\}=\Pr\{\omega_{i,k}\in B_i\}=\frac{\tau}{1-(\omega^--\tau)} \tag{31.4-29}$$

因为节点 $i\in L\cup I$ 的采样过程是相互独立的，则

$$\Pr\{\bigcap_{i\in L\cup I}A_{i,k}\}=\prod_{i\in L\cup I}\Pr\{A_{ik}\}\geqslant\left[\frac{d}{1-(\omega^--\tau)}\right]^{m-1} \tag{31.4-30}$$

这里 d 是一个常数不大于 τ 和 $(\omega_i^+-\omega_i^*)$。

当 $\omega_{i,k}\in B_i$，$\forall i\in L\cup I$，则

$$\sum_{i\in L\cup I}Q_i(\omega_i)<Q_0 \tag{31.4-31}$$

因此，$\boldsymbol{\omega}_{T,k}=[\omega_{i,k},i\in L\cup I;\ \omega_{r,k}]$ 则

$$\omega_{r,k}=Q_r^{-1}\Big(Q_0-\sum_{i\in L\cup I\cup\{r\}}Q_i(\omega_{i,k})\Big) \tag{31.4-32}$$

构成一组可行解，相应的总能耗为

$$P(\boldsymbol{\omega}_{T,k})=\sum_{i\in L\cup I\cup\{r\}}P_i(\omega_{i,k}) \tag{31.4-33}$$

由于 $\tilde{\boldsymbol{\omega}}_{T,k}^*$ 是从可行解中选出的最小能耗，因此有

$$P(\tilde{\boldsymbol{\omega}}_{T,k}^*)\leqslant P(\boldsymbol{\omega}_{T,k}) \tag{31.4-34}$$

进一步可以得到

$$P(\boldsymbol{\omega}^*)\leqslant P(\tilde{\boldsymbol{\omega}}_{T,k}^*)\leqslant P(\boldsymbol{\omega}_{T,k})\leqslant P(\boldsymbol{\omega}^*)+\varepsilon \tag{31.4-35}$$

定理 31.4-1 证明完毕。

因此，BRS 算法不仅能精确满足约束，同时具有收敛性保证。通过该方法，能够使得 $\tilde{\boldsymbol{\omega}}_{T,k}^*$ 收敛于最优解 $\boldsymbol{\omega}^*$。

31.5　并联水泵系统分布式优化实验验证

我们将通过实验验证 BRS 算法在约束满足和最小化能耗方面的性能，同时和其他方法进行对比。下面将首先介绍不同工况、实验仿真环境以及对比算法，然后分析 BRS 和其他算法的约束满足情况以及性能比较。

这里选取的水泵性能曲线来自现有的研究文献[14]，表 31.5-1 给出了具体的参数取值。我们搭建了一个包括 6 台并联水泵的仿真系统，其中 4 台水泵是 PUMP-A，2 台水泵是 PUMP-B，选取了两种不同的工况需求，即不同的流量和扬程需求，如表 31.5-2 所示，通过这两种工况，我们可以研究现有方法的性质。

表 31.5-1　水泵性能曲线

水泵类型	性能参数					
	$a_{P_1,i}$	$a_{P_2,i}$	$a_{P_3,i}$	$b_{P_1,i}$	$b_{P_2,i}$	$b_{P_3,i}$
PUMP-A	−0.0046	0.0696	60.271	−0.0002	0.0254	0.0616
PUMP-B	−0.0112	0.1358	54.841	−0.0005	0.0316	0.2582

表 31.5-2 暖通空调系统工况需求

	H_0/m	Q_0/L/s
工况 1	26	86
工况 2	29	117

为了实现不同的算法，对于集中式方法采用的软件仿真环境为 Python。我们还采用分布式算法仿真平台（DSP）来研究分布式算法的性能。软件运行的环境为 Windows x64，Intel(R) Core (TM) i7-7700 @3.60GHz，DSP1.0，内存为 8GB。基于 DSP1.0 可以仿真一个分布式并联水泵系统来测试分布式算法的性能。DSP 可以生成不同的拓扑，但是由于对比算法仅适合于链状拓扑，所有的节点依次连接。

本章选用的对比算法包括集中式算法和分布式算法，集中式算法包括序列控制方法（SC）、序列最小二乘规划算法（SLSQP）和遗传算法（GA）。分布式算法为分布式传递算法（TA）。所选用的这几种算法代表了现有方法的特点而且具有很好的性能表现。

表 31.5-3 记录了在两种不同工况和五种不同算法的计算结果，$\Delta=\sum Q_i-Q_0$ 表示了约束违反的情况。Δ 为正表示了总流量超过实际需求，Δ 为负表示了总流量小于实际需求。通过表 31.5-3 可以看出，通过运用 BRS 和 SC 方法，Δ 在 2 中工作情况下均为 0，表示这两种方法可以精确满足实际需求；相反，在使用其他三种算法时，Δ 在两种工作情况下有正有负，表示这些方法存在偏差来满足实际需求。

表 31.5-3 不同工况下计算结果

工况	方法	PUMP-A		PUMP-A		PUMP-A		PUMP-A		PUMP-B		PUMP-B		Δ	P^*
		ω_i	Q_i	ω_i	Q_i	ω_i	Q_i	ω_i	Q_i	ω_i	Q_i	ω_i	Q_i	(L/s)	(kW)
工况 1	BRS	0.7340	43.476	0.7304	42.524	0	0	0	0	0	0	0	0	**0**	25.378
	SC	0.7199	39.623	0	0	0	0	0	0	0.9	46.377	0	0	**0**	32.970
	SLSQP	0.7322	42.995	0.7322	42.995	0	0	0	0	0	0	0	0	−0.01	**25.377**
	GA	0.8046	59.632	0	0	0	0	0	0	0.7528	26.342	0	0	0.026	26.902
	TA	0.7354	43.831	0	0	0	0	0	0	0.7269	21.296	0.7269	21.296	0.423	27.288
工况 2	BRS	0.8285	58.509	0.8284	58.491	0	0	0	0	0	0	0	0	**0**	**38.757**
	SC	0.9066	74.038	0	0	0	0	0	0	0.9	42.962	0	29.804	**0**	45.697
	SLSQP	0.8285	58.509	0.8285	58.509	0	0	0	0	0	0	0	0	0.018	38.764
	GA	0.7835	48.045	0.8798	68.960	0	0	0	0	0	0	0	0	−0.005	39.539
	TA	0.7790	46.901	0.7803	47.255	0	0	0	0	0.7710	23.201	0	0	0.357	39.614

这些方法在约束满足时之所以存在这样的问题是由于其算法的设计原理不同，BRS 和 SC 直接处理等式约束，BRS 利用等式约束和种群采样来寻找可行解。SC 采用 PID 反馈控制来消除偏差，满足系统需求。然而其他三种方法则放松了约束，不能很好地满足约束需求。

表 31.5-3 记录了在两种不同工况和五种算法的能耗情况，每种情况下，我们用 P^* 表示最小能耗，通过 BRS 和 SC 进行对比，可以看出 BRS 能够最小化能耗同时精确满足约束，但是 SC 没有优化并联水泵的运行，水泵工作在非最优的工作点，导致能量的浪费。BRS 和其他四种方法进行对比可以看出，BRS 在工况 2 中具有最小的能耗，SLSQP 在工况 1 中能耗比 BRS 稍小，主要原因是由于 SLSQP 方法得到的解不可行，使得总流量小于实际需求。

通过上面的对比可以看出，由于缺乏收敛性保证，现有的方法不能保证水泵工作在最优工作点，BRS 算法能够严格满足实际需求，最小化能耗，同时验证了 BRS 算法具有收敛性保证。

理论分析表明 BRS 算法具有指数的收敛速度随着迭代次数增加，图 31.5-1 展示了 BRS 算法在两种工况下的迭代过程，虽然工况发生变化，但是没有影响 BRS 算法寻找最优解，进一步验证了 BRS 算法具有收敛性保证，更加适合实际工程应用。

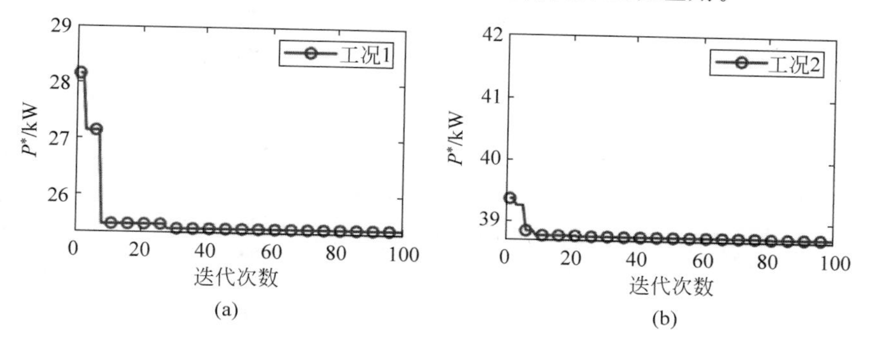

图 31.5-1　BRS 算法在两种工况下迭代过程

为了测试 BRS 算法的灵活性，我们设计了如下的测试场景，如图 31.5-2 所示，首先所有节点工作正常，然后节点 4 出现故障或者处于维修状态，接下来节点 4 被修复，系统的稳态总流量和扬程需求分别为 248L/s 和 36m。

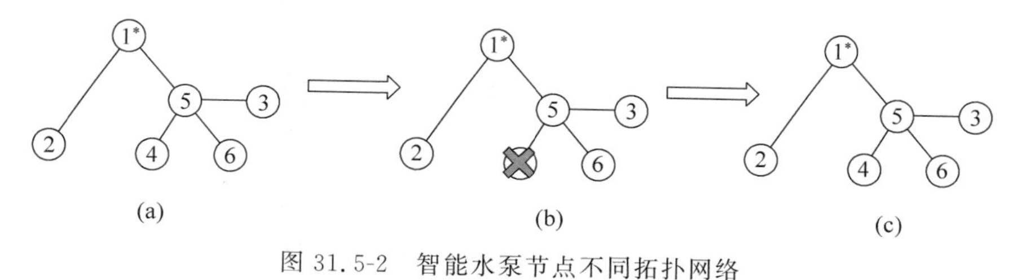

图 31.5-2　智能水泵节点不同拓扑网络

图 31.5-3 展示了在不同节点数量下对应的迭代过程，从该图我们可以看出，P^* 能够收

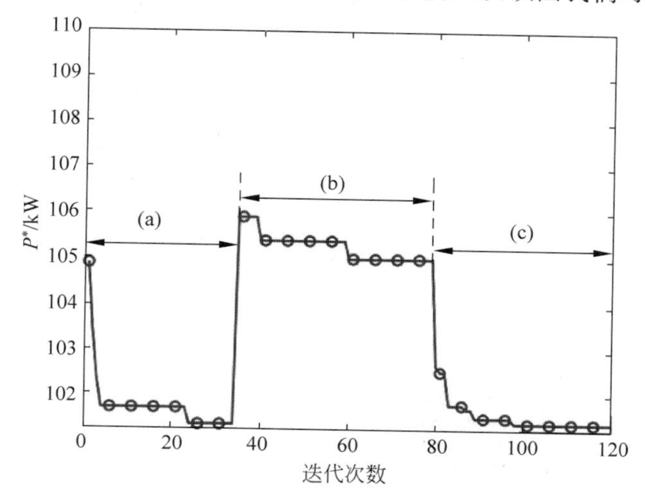

图 31.5-3　BRS 算法在不同节点数量下的迭代过程

敛于最优值,当所有的节点均正常时,P^* 收敛于同一个最优值。可以看出节点数量的变化不会影响 BRS 寻找最优解的能力,BRS 可以进行在线优化。虽然节点数量发生变化,不需要暂停整个系统的运行,水泵是即插即用的,但是集中式控制方法需要人工重新进行开发,很难实现水泵的自动化运行。

该实验验证了 BRS 可以适应系统的动态变化,表现出很好的灵活性,可以在线进行流量的分配。

31.6 本章小结

本章主要研究了并联水泵的分布式优化问题,提出了一种群智能分布式优化算法,该方法能够解决水泵启停和转速优化问题。本方法主要包括两部分:首先,所有的节点应用 BFS 算法构建一棵生成树,实现信息的传递;其次所有的节点随机采样,不断优化水泵转速比。整个系统是完全分布式的,不存在中心节点。BRS 算法相比现有方法具有很大改进与创新:该方法能够严格满足约束需求,最小化能耗,同时具有收敛性保证。本章通过数值仿真验证了方法的性能,未来我们将会把该方法扩展到异步网络。

参考文献

[1] Zhao Q,Wang X,Wang Y,et al. A P2P algorithm for energy saving of a parallel-connected pumps system[C]//International Conference on Smart City and Intelligent Building. Springer,Singapore, 2018:385-395.

[2] Wang X,Zhao Q,Wang Y. A Distributed Optimization Method for Energy Saving of Parallel-Connected Pumps in HVAC Systems[J]. Energies,2020,13(15):3927.

[3] Shin M,Haberl J. Thermal zoning for building HVAC design and energy simulation: A literature review[J]. Energy and Buildings,2019,203:109429.

[4] Arun Shankar V,Umashankar S,Paramasivam S,et al. A comprehensive review on energy efficiency enhancement initiatives in centrifugal pumping system[J]. Applied Energy,2016,181:495-513.

[5] Liu M,Ooka R,Choi W,et al. Experimental and numerical investigation of energy saving potential of centralized and decentralized pumping systems[J]. Applied Energy,2019,251:113359

[6] Ali A,Christopher C,Heidarinejad M,Stephens B. Elemental: An Open-Source Wireless Hardware and Software Platform for Building Energy and Indoor Environmental Monitoring and Control[J]. Sensors,2019,19(18):4017.

[7] Gao D,Wang S,Sun Y. A fault-tolerant and energy efficient control strategy for primary-secondary chilled water systems in buildings[J]. Energy and Buildings,2011,43(12):3646-3656.

[8] Jepsen K,Hansen L,Mai C,Yang Z. Power consumption optimization for multiple parallel centrifugal pumps[C]. 2017 IEEE Conference on Control Technology and Applications (CCTA) IEEE,2017: 806-811.

[9] Kraft D. A software package for sequential quadratic programming[R]. Technical Report DFVLR-FB 88-28,Institut für Dynamik der Flugsysteme,Oberpfaffenhofen,July 1988.

[10] Olszewski P. Genetic optimization and experimental verification of complex parallel pumping station with centrifugal pumps[J]. Applied Energy,2016,178:527-539.

[11] Dai Y,Jiang Z,Shen Q,Chen P,Wang S,Jiang Y. A decentralized algorithm for optimal distribution

in HVAC systems[J]. Building and Environment, 2016, 95: 21-31.

[12] Pumps S. Centrifugal Pump Handbook[M]. Third Edition. Elsevier, 2010.

[13] Lynch N. Distributed algorithms[M]. Morgan Kaufmann Publishers, 1996.

[14] Dai Y, Jiang Z, Xin S, Chen P, Li S. Optimal control of variable speed parallel-connected pumps[C]. Proceedings of the 13th International Conference on Indoor Air Quality and Climate, 2014: 87-94.

第 32 章

一种新型的基于群智能架构的冷水机组负荷优化分配算法

本章提要

本章针对中央空调系统中并联冷机负荷优化分配问题，研究了一种新型的基于群智能架构的分布式混沌分布估计算法（distributed chaotic estimation of distribution algorithm，DCEDA）。与传统的集中式架构相比，新型群智能架构的中央空调系统更具灵活性，便于设备更换及系统规模的扩展，适应了中央空调控制系统发展趋势。本章所提出的算法中，采用了基于逻辑映射方法对种群进行初始化，并加入了混沌变异算子以提高算法的整体性能；以两个典型的并联冷机系统为例对该算法进行了实验验证与分析，并与其他算法的实验结果进行了对比。结果表明：本章所提出的 DCEDA 算法是一种高效的分布式优化算法，在并联冷机负荷优化分配问题的求解中能够取得显著的节能效果；相比于其他算法，DCEDA 算法还具有鲁棒性好、准确性高、收敛速度快等优点，在实际工程中具有广阔应用前景。本章内容主要来源于文献[1]。

32.0 符号列表

a,b,c,d	冷机性能系数
C	变异步长
$C_{\min}$	最小变异步长，取值 0.2
$\mathrm{fit}(i)$	合适度值
$\mathrm{fit}'(i)$	第 i 个个体的线性适应度值
flag	迭代终止信号
$G_{\max}$	最大迭代次数，取值 50
high	变量的最高值
K	新生种群倍数，取值 1.5
low	变量的最小值
M	优秀个体数量，取值 5
N	种群大小，取值 80
P_{chiller}	冷机的功率
penal	惩罚因子，取值 10 000
PLR	冷机的负载率
$\mathrm{pop}(i)$	种群中的某一个个体，这里就代表 PLR
$\mathrm{pop}'(i)$	个体混沌变异之后的个体
$\mathrm{position}(i)$	第 i 个个体根据适应度值从小到大排列所处的位置
Q_i^0	第 i 台冷机的额定制冷量
Q_{need}	系统末端负荷需求

$r(i)$	混沌变异的半径
W_{total}	并联冷机系统的总能耗
αi	混沌序列
β	一维逻辑映射模型参数，取值 4
μ	构建的高斯分布的均值
σ	方差

32.1 冷水机组负荷优化分配群智能算法

32.1.1 冷水机组负荷分配算法现状

近年来，中央空调系统在大型公共建筑中得到了广泛应用，而冷机作为中央空调系统的重要组成部分，其耗电量约占商业建筑总耗电量的 25%～40%[1]。目前，由于系统灵活性的需求，中央空调系统中多采用并联冷机系统，以提高系统对不同负荷需求的适应性[3]。然而，对于同一负荷需求，并联冷机系统有多种不同的运行策略能够满足要求，而运行策略不同所产生的系统总能耗也各不相同。因此，在不同负荷需求下，如何决策并联冷机系统的运行策略以达到系统节能的目的，已经引起了当今研究人员的广泛关注[4]。

近来，许多优化算法已被国内外学者用于并联冷机负荷优化分配问题的求解。首先，Chang[5]采用拉格朗日法(Lagrange method，LM)对该负荷分配问题进行了求解，但实验结果表明，在较低负荷需求下该算法会出现无法收敛的情况。施志钢[6]针对冷水机组的部分负荷特性，建立了与机组型号无关的负荷优化分配模型，并采用动态规划的方法进行求解。闫秀英[7]采用梯度法(gradient method，GM)解决了冷机的经济调度问题；Chang 在文献[8]中也利用 GM 算法求解了并联冷机的负荷优化分配问题，该方法克服了 LM 法在较低负荷需求下不能收敛的问题，但其求解精度却略低于 LM 法。随后，广义简约梯度法[9](generalized reduced gradient，GRG)也被用于该问题的求解，并与其他算法的结果进行了对比分析。此外，许多元启发式算法也被应用于该类优化问题的求解，Chang[10,11]用遗传算法(genetic algorithm，GA)实现了并联冷机的负荷优化分配，该方法也解决了 LM 法无法处理非凸函数的问题。之后，Lee[12]和 Ardakani[13]又应用粒子群优化算法(particle swarm optimization，PSO)和连续遗传算法(continuous genetic algorithm，CGA)解决了该优化问题。Chen[14]利用神经网络建立了冷机的能耗模型，同时采用 PSO 算法优化了并联冷机的负荷分配以达到节能的目的。结果表明，PSO 和 CGA 算法在搜索最优解方面均优于 GA 算法，并且均能够克服 LM 法在低负荷需求下出现的算法发散的问题。随后，Lee[3]采用差分进化算法(differential evolution，DE)对该问题进行了求解，与 PSO 算法相比，该算法能找到等优解。Coelho[15,16]又提出了改进萤火虫算法(improved firefly algorithm，IFA)和差分布谷鸟搜索算法(differential cuckoo search algorithm，DCSA)，与其他算法相比，它们得到的运行策略的系统总能耗更低。此外，Zheng[3]所提出的改进入侵杂草优化算法(improved invasive weed optimization，EIWO)也是解决该优化分配问题的有效方法之一。Zheng[17]还以冷机和冷却塔的总能耗最低为目标，将改进人工鱼群算法(improved artificial fish swarm algorithm，VAFSA)应用于冷机和冷却塔的联合优化中。实验结果表明，VAFSA 具有良好的收敛能力，且能取得显著的节能效果。从以上的研究工作中可以看出，元启发式算法能够有效地解决并联冷机的负荷优化分配问题。

然而,传统的集中式控制架构的开发调试周期长,运行维护成本高,同时系统中的所有信息交互都依赖于中央控制器,导致系统控制的实时性较差。从某种意义上来说,传统的集中式控制架构已经成为制约中央空调控制系统进一步发展的一大障碍。群智能架构由于在电力系统、通信网络、机器学习和传感器网络等领域的大量应用而得到了越来越多的关注[18]。不同于集中式算法,基于群智能架构的算法通过本地计算和网络中局部信息的扩散来实现运行的最优化[19]。因此,基于群智能架构所实现的算法,能够将沉重的计算负担分散到不同的计算单元中,从而提高了算法的计算效率。并且在实际应用中,群智能架构由于其可扩展性和分布式的优点,可以很自然地与大规模网络或复杂系统集成。与集中式优化算法相比,分布式优化算法具有较强的鲁棒性和灵活性,能够更好地适应多代理结构的系统[18]。目前,分布式优化算法通常用于电力系统的经济调度[20,21]、车辆的自动协调[22,23]、机器人群中的动态任务分配[24]等问题的求解,均取得了较好的效果。此外,可以发现上述应用场景均具有大规模分布式网络和多代理系统结构的特点,而中央空调系统也是一个大规模的多智能体结构系统,因此群智能架构和分布式优化算法也能适用于中央空调系统的优化控制。

此外,分布估计算法(estimation of distribution algorithm,EDA)是一种基于统计学原理的随机优化方法。不同于 GA 算法,EDA 算法利用统计学的思路,从宏观的角度建立描述解空间分布的概率模型,然后对概率模型随机取样生成新的种群,以此实现种群逐步向最优解进化的过程[25]。近年来 EDA 算法及其改进算法已被用于各种优化问题的求解[26-30],都取得了较好的优化效果。综上所述,基于新型群智能架构的改进 EDA 算法具有一定的潜力解决并联冷机负荷优化分配的问题。

32.1.2 问题描述

如图 32.1-1 所示,在集中式架构中,各类机电设备通过现场总线的形式与中央控制器相连以建立相互通信的控制网络。此类控制系统所采用的集中式架构决定了其在建设和运行过程中不可避免地存在一些缺陷。而不同于集中式架构,在图 32.1-2 所示的新型群智能架构中,各个机电设备在出厂之前,通过内置分布式控制器升级成为智能机电设备,并且由制造厂商以统一的标准将该设备准确的性能参数写入该控制器中。

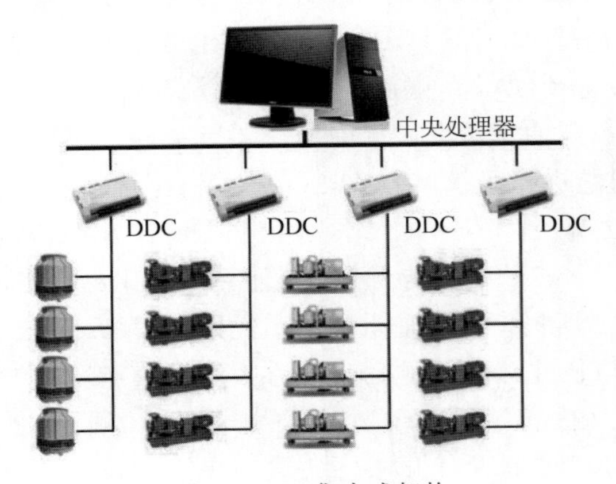

图 32.1-1 集中式架构

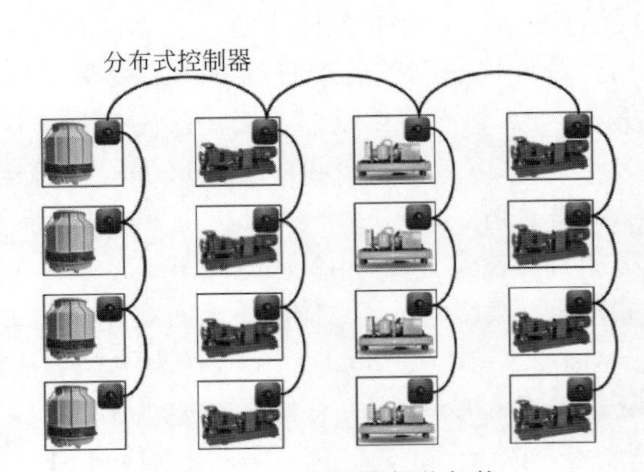

图 32.1-2 新型群智能架构

在中央空调控制系统中，并联冷机的负荷优化分配问题是指在满足末端冷负荷需求的条件下，通过优化运行策略尽可能地降低系统的总能耗以达到节能降耗的目的。由于冷机的功率与其负载率(part load ratio，PLR)相关，所以其功率通常被拟合成与 PLR 有关的多项式形式，如式(32.1-1)所示[2,3]。其中 a、b、c、d 为冷机的性能系数。

$$P_{\text{chiller}} = a + b \times \text{PLR} + c \times \text{PLR}^2 + d \times \text{PLR}^3 \tag{32.1-1}$$

对于并联冷机的负荷优化分配问题，我们以冷机系统的总能耗最小为优化目标，末端冷负荷需求为约束条件，各冷机的 PLR 为优化变量，建立优化模型。因此，其优化目标可以用式(32.1-2)所示的数学公式来描述，其中 W_{total} 为并联冷机系统的总能耗，Q_i^0 为第 i 台冷机的额定制冷量，Q_{need} 为系统末端负荷需求。

$$\begin{aligned} &\min W_{\text{total}} \\ &\text{s.t.}\ \sum_{i=1}^{N} \text{PLR}_i \times Q_i^0 = Q_{\text{need}},\quad i = 1,2,\cdots,N \end{aligned} \tag{32.1-2}$$

另外，考虑到冷机的性能和制造厂商的建议，每台冷机的 PLR 应不小于 0.3。因此，最终的并联冷机负荷优化分配问题的目标函数和约束条件如下：

$$\begin{aligned} &\min W_{\text{total}} \\ &\text{s.t.}\ 0.3 \leqslant \text{PLR}_i \leqslant 1 \quad \text{或} \quad \text{PLR}_i = 0 \\ &\sum_{i=1}^{N} \text{PLR}_i \times Q_i^0 = Q_{\text{need}},\quad i = 1,2,\cdots,N \end{aligned} \tag{32.1-3}$$

32.2　冷水机组负荷优化分配群智能算法设计

EDA 算法可以很好地解决低维度问题，但是对于如并联冷机负荷优化分配等复杂问题的求解，往往会陷入局部最优，导致算法早熟收敛。其原因是 EDA 算法没有引入变异算子，在算法不断迭代的过程中，种群的多样性会逐渐减少，从而导致算法收敛至某一局部最优解。针对这一缺陷，本章在传统 EDA 算法中引入了混沌变异算子，以保证种群的多样性并提高算法的整体性能。

混沌状态广泛存在于自然界和人类社会当中，是非线性系统中一种常见的现象。混沌运动的随机性、遍历性和规律性决定了它可以在一定范围内遍历所有状态而不重复，混沌变异算子正是利用了这些特征来保证种群的多样性。本章所提出的 DCEDA 算法的主要思想就是将混沌变异算子引入传统 EDA 算法中，并将其改进为分布式优化算法以适应基于新型群智能架构的中央空调控制系统。

对于并联冷机的负荷优化分配问题，若系统采用集中式架构，则需要中央控制器收集各设备信息之后进行优化计算，待得到控制策略后将控制信号发送至各冷机控制器。然而，在新型群智能架构下，所有的分布式控制器都有相同的分布式优化算法，每个控制器结合本地变量及邻居所传递的交互变量进行优化计算，相互协商做出决策，并控制各自所连接设备的运行状态以达到系统节能的目的。图 32.2-1 以两个分布式控制器为例，展示了 DCEDA 算法在求解并联冷机负荷优化分配问题时的计算流程图。

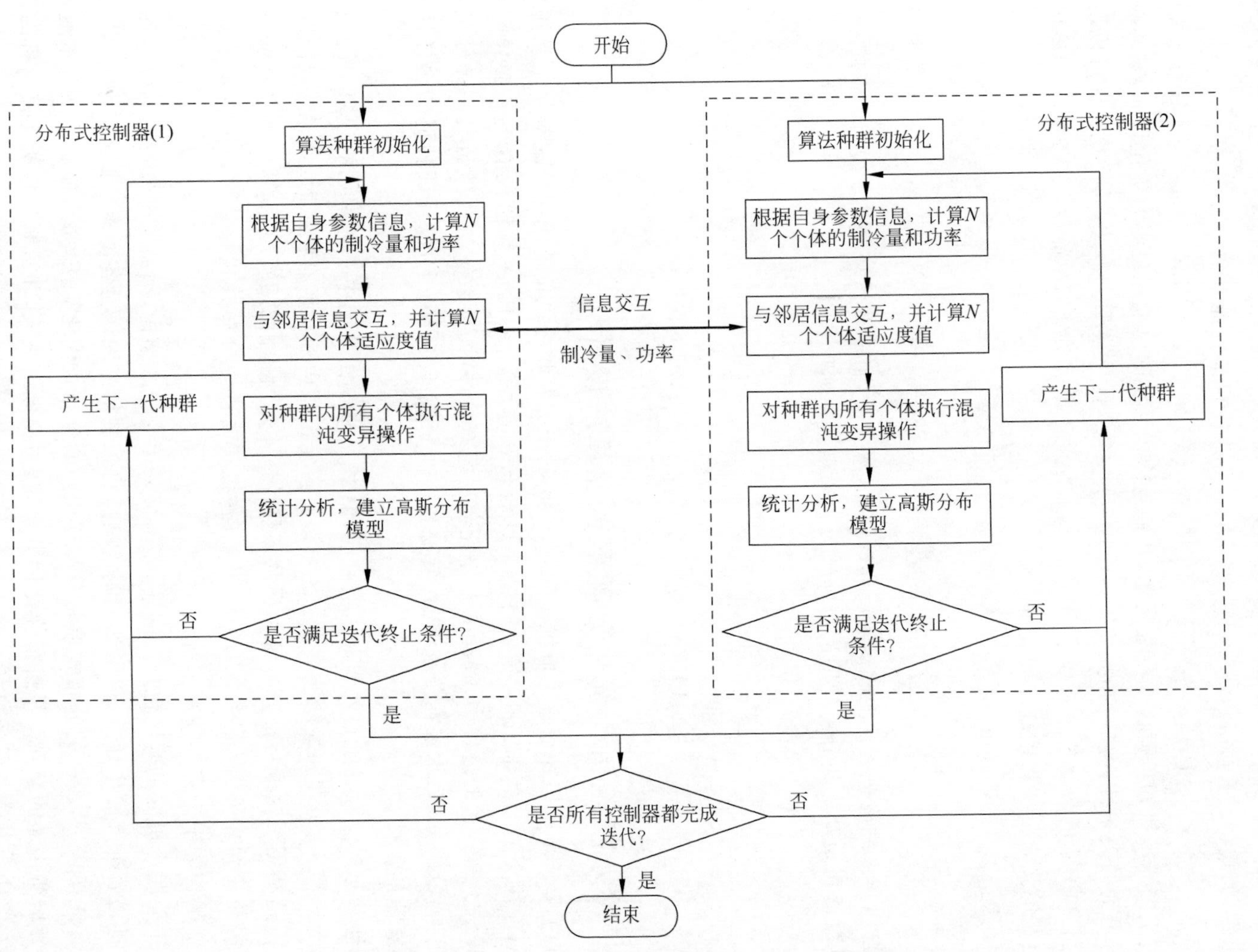

图 32.2-1 以两个分布式控制器为例的 DCEDA 算法流程图

32.2.1 种群初始化

在 DCEDA 算法中,每个分布式控制器的初始种群都基于式(32.2-1)所示的一维逻辑映射模型[31]生成,并通过式(32.2-2)将变化范围扩展到变量的实际变化范围。其中,low 和 high 分别代表待优化变量的最小值和最大值。为了使算法能够搜索到所求问题的最优解,初始种群应尽可能地覆盖更多的搜索空间。由于在一维逻辑映射模型中,β 取 4 时,α_i 的值将会取到 0 和 1 之间的任意实数而不重复[32],因此,此处取 $\beta=4$,α_1 为 0 到 1 之间的随机实数。

在并联冷机负荷优化分配问题中,待优化变量为各冷机的 PLR,变化范围如式(32.1-3)所示,因此 low=0,high=1,且当 pop(i)<0.3 时,取 pop(i)=0。

$$\alpha_{i+1}=\beta\alpha_i(1-\alpha_i) \tag{32.2-1}$$

$$\text{pop}(i)=\text{low}+(\text{high}-\text{low})\times\alpha_i \tag{32.2-2}$$

32.2.2 适应度函数

在新型群智能架构下,每个设备的控制器中个体的适应度值是根据本地变量和邻居传递的交互变量来计算的。由于并联冷机负荷优化分配问题是一个带约束的优化问题,因此本章采用罚函数来构建算法的适应度函数。若个体在满足约束条件的同时获得了较好的目标函数值,则会获得较大的适应度值;若个体不能满足约束条件,则说明这是不可行解,算法将给予足够大的惩罚以降低其适应度值。适应度函数如式(32.2-3)所示,其中 penal 为惩罚因子。

$$\text{fit}=1\Big/\left(W_{\text{total}}+\text{penal}\times\left(\sum_{i=1}^{N}\text{PLR}_i\times Q_i^0-Q_{\text{need}}\right)^2\right) \tag{32.2-3}$$

在求解并联冷机的负荷优化分配问题时,所构造的适应度函数如式(32.2-3)所示,交互变量为冷机的当前制冷量和功率,约束条件为并联冷机的总制冷量与系统末端冷负荷需求相等。

32.2.3 混沌变异算子

算法在每次迭代中,各分布式控制器中的个体都需要进行混沌变异操作,以保持算法种群的多样性。首先,根据个体适合度值对个体从小到大进行排序,并根据线性分配法[33]计算每个个体的线性适应度值,种群中第 i 个个体的线性适应度值如式(32.2-4)所示。其中 N 为种群大小,position(i)为第 i 个个体根据适应度值从小到大排列所处的位置。

$$\text{fit}'(i)=\text{position}(i)/N \tag{32.2-4}$$

其次,确定混沌变异算子的变异半径。为了使算法更快收敛,在混沌变异算子中将个体适应度值也考虑在内。即增大适应度较小个体的变异半径;减小适应度较大个体的变异半径。因此,种群中第 i 个个体的变异半径可由式(32.2-5)计算得出。其中 C 为变异步长,其大小将会影响算法的搜索性能。在算法执行初期,需要一个较大的 C 来扩大搜索范围;而在算法进化的后期,需要一个较小的 C 实现算法在最优解附近较小范围内的精细化搜索。因此,C 值的大小是根据种群在进化过程中的实时状态信息来决定的,每次迭代过程中的 C 由式(32.2-6)计算所得。其次,为了保证混沌变异算子的随机性,当 $C<C_{\min}$ 时,令 $C=C_{\min}$,以此增加算法跳出局部最优解范围的概率。

$$r(i)=C\times(1-\text{fit}'(i)) \tag{32.2-5}$$

$$C=\frac{\max\limits_{j=1,2,\cdots,N}(\mathrm{pop}(j))-\min\limits_{k=1,2,\cdots,N}(\mathrm{pop}(k))}{1.5} \tag{32.2-6}$$

然后对第 i 个体进行如式(32.2-7)所示的混沌变异操作。式中,α_i 为式(32.2-5)所产生的混沌序列;$(-2+4\alpha_i)$是为了将混沌序列值的范围从[0,1]映射到[−2,2],从而使得混沌变异算子的变异范围和传统的高斯变异相一致。

$$\mathrm{pop}'(i)=\mathrm{pop}(i)+r(i)\times(-2+4\alpha_i) \tag{32.2-7}$$

最后,对个体的适合度进行评价。如果 $\mathrm{fit}(\mathrm{pop}'(i))>\mathrm{fit}(\mathrm{pop}(i))$,则利用 $\mathrm{pop}'(i)$替换原来种群中的 $\mathrm{pop}(i)$。

32.2.4 建立高斯分布模型

混沌变异操作完成后,各控制器需对自身种群个体的适应度进行计算,并选取 M 个较优个体作为样本进行统计分析,并由式(32.2-8)得到高斯分布的均值和标准差。

$$\begin{cases}\mu=\dfrac{\sum\limits_{j=1}^{M}\mathrm{pop}(j)}{M}\\ \sigma=\sqrt{\dfrac{\sum\limits_{j=1}^{M}(\mathrm{pop}(j)-\mu)^2}{M}}\end{cases} \tag{32.2-8}$$

32.2.5 产生下一代种群

各个分布式控制器根据所得到的样本均值和方差,生成服从高斯分布模型的 $K\times N$ 个新个体,并与 M 个上一代较优个体形成一个整体。然后对这 $K\times N+M$ 个体进行适应度评价,选出 N 个优势个体作为下一代种群中的个体。这样,所产生的新种群将比原种群更接近于所求问题的最优解。

32.2.6 迭代终止条件

每次迭代结束时,分布式控制器都需要对算法的迭代终止条件进行判断。如果迭代次数达到最大值,则将标志位信号 flag 置为 0,否则置为 1。当所有控制器的标志位信号都为 0 时,算法将终止,然后各分布式控制器根据算法所得的计算结果对所连接的冷机进行控制,从而实现节能。

32.3 基于群智能的并联冷机负荷优化分配研究结果及分析

32.3.1 案例研究

在本章的研究中,以两个典型的并联冷机系统为例来验证 DCEDA 算法求解并联冷机负荷优化分配问题的能力。案例一是由三个制冷量为 800 RT 的冷机组成的并联冷机系统,最初是 Chang[11] 等为了测试 GA 算法的优化能力而提出的;案例二的并联冷机系统位于我国台湾省新州科学园区的半导体工厂,由四台制冷量 1280 RT 和两台制冷量 1250 RT 的冷机组成[3]。近年来,这些案例相继被用于测试 DE、GM、PSO、IFA、DCSA、EMA、EIWO 和 VAFSA 等相关优化算法求解并联冷机负荷优化分配问题的能力。另外,在这些案例中，部分冷机的类型和额定制冷量都是相同的，但是由于冷机长时间运行、各冷机的设计温度和流量存在差异等，导致冷机的特性曲线并不相同，各冷机的性能参数如表 32.3-1 所示。

表 32.3-1　并联冷机系统中各设备性能参数

	冷机编号	a	b	c	d	额定制冷量/RT
案例一	1	100.95	818.61	−973.43	788.55	800
	2	66.598	606.34	−380.58	275.95	800
	3	130.09	304.5	14.377	99.8	800
案例二	1	399.345	−122.12	770.46	0	1280
	2	287.116	80.04	700.48	0	1280
	3	−120.505	1525.99	−502.14	0	1280
	4	−19.121	898.76	−98.15	0	1280
	5	−95.029	1202.39	−352.16	0	1250
	6	191.750	224.86	524.04	0	1250

32.3.2　参数分析

为了找到 DCEDA 算法在求解并联冷机负荷优化分配问题时的最佳参数，本章进行了大量的参数计算实验。选取案例一中末端负荷需求为 2160 RT 和 960 RT、案例二中末端负荷需求为 6858 RT 和 5334 RT 这四种工况进行算法参数分析实验。在进行 50 次独立运行后，得到了不同算法参数组的优化结果。实验结果表明，同一实验工况下不同参数组的优化结果几乎相同，相同参数组下优化结果的最小值和均值也几乎相同。这说明 DCEDA 算法具有良好的鲁棒性和较强的稳定性。此外，在四个实验工况中，种群规模为 80、新生种群倍数为 1.5、较优个体数为 5、最小变异步长为 0.2 的算法参数组的性能最好，因此将该最佳参数组用于进一步的实验分析过程。

32.3.3　结果分析

实验中所使用的 DCEDA 算法的参数值如表 32.3-2 所示，本研究对每个实验工况分别进行 50 次独立实验，并将优化结果与 GA[9,10]、PSO[12] 和 DCSA[15] 算法的结果进行比较。

表 32.3-2　案例研究中 DCEDA 算法参数设置

符　　号	说　　明	取　　值
penal	惩罚因子	10 000
β	一维逻辑映射模型参数	4
N	算法种群大小	80
K	新生种群倍数	1.5
M	优秀个体数量	5
$C_{\min}$	最小变异步长	0.2
$G_{\max}$	最大迭代次数	50

在案例一中，与 GA 算法相比，DCEDA 算法在不同负荷需求下可以节能 2.82～149.93kW。此外，当负荷需求低于 1440 RT 时，DCEDA 算法所得到的运行策略比 GA 算

法节能了超过 100kW。另外，DCEDA 算法的计算结果与 PSO 和 DCSA 算法在各负荷需求下的计算结果相同。

在案例二的实验中，与 GA 和 PSO 算法相比，DCEDA 算法在不同负荷需求下可节能 0.95～159.74kW，且当负荷需求小于 5717 RT 时，其节能效果较为明显。然而，当负荷需求低于 6096 RT 时，DCEDA 算法所得运行策略的总功率高于 DCSA 算法。经过简单的数据分析可以发现，当负荷需求为 5717 RT 和 5334 RT 时，DCSA 算法所求得的运行策略中 3 号冷机的 PLR 小于 0.3。经计算，3 号冷机的 PLR 分别为 0.000 001 和 0.000 012 时，其功率能分别为－120.50kW 和－120.49kW，与实际运行情况相悖。因此，虽然 DCSA 算法在这两种工况下所计算的运行策略的功率低于 DCEDA 算法，但是该运行策略没有实际意义，故仍然认为 DCEDA 算法得到的优化结果与 DCSA 算法相一致。

在两个案例研究中，DCEDA 算法的收敛曲线如图 32.3-1 和图 32.3-2 所示。可以看出，在算法执行过程中，适应度的变化曲线总体呈现上升趋势。在案例一中，算法经过 15 代左右的进化便得到了最终优化结果；在案例二中，算法在 25 代左右也完成了迭代过程。因此，DCEDA 算法具有很好的收敛性。

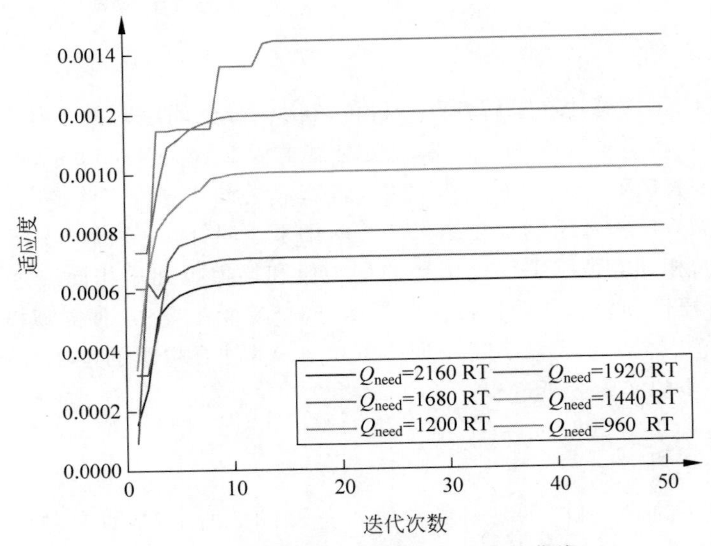

图 32.3-1 案例一 DCEDA 算法收敛曲线

根据上述实验结果，可以发现除了在案例二中负荷需求小于 6096 RT 的工况下，DCEDA 算法得到的运行策略的总功率大于 DCSA 算法以外，其他情况下均小于或等于 GA、PSO 和 DCSA 算法。因此，DCEDA 的性能优于 GA 和 PSO 算法。为了验证 DCEDA 算法的优越性，本章对 DCEDA 算法和 DCSA 算法的稳定性进行了进一步的比较，算法所得结果与最优值的相对误差如图 32.3-3～图 32.3-6 所示。

从图 32.3-3 和图 32.3-5 中可以看出，案例一中，与 DCSA 算法相比，DCEDA 算法在各负荷需求下的相对误差明显较小，均不超过 0.5%。在案例二中，当负荷需求低于 6096 RT 时，DCEDA 算法获得的结果明显优于 DCSA 算法；而当负荷需求大于或等于 6096 RT 时，两种算法所得结果的相对误差均接近于 0，如图 32.3-4 和图 32.3-6 所示。其次，从整体看，DCEDA 算法得到的各负荷需求下 50 次运行结果的相对误差曲线比 DCSA 算法更为平坦。

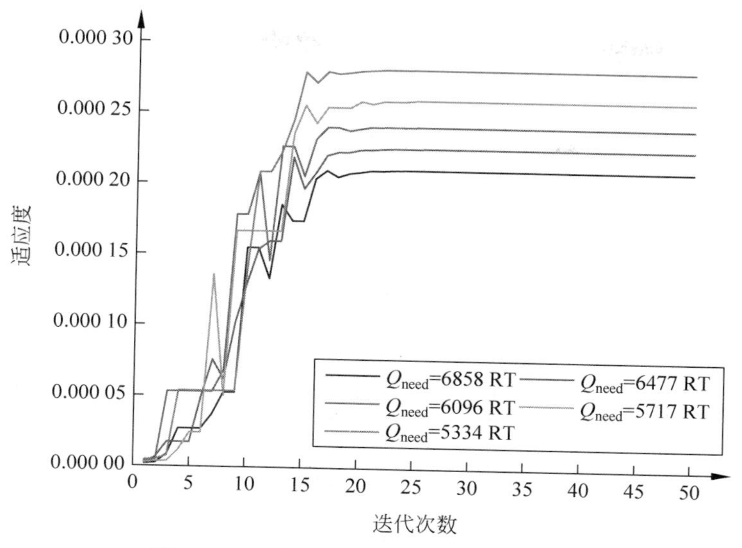

图 32.3-2　案例二 DCEDA 算法收敛曲线

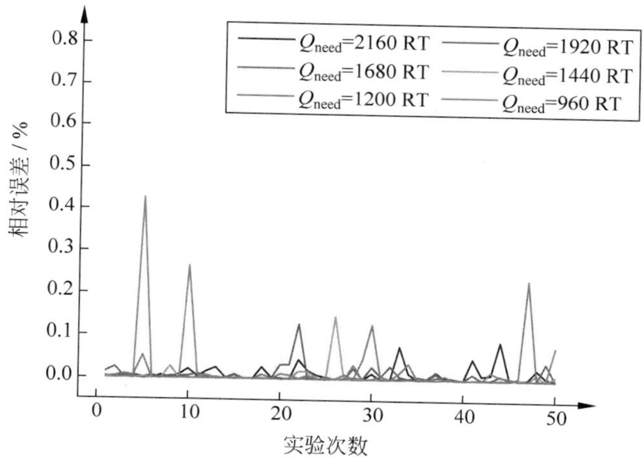

图 32.3-3　案例一中 DCEDA 算法测试结果

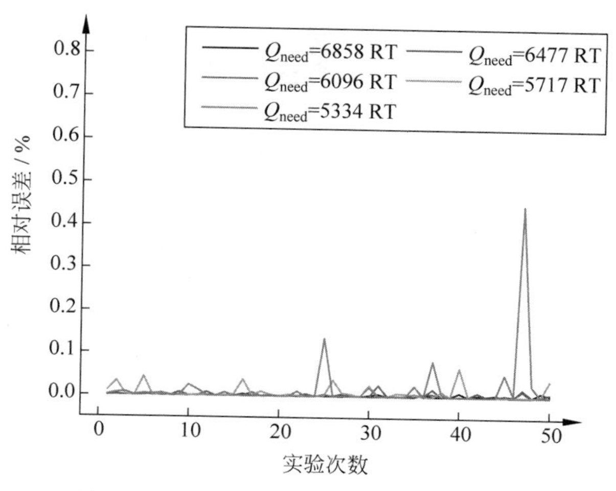

图 32.3-4　案例二中 DCEDA 算法测试结果

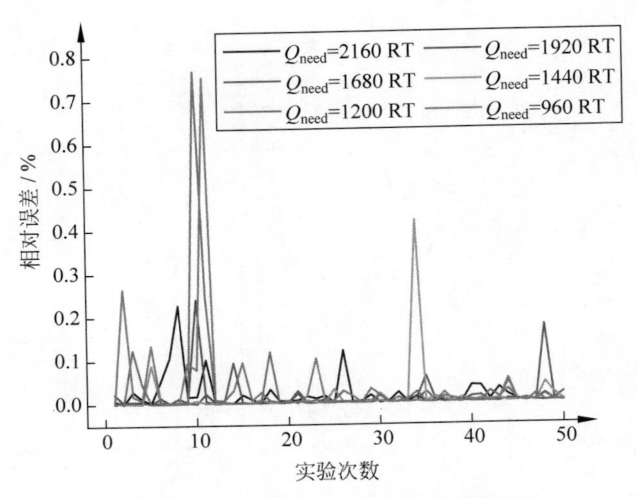

图 32.3-5 案例一中 DCSA 算法测试结果

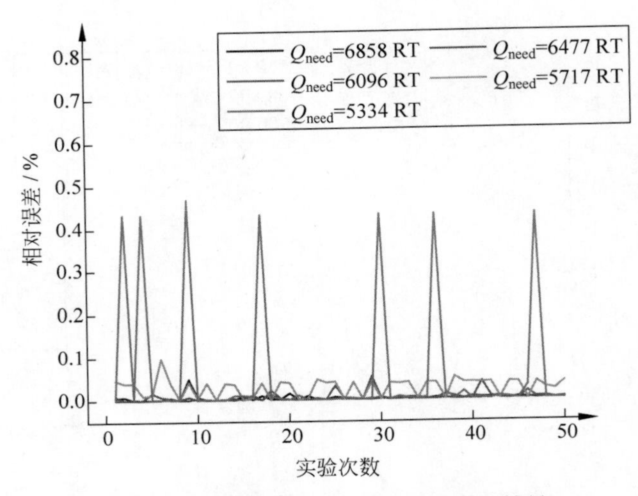

图 32.3-6 案例二中 DCSA 算法测试结果

上述实验结果表明，采用给定参数值的 DCEDA 算法具有良好的收敛性和稳定性。与 GA 和 PSO 算法相比，DCEDA 算法能够得到能耗更低的运行策略；而与 DCSA 算法相比，虽然两者计算的优化结果的最小值相同，但 DCEDA 算法的稳定性更优于 DCSA 算法。因此，相较于 GA、PSO 和 DCSA 算法，基于群智能架构的 DCEDA 算法可以更好地解决并联冷机系统负荷优化分配问题，如表 32.3-3～表 32.3-4 所示。

表 32.3-3 案例一中 DCSA 和 DCEDA 算法优化结果对比

优化算法	负荷需求	最小值	平均值	最大值	标准差
DCSA	2160(90%)	1583.81	1584.14	1587.40	0.622
DCEDA	2160(90%)	1583.81	1583.98	1585.24	0.295
DCSA	1920(80%)	1403.20	1403.40	1406.57	0.583
DCEDA	1920(80%)	1403.20	1403.32	1405.01	0.272

续表

优化算法	负荷需求	最小值	平均值	最大值	标准差
DCSA	1680(70%)	1244.32	1244.40	1245.49	0.176
DCEDA	1680(70%)	1244.32	1244.37	1244.83	0.087
DCSA	1440(60%)	993.60	993.75	997.77	0.591
DCEDA	1440(60%)	993.60	993.66	995.07	0.209
DCSA	1200(50%)	832.33	832.58	838.71	0.941
DCEDA	1200(50%)	832.33	832.42	834.30	0.316
DCSA	960(40%)	692.25	692.51	697.46	0.775
DCEDA	960(40%)	692.25	692.39	695.22	0.485

表 32.3-4　案例二中 DCSA 和 DCEDA 算法优化结果对比

优化算法	负荷需求	最小值	平均值	最大值	标准差
DCSA	6858(90%)	4738.58	4738.73	4740.88	0.340
DCEDA	6858(90%)	4738.58	4738.66	4739.08	0.113
DCSA	6477(85%)	4421.65	4421.85	4423.97	0.448
DCEDA	6477(85%)	4421.65	4421.78	4422.83	0.232
DCSA	6096(80%)	4143.71	4143.82	4144.40	0.160
DCEDA	6096(80%)	4143.71	4143.78	4144.31	0.116
DCSA	5717(75%)	3842.55	3843.61	3846.29	0.776
DCEDA	5717(75%)	3842.55	3842.85	3845.16	0.557
DCSA	5334(70%)	3546.44	3548.72	3563.04	5.352
DCEDA	5334(70%)	3546.44	3547.09	3562.39	2.338

32.4　本章小结

本章针对集中式框架的不足，介绍和讨论了群智能暖通空调控制框架。在群智能框架中，通过安装分布式控制器将每个设备升级为代理，系统集成商只需根据实际物理拓扑通过通信连接各种代理即可形成控制网络。控制网络是一个多代理网络，其中每个代理具有相同的状态。此外，算法在相同类型的设备中是相同的，并且是可移植的，而不是逐案开发的。在优化过程中代理执行算法并与邻居协商以达到最佳结果。因此，该控制框架现场施工简单，更符合 HVAC 控制系统甚至智能建筑控制系统的发展。此外，在群智能框架的基础上，提出了一种结合 EDA 和混沌变异算子的分布式优化算法，以解决 OCL 问题。以冷水机组的最小能耗为优化目标，以终端制冷负荷需求为约束，以各冷水机组的 PLR 为优化参数。为了验证所提出算法的效率和有效性，测试了两个基于 OCL 问题的著名实例，并将结果与其他最近发布的算法进行了比较。许多具有不同参数设置的计算实验的结果表明，DCEDA 在解决 OCL 问题方面具有良好的鲁棒性和较强的稳定性。实验结果表明，DCEDA 具有比其他算法更好的鲁棒性、收敛性和稳定性，是 HVAC 系统中一种非常有效的节能算法。而且，DCEDA 是一种分布式优化算法，可以在群智能控制框架上运行。可以得出结论，DCEDA 是解决 OCL 问题的一种有效的分布式算法，它也可以用于基于群智能控制框架的其他最优问题的求解。

在未来的工作中,我们将重点研究基于群智能控制框架的多目标 DCEDA 及其在多目标 OCL 问题中的应用。

参考文献

[1] Yu J,Liu Q,Zhao A,et al. Optimal chiller loading in HVAC System Using a Novel Algorithm Based on the distributed framework[J]. Journal of Building Engineering,2019,28: 101044.

[2] Yu F W,Chan K T. Energy signatures for assessing the energy performance of chillers[J]. Energy and Buildings,2005,37(7): 739-746.

[3] Zheng Z X,Li J Q. Optimal chiller loading by improved invasive weed optimization algorithm for reducing energy consumption-ScienceDirect[J]. Energy & Buildings,2018,161: 80-88.

[4] Lee W S,Chen Y T,Kao Y. Optimal chiller loading by differential evolution algorithm for reducing energy consumption[J]. Energy & Buildings,2011,43(2-3): 599-604.

[5] Chang Y C. A novel energy conservation method—optimal chiller loading[J]. Electric Power Systems Research,2004,69(2/3): 221-226.

[6] 施志钢,胡松涛,李安桂. 多台冷水机组的负荷最优化分配策略[J]. 建筑科学,2007(10): 39-42.

[7] 闫秀英,孟庆龙,任庆昌. 联合运行冷水机组负荷优化分配及仿真研究[J]. 暖通空调,2007,037(011): 18-21.

[8] Chang Y C,Chan R S,Lee R S. Economic dispatch of chiller plant by gradient method for saving energy[J]. Applied Energy,2010,87(4): 1096-1101.

[9] Zong W G. Solution quality improvement in chiller loading optimization[J]. Applied Thermal Engineering,2011,31(10): 1848-1851.

[10] Chang Y C. Genetic algorithm based optimal chiller loading for energy conservation[J]. Applied Thermal Engineering,2005,25(17-18): 2800-2815.

[11] Chang Y C,Lin J K,Chuang M H. Optimal chiller loading by genetic algorithm for reducing energy consumption[J]. Energy & Buildings,2005,37(2): 147-155.

[12] Lee W S, Lin L C. Optimal chiller loading by particle swarm algorithm for reducing energy consumption[J]. Applied Thermal Engineering,2009,29(8-9): 1730-1734.

[13] Ardakani A J, Ardakani F F, Hosseinian S H. A novel approach for optimal chiller loading using particle swarm optimization[J]. Energy & Buildings,2008,40(12): 2177-2187.

[14] Chen C L,Chang Y C,Chan T S. Applying smart models for energy saving in optimal chiller loading [J]. Energy & Buildings,2014,68(A): 364-371.

[15] Coelho L, Mariani V C. Improved firefly algorithm approach applied to chiller loading for energy conservation[J]. Energy & Buildings,2013,59: 273-278.

[16] Coelho L,Klein C E,Sabat S L,et al. Optimal chiller loading for energy conservation using a new differential cuckoo search approach[J]. Energy,2014,75: 237-243.

[17] Zheng Z X,Li J Q,Duan P Y. Optimal chiller loading by improved artificial fish swarm algorithm for energy saving[J]. Mathematics and Computers in Simulation,2018,155: 227-243.

[18] Yang T,Yi X,Wu J,et al. A survey of distributed optimization[J]. Annual Reviews in Control,2019, 47: 278-305.

[19] A P Y,B Y H,C F L. Initialization-free distributed algorithms for optimal resource allocation with feasibility constraints and application to economic dispatch of power systems-ScienceDirect [J]. Automatica,2016,74: 259-269.

[20] Rokni S,Radmehr M,Zakariazadeh A. Optimum Energy Resource scheduling in a Microgrid Using a Distributed Algorithm Framework[J]. Sustainable Cities & Society,2017,37: 222-231.

[21] Das C K,Bass O,Kothapalli G,et al. Optimal placement of distributed energy storage systems in

distribution networks using artificial bee colony algorithm[J]. Applied Energy, 2018, 232: 212-228.
[22] Zheng Y, Jin L, Gao L, et al. Development of a Distributed Cooperative Vehicles Control Algorithm Based on V2V Communication[J]. Procedia Engineering, 2016, 137: 649-658.
[23] Jiang Y, Zanon M, Hult R, et al. Distributed Algorithm for Optimal Vehicle Coordination at Traffic Intersections[J]. IFAC PapersOnLine, 2017, 50(1): 11577-11582.
[24] Trigui S, Koubaa A, Cheikhrouhou O, et al. A Distributed Market-based Algorithm for the Multi-robot Assignment Problem[J]. Procedia Computer ence, 2014, 32(12): 1108-1114.
[25] Muelas S, Mendiburu A, Latorre A, et al. Distributed Estimation of Distribution Algorithms for continuous optimization: How does the exchanged information influence their behavior? [J]. Information Sciences, 2014, 268: 231-254.
[26] Sun Y, Yen G G, Yi Z. Reference line-based Estimation of Distribution Algorithm for many-objective optimization[J]. Knowledge-Based Systems, 2017, 132(Sep. 15): 129-143.
[27] Gao S, De S. Estimation distribution algorithms on constrained optimization problems[J]. Applied Mathematics and Computation, 2018, 339: 323-345.
[28] An estimation of distribution algorithm for scheduling problem of flexible manufacturing systems using Petri nets[J]. Applied Mathematical Modelling, 2018.
[29] Jiang M, Qiu L, Huang Z, et al. Dynamic Multi-objective Estimation of Distribution Algorithm based on Domain Adaptation and Nonparametric Estimation[J]. Information Sciences, 2018, 435: 203-223.
[30] Wang Z, Gong M. Dynamic deployment optimization of near space communication system using a novel estimation of distribution algorithm[J]. Applied Soft Computing, 2019, 78: 569-582.
[31] Berliner, Mark L. Statistics, Probability and Chaos[J]. Statistical Science, 1992, 7(1): 69-90.
[32] Lu Q. A chaotic approach to maintain the population diversity of genetic algorithm in network training[J]. Computational Biology and Chemistry, 2003, 27(3): 363-371.
[33] 程玉虎，王雪松，郝名林. 一种多样性保持的分布估计算法[J]. 电子学报，2010(3): 591-597.

第33章

中央空调系统并联水泵节能优化群智能控制算法研究

本章提要

本章针对现有中央空调系统并联水泵优化算法在群智能控制方面适应性不足问题，以分布式计算理论和自然启发的群智能优化理论为基础，提出了一种群智能并联水泵优化算法。首先建立了并联水泵工作特性模型及适应度函数，其次提出了一种分布式概率估计算法，该算法中每个水泵仅通过与相邻水泵交互信息完成对并联水泵运行的优化，最后分别以大小相同冷冻水循环泵系统和大小不同冷冻水循环泵系统进行仿真验证并同时与集中式概率估计算法进行对比。结果表明，该分布式算法能够进行自组织协同优化，可在满足末端流量需求的情况下，对大小相同并联水泵进行台数配置和转速比优化；在末端流量变化时，不同大小水泵可通过转速比等比例进行调节，实现对转速比的优化。本章内容主要来源于文献[1]。

33.0 符号列表

H_0	水泵两端的压差
H_{set}	水泵两端的压差设定值
Q_s	系统所需的总流量，m^3/h
S	管网的阻力
H	水泵扬程
η	水泵效率
n_0	水泵的额定转速
w_i	第 i 台水泵转速比
H_i	第 i 台水泵的工作压头，m
Q_i	第 i 台水泵的工作流量，kg/s
η_i	第 i 台水泵的工作效率
$\boldsymbol{W}$	整个并联水泵的输出功率，kW
ϕ_i	惩罚函数
θ	惩罚系数
$\boldsymbol{P}_i$	生成决策概率矩阵
S	水泵运行策略集
R	并联水泵最优转速比值

33.1 引言

本章研究以最小能耗为目标的中央空调系统并联冷冻水泵优化调度算法。M. Koor 针对具有不同特性的并联水泵，通过对降低能耗和增大效率两个目标采用 LMA(levenberg-marquardt algorithm, LMA)优化算法来优化水泵运行台数[2]。Pawel Olszewski 基于遗传算法分别采用功耗最小、流量平衡以及效率最大作为目标函数，对并联离心泵运行策略进行优化，结果表明最小功耗策略是最有效的节能策略[3]。仇文君基于稳态强磁场试验装置磁体高纯水冷却循环系统，建立了并联变频水泵特性模型，利用界限频率法及其改进方法，分别探讨了并联变频水泵转速比与运行台数的优化配置问题[4]。Zijun Zhang 通过对实际泵站系统的监测，提出一种基于数据挖掘的方法针对四种不同的污水泵配置方案的优化模型[5]。JuhaViholainen 提出一种在多台并联水泵自动控制系统中提升水泵运行效率的基于可编程控制器的动态算法[6]。上述优化算法均基于集中式系统架构，在中央控制器中进行计算，需要知道全局信息，不适用于扁平化、无中心的群智能控制系统。

目前，存在的一些暖通空调系统分布式控制优化方法仍然需要一个协调器代理，将计算任务进行分配，以此实现分布式计算。而群智能控制系统则不需要协调器，各节点自组织、自协调实现分布式计算。该控制系统的智能计算节点(CPN)如图 33.1-1 所示。

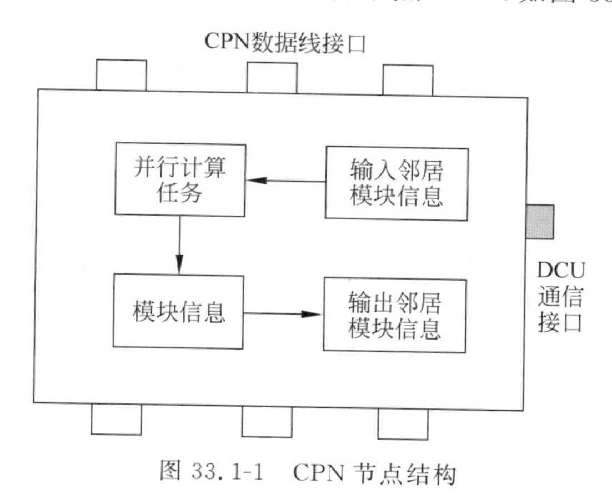

图 33.1-1　CPN 节点结构

CPN 的嵌入式操作系统定义了 CPN 之间的通信协议、计算模式等，它只需要和相邻节点通信，通信协议简洁，同时对各种计算任务进行了定义，将任务解析成若干按一定顺序执行的事件，各事件通过标准化、通用性、模块化、可复制的基本计算和典型算子完成，解决控制逻辑实现的底层问题。CPN 内置建筑空间和机电设备的标准信息模型，该模型定义了各类基本单元的控制管理特性，从而实现 CPN 与智能设备的即插即用。所有 CPN 共同构成的群智能系统替代了传统系统中的中央计算机，以分布式提供更灵活、更强大的计算处理能力。

目前已有些学者进行了部分研究。Yunchuang Dai 提出一种暖通空调系统的无中心优化算法，给冷冻站优化节能提供一种新思路[7]。王世强提出一种传感器故障诊断无中心算法，解决现有空调传感器故障检测方法的实时性和适应性不足的问题[8]。

本章主要研究并联变频水泵采取定压差控制时，已知末端流量需求，如何利用分布式估计算法对水泵台数配置和转速比进行优化问题。首先对并联水泵群智能控制系统进行介绍；其次对并联水泵的优化控制问题进行定义，主要包括并联水泵的数学模型及适应度函数的构建；最后提出一种并联变频水泵的分布式估计算法，以大小相同冷冻水循环泵系统和大小不同冷冻水循环泵系统，利用 MATLAB 工具对该算法进行仿真验证并与集中式估计算法进行节能对比。

33.2 中央空调系统并联水泵群智能控制系统

传统自控系统(如图 33.2-1(a)所示)中现场所有传感器和执行器通过现场总线呈树状分层连接到主控制器上。这种集中式控制系统(如图 33.2-1(b)所示)的拓扑结构与实际系统物理连接拓扑结构不一致,现场组态中央控制器;整个系统依赖于中央控制器,然而在实际控制系统中信息点繁多,导致控制效果和速度欠佳。这也是许多文献基于集中式控制系统研究了各类优化控制算法并获得了很好的节能效果,却几乎没有运用到工程实际的原因。

在实际工程中,空调冷冻站中冷冻水循环系统控制方法大多采用压差控制方法。图 33.2-1(c)所示为图 33.2-1(a)所示冷冻站的群智能控制示意图,图 33.2-1(d)所示为一个典型的并联水泵群智能控制系统的示意图,由图可知传统的中央控制器被一个个智能单元 CPN 代替,CPN 也可以被嵌入每一台设备中形成一个智能水泵,每个智能水泵与邻居水泵建立链式连接关系;可将所需的分布式算法下载到任意一个智能水泵中,相同类型的水泵中的算法是相同的,并且是可移植的。干管上流量计和水泵工作压差传感器通过有线或无线的方式与其中一个智能水泵相连,每个智能水泵根据算法设计与邻接的水泵相互通信,将局部变量发送给邻居并接受邻居的相关变量,共同完成控制任务。在这种群智能架构下,系统建模和算法开发工作量大大降低,控制网络现场配置大大简化。

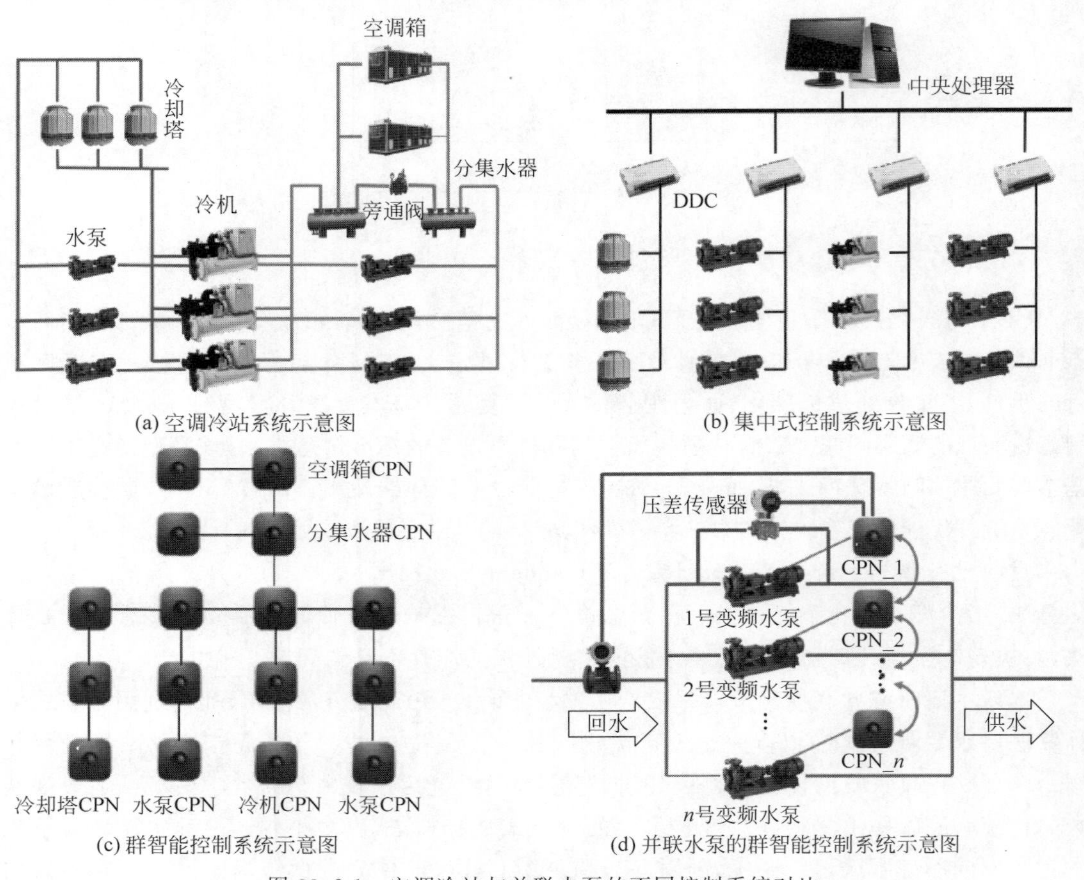

图 33.2-1 空调冷站与并联水泵的不同控制系统对比

33.3　中央空调系统并联水泵优化控制问题

并联变频水泵采取定压差控制时，当水泵两端的压差 H_0 与压差设定值 H_{set} 不相等时，需要调节水泵转速满足末端需求流量 Q_s。式(33.3-1)给出并联水泵工作时管网系统中流量与压头之间的关系[9]：

$$H_0 = S \cdot Q_0^2$$

$$H_{set} = S \cdot \sum Q_i^2 = S \cdot Q_s^2 \tag{33.3-1}$$

式中，S 为管网的阻力；Q_s 为系统所需的总流量(m^3/h)。

如式(33.3-2)所示，在额定条件下的离心式循环泵的扬程-流量模型和效率-流量模型：

$$\eta = jQ^2 + kQ + l$$

$$H = aQ^2 + bQ + c \tag{33.3-2}$$

式中 a,b,c,j,k,l 为水泵性能参数，由实验测量或多项式拟合得到。H 为水泵扬程，η 为水泵效率。

根据水泵的相似率有

$$\frac{Q(n)}{Q(n_0)} = \frac{n}{n_0}$$

$$\frac{H(n)}{H(n_0)} = \left(\frac{n}{n_0}\right)^2$$

$$\frac{\eta(n)}{\eta(n_0)} = 1 \tag{33.3-3}$$

式中 n_0 为水泵的额定转速；n 为水泵的实际运行转速。

w_i 为第 i 台水泵转速比

$$w_i = \frac{n}{n_0} \tag{33.3-4}$$

并联水泵在任意转速下的模型表示为

$$H_i = a_i Q_i^2 + b_i w_i Q_i + c_i w_i^2$$

$$\eta_i = j_i \left(\frac{Q_i}{w_i}\right)^2 + k_i \left(\frac{Q_i}{w_i}\right) + l_i$$

$$W = \sum_{i=1}^{n} \frac{\rho g H_i Q_i}{\eta_i} \tag{33.3-5}$$

式中，H_i 为第 i 台水泵的工作压头(m)；Q_i 为第 i 台水泵的工作流量(kg/s)；a_i,b_i,c_i,j_i,k_i,l_i 为第 i 台水泵的性能参数；η_i 为第 i 台水泵的工作效率；n 为并联水泵台数；W 为整个并联水泵的输出功率(kW)。

对于并联冷冻水泵优化问题可描述为在满足系统所需流量 Q_s 情况下，能耗最小的运行水泵转速组合，数学公式描述如下：

$$\min W$$

$$\text{s.t. } Q_i^{\min} < Q_i < Q_i^{\max}$$

$$\sum_{i=1}^{n} Q_i = Q_s, \quad i = 1,2,\cdots,N \tag{33.3-6}$$

式(33.3-6)描述的是一个集中式优化模型,在本研究中需要将其划分为 N 个子优化问题,在 N 个智能水泵中同时运行,且运行算法相同。则上述优化问题划分为每个智能水泵的优化问题:

$$\begin{aligned}&\min W_i(Q_i)\\&\text{s.t. } Q_i^{\min} < Q_i < Q_i^{\max}\\&\sum_{i=1}^{N} Q_i = Q_s,\quad i=1,2,\cdots,N\end{aligned} \tag{33.3-7}$$

$W_i(Q_i)$通过第 i 个智能水泵控制器与相邻水泵控制器通信获得。该并联水泵的优化控制问题的适应度函数如式(33.3-8)所示:

$$\min Ob_i = W_i + \phi_i = W_i + \theta\cdot\left(\sum_{i=1}^{N} Q_i - Q_s\right)^2 = W_i + \theta\cdot(\Delta Q)^2 \tag{33.3-8}$$

式中,ϕ_i 是惩罚函数;θ 为惩罚系数。通过惩罚函数将一个有约束的最优化问题转化为一系列由原问题及罚函数,再加上惩罚因子组成的无约束问题,其解会收敛于所求问题的解。当算法刚开始时,可行解不多,θ 应该取较大值使得搜索过程能够尽快进入可行区域中,但是随着算法进化,θ 值应该逐渐减小,提高算法精度和稳定性,由此,可根据高斯函数建立 θ 在算法迭代过程中的公式[10]:

$$\theta(t) = \theta_0\cdot e^{-\frac{t^2}{\alpha^2}} + 1 \tag{33.3-9}$$

由式(33.3-9)可知,每个水泵均可选择一个最优转速使得满足流量需求的同时能耗最小。关键点在于如何仅通过获知局部信息而得到全局最优的算法的设计。

33.4 分布式概率估计算法

中央空调系统中,对于协调和组合优化问题存在许多基于集中式架构开发的群体智能算法,这些算法的运行依托于系统全局信息,而并联冷冻水泵的群智能控制系统中只有局部信息可以使用,因此需开发适用于群智能控制系统的算法。然而,难点在于如何使每个智能水泵控制器通过局部信息实现集中式控制系统功能。

概率估计算法(probability estimation algorithm,PEA)相比于遗传算法(genetic algorithm,GA)采用交叉和变异等操作产生新个体的微观层面的进化方式,PEA 通过建立概率模型描述候选解在搜索空间的分布信息,采用统计学习手段从群体宏观的角度建立一个描述解分布的概率模型,然后对概率模型随机采样产生新的种群,如此反复实现种群的进化,其通常不用基因而用变量来描述个体所含信息,这种采用基于搜索空间的宏观层面的进化方法,具备更强的全局搜索能力和更快的收敛速度。

分布式概率估计算法(distributed probability estimation algorithm,DPEA),其与传统 PEA 的区别如图 33.4-1 所示,PEA 是每个泵产生一样的种群进行进化,概率更新后,所有泵的信息均发生一样的改变,而 DPEA 是每个泵随机产生不一样的种群,通过与相邻泵的信息交互来获取信息,每次概率更新后,智能泵只覆盖自己的变量。

图 33.4-2 给出分布式概率估计算法优化并联水泵流程图,该算法具体步骤如下:

(1) 初始化参数生成决策概率矩阵 $\boldsymbol{P}_i=[1/n,1/n,\cdots,1/n]$,$n$ 为决策空间大小;N 台水泵生成 N 个种群,每个种群有 L 个节点;将水泵转速取值范围 S 离散化为水泵运行策略

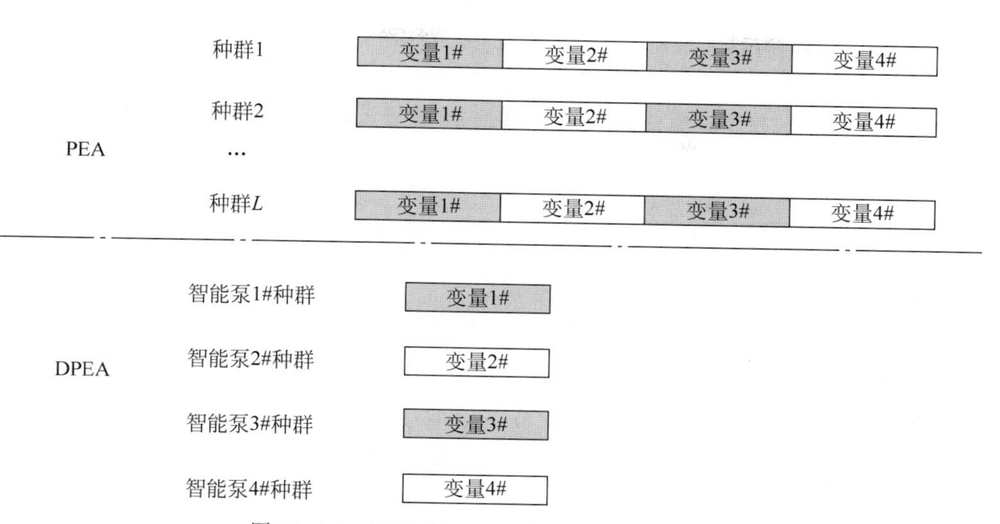

图 33.4-1 PEA和DPEA优化并联水泵对比

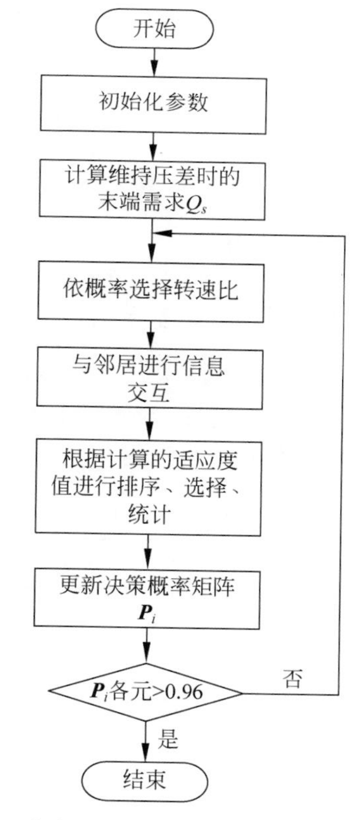

图 33.4-2 分布式概率估计算法优化并联水泵流程图

集 $S=\{s_1,s_2,\cdots,s_n\}$，n 为转速取值个数。

(2) 计算维持 H_{set} 时末端需求所有节点依据水泵前后的压差、水泵的特性曲线和水管网特性方程，计算出维持 H_{set} 时末端需求流量为 Q_s。

(3) 依概率选择运行转速比所有节点依据自己的决策概率矩阵 $\boldsymbol{P}_i$ 选择转速比 s_i，并且

计算在给定压差 H_{set} 时，对应的能耗 W_i 和流量 Q_i。

(4) 与邻居进行信息交互，任意节点首先将自己决策的转速比 s_i 对应的流量 Q_i 信息发送邻居水泵；进行流量全局求和，以该 CPN 为根节点形成生成树，由生成树的所有顶部节点开始计算，同级节点并行计算。每个节点从其子节点接收数据，待收集齐备后执行加和计算并发送给其父节点。每个节点内部执行如式(33.4-1)的相同算子，其中 Y 为输出变量，X_i 为子节点输入变量，A 为本地节点变量。执行到最后一个节点即发起节点后可得到所有水泵流量和 Q_a，进一步计算可得 $\Delta a_q = Q_s - Q_a$。

$$Y = \sum X_i + A \tag{33.4-1}$$

(5) 计算适应度值根据适应度函数式(33.3-8)，计算每个节点适应度值。

(6) 排序、选择及统计操作依据各个节点适应度值进行排序；根据排序结果选取适应度值较小的 m 个；统计出策略集 S 中每个 s_i 对应的节点数量 $Nu(i)$。

(7) 更新决策概率矩阵 $\boldsymbol{P}_i$ 依据式(33.4-2)，计算更新决策概率矩阵 $\boldsymbol{P}_i$；若矩阵各元均大于 0.96 则结束，否则继续步骤(3)。

$$p_i(x) = p(x \mid D_l^s) = \prod_{i=1}^{n} p_i(x_i) = \prod_{i=1}^{n} \frac{\sum_{j=1}^{N} \delta_j(X_i = x_i \mid D_l^s)}{N_u} \tag{33.4-2}$$

其中 n 为变量个数，$\delta_j(X_i = x_i \mid D_l^s) = \begin{cases} 1, & X_i = x_i \\ 0, & 其他 \end{cases}$。

33.5 案例研究与节能仿真分析

33.5.1 同型号水泵系统仿真验证结果与分析

以某公共建筑的冷冻水循环泵系统为研究对象，该系统由四个相同的变频水泵组成。总设计流量为 4500m^3/h，设计扬程为 40m。该循环泵采用定压差控制，每台水泵的特性参数由实际数据辨识得到，水泵特性参数如表 33.5-1 所示。

表 33.5-1 同型号系统水泵特性参数

	KP1020-3	KP1020-3	KP1020-3	KP1020-3
a	−0.000 006 07	−0.000 005 96	−0.000 006 01	−0.000 006 05
b	−0.008 116 97	−0.008 256 95	−0.008 217 690	−0.008 116 91
c	60.417 671 57	61.316 854 12	60.918 541 52	60.974 583 42
j	−0.000 000 41	−0.000 000 40	−0.000 000 39	−0.000 000 40
k	0.000 939 85	0.000 989 98	0.000 940 25	0.000 939 77
l	0.316 357 41	0.326 357 41	0.318 357 41	0.325 352 58

并联水泵工作特点有：当四台大小相同水泵并联，多台水泵在给定开启台数的条件下，各水泵转速相等时系统效率最高。据此可以画出压头为 40m 时水泵开启不同台数的效率曲线如图 33.5-1 所示。在给定末端流量需求时，可从算法得出最终运行几台水泵效率最高。验证方案取设计流量 20%、45%、75%、100%为测试工况点。根据图 33.4-2 可得该水泵节能运行台数应分别为 1 台、2 台、3 台、4 台，此结论可用来验证本章提出算法的有效性。

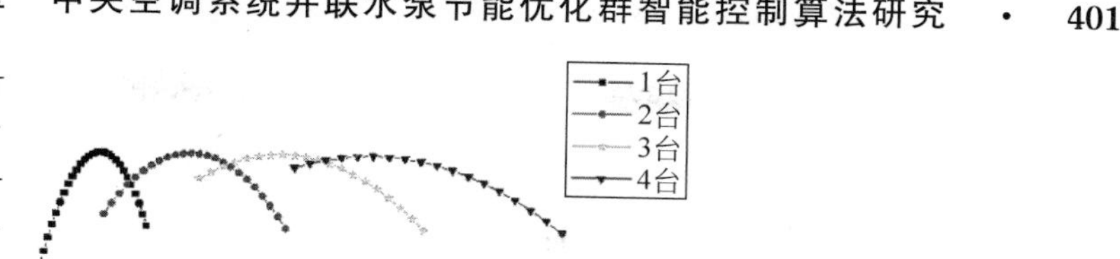

图 33.5-1　工作压头为 40m 时，同型号水泵开启不同台数效率曲线图

在该算法中，4 台水泵共生成 4 个种群，每个种群生成 19 个节点。为保证算法实时性，将水泵运行的可行策略空间离散化，形成有限集合。工作压头为 40m 时转速比下限为 0.915，则水泵运行策略集可取 $S_0=\{0,0.915,0.920,0.925,0.930,0.935,0.940,0.945,0.950,0.955,0.960,0.965,0.970,0.975,0.980,0.985,0.990,0.995,1.000\}$，若水泵实际转速大于额定转速不但会引起超载，零件也容易损坏，对泵造成磨损，因此不考虑转速比大于 1 的情况，由于四台水泵相同，则策略集可取相同。

该算法被下载到每个智能水泵中，水泵检测到目前压差不等于设定值时开始自行激活算法，通过与邻居水泵之间交换信息，优化分配。图 33.5-2 给出当流量为 3375m³/h 时，各水泵转速概率分布。

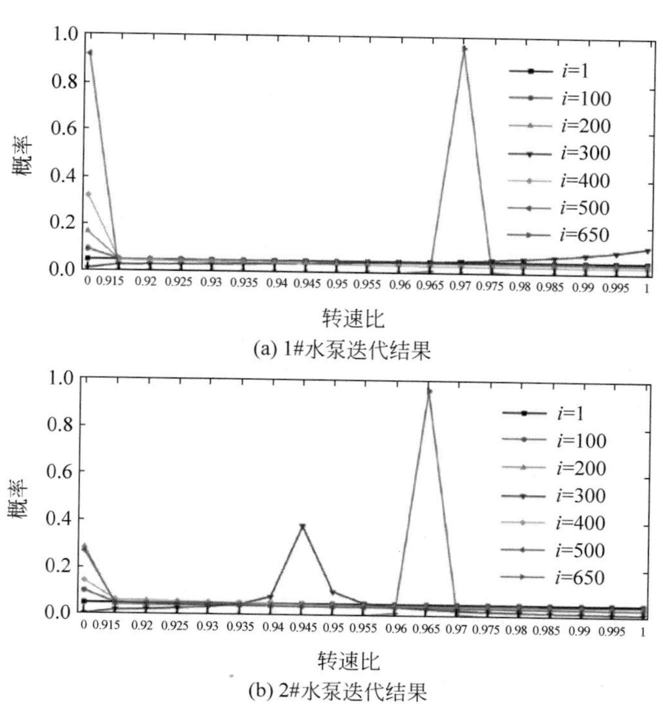

图 33.5-2　分布式算法下水泵运行策略集的概率分布变化结果

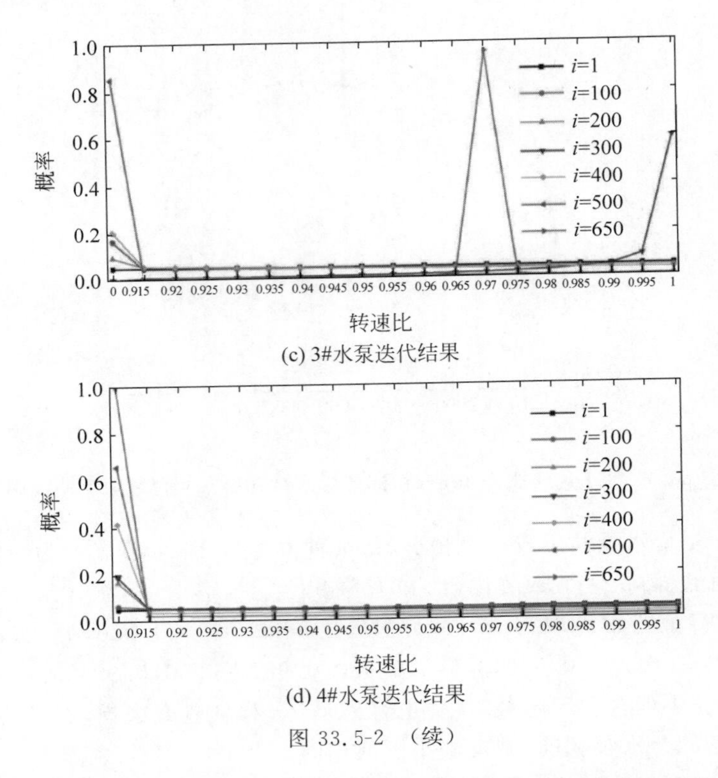

(c) 3#水泵迭代结果

(d) 4#水泵迭代结果

图 33.5-2 （续）

由图 33.5-2 可知，末端流量为 $3375\text{m}^3/\text{h}$ 时，算法最终迭代结果为：该冷冻水泵开启三台，分别是 1＃、2＃、3＃水泵，三台水泵转速比分别为 0.970、0.965、0.970，与预期结果相符合，表明算法在该测试工况下，可实现对并联水泵台数配置和转速比优化。其产生误差的原因是对于转速比策略集的划分粒度略粗。对其他工况测试结果记录在表 33.5-2 中。

表 33.5-2　典型工况下算法优化结果

测试工况	1＃水泵			2＃水泵			3＃水泵			4＃水泵		
	W	Q	η	W	Q	η	W	Q	η	W	Q	η
20%	0	0	0	0	0	0	0.925	896.5	0.843	0	0	0
45%	0	0	0	0	0	0	0.970	1158	0.856	0.920	868	0.839
75%	0	0	0	0.970	1134	0.857	0.965	1090	0.857	0.970	1134	0.857
100%	0.975	1158	0.856	0.975	1158	0.856	0.965	1090	0.857	0.965	1090	0.857

同情况下应用集中式算法得到结果如图 33.5-3 所示。

从图 33.5-3 可以看出，算法在 740 次迭代后给出的各水泵开启情况为：1＃水泵开启，转速比为 0.990；2＃水泵开启，转速比为 0.960；3＃水泵关闭；4＃水泵开启，转速比为 0.955。集中式算法给出的开启台数与分布式相同，即都为三台，转速比相差略大，这将导致能耗略大，说明 PEA 也可对并联水泵的配置台数和转速比进行一定程度的优化。PEA 与 DPEA 性能比较如表 33.5-3 所示，由上述表和图可以看出，分布式概率估计算法可以满足工程需要，并且相对于集中式能耗较低，且迭代次数较少，负荷差值小，迭代时间较短。

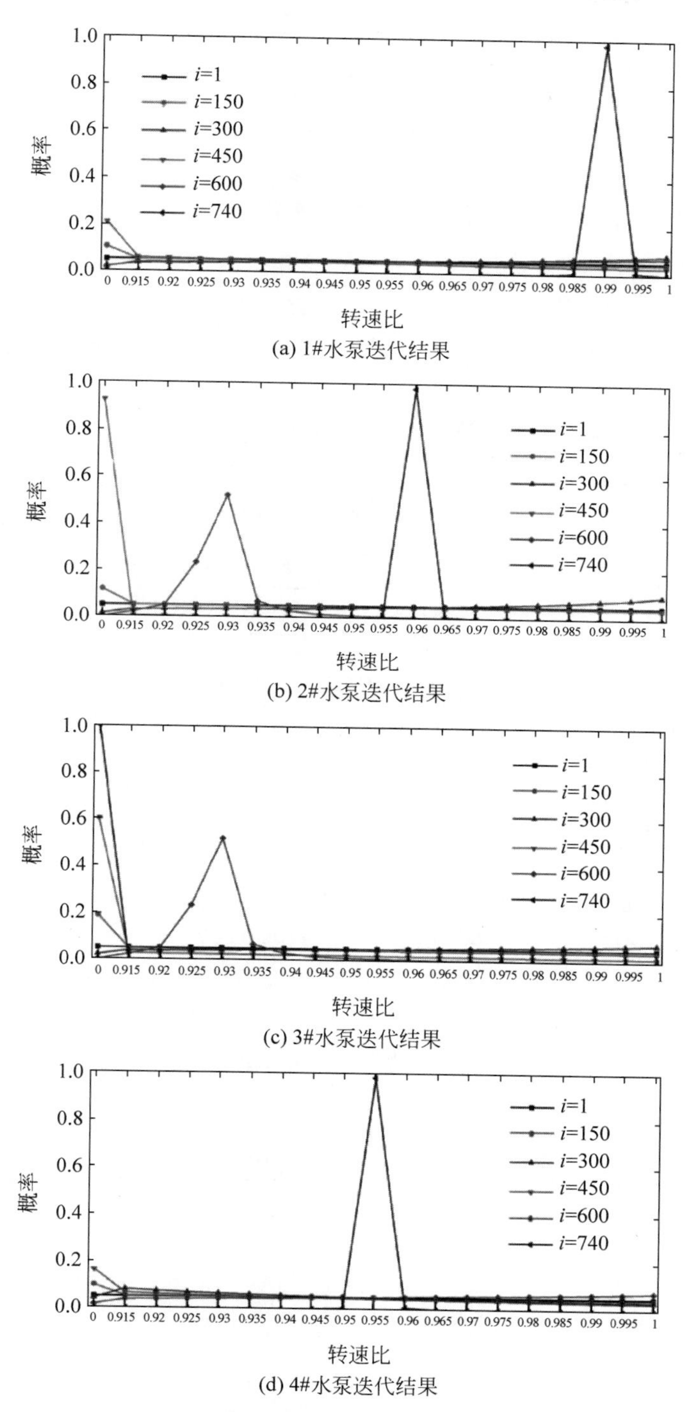

(a) 1#水泵迭代结果

(b) 2#水泵迭代结果

(c) 3#水泵迭代结果

(d) 4#水泵迭代结果

图 33.5-3　概率估计算法下水泵运行策略集的概率分布变化结果

表 33.5-3 PEA 与 DPEA 算法性能对比

	能耗/kW	负荷差/(m^3/h)	时间/s	迭代次数
集中式	444.70	1.96	1.39	740
分布式	437.25	0.72	1.01	650

33.5.2 不同型号水泵系统仿真验证结果与分析

由于不同型号水泵并联时，台数分配问题缺乏相关研究，因此对于该算法仅进行转速比验证。根据文献[13]中准则三有，外部管网阻抗确定时，存在一个并联水泵最优转速比值 R，各并联水泵的转速根据此比值保持等比例同步调节，可满足不同的流量设定值，使得系统维持能耗最低。

以一公共建筑的空调系统中冷冻水循环泵系统为研究对象，该系统由四个变频水泵组成，其中一个小泵(叶轮直径为 406mm)，三个大泵(叶轮直径为 457mm)。总设计流量为 5783m^3/h，设计扬程为 50m。水泵特性参数相近，如表 33.5-4 所示。

表 33.5-4 不同型号系统水泵特性参数表

	KP1020-3	KP1020-3	KP1020-3	KP1020-3
a	−0.000 006 07	−0.000 008 36	−0.000 008 54	−0.000 008 41
b	−0.008 216 97	−0.004 490 12	−0.000 482 43	−0.000 457 65
c	60.417 671 57	73.617 885 7	74.054 932 33	73.558 360 53
j	−0.000 000 41	−0.000 000 39	−0.000 000 39	0.000 000 39
k	0.000 939 85	0.000 980 32	0.000 998 705	0.000 984 63
l	0.316 357 41	0.258 376 582	0.249 898 171	0.259 136 601

在不同型号水泵系统中，取小水泵策略集 $S_1=\{0,0.915,0.920,0.925,0.930,0.935,0.940,0.945,0.950,0.955,0.960,0.965,0.970,0.975,0.980,0.985,0.990,0.995,1.000\}$，大泵转速比策略集 $S_2=\{0,0.830,0.840,0.8500,0.86,0.870,0.880,0.890,0.900,0.9100,0.920,0.9300,0.940,0.950,0.960,0.970,0.980,0.990,1.000\}$，大小相同的水泵策略集可取相同。在四台泵全开情况下选择 10 个工况点进行验证，结果如表 33.5-5 所示。

表 33.5-5 不同流量组合下水泵调节结果

工　况	1#水泵	2#水泵	3#水泵	4#水泵	R
5650	0.995	0.99	1	1	0.332
5550	0.995	1	1	0.98	0.333
5350	0.990	0.99	0.98	0.97	0.336
5250	0.975	0.98	0.99	0.97	0.332
5150	0.995	0.94	0.96	1	0.343
5050	0.975	0.92	0.99	1	0.335
4950	0.990	0.98	0.96	0.93	0.341
4850	1	0.96	0.89	1	0.349

续表

工　况	1#水泵	2#水泵	3#水泵	4#水泵	R
4750	0.97	0.99	0.89	0.99	0.337
4650	0.975	0.99	0.98	0.88	0.342

从表 33.5-5 可以得出在不同流量下，小泵和大泵基本保持等比例调节，符合实验方案中的预期结果。出现偏差原因有 S_2 粒度较粗问题外，还有一定的负载偏差。

33.6　本章小结

本章主要针对现有集中式算法难以适用于新型群智能控制系统下并联水泵节能优化问题的求解，提出了一种分布式概率估计算法。其区别于传统概率估计算法之处在于无需集中控制器，各智能水泵只通过与邻居交换信息来实现水泵的优化，能够帮助解决现场组态工作困难问题，具有更强通用性和拓展性。本章中对该算法有效性验证分为两部分：以大小相同冷冻水循环泵系统进行台数配置和转速比优化验证，并与集中式估计算法作比较，大小不同冷冻水循环泵系统进行转速比验证。结果表明，该算法可在满足末端流量需求的情况下，对大小相同并联水泵进行台数配置和转速比优化；在末端流量变化时，转速比能够等比例调节，实现对转速比的优化，同时保证系统运行在较高效率区间，并且在算法性能上具有一定优越性。

参考文献

[1]　于军琪，张瑞，赵安军，等. 中央空调系统并联水泵节能优化群智能控制算法[J]. 控制理论与应用，2020，37(10)：2155-2162.
[2]　Koor M, Vassiljev A, Koppel T. Optimization of pump efficiencies with different pumps characteristics working in parallel mode[J]. Advances in Engineering Software, 2016, 101: 69-76.
[3]　Olszewski P. Genetic optimization and experimental verification of complex parallel pumping station with centrifugal pumps[J]. AppliedEnergy, Volume 178, 2016: 527-539.
[4]　仇文君，欧阳峥嵘. SHMFF 并联变频水泵的控制策略与优化[J]. 流体机械，2018，46(8)：40-43.
[5]　Zhang Z, Kusiak A, Zeng Y. XiupengWei, Modeling and optimization of a wastewater pumping system with data-mining methods[J]. Applied Energy, 2016, 164: 303-311.
[6]　Juha V, Jussi T, Tero A, et al. Energy-efficient control strategy for variable speed-driven parallel pumping systems[J]. Energy efficiency, 2013, 6(3): 495-509.
[7]　Dai Y, Jiang Z, Shen Q, et al. A decentralized algorithm for optimal distribution in HVAC systems[J]. Building and Environment, 2016, 95(Jan.): 21-31.
[8]　王世强，姜子炎，邢建春，等. 空调系统传感器故障检测的无中心算法[J]. 制冷学报，2016，37(2)：30-37+92.
[9]　Yu H, Zhao T, Zhang J. Development of a distributed artificial fish swarm algorithm to optimize pumps working in parallel mode[J]. Science and Technology for the Built Environment, 2018, 24(3).
[10]　张迅，王平，邢建春，等. 基于高斯函数递减惯性权重的粒子群优化算法[J]. 计算机应用研究，2012，29(10)：3710-3712+3724.
[11]　Chen G, Liu L, Song P, et al. Chaotic improved PSO-based multi-objective optimization for minimization of power losses and L index in power systems[J]. Energy conversion & management, 2014, 86(Oct.): 548-560.

[12] Nikitha R, Seahadhri S, Rong S, et al. Learning-Based Hierarchical Distributed HVAC Scheduling With Operational Constraints[J]. IEEE Transactions on Control Systems Technology, 2017, (99): 1-9.
[13] 代允闯，姜子炎，陈佩章，等. 并联变频水泵转速优化控制研究[J]. 暖通空调，2015(8): 30-35.
[14] 周树德，孙增圻. 分布估计算法综述[J]. 自动化学报，2007(2): 113-124.
[15] 王亮，卢军，陈明，等. 空调系统冷水泵并联变频优化运行[J]. 暖通空调，2011.
[16] 李承泳. 多泵并联离心水泵节能控制方法[J]. 建筑热能通风空调，2018, 37(4): 59-61.
[17] 赵天怡，张吉礼，马良栋，等. 并联变频水泵在线优化控制方法[J]. 暖通空调，2011, 41(4): 96-100+84.
[18] 黄丝雨，詹利军，刘刚，等. 关于并联变频水泵的优化运行策略分析[J]. 上海节能，2016(5): 271-276.
[19] 王晨光. 无中心控制变频水泵节能研究[J]. 制冷与空调，2017, 17(9): 64-67
[20] 杨英明. 变频离心泵并联节能运行最优解的计算与应用[J]. 暖通空调，2016, 46(8): 64-69.
[21] 符永正，谢雯雯，俞程祎. 基于实测的集中空调系统水泵选型与节能分析[J]. 暖通空调，2014, 44(9): 101-105+10
[22] 宋有强，郑传经，樊海彬，等. 水泵并联变频运行的实验研究[J]. 制冷与空调，2011, 25(4): 415-417+424.
[23] 邵光明，缪小平，彭福胜. 并联变频水泵调速特性试验研究[J]. 暖通空调，2018, 48(11): 120-125.

第 34 章

机电设备群控的分布式快速优化方法

本章提要

本章详细介绍了一种可用于群智能建筑系统中的机电设备群控的分布式快速优化方法。公共建筑中广泛存在同类设备并联组成的设备组,设备群控对建筑机电系统的优化调节、节能降耗具有重要作用。现有的研究和应用多依赖于专家经验或全工况优化搜索,前者缺乏系统优化决策过程,后者则需要详细的全局建模,并且计算量较大。本章在理论分析的基础上,提出一套快速搜索设备组最优启停策略的方法,并且该方法对机电设备物理建模要求较低,可适用于群智能系统的并行计算架构。本章详细介绍了这种新方法,并以某办公建筑的空调冷水泵组为实例进行了测试,通过分析和实验可以看出,该方法能够较好地适用于实际工程的优化决策。本章内容主要来源于文献[1]。

34.0 符号列表

q_i	冷水机组供冷量
t_i	每台冷水机组的回水温度
$\boldsymbol{X}$	分配参数向量,总量约束
Y_0	等量约束
p_i	第 i 个设备的价值函数
$\boldsymbol{x}_i$	每个设备承担负载的能力
η	效率函数
U	系数函数
$\boldsymbol{\alpha}$	组合向量
T	计算次数

34.1 引言

多台机电设备并联形成设备组,在大型机电系统中广泛存在,特别在公共建筑中有大量应用,可以起到系统优化调控的作用;同时,还考虑到设备突发故障或维修,互为备用。例如制冷机组和锅炉组为建筑提供冷源和热源,建筑的冷热负荷随着室外气候环境,室内人员活动和设备运行状态而变化,制冷机组和锅炉机组需要根据建筑不断变化的冷热负荷需求,调整台数和设备出力,以保证室内稳定的温湿度环境,同时尽量避免能源浪费。再如水泵组,在空调水循环、采暖水循环、给排水、消防等系统中都有应用。

在一个设备组中,各台设备的型号不尽相同,或者即便相同的设备,其性能在长期运行之后也会存在差异。这就使得设备组在优化控制时,不是简单地决定开几台,而应该根据外界需求,以及当前运行条件下各台设备的性能情况,综合决策开哪几台,每一台分别投入多少负载。这样的问题统称为机电设备组群控问题。

现阶段有四种群控方法广泛存在于在控制研究和工程应用中:

(1) 不同功能设备组之间,一对一启停控制。此法在工程中应用最广泛,相关联的设备之间设定为“连动连锁”状态[2,3]。此法适用于系统负载比较稳定的情况,且不能保障系统优化运行。

(2) 设备组内设定次序,依次启停设备。作为一种专家经验方法,系统运行综合效率的高低完全取决于专家知识,即预设定的次序[4,5]。这使得系统对负载变化的适应能力偏弱,因缺乏动态优化过程,也会降低系统的综合效率。

(3) 对设备组建立仿真模型,通过优化计算来制定启停和调节策略[6]。

(4) 对多个设备组构成的整个系统进行建模,仿真优化,实现对每一种设备启停和调节。

后两种方法有详细的系统模型和优化过程,计算结果可用于更精准的控制决策。通常通过对整体系统的耦合性分析将整个系统解耦,转化为若干相对独立的设备组,设备组之间由“外界总量”相互约束。研究的内容主要分为两大类:

一类是讨论如何优化分配负载,或最优频率,可统称为分配问题。如冷机的制冷量分配、水泵的流量分配、发生器的物料分配等。采用的计算方法也较多,有 Lagrange 算法[7,8]、梯度投影法[9,10]、遗传算法[11,12]、动态规划法[13]、粒子群法优化算法[14]、模拟退火法[15]、神经网络法[16,17]、进化策略法[18]等。

另一类是讨论最优开机台数,或最优开机策略,可统称为组合问题。对于同型号的设备组就是台数问题,可描述为简单的凸优化问题[19]。而对于设备型号不同的情形,多数学者采用的是枚举法,但这种方法的计算量较大。此外,分支界定法[20,21]作为一种计算量较小的算法也被大量讨论。

在设备群优化的研究中,缺少将最优分配和开机组合策略相结合的研究。同时,这些方法需要在中央控制服务器上建立较详细的设备和系统模型,使得算法在应用过程中灵活性和扩展性较差。这可能是导致这类算法在实际工程应用中不如前两种普遍的原因。

针对现有研究和应用中的这些问题,也有学者提出基于智能化设备的无中心网络控制方案[20]。每一个机电设备都是智能控制节点,设备之间自组网形成计算网络,完成群控任务。这种模式下,设备机电模型可以由厂商内置在智能控制节点中,免去了后期控制建模的过程,可以较好地解决传统群控方法中建模难度大的问题。

本章以无中心网络中的智能化设备[20]为基础,提出了一套支持分布式计算的优化算法,可以满足现代控制系统对灵活性和稳定性的双重要求。设备之间通信连接构成计算网络,每个设备都是一个计算单元,即每个设备都自带一个智能化控制器,具有计算、存储、通信的功能。

34.2 设备组群控一般性问题建模

34.2.1 群控问题的一般模型

考虑一个机电设备组由 m 台同类型的设备并联组成。外部系统对该设备组提出需求参数,一是总量约束,又称无序求和约束:$x_1+x_2+\cdots+x_m=X_0$;二是等量约束,$Y_i=Y_j=Y_0$,其中,$i,j=1,2,\cdots,m$。

对应具体的机电系统,以冷水机组为例,一是所有冷水机组供冷量 q_i 求和满足 q_1+

$q_2 + \cdots + q_m = Q_0$；二是每台冷水机组的回水温度均相等，$t_i = t_j = t_{\text{return}}$。

设备组在满足外部系统需求的同时，通常以最低价格或能耗为优化目标。优化调节(1)台数组合，即确定哪几台设备开、哪几台不开；(2)求和总量分配，即对于投入运行的设备，确定各自承担总负载量的份额。可以用以下优化问题来描述。

$$
\begin{aligned}
&\min \sum_{i=1}^{m} \alpha_i p_i (x_i, Y_i) \\
&\text{s.t. } \sum_{i=1}^{m} \alpha_i x_i = X_0 \\
&Y_i = Y_0, \quad \forall i = 1,2,\cdots,m \\
&\alpha_i \in \{0,1\}
\end{aligned}
\tag{34.2-1}
$$

其中有两组变量，组合向量$\boldsymbol{\alpha} = (\alpha_1, \alpha_2, \cdots, \alpha_m)^{\mathrm{T}}$，分配参数向量 $\boldsymbol{X} = (x_1, x_2, \cdots, x_m)^{\mathrm{T}}$。$p_i$ 是第 i 个设备的价值函数。并且当设备不运行时，$a_i = 0, x_i = 0$，而当设备投入运行时，$a_i = 1, 0 < x_i \leqslant X_0$。通常不特别列举等量约束 Y_0，用 Y_0 直接代写所有 Y_i。

依照工程中的应用场景，价值函数通常为光滑凸函数，可表达为以下形式[20]

$$
p_i = \frac{U(Y_0) x_i}{\eta_i (x_i ; Y_0)}
\tag{34.2-2}
$$

其中，η 是效率函数；U 是系数函数，只与 Y_0 有关。在上述冷水机组的例子中，η 指代的是冷水机组 COP，U 则是常系数 1。

34.2.2　群控问题分解子问题

设备组群控问题可分解为两个子问题：分配问题和组合问题。

子问题一：分配问题。已知组合向量$\boldsymbol{\alpha}$，即给定设备开启的组合模式 C，那么只需对投入运行的设备进行分配优化，原问题退化为

$$
\begin{aligned}
&\min \sum_{C} p_i (x_i ; Y_0) \\
&\text{s.t. } \sum_{C} x_i = X_0
\end{aligned}
\tag{34.2-3}
$$

其中，$0 < x_i \leqslant X_0, i \in C$。

子问题二：组合问题。已知每个设备承担负载的能力 x_i，以及相对应的价值 p_i，需要寻找一个最优的设备开启的组合模式，即是关于组合变量 α 的优化问题

$$
\begin{aligned}
&\min \sum p_i \alpha_i \\
&\text{s.t. } \sum x_i \alpha_i = X_0
\end{aligned}
\tag{34.2-4}
$$

其中，x_i 和 p_i 均是大于 0 的实数。

对照原问题，这两个子问题相互耦合。其中子问题二是一个 0-1 背包问题，如果采用全局遍历的方法，时间复杂度为 $O(2^m)$[22]。理论上，每给定一个开启组合，就要进行一次分配优化计算。假设分配寻优的平均计算次数为 T_X，组合寻优的平均计算次数为 T_C。如果逐个遍历开启组合，最终选取全局最优，那么总的计算次数为 $T_C \times T_X$。当设备总台数较多时，这个计算量是极大的，不适宜工程应用。

34.3 分布式快速优化算法

34.3.1 DFOA 介绍

针对上述问题,本章提出一套新的算法。新算法无须全局组合搜索,能够快速遴选出少数组合作为备选最优组合,并且可以并行实现;因此称为 DFOA(distributed and fast optimization algorithm,DFOA)。算法的基本流程如下:

第 1 步 输入 Y_0,每台设备根据 Y_0,求解以下方程确定自己的 x_i^*;

$$\frac{\partial \eta_i(x_i; Y_0)}{\partial x_i}=0 \tag{34.3-1}$$

第 2 步 找出 $\sum x_i^*$ 最接近 X_0 的组合,记为 C^+ 和 C^-,即

$$\begin{aligned} &\min \sum_{C^+} x_i^* - X_0 \\ &\text{s.t.} \ \sum_{C^+} x_i^* \geqslant X_0 \end{aligned} \tag{34.3-2}$$

$$\begin{aligned} &\min X_0 - \sum_{C^-} x_i^* \\ &\text{s.t.} \ \sum_{C^-} x_i^* \leqslant X_0 \end{aligned} \tag{34.3-3}$$

第 3 步 分别计算 C^+ 和 C^- 两种组合下关于 x 的分配子问题(3),得到 P^+ 和 P^-;

第 4 步 比较 P^+ 和 P^-,取较小者为最优解 $(C_{\text{opt}}, x_{\text{opt}})$。

可以看出,DFOA 先求解组合问题,直接确定最优组合的两个备选可行解,然后只针对这两个备选组合分别求解分配问题,最后根据价值函数确定最终解,免去了全局遍历搜索的过程。利用价值函数是光滑凸函数的性质,将原先两个相互耦合的子问题近似解耦,变为串行执行过程,从算法结构上降低了计算规模,从 $T_X \times T_C$ 量级变为 $T_X + T_C$ 量级。

同时组合备选解的搜索并不是在全局展开的,而是集中在最优点附近。这是因为当系统总体达到最优时,每个设备的状态离各自的最优点也不会太远,这是凸函数的性质决定的;所以 DFOA 只在各设备的最优点附近搜索,即算法的第 1 步所表达的含义。但需要说明的是,通过解析分析可知,该算法并不是总能找到全局最优解。即在题设条件下,全局最优并不一定对应所有设备都在最优点附近,证明过程详见本章附录;但通过模拟分析和工程实践来看,该方法仍然具有较强的适用性。

34.3.2 算法的分布式实现

DFOA 可以在分布式计算网络上实现。考虑每一台设备都具有数据处理和存储的能力,这些智能设备连接形成计算网络。某一台设备与外界系统相连,获取外界的总量约束和等量约束信息,并且与其他设备构成 M/S 关系的虚拟子网,形成分布式架构。如图 34.3-1 所示,设备 D_1 为主节点,其他设备为从节点。主节点只需要发送某些指令给从节点,包括计算启停指令、指示参数、对偶参数等;而从节点只根据指令在本地进行基于设备参数的机电特性相关计算,然后将计算结果反馈给主节点即可。整个过程中,主节点并不需要获知设备组的全部构成信息和组内每个设备的详细参数信息,只需要做所有节点计算结果的汇总

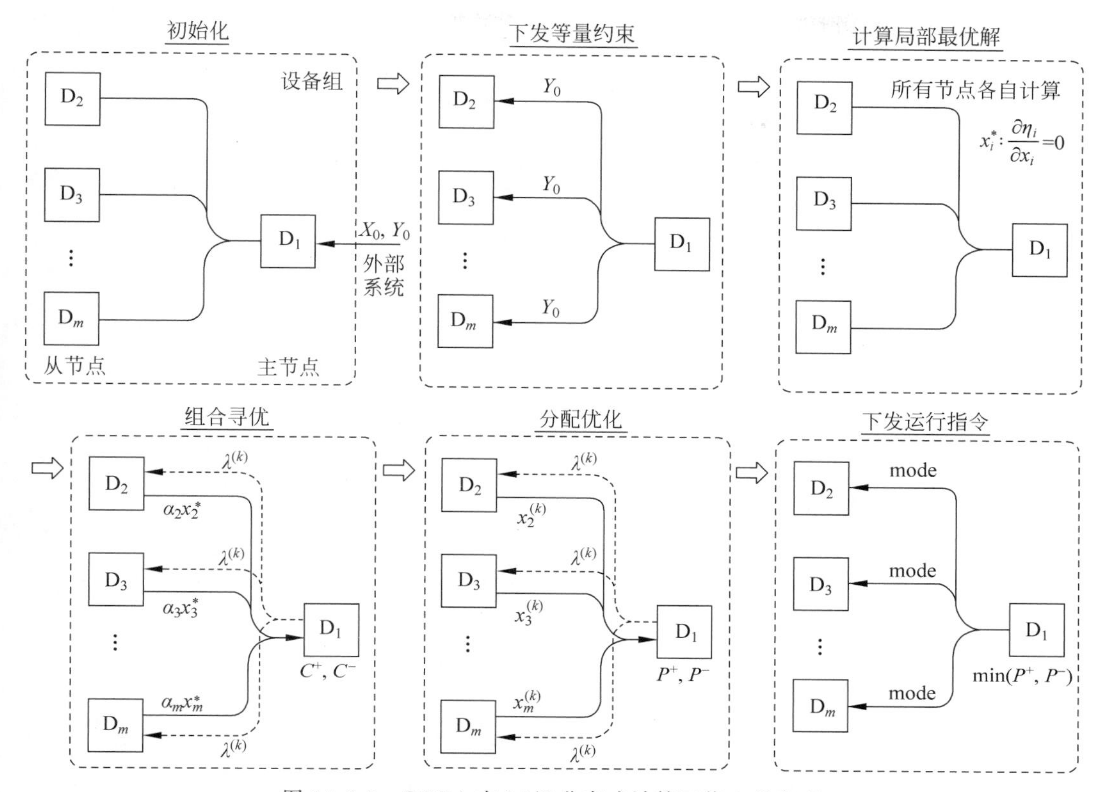

图 34.3-1　DFOA 在 M/S 分布式计算网络上的实现

计算，参数更新和停机判断即可。

算法中的两个关键步骤，组合搜索和最优分配，求解方法很多，本章分别采用了模拟退火法和对偶法求解。其中，模拟退火算法虽然不完备，不是总能得到最优组合，但可以证明该算法依概率收敛到最优解[22]。在实际应用中，该算法通常能较快地找到最优组合，适用性较好。下面详细介绍算法总体结构和两个子问题是如何在分布式架构上实现计算的。

(1) DFOA 的分布式实现。

第 1 步　在设备组构成的计算网络中，由 D_1 为根节点发起生成树，连接其他所有节点；

第 2 步　基于生成树，D_1 下发等量约束参数 Y_0 给所有节点；

第 3 步　所有节点根据各自的方程计算 x_i^*；

第 4 步　组合寻优计算模块，详见下文。全网最终确定 C^+ 和 C^-，即每个节点明确自己分别在 C^+ 和 C^- 模式下的启停状态；

第 5 步　分配优化计算模块，详见下文。全网最终确定 P^+ 和 P^-，即每个节点明确自己分别在 P^+ 和 P^- 模式下的开启大小 x_i；并且 D_1 汇总得到 P^+ 和 P^- 两个值；

第 6 步　确定最优解 mode：$\min(P^+, P^-)$，并将 mode 指令下发给所有节点，从而完成一次优化控制。

(2) 模拟退火法解组合问题的分布式实现(以求 C^+ 为例)。

第 1 步　迭代第 0 次，每个节点以 Probi＝0.5 随机发生开关量 $i\,(i\in\{0,1\})$，并将

$a_i x_i^*$ 延生成树传递,最终求和结果汇集到 D_1;

$$\alpha_i: \quad \begin{matrix} 0 & 1 \\ 1-\text{Prob}_i & \text{Prob}_i \end{matrix}$$

第 2 步 D_1 计算 $\Delta X(0)=\sum \alpha_i(0) x_i^* - X_0$,并作以下判断:

若 $X<0$,不是可行解,返回第 1 步;

若 $X=0$,停机输出结果向量;

若 $X>0$,可行解,进入第 3 步;

第 3 步 迭代第 k 次($k \geqslant 1$),每个节点以 Probi 随机发生开关量 i,并将 $a_i x_i^*$ 延生成树传递,最终求和结果汇集到 D_1;

第 4 步 D_1 计算 $\Delta X(k)=\sum \alpha_i(k) x_i^* - X_0$,并作以下判断:

若 $X<0$,不是可行解,返回第 3 步;

若 $X=0$,停机输出结果向量;

若 $X>0$,以下面的概率 Prob 确定指标,并基于生成树发送给所有节点;

$$\lambda: \quad \begin{matrix} 0 & 1 \\ 1-\text{Prob} & \text{Prob} \end{matrix}$$

$$\text{Prob}=\exp\left[-\frac{\max\{\Delta X(k)-\Delta X(k-1), 0\}}{T}\right]$$

第 5 步 每个节点按以下规则更新本地开关选择和启停概率:

若 $\lambda=1$,当前开关状态较优,$\alpha_i(k)=\alpha_i(k)$,并按照下式更新 Prob_i

$$\text{Prob}_i = w\text{Prob}_i + (1-w)\alpha_i(k)$$

若 $\alpha=0$,当上一次开关状态较优,$\alpha_i(k)=\alpha_i(k-1)$,并按照下式更新 Prob_i

$$\text{Prob}_i = w\text{Prob}_i + (1-w)\alpha_i(k-1)$$

第 6 步 当 $k>K_0$ 时,停机,输出当前组合向量 $\boldsymbol{\alpha}$;否则返回第 3 步。

(3) 对偶法解分配问题的分布式实现。

第 1 步 给定组合 $C(C^+$ 或 $C^-)$,由 D_1 为根节点发起生成树,连接 C 中其他所有节点;

第 2 步 D_1 设 $\lambda^{(0)}=1$,发起第 k 次迭代($k \geqslant 1$),将 $\lambda^{(k)}$ 延生成树发送给所有计算节点;

第 3 步 每个节点接收到 $\lambda^{(k)}$,求解以下方程得到当前对应的分配量 x_i;

$$x_i: \quad \frac{\partial p_i}{\partial x_i}=\lambda^{(k)}$$

第 4 步 每个节点将 x_i 延生成树传递,最终求和结果汇集到 D_1;

第 5 步 D_1 判断是否收敛,并根据下式更新指标。

若 $\left|\sum x_i - X_0\right| < \varepsilon$,停机,输出分配结果$\{x_i\}$;

若 $\left|\sum x_i - X_0\right| \geqslant \varepsilon$,按照下式更新指标,返回第 2 步。

$$\lambda_k = \lambda_{k-1} - \gamma\left(X_0 - \sum x_i\right)$$

值得一提的是,这种 M/S 关系的虚拟子网可以是固定的,也可以随机组建。因为任何一个节点都不需要获知该设备组的全局设置信息。

这个算法虽然是面向分布式网络而设计的,也可以在集中式平台运行计算。在单个服务器上部署上述计算逻辑，同时需要构建每个设备的运行模型。相比于分布式计算，集中式计算具有同步性和收敛快的特点，但单机计算量较大，同步收敛相比于分布场景下的异步收敛并没有显著的时间优势[23]；同时，集中式不可避免地需要各个设备地运行模型，相应增加了一定的建模难度。

34.4　水泵组群控案例分析

本章以某商业建筑空调冷水系统的冷冻水泵组（以下简称水泵组）为例，验证 DFOA 的有效性。该商业建筑面积 31 047m^2，空调面积 24 713m^2，中央空调系统采用风冷热泵机组，包括 3 台 650kW 机组（记 L）和 2 台 400kW 机组（记 S），冷水泵组有 7 台水泵，其中 3 台 15kW 水泵（记 L）、2 台 13.5kW 水泵（记 M）和 2 台 11kW 水泵（记 S），水泵性能如图 34.4-1 所示。

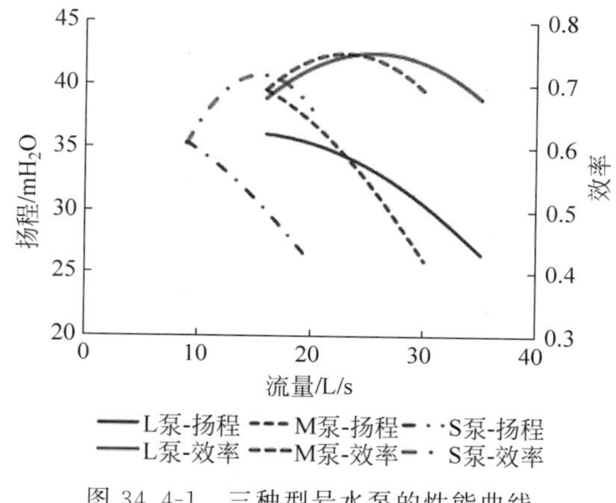

图 34.4-1　三种型号水泵的性能曲线

当前泵组采用“一机对一泵”的控制模式：制冷季，7 月 1 日—9 月 15 日，冷水机组开 3L1S，对应水泵开 3L1M；过渡季，5 月 1 日—6 月 30 日，9 月 16 日—10 月 15 日，冷水机组开 2L1S，对应水泵开 2L1M；其中，2 台小水泵用于备用和调节。实际操作中，现场运行工程师会根据此模式适当调整开关冷水机组和水泵的策略。所有水泵都装有变频器，根据最不利末端点的压力自动调节，频率调节范围为 40%～100%。

34.4.1　算法有效性对照试验

DFOA 测试于 2016 年 5 月 16—23 日进行，选取历史运行状态相似的时段（2015 年 9 月 13—20 日）作对比分析。这两个时段外温和供冷量相近，冷水机组均按照 3L1S 模式开启，如图 34.4-2 所示。对照测试结果如图 34.4-3 所示，可以看出冷水系统的循环水流量和泵组运行功率都显著降低。测试时段，水泵组根据 DFOA 计算结果不断调整开启模式和每台水泵的运行频率；其中较常出现的模式为 1L2M，泵频率均为 50Hz，下文将作为典型工况做详细分析。而在原有策略下，参考对照时段，水泵组开启模式为 3L1M，统一变频至 45Hz。观察对照时段，由于运行水泵数量相对偏多，工作点右偏，泵组能耗偏高；甚至在第二天（2015 年），人为开启更多水泵，导致流量和能耗异常偏大。这说明新算法能够更好地适应部分负载，或负载变化情况下，实现系统优化运行，有效改善“一机对一泵”模式的低效性。

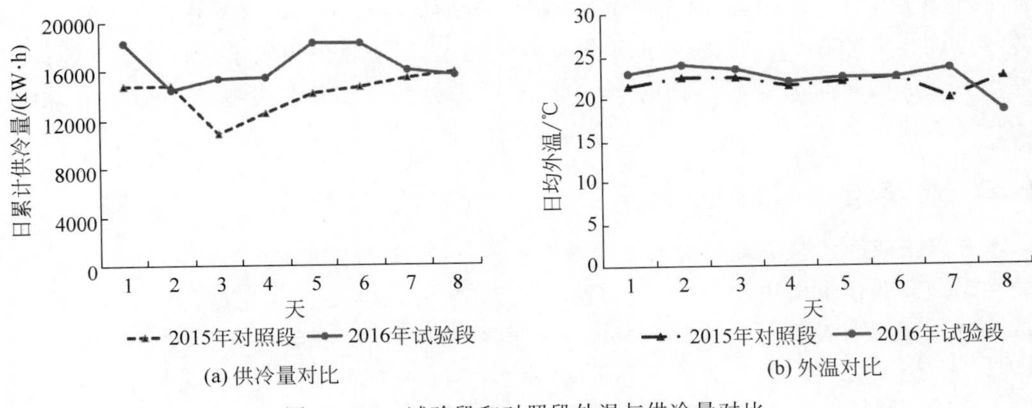

图 34.4-2 试验段和对照段外温与供冷量对比

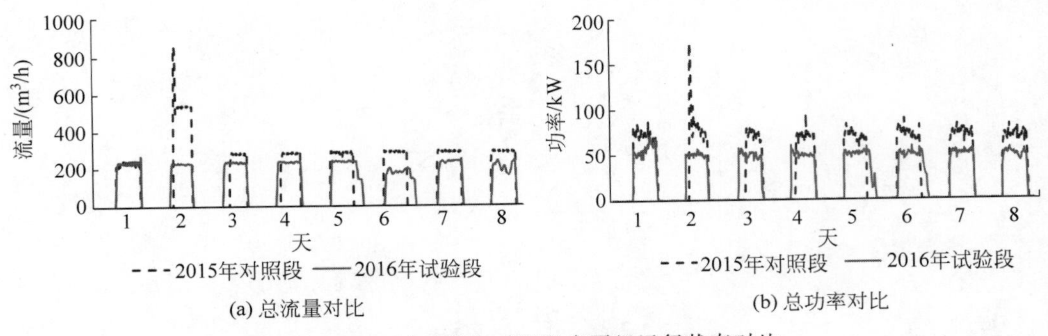

图 34.4-3 试验段和对照段水泵组运行状态对比

下面针对试验过程中的典型工况，分析 DFOA 找到最优解的过程。外界系统给定总扬程 $H=30\mathrm{mH_2O}$，总流量 $G=65\mathrm{L/s}(234\mathrm{m^3/h})$。求解问题(6)得到两个备选最优开启组合 2L1S 和 1L2M。对这两个组合分别求解分配子问题(3)，优化能耗分别为 52.1kW 和 50.1kW，从而确定最优解就是 1L2M，最优能耗为 50.1kW。从图 34.4-4 中可以看出，DFOA 得到的最优解就是全局最优解，说明 DFOA 能够在大量可行解中很快定位最优组合，大幅减少了组合搜索和最优化计算的次数。从表 34.4-1 中可以看出，在最优解情况下，每台泵的效率十分接近其额定最高效率。

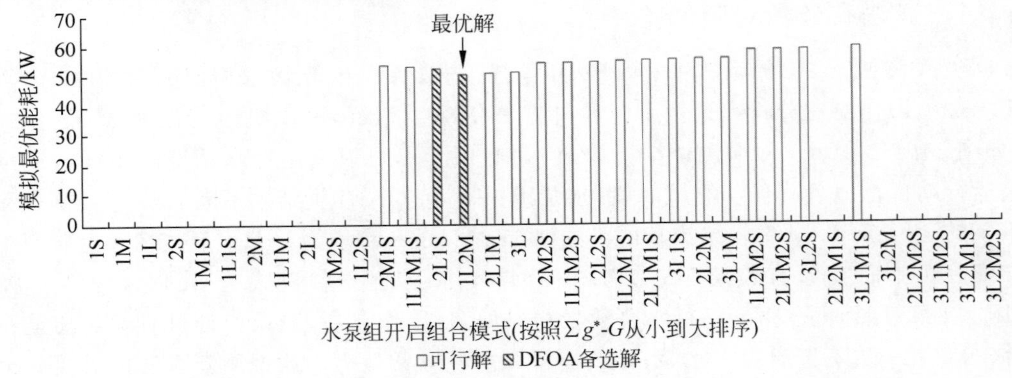

图 34.4-4 最优解与 DFOA 备选解的关系（$H=30\mathrm{mH_2O}, G=65\mathrm{L/s}$）

表 34.4-1　最优解参数（$H=30\mathrm{mH_2O}$，$G=65\mathrm{L/s}$）

型　号	开/关	运行效率	额定效率	频　率
L	1/2	0.746	0.750	50Hz
M	2/0	0.749	0.750	50Hz
S	0/2	0	0.715	0

34.4.2　全时段模拟分析

对 2016 年整个供冷季的运行情况，依照 DFOA 方法模拟计算，给出逐时的新运行策略，以及泵组能耗值，如图 34.4-5 所示。从图中可以看出，在不同的冷负荷工况下，按照 DFOA 计算的水泵组功率值，整体低于相同冷负荷时原运行策略决定的功率值。这是因为，既有的策略是依季节而定的固定冷水机组开关策略，和一机对一泵的水泵策略，这样容易造成多开冷水机组、多开水泵的情况，使得水泵组经常不能保持在高效区工作，没有发挥不同型号台数调节的优势。而 DFOA 通过优化计算，很好地克服了这个问题。在模拟分析中，虽然设定冷水机组的开启模式没有变化，但每种冷水机组开启模式都将对应不同的冷负荷工况，此时系统所需的流量其实是随冷量变化而不同的。针对不同的系统流量需求，DFOA 提供不同的水泵组开启模式和变频策略，从而实现水泵组运行节能的效果。

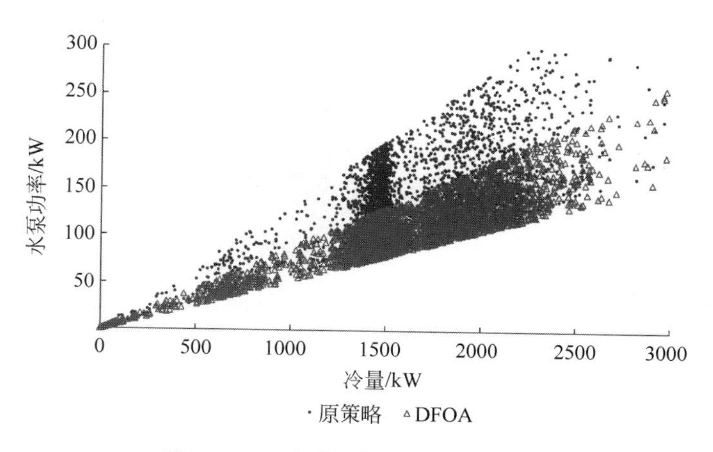

图 34.4-5　全时段优化结果模拟对比

当然，DFOA 找到的最优解并不总是全局最优解，但总体来看与全局最优解的偏差是很小的。考虑以下算例：设扬程 $30\mathrm{mH_2O}$ 总流量在 20～160L/s 变化，观察不同工况下 DFOA 寻优结果与全局最优解的差异，如图 34.4-6 所示。从图中不难看出，DFOA 的寻优结果有时候就是全局最优解，有时候略有偏差，但 DFOA 结果的能耗相对全局最优的偏差不超过 3%，说明 DFOA 的准确度还是很高的。

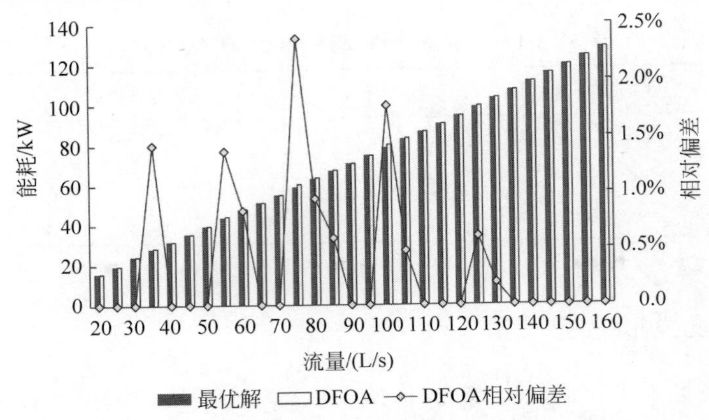

图 34.4-6 变负载情况下 DFOA 的有效性($H=30\mathrm{mH_2O}$)

34.5 本章小结

本章讨论了设备组群控问题,提出的分布式快速优化方法具有以下特性。

第一,该算法避免遍历所有设备组合,将原问题分解为两个近似独立的子问题,从而大幅减少了计算量,从 $T_X \times T_C$ 变为 $T_X + T_C$。并且,只选取两个备选最优组合,将常组合求解从 2^m 降低为 2。

第二,寻优精度较高,虽然该算法在理论上只是近似最优解,但从模拟实验的结果来看,总体的优化效果还是很好的。

第三,算法不区分设备型号和次序,不依赖详细的系统模型,可以分布式计算实现。

第四,在分布式计算体系下,设备之间只是交互一些中间计算参数,无须交互性能参数,能够很好地保护设备厂商的技术隐私。

关于两个子问题的算法研究,本章没有深入讨论,只是借用了成熟的算法,并在分布式模式下实现。关于这两个子问题的分布式算法研究,有待进一步完善。

DFOA 的充分条件

设备组由 m 个设备并联组成,外部系统给定的总量约束为 X_0,等量约束为 Y_0。最优解对应的开启组合为 C_{opt},每台设备的 x_i^* 由式(34.3-1)确定,价值函数 p_i 是光滑凸函数。不妨设 $\sum C_{\mathrm{opt}} x_i^* > X_0$,有以下结论:如果 C_{opt} 是优化(34.3-2)的解,那么 DFOA 得到的是全局最优解。

证明

在给定组合 C 下,系统的价值函数记为 $P_C(x)$,最优解为 P_C^{opt},那么在最优解附近有

$$P_C(X^*) = \sum_C p_i(x_i^*) = P_C^{\mathrm{opt}} + \left(\frac{\mathrm{d}p}{\mathrm{d}x}\right)_C \left(\sum_C x_i^* - X_0\right) \tag{34.5-1}$$

对任何一个满足不等式 $\sum_C x_i^* > X_0$ 的组合 C,与最优组合作比较。

$$P_C^{\mathrm{opt}} - P_{C_{\mathrm{opt}}}^{\mathrm{opt}}$$

$$= \left[\sum_C p_i(x_i^*) - \left(\frac{\mathrm{d}p}{\mathrm{d}x}\right)_C \left(\sum_C x_i^* - X_0\right)\right] - \left[\sum_{C_{\mathrm{opt}}} p_i(x_i^*) - \left(\frac{\mathrm{d}p}{\mathrm{d}x}\right)_{C_{\mathrm{opt}}} \left(\sum_{C_{\mathrm{opt}}} x_i^* - X_0\right)\right]$$

$$=\delta P(x^*)-\left(\delta\left(\frac{\mathrm{d}p}{\mathrm{d}x}\right)+\left(\frac{\mathrm{d}p}{\mathrm{d}x}\right)_{C_{\mathrm{opt}}}\right)\Delta X_C+\left(\frac{\mathrm{d}p}{\mathrm{d}x}\right)_{C_{\mathrm{opt}}}\Delta X_{C_{\mathrm{opt}}}$$

$$=\delta P(x^*)-\left(\frac{\mathrm{d}p}{\mathrm{d}x}\right)_{C_{\mathrm{opt}}}\delta x^*-\delta\left(\frac{\mathrm{d}p}{\mathrm{d}x}\right)\Delta X_C \tag{34.5-2}$$

其中，$\Delta X_C=\sum_{C}x_i^*-X_0$，$\delta x^*=\sum_{C}x_i^*-\sum_{C_{\mathrm{opt}}}x_i^*=\Delta X_C-\Delta X_{C_{\mathrm{opt}}}$，

$$\delta P(x)=\sum_{C}p_i(x_i)-\sum_{C_{\mathrm{opt}}}p_i(x_i)=P_C(x)-P_{C_{\mathrm{opt}}}(x),\quad \delta\left(\frac{\mathrm{d}p}{\mathrm{d}x}\right)=\left(\frac{\mathrm{d}p}{\mathrm{d}x}\right)_C-\left(\frac{\mathrm{d}p}{\mathrm{d}x}\right)_{C_{\mathrm{opt}}}$$

因为 C_{opt} 是优化式(34.3-2)的解，即有 $X_0\leqslant\sum_{C_{\mathrm{opt}}}x_i^*<\sum_{C}x_i^*$，所以组合 C 下的最优解偏离 x^* 的程度较 C_{opt} 更远，即对应的效率要更低；同时，在 x^* 下求和式大于 X_0，说明在分配量 x 的优化过程中，组合内每个节点的分量要相应减小，即这种情况下最优解都会沿着效率曲线从 x^* 向左侧移动，只不过，C_{opt} 对应的分量 x_i 移动的较少，如图 34.5-1 所示。又因为 $\mathrm{d}p/\mathrm{d}x$ 单调递增，因此对应有 $\mathrm{d}p/\mathrm{d}x$ 的组合变差小于零。所以，当 $p(x)$ 是严格凸函数时，一定有

$$\delta\left(\frac{\mathrm{d}p}{\mathrm{d}x}\right)=\left(\frac{\mathrm{d}p}{\mathrm{d}x}\right)_C-\left(\frac{\mathrm{d}p}{\mathrm{d}x}\right)_{C_{\mathrm{opt}}}<0 \tag{34.5-3}$$

令 $X=\sum_{C}x_i$，因为在最优点各个节点的导数相等，所以有

$$\left(\frac{\mathrm{d}p}{\mathrm{d}x}\right)_{C_{\mathrm{opt}}}=\left(\frac{\mathrm{d}P}{\mathrm{d}X}\right)_{C_{\mathrm{opt}}} \tag{34.5-4}$$

由于每一个节点的能耗函数都是凸函数，所以总能耗函数也是凸函数，有

$$\left(\frac{\mathrm{d}p}{\mathrm{d}x}\right)_{C_{\mathrm{opt}}}=\left(\frac{\mathrm{d}P}{\mathrm{d}X}\right)_{C_{\mathrm{opt}}}\leqslant\frac{P_{C_{\mathrm{opt}}}(x^*)-P_{C_{\mathrm{opt}}}^{\mathrm{opt}}}{\Delta X_{C_{\mathrm{opt}}}}<\frac{P_C(x^*)-P_{C_{\mathrm{opt}}}(x^*)}{X_C-X_{C_{\mathrm{opt}}}}=\frac{\delta P(x^*)}{\delta x^*} \tag{34.5-5}$$

综合式(34.5-3)、式(34.5-4)和式(34.5-5)，对任何组合 C 都有

$$P_{C_{\mathrm{opt}}}^{\mathrm{opt}}<P_C^{\mathrm{opt}} \tag{34.5-6}$$

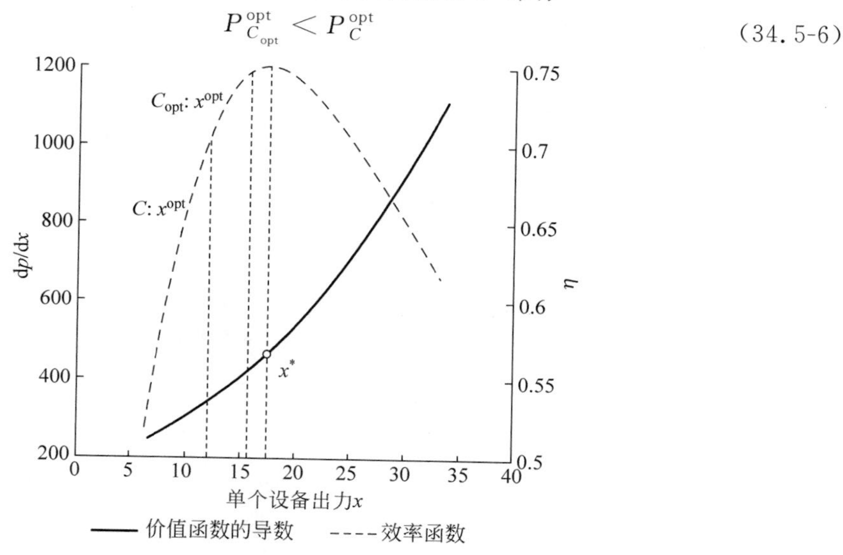

图 34.5-1　系统最优分配量 x_{opt} 与单体最优 x^* 的关系

其中,式(34.5-6)可理解为:在最优解附近,因组合不同引起的变化率要大于因详细分配引起的变化率,即 α 组合变化得比 x 要快。在实际工程中,一般也有类似的经验:大范围的调节用台数,细小的调节变频率。

参考文献

[1] 沈启,代允闯. 机电设备群控的分布式快速优化方法[J]. 暖通空调 HV&AC,2018,48(7):88-93.

[2] Ma Z,Wang S. An optimal control strategy for complex building central chilled water systems for practical and real-time applications[J]. Building and Environment,2009,44(6):1188-1198.

[3] 荣剑文.冷水机组群控策略的讨论[J]. IB智能建筑与城市信息,2006,111(2):39-40.

[4] 荣剑文.冷机群控系统设计[D].上海:上海交通大学,2008.

[5] Torzhkov P,Sharma C,et al. Chiller plant optimization-an integrated optimization approach for chiller sequencing and control[C]//Proc. 49th IEEE Conference on Decision and Control,NJ:IEEE Press,2010:2741-2746.

[6] Wang W, Liu J, Zeng D, et al. Variable-speed technology used in power plants for better plant economics and grid stability[J]. Energy,2012,45(1):588-594.

[7] Chang Y,Tu H. An effective method for reducing power consumption-optimal chiller load distribution [C]//Proc. International Conference on Power System Technology, NJ: IEEE Press, 2002: 1169-1172.

[8] Ahn B, Mitchell J. Optimal control development for chilled water plants using a quadratic representation[J]. Energy and Buildings,2001,33(4):371-378.

[9] Chang Y,Chan T,LEE Wenshing. Economic dispatch of chiller plant by gradient method for saving energy[J]. Applied Energy,2010,87(4):1096-1101.

[10] 闫秀英,孟庆龙,任庆昌,等.联合运行冷水机组负荷优化分配及仿真研究[J].暖通空调,2007,37(11):18-21.

[11] Zhang X,Jin X,Du Z. Optimal Operation of the Chiller System based on Genetic Algorithm[J]. Building Energy and Environment,2011,30(3):15-18.

[12] Alessandro B, Luca C, Mirco R. A multi-phase genetic algorithm for the efficient management of multi-chiller systems[J]. Energy Conversion and Management,2011,52(3):1650-1661.

[13] Bortoni E, Almeida R, Viana A. Optimization of parallel variable-speed-driven centrifugal pumps operation[J]. Energy Efficiency,2008,1(3):167-173.

[14] Beghi L, Cecchinato M, Rampazzo. A PSO-based algorithm for optimal multiple chiller systems operation[J]. Applied Thermal Engineering,2012,32(1):31-40.

[15] Chang Y. An innovative approach for demand side management-optimal chiller loading by simulated annealing[J]. Energy,2006,31(12):1883-1896.

[16] Chang Y,Chen W. Optimal chilled water temperature calculation of multiple chiller systems using Hopfield neural network for saving energy[J]. Energy,2009,34(4):448-456.

[17] Congradac V,Kulic F. Recognition of the importance of using artificial neural networks and genetic algorithms to optimize chiller operation[J]. Energy and Buildings,2012,47(2):651-658.

[18] Chang Y. Optimal chiller loading by evolution strategy for saving energy[J]. Energy and Buildings,2007,39(4):437-444.

[19] Wang S,Ma Z. Online optimal control strategies for multiple-chiller systems[J]. CIESC Journal,2010,61(S2):86-92.

[20] Dai Y,Jiang Z,Shen Q,et al. A decentralized algorithm for optimal distribution in HVAC systems [J]. Building and Environment,2016,95(1):21-31.

[21] Yang Z, Borsting H. Energy efficient control of a boosting system with multiple variable-speed pumps in parallel[C]//Proc. 49th IEEE Conference on Decision and Control, NJ: IEEE Press, 2010: 2198-2203.

[22] 朱阅岸. 解 0-1 背包问题的算法比较和改进[D]. 广东：暨南大学，2011.

[23] Bertsekas D, Tsitsiklis J. Parallel and distributed computation: numerical methods[M]. Englewood Clifffs, New Jersey: Printice-Hall, 1989: 434-443.

第 35 章

群智能系统并联冷机优化控制

本章提要

本章介绍了一种群智能的、无中心的、可应用在暖通空调系统中的并联冷机优化控制方法。在这个群智能控制系统中，每一台冷机，都通过配备带有相同算法的控制器成为了智能制冷机，通过与相邻设备的协同工作，实现控制要求和节能效果。对多种工况的模拟计算都可以验证这种算法的优化效果，进一步的相关硬件也成功地应用在了一家位于中国南部的工厂中。与传统的中心化控制方法相比，这种群智能的控制方法有更强的灵活性和高效性。本章内容主要来源于文献[1]。

35.0 符号列表

PLR	部分负荷率
OCL	最优分配负荷
Δ	负荷差
ε	预期效率
δ	阈值
EWTc	冷凝器的进水温度
LWTe	蒸发器的出水温度

35.1 研究背景介绍

冷机是空调水系统中的主要设备，用以满足营造舒适室内环境的需求。中央空调水系统是建筑能耗中最主要的组成部分[2]，而冷机正是水系统中最大的能耗来源。通过冷机进行能效监控，可以保障系统运行的可靠性，同时降低系统能耗[3]。

在大多数实际应用中，通常是若干台相同类型的冷机并联组成冷站系统，用以保障一定的系统裕量、灵活调节，同时实现部分负荷下的高效运行。因此，冷机优化控制是中央空调系统优化控制的一个重要领域，包括加减机、响应速度、部分负荷率等。优化的目标为保障系统满足冷负荷需求且每台冷机自己限制的基础下，实现所有冷机能耗的最小化。

关于冷机优化控制已有大量的相关研究。之前的研究主要集中在采用不同的数学算法来解决最优化问题。对于冷机优化运行的最优化算法和对于最优分配负荷（OCL）的算法包括简化梯度算法、粒子群优化算法、拉格朗日算法、分支界定法和模拟退火法[4]。通常来说，数值算法不能应用解决每一个优化问题。使用不同的方法的冷机建模会很大程度上影响结果。就像一些学者指出的，拉格朗日方法无法解决制冷机负载的优化问题，因为能耗模型包括了非凸优化功能[4]。无法用遗传算法得到最低能耗的解决方法，而使用拉格朗日方法可以解决低负荷需求情况下的制冷机负荷优化[10]。这些算法要么不够直接，要么每一个都需要根据不同系统定制或者为了实现自学习功能而需要输入额外的数据。因此，实施和编程的高昂代价阻碍了这些算法在实际项目中的广泛应用。

35.2　集中式架构和群智能控制架构

在当前的实际应用中，冷机是通过中央站的方法控制的，如图 35.2-1(a)所示。中央控制器(DDC 或 PLC)从每一个制冷机中收集数据，然后根据中央站里的控制算法的计算来做决定，并发送控制指令给每一台制冷机。

在这种中央控制结构中，控制系统的建设流程通常包括控制系统设计，设备和系统建模，控制策略设计，安装和连线，现场调试和运行。而当系统的配置变化时，控制算法和策略需要被调整或者重新编码。在现场的测量、连线、配置和试运行以及二次开发工作意味着每一个控制系统都是定制化的，而这通常意味着高昂的人工费。

无中心控制的基本概念是，不需要中央站的指令，而是通过组成系统的各基本单元进行本地交互来实现整体的控制目标，这意味着整个冷机群控系统不再是被一个统一的控制器控制，而是可以用分布在每个设备上的独立的本地控制器进行控制。通过系统组成成分的局部交互来建立秩序和协作，从而在没有中央指令情况下，达到整体目标。这意味着整个系统都不再是由单一控制器控制的，而是通过很多包含在各个组成成分内的独立的控制器共同控制的。

对于无中心化控制结构下的冷机群控，如图 35.2-1(b)所示，每一个设备都配备有一个智能控制器，从而成为一个智能单元。同组的智能设备与彼此通过有线或者无线的方式相连接，实现和邻居的通信协作，从而达到控制要求和节能效果。这个系统中，没有 DDC 和 PLC 这样的中央控制器。传统的制冷机可以通过安装带有群控制算法的新型控制器升级成为智能设备，同时，由冷机厂家在出厂前，将冷机的详细性能参数输入其中。

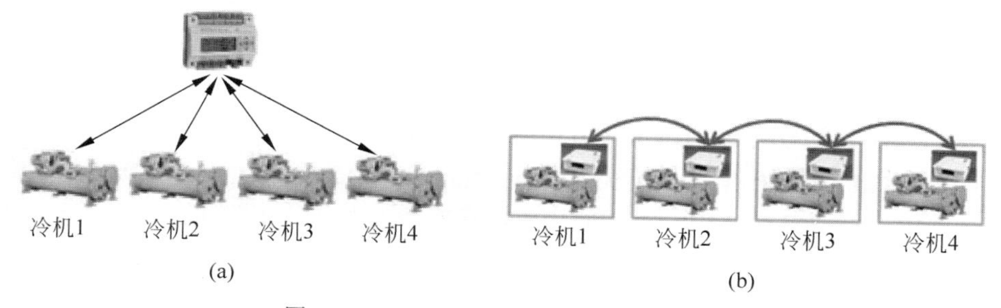

图 35.2-1　集中式和无中心化控制结构

因此，复杂的现场建模、配置、试运行以及二次开发工作可以被缩减为简单的智能冷机间的通信连接。在这样一个群智能的架构下，带有控制器的智能冷机可以成为标准化的成熟产品，不再需要额外的控制系统。从而实现智能冷机的即插即用，提高了系统的灵活性和可扩展性。

35.3　去中心化的算法描述

在群智能建筑系统中，每一个智能制冷机都嵌有群智能算法和设备的模型，保障它可以实时计算其自身的工作点。智能冷机的目标是在最接近最高效率点的工作点运作，同时满足整体的负荷要求。

在运行过程中，当控制系统达到预设的条件，如规定的时间间隔、设定点的偏离和能效阈值，群智能控制系统会随之做出必要的调整，各个运行的智能制冷机都会进行计算。图 35.3-1 介绍了各智能制冷机的去中心算法。在计算过程中，各个智能制冷机可以通过交互得到信息包括预期效率(ε)，即实际工作点的效率与最佳效率点的比值。负荷差(Δ)，也就是与总负荷的差值，即当前运行制冷机提供的输出冷量和所有末端冷量需求的差值。

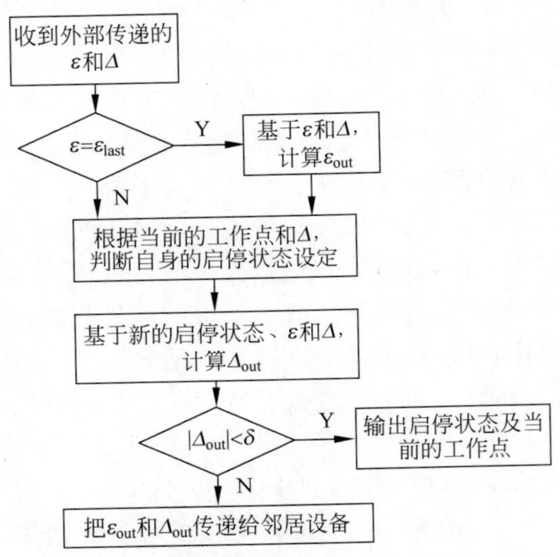

图 35.3-1 各智能制冷机去中心化算法的流程图

每次计算时从最高效点开始计算，这时预期效率 ε 为 1，然后计算相应的与需求负荷的差 Δ。然后将 ε 和 Δ 的值传递给相邻的智能设备。相邻的智能设备接收传来的预期效率，并将其与之前的 ε 比较。基本的原则是所有冷机均为相同的期望效率。如果接收到的 ε 值与之前的 ε 值相等，但是计算还没有收敛，则智能冷机根据接收到的 ε 和 Δ 降低预期效率继续进行迭代计算，该调整可以通过采用 0.01 的定步长或者变步长进行。

然后，智能制冷机会根据它当前的工作点和接收到的 Δ 来确定自身的开关状态。一个正值的 Δ 意味着当前所有运行的冷机的输出冷量小于整体的负荷需求，运行的制冷机应该增加输出冷量，或者应当开启一个额外的冷机。一个负值的 Δ 意味着当前所有运行的制冷机的输出冷量大于整体的负荷需求，运行的制冷机应该减少输出，或者关闭一台制冷机。因此，当一个运行的制冷机接收到负值的 Δ，且 Δ 和它的输出功率之和小于 0 或者一个给定的阈值，该制冷机会关闭，此处的关闭只是迭代过程中的一个信号，只有达到收敛条件后，真正的关闭命令才会执行，从而避免频繁的开关转换。同理，当关着的制冷机接收到正值 Δ 同时达到一个给定的阈值时，这个制冷机会开启，此处的开启也是一个计算标志。

然后智能制冷机会根据新的 ε 和开关状态，计算它的工作点和新的负荷差值。

最后，程序会通过比较 Δ 的绝对值和一个给定的数值 δ 来进行收敛判断。如果绝对值 Δ 比阈值 δ 小，当前所有运行的制冷机的输出冷量大致满足所有末端设备的冷负荷要求。如果收敛条件没有被满足，智能制冷机会继续将信息传递给它的相邻机组。直到系统收敛时，每一个智能制冷机都会输出并执行它的开关状态和工作点。

整体的运算过程是一个迭代的运算，在这个过程中每一台智能制冷机都遵从同样的原则。没有智能冷制冷机在这个系统中知道整体的信息，每一台设备只根据自己的信息和从邻居处获得的信息(包括 ε 和 Δ)进行判断。因此,整个去中心化的算法与组中制冷机数量无关。在这种方法下,计算开始于最高效率点,并且根据 Δ 逐渐降低预期效率,从而保证整体的运行效率最大化。

35.4 典型案例分析

本节将上述无中心算法在一个典型的制冷机组系统中展开应用。整个制冷机组系统中包括 4 台制冷机。一般用 COP 来描述制冷机的性能。制冷机模型可以用下面的多项式进行描述

$$\begin{aligned}\mathrm{COP}=&a_1+a_2\cdot \mathrm{PLR}+a_3\cdot \mathrm{LWTe}+a_4\cdot \mathrm{EWTc}+a_5\cdot \mathrm{PLR}^2+a_6\cdot \mathrm{LWTe}^2+\\&a_7\cdot \mathrm{EWTc}^2+a_8\cdot \mathrm{PLR}\cdot \mathrm{LWTe}+a_9\cdot \mathrm{PLR}\cdot \mathrm{EWTc}+a_{10}\cdot \mathrm{LWTe}\cdot \mathrm{EWTc}\end{aligned} \tag{35.4-1}$$

式中,PLR 是部分负荷率,LWTe 是蒸发器的出水温度,EWTc 为冷凝器的进水温度。

根据格力提供的测试数据,将两种不同大小的制冷机的拟合系数显示在表 35.4-1 制冷机拟合参数中。

表 35.4-1 制冷机拟合参数

	α_1	α_2	α_3	α_4	α_5	α_6	α_7	α_8	α_9	α_{10}
制冷机 1	14.438	9.586	0.403	−0.540	−12.018	0.014	0.003	−0.092	0.219	−0.009
制冷机 2	9.618	15.823	0.524	−0.586	−11.687	0.006	0.006	0.049	0.071	−0.013

大制冷机为功率为 544 RT 的 19XRV 型离心式制冷机。小制冷机为功率为 300RT 的 23XRV 型螺杆式压缩机。

在这个例子中,制冷机是并联的,每台设备的冷凝器的进水温度和蒸发器的进水温度相同。此外,不同制冷机的冷冻水的出水温度设定点通常是一个相同的数值。因此,各制冷机的蒸发器出口温度一般是相同的。在这个案例中,蒸发器的出水温度设为 7℃,冷凝器的进水温度设为 30℃,这也是实际情况下常见的设定。

图 35.4-1 展示了在不同冷负荷下,不同台数制冷机组的整体 COP。制冷机组有四台制冷机,包括三台大制冷机和一台小制冷机。如图 35.4-1 所示,在圆圈所示情况下,两台制冷机和三台制冷机运行都可以满足制冷量需求,而两种方案下的整体运行效率不同,三台制

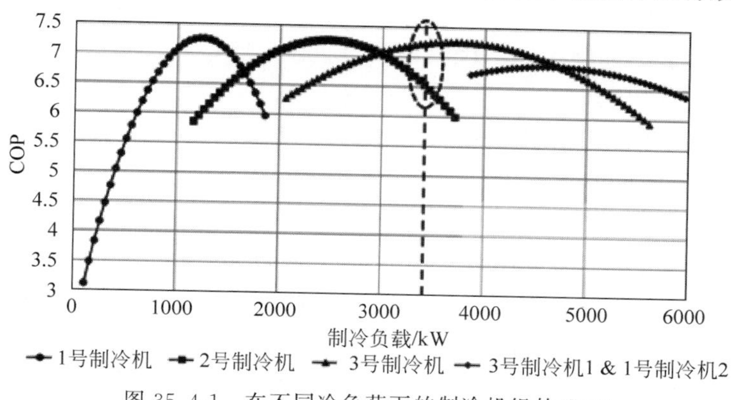

图 35.4-1 在不同冷负荷下的制冷机组的 COP

冷机运行的综合性能更高,因而去中心算法的求解应该得到这一方案。

在该算例中,两台制冷机初始均在 1710kW 的冷量下运行,图 35.4-2(a)的点 1 代表了制冷机的初始工况。2 号制冷机发起调节计算,并将 ε 的初始值设置为 1,即图中的最高效点 2,此时制冷量为 1250kW,ΔQ 为 460kW,然后将这个信息传递给相邻制冷机。

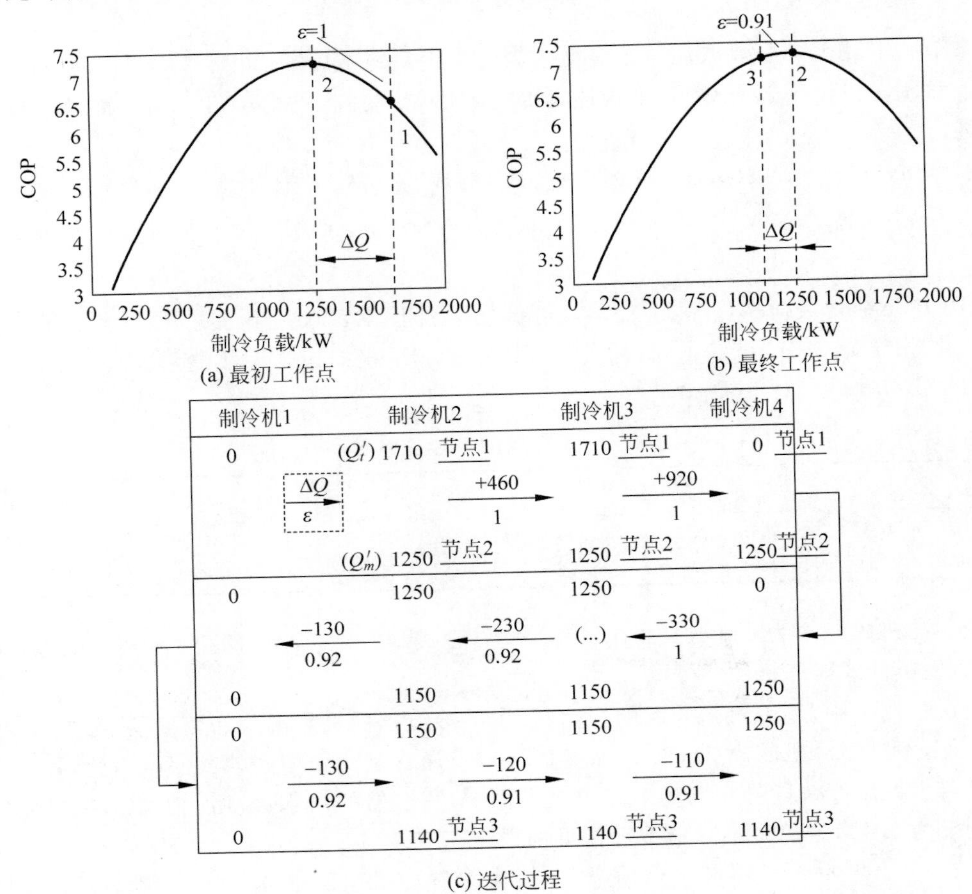

图 35.4-2 制冷机最初工作点、最终工作点以及算法迭代过程

每一个制冷机都执行相同计算,调整自身开关状态,并得到新的 ε 和 ΔQ 来检查收敛条件,然后传递信息给相邻的制冷机,如图 35.4-2 所示。

在图 35.4-2(c)中,显示在各方格顶部的数字代表了在算法执行之前每一台制冷机的制冷量。方块底部的数字代表该制冷机执行算法之后的制冷量。箭头代表了信息传递的方向,箭头上方数字 ΔQ,下方数字代表 ε。

图 35.4-2(c)中迭代计算的过程可以表示如下:

(1) 制冷机 2→制冷机 3:制冷机 2 开始计算,并将其工作点从点 1(原始工作状态)转换到点 2(最高效率工作点),然后将信息($\Delta Q=+460$L/s 和 $\varepsilon=1$)发送给制冷机 3。

(2) 制冷机 3→制冷机 4:当制冷机 3 收到信息后,它转换其当前的工作点到新的工作点($\varepsilon=1$),然后根据新的工作点计算 ΔQ,最后发送更新后的信息给制冷机 4,包括 $\Delta Q=+920$L/s 和 $\varepsilon=1$。

（3）制冷机4→制冷机3：当制冷机4接收到信息后，它将工作点调整为接收到的ε值。因为制冷机4是关闭状态的，而且接收到的ΔQ为正值，制冷机4将会被开启。但实际上它没有真正地被开启，而是在迭代的过程中设置了一个标志，而这个开关转换信号直到迭代过程结束才会发送给冷却剂设备。所以，制冷机4将其当前工作点转换为新的工作点（$\varepsilon=1$），此时冷负荷输出为1250kW，然后根据新的工作点计算ΔQ。最后，更新的信息被送回到制冷机3，包括$\Delta Q=-330$L/s和$\varepsilon=1$。

（4）制冷机3→制冷机2：当制冷机3收到信息后，它将状态调整为收到的ε值，但这个新收到的ε与过去的ε相同，且ΔQ不是0，这意味着仍需调整ε。在这个例子中，ε采用0.01的步长。因此，制冷机3调整至新的工作点（$\varepsilon=0.99$），然后根据这个新的工作点计算ΔQ。在图35.4-2(c)中，这些以0.01为步长的调整过程被省略了（用图中的省略号表示），持续8轮因此制冷机3发送给制冷机2的信息为$\Delta Q=-230$L/s和$\varepsilon=0.92$。

剩余的迭代过程是类似的。当迭代过程达到收敛条件时，将会开启制冷机4，这三台制冷机的工作点将会转移至点3，如图35.4-2(b)所示。三台制冷机的最终工作点为：$\varepsilon=0.91$，冷负荷为1140kW。这就达到了整体最高效率的优化。

系统在调整前，有两台制冷机在工作，它们的COP为6.523，每一台的功率是262.15kW。在使用群智能算法后，三台制冷机运行。在最终的结果中，每一台运行的制冷机COP为7.231，每一台运行的制冷机的功率是157.65kW，整体的能耗降低9.93%。

35.5　硬件应用

这种去中心化的算法应用在位于中国南部的格力工厂的实际项目中。如图35.5-1所示，在冷站中有四台制冷机，每一台制冷机都配备有使用群智能算法的控制器。它们可以通过RS-485线与冷机通信，各控制器通过以太网与相邻控制器通信。

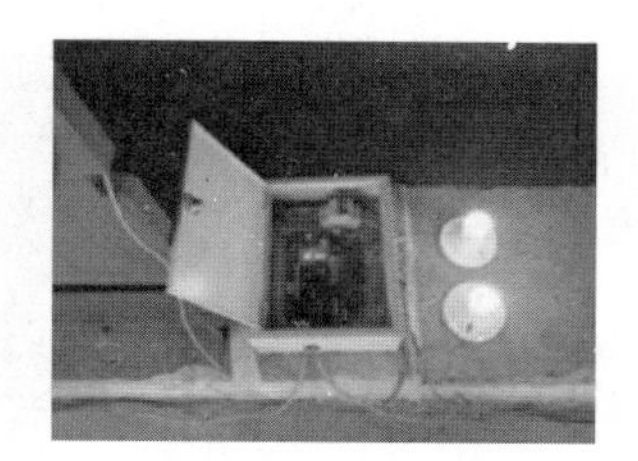

图35.5-1　格力工厂冷站内群算法硬件应用

上述针对制冷机的群智能算法应用以后，取得了很好的效果，实现了根据末端的冷负荷需求自动调整冷机的启停状态。与原本的中心化控制方法相比（预设冷机的电流比阈值），新算法典型日节能约11.5%。

35.6　本章小结

本章介绍了一种群智能架构下的并联制冷机的优化控制算法。算法要求每台制冷机都通过配备带有相同的、分布式控制算法的控制器，成为智能制冷机。在没有任何控制器需要了解全局信息的条件下，仅通过与彼此的交互来协同工作，达到控制要求和节能效果。制冷机组从群控组合中删除，或者新的制冷机组加入控制过程，都不需要修改算法。分布式算法植入制冷机组后，可以保证设备即插即用地加入系统，与其他分布式算法模块一起自组织地实现全局优化控制。

通过对基于实测数据的真实冷机模型的模拟仿真，对该群智能优化控制算法进行了相应验证。进一步，基于实际项目进行了相应的硬件应用。对比传统的中央控制方法，群智能控制方法具有更高的灵活性和可扩展性，能够避免大量的工程问题，从而降低人力成本，大幅缩短建模和调试时间。

参考文献

[1] Dai Y, Jiang Z, Wang S. Decentralized control of parallel-connected chillers[J]. Energy Procedia 2017, 122: 86-91.

[2] Ma Z, Wang S, Xu X, et al. A supervisory control strategy for building cooling water systems for practical and real time applications[J]. Energy Conversion and Management, 2008, 49(8): 2324-2336.

[3] Wang S, Ma Z. Supervisory and optimal control of building HVAC systems: a review[J]. HVAC&R Res 2008; 14(1): 3-32.

[4] Chang Y. Optimal chiller loading by evolution strategy for saving energy[J]. Energy and Buildings, 2007, 39(4): 437-444.

[5] Ardakani A, Ardakani F, Hosseinian S. A novel approach for optimal chiller loading using particle swarm optimization[J]. Energy and Buildings, 2008, 40(12): 2177-2187.

[6] Lu Y, Chen J, Liu T, et al. Using cooling load forecast as the optimal operation scheme for a large multi-chiller system[J]. International Journal of Refrigeration, 2011, 34(8): 2050-2062.

[7] Torzhkov A, Sharma P, Li C, et al. Chiller plant optimization-an integrated optimization approach for chiller sequencing and control[C]. Decision and Control(CDC), 2010 49th IEEE Conference on. IEEE, 2010: 2741-2746.

[8] Torzhkov A, Sharma P, Li C, et al. Chiller plant optimization - an integrated optimization approach for chiller sequencing and control[C]//Decision & Control. IEEE, 2010.

[9] Chang Y. An innovative approach for demand side management—optimal chiller loading by simulated annealing[J]. Energy, 2006, 31(12): 1883-1896.

[10] Lee W, Lin L. Optimal chiller loading by particle swarm algorithm for reducing energy consumption [J]. Applied Thermal Engineering, 2009, 29(8): 1730-1734.

第10篇 路径引导

第36章

基于分布式建筑控制策略的人员疏散系统研究

本章提要

当前的建筑自动化系统尽管具备一定的现场控制能力，但本质仍属于集中控制，对未来大型复杂结构建筑的适用性较差。本章提出一种考虑建筑整体的分布式建筑控制策略，属于群智能技术体系，比当前集中式控制策略在控制效果和系统鲁棒性等方面都具有明显优势。同时对建筑分区和其信息传输网络拓扑结构进行了一体化设计，为分布式建筑控制策略及分布式控制算法提供了物理基础与通信基础。基于已构建的分布式建筑控制策略，建立了分布式人员疏散动态指示系统，该系统由通用控制器、传感器和动态指示标志组成，同时考虑了人员分布等因素。演习实验及模拟结果表明：基于分布式建筑控制策略的疏散系统可以有效平衡不同出口的疏散人数和减少疏散时间，为人员疏散的有序进行提供了条件，表明群智能技术体系支持系统的动态协同。本章内容主要来源于文献[1]。

36.1 研究背景概述

城市人口的不断增长导致大型城市综合体的增多，同时人们对于建筑环境的高要求也促进了建筑智能化水平的提高。而随着建筑规模增大、复杂程度和智能化程度的提高，未来建筑将面临新的安全隐患和难题。复杂建筑结构将加剧火灾等突发事件的发生，为有效开展人员疏散带来困难，因此建立一套可靠实用的疏散指示系统显得尤为重要。建筑自动化系统(BAS)是智能建筑的核心组成部分，目前的BAS不论是集散式控制系统还是现场总线式控制系统，都采用纵向控制架构，主要依赖于中央控制室的集中管理，现场控制器功能有限，且控制系统内部楼宇自控、安全防范和消防控制等子系统互通性较差。这使得现有BAS主要应用于不涉及复杂耦合问题的简单建筑中。同时，BAS与智能家居控制所存在的冲突也将愈发明显，难以协调。前者强调从建筑功能角度实施控制；而后者主要考虑具体区域的需求，更注重人的舒适性和便捷性，但能耗较大。消防安全疏散系统在BAS中占据着重要的位置。传统的疏散系统中，疏散指示标志是静止的，系统缺少灵活性，如利建明等[2]开发的智能消防疏散提示指挥系统并未建立动态的疏散指示标志，一旦发生火灾，很容易误将被困人员引导至危险区域；同时现有建筑中，消防系统和安防系统相互独立，火灾疏散过程中，安防系统监测到的人员位置信息不能被安防系统所利用，因此很多疏散系统并未考虑被疏散人员的分布，在复杂的环境下这样很容易造成某区域或出口的堵塞。随着无线网、传感器和信息网络的发展，更多新的技术被应用于人员疏散系统，如Gelenbe等[3]建立的疏散系统包括决策节点控制器和传感器节点，由它们组成分布信息传输网络，但该系统并未考虑人员的分布，该系统一定程度上仍属于集中式控制。综上所述，目前研究的人员疏散系统本质上仍属于集中式控制，鲁棒性和容错性较差。

分布式控制理念从19世纪70年代被提出到现在已成功应用于求解结构振动控制[4-7]、电力系统[8-9]等领域内的复杂耦合问题。分布式控制实际上是一种模块化的控制方法，通过将给定的复杂问题拆分为若干可独立解决的子问题进行求解[10]。在BAS中引入分布式控制理念，最多的是空调等专项系统，如Chandan等[11-13]基于模型预测控制方法对分布式空调控制方式下控制群集的确定方法进行了研究，从分布式控制的有效性和鲁棒性角度提出了综合优化、最小效能损失和聚集式这三种控制群集的划分方法。同时，智能仿真技术和无线技术发展为建筑控制提供了新思路，应用无线网络进行分布式控制可以解决传统建筑模拟无法实时求解的问题，如吴楠[14]结合火灾探测器和无线技术利用分布式控制理念对建筑火灾参数反演与态势的预测进行研究，有效解决了现有依赖全局信息的建筑控制系统和火情感知预测方法适用性差的问题。然而，目前研究尚未从建筑整体出发提出一种综合考虑空调、消防和安防等专项控制系统的分布式控制策略。

为有效协调大型复杂结构建筑内各专项控制系统，增强其互通性，提高控制系统的控制效率和鲁棒性，本章提出了一种考虑建筑整体的分布式建筑控制策略，该策略对建筑分区和其信息传输网络拓扑结构进行了构建和设计；同时基于该策略建立了分布式人员疏散系统，指导被困人员有效疏散。

36.2 分布式建筑控制策略

36.2.1 分布式建筑控制策略的结构设计

集中式建筑控制面向功能，结构通常可分为设备层、控制层和管理层，如图 36.2-1 所示。集中控制方式下，空调、消防和安防等系统依赖各自专项控制单元独立运作，不同系统和设备间不能直接交互。由于受层次控制结构所限，集中控制方式下的信息和控制命令需要由底至顶或由顶至底进行传输。

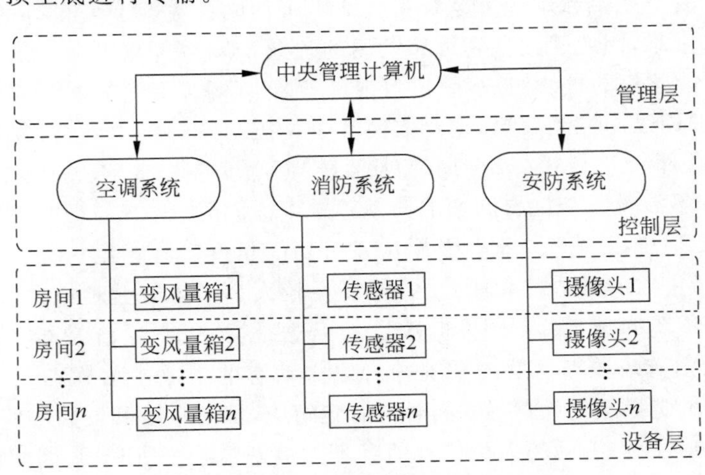

图 36.2-1 集中式建筑控制系统结构

基于已有的分布式控制理论，分布式建筑控制策略的结构见图 36.2-2，将建筑整体结构划分为若干互联的基本分区，并使用通用区域控制器对该分区内所有终端设备实施统一管理。所谓通用控制器，即每个基本分区内的控制设备都具备相同控制功能和计算能力，可以相互替代。除区内设备同控制器的信息交互外，相邻分区的控制器可以进行通信，使控制器获得本区之外的局部状态和信息。分布式控制方式下，空调、消防和安防等专项控制任务可离散为分属于各基本分区的子任务，并通过本地求解和局部或全局协调来完成控制。

不同于集中控制方式，分布式控制方式是面向空间的，对建筑设备的控制管理功能将完

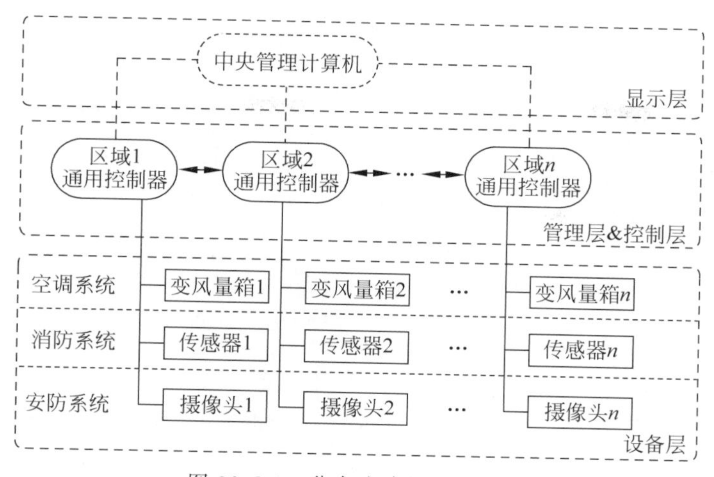

图 36.2-2　分布式建筑控制结构

全分散到空间分布的区域控制器中,实现了管理层和控制层的统一。分布式控制方式中的中央管理计算机不再参与计算和系统优化,仅具有集中控制方式中的部分功能,可以根据实际需要选择性地与一个或几个区域控制器相连,以实时显示相关区域内的状态。同时,基于区域控制器构成的通信网络,中央管理计算机可以延迟输出其他区域的状态,从而实现对建筑整体的掌握。

36.2.2　分布式建筑控制策略的优劣势分析

分布式控制与集中控制的显著区别之一在于信息流的不同。分布式建筑控制不再依赖建筑全局,而是以局部为基础,采用区域控制器实现底层设备信息在邻区范围内的共享。针对大型复杂结构建筑,分布式控制与集中控制相比具有如下优势:

(1) 统一了建筑整体和局部区域的控制目标,能够充分满足不同区域的舒适性和便捷性需求。

(2) 所有终端设备由区域控制器统一进行管理控制,空调、消防和安防等专项控制的设备能够被所有控制任务所调用,显著地提高了控制效果。如火灾场景下,各区通过摄像头在预先定义的区域类型如疏散避难区(走廊及电梯前室等)、有人分区和无人分区识别本区状态,分布式控制系统可以在各区自控和区域间协商的基础上采取不同的控制策略提高建筑与人员安全水平,如图 36.2-3 所示,无人分区系统进行开窗排烟,同时关闭照明和空调装置节约能源;疏散避难区域有人分区,系统打开照明装置,减少人员恐慌,开窗开空调,及时排出烟气,保障人员安全。

(3) 各区域控制器仅依赖本区或连同邻区在内的局部信息实施控制,能够有效地减少信息传输量和传输距离,避免了信息丢失和延迟问题,提高信息的准确性,同时少量信息的使用将明显提高控制算法的效率,算法的复杂度也不再随建筑规模的扩大而显著增长,能够实时在线完成计算。

(4) 局部信息的使用和多控制器的存在提高了控制系统的鲁棒性。系统具有更强的容错能力,如在火灾情况下即使火源所在区域的控制器损坏,其他分区内的控制器仍能够继续工作。

(5) 采用标准化的通用控制器进行区域管理,操作灵活、设计调试简单,具有良好的模

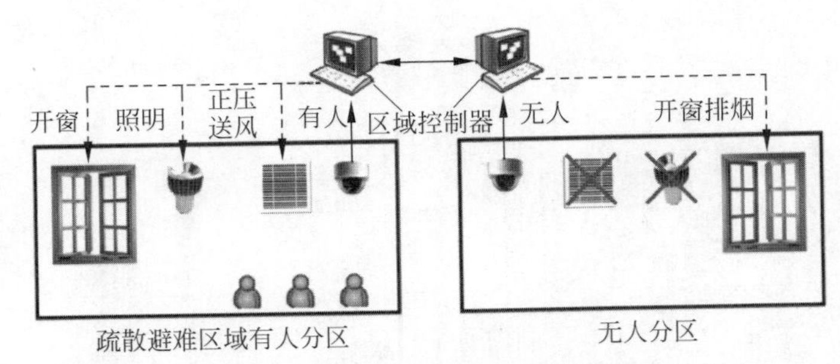

图 36.2-3 分布式建筑控制的消防控制策略示意图

块性、扩展性和可移植性。建筑规模扩大后，通用控制器和终端设备所构成的区域管理系统因其模块化特性可以复制到新增分区，通过构建新分区与周围邻居的通信网络实现建筑控制系统的改建，操作简单。

然而，多个控制器依靠区域通信实施控制的方式使得分布式建筑控制将面临各分区时间状态一致性协调不易的挑战。由于全局信息的缺失和各分区状态的不一致，分布式控制算法的性能比集中控制的可能有所退化。

36.3 建筑分区和信息传输网络拓扑结构

建筑分区和信息传输网络是构成分布式建筑控制系统的两大基础元素。建筑分区是实现分布式建筑控制的物理基础，是区域控制的基本单元；而信息传输网络结构即分区的拓扑关系，为分布式建筑控制策略提供通信基础。

36.3.1 建筑分区的构建

建筑空间按照人员活动特点通常可以分为房间和通道两大类，前者指人员长期停留的区域；后者则指走廊和楼梯间等仅作为通道的区域，紧急情况下可作为疏散通路。基于此，我们将建筑分区划分为房间和走廊两大类。同单一按照房间定义分区的方法相比，两类分区的设定使得区域控制器可以通过识别预先定义的区域类型来执行不同的控制任务。分区策略的制定需要考虑分区与已有建筑结构、区域及设备布置的关系，分区间的通信需求，以及分区内各种控制对周围邻区的影响。根据以上要求，建筑分区应满足以下基本规则：

(1) 分区内的空间必须是连续的；

(2) 任意两个分区在空间上不能重叠；

(3) 分区要与建筑内已有区域(如防、排烟分区)设置相协调，两类区域不可相互交叉；

(4) 分区设置需要与探测器的布置相匹配，如对消防控制来讲，至少保证区域内有一个火灾探测器；

(5) 分区的邻居数目不宜过多，以平衡各分区的通信需求和信息处理能力；

(6) 分区的设置需要满足本区局部控制对邻区影响较小的要求。

36.3.2 信息传输网络拓扑结构设计

分布式建筑控制策略中，各分区仅能与有限个其他分区进行信息传输，这些分区称为邻区。信息传输网络的构建实质上是定义邻区范围的过程。本章从空间关系和连通性这两个角度出发制定了分区间的通信规则，用以定义邻区范围和构建信息传输网络。

（1）基于空间关系的规则：按照分区空间关系定义邻区范围时，所有在空间上与本区相邻的基本分区都被视为邻区。

（2）基于连通性的规则：对于空间相邻的两个基本分区，若能够借助某种条件，如通过门和窗等自然通风设备和空调等机械通风设备，相连形成连续空间，则二者互为邻居。

基于以上两种规则制定的通信网络各有优劣。其中基于空间关系的通信网络易于实施局部协调控制，减少本区控制对邻区的影响，但网络结构较为复杂；而基于连通性的通信网络能够有效简化网络结构，减少各分区的信息处理量，但局部协调控制的范围有限。

36.4　基于分布式建筑控制策略的人员疏散系统

36.4.1　分布式疏散系统及算法

在建筑分布式疏散系统中，楼宇被划分为若干分区，每个分区配有传感器和通用控制器等基本数据采集和处理设备及动态疏散指示标志。分区中的烟温复合传感器可以实时监测火灾信息，当火灾发生时，通用控制器根据监测的火灾信息计算出火源位置信息、火源强度信息和火灾发展态势信息。同时分区中安装的人员监测设备包括射频识别（RFID）系统、门禁系统和视频系统，可以监测各分区人员的位置分布信息，通过此估计各区域人员密度信息。动态疏散指示标志区别于传统的静态疏散指示标志，可根据需求改变方向，有效引导被困人员的决策，指导人员选择最佳疏散方向和路径。

分布式疏散系统的工作原理如下：当某个分区的控制器通过传感器探测到火情，该分区的控制器将此信息传递给邻区，邻区收到此信息后也将转发给邻居，以此类推。火灾发生的信息以这种“洪泛”的形式传遍整个网络。当疏散出口所在分区接收到火情信息后，该分区将会发起一个求解广义最短路问题的分布式运算。分布式算法的基本思路是每个分区控制器不断接受邻区控制器的信息，并估算选择各个邻区作为疏散方向时其到安全出口的广义距离。例如：若选择邻区 A 作为疏散方向，则从本区到出口的广义距离估算为邻区 A 到出口的广义距离（从邻区 A 的控制器得到的信息）与本区到邻区 A 的广义距离之和。算法比较选用每个邻区作为疏散方向时到出口的广义距离，将实现最短广义距离的邻区作为疏散指示的方向。计算过程中需要考虑的因素包括火源位置、建筑内几何距离和人员分布等。图 36.4-1 为利用分布式疏散算法求解得到的各分区疏散路径（Exit 为出口位置）。算法输出每个分区的疏散指示，通过动态疏散标志显示疏散方向，引导人员进行疏散。

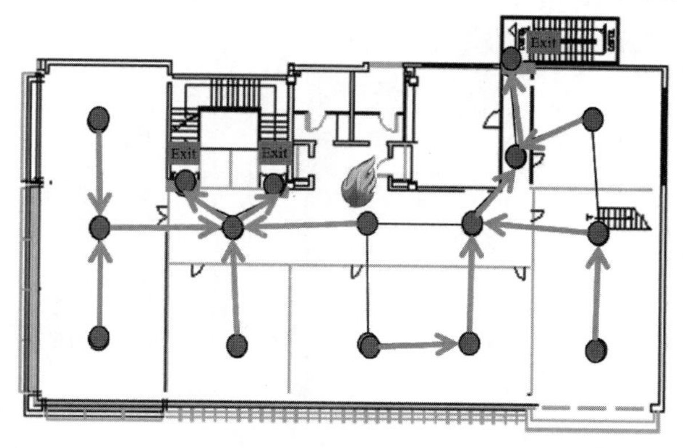

图 36.4-1　基于分布式建筑控制策略的疏散路线选择系统

36.4.2 分布式系统的疏散实验与模拟

我们在清华大学节能楼安装了分布式疏散指示系统并开展了两组火灾人员疏散演习实验。其中第1组疏散演习实验中，没有进行疏散指示；第2组疏散演习实验采用了分布式系统给出的指示，实验中人员严格按照指示进行疏散。节能楼各层建筑结构见图36.4-2，该建筑共有4层结构，包含3个通向外界的疏散出口——第1层的主出口、室外钢梯和楼顶出口。两组实验中，均假设起火点为第3层至第4层的楼梯间，且不考虑因火灾的态势发展对其他分区的影响，因此疏散演习中仅第3和4层间的楼梯不可用。另外，由于施工的原因，第2组实验中通向楼顶的出口不可用，因此第4层的人员唯一可能的选择是通过钢梯进行疏散。每次实验前，人员的初始分布已知，表36.4-1为两次疏散演习实验前各层楼人员分布。

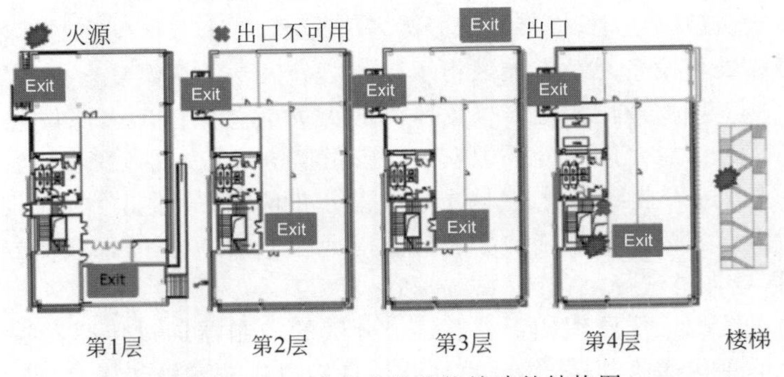

图36.4-2 清华大学节能楼建筑结构图

表36.4-1 各楼层人员分布

组别	第1层	第2层	第3层	第4层	总人数
1	0	33	42	20	95
2	0	40	22	29	91

在开展第2组实验之前，需要对建筑结构进行区域化，图36.4-3(a)所示为一种建筑分区图，其中小尺寸房间独自成区，大尺寸房间和走廊等连续空间则以虚线为间隔划分为若干分区，可看出第1层共划分为13个分区，第2、3层和4层都划分为15个分区；图36.4-3(b)为基于连通性规则的建筑分区对应的信息传输网络拓扑图。

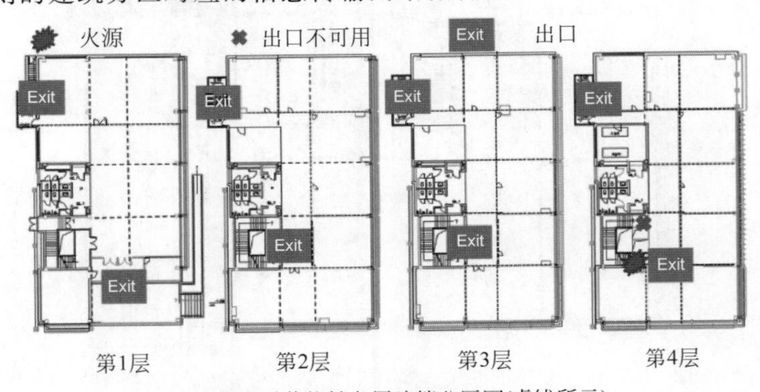

(a)清华大学节能楼各层建筑分区图(虚线所示)

图36.4-3 清华大学节能楼建筑结构分区及其信息传输网络拓扑图

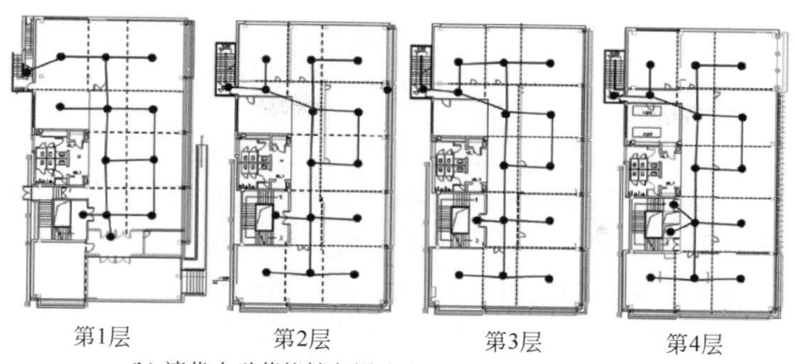

(b) 清华大学节能楼各层建筑分区信息传输网络拓扑

图 36.4-3 (续)

为了对照，我们用 STEPS 软件分别模拟了在表 36.4-1 的两组实验条件下有无分布式系统提供的疏散指示下的各出口疏散人数和时间情况，在模拟中，假设行人在平面的疏散速度为 1m/s，主出口的人流速度为 3 人/s，其他出口的人流速度为 1 人/s，同时由于楼梯间的速度和高度已知，用定值代替在楼梯间的疏散时间，本模拟中每层的楼梯间疏散时间为 14s。疏散实验和模拟结果见表 36.4-2。

表 36.4-2　疏散实验和模拟结果

组别	实验类别	有无指示	主出口疏散人数	主出口疏散时间/s	钢梯疏散人数	钢梯疏散时间/s	楼顶疏散人数	楼顶疏散时间/s
1	演习	无	68	106	7	80	20	< 30
1	模拟	无	68	99	7	62	20	< 30
1	模拟	有	41	71	34	68	20	< 30
2	演习	有	39	100	52	129	无	无
2	模拟	无	58	136	33	88	无	无
2	模拟	有	39	92	52	124	无	无

由表 36.4-2 中的实验结果可得，实验 1 中的两组模拟结果中，在无指示情况下，选择主出口、钢梯和楼顶的人数分别占总人数的 71.58%、7.37%和 21.05%；而在有指示情况下，选择主户口、钢梯和楼顶的人数分别占总人数的 43.16%、35.79%和 21.05%。同时实验 2 的两组模拟结果中，在无指示情况下，选择主出口和钢梯的人数分别占总人数的 63.74%和 36.26%；而在有指示情况下，选择主出口和钢梯的人数分别占总人数的 42.86%和 57.14%。两组实验结果均说明分布式系统提供疏散指示可以有效减轻主出口的疏散压力，选择各个出口的人员个数也更加平衡。对比实验 1 中两组模拟下的总疏散时间，可得无指示情况下的总疏散时间为 99s；而有指示情况下的总疏散时间为 71s。对比实验 2 中两组模拟下的总疏散时间，可得无指示情况下的总疏散时间为 136s；而有指示情况下的总疏散时间为 129s。说明提供疏散指示可以缩短总疏散时间。对比实验 1 中无指示情况下演习和模拟结果及实验 2 中有指示情况下演习和模拟结果，得出模拟与演习各出口的疏散人数相同，但模拟情况下各出口的疏散时间相对较短，主要原因为模拟情况下未考虑疏散人员拥挤竞争等产生的额外时间。从以上分析结果可以看出，基于分布式建筑控制策略的疏散指示可以有效平衡不同出口疏散的人员数目，避免拥堵现象发生，减少人员疏散时间，保障紧急情况下

人员疏散的有效进行。

36.5 本章小结

针对当前建筑自动化系统中空调、消防和安防等专项控制系统独立运行且依赖全局信息实施优化管理的弊端，本章提出了一种模块化、可扩展、高效且强健的分布式建筑控制策略，并对建筑分区与通信网络进行了一体化设计。提出了6项通用建筑分区策略，制定了基于空间关系与基于连通性的通信规则。最后将分布式建筑控制策略运用于人员疏散研究，将消防系统和安防等系统有效结合，建立了分布式人员疏散动态指示系统。实验结果表明，分布式人员疏散动态指示系统可以有效平衡各出口的疏散人员数目，减少人员疏散时间，为合理有序进行人员疏散提供了条件。

然而，目前实验仅考虑了人员的初始分布，并未根据其动态分布对疏散路径进行深入优化。同时，实验中的疏散系统只考虑了火源的初始位置，并未研究火灾态势(如烟气和温度等)发展对疏散路径带来的影响。此外，关于人员服从动态指示开展疏散的假设在实际中难以严格符合。下一步将优化系统与算法，增加人员行为及火灾态势影响分析，建立一套更加合理有效的人员疏散指示系统。

参考文献

[1] 马亚萍，吴楠，高远，等. 基于分布式建筑控制策略的人员疏散系统[J]. 清华大学学报(自然科学版)，2015(8)：927-932.

[2] 利建明，常清，牟仁平，等. 公共场所智能消防提示指挥疏散系统，CN1412723[P]. 2003.

[3] Gelenbe E, Wu F J. Large scale simulation for human evacuation and rescue[J]. Computers & Mathematics with Applications, 2012, 64(12): 3869-3880.

[4] Lei Y, Wu D T, Lin Y. A Decentralized Control Algorithm for Large-Scale Building Structures[J]. Computer-Aided Civil and Infrastructure Engineering, 2011, 27(1): 2-13.

[5] Ma T W, Xu N S, Tang Y. Decentralized robust control of building structures under seismic excitations[J]. Earthquake Engineering & Structural Dynamics, 2008, 37(1): 121-140.

[6] 汪权，庄嘉雷，王建国，等. 高层建筑地震反应的分散最优迭代学习控制研究[J]. 工业建筑，2013，43(2)：18-23.

[7] 蒋扬，周星德，王玉，等. 建筑结构鲁棒分散控制方法研究[J]. 振动与冲击，2012，31(6)：37-41.

[8] 张凯锋，戴先中. 电力系统分散控制[J]. 电力系统自动化，2003，27(19)：86-90.

[9] 周策，温武. 电厂分散控制系统优化及分析[J]. 山西电力，2011(5)：30-32.

[10] Bakule L. Decentralized control: An overview[J]. Annual Reviews in Control, 2008, 32(1): 87-98.

[11] Chandan V, Alleyne A G. Optimal control architecture selection for thermal control of buildings[C]. American Control Conference. IEEE, 2011: 2071-2076.

[12] Chandan V, Alleyne A G. Decentralized architectures for thermal control of buildings[C]. American Control Conference. IEEE, 2012: 3657-3662.

[13] Chandan V, Alleyne A G. Optimal Partitioning for the Decentralized Thermal Control of Buildings[J]. IEEE Transactions on Control Systems Technology, 2013, 21(5): 1756-1770.

[14] 吴楠. 基于分布式控制策略的建筑火灾参数反演与态势预测研究[D]. 北京：清华大学，2014.

第37章

基于群智能算法的仓库拣选路径优化

本章提要

本章基于群智能体系架构，提出了一种仓库拣选路径优化的群智能算法，以路径最短为目标，实现仓库拣选路径优化，从而提升仓库系统工作效率，降低运行与维护成本。与传统的集中式和分布式算法相比，该算法自动适配项目、灵活性高、开发过程更开放；无须构建中心节点，不必增加硬件或时序冗余，具有自组织、并行性和简单性的特点，在实际应用中具有广阔前景。本章内容主要来源于文献[1]。

37.0 符号列表

$\tau_{ij}(t)$	t 时刻每一自由点 i 到其相邻自由点 j 的信息素的值
$\eta_{ij}(t)$	启发函数
α	信息素的重要程度因子
β	启发函数重要程度因子
$\text{allow}_k(k=1,2,\cdots,m)$	蚂蚁 k 待访问点的集合
$\Delta\tau_{ij}^k$	第 k 只蚂蚁在点 i 与点 j 连接路径上释放的信息素浓度
$\Delta\tau_{ij}$	所有蚂蚁在点 i 与点 j 连接路径上释放的信息素浓度总和
Q	蚂蚁循环一次所释放的信息素总量
L_k	第 k 只蚂蚁经过路径的长度

37.1 仓库作业群智能算法概述

长期以来，订单拣选被认为是仓库作业中劳动密集度最高，成本最高的环节，占仓库总运营费用的55%[2]。订单拣选领域主要的研究有布局设计[3]、货位分配[4]、作业分区[5]、订单捆绑[6]和路线算法[7]。传统的路径规划方法有栅格法[8]、可视图[9-11]和自由空间法[11]等，这些传统的方法存在计算效率低，不适用于高维度优化的缺陷[12]。群智能算法[13]作为一种新型的源于大自然的仿生类算法，成功应用于一些实际问题，如商旅问题、分配问题、加工车间调度问题和网络设计问题等，取得一系列较好的实验结果[14,16]。群智能算法的特点是自组织、并行性和简单性。本章首先以群智能控制系统（insect intelligent control system，I2CS）为架构，通过群智能算法并行性和简单性的特点对仓库拣选路径进行优化，提高仓库拣选环节的工作效率。

37.2 仓库管理控制系统架构

37.2.1 仓库管理集散式控制系统

集散式控制系统（distributed control system，DCS）是20世纪70年代中期诞生的，是数字技术、微电子技术、通信技术、屏幕显示技术与过程控制技术紧密结合的新一代控制系统新模式[17]。本章主要以建筑中的集散式控制系统为例作为比较。

特点：(1)面向设备子系统；(2)需要配置数据的地理位置信息，建立控制逻辑网络；(3)跨专业，包括建筑、暖通、照明、给排水、电梯、视频监控、安防、消防、IT 等专业。

存在问题：(1)跨子系统集成困难，信息孤岛，协议不兼容；(2)需要大量的组网配置工作(10 万 m^2 建筑，几万个信息点和传感器等实物的人工校对工作)；(3)设备专业和 IT 专业的知识难以融合。

采用集散式控制网络，可以实现仓库的监控、调度、诊断、货位分配以及数据库管理等功能。仓库的货物集散中心是物流系统化中物流网络体系的结点，是物流基本功能充分表现的场所。基本内容涉及集装箱多式联运、特种货物运输等的物流作业等。处在这一功能层次物流中心的核心功能是货物集散，可以采用人工作业方式或简单的管理设备完成现场货物集散、物流信息处理、物流运行和控制作业。

37.2.2 仓库管理群智能控制系统

群智能控制系统(I2CS)是清华大学建筑节能研究中心开发的一种新型控制系统，群智能控制系统以现场的智能末端设备和智能传感器、智能执行器为网络节点，各节点地位平等，通过自组织的方式与其他节点构建无中心网络拓扑，计算模式为各节点的本地独立运算以及相邻节点间基于信息互传的协同运算，实现同等于集中式计算的效果[18,20]。

特点：(1)基于智能空间控制单元、控制子系统的智能终端；(2)面向空间，网络结构与空间位置网络一致；(3)支持标准化的分布式计算能力，支持基于分布式任务的多任务同步处理。

解决的问题：(1)实现机电一体化，解决局部跨设备子系统的集成问题；(2)网络结构与空间位置网络一致，大幅度降低组网配置工作；(3)降低建筑设备专业人员的 IT 技术门槛。

简单来说，仓库中的群智能控制就是将每个包裹都看成是一个带有信息的节点，在路径规划过程中各个节点均与相邻节点进行信息的交互，各个节点并行地进行自组织自控制，从而快速找到最短路径。

仓库管理群智能控制系统包括分布在各个空间区域智能控制器、智能传感器、移动或固定的智能执行器。如图 37.2-1 所示，智能控制器、智能传感器和智能执行器通过 RS-485 总

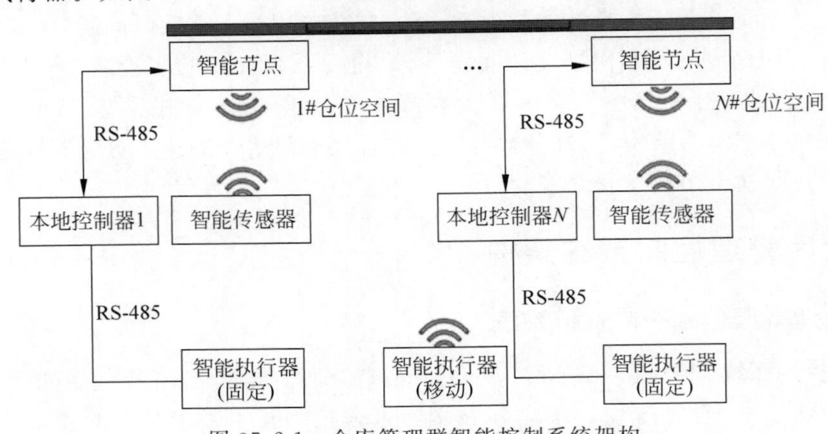

图 37.2-1 仓库管理群智能控制系统架构

线或 WiFi 连接，形成无中心扁平化的网络。建立分布于设定区域范围内的多个不同类型仓位的无中心自组织控制网络，以总能耗最小、总运行效率最高和总费用最少为目标，实现仓库管理控制系统的优化运行。与现有技术相比，可以实现仓库管理系统的自组网、控制设备的即插即用、基于群智能算法的全局优化控制。

37.3　仓库拣选路径群智能算法设计

37.3.1　算法结构

基于群智能控制系统，设计一种仓库拣选路径优化的群智能算法。通过利用群智能控制系统的自组织、即插即用等特点结合蚁群算法在信息素指导情况下求解的快速性和精确性，从而实现拣选路径的全局优化。该算法的基本结构如图 37.3-1 所示。

37.3.2　采用并行蚁群算法求解最优路径

蚁群算法实质是一种使用信息正反馈机制的算法，一旦具有正确的初始信息素作为引导，蚁群就能够快速地收敛于最优解。具体内容如下。

(1) 信息素的表示。

“信息素”分布在相邻两个点的连线上，通往路径上障碍连线的信息素为 0。蚂蚁从起始点开始搜索，蚂蚁的每一步搜索的方向是与其当前所在点相邻的上、下、左、右 4 个方位的点上。t 时刻每一自由点 i 到其相邻自由点 j 的信息素的值为 $\tau_{ij}(t)$。

(2) 路径点的选择。

t 时刻蚂蚁 k 选择下一个点的转移概率由下式确定：

$$P_{ij}^{k}=\begin{cases}\dfrac{[\tau_{ij}(t)]^{\alpha}\cdot[\eta_{ij}(t)]\beta}{\sum\limits_{S\in \mathrm{allow}_k}[\tau_{is}(t)]^{\alpha}\cdot[\eta_{is}(t)]\beta}, & S\in \mathrm{allow}_k\\ 0, & S\notin \mathrm{allow}_k\end{cases} \tag{37.3-1}$$

其中，$\eta_{ij}(t)$为启发函数，α 为信息素的重要程度因子；β 为启发函数重要程度因子；allow_k $(k=1,2,\cdots,m)$为蚂蚁 k 待访问点的集合。

(3) 信息素的更新机制。

$$\begin{cases}\tau_{i,j}(t+1)=(1-\rho)*\tau_{i,j}(t)+\Delta\tau_{i,j}\\ \Delta\tau_{i,j}=\sum\limits_{k=1}^{n}\Delta\tau_{i,j}^{k}\end{cases},\quad 0<\rho<1 \tag{37.3-2}$$

其中，$\Delta\tau_{ij}^{k}$ 表示第 k 只蚂蚁在点 i 与点 j 连接路径上释放的信息素浓度，$\Delta\tau_{ij}$ 表示所有蚂蚁在点 i 与点 j 连接路径上释放的信息素浓度总和。

$$\Delta\tau_{i,j}^{k}=\begin{cases}\dfrac{Q}{L_k}, & \text{第 } k \text{ 只蚂蚁从城市 } i \text{ 访问城市 } j\\ 0, & \text{其他}\end{cases} \tag{37.3-3}$$

其中，Q 为常数，表示蚂蚁循环一次所释放的信息素总量；L_k 为第 k 只蚂蚁经过路径的长度。

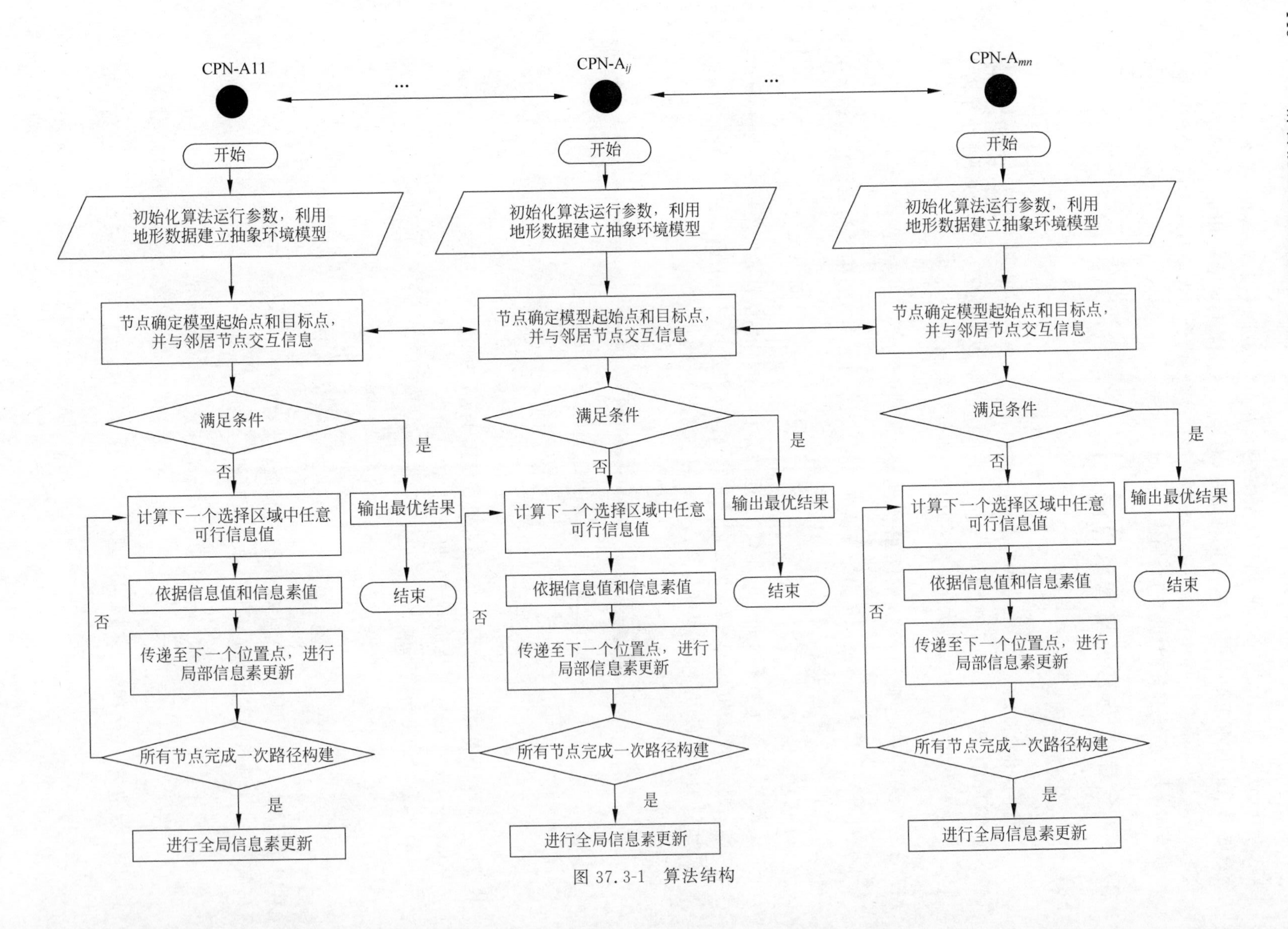

CPN-A11
CPN-A_{ij}
CPN-A_{mn}
开始
初始化算法运行参数，利用地形数据建立抽象环境模型
节点确定模型起始点和目标点，并与邻居节点交互信息
满足条件
是
否
输出最优结果
结束
计算下一个选择区域中任意可行信息值
依据信息值和信息素值
传递至下一个位置点，进行局部信息素更新
所有节点完成一次路径构建
进行全局信息素更新

图 37.3-1 算法结构

(4) 算法并行化策略

蚁群的并行化策略主要有 5 种：并行独立蚁群，并行交互蚁群，并行蚂蚁，解决方案元素的并行评估，蚂蚁和解决方案元素的并行结合[21]。本章采用的是并行交互蚁群的方法，该方法不但具有并行独立蚁群简单方便的特点，同时还弥补了各蚁群之间没有交互，信息传递方向是单向的局限性。

37.3.3 算法描述

该算法的基本步骤：

(1) 初始化算法运行参数，建立抽象仓库环境模型；确定起点和目标点在抽象仓库环境模型中的位置。

(2) 计算下一选择区域内各点的信息值，依据信息值和信息素值，确定下一路径点。

(3) 移动到下一路径点，进行局部信息素更新。

(4) 判断是否所有节点完成一次路径构建，若否，则转到步骤(2)。

(5) 判断算法是否满足停止条件，若满足则输出最优结果；否则，转到步骤(2)。

37.4 仿真实验与分析

由于仓库拣选路径优化问题是一种特殊的推销员问题(travelling salesman problem，TSP)问题，并且不同类型仓库存储区域的模型参数设置不同，很难使用具体的例子来同其他学者的不同算法进行性能比较，为了验证群智能算法的性能，选择标准的 TSP 问题，并与其他学者的遗传算法和蚁群算法进行比较。

本次实验选取的是 Oliver30 城市模型进行测试，每组实验做 10 次，并设计遗传算法、蚁群算法作为并行化蚁群算法的对比实验。实验结果如表 37.4-1 所示。其中，Oliver30 问题的最优解为 423.74。

表 37.4-1 并行交互蚁群算法的性能对比试验结果

城市模型及算法		Max	Min	均 值
Oliver30	遗传算法	429.82	424.64	427.32
	基本蚁群算法	434.51	425.26	429.32
	并行交互蚁群算法	425.85	423.74	424.83

从表 37.4-1 的实验结果可以看出，在求解 Oliver30 城市模型时，本章提出的并行交互蚁群算法的寻优结果中的最小值小于遗传算法和蚁群算法的结果最小值，10 次试验的均值也是三种算法中最小的，并且在求解 Oliver30 城市模型过程中，并行交互蚁群算法能稳定地找到当前的已知的全局最优解；这说明并行交互蚁群算法的寻优能力和算法稳定性要远优于蚁群算法和遗传算法。

由图 37.4-1 中三种算法的寻优速度对比结果可知，并行交互蚁群算法的收敛速度是三种算法中最快的，这说明并行交互蚁群算法在具有较好的寻优能力的同时还拥有较好的寻优速度。

综合以上实验结果，并行交互蚁群遗传算法具有寻优能力强，算法稳定性高，寻优速度快的优点，能在较短的时间内找到较高质量的解。

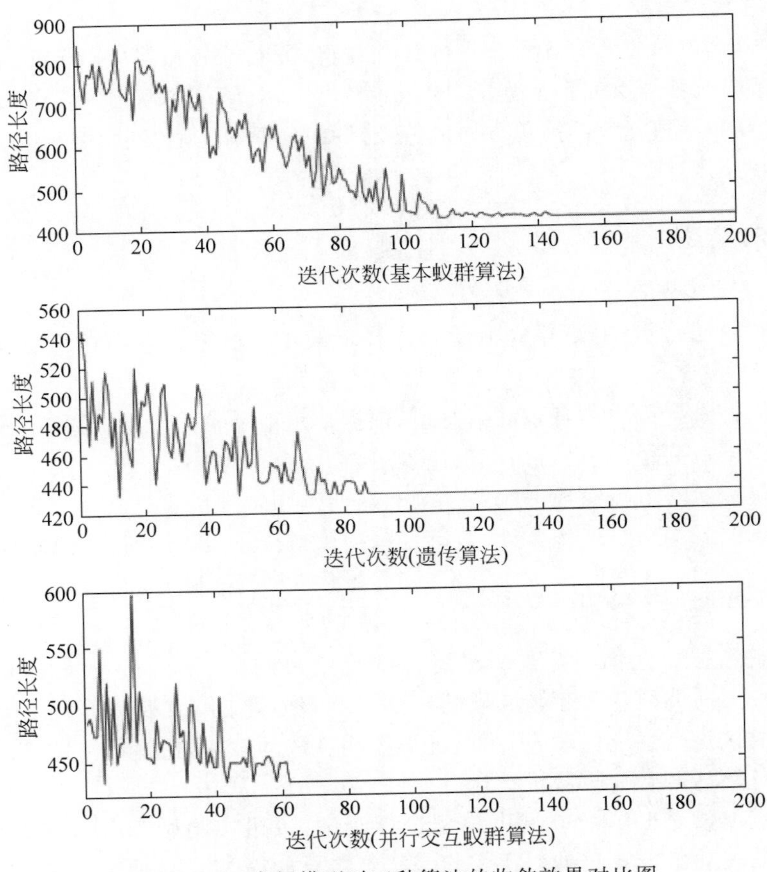

图 37.4-1 求解模型时三种算法的收敛效果对比图

37.5 本章小结

本章提出一种基于群智能算法的仓库拣选路径优化，有效解决了传统拣选过程中的高成本和劳动力消耗的问题，从而达到了优化拣选路径的目标。通过优化拣选路径提高了仓库的管理效率，降低了运营费用。

参考文献

[1] 王均峰，于军琪，赵安军，等. 基于群智能算法的仓库拣选路径优化[J]. 工业控制计算机，2019，32(3)：64-66.

[2] René K，Tho L，Kees J R. Design and control of warehouse order picking：A literature review [J]. European Journal of Operational Research，2006，182(2)：481-501.

[3] Roodbergen K J，Sharp G P，Vis I F A. Designing the layout structure of manual order picking areas in warehouses[J]. Iie Transactions，2008，40(11)：1032-1045.

[4] Gagliardi J，Renaud J，Ruiz A. On storage assignment policies for unit-load automated storage and retrieval systems [J]. International Journal of Production Research，2012，50(3)：879-892.

[5] René K，Tho L，Zaerpour N. Determining the number of zones in a pick-and-sort order picking system [J]. International Journal of Production Research，2012，50(3)：757-771.

[6] Bozer Y A,Kile J W. Order hatching in walk-and-pick order picking systems [J]. International Journal of Production Research,2008,46 (7): 1887-1909.

[7] Kulak O,Sahin Y,Taner M E. Joint order batching and picker routing in single and multiple-cross-aisle warehouses using cluster-based tabu search algorithms[J]. Flexible Service Manufacture Journal, 2012,24(1): 52-80.

[8] Elf A. Sonar-based real-world mapping and navigation [J]. IEEE Journal of Robotics and Automation, 1987,RA-3(3).

[9] Neus M,Maouche S. Motion planning using the modified visibility graph[C]//Systems, Man, and Cybernetics,1999. IEEE SMC'99 Conference Proceedings. 1999 IEEE International Conference on. IEEE,1999.

[10] Rao N. Robot navigation in unknown generalized polygonal terrains using vision sensors[J]. IEEE Transactions on Systems,Man and Cybernetics,1995,25(6): 947 -962.

[11] 孟庆浩,彭商贤,刘大维. 基 Q -M 图启发式搜索的移动机器人全局路径规划[J]. 机器人,1998, 20(4): 273 -278.

[12] 西格沃特 R,诺巴克什 I R,斯卡拉穆扎 D,等. 自主移动机器人导论[M]. 李人厚,宋青松,译. 西安: 西安交通大学出版社,2013.

[13] Hackwood S,Beni G. Self-organization of sensors for Swarm Intelligence[C]//IEEE International conference on Robotics and Automation. Piscataway,NJ: IEEE Press,1992: 819-829.

[14] Dorigo M,Maniezzo V,Colorni A. Ant System: optimization by a colony of cooperating agents[J]. IEEE Trans on Systems,Man,and Cybernetics,1996,26(1): 29-41.

[15] Issmail E,Paul C,Otman B. Exchange strategies for multiple Ant Colony System[J]. Information Sciences,2006,177(5): 1248-1264.

[16] Alba E,Leguizarmon G,Ordonez G. Parallel ant algorithms for the minimum tardy task problem [C]//Proc of Congreso Argentino de Ciencias de la Computation,2004: 1835-1846.

[17] Stephen R. Survey of Distributed Control Systems[J]. TECH,1989,36(9).

[18] 沈启. 智能建筑无中心平台架构研究[D]. 北京: 清华大学,2015.

[19] 王美婷. 无中心空调系统运行参数故障诊断方法研究[D]. 北京: 清华大学,2015.

[20] 代允闯. 空调冷冻站"无中心控制"系统研究[D]. 北京: 清华大学,2016.

[21] 李士勇,陈永强,李研. 蚁群算法及其应用[M]. 哈尔滨: 哈尔滨工业大学出版社,2004.

第11篇　编程语言

第 38 章

INR：一种用于群智能建筑 App 开发的编程模型

本章提要

群智能建筑(insect intelligent building，I^2B)是一种新型的智能建筑平台，其突出特点由智能节点连接而成的分散式网络结构。群智能建筑可以使用各种从业者或编程爱好者开发的应用程序来管理和控制建筑。但是，由于群智能建筑平台独特的并行运行机制以及应用程序(App，application)开发者的普及性，目前还没有有效的方法来支持群智能建筑 App 开发。为了应对此挑战，为描述和发展群智能建筑 App 提供有意义的指导以及激励未来的编程语言设计，我们提出 INR，一种用于群智能建筑 App 开发的编程模型。INR 中用于描述不同的任务需求的三个子模型，即个体(Individual)、邻域(Neighborhood)和区域(Region)，分别被定义和实现。建立了基于标签的编程和集群化操作的新机制以支持群智能建筑中 App 即插即用和并行的能力。最后，通过应用实例说明了群智能建筑 App 的开发模式，并验证了该方法的有效性。本章内容主要来源于文献[1]。

38.0 符号列表

Individual	个体编程子模型
Neighborhood	邻域编程子模型
Region	域编程子模型
pmo	编程模型抽象
P_A	编程抽象的集合
P_{Mec}	编程机制的集合
unit	基本单元
name	基本单元名称
type	基本单元类型
D	基本单元数据成员的集合
F_{static}	基本单元静态函数的集合
$\mathrm{Dev}_{\mathrm{sub}}$	基本单元从属设备的集合
f_{auto}	基本单元的自主函数
d_{sub}	从属设备
type	从属设备的类型
Tag	从属设备标签的集合
D_{str}	从属设备的数据结构
F_{sla}	从属设备功能函数的集合
T	任务
T_{trig}	触发式任务
T_{non}	非触发式任务
self	本体

num	本体的节点编号
T_{self}	本体标签的集合
V_{In}	交互变量的集合
O_N	邻域操作的集合
Neighbor	邻居
Num	相邻基本单元节点编号的集合
T_{neigh}	Neighbor 标签的集合
R_n	Neighbor 标签与相邻基本单元节点编号的映射关系
reg_{id}	域的名称标识符
Ori	发起者的集合
NCA_{reg}	网络计算活动的集合
C_{reg}	域约束的集合
V_{reg}	域变量的集合
Str_{reg}	域结构的集合

38.1 绪论

群智能建筑[2-5]是一种新型的智能建筑。与传统的智能建筑控制系统不同，群智能建筑采用基于建筑空间分布特征的分散网络结构，分散网络中的节点为具有计算能力的智能节点，称为 CPN。每个 CPN 对应于一个建筑空间单元或一个机电设备。CPN 包含一个标准信息模型，可以集成和管理标准化的建筑控制信息。群智能建筑中的所有智能节点都通过其 6 个数据端口连接最多 6 个空间上的邻居，而不是连接到一个统一的中央处理节点，这使得整个建筑构成了一个强大的分散网络，以并行、分布式的方式完成复杂的控制任务。图 38.1-1 展示了群智能建筑的平台结构。除了 CPN 网络硬件系统外，群智能建筑平台还有一个开放的网络社区，即 App 商店。它包含了来自开发者的各种各样的建筑控制策略的应用程序，并且可以为建筑管理者提供下载服务。群智能建筑作为一种新型的智能建筑，具有即插即用、高效信息共享、自组织、易操作、易扩展等优点。实现群智能建筑控制的核心是 App，但群智能建筑 App 开发存在一些挑战。

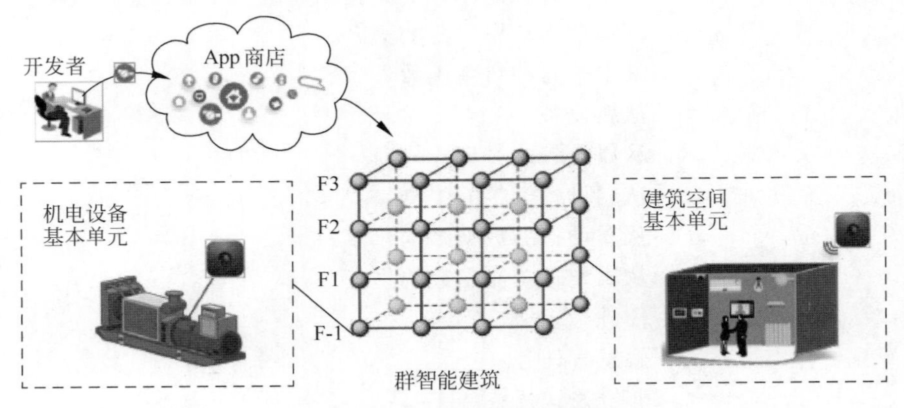

图 38.1-1 群智能建筑平台架构

面向群智能建筑分散、并行、分布式特性的 App 是保证群智能建筑高效稳定运行的关键。但是，群智能建筑平台的新结构和新特性的深刻变化，也给群智能建筑应用开发带来了新的困难和挑战。此外，随着群智能建筑的扩展和推广，群智能建筑 App 开发人员不再局限于建筑系统工程师，还逐渐扩大到大众的水平，包括运维经理、建筑用户等。因此，如何面向群智能建筑特性和大众开发人员，提供友好、简单、直观的描述和 App 开发方法已经成为一个对群智能建筑的新需求。

另一方面，编程语言是开发应用程序的直接和有效的解决方案。但是由于群智能建筑独特的分散结构和并行操作机制[6,7]，通用编程语言(general-purpose programming language, GPL)，如 C 语言、Java、Python 等，在面对群智能建筑的特定领域时，往往会给开发人员带来困难，无法提供友好有效的支持。领域特定语言(domain specific language, DSL)是一种专门为特定领域设计的编程语言，具有由该领域特征塑造的简单而有效的语言组件[8,9]。用于群智能建筑的 DSL 是开发群智能建筑应用程序的理想方法。然而，DSL 的设计和开发是一个庞大的项目和复杂的过程，如何设计出一种有效的编程语言来实现对群智能建筑控制的编程是当前的挑战。

领域建模是解决复杂的领域特定问题[10]的第一步。它关注领域组件，探索关键领域概念并构建概念之间的关系，而不是将它们分割成数据和行为，从而导致需求的偏差。它改进和更新了项目，以反映对“问题空间”的实际理解[11,12]。基于这样的考虑，在前期工作中[13]，我们通过总结群智能建筑主从分布式任务的特点建立了一个名为 MSpro 的编程模型，并展示了它的抽象。即通过使用新组件如域(Domain)、主 CPN(master CPN)、从 CPN(slave CPN)来构建 App。虽然 MSpro 解决了将软件开发从建筑配置中分离的问题，但它只专注于单个类型的控制任务而不能描述整个群智能建筑。因此，它对于群智能建筑 App 开发和编程语言设计没有足够的描述和指导意义。为了有效应对群智能建筑 App 描述和开发的挑战，我们极大地扩展了前期工作[13]，提出了群智能建筑 App 编程模型 INR(即 Individual, Neighborhood, Region)以及它的形式化描述，来刻画群智能建筑中不同的控制任务。此编程模型对群智能建筑 App 开发的系统描述，可以作为未来群智能建筑编程语言设计的通用指南。本章所做的重要贡献如下：

(1) 建立了群智能建筑 App 编程模型及其形式化描述。

(2) 提出并定义了三个关键的编程概念，即个体(Individual)、邻域(Neighborhood)、域(Region)，这也是群智能建筑中专门描述和定义本地任务、网络任务和整个控制任务的三个编程子模型。

(3) 提出了基于标签的编程和集群化操作的新机制，为群智能建筑 App 的特性提供支持。

(4) 将该编程模型应用于变风量空调系统优化运行应用案例，以说明群智能建筑 App 的开发模式。

本章的其余部分组织如下。在 38.2 节中，我们将介绍相关工作。在 38.3 节，我们提出用于开发群智能建筑 App 的 INR 编程模型。38.4 节具体描述了三个编程子模型：个体(Individual)、邻域(Neighborhood)、域(Region)。在 38.5 节中，我们做了一个实验，将 INR 模型应用在一个应用案例中来描述群智能建筑 App 的开发模式，并验证我们的方法的有效性。最后，我们在 38.6 节对本章内容进行了总结。

38.2 相关工作

群智能建筑 App 中包含不同的控制任务，为了在群智能建筑中实现这些控制任务，提出了许多基于其分散结构的智能控制算法。Wang 等[14]提出了一种新的分布式传感器故障检测和自修复方法，用于供暖、通风和空调系统。Yu 等[15]提出了一种基于对数线性模型的完全分散优化算法，以总功率消耗最小的方式完成多台同型泵的组运行。Wang 等[16]针对建筑空间拓扑匹配问题提出了一种分布式算法。Zhang 等[17]提出了一种分散的状态估计算法来构建电子分销网络。这些成果涵盖了群智能建筑中的各种控制任务和分散的运行机制，但不能为群智能建筑开发提供一个通用性的方法，从一个高度概括性的水平对群智能建筑操作机制进行描述。

群智能建筑的运行机制是由分散的结构决定的，这类似于并行、分布式系统和多代理系统(MAS)。一些研究探索了这些系统的开发模式。Hossain 等[18]提出了一种基于集合理论的传感器网络编程抽象方法 uSETL，它具有强大的形式化和高表达性。Wang 等[19]引入了一个转换编程框架，包括一个特定于模型的系统，以便于构建不同的数据并行编程模型。Zhang 等[20]提出了 ThreadXML 编程模型，它是一种新的快速开发的多线程编程模型，可以嵌入大多数普通编程语言中。Tekinerdogan 和 Arkin[21]提出了 ParDSL，一个领域特定的语言框架，提供显式的模型来支持将并行算法映射到并行计算平台的活动。Ferber 和 Gutknecht[22]提出了一个称为 AALAADIN 的多智能体系统通用元模型，基于组织概念定义了一个非常简单的描述通过多智能体系统的协调和协商方案。Hu 等[23]提出了一种新的用于构造和实现动态灵活系统的 AOP 方法，即 Oragent，能够支持并行网络的开发。这些成果中的模型虽然支持并行网络编程，但没有考虑群智能建筑领域特征，不能直接描述群智能建筑控制任务。此外，它们大多侧重于底层的实现机制，对用户的友好性不够。

目前对具体的群智能建筑控制任务和并行、分布式系统模型的研究已经取得了显著的成果。但是，这些成果只关注了具有自身特色的特定领域，并不支持对群智能建筑特征的直观、简单的描述；因此，目前还没有可用的群智能建筑应用程序开发方法，也缺乏编程模型来系统地描述群智能建筑应用程序开发，对群智能建筑编程语言的设计进行总体指导是必要的。

38.3 INR 编程模型概述

编程模型(programming model)是应用程序开发的关键结构，是编程语言的基础和核心。不同类型的编程语言使用了不同的编程模型，将实际待解决的问题模型(位于“问题空间”)映射到机器模型(位于“解空间”)中[24]。因此，编程模型的质量直接决定了编程语言求解问题的难易程度。由于传统的编程模型难以简单有效地对群智能建筑应用任务进行描述，所以，本章提出用于群智能建筑领域 App 开发的编程模型，为后续编程语言的语言要素定义及语法设计提供了有效的理论支撑。

38.3.1 INR 的一般架构

在本节中，我们首先介绍 INR 的形式化定义，然后建立它的一般架构。

定义 38.3-1 编程模型。编程模型可以被定义为一个二元组：

$$\text{pmo} = < P_A , P_{\text{Mec}} > \tag{38.3-1}$$

其中：

- P_A 表示编程抽象的集合，编程抽象 $p_A \in P_A$ 用来刻画事物的本质特征，是构成软件实体的基本元素；
- P_{Mec} 表示编程机制的集合，编程机制 $p_{\text{Mec}} \in P_{\text{Mec}}$ 是用来描述编程抽象 p_A 之间的相互作用关系，即 $p_{\text{Mec}} = P_A \times P_A$。

在面向过程的编程语言中(如 C、Fortran)，使用 1 维“变量”这一编程抽象来对事物进行建模，只能反映事物的数据特征，抽象层次较低[25]；其编程机制仅用来描述变量之间的相互作用关系(如赋值、比较以及函数操作等)。面向对象语言(如 Java、C++)将“状态”和“行为”封装到“对象”编程抽象中，从两个维度来刻画事物的特征，抽象层次进一步提高；其编程机制不仅包含低维变量之间的相互作用，还包括对象之间的组合、消息传递等，更加接近问题空间[26,27]。而面向 Agent 的编程语言所使用的 Agent 编程抽象，引入了个体思维属性(信念、愿望和意图)和社会属性(组织、角色等)，成为了一个具有自主性、驻留性、社会性、反应性的高维度智能体，抽象层次更高，编程机制也更加复杂[28,29]。

对群智能建筑 App 编程语言的设计而言，首要工作是为其建立便于应用任务描述与求解的编程模型，即使用更有效的编程抽象和编程机制将群智能建筑中实际待解决的应用任务抽象、分解为应用软件中的软件实体。由于群智能建筑应用任务更加复杂多样，因此，我们以“关注点分离”(separation of concerns)为基本分析原则，将群智能建筑 App 开发的编程特征按照本地任务和网络计算活动[30]进行分解，提出了 INR 编程模型。为了使其更直观和规范，我们用不同的抽象实体和 UML 关系符号描述 INR 编程模型。INR 的总体框架如图 38.3-1 所示，包括三个子模型：个体(Individual)、邻域(Neighborhood)、域(Region)。

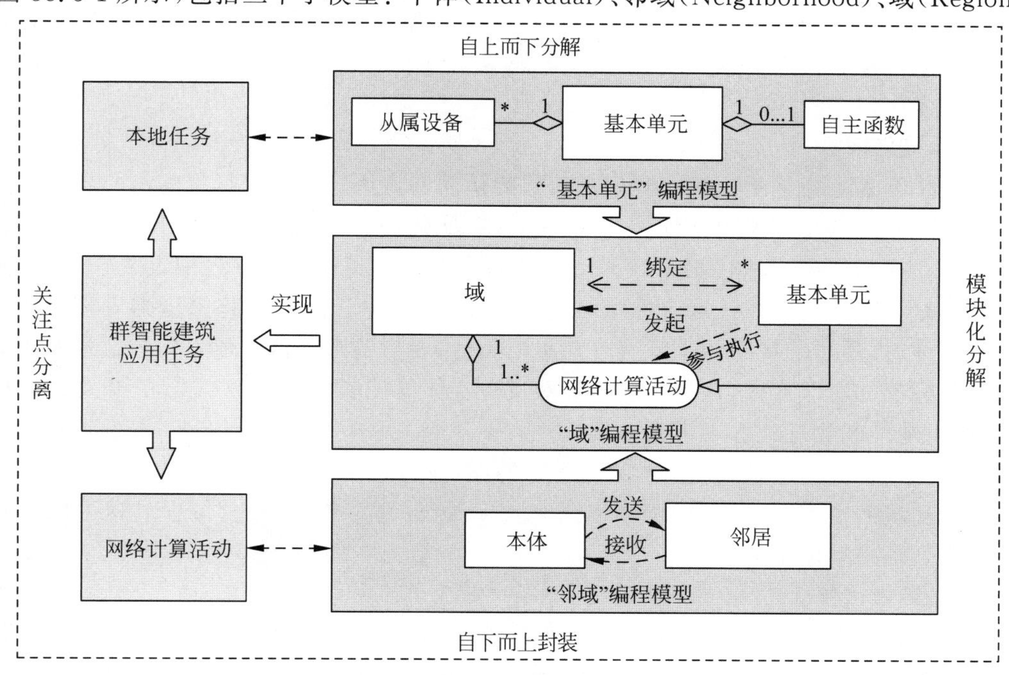

图 38.3-1　编程模型总体研究框架

定义 38.3-2 INR编程模型。它是用于开发群智能建筑App的编程模型,包括三个子模型,可以定义为一个三元组:

$$INR = < Individual, Neighborhood, Region > \quad (38.3\text{-}2)$$

其中,个体(Individual)、邻域(Neighborhood)和域(Region)是三个子模型,分别面向不同的控制任务。

(1)"个体"编程子模型是面向本地任务,提供了"基本单元"(下面将分别给出子模型的编程抽象的具体定义和介绍)、"从属设备"等编程抽象及其编程机制,能够有效刻画基本单元的内部状态和个体行为,以满足本地任务的程序设计需求;

(2)"邻域"编程子模型是面向网络计算活动,提供了"本体""邻居"等编程抽象及其编程机制,能够有效刻画CPN邻域交互行为,以满足"无中心"式网络计算活动的程序设计需求;

(3)"域"编程模型是面向整个应用任务,抽象层次最高,提供了"域""基本单元"等编程抽象及其编程机制,并通过"域"和"基本单元"的动态绑定机制,将本地任务程序模块和网络计算活动程序模块进行有效整合,以满足整个控制任务的程序设计需求。

从图38.3-1可以看出,三个编程子模型处于不同层次,而并非完全平行和独立。"个体"编程模型是对"域"编程模型中"基本单元"编程抽象的具体实现,而"域"编程模型中的"网络计算活动"是对"邻域"编程模型的进一步封装。INR编程模型从编程模型层面为群智能建筑App开发人员提供了模块化分解的重要支撑,可以实现对应用任务的有效、便捷的描述,从而提高App开发的构造性和封装能力。

38.3.2 INR的关键机制

INR编程模型结合群智能建筑控制任务的编程需求和实现群智能建筑中App的即插即用等领域特性的关键机制,提供了重要的领域特性。所提出的关键机制包括标签化编程和集群化操作。

1. 标签化编程

标签化编程是指基于标签来实现对对象的访问和调用。标签化编程的核心思想是实现App程序中建筑抽象的逻辑地址与实际建筑设备实体的物理地址的解耦,从而实现App的即插即用。换句话说,如图38.3-2所示,应用程序开发人员在编程过程中设置一个标签,然后在开发过程中只需要关注这个标签,标签的逻辑地址由相应的标签管理器管理;当App下载到本地时,通过小规模的手动或自动本地配置,在标签管理器中建立构建设备实体的物理地址与标签的对应连接,从而实现标签对设备实体的控制。在整个App的开发和运行过程中,逻辑地址和物理地址不再是一致的一对一对应关系。通过这种方式,开发者不必每次都考虑所有被控制对象的数量和物理地址;相反,他们只需要注意抽象类别的受控对象,它可以根据环境的需要在任何时候添加或更改它所包含的对象。因此,编程过程可以摆脱节点数量和通信地址的依赖。

2. 集群化操作

集群化操作基于标签化编程,指的是面向标签的函数操作,其自动应用于所有拥有相应标签的对象。如图38.3-2所示,通过逻辑地址与物理地址的解耦,可以实现单个标签与多个设备的关联。配合标签化编程,它为群智能建筑App开发者提供了一个简单快速的开发

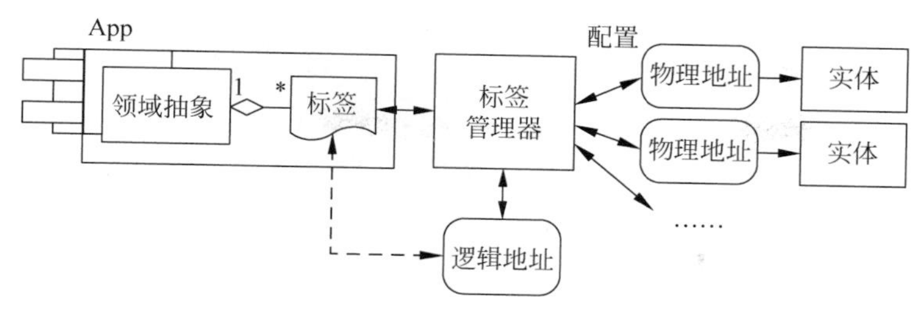

图 38.3-2 “标签化编程”概念的实现

流程，让他们只用一些简单的代码就可以实现对一个组的操作和控制。通过封装一系列复杂的控制方法，集群化操作可以用简单的语句实现大规模操作。

这些关键机制贯穿于整个编程模型中，它们在不同的子模型中具有相对不同的功能和用法，下面将在不同的子模型中具体介绍。

38.4 INR 的实现

在本节中，我们将介绍 INR 的实现。也就是说，INR 中三个子模型的实现，即个体(Individual)、邻域(Neighborhood)、域(Region)。

38.4.1 定义个体

本节首先分析本地任务的编程需求，然后提出个体的编程子模型，并详细介绍相关的概念、抽象和编程机制。

1. 问题分析

本地任务(又称单点任务)是由基本单元独立完成的内部运行管理任务，如对区域内建筑环境的感知、内部运行状态的监测、参数的调控、从属设备的控制以及信息的管理等，下面结合具体的应用案例来对本地任务的编程需求进行分析。

案例 1 实现“人走关灯”控制策略：房间中有人时，打开所有的照明设备；否则，关闭所有的照明设备(假设某房间有三盏灯，其从属设备编号分别为 1 号、2 号和 3 号)。

图 38.4-1 给出了此案例基于传统编程范式的代码实现，其中，“Light_1. SwicthSet”表示基本单元信息模型中 1 号照明设备的开关设定参数。在此程序中，该程序对照明设备的管控依赖于照明设备编号，从而导致程序可移植性变差，也就是说，如果将该程序下载到其他房间中，只有在照明设备数量和编号完全一致的情况下，才能保证功能的正常实现。然而，由于不同房间差异性较大，很难保证从属设备的数量和编号完全相同。因此，为了满足群智能建筑应用软件“通用化”需求，必须在程序设计时摆脱对从属设备编号的依赖。而且对从属设备的管控而言，需要应用程序具有非常大的灵活性，即同一个程序在不同的应用场景中，既能够施加给某个具体的从属设备，也能够对所有或部分的同类从属设备进行“群管群控”。例如，对于上述“人走关灯”案例，更柔性的功能是应用程序能够根据不同房间的个性化需求，选择对一个或多个照明设备进行“人走关灯”控制。

其次，由于群智能建筑存在多种类型的基本单元，而本地任务的应用程序必须在与之相匹配的基本单元中执行(如“人走关灯”程序只能运行在建筑空间单元中)，因此，设计本地任务的应用程序必须指明基本单元的类型。

```
if ( Population == 0){                    //如果人数为0
        Light_1.SwicthSet = 0;            //关1号灯
        Light_2.SwicthSet = 0;            //关2号灯
        Light_3.SwicthSet = 0;            //关3号灯
        }
else {
        Light_1.SwicthSet = 1;            //开1号灯
        Light_2.SwicthSet = 1;            //开2号灯
        Light_3.SwicthSet = 1;            //开3号灯
        }
```

图 38.4-1　基于传统编程范式的“人走关灯”代码实现

再者,受环境变化、人为因素偶然性以及自身控制策略的影响,本地任务的应用程序往往需要被定时或事件触发执行。例如,将“人走关灯”程序以人员数量的变化来触发执行,可以充分、高效地利用 CPN 的计算资源,提高反应能力。而且,当应用任务中存在多个相对独立的子任务时,还需要对任务进行并行处理。

此外,本地任务由单个基本单元独立自主完成,不需要与其他基本单元交互,该特点也需要在编程模型上有所体现。

现将本地任务的编程需求总结如下:

(1) 从属设备管控的灵活性和编号无关性。

(2) 与基本单元类型的相关性。

(3) 并行与触发执行性。

(4) 独立自主性。

2. 个体编程模型

在群智能建筑物理世界中,智能节点是具有独立自主运行能力的个体(如建筑空间单元及水泵、AHU、冷机等智能设备单元),本地任务可视为智能节点对自身资源的控制和管理。在智能节点内部,包含了各类信息参数和从属设备,其中,从属设备是一类特殊的内部成员(如建筑空间单元中的照明设备、智能窗帘等),具有相对独立的数据属性和功能属性,但其无法自主运行,仍需要由智能节点进行统一管理。

根据本地任务的编程需求,从群智能建筑物理世界的运行机理出发,本节提出了“个体”编程模型,如图 38.4-2 所示。模型使用编程抽象、状态属性、功能属性和标识属性来表示不同的抽象对象和 UML 关系来描述它们的关系。编程抽象是应用任务中描述控制对象的基本元素,利用状态属性、功能属性和身份属性来描述编程抽象的特征,这些特征代表了所需数据的结构、功能效果和识别特征。该编程模型中引入了“基本单元”和“从属设备”两个基本编程抽象,且“从属设备”又属于“基本单元”中的内部成员,“基本单元”负责对“从属设备”进行管理,这与现实物理意义相统一。群智能建筑中的本地任务可以通过“基本单元”编程抽象及其内部成员之间的相互作用关系(即编程机制)进行建模与描述。下面对该编程模型中所涉及的主要编程抽象和编程机制进行详细介绍。

(1) 个体的编程抽象。

定义 38.4-1　基本单元。基本单元是智能节点的抽象,它对应于建筑空间单元或机电

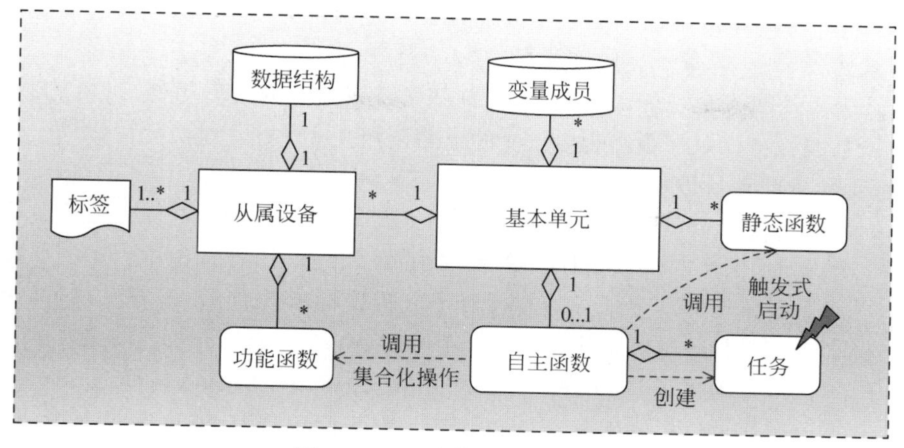

图 38.4-2　“个体”编程子模型

设备。基本单元可以定义为一个六元组：

$$unit = < name, type, D, F_{static}, f_{auto}, Dev_{sub} > \quad (38.4\text{-}1)$$

其中：

- name 表示基本单元的名称，是用来与其他基本单元相区分的标识，在同一个 App 中具有唯一性，需要人为指定。
- type 表示基本单元的类型，用来表征基本单元的类型属性，其满足了本地任务程序对“基本单元类型相关性”的要求。
- D 表示基本单元数据成员的集合，用来刻画基本单元的状态属性。
- F_{static} 表示基本单元静态函数的集合，用来刻画基本单元的静态功能属性。
- Dev_{sub} 表示基本单元从属设备的集合，从属设备 $d_{sub} \in Dev_{sub}$ 是基本单元中相对独立的成员（后面将详细介绍）。
- f_{auto} 表示基本单元的自主函数，具有唯一性，是用来对基本单元的动态行为进行刻画，可以自主地调用静态函数或对从属设备进行管理，体现了基本单元的“独立自主性”。自主函数中包含了一类特殊的动态行为——任务 T，$T = T_{trig} \cup T_{non}$，其中，$T_{non}$ 表示非触发式任务的集合，T_{trig} 表示触发式任务的集合。任务需要在自主函数中创建，且任务与任务之间属于并行关系。

定义 38.4-2　从属设备。从属设备是对建筑基本单元中从属设备物理实体的抽象，同样也是“基本单元”编程抽象的内部成员，可以被定义为一个四元组：

$$d_{sub} = < type, D_{str}, Tag, F_{sla} > \quad (38.4\text{-}2)$$

其中：

- type 表示从属设备的类型，对从属设备而言具有唯一性。
- Tag 表示从属设备标签的集合，标签 tag∈Tag 用来取代从属设备的编号，由开发人员在软件开发阶段定义。
- D_{str} 表示从属设备的数据结构，用来刻画了从属设备的状态属性，其内部数据 $d_{str} \in D_{str}$ 来源于基本单元信息模型，但与具体的设备编号无关，例如，照明设备的开关设定值 $d_{Switchset}^{Light}$ 可以作为照明设备数据结构 D_{Str}^{Light} 中的一个数据成员，但

$d^{\text{Light}}_{\text{Switchset}}$ 不具体指第几号照明设备的开关设定值。d_{str} 能够以从属设备标签 tag 的形式访问。

- F_{sla} 表示从属设备功能函数的集合，刻画了从属设备的功能属性，可被静态函数、自主函数及任务以从属设备标签 tag 的形式调用。

(2) 基于任务的并行编程与触发机制。

任务 T 作为自主函数 f_{auto} 的重要组成成分，是“个体”编程模型中用来实现本地任务程序“并行与触发性”执行的重要手段。在自主函数 f_{auto} 的执行过程中，任务 T 具有独立的执行流，可以用来实现对本地任务的并行处理。而且，根据任务 T 的触发属性，可进一步划分触发式任务 T_{trig} 和非触发式任务 T_{non}。图 38.4-3 给出了两种任务的主要区别。非触发式任务 T_{non} 在自主函数 f_{auto} 主执行路径中创建之后，会立刻启动执行，且执行完毕后会自动销毁，其下一次执行依然需要自主函数 f_{auto} 进行显式创建。而触发式任务 T_{non} 在自主函数 f_{auto} 主执行路径中创建之后，不会立即启动执行，而是等待触发条件到达，即当触发条件满足时，启动执行；否则将处于阻塞状态。T_{trig} 在执行完毕后，不会自动销毁，而是等待下一次触发，T_{trig} 的销毁需要在程序中进行明确。触发式任务 T_{trig} 的编程机制可以用来实现应用程序的触发执行。

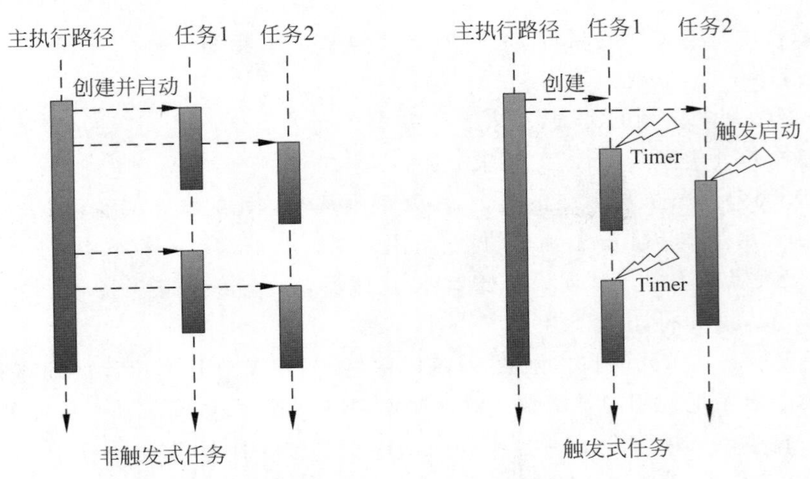

图 38.4-3 任务的两种类型

(3) 标签化编程和集群化操作。

在个体编程子模型中，提出了标签化编程和集群化操作的编程机制，以实现设备控制的灵活性和设备编号的独立性。

“标签化编程”是指基于从属设备标签 tag 来实现对从属设备数据结构 D_{str} 的访问和功能函数 F_{sub} 的调用。

“集群化操作”是指基于从属设备标签的功能操作，会自动施加给所有拥有该标签的从属设备。

具体而言，当自主函数 f_{auto} 基于某个标签(如 tag_x)调用从属设备功能函数 F_{sub}(或访问数据 d_{str})时，所有“贴”有标签 tag_x 的从属设备都会执行该功能函数 F_{sub}(或访问自身数据 d_{str})。用户可以根据需要，在软件安装或运维阶段，给需要执行这种操作的从属设备“贴”上相应的标签，因此，便摆脱了对从属设备编号的依赖，提高了从属设备管控的灵活性。

表 38.4-1 展示了本节所建立的“个体”编程模型满足本地任务编程需求的重要手段，(1)通过在“个体”编程抽象中封装其类型属性，满足了本地任务“与基本单元类型相关性”的编程需求；(2)基于从属设备的“标签化编程与集群化操作”，实现了对从属设备管控的灵活性与从属设备编号无关性；(3)给“基本单元”封装了自主函数，使其具有行为的“独立自主性”；(4)在“自主函数”中增加了“任务”，满足了本地任务“并行和触发执行”的编程需求。

表 38.4-1　针对局部任务的“个体”编程子模型的基本方法

本地任务的编程需求	解 决 方 法
与基本单元类型的相关性	基本单元的类型属性
从属设备管控的灵活性与编号无关性	从属设备的标签化编程与集群化操作
独立自主性	基本单元的自主函数
并行与触发执行性	基于任务的并行编程与触发机制

38.4.2　定义邻域

本节以无中心网络求和计算为例，分析群智能建筑网络计算活动的编程需求，提出邻域编程子模型，并详细介绍相关的编程抽象和编程机制。

1. 问题分析

案例 2　在群智能建筑中，基于群智能建筑无中心网络的需求，无中心网络求和计算是一种典型的控制任务。该求和计算需要基于树形计算网络(以图 38.4-4 为例)，在整个计算过程中，每个节点只与相邻节点进行交互。具体的执行逻辑如下：

(1) 如果是叶节点，则将自身变量 Q 传递给自己的父节点(Q 为需要进行网络求和的变量)；

(2) 如果是内节点，则将所有子节点传递来的 Q_i 与自身 Q 进行局部求和，并将求和结果 Q 传递给父节点；

(3) 如果是根节点，则将所有子节点传递来的 Q_i 与自身 Q 进行局部求和，便得到最终结果 Q_{sum}。

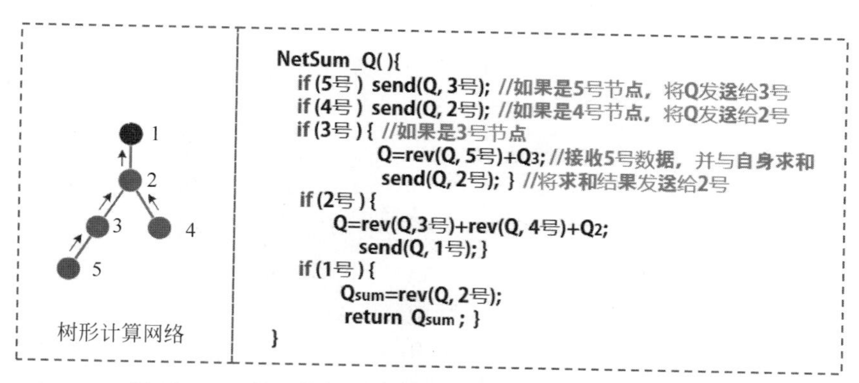

图 38.4-4　基于传统并行编程模型实现网络求和的伪代码

采用传统的并行编程模型(如消息传递式并行编程模型[32])对“无中心”式网络求和计算进行程序设计时，需要在程序中显式指定交互双方的节点编号或通信地址，其程序伪代码如图 38.4-4 所示。显然,所编写的程序与节点编号紧耦合,导致该程序不能满足群智能建筑软件“通用化”的要求,一旦网络中的节点编号、数目发生变化,网络求和计算的功能便无法实现。因此,网络计算活动程序设计的关键与核心问题是在编程模型层面摆脱邻域交互行为对节点编号(或通信地址)的依赖。

2. 邻域(Neighborhood)编程子模型

本节展示了带有网络标签和交互变量的邻域编程子模型。如图 38.4-5 所示,这个子模型包括两种编程抽象:本体(Self)和邻居(Neighbor)及其状态属性、功能属性和标识属性,以及一种特殊的抽象对象:隐含抽象。这意味着它不是用于描述过程的,而是实际影响的对象。即模型在描述节点操作时只关注两个抽象概念:自我和邻居,所有节点都是以“Self”为中心的而不考虑有多少“Neighbor”以及“Neighbor”是谁,因为对于每个节点来说,所有的邻居都是一个完整的概念“Neighbor”。

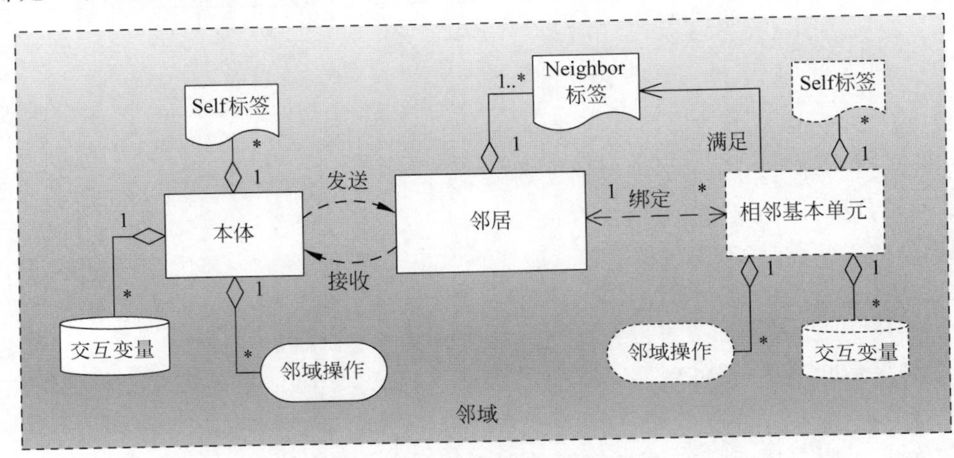

图 38.4-5 “邻域”编程子模型

(1) 邻域编程抽象。

定义 38.4-3 本体(Self)。本体指的是参与网络计算活动的基本单元本身的抽象,可以定义为一个四元组:

$$\text{Self}=\langle \text{num}, V_{\text{In}}, O_N, T_{\text{self}} \rangle \tag{38.4-3}$$

其中:

- num 表示本体的节点编号(Node-Number),用来区分“自我”与“非我”的标识,具有唯一性。节点编号是建立邻域关系的基础,虽然邻域编程模型强调在编程阶段隐藏掉节点编号信息,但是在组网阶段,仍然需要节点编号的支持。
- V_{In} 表示交互变量(Interaction-Variable)的集合,交互变量本质是一个向量(或数组),即 $v_i=\{x_1,x_2,\cdots,x_n\}\in V_{\text{In}}$,其中,$x_n$ 表示第 n 个相邻节点所发送的数据。
- T_{self} 表示本体标签(Self-Tag)的集合,用来表征本体在网络中所扮演的角色。与节点编号不同,Self 标签不具有唯一性,也就是说,同一个节点可以同时拥有多个 Self 标签,而在不同的应用场景中可以使用不同的 Self 标签来表征。
- O_N 表示邻域操作(Neighbourhood-operations)的集合,用于对交互变量的处理。其中,邻域交互算子 $O_N^{\text{com}}=\{\text{send},\text{get}\}\subset O_N$ 是一类特殊的邻域操作,用来刻画本体

与邻居之间的交互行为，如 send 算子表示将自身数据发送给邻居，get 算子表示获取邻居的数据。

定义 38.4-4　邻居（Neighbor）。邻居是与本体具有相邻关系的基本单元集合的抽象，可以定义为三元组：

$$\text{Neighbor} = < \text{Num}, T_{\text{neigh}}, R_n > \tag{38.4-4}$$

其中：

- Num 表示相邻基本单元节点编号的集合，对开发人员隐藏。
- T_{neigh} 表示 Neighbor 标签(Neighbor-Tag)的集合，用来表征相邻基本单元与本体所构成的邻域关系。
- R_n 表示 Neighbor 标签与相邻基本单元节点编号的映射关系，$R_n \subseteq \text{Num} \times T_{\text{neigh}}$，对开发人员隐藏，由操作系统来维护。

Self 是指对参与网络计算活动的基本单位本身的抽象，而 Neighbor 是对与 Self 相邻关系的基本单元集合的抽象。Self 和 Neighbor 是相互关联的，意思是每个基本单元都是自己的 Self，同时也属于其他相邻的基本单元的邻居。

（2）Self 和 Neighbor 的网络标签。

在“个体”编程模型中，使用“从属设备”编程抽象和标签化编程摆脱了对从属设备编号的依赖，解决了本地任务应用程序不通用的难题。同理，实现网络计算活动应用程序通用化的关键也是要找到合适的编程抽象来取代节点编号。

在求解“无中心”式网络计算活动中，节点编号主要起到表征“邻域关系”和“网络角色”的作用。所谓“邻域关系”是指节点与相邻节点之间的关联关系，同一节点与不同的相邻节点之间可能存在不同的邻域关系，例如，在图 38.4-4 中，对于 3 号节点而言，5 号节点是其父节点，而 2 号节点是其子节点。所谓“网络角色”是指节点在整个网络中所扮演的角色。例如，1 号节点在网络中所扮演的角色为根节点，在网络求和计算中只需要接收子节点的消息；而 2 号节点为内节点，在接收子节点数据的同时，还需要将求和结果发送给自己的父节点。

因此，为了在网络计算活动中取代节点编号，本章提出了“Self”和“Neighbor”两类网络标签：

定义 38.4-5　“Self”标签。“Self”标签是指节点在群智能建筑网络任务中所扮演的网络角色的集合。

定义 38.4-6　“Neighbor”标签。“Neighbor”标签是指参与群智能建筑网络任务的节点与其相邻节点所构成的邻域关系的集合。

以案例 2 为例，“Self”标签包含“root”“leaf”“insider”三个标签，分别用来表示根节点、叶节点和内节点三种网络角色；而“Neighbor”标签包含“son”“father”两个标签，用来表示邻域中的“父子”关系。基于“Self”和“Neighbor”两类标签，可以清楚描述邻域节点之间交互行为，例如，可以将图 38.4-4 中的“if(5 号)then send(Q,3 号)”替换成“if (Self 标签为‘leaf’)then end(Q,‘father’)”。显然，后者在所表达的语义更具有通用性。

（3）邻域交互机制与交互变量。

网络计算活动是通过节点之间信息交互完成的，因此，需要在编程模型层面提供与群智能建筑网络系统相适应的交互方式与技术手段。如图 38.4-6 所示，常见的面向分布式并行计算网络的信息交互方式有消息传递式和邮箱式两种[33]。

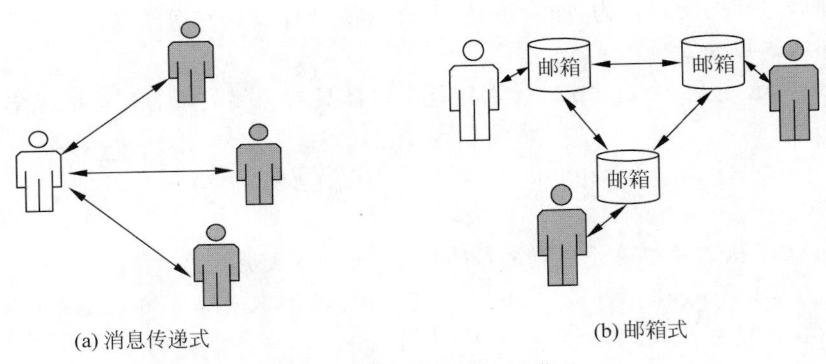

图 38.4-6 “邻域”编程子模型

消息传递式需要在节点之间建立一一对应的信息通道来实现双向、对等的通信，如图 38.4-6(a)所示。交互双方必须进行显式的收发操作才能获取对方信息，即一方消息发出，必须同步等待对方执行接收操作之后，交互才能完成。而在群智能建筑中，参与某项网络任务的节点可能成百上千，这种相互等待的机制会严重降低计算效率。

邮箱式(如图 38.4-6(b)所示)，顾名思义，其交互方式类似人类社会中所使用的电子邮箱，信息的交互通过节点之间互发“邮件”来完成。在邮箱式中，要求每个节点设有一个自己的专属“邮箱”，并将信息打包成“电子邮件”，并发送到目标节点的“邮箱”中。同时，节点通过访问自己的“邮箱”，及时处理信息。相对于消息传递式而言，邮箱式不要求通信双方同步等待，只需在必要时到邮箱中获取相应的信息即可，具有良好的异步性，因此更加适合应用于群智能建筑。

在群智能建筑中，节点只需要与相邻节点进行通信，因此，“邮箱”也只需要保存邻居节点发来的“邮件”即可。为此，本章引入了“邻域交互变量”来作为“邮箱”存储相邻节点的数据信息。

定义 38.4-7 邻域交互变量(neighborhood interaction variable)。邻域交互变量是指一种用来异步存储相邻节点信息的专用变量，简称交互变量。

图 38.4-7 给出了基于网络标签的邮箱式邻图交互机制，当本节点中的 App 需要将自身数据发送给相邻节点时，需要首先经过网络标签管理器对“Neighbor”标签进行解析，根据“Neighbor”标签与相邻节点编号之间的映射关系，并使用收发器将消息发送给相应的相邻节点。当相邻节点发送来数据时，会通过收发器和网络标签管理器将数据自动保存到交互变量中，等待 App 基于“Neighbor”标签对其进行访问。

总的来说，“邻域”编程子模型采用“本体思维”的并行编程思想，即在进行网络计算活动的程序设计时，主要关注两个关键问题：

问题 1：“我”是谁？

问题 2：“我”该执行什么操作？

由于“无中心”式网络计算活动只能进行邻域交互，因此，问题 2 可进一步细化为：(1)“我”该与哪些邻居进行交互？(2)“我”该如何处理所交互的数据？

“邻域编程模型”使用 Self 标签来表征“我”，使用 Neighbor 标签来表征与“我”交互的邻居，而对交互数据(即交互变量)的处理则取决于网络计算活动的实际需求。也就意味着，

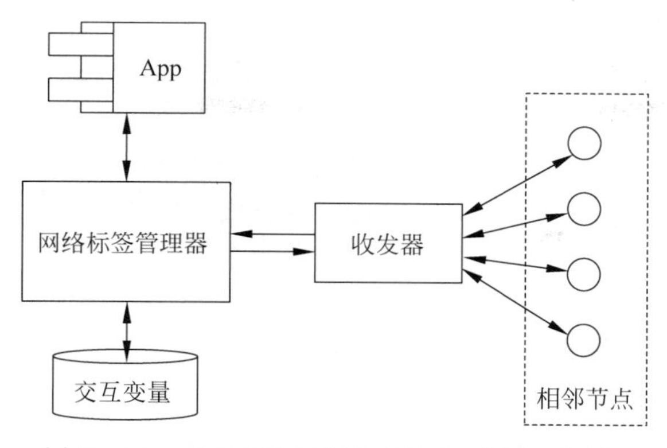

图 38.4-7　基于网络标签的邮箱式邻域交互机制

在整个编程过程中，始终以“本体”的视角来进行问题的处理，而“邻居”只是作为“本体”名义上的交互对象，没有具体的行为特征和状态特征，这也是“邻居”编程抽象只封装了 Neighbor 标签的原因。从全局网络的视角来看，将所有“我”可能执行的操作进行叠加，便完成了对网络计算活动的求解。例如，网络求和计算便是将“我”分别为“内节点”“根节点”“叶节点”时所执行操作的叠加。

在“邻域”编程子模型中，基于网络标签的“标签化编程”使得“无中心”式网络计算活动的程序设计有效摆脱了对节点编号的依赖，满足了其编程需求，具体而言：参与网络计算活动的节点都以“本体”身份执行同一个程序，并根据自身的 Self 标签，选择执行程序中相应的代码块。与相邻节点交互则以“邻居”的 Neighbor 标签为导向，即将消息发送给那些符合 Neighbor 标签的相邻节点，或接收那些符合 Neighbor 标签的相邻节点消息。具体与哪些节点进行交互是在软件运行阶段根据 Neighbor 标签与相邻节点编号的映射关系决定的，而无须在软件开发阶段指定，进而摆脱了对节点编号(或通信地址的依赖)。

38.4.3　定义域

本节首先分析网络计算活动的控制任务，然后提出域编程子模型，并详细介绍相关概念、抽象和规划机制。

1. 问题分析

“邻域”编程子模型仅从“本体”角度描述节点的邻域交互行为，其有限的编程视野无法对网络计算活动进行有效的封装，只能对包含一项网络计算活动的应用任务进行描述和实现。而对于更加复杂的应用任务而言，还需要考虑以下问题：

(1) 谁负责发起网络计算活动？

在群智能建筑应用任务中，并非所有的节点都有权利发起网络计算活动。例如在供水系统中，对于自来水定压控制系统而言，只有水泵 CPN 才有资格发起网络求和计算。因此，必须在程序设计阶段对“发起者”进行有效明确。

(2) 谁有资格参与网络计算活动？

对于整个群智能建筑的 CPN 网络而言，一个应用任务一般只涉及其中部分节点参与，即网络计算活动的执行域具有边界性，且这种边界是一种动态的边界，能够随着不同建筑而动态改变。所以，编程模型必须能够明确网络计算活动的执行域边界，也就是确定哪些节点能够有资格参与网络计算活动。

(3) 如何将多个网络计算活动和本地任务整合在同一个 App 中?

一个复杂的群智能建筑应用任务中可能包含了多个网络计算活动以及多个不同类型基本单元的本地任务,且不同网络计算活动的执行域边界、对发起节点的要求也可能存在较大的差异。因此,编程模型必须提供一种有效的编程机制,使其可以将多个网络计算活动和本地任务整合到同一个 App 中。

2. 域编程子模型

根据群智能建筑控制任务的编程需求,本节在“个体”编程模型和“邻域”编程模型的基础上,提出了“域”编程模型,如图 38.4-8 所示。

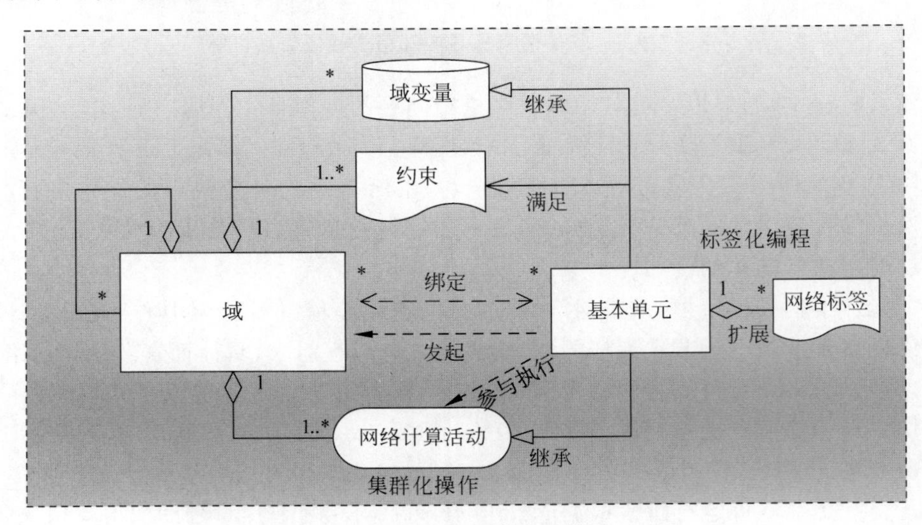

图 38.4-8 “域”编程子模型

在“域”编程模型中,引入了“域”和“基本单元”两个编程抽象,其中,“基本单元”是对物理世界中建筑基本单元个体的抽象,而“域”是对参与网络计算活动的建筑基本单元集合的抽象。从软件体系结构上分析,域编程子模型中的“基本单元”是在“个体”子模型的基础上扩展了网络标签,负责本地任务的处理和网络计算活动的发起与执行。“域”编程抽象则将“邻域”编程模型所实现的网络计算活动封装为自身的“群体行为”,并增加了“约束”“域变量”等成分,用于对参与和发起网络计算活动的“基本单元”进行约束和管理。

(1) 域编程抽象。

定义 38.4-8 域(Region)。域是参与网络计算活动的基本单元集合的抽象,可以被定义为一个六元组:

$$\text{region} = < \text{reg}_{\text{id}}, \text{Ori}, \text{NCA}_{\text{reg}}, C_{\text{reg}}, V_{\text{reg}}, \text{Str}_{\text{reg}} > \tag{38.4-5}$$

其中:

- reg_{id} 表示域的名称标识符(region-identifier),由开发人员指定,在同一个 App 中具有唯一性。
- Ori 表示发起者(originator)的集合,发起者 $\text{ori} \in \text{Ori}$ 表示拥有发起某项网络计算活动权利的“基本单元”,当“域”中存在多个网络计算活动且对发起节点的要求不同时,需要为每个网络计算活动分别定义相应的发起者 ori。

- NCA_{reg} 表示网络计算活动（network computing activity）的集合，网络计算活动 $nca \in NCA_{reg}$ 是"域"的群体行为，在同一个"域"中，所有 nca 的执行域边界都相同。nca 只能被"域"中相应的发起者 ori 发起，且当一个 nca 被发起后，"域"中所有"基本单元"都会自动参与执行该项 nca。
- C_{reg} 表示域约束（region-constrains）的集合，当"基本单元"满足"域"中所有 时，便会自动加入到此"域"中。
- V_{reg} 表示域变量（region-variable）的集合，域变量 $v_d \in V_{reg}$ 是指在"域"中定义的变量，被"域"中所有基本单元所继承，也就是说，当在"域"中定义一个域变量 v_d^x 时，该"域"中所有的"基本单元"都会自动定义一个变量名称也为 v_d^x 的变量。因此，"域"变量本质上是一个向量，即 $v_d = \{v_{d1}, v_{d2}, \cdots, v_{dn}\} \in V_{reg}$，$v_{dn}$ 表示第 n 个节点中的分量。域变量 v_d 与网络计算活动 nca 密切相关，网络计算活动 nca 是对域变量 v_d 的操作处理。例如，网络求和计算可以看作是对域变量中所有元素进行求和操作。
- Str_{reg} 表示域结构（region-structure）的集合，域结构 $str_{dom} \in Str_{dom}$ 用来表征网络计算活动所基于的计算网络，Str_{reg} = {tree, net. star}，其中，tree 表示树形计算网络，"基本单元"之间存在严格的层级关系；star 表示星状计算网络（或主从式计算网络），除发起者 ori 外，其他"基本单元"地位平等，且仅有与发起者进行交互；net 表示图状结构，"基本单元"之间地位完全平等，可以自由地与相邻基本单元进行交互。

（2）动态绑定与集群化操作机制。

"基本单元"和"域"是动态绑定关系，凡是满足约束规则的"基本单元"都会自动加入到"域"中，这种基于约束的动态绑定能够适应参与节点数量的变化，使得网络计算活动的执行域边界具有良好的动态性。

加入到"域"中的"基本单元"会继承"域"的群体属性（域变量），履行域的群体义务，当具有发起权利的基本单元发起一项网络计算活动时，域中所有基本单元都会自动参与执行该网络计算活动，即网络计算活动的"集群化操作"。

"基本单元"和"域"之间是多对多关系，一个"域"可以包含多个不同类型的"基本单元"，一个"基本单元"也可以同时加入到多个"域"中。因此，通过在一个 App 中定义多个"域"和多个不同类型的"基本单元"，可以将多项网络计算活动和单点任务有效整合到一起。此外，"域"编程模型还支持"域"间的嵌套定义，例如，在域 reg_b 中定义一个子域 reg_a，即 $reg_a \xrightarrow[nest]{} reg_b$，表示域 reg_a 嵌套于 reg_b。从集合的角度分析，reg_a 是 reg_b 的一个子集，因此，会参与执行 reg_b 的群体行为，反之则不成立。

"域"编程模型基于约束、发起者以及动态绑定与集合操作机制，满足了对复杂应用任务的编程需求，具有良好的构造性和封装能力。

38.5 案例研究

在本节中，我们进行了将该编程语言模型应用于实际案例的实验，以说明使用该编程模型开发群智能建筑 App 的模式，并验证了我们方法的有效性。此应用实例实现了变风量空调系统的优化运行。

38.5.1 案例描述

空调系统是现代智能建筑中不可或缺的一部分，也是其中能源消耗最大的一部分[34]。智能化系统通过优化调节达到空调系统良好运行的同时，实现能源的最大化利用。图 38.5-1 为变风量空调系统的简化结构，以便耦合关系更容易理解；在系统中，每个房间都安装有带可调终端的变风量箱(VAV 箱)，通过调节 VAV 箱阀的开度来控制房间的供风量，以满足每个房间的需要。

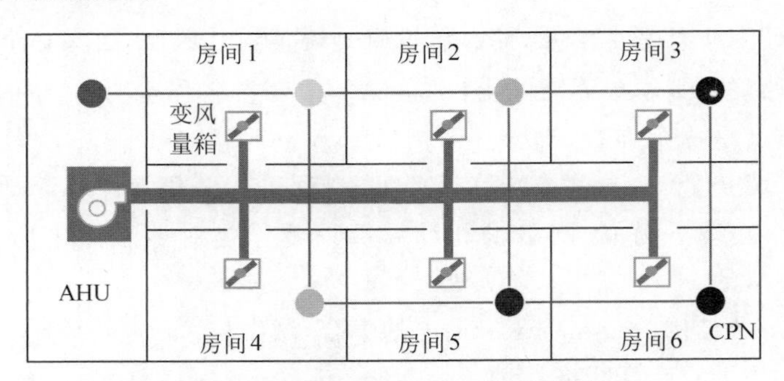

图 38.5-1 变风量空调系统示意图

然而，由于各房间共用一条通风管道，导致房间的送风量与管路中的其他房间存在较强耦合关系。若仅根据本地房间需求负荷来调节 VAV BOX 风阀开度，容易引起热力失调[4]，即当 AHU 所提供的送风总量一定时，任一房间风阀开度 θ_i 的增大(风阀阻抗 S_i 减小，送风量 Q_i 增大)，会造成其他房间送风量 Q_i 不同程度地减少，且管路距离越近，影响越大(图 38.5-1 中节点的颜色深度表示影响的程度)。因此，各房间在调节自身送风量的同时，还要通知其他房间进行适当的调节，以平衡耦合影响，实现稳定送风[4]。

实际的操作场景应该包括更多的节点，甚至是整个楼层或建筑。本节的目的是通过该模型对案例的描述来证明所提出的模型的描述性，也就是说，该模型可以对群智能建筑中复杂的控制任务进行一般化、抽象的描述，从而促进 App 的进一步开发与实现。

38.5.2 编程需求分析

根据控制需求，整个变风量空调系统的优化控制可以分为以下环节：

步骤 1 各末端房间求取本地需求风量 Q_i；

步骤 2 当某一房间的需求风量 Q_i 发生变化时，调节该房间及其与它相关房间的 VAV BOX 风阀开度 θ_i；

步骤 3 定时求取所有末端房间的需求风量总和 Q_{sum}；

步骤 4 根据需求风量总和 Q_{sum} 来调节 AHU 风机转速 Fs。

显然，步骤 1 和步骤 4 分别属于末端房间和 AHU 的本地任务，而步骤 2 和步骤 3 则是两项网络计算活动，且两项网络计算活动具有明显差异：

(1) 两项网络计算活动的发起节点类型不同。步骤 2 为调节风阀开度的网络计算活动，其发起节点的类型为空间基本单元，且发起者不固定，即凡是需求风量发生变化的末端房间都有权利发起该网络计算活动。而步骤 3 为网络求和计算，如前面所述，由于只有发起节点（根节点）才能得到最终的网络求和结果，因此，其发起者只能为 AHU。

（2）两项网络计算活动的参与节点所属范围不同。参与网络求和计算活动的节点包含 AHU 和所有末端房间，其所基于的功能网络是整个变风量空调系统功能网络。而对于步骤 2 网络计算活动而言，参与节点只能为末端房间，且由于各房间送风量存在“近大远小”的耦合关系，因此，需要对距发起节点的跳数（如 4 跳之内）加以限制。显然，两个网络计算活动的执行域存在明显的嵌套关系，即步骤 2 网络计算活动的执行域属于步骤 3 网络计算活动执行域的一个子集。

38.5.3　开发模式设计

基于以上分析，图 38.5-2 给出了变风量空调系统优化控制应用任务的编程方法模式框架。

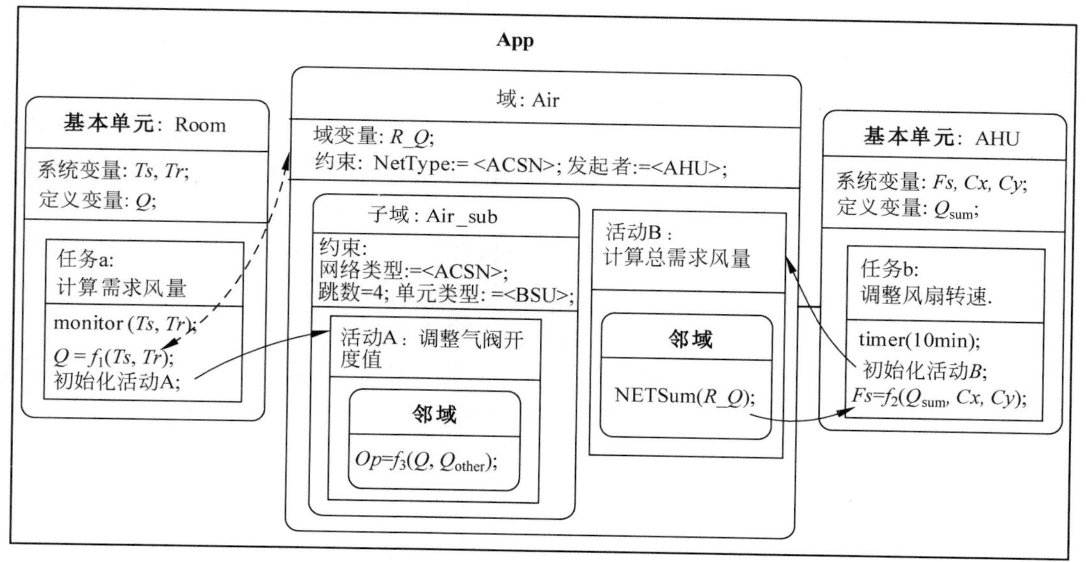

图 38.5-2　控制任务的开发模式框架

主要实现思路如下：

首先，根据两个网络计算活动的特点，定义两个具有嵌套关系的域：Air 和 Air_sub。Air 是用来管理“求总需求风量的网络计算活动 B”，其约束 Constrains 为“NetType：=＜ACSN＞”，表示所基于的功能网络为空调风系统功能网络（即空调风系统功能网络中所有基本单元都参与计算）。网络计算活动 B 的发起者类型为 AHU（空调机），因此，需要在域 Air 中定义一个发起者，即“Originator ori：=＜AHU＞”。而 Air_sub 是 Air 的子域，用来管理“调节风阀开度网络计算活动 A”，其约束 Constrains 是在空调风系统功能网络的基础上对基本单元类型和跳数作了进一步限制，即“UnitType：=＜ASU＞；Hop：=4”，表示在空调风系统功能网络上距发起节点 4 跳范围以内的建筑空间单元所构成的集合。

其次，定义两个基本单元：Room 和 AHU。其中，Room 表示空调风系统的末端房间，其内部定义了一个触发式任务 a，用来实时监测房间温度 Tr 和温度设定值 Ts，当其中任何一个参数发生变化时，则求取本地需求风量"$Q=f_1(Ts,Tr)$;"，并发起用来调节各房间 VAV BOX 风阀开度的网络计算活动 A。AHU 表示空调机，用来实现 AHU 风机转速的定时调节，其内部定义了一个定时触发的任务 b，负责定时发起求取总需求风量的网络计算活动 B，进而调用风机转速"$Fs=f_2(Q_{\text{sum}},Cx,Cy)$;"。

域 Air 和 Air_sub 以及基本单元 Room 和 AHU 是群智能建筑中对被控对象的直观描述，即使用基本单元和域模型来描述群智能建筑中典型的对象。而邻域模型不面向领域对象，也不需要设置为开发元素，其实质是对群智能建筑并行操作机制的描述。具体地说，案例的开发模式框架中的两个邻域模型表示了两个集群操作，其中节点以唯一的邻居方式进行通信。

该应用软件需要下载到空调风系统功能网络的所有基本单元的 CPN 中，CPN 会根据所在基本单元类型，选择执行应用软件中相应的代码模块。例如，AHU 基本单元的 CPN，会通过软件中所定义的"AHU 基本单元"的程序入口函数（即 AutoMain 函数），定时发起求取需求总风量的网络计算活动 B，进而调节本地的风机转速。而末端房间基本单元的 CPN，会根据软件中所定义的 Room 基本单元的程序入口函数，实时监测房间温度和温度设定值，一旦发生变化，则求取新的本地需求风量，进而发起调节风阀开度的网络计算活动 A。

图 38.5-3 显示了开发模式框架流程图，这可以解释由开发模式框架执行过程所描述的执行流程。在群智能建筑中，单个基本单元群智能建筑是最终控制对象，该域可以被视为一个容器并通过邻域来简化集群化操作和描述支持。因此，基本单元可以被视为执行单元。对于 Room 基本单元，它局部计算所需风量，并参与集群化操作，调整风阀开度值。对于空调机组，定时触发集群化操作，计算总需求风量，然后计算风机转速。

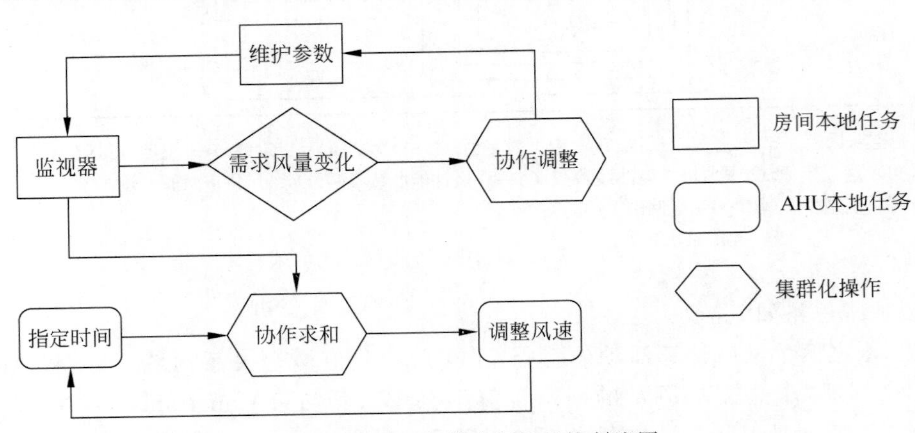

图 38.5-3 开发模式框架的控制流图

可以看出，基本单元和域的行为可以由个体和域子模型直接描述，而集群化操作具有邻域子模型的特征，隐含了执行过程。实际上，在这种情况下，集群化操作所隐含的节点间的交互可能是整个案例算法的关键。以图 38.5-3 中的集群化调整为例，我们设计的流程图使用邻域子模型进行集群化操作。即以两个相邻节点 i 和 j 之间的交互作为一个例子，集群化操作的关键调整是使每个节点知道它到发起点的跳数（H），所以，当发起点的跳数为 0

时，传播数量是很重要的。初始化状态下，每个节点设 H 为空；当它从它的邻居那里得到一个数字，它把这个值增加 1 然后更新它的 H；当 H 值不为 null 时，节点将其 H 发送给邻居，以确保它们能够获得数据。然后，节点计算气阀开度值并参与后续任务。

虽然 i 和 j 用于区分两个节点，在实际执行中，每一个节点只知道自己和它的邻居。因此，在以自我为中心的方式中，所有节点都执行相同的程序，这个相同的描述方法可以有效地描述群体行为。即 38.4.2 节中描述的想法被描述为代表；每个节点从本体的角度执行任务，其相邻节点构成一个抽象的整体，通过对所有节点进行以自我为中心的交互，逐步实现总体目标。

综上所述，本章所提出的变风量控制模型和开发模式框架可以为变风量控制提供高层次和抽象的指导。从该应用案例中可以看出，群智能建筑编程模型通过使用域、基本单元、属性等模型元素和关系，可以有效地抽象和描述群智能建筑控制任务。它可以将多个网络计算活动和本地任务封装到一个群智能建筑应用程序中，增强应用程序的构造性和描述性。表 38.5-1 显示了 INR 编程模型满足群智能建筑 App 编程要求的基本方法。

表 38.5-1　INR 编程模型的基本方法

需　　求	解 决 方 法
领域特征性	引入了从属设备、基本单元、域等具有领域特征的编程抽象，并将功能网络、基本单元信息模型有效融入其中
开放性	“个体”编程模型的“基于从属设备标签化编程与集群化操作”编程机制
并行性与动态交互性	“邻域”编程模型的“本体思维”编程思想与“基于网络标签的标签化编程”编程机制
良好的构造性和封装性	“域”编程模型的“基本单元与域的动态绑定机制”和“基于网络计算活动的集群化操作”

38.6　本章小结

在本章中，我们提出了一个用于开发群智能建筑 App 和激励编程语言设计的编程模型。首先，建立了 INR 编程模型及其关键机制，包括个体(Individual)、邻域(Neighborhood)、域(Region)三个子模型，结合本地任务、网络计算任务和群智能建筑控制任务的编程需求，分别介绍了这三个编程子模型和机制。

此外，我们做了一个实验，将 INR 编程模型应用至变风量空调系统。此案例研究说明了利用 INR 编程模型的群智能建筑 App 的开发模式，验证了我们的方法的有效性。INR 编程模型和基于 INR 的群智能建筑 App 开发模式是群智能建筑控制的有效的抽象和精髓，能够进一步对群智能建筑编程语言设计和群智能建筑 App 开发提供有意义的指导和支持。

参考文献

[1]　Zhao S, Yang Q L, Xing J C, et al. INR: A Programming Model for Developing Apps of Insect Intelligent Building[J]. Scientific Programming, 2020, 3659849.

[2]　Zhao Q, Jiang Z. Insect Intelligent Building (I^2B): A New Architecture of Building Control Systems Based on Internet of Things (IoT)[C]//International Conference on Smart City and Intelligent

Building. Springer, Singapore, 2018.

[3] Shen Q. Studies on Architecture of Decentralized System in Intelligent Building[D]. Beijing: Tsinghua University, 2015.

[4] Dai Y C, Jiang Z Y, Shen Q, et al. A decentralized algorithm for optimal distribution in HVAC systems [J]. Building and Environment, 2016, 95: 21-31.

[5] Jiang Z, Dai Y. A decentralized, flat-structured building automation system[J]. Energy Procedia, 2017, 122: 68-73.

[6] Hadas A. Language oriented modularity: from theory to practice [C]//Companion the 15th International Conference. ACM, 2016.

[7] Kosar T, Gaberc S, Carver J C, et al. Program comprehension of domain-specific and general-purpose languages: replication of a family of experiments using integrated development environments[J]. Empirical Software Engineering, 2018, 23(5): 2734-2763.

[8] Mernik M, Heering J, Sloane A M. When and how to develop domain-specific languages[C]//ACM Comput. Surv. 2005, 37, 316-344.

[9] Miao H, Li A, Davis L S, et al. Towards Unified Data and Lifecycle Management for Deep Learning [C]//In Proceedings of the 2017 IEEE 33rd International Conference on Data Engineering (ICDE), San Diego, CA, USA, 19-22 April 2017.

[10] Wang J, He K, Li B, Liu W, Peng R. Meta-models of Domain Modeling Framework for Networked Software[C]//Proceedings of the International Conference on Grid and Cooperative Computing, Los Alamitos, CA, USA, 16-18 August 2007.

[11] Kleppe A. Software Language Engineering: Creating Domain-Specific Languages Using Metamodels [C]//Pearson Schweiz Ag: Zug, Switzerland, 2009.

[12] Gray J, Bapty T, Neema S, et al. An Approach for Supporting Aspect-Oriented Domain Modeling [C]//Generative Programming and Component Engineering, Second International Conference, GPCE 2003, Erfurt, Germany, September 22-25, 2003, Proceedings. 2003.

[13] Xue G T, Yang Q L, Xing J C, Zhao S. Research on Programming Model for "Master-slave Distributed Tasks" of Insect Intelligent Building[C]//Proceedings of the 2018 Chinese Automation Congress, Xi'an, China, 30 November-2 December 2018.

[14] Wang S, Xing J, Jiang Z, et al. A decentralized sensor fault detection and self-repair method for HVAC systems[J]. Building Services Engineering Research and Technology, 2018: 014362441877588.

[15] Yu J, Qian X, Zhao A, et al. Decentralized Optimization Algorithm for Parallel Pumps in HVAC Based on Log-Linear Model[M]. Advancements in Smart City and Intelligent Building. 2019.

[16] Wang Y, Zhao Q. A Distributed Algorithm for Building Space Topology Matching[C]//International Conference on Smart City and Intelligent Building. Springer, Singapore, 2018.

[17] Zhang Y, Xing J, Zhou Q, et al. A Decentralized State Estimation Algorithm for Building Electrical Distribution Network Based on ADMM [C]//2019 IEEE 15th International Conference on Automation Science and Engineering (CASE). IEEE, 2019.

[18] Mohammad Sajjad Hossain, A. B. M. Alim Al Islam, Milind Kulkarni, et al. μSETL: A set based programming abstraction for wireless sensor networks[C]//International Conference on Information Processing in Sensor Networks. IEEE, 2011.

[19] Wang P, Meng D, Han J, et al. Transformer: A New Paradigm for Building Data-Parallel Programming Models[J]. IEEE Micro, 2010, 30(4): 55-64.

[20] Yingqian Z, Bin S, Jia L. A Markup Language for Parallel Programming Model on Multi-core System [C]//Scalable Computing and Communications; Eighth International Conference on Embedded Computing, 2009. SCALCOM-EMBEDDEDCOM'09. International Conference on. IEEE, 2009.

[21] Tekinerdogan B,Arkin E. ParDSL: a domain-specific language framework for supporting deployment of parallel algorithms[J]. Software and Systems Modeling,2018,18(5): 2907-2935.

[22] Ferber J,Gutknecht O. A meta-model for the analysis and design of organizations in multi-agent systems[C]//Proceedings International Conference on Multi Agent Systems (Cat. No. 98EX160). IEEE,2002.

[23] Cuiyun H U, Mao X, Mengjun L I, et al. Organization-based agent-oriented programming: model, mechanisms, and language[J]. Frontiers of Computer Science,2014,8(1): 33-51.

[24] Hsiao S W,Lee C H,Yang M H,et al. User interface based on natural interaction design for seniors [J]. Computers in Human Behavior,2017,75.

[25] Miseldine P L. Language support for process-oriented programming of autonomic software systems [J]. Liverpool John Moores University,2007.

[26] Badia S, Martín, Alberto F, Principe J. FEMPAR: An object-oriented parallel finite element framework[J]. 2017.

[27] Saha R K,Lyu Y,Yoshida H,et al. Elixir: Effective object-oriented program repair[C]//2017 32nd IEEE/ACM International Conference on Automated Software Engineering (ASE). ACM,2017.

[28] Bergenti F,Iotti E,Monica S,et al. Agent-Oriented Model-Driven Development for JADE with the JADEL Programming Language[J]. Computer Languages Systems & Structures,2017: S1477842416301075.

[29] Panisson A R, Bordini R H. Knowledge Representation for Argumentation in Agent-Oriented Programming Languages[C]//Intelligent Systems. IEEE,2016.

[30] Metzger A,Pohl K,Heymans P,Schobbens P Y. Disambiguating the documentation of variability in software product lines: A separation of concerns, formalization and automated analysis [C]//In Proceedings of the IEEE International Requirements Engineering Conference, Delhi, India, 15-19 October 2007.

[31] Dai D,Chen Y,Krimpe D,et al. Trigger-based Incremental Data Processing with Unified Sync and Async Model[J]. IEEE Transactions on Cloud Computing,2018,9(1): 372-385.

[32] Kasim H,March V,Zhang R,et al. Survey on parallel programming model[C]//IFIP International Conference on Network and Parallel Computing. 2008: 266-275.

[33] Mao X J. Agent-Oriented Software Engineering: Models,Methodology and Language[M]. Tsinghua University Press: Beijing,China,2015.

[34] Li H,Yu Z,Liu W. Status of Intelligent Building Development of China—Questionnaire Analysis [C]//Proceedings of the International Conference on Smart City and Intelligent Building, Hefei, China,15-16 September 2018,Springer,2018: 183-194.